Matemàtiques 1

aplicades a les ciències socials

BATXILLERAT edebé

COMPROMÍS AMB ELS VALORS PROPIS DEL BATXILLERAT

RIGOR I ACTUALITZACIÓ CIENTÍFICA

— Ús precís i eficaç del coneixement científic.

— Actualització i contextualització del coneixement.

CULTURA DE L'ESFORÇ

— Treball eficient mitjançant activitats, problemes... que exigeixen una actitud proactiva per part de l'alumnat.

CURIOSITAT INTEL·LECTUAL

— **Aprenentatge 360°:** el coneixement més enllà de l'aula.

— Descobriment del gust per saber.

AUTONOMIA I RESPONSABILITAT

— Capacitat per a gestionar el propi aprenentatge per mitjà de reptes assolibles.

SIS HABILITATS PER A UNA SOCIETAT GLOBAL

COOPERACIÓ

— Propostes per a un treball cooperatiu.

— **PBL** (*Problem-based learning* / Aprenentatge basat en problemes).

COMPROMÍS AMB VALORS

— Compromís ètic per a conviure en una societat canviant, per a créixer com a persona...

PENSAMENT CRÍTIC

— Activitats de raonament i filtres científics per a fer front a la toxicitat de la informació.

CREATIVITAT

— Actitud creativa i superació de reptes.

— Actituds obertes i flexibles per a abordar reptes aportant solucions noves i creatives.

COMUNICACIÓ

— Gestió de la informació i la comunicació d'una manera efectiva.

— Les TIC com a eina de comunicació i font d'aprenentatge.

INICIATIVA

— Presa de decisions i iniciativa emprenedora mitjançant activitats i projectes per a la creació de miniempreses.

edebé On
projecte global interactiu

LLIBRE DIGITAL INTERACTIU
Inclou els recursos digitals necessaris (simuladors, presentacions i problemes interactius) perquè el professorat gestioni d'una manera eficaç l'aprenentatge a l'aula digital.

SIMULADORS
Reproducció interactiva de procediments i demostracions matemàtiques.

PRESENTACIONS
Presentació multimèdia de continguts.

PROBLEMES INTERACTIUS
Proposta de problemes de resolució guiada.

BIBLIOTECA DE RECURSOS DIGITALS
Un espai fàcilment accessible en el qual es poden trobar recursos per a consultar, descobrir i explorar el coneixement.

Disponible en el teu espai personal: **www.edebe.com**

Multidispositiu

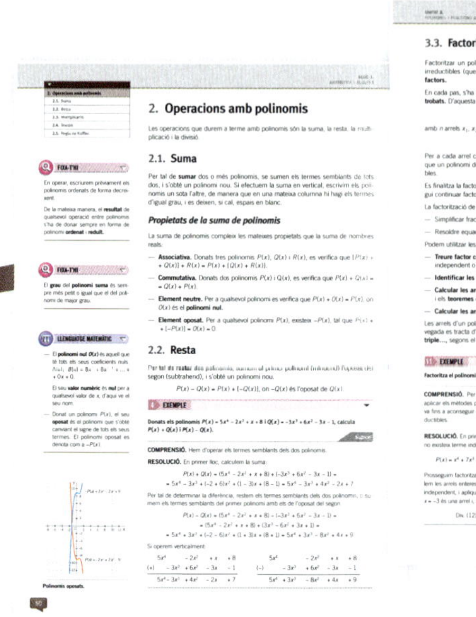

Els continguts de la unitat se situen en **contextos reals** i **funcionals.**

360°

edebé On
projecte global interactiu

— Contacte amb **l'actualitat matemàtica i científica** que amplia els horitzons del coneixement.

— **PBL** (*Problem-based learning* / Aprenentatge basat en problemes):

- Investigació
- Creativitat
- Cooperació/col·laboració
- Comunicació

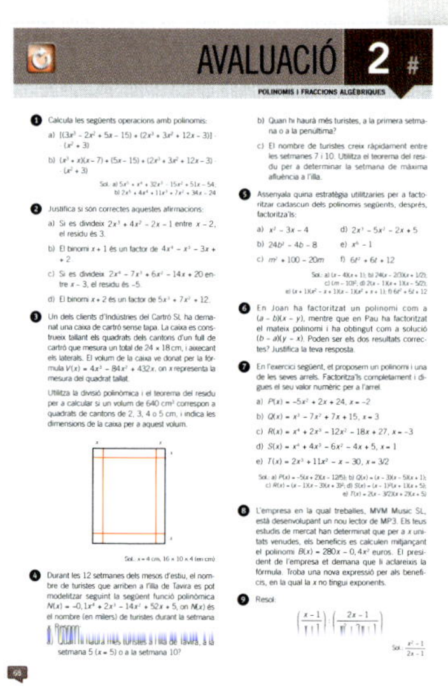

Avaluació: qüestions i problemes per a activar el raonament, el pensament crític, la relació entre continguts ...

Exposició de **continguts:**

- Rigor, ordre i actualització matemàtica.
- **Obertura al món:** propostes per a aprendre i ampliar fora de l'aula.
- **Suport multimèdia:** simuladors, presentacions i problemes interactius.
- Ús de les TIC com a suport a l'aprentatge dels continguts del bloc.

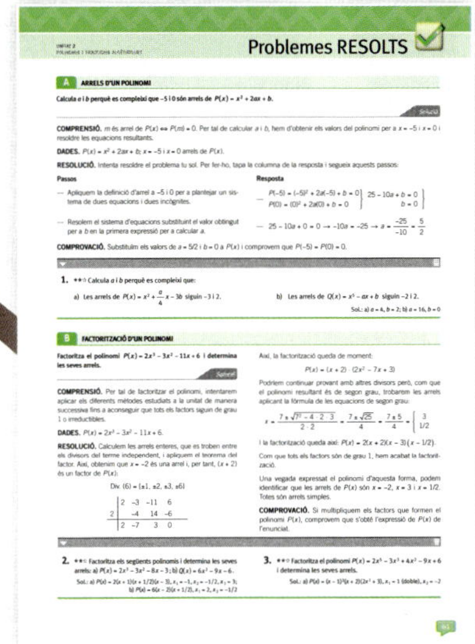

Aprentatge modelat, amb problemes resolts.

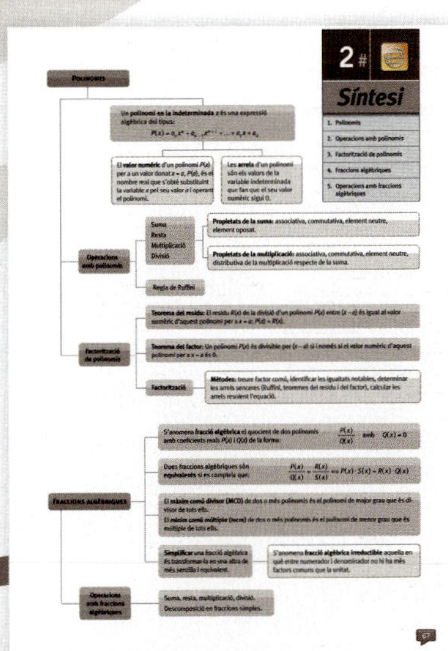

Síntesi dels conceptes clau de la unitat i les seves relacions.

- **Activitats** organitzades per **apartats** i **nivell de dificultat.**
- **Àmplia proposta d'exercicis i problemes** per resoldre (aprenentatge autònom).
- **Activitats** tipus:
  - Proves finals,
  - Treball a internet,
  - Obertes al món…

0

Eines matemàtiques

Notícies

«El consell directiu de l'Observatori Europeu Austral ha aprovat la construcció del telescopi òptic més gran del món. Es preveu instal·lar-lo al Cerro Amazones, al nord de Xile».

Consulta la notícia a l'enllaç següent:

http://links.edebe.com/8hym

Web

L'observació i les eines matemàtiques han estat la base per a poder evolucionar en el coneixement de les diferents branques de la ciència. En el següent document s'explica com Aristarc de Samos i la seva obra van contribuir a la determinació de la mida del Sol i la Lluna, i de les distàncies que els separen de la Terra.

http://links.edebe.com/cww

EN CONTEXT

a> Llegeix la notícia anterior i respon: 360

— Què és un exoplaneta? A quina distància es troben els tres exoplanetes més propers a la Terra?

— Deus haver observat que les distàncies estan expressades en anys llum, però és aquesta magnitud realment una mesura de longitud? Cerca com es defineix l'any llum, per què s'utilitza en les distàncies molt grans i la seva equivalència amb el metre.

b> Llegeix amb atenció com es va determinar, a l'època d'Aristarc, la distància de la Terra a la Lluna.

— Quines eines i relacions matemàtiques van utilitzar que ja coneixies?

— Quines noves relacions es van proposar per a realitzar aquests mesuraments?

— Què segueix sent confús respecte dels mesuraments realitzats?

1. Nombres racionals

Els nombres que podem trobar en qualsevol expressió matemàtica poden ser de diferent naturalesa. En realitat, qualsevol nombre pot classificar-se en, almenys, una de les categories següents: naturals ($\mathbb{N}$), enters ($\mathbb{Z}$), racionals ($\mathbb{Q}$), irracionals ($\mathbb{I}$), reals ($\mathbb{R}$) i complexos ($\mathbb{C}$).

Els **nombres racionals** són els que poden expressar-se com a fracció de dos enters, com per exemple, $\frac{4}{7}$, $-\frac{2}{3}$, 8, etc. i es regeixen per les operacions habituals de suma, resta, multiplicació, divisió i potència.

	OPERACIÓ		FÓRMULA	EXEMPLE
FRACCIONS	Suma i resta	Mateix denominador	$\frac{a}{c} \pm \frac{b}{c} = \frac{a \pm b}{c}$	$\frac{5}{4} + \frac{7}{4} = \frac{12}{4}$
		Diferent denominador	$\frac{a}{c} \pm \frac{b}{d} = \frac{a \cdot d \pm b \cdot c}{c \cdot d}$	$\frac{4}{3} - \frac{2}{5} = \frac{4 \cdot 5 - 2 \cdot 3}{15} = \frac{14}{15}$
	Multiplicació		$\frac{a}{c} \cdot \frac{b}{d} = \frac{a \cdot b}{c \cdot d}$	$\frac{2}{4} \cdot \frac{3}{2} = \frac{6}{8} = \frac{3}{4}$
	Divisió		$\frac{a}{c} : \frac{b}{d} = \frac{a \cdot d}{c \cdot b}$	$\frac{3}{4} : \frac{3}{5} = \frac{3 \cdot 5}{4 \cdot 3} = 1,25$
POTÈNCIES	Multiplicació		$a^m \cdot a^n = a^{m+n}$	$7^3 \cdot 7^4 = 7^7$
	Divisió		$\frac{a^m}{a^n} = a^{m-n}$	$\frac{3^2}{3^5} = 3^{-3}$
	Potència		$(a^m)^n = a^{m \cdot n}$	$(5^3)^2 = 5^6$

A més d'expressar-se com a nombres fraccionaris, els nombres racionals es poden expressar com un decimal. Per a transformar una fracció en un nombre decimal dividim el numerador entre el denominador. Per a transformar un decimal exacte a fracció, escrivim al numerador el nombre decimal complet sense la coma, i al denominador un u seguit de tants zeros com decimals tenia el nombre original.

1 EXEMPLE

Expressa els nombres següents en forma de fracció: a) 56 b) 3,6 c) 0,32

— A continuació, multiplica les fraccions resultants de b) i c).

Solució

COMPRENSIÓ. Per a expressar un nombre enter en forma de fracció multipliquem numerador i denominador per un mateix nombre. Per a expressar els nombres decimals, escrivim el nombre sense la coma i dividim per un 1 seguit de tants 0 com tingui el decimal.

RESOLUCIÓ.

a) $56 \cdot \frac{2}{2} = \frac{112}{2}$ b) $3,6 = \frac{36}{10} = \frac{18}{5}$ c) $0,320 = \frac{320}{1000} = \frac{8}{25}$

— $\frac{18}{5} \cdot \frac{8}{25} = \frac{144}{125} = 1,152$

COMPROVACIÓ. Podem comprovar fàcilment la resposta dividint les fraccions amb la calculadora. Els resultats han de ser els valors inicials.

INTERNET

Entra a **http://links.edebe.com/qpb**, hi trobaràs un resum dels nombres racionals. Practica amb els exercicis que et proposen.

RECORDA

Com a contraposició als nombres racionals, els **nombres irracionals** són aquells que no es poden expressar mitjançant la fracció de dos enters; són decimals il·limitats no periòdics. Són, de fet, tots els nombres reals no racionals.

Alguns exemples de nombres irracionals són $\sqrt{2}$, $\sqrt{3}$, etc. Altres exemples amb nom propi són el nombre pi (π = 3,14159…), el nombre *e* o nombre d'Euler (*e* = 2,7182…) i el nombre auri (Φ = 1,6180…).

CURIOSITATS

Els nombres irracionals van ser descoberts per l'Escola Pitagòrica, que els va anomenar *nombres incommensurables*. Els pitagòrics van voler mantenir-los en secret perquè contradeien la idea de perfecció atribuïda als nombres.

INTERNET

A l'enllaç següent, trobaràs el procediment per a transformar un nombre decimal qualsevol (exacte, periòdic o periòdic mixt) en una fracció: **http://links.edebe.com/jgnfm**

— Descriu amb les teves pròpies paraules el procediment per a transformar un nombre periòdic (pur o mixt) en una fracció.

Exercicis i problemes 1, 2 i 3

2. Errors i notació científica

Les matemàtiques són una eina fonamental a l'hora de prendre mesures precises en el món real. Per això, és essencial conèixer els errors associats a les mesures que obtenim, així com expressar els valors de les mesures en notació científica.

2.1. Error absolut i error relatiu

L'**error absolut** és la diferència entre una mesura real (que bé pot ser experimental o trobada aplicant-hi una fórmula) i el valor exacte d'aquesta mesura. Les unitats de l'error són les mateixes que les de la mesura.

L'**error relatiu** és el quocient entre l'error absolut i el valor exacte de la mesura. L'error relatiu pot expressar-se en percentatge multiplicant aquest quocient per 100.

$$\varepsilon_{\text{relatiu}} = \frac{\varepsilon_{\text{absolut}}}{\text{valor exacte}} \cdot 100$$

AMPLIA

Els errors també poden classificar-se en **sistemàtics** i **aleatoris.**

Els errors **sistemàtics** són aquells que es repeteixen a cada mesura per alguna causa coneguda. És habitual, per exemple, trobar un desajust en un sistema de mesura (balança, amperímetre, etc.) que provoca un error sistemàtic a cada mesurament.

Els errors **aleatoris,** en canvi, són els que es produeixen de forma irregular, sense cap causa concreta o preestablerta.

Si bé els errors sistemàtics són fàcilment predictibles i poden corregir-se, els errors aleatoris són molt difícils de preveure o corregir.

2 EXEMPLE

A partir d'un mapa, hem calculat que la distància en línia recta entre Córdoba i Buenos Aires (Argentina) és aproximadament de 650 km, quan en realitat és de 648,29 km. Quin error absolut hem comès? Quin és l'error relatiu?

Solució

COMPRENSIÓ. Els 650 km corresponen al valor de la mesura real. El valor exacte d'aquesta mesura és 648,29 km. Es tracta d'utilitzar aquests dos valors per trobar els errors absolut i relatiu, segons les definicions anteriors.

RESOLUCIÓ. L'error absolut és la diferència entre la mesura real i el seu valor exacte:

$$\varepsilon_{\text{absolut}} = 650 - 648{,}29 = 1{,}71 \text{ km}$$

L'error relatiu, expressat en percentatge, vindrà donat per:

$$\varepsilon_{\text{relatiu}} = \frac{\varepsilon_{\text{absolut}}}{\text{valor exacte}} \cdot 100 = \frac{1{,}71}{648{,}29} \cdot 100 = 0{,}26\,\%$$

COMPROVACIÓ. L'error és menor a 2 km. És a dir, hi ha un error aproximat d'un quilòmetre per cada 300 km, la qual cosa justifica que l'error relatiu sigui menor a l'1 %.

2.2. Notació científica

La **notació científica** s'utilitza per a facilitar l'expressió de quantitats molt grans i molt petites, i els càlculs que se'n deriven. Els nombres s'expressen mitjançant una part entera amb una única xifra (diferent de zero), una part decimal i una potència de 10 d'exponent enter. La part decimal generalment té una o dues xifres.

3 EXEMPLE

La distància mitjana entre Neptú i el Sol és de 30,07 unitats astronòmiques (UA). Expressa-la en quilòmetres utilitzant la notació científica.

Solució

COMPRENSIÓ. En notació científica expressem les quantitats amb una part entera d'una xifra, una part decimal amb les xifres restants i la potència corresponent.

DADES. 1 UA = 149600000 km

RESOLUCIÓ. $30 \cdot 149600000 = 4498472000 = 4{,}498472 \cdot 10^9$ km

COMPROVACIÓ. Desplaçant la coma decimal 9 posicions a la dreta (com indica l'exponent) recuperem l'expressió inicial.

CURIOSITATS

La notació científica permet expressar mesures molt grans o molt petites, que és poc pràctic expressar en el sistema internacional.

Algunes fins i tot tenen nom propi, com la **unitat astronòmica** (la distància mitjana entre el Sol i la Terra) que equival aproximadament a $1{,}496 \cdot 10^8$ km.

— Cerca a internet altres mesures que en el sistema internacional s'expressin mitjançant notació científica.

Exercicis i problemes
4 a 7

3. Àlgebra

Conèixer les identitats algèbriques, així com resoldre equacions i sistemes d'equacions lineals ens serà de gran utilitat per a resoldre problemes algèbrics.

3.1. Identitats algèbriques

A la taula següent pots trobar algunes de les identitats algèbriques més habituals:

OPERACIÓ	DESENVOLUPAMENT	EXEMPLE
$(a+b)^2$	a^2+b^2+2ab	$(x+2)^2 = x^2+2^2+2x\cdot 2 = x^2+4x+4$
$(a-b)^2$	a^2+b^2-2ab	$(y-5)^2 = y^2+5^2-2y\cdot 5 = y^2-10y+25$
$(a+b)\cdot(a-b)$	a^2-b^2	$(x+2)\cdot(x-2) = x^2-2^2 = x^2-4$

3.2. Equacions lineals o de primer grau

Les equacions lineals o de primer grau amb una incògnita poden transformar-se en equacions de la forma $ax + b = 0$. Aquesta equació és $x = -\dfrac{b}{a}$.

FIXA-T'HI

Per trobar les solucions de l'equació lineal $3x - 2y = 4$:

1. Aïllem la incògnita y:

$$y = \frac{3x-4}{2}$$

2. Assignem valors a la incògnita x, i trobem els valors que prendrà la incògnita y:

x	$y = \dfrac{3x-4}{2}$
0	$\dfrac{3\cdot 0-4}{2} = -2$
1	$\dfrac{3\cdot 1-4}{2} = -0{,}5$
2	$\dfrac{3\cdot 2-4}{2} = 1$

Les solucions de l'equació són:

$x = 0, y = 0$; $x = 1, y = -0{,}5$;

$x = 2, y = 2$; ...

— A partir dels resultats, quantes solucions tindrà una equació lineal amb dues incògnites?

4 EXEMPLE

Resol la següent equació: $\dfrac{3(x+1)}{2} - x = \dfrac{x-4}{3}$.

Solució

COMPRENSIÓ. Transformarem l'equació en una equació de la forma $ax + b = 0$. Per fer-ho, haurem d'eliminar els parèntesis, eliminar els denominadors i traslladar els termes, reduint els que siguin semblants.

RESOLUCIÓ.

— Eliminem els parèntesis: $\dfrac{3x+3}{2} - x = \dfrac{x-4}{3}$

— Eliminem denominadors: m.c.m. (2, 3) = 6; $6\cdot\left(\dfrac{3x+3}{2} - x\right) = 6\cdot\left(\dfrac{x-4}{3}\right)$

— Eliminem parèntesis i traslladem els termes reduint els que siguin semblants:

$$9x + 9 - 6x = 2x - 8; \rightarrow 9x - 6x - 2x + 8 + 9 = 0 \rightarrow x + 17 = 0$$

$$x = -17$$

COMPROVACIÓ. Substituïm la solució a l'equació inicial i comprovem que és correcta:

$$\frac{3(-17)+3}{2} - (-17) = \frac{(-17)-4}{3} \rightarrow -7 = -7$$

3.3. Equacions lineals amb dues incògnites

Les equacions lineals de primer grau amb dues incògnites són de la forma:

$$ax + by + c = 0$$

La solució d'aquestes equacions són tots els parells de valors x i y que compleixen la igualtat. Un mètode per trobar algunes de les solucions d'aquesta equació és aïllar la incògnita y, i assignar valors a la variable x.

3.4. Sistemes lineals de dues equacions amb dues incògnites

Un **sistema de dues equacions lineals amb dues incògnites** és un sistema format per dues equacions lineals amb dues incògnites que han de complir-se simultàniament:

$$\left.\begin{array}{l} a_1x + b_1y = c_1 \\ a_2x + b_2y = c_2 \end{array}\right\}$$

La solució és un parell de nombres x_1 i y_1, de manera que si substituïm x per x_1 i y per y_1, es compleixen les dues equacions.

Existeixen tres mètodes que permeten resoldre algèbricament un sistema d'equacions: **igualació, substitució** i **reducció.**

Exercicis i problemes
8 a 14

	PROCEDIMENT	EXEMPLE: $\left.\begin{array}{l} x + y = 9 \\ 2x + 3y = 24 \end{array}\right\}$
IGUALACIÓ	Aïllem una de les incògnites en les dues equacions del sistema.	$\left.\begin{array}{l} x = 9 - y \\ x = \dfrac{24 - 3y}{2} \end{array}\right\}$
	Igualem les dues expressions, amb la qual cosa obtenim una única equació lineal amb una incògnita.	$9 - y = \dfrac{24 - 3y}{2}$
	Resolem l'equació lineal resultant.	$18 - 2y = 24 - 3y \rightarrow y = 6$
	Substituïm el valor obtingut en qualsevol de les dues expressions en què apareix aïllada l'altra incògnita.	$x = 9 - y \rightarrow x = 9 - 6 \rightarrow x = 3$
SUBSTITUCIÓ	Aïllem una de les incògnites en alguna de les equacions del sistema.	$x = 9 - y$
	Substituïm en l'altra equació la incògnita aïllada per la seva expressió corresponent, amb la qual cosa obtenim una única equació lineal amb una incògnita.	$2 \cdot (9 - y) + 3y = 24$
	Resolem l'equació lineal resultant.	$18 - 2y + 3y = 24 \rightarrow y = 6$
	Substituïm el valor obtingut en l'expressió en què apareix aïllada l'altra incògnita.	$x = 9 - y \rightarrow x = 9 - 6 \rightarrow x = 3$
REDUCCIÓ	Observem si alguna de les incògnites té els coeficients oposats en les dues equacions. En cas contrari, multipliquem cada equació pel nombre adequat perquè una de les incògnites tingui els coeficients oposats en les dues equacions.	$\left.\begin{array}{l} x + y = 9 \\ 2x + 3y = 24 \end{array}\right\} \begin{array}{c} \xrightarrow{\cdot(-2)} \\ \xrightarrow{\cdot 1} \end{array} \left.\begin{array}{l} -2x - 2y = -18 \\ 2x + 3y = 24 \end{array}\right\}$
	Sumem membre a membre les dues equacions i resolem l'equació lineal resultant.	$\begin{array}{r} -2x - 2y = -18 \\ 2x + 3y = 24 \\ \hline y = 6 \end{array} \rightarrow y = 6$
	Substituïm el valor trobat en una de les equacions inicials i aïllem l'altra incògnita, o bé, utilitzem de nou el mateix mètode per a eliminar l'altra incògnita.	$x + 6 = 9 \rightarrow x = 3$

4. Funcions

El concepte de funció i el seu estudi és fonamental en la investigació matemàtica i les seves aplicacions s'estenen a nombrosos àmbits de la vida quotidiana així com en la ciència i la tecnologia.

4.1. Concepte de funció

Una **funció** és una relació de dependència entre dues variables de manera que a cada valor de la primera (x) li correspon un únic valor de la segona (y), anomenada *imatge*. Se simbolitzen mitjançant la notació

$$y = f(x)$$

La x s'anomena **variable independent** i la y s'anomena **variable dependent.**

RECORDA

Per a **representar gràficament** una funció és recomanable confeccionar una taula de valors. Per fer-ho, donem valors a la variable x, i obtenim els valors corresponents de la y.

4.2. Representació gràfica de funcions. Sistema de coordenades

Donada una funció, per a cada valor de x, podem considerar el parell (x, y) on $y = f(x)$. Així podem representar gràficament una funció en un **sistema de coordenades cartesià.**

Un sistema de coordenades cartesià en el pla, consta de dues rectes, perpendiculars entre si, que es tallen en un punt anomenat **origen de coordenades.** La recta horitzontal s'anomena **eix d'abscisses** i s'hi representen els valors de x; la recta vertical s'anomena **eix d'ordenades** i s'hi representen els valors de $y = f(x)$.

En situar en els eixos cartesians els parells de valors (x, y) obtinguts de la funció, obtenim la representació gràfica d'aquesta.

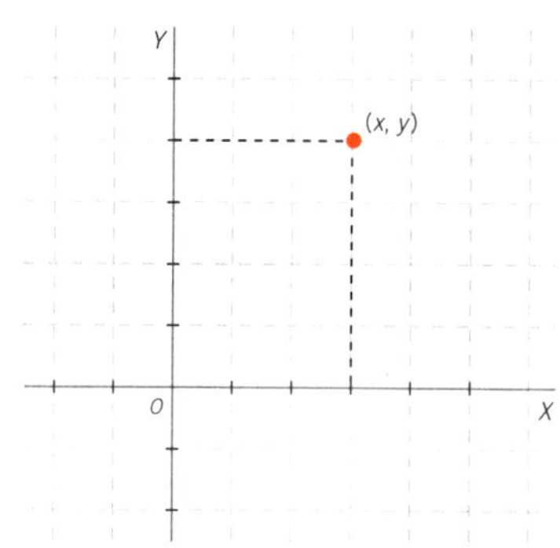

Sistema de coordenades cartesià en el pla.

AMPLIA

Existeixen altres sistemes de coordenades diferents al sistema de coordenades cartesianes. Per exemple, el sistema de **coordenades geogràfiques** permet determinar la posició d'un punt a la superfície terrestre.

— Investiga com es denominen les coordenades que utilitza aquest sistema, com és l'origen d'aquestes coordenades i en quins altres camps s'utilitzen.

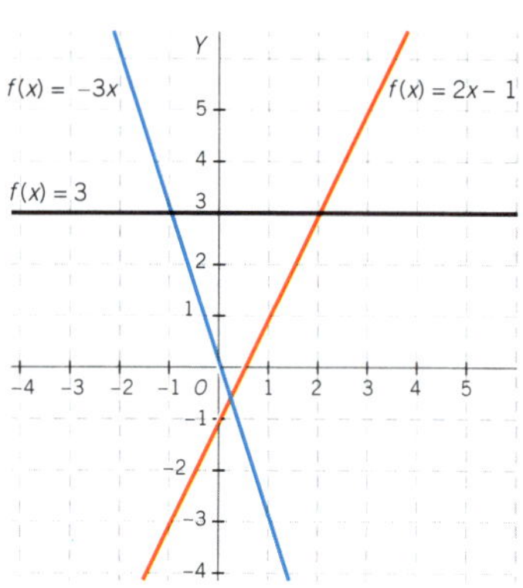

Representació gràfica de tres funcions lineals.

4.3. Funcions lineals

Una funció lineal és una funció del tipus $f(x) = mx + n$.

La representació gràfica d'aquestes funcions és una recta de pendent m i que talla l'eix d'ordenades en el punt $(0, n)$.

4.4. Funcions quadràtiques

Les funcions quadràtiques són funcions del tipus $f(x) = ax^2 + bx + c$.

La representació gràfica d'aquestes funcions és una paràbola.

El vèrtex de la paràbola és $\left(\dfrac{-b}{2a}, f\left(\dfrac{-b}{2a}\right)\right)$.

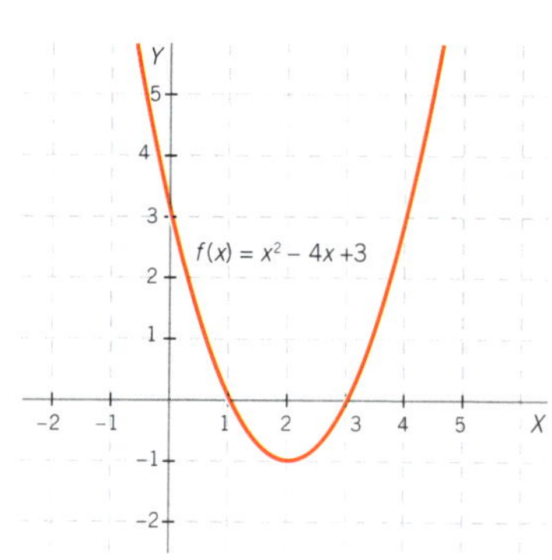

Exercicis i problemes 15 a 19

5. Estadística i tècniques de recompte

Moltes disciplines, com la física, l'economia, l'enginyeria o les ciències socials, entre d'altres, requereixen la utilització d'eines estadístiques per a recopilar, analitzar, interpretar i representar dades. En aquestes disciplines també és útil conèixer tècniques de recompte que permetin tenir en compte les diferents formes de comptar objectes.

5.1. Població i mostra

La **població** representa el conjunt de persones, animals, objectes, etc. que presenten una característica en comú. La **mostra,** en canvi, és la part de la població que seleccionem per a analitzar i extreure conclusions sobre aquesta població, ja que normalment resulta impossible analitzar tots i cadascun dels elements de la població.

5 EXEMPLE

Volem saber quantes hores dediquen els alumnes de primer de Batxillerat a estudiar Matemàtiques cada setmana. Quines són la població i la mostra?

Solució

La **població,** en aquest cas, serien tots i cadascun dels alumnes de primer de Batxillerat. (La seva característica comuna és, justament, *ser alumne de 1r de Batxillerat*). Com que no podem preguntar-los a tots quantes hores estudien a la setmana, seleccionarem una **mostra** de, per exemple, 500 estudiants. La mostra ha de ser representativa; és a dir, tindrem en compte alumnes de tots dos sexes, centres educatius diferents, de diferents comunitats autònomes, de pobles i ciutats, de diferents realitats socioeconòmiques, etc.

5.2. Variables estadístiques

Una vegada seleccionada una determinada població, interessa analitzar algunes de les seves característiques o **variables estadístiques.** En el cas dels alumnes de Batxillerat, per exemple, les hores que dediquen a estudiar seria una variable estadística. Però també podríem considerar altres variables com ara el nombre d'assignatures que tenen, el nombre de germans, les seves aficions, etc.

Les variables estadístiques poden representar-se mitjançant diferents gràfics. Els més habituals són el **diagrama de barres**, el **gràfic de sectors** i l'**histograma.**

6 EXEMPLE

Hem seleccionat 25 alumnes de 1r de Batxillerat i hem analitzat les hores que dediquen a estudiar Matemàtiques, en funció de les notes que han tret de l'assignatura. Hem obtingut la taula adjunta. Com pots utilitzar aquesta taula per construir els tres diagrames?

NOTA	ALUMNES	HORES
Excel·lent	2	18
Notable	10	12
Aprovat	8	11
Suspens	5	2

Solució

El diagrama de barres es representa sobre uns eixos de coordenades, amb els valors de la variable (notes) a l'eix d'abscisses i les freqüències (notes) a l'eix d'ordenades. El gràfic de sectors es representa sobre un cercle, on l'angle és proporcional a les freqüències. L'histograma és un diagrama de barres on l'eix vertical representa la quantitat de població per a cada variable. En aquest cas, representarem el nombre d'alumnes que han tret excel·lent, notable, aprovat i suspens.

AMPLIA

Les variables estadístiques poden classificar-se en diversos tipus. Les més habituals són:

Qualitativa. És la que no pot expressar-se mitjançant un nombre. Per exemple, la situació professional: estudiant, empleat, jubilat, autònom, etc.

Quantitativa. És la que pot expressar-se mitjançant un nombre, i pot ser discreta o contínua.

Discreta. És la que pren valors específics aïllats. Per exemple, les edats de les persones (15 anys, 65 anys, 43 anys, 22 anys, etc.).

Contínua. És la que pren qualsevol valor comprès en un rang determinat. Per exemple, l'altura de les persones (1,68 m, 1,75 m, 2,01 m, 1,97 m, etc.).

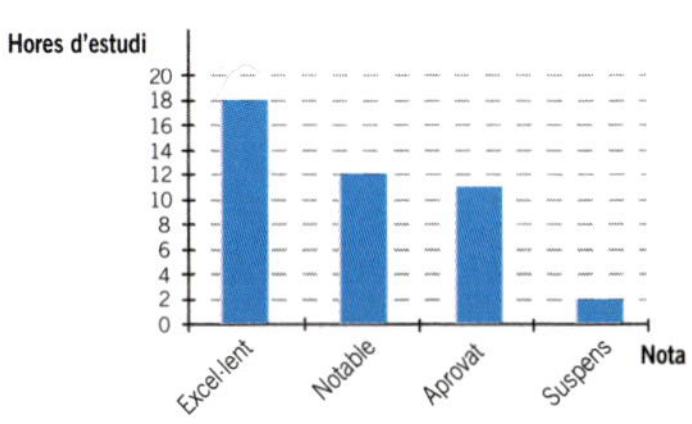

Diagrama de barres.

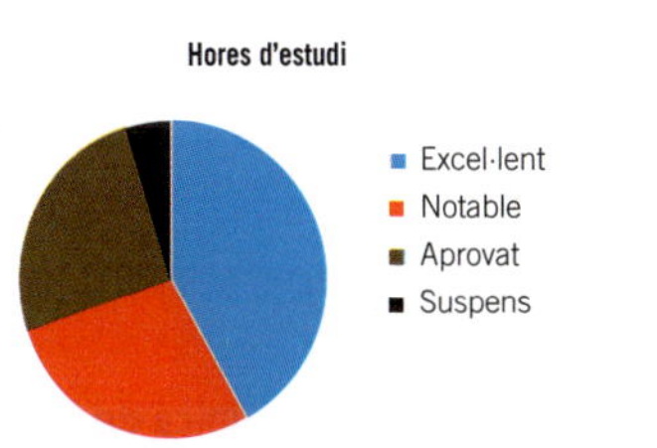

Gràfic de sectors.

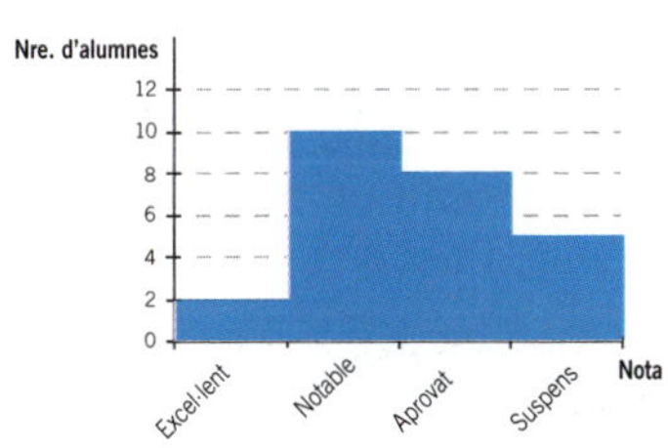

Histograma.

Exercicis i problemes 20 a 23

5.3. Combinatòria

RECORDA

— El factorial d'un nombre n es calcula de la manera següent:

$$n! = n \cdot (n-1) \cdot (n-2) \cdot \ldots \cdot 3 \cdot 2 \cdot 1$$

Ej.: $4! = 4 \cdot 3 \cdot 2 \cdot 1 = 24$

— El factorial de zero és u:

$$0! = 1$$

Per a *comptar* el nombre d'objectes que satisfan un criteri, utilitzarem la **combinatòria.** Les diferents maneres de comptar els objectes dependran de si s'utilitzen tots els elements i de si l'ordre és important. Segons aquests dos criteris, classificarem els mètodes de comptatge en **permutacions (*P*)**, **variacions (*V*)** i **combinacions (*C*),** tal com es mostra a la taula de la dreta.

	S'UTILITZEN TOTS ELS ELEMENTS	L'ORDRE ÉS IMPORTANT
P	Sí	Sí
V	No	Sí
C	No	No

Els tres mètodes poden permetre o no la repetició d'elements. La taula següent mostra les fórmules que defineixen cada tècnica de recompte:

	SENSE REPETICIÓ	AMB REPETICIÓ
PERMUTACIONS	$P_n = n!$	$PR_n^{n_1, n_2, n_3 \ldots} = \dfrac{P_n}{n_1! \cdot n_2! \cdot n_3! \cdot \ldots}$
VARIACIONS	$V_m^n = \dfrac{m!}{(m-n)!}$	$VR_m^n = m^n$
COMBINACIONS	$C_m^n = \dfrac{m!}{n!(m-n)!}$	$CR_m^n = \dfrac{(m+n-1)!}{n!(m-1)!}$

On m és el nombre d'elements del conjunt; n és el nombre d'elements que escollim; n_1 són les vegades que es repeteix el primer element; n_2 les vegades que es repeteix el segon element; n_3 les vegades que es repeteix el tercer, etc.

AMPLIA

C_m^n també es pot escriure de la forma $\binom{m}{n}$. Es llegeix «m sobre n» i es coneix com a **nombre combinatori.**

Aquest nombre combinatori està relacionat amb el **binomi de Newton,** que ens permet calcular les potències d'un binomi, segons l'expressió següent:

$$(a \pm b)^n = \binom{n}{0} a^n \pm \binom{n}{1} a^{n-1} b \pm \pm \binom{n}{2} a^{n-2} b^2 \pm \ldots \pm \binom{n}{n} b^n$$

Exercicis i problemes 24 a 27

7 EXEMPLE

De quantes maneres es poden ordenar 8 llibres en una prestatgeria?

Solució

COMPRENSIÓ. En aquest cas utilitzem tots els elements ($n = 8$) i només podem col·locar cada llibre una vegada; així doncs, serà una permutació sense repeticions.

RESOLUCIÓ. $P_8 = 8! = 40320$

8 EXEMPLE

Una societat astronòmica de 12 membres ha d'escollir per votació tres membres. El primer serà el president; el segon, el vicepresident; i el tercer, el secretari. Quantes possibles eleccions existeixen?

Solució

COMPRENSIÓ. No s'utilitzen tots els elements del conjunt i l'ordre sí que té importància, ja que segons l'ordre en què els escollim ocuparan un càrrec o un altre. Per tant, es tracta d'una variació. Com que una mateixa persona no pot tenir més d'un càrrec, no es permeten repeticions. Així doncs, tindrem una variació sense repetició.

DADES. Hi ha 12 membres i n'hem d'escollir 3. Per tant, $m = 12$ i $n = 3$.

RESOLUCIÓ.

$$V_m^n = \frac{m!}{(m-n)!} = \frac{12!}{(12-3)!} = \frac{12!}{9!} = \frac{12 \cdot 11 \cdot 10 \cdot \cancel{9!}}{\cancel{9!}} = 1320$$

9 EXEMPLE

Quants nombres de tres dígits podem formar amb les xifres 1, 2, 4 i 7?

Solució

COMPRENSIÓ. No s'utilitzen tots els elements del conjunt i l'ordre té importància, ja que $247 \neq 274$. Per tant, es tractarà d'una variació, en aquest cas amb repetició, ja que nombres com el 244 també són possibles.

DADES. D'un conjunt de 4 elements (xifres diferents), n'escollim 3 (dígits). Així doncs, $m = 4$ i $n = 3$.

RESOLUCIÓ. Utilitzem la fórmula per a les variacions amb repetició: $VR_m^n = m^n = 4^3 = 64$.

COMPROVACIÓ. Amb una mica de paciència podem obtenir els 64 nombres possibles: 111, 112, 114, 117, 121, 122, 124, 127, 222, 224, 227, etc.

EXERCICIS I PROBLEMES

1 NOMBRES RACIONALS

1. ★☆☆ Indica si els nombres següents són racionals o irracionals. Justifica la resposta.

a) 5,6 d) e

b) 7,4567234 e) $6,\hat{6}$

c) π f) 0,111 111 111

2. ★☆☆ Expressa els nombres següents en forma de fracció:

a) 5,6 c) 3,333 e) 10,5061

b) 7 d) $3,\hat{3}$ f) 57,3

Sol.: a) 56 / 10; b) 7 / 1; c) 3333 / 10000; d) 10 / 3; e) 105061 / 10000; f) 573 / 10

3. ★★☆ Donats els nombres $a = \frac{4}{5}$, $b = 5{,}6$, $c = 3^4$ i $d = 3^5$, realitza les operacions següents sense utilitzar la calculadora:

a) $a \cdot b$ c) $\frac{c}{d}$ e) $\frac{a \cdot b \cdot c}{d}$

b) $c \cdot d$ d) $a + b$ f) c^d

Sol.: a) 112 / 25; b) 3^9; c) 1 / 3; d) 32 / 5; e) 112 / 75; f) 3^{972}

2 ERRORS I NOTACIÓ CIENTÍFICA

4. ★☆☆ Mesurem experimentalment amb una tècnica pròpia la distància a un estel del sistema solar i trobem que és de 6 anys llum, quan en realitat sabem que és de 6,1 anys llum. Calcula l'error absolut i l'error relatiu que hem comès.

Sol.: $\varepsilon_a = 0{,}1$ anys llum; $\varepsilon_r = 1{,}7\,\%$

5. ★☆☆ Si un any llum correspon a uns $9{,}46 \cdot 10^{12}$ km, expressa l'error absolut de l'exercici anterior en metres utilitzant la notació científica.

Sol.: $\varepsilon_a = 9{,}46 \cdot 10^{14}$ m

6. ★★☆ Busca el valor que s'atribueix al diàmetre del Sol. Si realitzem una mesura experimental i cometem un error relatiu de l'1 % per sobre de la mesura trobada en les nostres fonts d'informació, quina mesura haurem realitzat? Expressa-la en quilòmetres i en anys llum. @

Sol.: 1 405 920 km; $1{,}486 \cdot 10^{-7}$ anys llum

7. ★★☆ Realitza cinc mesures aleatòries amb la miniaplicació següent i estudia els conceptes que s'hi introdueixen: @

http://links.edebe.com/u2t3fx

Suposant que la primera mesura és la bona, respon:

a) Quin és l'error absolut de la segona mesura?

b) Quin és l'error relatiu de la tercera mesura?

c) Quin és el valor representatiu de les cinc mesures?

d) Què és la imprecisió?

3 ÀLGEBRA

8. ★☆☆ Desenvolupa les potències següents:

a) $(2 - x)^2$ c) $(y + 4)^3$

b) $(a + 8) \cdot (a - 8)$ d) $(y - x)^3$

Sol.: a) $x^2 - 4x + 4$; b) $a^2 - 64$; c) $y^3 + 12y^2 + 48y + 64$; d) $y^3 - 3y^2x + 3yx^2 - x^3$

9. ★☆☆ Si recorrem tres vegades la distància entre dues ciutats haurem recorregut un total de 1 650 km. Formula l'exercici mitjançant una equació de primer grau de la forma $ax + b = 0$, i indica clarament què representen els coeficients a i b i la variable x. A quina distància es troben les dues ciutats?

Sol.: 550 km

10. ★☆☆ Troba cinc solucions de cadascuna de les següents equacions:

a) $3x - 2y = 7$ b) $2x - y = 9$ c) $-x + 3y = -2$

11. ★☆☆ Resol les següents equacions lineals:

a) $\frac{4x-3}{2} = \frac{5x+1}{3}$

b) $\frac{x-3}{2} + 7 = x - \frac{5-x}{4}$

Sol.: a) $x = 11/2$; b) $x = 9$

12. ★★☆ Resol els següents sistemes:

a) $\left.\begin{array}{l} \frac{x+2}{3} = \frac{1+5y}{2} \\ x = 7y \end{array}\right\}$

b) $\left.\begin{array}{l} \frac{x}{y} = -\frac{2}{3} \\ 3 \cdot (x+1) = 7 - 4y \end{array}\right\}$

Sol.: a) $x = 7$, $y = 1$; b) $x = -4/3$, $y = 2$

13. ★★☆ La Maria és set anys més gran que la seva germana Lídia, i la suma de les seves edats d'aquí a dos anys serà el triple de l'edat actual de la Lídia. Quants anys tenen les dues germanes?

Resol el problema pel mètode d'igualació.

Sol.: La Maria: 18 anys; La Lídia: 11 anys

14. ★★★ Una administració de loteria reparteix cinc premis diferents. El segon premi és la meitat (en euros) del primer. El tercer premi és un terç del segon. El quart premi és una quarta part del tercer, i el cinquè premi és la cinquena part del quart premi. La suma total dels cinc premis és de 4 120 €. @

Resol el problema pel mètode de reducció. Després representa i comprova les respostes a l'enllaç següent: http://links.edebe.com/2f3k4k

Sol.: 1r: 2 400 €; 2n: 1 200 €; 3r: 400 €; 4t: 100 €; 5è: 20 €

4 FUNCIONS

15. ★☆☆ Representa gràficament la funció $y = 2x + 4$. Quins són els punts de tall amb els eixos de coordenades?

Sol.: (0, 4) i (–2, 0)

16. ★☆☆ Representa gràficament la paràbola $y = 2x^2 - 2$. Calcula el vèrtex i els punts de tall amb els eixos.

Sol.: $v = (0, -2)$. Punts de tall: (–1, 0) i (1, 0)

17. ★★☆ Representa gràficament les funcions $y = x^2 - 2x + 1$ i $y = 2x + 1$. En quin punt es tallen ambdues funcions?

Sol.: (0, 1) i (4, 9)

18. ★★☆ Cerca, a internet, les coordenades geogràfiques del lloc on vius. Quines són les coordenades geogràfiques de les teves antípodes? @

19. ★★★ Observa les representacions gràfiques d'aquestes funcions. Troba les expressions algèbriques i defineix les seves característiques.

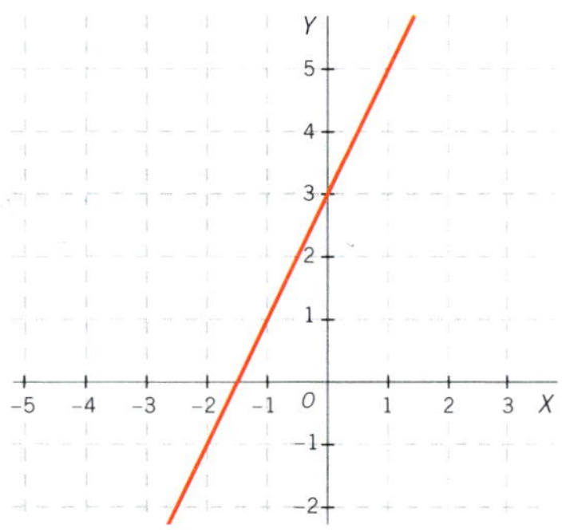

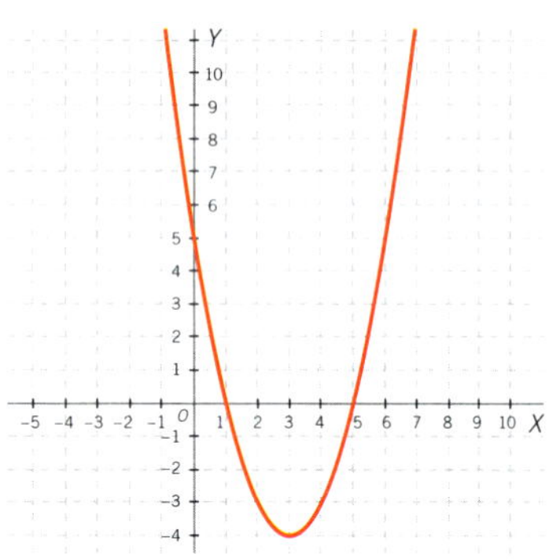

Sol.: a) $f(x) = 2x + 3$; b) $f(x) = x^2 - 6x + 5$

5 ESTADÍSTICA I TÈCNIQUES DE RECOMPTE

20. ★☆☆ Volem saber quin partit polític van votar els habitants d'un determinat barri de la ciutat. Per fer-ho, preguntem a 150 persones que viuen en aquest barri quina va ser la seva elecció. Quines són la població i la mostra d'aquest estudi?

21. ★☆☆ Indica si les variables següents són qualitatives o quantitatives. En el cas que siguin quantitatives, són contínues o discretes? Justifica les respostes.

a) El color preferit.

b) La talla dels pantalons.

c) El diàmetre d'un telescopi.

22. ★★☆ A partir de les dades següents, representa un diagrama de barres que mostri les freqüències de les diferents notes musicals:

NOTA	do	re	mi	fa	sol	la	si
FREQÜÈNCIA (Hz)	262	394	330	349	392	440	494

23. ★★☆ Interpreta l'histograma següent, especificant el significat de cadascun dels eixos de coordenades.

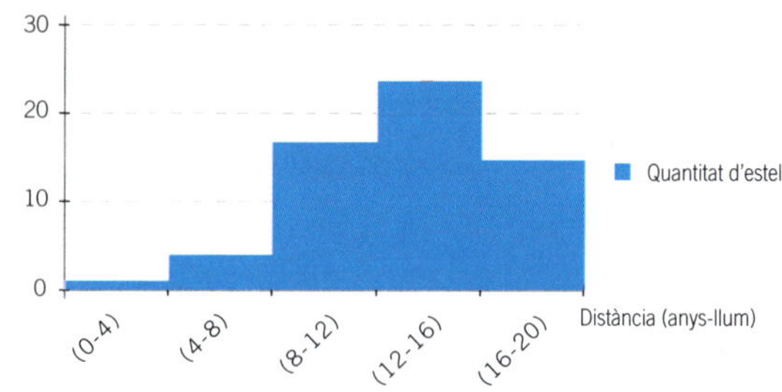

24. ★★☆ De quantes maneres diferents poden asseure's 10 persones en 10 butaques d'un cinema?

Sol.: 3 628 800

25. ★★☆ Amb les xifres de l'u al deu, quantes sumes podem construir utilitzant dues xifres diferents cada vegada si les dues xifres utilitzades poden ser iguals?

(Tingues en compte la propietat commutativa de la suma, i que si dos nombres sumen el mateix que un altre parell de nombres diferents, es consideren casos diferents).

Sol.: 55

26. ★★★ Amb les 27 lletres de l'alfabet, quantes paraules de cinc lletres podem formar si...

a) ... totes les lletres de la paraula són diferents?

b) ... les paraules poden contenir lletres repetides?

c) ... les lletres són diferents i totes les paraules comencen per la lletra *A*?

d) ... les lletres poden repetir-se i totes les paraules acaben amb les lletres *IM*?

Sol.: a) 9 687 600; b) 14 348 907; c) 358 800; d) 19 683

27. ★★★ Et demanen que creïs una contrasenya de deu caràcters que diferenciï majúscules i minúscules. Perquè sigui vàlida l'únic requisit és utilitzar els dígits i lletres següents:

1, 1, a, b, 7, 7, 7, 7, z, Z

a) Quantes contrasenyes diferents pots crear?

b) De totes les contrasenyes possibles, quantes comencen per 1?

c) De totes les contrasenyes que comencen per 1, quantes acaben amb dos sets?

d) Quantes contrasenyes comencen per 1 o acaben amb dos sets?

Sol.: a) 75 600; b) 15 120; c) 2 520; d) 22 680

0 # AVALUACIÓ

1 Indica si les afirmacions següents són vertaderes o falses. Justifica les respostes.

a) El nombre $6,2\widehat{4}$ és un nombre racional.

b) Tots els nombres racionals són reals.

c) Tots els nombres reals són racionals.

d) El nombre pi no és racional.

e) Un nombre pot ser racional i irracional alhora.

2 Mesurem la distància entre el Sol i un planeta i obtenim 0,00060 UA, quan en realitat se sap que la distància exacta és de 0,00057 UA. (1 UA = $= 1{,}496 \cdot 10^8$ km)

a) Calcula l'error absolut i l'error relatiu comesos.

b) Expressa l'error absolut en quilòmetres utilitzant la notació científica.

Sol.: $\varepsilon_a = 0{,}00003$ UA; $\varepsilon_r = 5{,}2\,\%$

3 Resol els sistemes d'equacions següents per igualació, substitució i reducció:

a) $\left.\begin{array}{r} 2x + y = 0 \\ x + y = -1 \end{array}\right\}$ b) $\left.\begin{array}{r} 6x - 8y = -12 \\ 4y + 2x = 16 \end{array}\right\}$

Sol.: a) $x = 1$; $y = -2$; b) $x = 2$; $y = 3$

4 Expressa cadascuna d'aquestes funcions mitjançant una fórmula. Indica si són lineals o quadràtiques, i representa-les en un sistema de coordenades.

a) El triple d'un nombre.

b) El quadrat d'un nombre més la seva meitat.

c) El doble d'un nombre més 8.

Sol.: a) $f(x) = 3x$, b) $f(x) = x^2 + x/2$; c) $f(x) = 2x + 8$

5 Una taca en el llibre impedeix que es vegi clarament l'expressió algèbrica d'una funció, però sí que podem veure'n la representació gràfica. Quina és la funció?

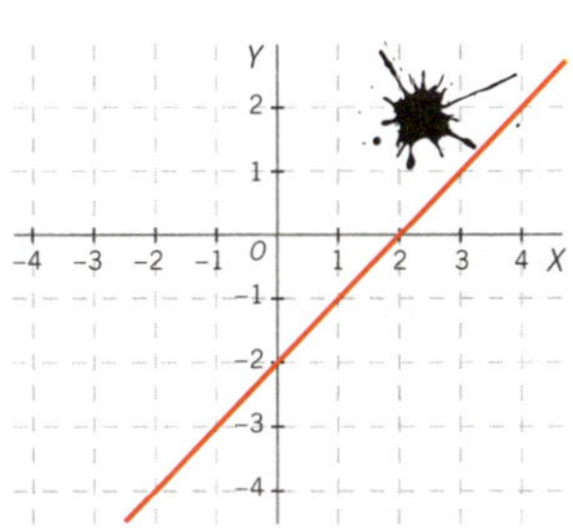

6 Dibuixa un triangle rectangle sobre un sistema de coordenades tenint en compte que la seva alçària és de 3 unitats, i dues de les seves coordenades són (2, 2) i (5, 2). (Tots dos components estan expressats en metres).

7 Indica si les afirmacions següents són vertaderes o falses. Justifica les respostes.

a) Les notes de Matemàtiques dels alumnes d'una classe representen una variable qualitativa.

b) Les edats de les persones són variables quantitatives discretes.

c) Les talles de roba són variables quantitatives contínues.

d) Les variables qualitatives són sempre variables discretes.

e) Únicament es poden representar gràficament aquelles variables que siguin quantitatives.

8 La taula següent mostra les distàncies (en anys llum i per a diferents intervals) dels estels més propers:

NOMBRE D'ESTELS	1	4	17	24	15
DISTÀNCIA (ANYS-LLUM)	0-4	4-8	8-12	12-16	16-20

Representa aquestes dades en un histograma i comprova els teus resultats amb la miniaplicació que trobaràs a l'enllaç següent: @

http://links.edebe.com/w453vv

9 Tens 5 convidats a sopar. De quantes maneres diferents podeu seure al voltant de la taula?

Sol.: 120

10 Quants nombres de tres xifres hi ha que tinguin les tres xifres imparelles?

Sol.: 125

11 En una classe hi ha 12 nois i 16 noies. De quantes maneres pot triar-se una comissió de sis persones formada per tres nois i tres noies?

Sol.: 123200

BLOC 1.

ARITMÈTICA I ÀLGEBRA

>> SISTEMES DE NUMERACIÓ

La necessitat de *comptar* sorgeix amb la humanitat. Els descobriments arqueològics demostren que, en el Paleolític, els nostres avantpassats ja comptaven coses amb l'ajuda de petits munts de pedres i d'osques que feien en ossos d'animals.

Quan les formes de vida social es van fer més complexes, va sorgir la necessitat de crear *sistemes de numeració* amb què es pogués representar qualsevol quantitat.

Els més antics són els anomenats *additius*, en els quals el nombre representat s'obté mitjançant la suma de tots els símbols que el componen. El primer sistema additiu que coneixem és l'utilitzat pels antics egipcis aproximadament d'ençà de l'any 5000 a. C.

Més endavant van aparèixer els sistemes de numeració anomenats *posicionals*, en els quals els símbols tenen diferent valor segons el lloc que ocupen dins del nombre. Un dels primers intents de crear un sistema posicional es deu als babilonis, que cap a l'any 4000 a. C. van desenvolupar un sistema mixt: per als nombres més petits de 60, additiu i, per als més grans de 60, posicional.

Tauleta babilònica pertanyent a la col·lecció Plimpton de la Universitat de Columbia, datada cap al 1500 a. C., en la qual apareixen diverses ternes de nombres que compleixen l'expressió algèbrica $x^2 + y^2 = z^2$.

El sistema romà de numeració no es va abandonar fins molt avançada l'Edat Mitjana. Avui dia ha sobreviscut en alguns usos testimonials, com ara representar dates.

Els primers sistemes de numeració totalment posicionals van ser el maia i l'hindú. Aquest últim va arribar a Europa amb els àrabs al segle XIII, i va substituir ràpidament el sistema de numeració romà, de caràcter additiu. El sistema hindú s'ha convertit, gairebé sense variacions, en el sistema que utilitzem actualment.

>> CAP AL NOMBRE REAL

No tot allò que avui dia coneixem amb el nom de *nombre* ha estat considerat com a tal al llarg de la història.

És raonable pensar que els primers nombres coneguts van ser els que van ajudar la humanitat prehistòrica a representar quantitats: els *nombres naturals.*

Més endavant, les antigues civilitzacions del Pròxim Orient, especialment l'egípcia, van desenvolupar eines matemàtiques destinades a resoldre problemes relacionats amb el repartiment de béns. Això va conduir de manera natural a l'ús de les *fraccions positives*, que formen part del conjunt dels *nombres racionals.*

Però la necessitat de quantificació no es cobreix únicament amb els nombres racionals. A la Grècia clàssica, els matemàtics de l'anomenada *escola pitagòrica* van descobrir mesures geomètriques que no es podien expressar en forma de fracció. Això feia necessari considerar una nova classe de nombres: els *nombres irracionals.*

Va ser el matemàtic i geòmetra **Euclides** (ca. 325 - ca. 265 a. C.) qui, en el seu cèlebre llibre, *Elements,* va demostrar la irracionalitat de l'arrel de 2 per reducció a l'absurd, és a dir, que l'arrel quadrada de 2 no es podia escriure en forma de fracció, fossin quins fossin els valors enters del numerador i el denominador.

Per la seva banda, els antics matemàtics xinesos ja coneixien els *nombres negatius* i, encara que els consideraven mancats de sentit, els empraven hàbilment com a eina de càlcul. Tanmateix, les regles sistemàtiques d'utilització d'aquests nombres, així com del zero, són relativament modernes: es deuen als matemàtics hindús dels primers segles de la nostra era.

Els nombres negatius van arribar a Europa durant l'Edat Mitjana gràcies al contacte amb els àrabs. Amb tot, els matemàtics europeus no van acceptar aquest tipus de nombres fins ben bé al segle XVII. Els nombres negatius, juntament amb els naturals i el zero, formen el conjunt dels nombres enters.

Molt més endavant, el 1872, els matemàtics alemanys **K. Weierstrass, H. E. Heine, G. Cantor** i **J. W. R. Dedekind,** i el francès **H. C. R. Méray,** van culminar gairebé mig segle d'investigacions entorn de la idea de nombre. El resultat de tot això va ser una definició rigorosa del concepte de *nombre real.*

>> L'EVOLUCIÓ DE L'ÀLGEBRA

Si bé l'àlgebra va néixer de la mà d'egipcis i babilonis, i es va desenvolupar amb els grecs, l'origen de l'àlgebra moderna es deu fonamentalment als matemàtics àrabs, entre els quals cal destacar **Al-Khwarizmi.** La seva obra més important, titulada *Hisab al-jabr w'al-muqabala,* va influir decisivament en la matemàtica europea posterior.

Al començament del segle XIII, **Leonardo de Pisa,** conegut com **Fibonacci,** va publicar l'obra potser més important de l'àlgebra medieval, *Liber abbaci,* en la qual resol diferents problemes comercials mitjançant mètodes algèbrics.

En el Renaixement aquesta disciplina va rebre l'impuls definitiu. En un primer instant va sobresortir el matemàtic alemany **M. Stifel,** l'obra més important del qual, titulada *Arithmetica integra,* de 1544, recopila els coneixements de la seva època, a més de presentar interessants contribucions pròpies. Així, va popularitzar l'ús dels signes + i – en detriment de la notació *p* i *m* (del llatí *plus* i *minus*), usual fins aleshores.

El 1545, el filòsof, metge i matemàtic italià **G. Cardano** va publicar la seva obra *Ars magna,* en la qual exposava un mètode sistemàtic de resolució d'equacions de segon i tercer grau que se servia dels descobriments del també matemàtic italià **N. Fontana,** conegut com **Tartaglia.**

Cap al final del segle XVI van destacar els treballs del matemàtic francès

Descartes a la cort de la reina Cristina de Suècia, *de Pierre Louis Dumesnil, Museu Nacional de Versalles (França).*

F. Viète, el qual va desenvolupar una àlgebra formal en un sentit molt proper a l'actual. Va incorporar el simbolisme de M. Stifel i va proposar una distinció clara entre variables i paràmetres. Amb tot, F. Viète romania ancorat en certs costums medievals, com el de representar expressions del tipus a^3 mitjançant paraules, *a cubus.* Va caldre esperar al segle XVII perquè l'àlgebra adoptés la forma amb què pràcticament es coneix avui. Aquest avenç es va deure a un altre francès, el filòsof i matemàtic **R. Descartes.**

>> LA MATEMÀTICA COMERCIAL

L'aritmètica és tan antiga com la humanitat. Tanmateix, és una eina quotidiana i imprescindible en el món de la banca, les finances, les assegurances... Així, els problemes característics que plantegen aquestes activitats es resolen mitjançant un conjunt de tècniques matemàtiques conegudes globalment com a *matemàtica comercial.*

L'origen d'aquestes tècniques es remunta a l'Edat Mitjana. D'aquesta època cal citar el matemàtic italià **L. Pacioli,** que va ser tutor dels fills d'un ric comerciant venecià, per la qual cosa coneixia bé la importància creixent de la matemàtica comercial en la Itàlia del seu temps.

Va dedicar una part de la seva obra més important, *Summa de arithmetica, geometria, proportioni et proportionalità,* a la comptabilitat i els càlculs mercantils.

Els tipus d'interès que els bancs i les entitats financeres apliquen als préstecs i dipòsits es calculen mitjançant la matemàtica financera.

1

BLOC 1. ARITMÈTICA I ÀLGEBRA

Nombres reals

Simulador Presentació Problemes interactius

Notícies

«El 14 de març se celebra el dia del nombre Pi»
El físic Larry Shaw va ser qui, el 1988, va crear aquest dia commemoratiu, que en aquell temps va tenir la seva primera celebració al Museu Exploratorium de San Francisco, a Califòrnia (EUA), on Shaw treballava. El Dia Nacional de Pi va ser reconegut per la Cambra de Representants dels EUA el 2009.

RPP notícies, 14/03/2012

http://links.edebe.com/uita

Pel·lícules

Al cinema hi ha diverses pel·lícules en les quals el nombre π pren protagonisme. Un exemple és *Cortina esquinçada* (Alfred Hitchcock, 1966), però trobaràs altres referències en el següent enllaç:
http://links.edebe.com/ftikke

Web

En aquesta pàgina web trobaràs diverses curiositats sobre el nombre π:
http://links.edebe.com/4hypw

EN CONTEXT

a> Investiga a internet sobre quina ha estat l'evolució de la quantitat de xifres conegudes del nombre π al llarg de la història.

b> Els nombres reals *e* i Φ són tan coneguts com el nombre π. Què tenen en comú?

— Cerca a la xarxa alguna curiositat sobre el nombre *e* relacionada amb el càlcul financer.

— En quins edificis de l'Antiguitat està present el nombre Φ?

c> En l'article «A vueltas con pi» referenciat més amunt (en l'apartat *Pel·lícules*), se cita un diàleg de la sèrie *Person of Interest* sobre la infinitud de les xifres decimals de π:

— Què saps sobre els nombres irracionals i el nombre π?

— Quines preguntes o inquietuds et suggereix que en π estiguin inclosos tots els nombres i totes les paraules del món?

— Què t'agradaria investigar sobre el tema?

— Poseu en comú les vostres respostes en el grup classe i establiu possibles estratègies d'investigació.

1. El conjunt dels nombres reals

A mesura que avancem en l'estudi de les matemàtiques, necessitem conjunts numèrics més amplis que donin resposta a noves situacions.

Per exemple, estenem el conjunt dels naturals $\mathbb{N}$ al dels enters $\mathbb{Z}$ per a poder calcular el resultat de restes com 4 – 6, i el dels enters al dels racionals $\mathbb{Q}$ per a resoldre equacions del tipus $2x = 1$.

De la mateixa manera, els racionals no permeten expressar radicals com $\sqrt{2}$ o molts logaritmes. Per a això, necessitem un conjunt de nombres que no poden ser expressats com a fraccions: els **nombres irracionals** $\mathbb{I}$ que, juntament amb els racionals, formen el conjunt dels **nombres reals.**

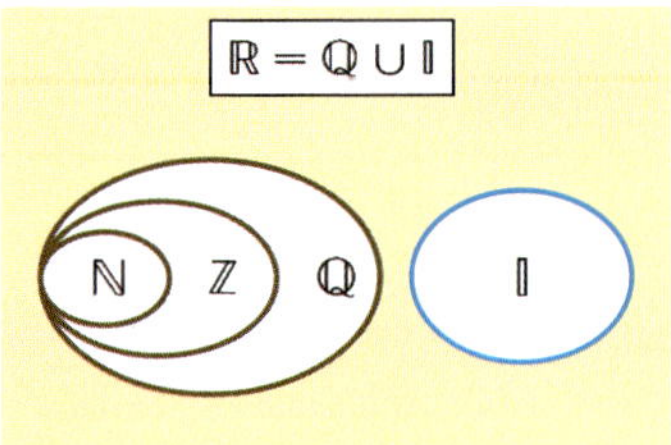

Conjunt dels nombres reals.

1.1. Expressió decimal de nombres reals

En no ser possible expressar els irracionals com a fraccions, en l'estudi dels reals és molt important l'anàlisi de l'expressió decimal dels nombres:

— **Nombres decimals exactes.** Tenen un nombre finit de xifres decimals. Són racionals i per a expressar-los com a fraccions (per a determinar la seva **fracció generatriu**) utilitzem potències de 10 en el denominador:

$$2{,}437 = \frac{2437}{1000} \qquad 0{,}0213 = \frac{213}{10\,000}$$

— **Nombres decimals periòdics purs.** La seva part decimal està formada per unes xifres que es repeteixen indefinidament (el **període**). Són racionals i els podem expressar en forma de fracció de la manera següent:

$$3{,}4545454545\ldots = 3{,}\overset{\frown}{45} = \frac{345-3}{99} = \frac{342}{99} = \frac{38}{11}$$

— **Nombres decimals periòdics mixtos.** Tenen decimals que no formen part del període. També són racionals, amb fracció generatriu de la forma:

$$5{,}123232323\ldots = 5{,}1\overset{\frown}{23} = \frac{5123-51}{990} = \frac{5072}{990} = \frac{2536}{495}$$

— **Nombres irracionals.** La seva expressió decimal és infinita i no periòdica. No es poden escriure en forma de fracció.

RECORDA

Els nombres irracionals són aquells l'expressió decimal dels quals és il·limitada i no periòdica, i es designen amb la lletra $\mathbb{I}$. En són alguns exemples:

$$0{,}101\,001\,000\,100\,00\ldots$$
$$\pi = 3{,}141\,592\,654\ldots$$
$$\sqrt{2} = 1{,}414\,213\,5\ldots$$

INTERNET

En aquest enllaç trobaràs dues demostracions del fet que $\sqrt{2}$ és un nombre irracional:

http://links.edebe.com/3g7b

En tots dos casos s'utilitza l'anomenada reducció a l'absurd.

LLENGUATGE MATEMÀTIC

La fracció que s'utilitza per a expressar un nombre decimal s'anomena **fracció generatriu** d'aquest nombre.

En aquest enllaç trobaràs com calcular-les:

http://links.edebe.com/qeiu

1 EXEMPLE

Classifica aquests decimals i escriu les seves fraccions generatrius en cas que existeixin:

a) 0,327 777... **b) 4,222...** **c) 0,123 456 789 101 1...**

Solució

COMPRENSIÓ. El tipus de nombre decimal ve determinat per la finitud o no del nombre de xifres decimals i per l'existència d'un període.

RESOLUCIÓ.

NOMBRE	DECIMALS	PERÍODE	TIPUS	FRACCIÓ GENERATRIU
a) 0,327 777...	Infinites xifres	Només el 7	**Periòdic mixt**	$\frac{327-32}{900} = \frac{295}{900} = \frac{59}{180}$
b) 4,222...	Infinites xifres	Totes les xifres (el 2)	**Periòdic pur**	$\frac{42-4}{9} = \frac{38}{9}$
c) 0,1234567...	Infinites	No	**Irracional**	No en té.

Problemes resolts
A

Exercicis i problemes
5, 6 i 13 a 16

1.2. La recta real

A cada punt de la recta numèrica li correspon un únic nombre real. Representar nombres naturals o enters en la recta numèrica no suposa cap problema, però tant els racionals (decimals exactes i decimals periòdics) com els irracionals poden tenir expressions complicades que dificultin la seva representació.

Representació gràfica de decimals exactes i periòdics

Per a representar nombres racionals no enters en la recta numèrica n'hi ha prou de dividir les unitats en tantes parts com indiqui el denominador i situar el punt on indiqui el numerador.

Per exemple, la situació en la recta numèrica d'$11/8 = 1{,}375$ i $2/3 = 0{,}6666...$ és la següent:

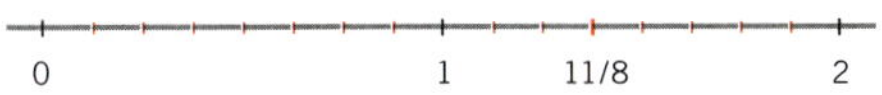

A la pràctica, quan el denominador és molt gran, per exemple, en $152/90 = 1{,}7\widehat{4}$, és necessari decidir si necessitem la ubicació exacta del nombre o si en tenim prou amb una aproximació.

Representació gràfica de nombres irracionals

Aquests nombres no tenen expressió fraccionària així que normalment s'ha d'optar per **una representació aproximada,** considerant tantes xifres decimals com vulguem.

No obstant això, en el cas de les arrels quadrades irracionals el teorema de Pitàgores permet representar-les de forma exacta. N'hi ha prou de construir un triangle rectangle la hipotenusa del qual tingui per longitud el radical esmentat.

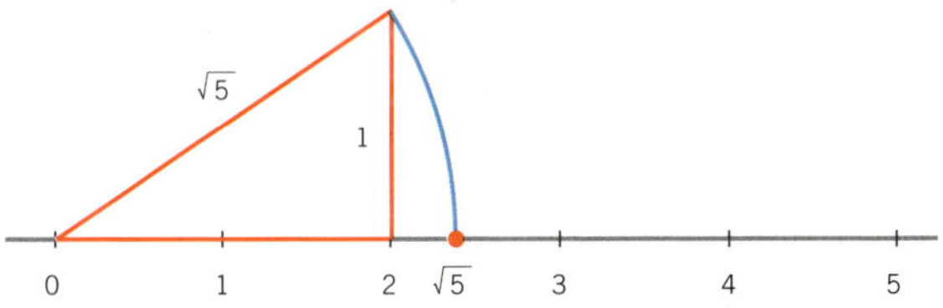

2 EXEMPLE

Representa en la recta numèrica: a) 1,44444... i b) $\sqrt{13}$.

Solució

COMPRENSIÓ. Es tracta d'un nombre periòdic pur i una arrel quadrada.

RESOLUCIÓ.

a) Busquem la fracció generatriu i la representem:

$$1{,}444... = \frac{14-1}{9} = \frac{13}{9}$$

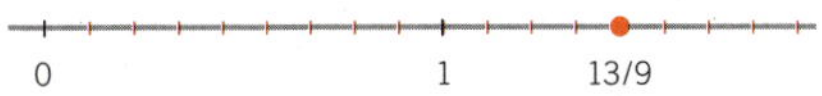

b) En aplicació del teorema de Pitàgores, construïm el triangle rectangle de catets 2 i 3 unitats:

$$\sqrt{13} = \sqrt{2^2 + 3^2}$$

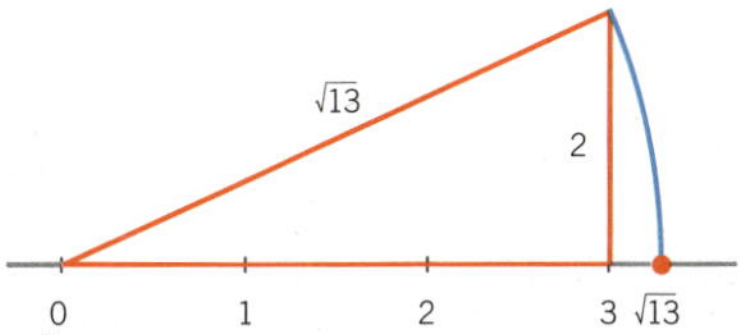

RECORDA

Per a representar els enters, has de dividir la recta en segments iguals i comptar cap a la dreta del 0 quan el nombre sigui positiu, i cap a l'esquerra quan sigui negatiu.

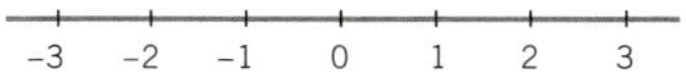

FIXA-T'HI

Per a ajudar-te a dividir la unitat de la recta numèrica en parts iguals, pots utilitzar el **teorema de Tales.**

Per exemple, si volem efectuar cinc divisions, partim d'un segment $\overline{OE}$ ja dividit en cinc parts iguals i tracem rectes paral·leles tal com indica la figura:

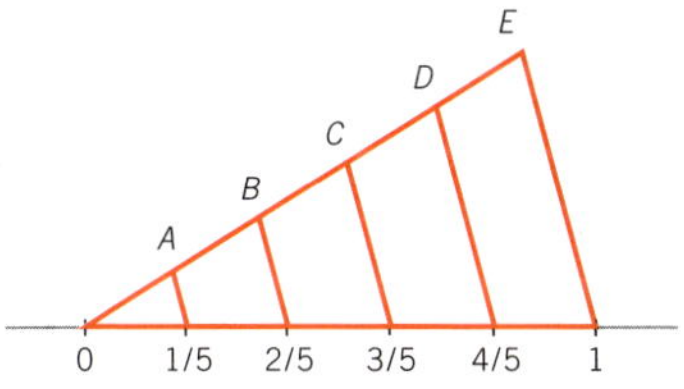

LLENGUATGE MATEMÀTIC

Entre dos nombres racionals qualssevol hi ha infinits nombres racionals.

Quan un conjunt compleix aquesta propietat, diem que és **dens.**

RECORDA

El signe ⇔ es llegeix **si, i només si,** i significa que les expressions que hi apareixen a banda i banda són equivalents.

FIXA-T'HI

Anàlogament, podem definir la relació d'ordre en sentit contrari, és a dir:

$b > a$ si la representació de b en la recta està a la dreta de la de a o si $b - a > 0$.

INTERNET

En aquest enllaç trobaràs les propietats de les **desigualtats** (expressions que contenen els signes <, >, ≤ i ≥):

http://links.edebe.com/ik56

Ordre dels nombres reals

El conjunt dels nombres reals és un conjunt ordenat; és a dir, donats dos nombres reals a i b qualssevol sempre és possible comparar-los.

Per a definir aquesta relació d'ordre podem utilitzar dos criteris:

1. ***a* és més petit que *b*** ($a < b$) si la representació de a en la recta és a l'esquerra de la de b.
2. ***a* és més petit que *b*** ($a < b$) si $a - b < 0$.

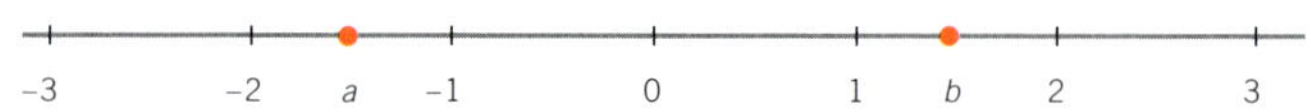

A partir de la relació <, podem definir la resta de **relacions:**

$$a \leq b \Leftrightarrow a < b \text{ o } a = b$$
$$a > b \Leftrightarrow b < a$$
$$a \geq b \Leftrightarrow b < a \text{ o } b = a$$

D'aquestes definicions es dedueixen les **propietats** següents:

— Propietat reflexiva: $a \leq a$

— Propietat antisimètrica: $a \leq b$ i $b \leq a \Leftrightarrow a = b$

— Propietat transitiva: si $a \leq b$ i $b \leq c \Rightarrow a \leq c$

— Propietat d'ordre total: $a \leq b$ o $b \leq a$

Finalment, enunciem dues **propietats** que tenen a veure amb les operacions i les desigualtats:

— Si se suma un mateix nombre als dos membres d'una desigualtat, la desigualtat es manté:

$$\text{si } a \leq b \Rightarrow a \pm c \leq b \pm c$$

— Si es multipliquen o es divideixen els dos membres d'una desigualtat per un mateix nombre real, es manté el sentit de la desigualtat si el nombre és positiu, i s'inverteix el sentit si és negatiu:

$$\text{si } a \leq b \text{ i } c > 0 \Rightarrow c \cdot a \leq c \cdot b$$
$$\text{si } a \leq b \text{ i } c < 0 \Rightarrow c \cdot a \geq c \cdot b$$

Intervals i entorns

Atès que el conjunt dels nombres reals està ordenat, podem parlar dels nombres reals compresos entre dos nombres reals determinats. Aquests nombres es corresponen amb un segment de la recta real i constitueixen el que s'anomena un **interval.**

Un **interval** és el conjunt de valors numèrics compresos entre uns altres dos valors, anomenats *extrems*. La seva **amplitud** coincideix amb la diferència entre l'extrem superior i l'inferior.

Els extrems d'un interval *a* i *b* poden estar inclosos o no en el subconjunt definit de la recta real. En funció d'això poden ser:

	TIPUS	DEFINICIÓ	REPRESENTACIÓ GRÀFICA
FINITS	Oberts	$(a, b) = \{x \in \mathbb{R} \mid a < x < b\}$	a (no inclòs) — b (no inclòs)
	Tancats	$[a, b] = \{x \in \mathbb{R} \mid a \leq x \leq b\}$	a (inclòs) — b (inclòs)
	Semioberts	$(a, b] = \{x \in \mathbb{R} \mid a < x \leq b\}$	a (no inclòs) — b (inclòs)
		$[a, b) = \{x \in \mathbb{R} \mid a \leq x < b\}$	a (inclòs) — b (no inclòs)
INFINITS	Semirectes	$(-\infty, b) = \{x \in \mathbb{R} \mid x < b\}$	— b (no inclòs)
		$(-\infty, b] = \{x \in \mathbb{R} \mid x \leq b\}$	— b (inclòs)
		$(a, +\infty) = \{x \in \mathbb{R} \mid x > a\}$	a (no inclòs) —
		$[a, +\infty) = \{x \in \mathbb{R} \mid x \geq a\}$	a (inclòs) —

Un cas d'interval particular és l'**entorn,** que es defineix a partir dels extrems i del seu valor mitjà:

L'**entorn** de centre *a* i radi *r* és l'interval obert $(a - r, a + r)$ i que s'expressa com a $E_r(a)$ o bé $E(r, a)$.

3 EXEMPLE

Representa l'interval (0, 4) sobre la recta numèrica i expressa'l com un entorn.

Solució

COMPRENSIÓ. Per a expressar-lo com a entorn determinem *a* i *r* a partir dels seus extrems.

RESOLUCIÓ. El centre *a* és el punt mitjà de 0 i 4, i el radi *r* és la diferència entre *a* i els extrems: $a = (0 + 4)/2 = 2$; $r = 4 - 2 = 2 - 0 = 2$.

Per tant, $(0, 4) = E_2(2) = E(2, 2)$.

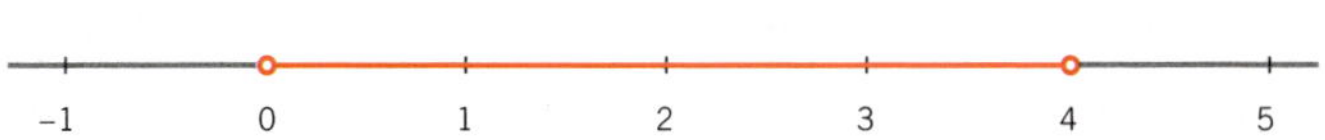

RECORDA

— Per a definir un conjunt a partir dels seus elements, ho fem escrivint-los entre claus: {...}.

— El símbol | es llegeix «tal que».

— Per a indicar gràficament si un extrem està inclòs en un interval, utilitzem aquest criteri:

o Valor no inclòs

● Valor inclòs

LLENGUATGE MATEMÀTIC

El símbol $+\infty$ (més infinit) no representa cap nombre real. L'utilitzem per a indicar un valor més gran que qualsevol nombre real.

De la mateixa manera, el símbol $-\infty$ (menys infinit) s'utilitza per a indicar un valor més petit que qualsevol nombre real.

Observa que si en un interval els dos extrems són infinits, s'obté la recta real:

$$(-\infty, +\infty) = \mathbb{R}$$

Amb aquesta terminologia es poden definir, entre d'altres, conjunts del tipus:

$$\mathbb{R} - \{a\} = (-\infty, a) \cup (a, +\infty)$$

$$\mathbb{R} - \{a, b\} = (-\infty, a) \cup (a, b) \cup (b, +\infty)$$

VOCABULARI

Entorn reduït. Entorn $E_r(a)$ del qual excloem el centre *a*.

Exercicis i problemes
7 a 10 i 17 a 19

1.3. Valor absolut i distància

Tot nombre real a porta associada una magnitud que indica l'amplitud de l'interval que té com a extrems 0 i a.

El **valor absolut d'a** és igual al mateix valor a si aquest és positiu, o al seu oposat, $-a$, si és negatiu. Ho escrivim $|a|$.

El valor absolut de 4 i -4, per exemple, és 4.

Podem estendre el concepte de valor absolut per a definir la **distància** entre dos nombres reals a i b qualssevol:

La **distància entre a i b** és el valor absolut de la diferència entre tots dos nombres: $d(a, b) = |b - a|$.

Per tant, $d(a, b)$ és l'amplitud d'un interval d'extrems a i b, mentre que el valor absolut d'un nombre correspon a la seva distància al nombre 0.

Per exemple, la distància entre -3 i 5 és $d(-3, 5) = |5 - (-3)| = |5 + 3| = 8$.

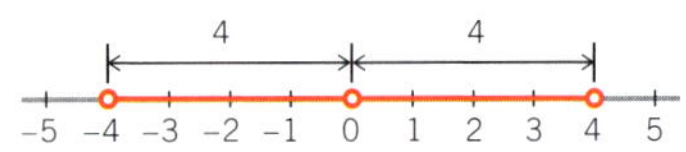

Els valors absoluts de 4 i -4 són la mesura de (0, 4) i (-4, 0), respectivament.

INTERNET

Trobaràs més informació sobre valor absolut i distàncies a:

http://links.edebe.com/wy6m7

http://links.edebe.com/mdk7

1.4. Aproximació de nombres reals

Com has vist, hi ha nombres reals amb infinites xifres decimals. Quan en efectuar càlculs diem que $\sqrt{2} = 1{,}4142$ o que $\pi = 3{,}14159$, estem usant **aproximacions decimals** d'aquests nombres.

Així, per al nombre $\sqrt{2}$ es compleix:

$$1 < \sqrt{2} < 2$$
$$1{,}4 < \sqrt{2} < 1{,}5$$
$$1{,}41 < \sqrt{2} < 1{,}42$$
$$1{,}414 < \sqrt{2} < 1{,}415$$
$$\ldots$$

Els valors de l'esquerra són més petits que $\sqrt{2}$. Es tracta d'**aproximacions per defecte.** Els valors de la dreta són més grans. Es tracta d'**aproximacions per excés.**

El nombre de xifres decimals de l'aproximació triada determina el seu **ordre d'aproximació** (a les dècimes, a les centèsimes, a les mil·lèsimes...).

FIXA-T'HI

També utilitzem de forma habitual les aproximacions quan un nombre enter o un decimal exacte tenen més xifres de les que necessitem per als nostres propòsits.

Per exemple, arrodonim a les centèsimes quan calculem preus en euros i solem dir que la població mundial és de 7400 milions d'habitants.

Truncament i arrodoniment

Per a efectuar l'aproximació d'un nombre real fins a un determinat ordre, podem procedir de dues maneres diferents:

— **Per truncament.** Prenem el nombre que resulta de suprimir les xifres a partir de l'ordre d'aproximació desitjat.

Per exemple, 2,384678... aproximat per truncament fins a les dècimes és 2,3.

— **Per arrodoniment.** Observem la primera xifra que hem de suprimir: si aquesta és més petita que 5, prenem l'aproximació per defecte; si és més gran o igual que 5, es pren l'aproximació per excés.

Per exemple, 2,384678... aproximat per arrodoniment fins a les dècimes és 2,4.

CURIOSITATS

Els decimals periòdics el període dels quals està format per la xifra 9 en realitat no són periòdics.

Per exemple:

$$1{,}99999\ldots = \frac{19 - 1}{9} = \frac{18}{9} = 2$$

Anàlogament, 2,349999 = 2,35:

$$\frac{2349 - 234}{900} = \frac{2115}{900} = 2{,}35$$

Aquest tipus de nombre decimal és l'únic que té dues representacions diferents.

Notació científica

Per utilitzar còmodament nombres de diferents ordres de magnitud (molt grans o molt petits), es recorre a la **notació científica,** que consisteix a expressar cada nombre mitjançant una part entera amb una única xifra (diferent de 0), una part decimal i una potència de 10 d'exponent enter. La part decimal generalment té una o dues xifres, si bé en pot tenir tantes com es desitgi o s'acordi.

Si, per exemple, volem expressar el radi mitjà de la Terra, que és de 6370000 m, en notació científica, tindríem $6{,}37 \cdot 10^6$ m. De la mateixa manera, el diàmetre de l'electró, que és de l'ordre de 0,0000000000000008 m, s'expressaria com a $8 \cdot 10^{-16}$ m.

Si desplacem la coma decimal tants llocs com ens indiquen els exponents (en el primer cas 6 a la dreta i en el segon 16 a l'esquerra), recuperem les expressions originals.

INTERNET

En aquest enllaç trobaràs una calculadora científica:

http://links.edebe.com/tmxk4

Observa que per a representar nombres en notació científica com, per exemple, $1{,}54 \cdot 10^6$, utilitza la notació «1,54*10^6».

En la majoria de les calculadores de butxaca, no obstant, s'usa la tecla «EXP»:

1.5. Operacions amb nombres reals

La principal novetat que presenten els nombres reals des del punt de vista de les operacions són les expressions decimals infinites dels nombres periòdics i dels irracionals, amb les quals no podem treballar.

Per a sumar, restar, multiplicar i dividir amb aquest tipus de nombres és necessari, per tant, escollir aproximacions amb expressió finita.

FIXA-T'HI

L'addició i la multiplicació de nombres reals compleixen les mateixes **propietats** que les dels nombres racionals: **commutativa, associativa, element neutre, element simètric** i **distributiva de la multiplicació respecte de l'addició.**

Addició de nombres reals

Per a sumar dos nombres reals, sumarem les successives aproximacions decimals del mateix ordre:

$$\sqrt{3} = 1{,}73205080\ldots; \quad \sqrt{8} = 2{,}82842712\ldots$$

$$\begin{array}{rl} & 1{,}7320 < \sqrt{3} < 1{,}7321 \\ + & 2{,}8284 < \sqrt{8} < 2{,}8285 \\ \hline & \mathbf{4{,}560}4 < \sqrt{3} + \sqrt{8} < \mathbf{4{,}560}6 \end{array}$$

Per tant, el nombre real suma és $\sqrt{3} + \sqrt{8} = 4{,}560$

Observa que només són correctes tres de les quatre xifres decimals obtingudes en sumar les aproximacions. Si volem obtenir la suma amb un determinat ordre d'aproximació, hem de prendre algun ordre més en els sumands.

FIXA-T'HI

— La **resta** de dos nombres reals s'obté en sumar al minuend l'oposat del subtrahend:

$$a - b = a + (-b)$$

— El **quocient** de dos nombres reals s'obté en multiplicar el primer d'ells per l'invers de l'altre (sempre que sigui diferent de 0):

$$\frac{a}{b} = a \cdot \frac{1}{b} \quad (b \neq 0)$$

Multiplicació de nombres reals

Per a multiplicar dos nombres reals, multipliquem les successives aproximacions decimals del mateix ordre:

$$\sqrt{6} = 2{,}44948974\ldots; \quad \pi = 3{,}14159265\ldots$$

$$\begin{array}{rl} & 2{,}4494 < \sqrt{6} < 2{,}4495 \\ \times & 3{,}1415 < \pi < 3{,}1416 \\ \hline & \mathbf{7{,}69}47901 < \sqrt{6} \cdot \pi < \mathbf{7{,}69}53462 \end{array}$$

Per tant, el nombre real producte és: $\sqrt{6} \cdot \pi = 7{,}69$.

Com en l'addició, si volem obtenir el producte amb un determinat ordre d'aproximació, hem de prendre algun ordre més en els factors.

FIXA-T'HI

El producte i el quocient de nombres expressats en notació científica són immediats, mentre que per a sumar o restar els hem d'escriure prèviament de manera que la potència de 10 sigui la mateixa:

$$2{,}7 \cdot 10^5 \cdot 8{,}2 \cdot 10^4 = \\ = 2{,}7 \cdot 8{,}2 \cdot 10^{5+4} = \\ = 22{,}14 \cdot 10^9 = 2{,}214 \cdot 10^{10}$$

$$2{,}7 \cdot 10^5 + 8{,}2 \cdot 10^4 = 2{,}7 \cdot 10^5 + \\ + 0{,}82 \cdot 10^5 = 3{,}52 \cdot 10^5$$

1.6. Errors

Com hem vist, expressar un nombre de forma aproximada o operar amb aproximacions decimals de nombres reals comporta sempre errors.

A més, les matemàtiques són una eina fonamental a l'hora de prendre mesures precises en el món real. Per a fer-ho, és essencial conèixer els errors associats a les mesures que obtenim.

Error absolut i error relatiu

L'**error absolut** és la diferència entre el valor exacte d'un nombre (o el valor considerat exacte de la mesura d'una magnitud física) i el seu valor aproximat (o mesurat experimentalment).

$$\varepsilon_a = |\text{Valor exacte} - \text{Valor aproximat o mesurat}|$$

Les unitats de l'error són les mateixes que les de la mesura.

L'**error relatiu** és el quocient entre l'error absolut i el valor exacte. L'error relatiu expressa l'error comès per unitat, encara que pot expressar-se en tant per cent multiplicant aquest quocient per 100.

$$\varepsilon_r(\%) = \frac{\varepsilon_a}{\text{Valor exacte}} \cdot 100$$

El primer d'ells quantifica la magnitud de l'error mentre que el segon determina la seva possible gravetat.

4 EXEMPLE

Què és més greu: un error d'1 dm en mesurar 1 hm o un d'1 s en cronometrar 12 h?

Solució

COMPRENSIÓ. Hem de comparar els errors relatius i valorar la diferència.

RESOLUCIÓ. Calculem els errors relatius comesos en tots dos casos:

$$1 \text{ hm} = 100\,000 \text{ dm} \longrightarrow \varepsilon_r = \frac{1 \cdot 100}{100\,000} = 0{,}001\ \%$$

$$12 \text{ h} = 43\,200 \text{ s} \longrightarrow \varepsilon_r = \frac{1 \cdot 100}{43\,200} = 0{,}0023\ \%$$

Encara que són errors poc significatius, la mesura del temps té una precisió més petita.

Cotes d'error

Quan aproximem nombres irracionals, l'error absolut comès no pot ser calculat, ja que no coneixem el valor exacte del nombre. No obstant això, sí que el podem fitar, és a dir, trobar un valor que amb tota seguretat és més gran o igual que aquest error.

Per exemple, si en arrodonir un nombre real x a les dècimes, obtenim 1,6, podem assegurar que $1{,}55 \leq x < 1{,}65$ i, per tant, $\varepsilon_a \leq 0{,}05$. Anàlogament, si arrodonim a les centèsimes, sabem que $\varepsilon_a \leq 0{,}005$...

Així, el valor de la **cota de l'error absolut** depèn del tipus d'aproximació que prenem i de l'ordre de l'aproximació. En la taula següent es mostra aquest fet:

TIPUS D'APROXIMACIÓ	ORDRE D'APROXIMACIÓ							
	...	C	D	U	d	c	m	...
Aprox. decimals	...	100	10	1	0,1	0,01	0,001	...
Arrodoniment	...	50	5	0,5	0,05	0,005	0,0005	...
Truncament	...	100	10	1	0,1	0,01	0,001	...

Per a obtenir una **cota de l'error relatiu,** trobem el quocient entre una cota de l'error absolut i el valor exacte. A la pràctica, si desconeixem el valor exacte per a calcular la cota d'error relatiu, utilitzem el valor aproximat; és a dir:

$$\text{Cota de } \varepsilon_r = \frac{\text{Cota de } \varepsilon_a}{\text{Valor aproximat}} \cdot 100$$

Tingues en compte que **en operar** amb aproximacions, **l'error es propaga:**

— En una suma o una diferència, les cotes d'error absolut se sumen.

— En un producte o un quocient, les cotes d'error relatiu se sumen.

Xifres significatives

En aproximar un nombre decimal, escollim quantes xifres volem que tingui el resultat de la nostra aproximació i, com hem vist, això juntament amb el tipus d'aproximació determina l'error que cometem.

D'altra banda, quan expressem el resultat d'una mesura experimental, indiquem el seu valor incloent tots els dígits que es coneixen amb precisió, més un últim dígit que està afectat pel grau d'error de la mesura.

Les **xifres significatives** són els dígits que es coneixen amb precisió, més un últim dígit, que s'ha aproximat o estimat. Així doncs, si expressem el nombre π com a 3,14, estem utilitzant tres xifres significatives.

5 EXEMPLE

Indica en cada cas el nombre de xifres significatives i els errors, o les seves cotes:

a) El truncament d'1/3 a les mil·lèsimes: 0,333.

b) L'arrodoniment a les centenes de miler de la distància del Sol a la Terra: 149600000 km.

Solució

COMPRENSIÓ. Deduïm el nombre de xifres significatives de les expressions decimals aproximades, i la cota d'error del tipus d'aproximació.

RESOLUCIÓ.

a) L'expressió aproximada té tres xifres significatives: $0{,}333 = 3{,}33 \cdot 10^{-1}$. Utilitzem el valor exacte (en forma de fracció) per a calcular els errors absolut i relatiu:

$$\varepsilon_a = \left|\frac{1}{3} - 0{,}333\right| = \left|\frac{1}{3} - \frac{333}{1000}\right| = \frac{1}{3000} = 0{,}00033\ldots$$

$$\varepsilon_r = \frac{1/3000}{1/3} \cdot 100 = \frac{1}{10} = 0{,}1\ \%$$

b) Com que arrodonim a les centenes de miler, l'última xifra significativa és el 6 i l'aproximació té quatre xifres significatives: $149600000 \text{ km} = 1{,}496 \cdot 10^8 \text{ km}$.

D'altra banda, en tractar-se d'un arrodoniment, la cota de ε_a és de 50000 km:

$$\text{Cota de } \varepsilon_r = \frac{50000}{149600000} \cdot 100 = 0{,}0334\ \%$$

FIXA-T'HI

Xifres significatives

— Els dígits diferents de 0 són sempre significatius.

— Els 0 entre altres dígits també són sempre significatius. Per exemple, 3,04 té tres xifres significatives.

— Els 0 a l'esquerra no són significatius. Per exemple, 0,028 té dues xifres significatives i pot expressar-se $2{,}8 \cdot 10^{-2}$.

— Els 0 a la dreta de la coma decimal sí que són significatius. Per exemple, 3,00 té tres xifres significatives.

— Els 0 a la dreta en un nombre enter poden ser o no xifres significatives. Per a evitar aquesta ambigüitat, és millor escriure el nombre en notació científica. Per exemple, el nombre 3000 pot tenir una, dues, tres o quatre xifres significatives, però si escrius $3 \cdot 10^3$ ja saps que té una xifra significativa.

Per a **operar amb xifres significatives,** cal tenir en compte les següents normes:

— El resultat d'una suma (o resta) s'ha d'expressar amb el mateix nombre de decimals que el sumand que en tingui menys. Exemple: 1,623 + 2,24 = 3,86, no 3,863

— El resultat d'un producte (o quocient) no ha de tenir més xifres significatives que la quantitat que en menys té. Exemple: $1{,}33 \cdot 2{,}5 = 3{,}3$, no 3,325

Exercicis i problemes
11, 12 i 20 a 29

2. Radicals

Una de les raons per les quals necessitem estendre els racionals al conjunt dels reals és per a definir l'operació inversa de la potenciació, la radicació, en la qual no és estrany que apareguin resultats irracionals.

b és l'arrel enèsima d'a, és a dir, $b = \sqrt[n]{a}$, **si i només si $b^n = a$, on a, b són nombres reals i n és un natural més gran que 1.**

Diem que $b = \sqrt[n]{a}$ és el **radical,** a és el **radicand** i n és **l'índex.**

Forma exponencial de radicals

Els radicals poden expressar-se com a potències d'exponent racional:

$$\sqrt[n]{b} = b^{\frac{1}{n}}, \text{ ja que } \left(b^{\frac{1}{n}}\right)^n = b^{\frac{n}{n}} = b$$

$$\sqrt[n]{b^m} = b^{\frac{m}{n}}, \text{ ja que } \left(b^{\frac{m}{n}}\right)^n = b^{\left(\frac{m \cdot n}{n}\right)} = b^m$$

D'aquesta manera, per exemple, $\sqrt[3]{5} = 5^{\frac{1}{3}}$ i $\sqrt[5]{4} = \sqrt[5]{2^2} = 2^{\frac{2}{5}}$.

Extracció i introducció de factors en els radicals

La següent igualtat és certa per a qualsevol parell de nombres reals a, b i qualsevol índex natural n.

$$a\sqrt[n]{b} = \sqrt[n]{a^n b}$$

És a dir, si un factor multiplica un radical, s'introdueix en el radicand elevant-lo a l'índex corresponent i, quan en un radicand hi ha un factor elevat a l'índex del radical, es pot extreure sense l'exponent.

Així, $\sqrt[3]{2160} = \sqrt[3]{2^4 \cdot 3^3 \cdot 5} = \sqrt[3]{2 \cdot 2^3 \cdot 3^3 \cdot 5} = 2 \cdot 3 \cdot \sqrt[3]{2 \cdot 5} = 6\sqrt[3]{10}$.

FIXA-T'HI

Si $a \geq 0$, $\sqrt[n]{a}$, existeix per a qualsevol valor de a.

Si $a < 0$, $\sqrt[n]{a}$ existeix només si n és imparell.

Si l'índex n és parell i $a \geq 0$, de la radicació se n'obtenen dos resultats ($\pm$), $b^n = (-b)^n = a$.

CALCULADORA

En moltes calculadores, els radicals s'indiquen amb el símbol $\sqrt[y]{x}$.

2.1. Propietats dels radicals

Els radicals tenen les següents propietats:

PROPIETAT	DEMOSTRACIÓ
$\sqrt[n \cdot m]{a^m} = \sqrt[n]{a}$	$\sqrt[n \cdot m]{a^m} = a^{\frac{m}{m \cdot n}} = a^{\frac{1}{n}} = \sqrt[n]{a}$
$(\sqrt[n]{a})^m = \sqrt[n]{a^m}$	$(\sqrt[n]{a})^m = \left(a^{\frac{1}{n}}\right)^m = a^{\frac{m}{n}} = \sqrt[n]{a^m}$
$\sqrt[m]{\sqrt[n]{a}} = \sqrt[m \cdot n]{a}$	$\sqrt[m]{\sqrt[n]{a}} = (\sqrt[n]{a})^{\frac{1}{m}} = \left(a^{\frac{1}{n}}\right)^{\frac{1}{m}} = a^{\frac{1}{m \cdot n}} = \sqrt[n \cdot m]{a}$
$\sqrt[n]{(a \cdot b)} = \sqrt[n]{a} \cdot \sqrt[n]{b}$	$\sqrt[n]{a \cdot b} = (a \cdot b)^{\frac{1}{n}} = a^{\frac{1}{n}} \cdot b^{\frac{1}{n}} = \sqrt[n]{a} \cdot \sqrt[n]{b}$
$\sqrt[n]{\frac{a}{b}} = \frac{\sqrt[n]{a}}{\sqrt[n]{b}}$	$\sqrt[n]{\frac{a}{b}} = \left(\frac{a}{b}\right)^{\frac{1}{n}} = \frac{a^{\frac{1}{n}}}{b^{\frac{1}{n}}} = \frac{\sqrt[n]{a}}{\sqrt[n]{b}}$

Radicals equivalents

Les propietats anteriors s'utilitzen per a calcular **radicals equivalents** a un radical donat, és a dir, radicals amb índex i radicand diferents que representen la mateixa quantitat. Això ens serà molt útil per a operar amb radicals. Els mètodes utilitzats per a calcular radicals equivalents són:

— **Simplificació.** Consisteix a obtenir radicals equivalents amb l'índex més petit possible i una expressió més manejable. Per a simplificar radicals, s'ha de descompondre el radicand en factors primers i:

- O bé utilitzar la forma exponencial del radical, simplificant els exponents fraccionaris el màxim possible.
- O bé dividir l'exponent dels factors del radicand i l'índex del radical entre el seu M.C.D.

— **Reducció a índex comú.** Consisteix a obtenir radicals amb el mateix índex (l'índex comú és igual al m.c.m. dels índexs). Per a això, multiplicarem l'índex del radical i l'exponent del radicand pel mateix nombre, de manera que l'índex ara sigui igual a l'índex comú.

6 EXEMPLE

a) Compara els radicals $\sqrt[4]{31}$ i $\sqrt[3]{13}$. b) Simplifica $\sqrt[10]{m^6 n^4}$. c) Simplifica $\sqrt{\sqrt{\sqrt{16}}}$.

Solució

COMPRENSIÓ. Per a comparar dos radicals, els hem de reduir a índex comú, mentre que per a simplificar apliquem les propietats dels radicals.

RESOLUCIÓ.

a) En primer lloc, trobem que m.c.m. (4, 3) = 12. A continuació, per als dos radicals, multipliquem l'índex del radical i l'exponent del radicand pel nombre que fa que l'índex ara sigui igual al m.c.m. Finalment, comparem:

$$\left.\begin{array}{l}\sqrt[4]{31} = \sqrt[12]{31^3} = \sqrt[12]{29791}\\ \sqrt[3]{13} = \sqrt[12]{13^4} = \sqrt[12]{28561}\end{array}\right\} \rightarrow \sqrt[12]{29791} > \sqrt[12]{28561} \rightarrow \sqrt[4]{31} > \sqrt[3]{13}$$

b) $\sqrt[10]{m^6 \cdot n^4} = m^{\frac{6}{10}} \cdot n^{\frac{4}{10}} = m^{\frac{3}{5}} \cdot n^{\frac{2}{5}} = \sqrt[5]{m^3 \cdot n^2}$

c) Utilitzarem que el M.C.D. (8, 4) = 4:

$$\sqrt{\sqrt{\sqrt{16}}} = \sqrt[(2\cdot 2\cdot 2)]{16} = \sqrt[8]{2^4} = \sqrt[8/4]{2^{4/4}} = \sqrt{2}$$

INTERNET

— En aquest enllaç trobaràs més informació i exemples sobre la suma i la resta de radicals: **http://links.edebe.com/nkjtn**

— Mitjançant aquest altre enllaç, pots efectuar càlculs amb radicals, simplificar-los, situar-los en la recta numèrica, calcular aproximacions decimals...: **https://www.wolframalpha.com/**

Observa que per a introduir, per exemple, el radical $\sqrt[4]{12}$ has d'escriure 12^(1/4).

2.2. Operacions amb radicals

Vegem com sumar, restar, multiplicar i dividir radicals:

— Per a **sumar** o **restar** radicals, aquests han de ser **semblants** (han de tenir el mateix índex i el mateix radicand):

$$a\sqrt[m]{x} \pm b\sqrt[m]{x} = (a \pm b)\sqrt[m]{x}$$

— Per a **multiplicar** o **dividir** radicals, els seus índexs han de ser iguals. Si no és així, cal reduir-los a **índex comú:**

$$a\sqrt[m]{x} \cdot b\sqrt[m]{y} = a\,b\sqrt[m]{x\,y} \qquad \frac{a\sqrt[m]{x}}{b\sqrt[m]{y}} = \frac{a}{b}\sqrt[m]{\frac{x}{y}}$$

FIXA-T'HI

La suma o la diferència de radicals no equivalen als radicals de les corresponents sumes o restes:

$$\sqrt[n]{a} + \sqrt[n]{b} \neq \sqrt[n]{(a+b)}$$
$$\sqrt[n]{a} - \sqrt[n]{b} \neq \sqrt[n]{(a-b)}$$

FIXA-T'HI

Per a calcular potències d'un radical, pots expressar el radical en forma de potència d'exponent fraccionari i aplicar les propietats de les potències.

LLENGUATGE MATEMÀTIC

En matemàtiques, diem que conjuguem quan canviem el signe entre els dos termes d'una suma o una diferència.

Quan tractem amb radicals, per exemple, el conjugat de $\sqrt[n]{a} + \sqrt[m]{b}$ és $\sqrt[n]{a} - \sqrt[m]{b}$.

RECORDA

Quan efectuïs càlculs, presenta de forma ordenada tots els passos del procés i expressa el resultat final de la forma més simplificada possible.

Exercicis i problemes
30 a 51

7 EXEMPLE

Calcula: a) $7\sqrt{3} - 9\sqrt{3} + 6\sqrt{3}$; b) $2\sqrt{50} + 5\sqrt{2} - 3\sqrt{18}$; c) $3\sqrt{8} \cdot 2\sqrt{20}$.

Solució

COMPRENSIÓ. Si és necessari, en sumes i restes reescrivim els radicals perquè siguin semblants, mentre que en el producte reduïm a índex comú.

RESOLUCIÓ.

a) $7\sqrt{3} - 9\sqrt{3} + 6\sqrt{3} = (7 - 9 + 6)\sqrt{3} = 4\sqrt{3}$

b) $2\sqrt{50} + 5\sqrt{2} - 3\sqrt{18} = 2\sqrt{5^2 \cdot 2} + 5\sqrt{2} - 3\sqrt{3^2 \cdot 2} =$
$= 2 \cdot 5 \cdot \sqrt{2} + 5\sqrt{2} - 3 \cdot 3 \cdot \sqrt{2} = 10\sqrt{2} + 5\sqrt{2} - 9\sqrt{2} = 6\sqrt{2}$

c) $3\sqrt{8} \cdot 2\sqrt{20} = 3\sqrt{2^2 \cdot 2} \cdot 2\sqrt{2^2 \cdot 5} = 6\sqrt{2} \cdot 4\sqrt{5} = 24\sqrt{10}$

Racionalització

Si una fracció conté un radical en el denominador, durem a terme la seva **racionalització;** és a dir, eliminem aquest radical per a treballar amb una expressió amb la qual resulti més fàcil, per exemple, operar. El mètode usat depèn del tipus de radical que vulguem eliminar:

— **Denominador del tipus $\sqrt{b}$.** Multipliquem el numerador i el denominador per $\sqrt{b}$:

$$\frac{a}{\sqrt{b}} = \frac{a\sqrt{b}}{(\sqrt{b})^2} = \frac{a\sqrt{b}}{b}$$

— **Denominador del tipus $\sqrt[n]{b^m}$ amb $m < n$.** Multipliquem el numerador i el denominador per $\sqrt[n]{b^{n-m}}$:

$$\frac{a}{\sqrt[n]{b^m}} = \frac{a}{\sqrt[n]{b^m}} \cdot \frac{\sqrt[n]{b^{n-m}}}{\sqrt[n]{b^{n-m}}} = \frac{a\sqrt[n]{b^{n-m}}}{b}$$

— **Denominador igual a una suma o resta de radicals.** Multipliquem el numerador i el denominador per l'expressió conjugada del denominador:

$$\frac{a}{\sqrt{b} + \sqrt{c}} = \frac{a(\sqrt{b} - \sqrt{c})}{(\sqrt{b} + \sqrt{c})(\sqrt{b} - \sqrt{c})} = \frac{a(\sqrt{b} - \sqrt{c})}{(\sqrt{b})^2 - (\sqrt{c})^2} = \frac{a(\sqrt{b} - \sqrt{c})}{b - c}$$

8 EXEMPLE

Racionalitza: a) $\dfrac{\sqrt{7}}{3\sqrt{10}}$; b) $\dfrac{2}{\sqrt[4]{x^3}}$; c) $\dfrac{8 + \sqrt{2}}{\sqrt{3} - 1}$.

Solució

COMPRENSIÓ. Identifiquem el radical del denominador i fem servir el mètode més adequat per a racionalitzar l'expressió.

RESOLUCIÓ.

a) $\dfrac{\sqrt{7}}{3\sqrt{10}} = \dfrac{\sqrt{7} \cdot \sqrt{10}}{3\sqrt{10} \cdot \sqrt{10}} = \dfrac{\sqrt{70}}{3 \cdot 10} = \dfrac{\sqrt{70}}{30}$

b) $\dfrac{2}{\sqrt[4]{x^3}} = \dfrac{2\sqrt[4]{x}}{\sqrt[4]{x^3}\,\sqrt[4]{x}} = \dfrac{2\sqrt[4]{x}}{\sqrt[4]{x^4}} = \dfrac{2\sqrt[4]{x}}{x}$

c) $\dfrac{8 + \sqrt{2}}{(\sqrt{3} - 1)} = \dfrac{(8 + \sqrt{2})(\sqrt{3} + 1)}{(\sqrt{3} - 1)(\sqrt{3} + 1)} = \dfrac{8\sqrt{3} + \sqrt{2} + \sqrt{6} + 8}{2}$

3. Logaritmes

Com en el cas dels radicals, en el càlcul de logaritmes també solen aparèixer nombres irracionals.

Recordem que el logaritme sorgeix de la necessitat de resoldre situacions en les quals es coneix la base d'una potència i el resultat, però no l'exponent.

El **logaritme** en base a d'un nombre y és l'exponent al qual cal elevar la base a per a obtenir y:

$$\log_a y = x \Leftrightarrow a^x = y, \text{ per a } a \in \mathbb{R} > 0,\ a \neq 1,\ y > 0$$

9 EXEMPLE

Calcula: a) $\log_2 16$; b) $\log_{10} 1000$.

Solució

COMPRENSIÓ. Apliquem la definició de logaritme.

RESOLUCIÓ. a) $\log_2 16 = x \rightarrow 2^x = 16 = 2^4 \rightarrow x = 4 \rightarrow \log_2 16 = 4$

b) $\log_{10} 1000 = x \rightarrow 10^x = 1000 = 10^3 \rightarrow x = 3 \rightarrow \log_{10} 1000 = 3$

AMPLIA

El **nombre e** = 2,71828182... és irracional i té una gran importància en les matemàtiques. És el valor al qual s'apropa l'expressió $\left(1 + \frac{1}{n}\right)^n$, a mesura que substituïm n per nombres naturals cada vegada més grans.

3.1. Base logarítmica

La base dels logaritmes pot ser qualsevol nombre real positiu i diferent d'1, encara que, en la pràctica, el més habitual és treballar amb base 10 i base e.

NOM	BASE	NOTACIÓ	EXEMPLES
Logaritme decimal	10	$\log_{10} y = \log y$	$\log 100 = 2$, ja que $10^2 = 100$ $\log 2000 = 3{,}30102...$, ja que $10^{3,30102...} = 2000$
Logaritme neperià	e	$\log_e y = \ln y$	$\ln e^3 = 3$ $\ln 52 = 3{,}9512...$, ja que $e^{3,9512...} = 52$

Canvi de base

Moltes calculadores només calculen logaritmes en base 10 i base e (en aquesta darrera moltes menys). Quan haguem de calcular un logaritme en qualsevol altra base, utilitzarem l'expressió següent:

$$\log_a x = \frac{\log_b x}{\log_b a}$$

INTERNET

A la següent pàgina web, obtindràs més informació sobre l'ús de diferents tipus de calculadores per a trobar logaritmes:

http://links.edebe.com/pb5pb

10 EXEMPLE

Amb l'ajuda de la calculadora i de l'expressió del canvi de base, calcula $\log_5 200$.

Solució

COMPRENSIÓ. Utilitzem el canvi de base per a calcular el logaritme de l'enunciat amb la calculadora a partir de logaritmes decimals o neperians.

RESOLUCIÓ. $\log_5 200 = \frac{\log 200}{\log 5} = \frac{2{,}30102999...}{0{,}69897000...} = 3{,}2920296...$

De la mateixa manera, $\log_5 200 = \frac{\ln 200}{\ln 5} = \frac{5{,}298317366...}{1{,}609437912...} = 3{,}2920296...$

Exercicis i problemes 52 a 56 i 58 a 60

John Neper

John Neper (1550-1617) va ser un matemàtic escocès, cèlebre per ser el primer a definir els logaritmes. També va fer comú l'ús del punt decimal en les operacions aritmètiques.

INTERNET

En aquesta pàgina trobaràs la demostració de la propietat que es refereix al logaritme del producte:

http://links.edebe.com/vrk

La demostració de l'expressió del logaritme d'un quocient és anàloga.

— Intenta demostrar quines són les expressions del logaritme d'una potència i del logaritme d'un radical, tenint en compte que:

- La demostració que es refereix al logaritme d'una potència és una conseqüència de la del logaritme del producte.
- Pots utilitzar que $(\sqrt[n]{x})^n = x$ i l'expressió del logaritme de la potència per a demostrar la del logaritme d'un radical.

Problemes resolts B

Exercicis i problemes 57 i 61 a 75

Síntesi 76 i 77

3.2. Propietats dels logaritmes

Els logaritmes tenen les següents **propietats bàsiques:**

— Si dos nombres són diferents, els seus logaritmes també ho són:

$$\text{si } x \neq y \Rightarrow \log_a x \neq \log_a y$$

— Si $a > 1$ i $x < y \Rightarrow \log_a x < \log_a y$.

— El logaritme de la base sempre és 1:

$$\log_a a = 1, \text{ ja que } a^1 = a$$

— Per a qualsevol base a, $\log_a 1 = 0$, ja que $a^0 = 1$.

D'altra banda, antigament, quan calia multiplicar o dividir nombres molt grans, s'aplicaven logaritmes a les operacions per a transformar-les així en sumes i restes, més senzilles de calcular.

Les **propietats** que relacionen el **logaritme d'un producte o un quocient** amb la suma i la resta de logaritmes vénen donades per les següents expressions:

— El logaritme d'un producte és la suma dels logaritmes dels factors:

$$\log_a (x\,y) = \log_a x + \log_a y$$

— El logaritme d'un quocient és la diferència entre el logaritme del dividend i el del divisor:

$$\log_a \left(\frac{x}{y}\right) = \log_a x - \log_a y$$

També et seran útils les següents **propietats** relatives al **logaritme d'una potència i d'un radical:**

— El logaritme d'una potència és el producte de l'exponent pel logaritme de la base de la potència.

$$\log_a x^n = n \log_a x$$

— El logaritme d'un radical és el quocient entre el logaritme del radicand i l'índex del radical.

$$\log_a \sqrt[n]{x} = \frac{\log_a x}{n}$$

11 EXEMPLE

Si sabem que $\log_3 P = 3{,}5$ i $\log_3 Q = -1{,}4$, calcula: a) $\log_3 \frac{3\sqrt{P}}{Q^2}$; b) $\log_3 \sqrt[4]{\frac{Q}{P^3}}$.

Solució

COMPRENSIÓ. Utilitzem les propietats dels logaritmes per a transformar les expressions en operacions els resultats de les quals puguem calcular.

RESOLUCIÓ.

a) $\log_3 \frac{3\sqrt{P}}{Q^2} = \log_3 3 + \frac{\log_3 P}{2} - 2\log_3 Q = 1 + \frac{3{,}5}{2} - 2 \cdot (-1{,}4) = 5{,}55$

b) $\log_3 \sqrt[4]{\frac{Q}{P^3}} = \frac{1}{4}\log_3 \frac{Q}{P^3} = \frac{1}{4}(\log_3 Q - 3\log_3 P) = \frac{1}{4}(-1{,}4 - 3 \cdot 3{,}5) = -2{,}975$

Problemes RESOLTS

A NOMBRES IRRACIONALS

Demostra que el nombre d'or $\Phi = \dfrac{1+\sqrt{5}}{2}$ és un nombre irracional sense utilitzar expressions decimals.

Solució

COMPRENSIÓ. Hem de partir del fet que $\sqrt{5}$ és un nombre irracional, que la suma d'un racional i un irracional és un nombre irracional, i que la divisió entre un irracional i un racional és també irracional.

DADES. $\Phi = \dfrac{1+\sqrt{5}}{2}$; $\sqrt{5} \in \mathbb{I}$

RESOLUCIÓ. Intenta resoldre el problema tu sol. Tapa la resposta i segueix aquests passos:

Passos

— Utilitzem la reducció a l'absurd per a demostrar que si a és irracional i b és racional, $a + b$ és irracional.

— Demostrem que si a és irracional i b és racional, $\dfrac{a}{b}$ és irracional.

— Utilitzem que $\sqrt{5}$ és irracional per a demostrar que Φ és irracional.

Resposta

— Suposem que $a + b$ és racional, amb $a \in \mathbb{I}$, $b \in \mathbb{Q}$:

$$a + b = c \in \mathbb{Q} \rightarrow a = c - b \in \mathbb{Q}, \text{ ja que } c \text{ i } b \in \mathbb{Q}$$

Observa que hem arribat a una contradicció, ja que havíem suposat que a era irracional.

— Anàlogament:

$$\text{Si } \frac{a}{b} = c \in \mathbb{Q} \rightarrow a = b \cdot c \in \mathbb{Q}, \text{ ja que } c \text{ i } b \in \mathbb{Q}$$

I, de nou, hem arribat a una contradicció pel fet que a és irracional.

— De les dues demostracions anteriors es desprèn que com que $\sqrt{5}$ és irracional, $1 + \sqrt{5}$ també ho és, i que per tant $\Phi = \dfrac{1+\sqrt{5}}{2}$ també ho és.

1. ★★☆ Demostra que $\sqrt{5}$ és un nombre irracional, utilitzant arguments anàlegs als utilitzats a http://links.edebe.com/3g7b per a demostrar que $\sqrt{2}$ també ho és.

2. ★★☆ Arrodoneix $\sqrt{2}$ a les deumil·lèsimes. Eleva aquesta aproximació al quadrat, compara el resultat amb 2 i calcula l'error absolut comès.

Sol.: $\varepsilon_a = 3{,}836 \cdot 10^{-5}$, $\varepsilon_r = 0{,}001\,918\,\%$

B LOGARITMES

Troba els valors de x que compleixen la següent igualtat: $\log 2 + \log(11 - x^2) = 2\log(5 - x)$.

Solució

COMPRENSIÓ. Apliquem les propietats dels logaritmes per trobar els valors de x que verifiquen la igualtat.

DADES. Vegeu la igualtat de l'enunciat.

RESOLUCIÓ. Operem sobre els dos costats de la igualtat per a obtenir un logaritme a cada costat del signe igual:

$$\log 2 + \log(11 - x^2) = 2\log(5 - x)$$
$$\log[2(11 - x^2)] = \log(5 - x)^2$$

Per tal que tots dos logaritmes siguin iguals, ha de complir-se que:

$$2(11 - x^2) = (5 - x)^2 \rightarrow 22 - 2x^2 = 25 + x^2 - 10x$$
$$3x^2 - 10x + 3 = 0 \rightarrow x_1 = 3; x_2 = 1/3$$

COMPROVACIÓ. Substituïm els valors obtinguts de x en la igualtat de l'enunciat:

— $\log 2 + \log(11 - 3^2) = 2\log(5 - 3) \rightarrow$
$\rightarrow \log 2 + \log 2 = 2\log 2 \rightarrow 2\log 2 = 2\log 2$

Igualtat que és certa.

— $\log 2 + \log\left[11 - \left(\dfrac{1}{3}\right)^2\right] = 2\log\left(5 - \dfrac{1}{3}\right) \rightarrow$
$\rightarrow \log 2 + \log\dfrac{98}{9} = 2\log\dfrac{14}{3} \rightarrow$
$\rightarrow \log 2 + \log 98 - \log 9 = \log 196 - \log 9 \rightarrow$
$\rightarrow \log 2 + \log 98 = \log 196 \rightarrow \log 196 = \log 196$

Igualtat que també és certa.

Per tant, les solucions $x_1 = 3$ i $x_2 = 1/3$ són vàlides.

3. ★★☆ Si $\ln a = 0{,}6$ i $\ln b = 2{,}4$, calcula:

a) $\ln\sqrt{ab}$

b) $\ln\sqrt[3]{\dfrac{ab}{e^2}}$

Sol.: a) 1,5; b) 1/3

4. ★★★ Troba els valors de x que compleixen la següent igualtat: $\log x + \log(x + 3) = 2\log(x + 1)$.

Sol.: $x = 1$

EXERCICIS I PROBLEMES

1 EL CONJUNT DELS NOMBRES REALS

5. ★☆☆ Classifica els següents nombres segons el conjunt numèric al qual pertanyin:

a) -3

b) π

c) $\dfrac{-19}{5}$

d) $0{,}36666...$

e) $-\sqrt{6}$

f) $\dfrac{5}{4}$

g) $-5{,}7777$

h) $\dfrac{1+\sqrt[3]{4}}{2}$

Sol.: a) $\mathbb{Z}$; b) $\mathbb{I}$; c) $\mathbb{Q}$; d) $\mathbb{Q}$; e) $\mathbb{I}$; f) $\mathbb{Q}$; g) $\mathbb{Q}$; h) $\mathbb{I}$

6. ★☆☆ Expressa cada nombre decimal com una fracció i calcula el resultat de l'operació: $1{,}5 + 5{,}0\widehat{3} - 6{,}\widehat{6}$.

Sol.: $\dfrac{-2}{15}$

7. ★☆☆ Representa gràficament en una recta real el nombre $\sqrt{27}$.

8. ★☆☆ Ordena de més gran a més petit els següents nombres reals:

$$2{,}64\widehat{5};\ \frac{5}{3};\ -\sqrt{3};\ 2{,}56;\ \sqrt{7};\ \sqrt{2};\ 1{,}\widehat{74}$$

Sol.: $\sqrt{7} > 2{,}64\widehat{5} > 2{,}56 > 1{,}\widehat{74} > \dfrac{5}{3} > \sqrt{2} > -\sqrt{3}$

9. ★☆☆ Representa en la recta real els següents conjunts:

a) $(-4, -2)$

b) $[3, +\infty)$

c) $(2, 4]$

d) $(-\infty, -1)$

e) $(-1, 4)$

f) $(-3, +\infty)$

g) $(-3/5, 7/3)$

h) $(-0{,}33333..., 1{,}4444...)$

10. ★☆☆ Escriu simbòlicament i representa gràficament aquests intervals:

a) Nombres reals més grans o iguals que -6 i més petits o iguals que -3.

b) Nombres reals més grans que -2.

Sol.: a) $[-6, -3]$; b) $(-2, +\infty)$

11. ★☆☆ Escriu les següents aproximacions del nombre racional $\dfrac{24}{7}$:

a) Truncament amb tres xifres decimals.

b) Arrodoniment amb dues xifres decimals.

Sol.: a) 3,428; b) 3,43

12. ★☆☆ Sense utilitzar la calculadora científica, calcula:

a) $(700\,000 : 0{,}000\,35) \cdot 0{,}4 \cdot 10^3$

b) $0{,}315 \cdot 10^{-2} - 5 \cdot 10^{-4} + 84 \cdot 10^{-3}$

Sol.: a) $8 \cdot 10^{11}$; b) $8{,}665 \cdot 10^{-2}$

13. ★★☆ Raona per què la resta entre el nombre $\pi = 3{,}141\,592\,65...$ i el nombre $1{,}618\,033\,989...$ sempre és un nombre irracional.

14. ★★☆ Si dos nombres són irracionals, pots afirmar que la seva resta serà irracional?

— Si un nombre és irracional, és irracional el resultat d'elevar-lo al quadrat?

15. ★★☆ Raona per què l'expressió $\dfrac{4{,}5 - 1{,}\widehat{12}}{0{,}\widehat{3}}$ no pot ser un nombre irracional.

16. ★★☆ Justifica per què la suma de dos nombres decimals periòdics purs pot donar com a resultat un nombre enter. Pots comprovar la propietat calculant el resultat de la suma $6{,}\widehat{6} + 3{,}\widehat{3}$.

17. ★★☆ Expressa mitjançant intervals els valors que pot prendre m en cada cas:

a) $\sqrt{m+3}$

b) $\sqrt{2-m}$

c) $\sqrt{2m-1}$

d) $\sqrt{\dfrac{2+m}{3}}$

Sol.: a) $[-3, +\infty)$; b) $(-\infty, 2]$; c) $[1/2, +\infty)$; d) $[-2, +\infty)$

18. ★★☆ Representa en la recta real els següents conjunts:

a) $\{x \in \mathbb{R} \mid -1 \leq x \leq 4\}$

b) $(-\infty, -1) \cup [2, +\infty)$

c) $[-3, 2) \cup (3, 5]$

d) $\{x \in \mathbb{R} \mid 2 \leq x \leq 6\}$

19. ★★☆ Representa els intervals $(0, 5)$ i $(-2, 3)$ en la mateixa recta numèrica i indica l'interval d'intersecció.

Sol.: $(0, 3)$

20. ★★☆ Determina per a quins valors de m es compleixen les següents relacions:

a) $|m-3| = 3$

b) $|m-2| \leq 9$

c) $|m+5| \geq 8$

d) $|2m+6| = 2$

Sol.: a) $m = 0$; $m = 6$; b) $m \leq 11$; $m \geq -7$; c) $m \geq 3$; $m \leq -13$; d) $m = -2, -4$

21. ★★☆ Representa gràficament en la recta real el resultat de $\sqrt{2} + \sqrt{3}$.

22. ★★☆ Resol aquestes operacions amb la calculadora. Expressa el resultat en notació científica i convencional.

a) $7{,}65 \cdot 10^{-9} - 3{,}74 \cdot 10^{-10} + 1{,}52 \cdot 10^{-8}$

b) $(5{,}6 \cdot 10^{12} \cdot 4{,}05 \cdot 10^{-6}) : 2{,}113 \cdot 10^4$

c) $1{,}08 \cdot 10^{-20} : (5 \cdot 10^{-18} \cdot 2{,}4 \cdot 10^{-7})$

Sol.: a) $2{,}2476 \cdot 10^{-8}$, 0,000 000 022 476; b) $1{,}0734 \cdot 10^3$, 1 073,4; c) $9 \cdot 10^3$, 9 000

23. ★★☆ Calcula els resultats d'aquestes operacions i expressa'ls en notació científica:

a) $6{,}84 \cdot 10^2 - 3{,}18 \cdot 10^3 + 1{,}2 \cdot 10^4$

b) $\dfrac{4{,}16 \cdot 10^{-5} + 3{,}84 \cdot 10^{-4} \cdot 3{,}4 \cdot 10^6}{5{,}843 \cdot 10^{-11}}$

c) $\dfrac{5{,}433 \cdot 10^3 - 4{,}3 \cdot 10^3 + 23{,}2 \cdot 10^2}{8{,}5 \cdot 10^{-3} - 4{,}56 \cdot 10^{-3}}$

Sol.: a) $9{,}504 \cdot 10^3$; b) $2{,}2344 \cdot 10^{13}$; c) $8{,}764 \cdot 10^5$

24. ★★☆ Un metre quadrat de paper per a fabricar fulls de la sèrie A4 (DIN A4) pesa 80 g. Si aproximem el pes d'un paquet de 500 fulls a 2,5 kg, calcula l'error relatiu que es comet.

Per a conèixer el format estàndard d'aquests fulls, accedeix a l'enllaç **http://links.edebe.com/eebxuf**.

Sol.: 0,21 %

25. ★★☆ Si $A = 3{,}2 \cdot 10^6$, $B = 5{,}28 \cdot 10^3$ i $C = 2{,}01 \cdot 10^4$:

a) Calcula $\dfrac{C - B}{A}$.

b) Trunca el resultat amb tres xifres significatives i dóna una cota de l'error absolut comès.

Sol.: a) $4{,}63 \cdot 10^{-3}$; b) 0,000 01

26. ★★☆ Els catets d'un triangle rectangle mesuren 4 cm i 5 cm. Si es pren 6,4 cm com a aproximació de la mesura de la hipotenusa, calcula:

a) L'error absolut comès.

b) Les cotes dels errors absolut i relatiu.

Sol.: a) 0,003 124 2... cm; b) cota $\varepsilon_a = 0{,}05$ cm; cota $\varepsilon_r = 0{,}781\,25$ %

27. ★★☆ En una distribució estadística de determinades longituds, la variància equival a $\dfrac{89}{55}$ m^2.

— Determina quantes xifres significatives tindrà l'arrodoniment d'aquest valor a les deumil·lèsimes.

Sol.: 5

28. ★★★ Un panell fotovoltaic té forma d'hexàgon regular inscrit en una circumferència de 8 dm de diàmetre. Si arrodonim el valor de la seva superfície fins a les centèsimes, calcula:

a) El valor aproximat de la seva superfície.

b) La cota del seu error absolut.

c) La cota del seu error relatiu.

Sol.: a) 41,57 dm^2; b) 0,005 dm^2; c) 0,012 027 9 %

29. ★★★ Un triangle rectangle es genera per la unió dels vèrtexs (– 1, 1), (3, 1) i (3, 3) en un sistema de coordenades cartesianes.

— Troba la longitud de la seva hipotenusa.

Sol.: $2\sqrt{5}$

2 RADICALS

30. ★☆☆ Introdueix els factors en cada arrel:

a) $3\sqrt[3]{2}$

b) $2\sqrt{\dfrac{1}{3}}$

c) $\dfrac{x}{3}\sqrt{\dfrac{7}{2x}}$

d) $\dfrac{5}{4}\sqrt[4]{\left(\dfrac{4}{5}\right)^3}$

e) $-5\sqrt[5]{-3}$

f) $\dfrac{1}{6}\sqrt[3]{20}$

Sol.: a) $\sqrt[3]{54}$; b) $\sqrt{\dfrac{4}{3}}$; c) $\sqrt{\dfrac{7x}{18}}$; d) $\sqrt[4]{\dfrac{5}{4}}$; e) $\sqrt[5]{9\,375}$; f) $\sqrt[3]{\dfrac{5}{54}}$

31. ★☆☆ Simplifica els radicals següents extraient els factors possibles fora del radical:

a) $\sqrt[15]{x^5}$

b) $\sqrt[5]{a^6b^{10}}$

c) $\sqrt[3]{-54}$

d) $\sqrt[5]{\sqrt{1024}}$

e) $\sqrt[12]{64y^6}$

f) $\sqrt[4]{16x^2y^8}$

Sol.: a) $\sqrt[3]{x}$; b) $ab^2\sqrt[5]{a}$; c) $3\sqrt[3]{-2}$; d) 2; e) $\sqrt{2y}$; f) $2y^2\sqrt{x}$

32. ★☆☆ Redueix a índex comú:

a) $\sqrt[3]{4}, \sqrt[4]{3}, \sqrt{6}$

b) $\sqrt[6]{xy^3}, \sqrt[4]{x^3y}$

c) $\sqrt[8]{9}, \sqrt{72}, \sqrt[4]{100}$

d) $\sqrt[5]{51}, \sqrt[3]{100}$

Sol.: a) $\sqrt[12]{4^4}, \sqrt[12]{3^3}, \sqrt[12]{6^6}$; b) $\sqrt[12]{x^2y^6}, \sqrt[12]{x^9y^3}$; c) $\sqrt[8]{9}, \sqrt[8]{72^4}, \sqrt[8]{100^2}$; d) $\sqrt[15]{51^3}, \sqrt[15]{100^5}$

33. ★☆☆ Simplifica aquests radicals:

a) $\sqrt[6]{y^4}$

b) $\sqrt[12]{z^9}$

c) $\sqrt[6]{27}$

d) $\sqrt[10]{32}$

e) $\sqrt[4]{x^4y^2}$

f) $\sqrt[8]{\left(\dfrac{1}{2}\right)^4}$

Sol.: a) $\sqrt[3]{y^2}$; b) $\sqrt[4]{z^3}$; c) $\sqrt{3}$; d) $\sqrt{2}$; e) $x\sqrt{y}$; f) $\sqrt{1/2}$

34. ★★☆ Escriu com una única potència d'exponent fraccionari les següents expressions:

a) $\dfrac{\sqrt[3]{x^7}}{x^2}$

b) $\sqrt[5]{\dfrac{1}{y^2}}$

c) $\dfrac{\sqrt[3]{25}}{\sqrt{125}}$

d) $\dfrac{\sqrt[3]{m^2}}{m^3} \cdot \dfrac{m^4}{\sqrt{m}}$

Sol.: a) $x^{\frac{1}{3}}$; b) $y^{\frac{-2}{5}}$; c) $5^{\frac{-5}{6}}$; d) $m^{\frac{7}{6}}$

35. ★★☆ Expressa mitjançant un sol radical:

a) $\sqrt[5]{3\sqrt{5}}$

b) $\sqrt{\dfrac{\sqrt{2}}{\sqrt[3]{2}}}$

c) $\sqrt{\dfrac{1}{\sqrt{2}}}$

d) $\dfrac{1}{\sqrt{\sqrt{5}}}$

— Comprova, amb l'ajuda de la calculadora, que els valors de les expressions finals són els mateixos que els de l'enunciat.

Sol.: a) $\sqrt[10]{45}$; b) $\sqrt[12]{2}$; c) $\dfrac{1}{\sqrt[4]{2}}$; d) $\dfrac{1}{\sqrt[4]{5}}$

36. ★★☆ Redueix a índex comú ordenant de més gran a més petit en els casos en els quals sigui possible:

a) $\sqrt{z^3}, \sqrt[4]{z^5}$ d) $\sqrt[3]{4}, \sqrt[4]{8}$

b) $\sqrt{8}, \sqrt[3]{5}$ e) $\sqrt{m}, \sqrt[3]{m^2}, \sqrt[6]{m^5}$

c) $\sqrt{x}, \sqrt[3]{x^2}, \sqrt[4]{2x}$ f) $\sqrt{5}, \sqrt[5]{9}, \sqrt[10]{8^2}$

Sol.: a) $\sqrt[4]{z^6}, \sqrt[4]{z^5}$; b) $\sqrt[6]{8^3} > \sqrt[6]{5^2}$; c) $\sqrt[12]{x^6}, \sqrt[12]{x^8}, \sqrt[12]{8x^3}$; d) $\sqrt[12]{8^3} > \sqrt[12]{4^4}$; e) $\sqrt[6]{m^3}, \sqrt[6]{m^4}, \sqrt[6]{m^5}$; f) $\sqrt[10]{5^5} > \sqrt[10]{9^2} > \sqrt[10]{8^2}$

37. ★★☆ Simplifica els següents radicals:

a) $\sqrt[3]{\sqrt{\sqrt[4]{x^2y^4}}}$ b) $\left(\sqrt[3]{\sqrt{\sqrt{12}}}\right)^3$ c) $\sqrt[9]{x^6y^3}$

Sol.: a) $\sqrt[12]{xy^2}$; b) $\sqrt[4]{12}$; c) $\sqrt[3]{x^2y}$

38. ★★☆ Calcula i simplifica:

a) $6a\sqrt{2a} + a\sqrt{8a} - 5\sqrt{2a^3}$ c) $\sqrt[3]{2} + \sqrt[3]{54}$

b) $\sqrt{\dfrac{7}{5}} - \sqrt{\dfrac{7}{80}}$ d) $\sqrt{18a^3} - \sqrt{50a^3}$

Sol.: a) $3a\sqrt{2a}$; b) $\dfrac{3}{4}\sqrt{\dfrac{7}{5}}$; c) $4\sqrt[3]{2}$; d) $-2a\sqrt{2a}$

39. ★★☆ Efectua aquestes operacions simplificant al màxim els resultats:

a) $5\sqrt{3} - 2\sqrt{3} + \dfrac{5\sqrt{3}}{3} - \dfrac{5\sqrt{3}}{2}$

b) $5\sqrt{2} - 3\sqrt{18} - 2\sqrt{50}$

c) $\sqrt{18} + \sqrt{8}$

d) $3\sqrt{8} \cdot 2\sqrt{50}$

e) $\sqrt[3]{7ac^2} \cdot \sqrt[3]{3a^2b}$

f) $\sqrt[4]{625} : \sqrt[4]{25}$

Sol.: a) $\dfrac{13\sqrt{3}}{6}$; b) $-14\sqrt{2}$; c) $5\sqrt{2}$; d) 120; e) $a\sqrt[3]{21bc^2}$; f) $\sqrt{5}$

40. ★★☆ Efectua aquestes operacions simplificant al màxim els resultats:

a) $\sqrt[4]{\dfrac{a^4c}{b^5}} + \sqrt[4]{\dfrac{a^4c^5}{bd^4}} - \sqrt[4]{\dfrac{a^4cd^4}{bc^8}}$

b) $\sqrt[3]{a^2b} \cdot \sqrt[4]{ab^3}$

c) $\sqrt{a^3b} : 5\sqrt{ab^3}$

d) $\sqrt[4]{4} : \sqrt[6]{8}$

Sol.: a) $\dfrac{ac^2d + abc^3 - abd^2}{bc^2d}\sqrt[4]{\dfrac{c}{b}}$; b) $b\sqrt[12]{a^{11}b}$; c) $\dfrac{a}{5b}$; d) 1

41. ★★☆ Calcula i simplifica:

a) $2\sqrt{20} \cdot 3\sqrt{18}$ d) $5\sqrt[3]{x^2} \cdot 6x\sqrt[3]{xy}$

b) $\sqrt[4]{ab^3} \cdot 3a\sqrt{b}$ e) $-3\sqrt{2} \cdot 4\sqrt[5]{6}$

c) $\sqrt{xy} : 2\sqrt{xy^2}$ f) $\sqrt[9]{125} : \sqrt[6]{25}$

Sol.: a) $36\sqrt{10}$; b) $3ab\sqrt[4]{ab}$; c) $\dfrac{\sqrt{y}}{2y}$; d) $30x^2\sqrt[3]{y}$; e) $-12\sqrt[10]{1152}$; f) 1

42. ★★☆ Racionalitza i simplifica tant com puguis les següents expressions:

a) $\dfrac{3}{\sqrt{3}}$ c) $\dfrac{8}{\sqrt[3]{2}}$ e) $\dfrac{x}{\sqrt[4]{x}}$

b) $\dfrac{4}{3+\sqrt{5}}$ d) $\dfrac{a}{a+\sqrt{b}}$ f) $\dfrac{-6}{\sqrt{2}+\sqrt{6}}$

Sol.: a) $\sqrt{3}$; b) $3-\sqrt{5}$; c) $4\sqrt[3]{4}$; d) $\dfrac{a^2 - a\sqrt{b}}{a^2 - b}$; e) $\sqrt[4]{x^3}$; f) $\dfrac{3\sqrt{2} - 3\sqrt{6}}{2}$

43. ★★☆ Racionalitza i simplifica:

a) $\dfrac{\sqrt{2}}{3+2\sqrt{2}}$ c) $\dfrac{\sqrt{5}+\sqrt{3}}{\sqrt{5}-\sqrt{3}}$

b) $\dfrac{3\sqrt{2} - 2\sqrt{5}}{2\sqrt{5} + 3\sqrt{2}}$ d) $\dfrac{a+1}{\sqrt{a} - 1}$

Sol.: a) $3\sqrt{2} - 4$; b) $6\sqrt{10} - 19$; c) $4+\sqrt{15}$; d) $\dfrac{a + a\sqrt{a} + 1 + \sqrt{a}}{a-1}$

44. ★★☆ Racionalitza i simplifica:

a) $\dfrac{4+\sqrt{6}}{\sqrt{7}-\sqrt{6}}$

b) $\dfrac{a\sqrt{b} + b\sqrt{a}}{\sqrt{a}+\sqrt{b}}$

c) $\dfrac{4}{\sqrt{6}-\sqrt{5}} - \dfrac{3}{\sqrt{6}+\sqrt{5}}$

d) $\dfrac{\sqrt{7}-\sqrt{8}}{\sqrt{7}+\sqrt{8}} + \dfrac{\sqrt{7}+\sqrt{8}}{\sqrt{7}-\sqrt{8}}$

e) $\dfrac{1}{\sqrt{2+\sqrt{2}}}$

f) $\dfrac{1}{\sqrt{2}-\sqrt{3}+\sqrt{5}}$

Sol.: a) $4\sqrt{7} + 4\sqrt{6} + \sqrt{42} + 6$; b) $\sqrt{ab}$; c) $\sqrt{6} + 7\sqrt{5}$; d) -30; e) $\dfrac{\left(\sqrt{2+\sqrt{2}}\right)(2-\sqrt{2})}{2}$; f) $\dfrac{2\sqrt{3} - 3\sqrt{2} - \sqrt{30}}{-12}$

45. ★★☆ Comprova l'equivalència $\Phi - 1 = \dfrac{1}{\Phi}$, on Φ és el nombre d'or. Utilitza únicament radicals.

— En la web **http://links.edebe.com/cs4gj** trobaràs les equivalències de Φ^2 i de Φ^3. Comprova-les utilitzant únicament radicals. @

46. ★★☆ Comprova que els resultats d'aquestes operacions són nombres enters: @

a) $\sqrt{7+4\sqrt{3}} + \sqrt{7-4\sqrt{3}}$

b) $\sqrt{4+2\sqrt{3}} - \sqrt{4-2\sqrt{3}}$

Per a fer-ho, consulta: **http://links.edebe.com/iwttg**.

Sol.: a) 4; b) 2

47. ★★☆ Calcula el volum d'un tetraedre de 8 cm d'aresta. Expressa el resultat amb radicals. @

El contingut d'aquest enllaç et pot servir d'ajuda:

http://links.edebe.com/iwttg

Sol.: $\frac{128\sqrt{2}}{3}$ cm^3

48. ★★☆ Calcula l'àrea total i el volum d'un con la base del qual mesura 5 m de radi i la seva generatriu, 10 m. Expressa els resultats com a nombres irracionals.

Sol.: 75π m^2; $\frac{125\pi\sqrt{3}}{3}$ m^3

49. ★★☆ L'arrel quadrada de l'edat actual d'un pare equival a l'edat del seu fill. Calcula les edats que tindran d'aquí a 24 anys, quan l'edat del pare serà el doble de la del fill.

Sol.: 60 anys; 30 anys

50. ★★★ Donada l'equació $\sqrt{(x-1)^2+m} = x+1$, quins valors ha de tenir m perquè la solució sigui entera?

Sol.: $4k$

51. ★★★ Troba dos nombres reals positius x i y que verifiquin:

a) $\sqrt{11+\sqrt{112}} = \sqrt{x}+\sqrt{y}$

b) $\sqrt{11-4\sqrt{6}} = \sqrt{x}-\sqrt{y}$

Sol.: a) $x = 7$, $y = 4$; b) $x = 8$, $y = 3$

3 LOGARITMES

52. ★☆☆ Calcula aquests logaritmes:

a) $\log_4 256$

b) $\log 1000$

c) $\log_6 36$

d) $\log_2 \frac{1}{8}$

e) $\log 0{,}001$

f) $\log_5 0{,}04$

Sol.: a) 4; b) 3; c) 2; d) −3; e) −3; f) −2

53. ★☆☆ A partir de la definició de logaritme, calcula:

a) $\log_3 27+\log_2\frac{1}{8}-\log_4 16-\log_2\sqrt{2}$

b) $\log_3\frac{1}{243}-\log_6 1+\log_2 32$

c) $\ln 1+\ln e+\ln e^3+\ln\sqrt[3]{e}+\ln\frac{1}{e}$

Sol.: a) −5/2; b) 0; c) 10/3

54. ★☆☆ Calcula aquests logaritmes:

a) $\log_\pi \pi$

b) $\log_{\frac{1}{3}}\frac{3}{\sqrt{3}}$

c) $\log_{\sqrt{2}} 2$

d) $\log_3\frac{1}{81}$

e) $\log_4 1024$

f) $\log_2\sqrt{2}$

Sol.: a) 1; b) $\frac{-1}{2}$; c) 2; d) −4; e) 5; f) $\frac{1}{2}$

55. ★☆☆ Calcula, amb l'ajuda d'una calculadora, aquests logaritmes (aproxima els resultats obtinguts fins a les deumil·lèsimes):

a) $\ln e^3$

b) $\ln 12{,}45$

c) $\ln 333{,}33$

d) $\ln 0{,}464$

e) $\ln\sqrt{125}$

f) $\ln 403{,}4288$

Sol.: a) 3; b) 2,5217; c) 5,8091; d) −0,7679; e) 2,4142; f) 6

56. ★☆☆ Utilitza el canvi de base per a calcular els següents logaritmes amb la calculadora:

a) $\log_5 244$

b) $\log_5 6$

c) $\log_{0,8} 24$

d) $\log e$

e) $\log_\pi 3$

f) $\log_7 2000$

Sol.: a) 3,4156; b) 1,1133; c) −14,2422; d) 0,4343; e) 0,9597; f) 3,9061

57. ★☆☆ Desenvolupa aquestes expressions logarítmiques:

a) $\log_x\frac{ab}{c}$

b) $\log_x\frac{a}{b^2}$

c) $\log_x\left(\frac{a}{b}\right)^2$

d) $\log_x\frac{a^3b}{\sqrt{c}}$

Sol.: a) $\log_x a+\log_x b-\log_x c$; b) $\log_x a-2\log_x b$; c) $2\log_x a-2\log_x b$; d) $3\log_x a+\log_x b-\frac{\log_x c}{2}$

58. ★★☆ Dedueix la part entera d'aquests logaritmes:

a) $\log_3 200$

b) $\log_7 60$

c) $\log_8 525$

d) $\log_4 3$

e) $\log 0{,}02$

f) $\log_5 20$

Sol.: a) 4; b) 2; c) 3; d) 0; e) −1; f) 1

59. ★★☆ Calcula en cada cas el terme que falta:

a) $\log_{\sqrt{5}} 125 = x$

b) $\log_x 81 = -4$

c) $\log_{\sqrt{2}}\frac{1}{4} = x$

d) $\log_{\sqrt{3}}\sqrt[3]{\frac{1}{81}} = x$

e) $\log_2 x^3 = 6$

f) $\log_x 125 = -3$

Sol.: a) 6; b) 1/3; c) −4; d) −2,6667; e) 4; f) 1/5

60. ★★☆ Troba els valors numèrics d'aquestes expressions:

a) $\log_x x^{\frac{5}{2}}$

b) $\log_2\sqrt[5]{64}$

c) $2^{\log_x x^2}$

d) $\log_{10}(\log_{10} 10)$

e) $\log_x\frac{\sqrt{x}}{\sqrt[3]{x^2}}$

f) $\log_{0,5} 64^{1/3}$

Sol.: a) 5/2; b) 6/5; c) 4; d) 0; e) −1/6; f) −2

61. ★★☆ Si $\log x = 7{,}2$, calcula els valors d'aquestes expressions:

a) $\log\frac{x}{100}$

b) $\log\sqrt[4]{\frac{1}{x}}$

c) $\log(0{,}01\,x^2)$

d) $(\log x)^{\frac{1}{3}}$

Sol.: a) 5,2; b) −1,8; c) 12,4; d) 1,931

62. ★★☆ Desenvolupa aquestes expressions logarítmiques:

a) $\log_3 [x(x+1)]$

b) $\log_5 \sqrt[4]{20}$

c) $\ln \dfrac{xy}{\sqrt[3]{z}}$

d) $\log_4 \dfrac{x(x^2+1)}{\sqrt{x^2-1}}$

Sol.: a) $\log_3 x + \log_3 (x+1)$; b) $\dfrac{1}{4}(2\log_5 2 + 1)$; c) $\ln x + \ln y - \dfrac{\ln z}{3}$; d) $\log_4 x + \log_4 (x^2+1) - \dfrac{\log_4 (x^2-1)}{2}$

63. ★★☆ Si $\log 2 = 0{,}3010$, $\log 3 = 0{,}4771$ i $\log 5 = 0{,}6989$, calcula:

a) $\log 216$

b) $\log 75$

c) $\log 0{,}002^{\frac{1}{2}}$

d) $\log \dfrac{1}{\sqrt[3]{16}}$

Sol.: a) 2,3343; b) 1,8749; c) −1,3495; d) −0,4013

64. ★★☆ Converteix cada expressió en un únic logaritme:

a) $\log(ab) - 2\log\dfrac{a}{b}$

b) $2\ln(x-y) - \ln(x^2-y^2)$

c) $2\log_4 t - \dfrac{\log_4 y}{3} + (z-2)\log_4 8$

Sol.: a) $\log\dfrac{b^3}{a}$; b) $\ln\dfrac{x-y}{x+y}$; c) $\log_4 \dfrac{t^2 \cdot 8^{z-2}}{\sqrt[3]{y}}$

65. ★★☆ Si $\log x = k$, escriu en funció de k:

a) $\log x^3$

b) $\log \dfrac{x}{1\,000}$

c) $\log x\sqrt{10}$

Sol.: $3k$; b) $k-3$; c) $k+0{,}5$

66. ★★☆ Troba el resultat de cada expressió mitjançant les propietats dels logaritmes:

a) $2\log_4 16 + \log_2 32 - 3\log_7 49$

b) $\log_5 625 - \log_9 1$

Sol.: a) 3; b) 4

67. ★★☆ Converteix cada expressió en un únic logaritme:

a) $3\log_5 a + 4\log_5 b$

b) $\dfrac{1}{2}\log_{\frac{1}{2}} a - 3\log_{\frac{1}{2}} a$

c) $2(\log_4 x + 2\log_4 y - 3\log_3 z)$

d) $\ln\dfrac{x}{x-1} + \ln\dfrac{x+1}{x} - \ln(x^2-1)$

Sol.: a) $\log_5 (a^3 b^4)$; b) $\log_{\frac{1}{2}} a^{-\frac{5}{2}}$; c) $\log_4 \left(\dfrac{xy^2}{z^3}\right)^2$; d) $\ln\dfrac{1}{(x-1)^2}$

68. ★★☆ Si $\log x = 3$ i $\log y = 5$, calcula:

a) $\log(xy)$

b) $\log\dfrac{x^2}{y}$

c) $\log x^{\log y}$

d) $\log\sqrt[3]{xy^2}$

e) $\log\dfrac{y}{\sqrt[4]{x}}$

f) $\log y^{\log(xy)}$

Sol.: a) 8; b) 1; c) 15; d) $\dfrac{13}{3}$; e) $\dfrac{17}{4}$; f) 40

69. ★★☆ Per a $a \neq 1$, comprova que l'expressió $\dfrac{\log a^3}{\log a + \log\sqrt{a}}$ equival a 2.

70. ★★☆ Troba els valors d'aquests logaritmes utilitzant les seves propietats i la calculadora:

a) $\log_5 36^2$

b) $\log_2 \sqrt{31}$

c) $\log_6 100$

d) $\log_4 31^5$

Sol.: a) 4,4531; b) 2,4771; c) 2,5702; d) 12,3855

71. ★★☆ Calcula el valor de la incògnita y en cadascuna d'aquestes igualtats:

a) $\log_y 64 = 2$

b) $\log_y (1/4) = -2$

c) $\log 4^y = 3$

d) $6^{-y} = 4$

e) $\log y^3 = -3$

f) $8^y = 120$

Sol.: a) 8; b) 2; c) 4,9829; d) −0,7737; e) 0,1; f) 2,3023

72. ★★★ Aplica les propietats dels logaritmes per a calcular el valor de x que verifica:

a) $\log_3 9^{x+3} = 3$

b) $\log_5 x + \dfrac{\log_5 125}{\log_5 x} = \dfrac{7}{2}$

c) $\log(64 - x^3) - 3\log(4-x) = 0$

Sol.: a) −1,5; b) 5; $5\sqrt{25}$; c) 0

73. ★★★ Determina els valors de x que verifiquen les següents igualtats:

a) $\log x - \log(x^2-2) = 1$

b) $\log(x+3) + \log x = 2$

c) $\log(3x-1) + \log(x-1) = 1 + \log x$

Sol.: a) 1,465; b) 8,612; c) 4,594

74. ★★★ Calcula la magnitud d'un terratrèmol en l'escala de Richter si l'amplitud màxima mesurada en el sismògraf és de 23 mm i la diferència entre l'arribada de les ones anomenades P i S és de 24 s. Per a fer-ho, consulta el següent enllaç: **http://links.edebe.com/v3n6pj.**

Sol.: 5,29

SÍNTESI

75. ★★☆ Expressa mitjançant intervals els valors que pot prendre x en cada cas i representa'ls gràficament en la recta real:

a) $\sqrt{x-2}$

b) $\sqrt{\dfrac{x+3}{3}}$

c) $\sqrt{1-4x}$

Sol.: a) $[2, +\infty)$; b) $[-3, +\infty)$; c) $(-\infty, 1/4]$

76. ★★★ Calcula $\log_6 \dfrac{\sqrt{3}+\sqrt{2}}{\sqrt{3}-\sqrt{2}}$ racionalitzant primer la fracció i aproximant tots els resultats, inclòs el final, fins a les mil·lèsimes.

Sol.: 1,279

Síntesi

NOMBRES REALS

El conjunt dels nombres reals és el que resulta d'afegir els nombres irracionals (que no poden ser expressats com a fraccions) als racionals.

en funció de la seva expressió decimal es classifiquen en

- Nombres decimals exactes.
- Nombres decimals periòdics purs.
- Nombres decimals periòdics mixtos.
- Nombres irracionals.

es representen gràficament sobre la

Recta real

i això permet comparar-los i establir un

Ordre

$a < b$ si a està a l'esquerra de b en la recta real.

i definir

Intervals i entorns

l'amplitud d'un interval caracteritza

Valor absolut de *a*: $|a|$
Distància entre *a* i *b*: $d(a, b) = |b - a|$

poden aproximar-se de diferents formes

- Aproximacions decimals
- Per truncament
- Per arrodoniment

que utilitzem per a

Operar amb nombres reals

en aproximar cometem

Errors

- $\varepsilon_a = |\text{Valor exacte} - \text{Valor aproximat o mesurat}|$
- $\varepsilon_r(\%) = \dfrac{\varepsilon_a}{\text{Valor exacte}} \cdot 100$
- Cotes d'error

el tipus i l'ordre de l'aproximació determinen

- L'error comès
- **Les xifres significatives**

RADICALS

$b = \sqrt[n]{a} \Leftrightarrow b^n = a$

$\sqrt[n]{a} = a^{\frac{1}{n}}$

Propietats

- $a\sqrt[n]{b} = \sqrt[n]{a^n b}$
- $\sqrt[m]{\sqrt[n]{a}} = \sqrt[m \cdot n]{a}$
- $\sqrt[n \cdot m]{a^m} = \sqrt[n]{a}$
- $\sqrt[n]{(a \cdot b)} = \sqrt[n]{a} \cdot \sqrt[n]{b}$
- $\left(\sqrt[n]{a}\right)^m = \sqrt[n]{a^m}$
- $\sqrt[n]{\dfrac{a}{b}} = \dfrac{\sqrt[n]{a}}{\sqrt[n]{b}}$

Les propietats s'utilitzen per a calcular **radicals equivalents,** la qual cosa ens serà útil per a operar.

Operacions

- $a\sqrt[m]{x} \pm b\sqrt[m]{x} = (a \pm b)\sqrt[m]{x}$
- $a\sqrt[m]{x} \cdot b\sqrt[m]{y} = ab\sqrt[m]{xy}$, $\dfrac{a\sqrt[m]{x}}{b\sqrt[m]{y}} = \dfrac{a}{b}\sqrt[m]{\dfrac{x}{y}}$
- Racionalització

LOGARITMES

$\log_a y = x \Leftrightarrow a^x = y$,
per a $a \in \mathbb{R} > 0$, $a \neq 1$, $y > 0$

Base logarítmica

- $\log_{10} y = \log y$, $\log_e y = \ln y$
- Canvi de base: $\log_a x = \dfrac{\log_b x}{\log_b a}$

Propietats

- si $x \neq y \Rightarrow \log_a x \neq \log_a y$
- si $a > 1$ y $x < y \Rightarrow \log_a x < \log_a y$
- $\log_a a = 1$
- $\log_a 1 = 0$
- $\log_a (x\,y) = \log_a x + \log_a y$
- $\log_a \left(\dfrac{x}{y}\right) = \log_a x - \log_a y$
- $\log_a x^n = n \log_a x$
- $\log_a \sqrt[n]{x} = \dfrac{\log_a x}{n}$

1 En quins casos una operació entre dos nombres irracionals pot donar com a resultat un nombre racional? Justifica les teves respostes utilitzant contraexemples quan ho consideris oportú.

2 Escriu simbòlicament i representa gràficament aquests intervals:

a) $\{x | x \leq 2\}$

b) $\{x | -1 < x \leq 5\}$

— Quina és la distància entre els punts $x = 1$ i $x = 5$?

Sol.: a) $(-\infty, 2]$; b) $(-1, 5]$; $d(1, 5) = 4$

3 Representa en la recta real els següents conjunts numèrics:

a) $(-\infty, 1]$

b) $(-\infty, -1) \cup [3, +\infty)$

4 En una anàlisi de sang d'un pacient, el nombre de glòbuls vermells per mm^3 de sang ha estat de $4{,}8 \cdot 10^6$. Calcula el nombre de glòbuls vermells d'aquest pacient si el seu cos conté aproximadament 5 L de sang.

— Si el diàmetre de cada glòbul vermell és aproximadament de 10^{-2} mm, determina la longitud en quilòmetres d'una filera formada pels glòbuls vermells d'aquest pacient.

— Si la longitud de l'equador és aproximadament de 40 000 km, quantes vegades aquesta filera de glòbuls vermells podria donar la volta a la Terra?

Efectua els càlculs en notació científica.

5 Considera els nombres $A = 5{,}2 \cdot 10^{-3}$, $B = 1{,}68 \cdot 10^7$ i $C = 7{,}3 \cdot 10^{-2}$. Respon:

a) Arrodoneix B de manera que l'expressió resultant tingui dues xifres significatives.

b) Troba l'error absolut comès. Quin és l'error relatiu?

c) Calcula el resultat de $A + B \cdot C$ utilitzant l'aproximació de B de l'apartat anterior.

d) Troba els errors absolut i relatiu.

e) Com afecta l'aproximació del nombre B als errors absolut i relatiu comesos en calcular el resultat de $A + B \cdot C$?

Sol.: a) $1{,}7 \cdot 10^7$; b) $\varepsilon_a = 200000$, $\varepsilon_r = 1{,}19\,\%$; c) 1 241 000,0052; d) $\varepsilon_a = 14600$, $\varepsilon_r = 1{,}19\,\%$

6 Calcula i simplifica:

a) $\sqrt{45} - 2\sqrt{20} + \dfrac{\sqrt{405}}{3} + \sqrt{80}$

b) $\sqrt[3]{x\sqrt{\sqrt{x^5y^3}}}$

c) $\dfrac{\sqrt[6]{a^5b^7c^4}}{\sqrt[3]{a^2b^5c^2}}$

Sol.: a) $6\sqrt{5}$; b) $\sqrt[4]{x^3y}$; c) $\sqrt[6]{\dfrac{a}{b^3}}$

7 Racionalitza:

a) $\dfrac{\sqrt{2}}{\sqrt[3]{5}}$ b) $\dfrac{5}{\sqrt[5]{5}}$ c) $\dfrac{3\sqrt{2}+2\sqrt{3}}{2\sqrt{3}-3\sqrt{2}}$

Sol.: a) $\dfrac{\sqrt[3]{25}\sqrt{2}}{5}$; b) $\sqrt[5]{5^4}$; c) $-\dfrac{1}{6}\left(3\sqrt{2}+2\sqrt{3}\right)^2$

8 Un rectangle mesura $\sqrt{3+\sqrt{5}}$ cm de base i $\sqrt{4-\sqrt{5}}$ cm d'altura. Calcula la seva àrea: a) arrodonint els valors a les mil·lèsimes; b) desenvolupant el producte de radicals i arrodonint $\sqrt{5}$ a les mil·lèsimes.

— En quin cas es comet un error absolut més gran? Per què?

Sol.: a) 3,038 cm^2; b) 3,039 cm^2

9 Determina els intervals als quals ha de pertànyer x perquè es verifiqui:

a) $0 \leq \log_3 x < 1$ d) $-2 < \ln x < 2$

b) $1 \leq \log_2 x \leq 4$ e) $0 < \log x < 2$

c) $-1 \leq \log_2 x \leq 0$ f) $0 < \log 2x \leq 3$

Sol.: a) $[1, 3)$; b) $[2, 16]$; c) $[0{,}5, 1]$; d) (e^{-2}, e^2); e) $(1, 100)$; f) $(0{,}5, 500]$

10 Si $\log x = 3{,}1$, $\log y = -0{,}7$ i $\log z = 0{,}4$, calcula:

a) $\log \sqrt[5]{\dfrac{xy^3}{z^2}}$ b) $\log \dfrac{0{,}01x^2\sqrt{y}}{z^2}$

Sol.: a) 0,04; b) 3,05

11 Calcula:

a) $\log_3 54$ c) $\log_7 0{,}69$ e) $\log_{\sqrt{5}} 100$

b) $\log 0{,}2144$ d) $\log_4 \sqrt[6]{8^3}$ f) $\ln(\ln 512)$

Sol.: a) 3,631; b) −0,669; c) −0,191; d) 0,75; e) 5,723; f) 1,831

12 Expressa en un únic logaritme:

a) $3\,(2\log_2 A - 5\log_2 B)$

b) $\ln[x(x+1)] - 3 \cdot \ln x^2$

Sol.: a) $\log_2 \dfrac{A^6}{B^{15}}$; b) $\ln \dfrac{x(x+1)}{x^6}$

SOCIETY

Euler i els matemàtics del seu temps

«Llegeixin Euler, llegeixin Euler; ell és el mestre de tots nosaltres». (Pierre S. Laplace)

Aquesta frase la va pronunciar Pierre-Simon Laplace (1749-1827), un col·lega d'una generació posterior a Euler, que admirava la seva prolífica obra (entre 60 i 80 volums).

- Cerca a la Xarxa dues definicions algèbriques del nombre *e* enunciades per Euler i anota-les en el teu quadern.
- Cerca també el valor del nombre *e*, tal com el va descriure Euler (amb vint-i-tres xifres decimals). Quantes xifres decimals s'han pogut obtenir amb la tecnologia actual?

NEW

Dublín i els logaritmes

James Joyce (1882-1941) potser és l'escriptor irlandès més famós, conegut sobretot per la seva obra mestra Ulises *(1922). En ella es descriu de manera exhaustiva i detallada la ciutat de Dublín, sobre la qual es planteja el següent enigma: «Es pot travessar la capital irlandesa sense passar per davant de cap pub?». Matemàticament és molt difícil respondre aquesta pregunta però, recentment, l'informàtic Rory McCann va assegurar tenir una resposta basada en els logaritmes.*

- Entra a la Xarxa i accedeix a **http://links.edebe.com/cp**, en la qual trobaràs més informació. En quins elements es basa aquest càlcul?
- Cerca també informació sobre altres àmbits (tècnics, socials, culturals, artístics...) en els quals intervinguin els logaritmes i prepara una breu presentació de diapositives (5 minuts) per a exposar a classe els teus resultats.

CRITICAL SENSE

L'ARRODONIMENT I EL PREU DE LA GASOLINA

Com deus haver observat en fer gasolina, quan es fixa el preu per litre de la gasolina, aquest s'aproxima fins a les mil·lèsimes d'euro; posteriorment, el sortidor del carburant arrodoneix el preu final fins als cèntims d'euro (€).

- Una altra opció consistiria a arrodonir el preu a cèntims d'euro abans de fixar-lo al mercat. Tenint en compte ambdues opcions, quins sectors socials en sortirien perjudicats i/o beneficiats?
- Si el cost per litre de gasolina de 95 octans és d'1,364 €/L i a Espanya, en un dia, es poden dispensar uns $1,22 \cdot 10^7$ L, calcula l'estalvi que suposa per als conductors escollir l'opció més beneficiosa d'arrodoniment.

2

BLOC 1. ARITMÈTICA I ÀLGEBRA

Polinomis i fraccions algèbriques

Problemes interactius

Simulador

Notícies

A Xile, Franco Parisi, l'enginyer comercial conegut com «l'economista dels pobres», proposa ajustar el sou mínim a un polinomi, una equació d'ajust automàtic anual, en funció del producte geogràfic brut per capita.

Segons ell, «es pot tenir un Xile per a tothom, on tothom és benvingut, però també on arriba, i això és el que no està succeint. El salari mínim: fem un polinomi i s'acaba la tortura...».

Adaptat de: **http://www.andime.cl** i **http://links.edebe.com/j2**

EN CONTEXT

a> Llegeix la notícia anterior, reflexiona i respon: quines altres situacions coneixes que creus que es poden resoldre a través de polinomis o fórmules matemàtiques? Fes la pregunta a persones del teu entorn i compara les seves respostes amb la teva.

b> Observa la imatge:

— Escriu al quadern què hi veus, què penses en observar-la i quina pregunta et suggereix.

— En petits grups, exposeu les vostres respostes de manera raonada.

— Finalment, poseu-les en comú amb tota la classe registrant les respostes en un quadre d'observacions.

c> La densitat de població es pot modelar mitjançant la fórmula:

$$D(x) = \frac{ax}{x^2 + b}$$

on $D(x)$ representa la densitat de població a la distància x (en km) del centre de la ciutat, i a i b són constants relacionades amb les característiques pròpies de la localitat. Com més a prop del centre, més gran és la densitat de població.

— Podries dir on es troba el centre de la urbs de la imatge?

— Hi ha zones de la teva ciutat més poblades que d'altres?

— Creus que això té a veure amb com es troben de prop o de lluny aquestes zones del centre de la ciutat?

— Justifica si la teva ciutat respon al model descrit per la fórmula de l'enunciat.

1. Polinomis

Els **polinomis** són expressions algèbriques que relacionen constants i variables. Encara que formalment són relativament simples, poden descriure gran quantitat de fenòmens i, per això, són una potent eina matemàtica utilitzada en disciplines com ara la informàtica o l'enginyeria.

Un polinomi és una expressió algèbrica composta de la suma o resta de dos o més monomis.

Es designen amb una lletra majúscula, seguida de la variable o variables que apareixen en la seva expressió, entre parèntesis:

$$P(z) = 2z^3 + 2z^2 - 9; \quad Q(x, y) = -3x^2 + 5y + 3xy - 2$$

Si restringim el nostre estudi al cas d'una única variable indeterminada:

Un polinomi en la indeterminada x és una expressió algèbrica del tipus: $P(x) = a_n x^n + a_{n-1} x^{n-1} + \ldots + a_1 x + a_0$

Considerem el polinomi $P(x) = 4x^3 + 3x^2 - 2x + 8$:

- Cadascun dels monomis que formen el polinomi s'anomena **terme** del polinomi. En aquest cas, els termes són: $4x^3$, $3x^2$, $-2x$ i 8.
- Els **coeficients** d'un polinomi són els nombres reals que multipliquen la variable en cadascun dels seus termes, així, en l'exemple: 4, 3, −2 i 8.
- El **terme principal** és el terme de major grau amb coeficient no nul, en aquest cas, $4x^3$. El seu grau determina el **grau del polinomi,** que en el nostre exemple és 3.
- El **terme independent** és el monomi de grau zero, en aquest cas, 8.

Els termes dels polinomis solen ordenar-se en ordre decreixent respecte als seus graus, en aquest cas parlem de **polinomi ordenat.** Finalment, un **polinomi reduït** és aquell que no té monomis semblants.

1.1. Valor numèric d'un polinomi

Observa que si donem un valor a la indeterminada d'un polinomi i efectuem les operacions indicades, obtenim com a resultat un nombre real.

El valor numèric d'un polinomi $P(x)$ per a un valor donat $x = a$, $P(a)$, és el nombre real que s'obté substituint la variable x pel seu valor a i operant el polinomi.

1 EXEMPLE

Calcula el valor numèric del polinomi $P(x) = 5x^3 + 3x^2 - 7x + 8$ per a $x = 2$.

Solució

COMPRENSIÓ. S'ha de substituir en l'expressió del polinomi el valor $x = 2$.

RESOLUCIÓ. Substituïm el valor $x = 2$ i obtenim un valor numèric de 46:

$$P(2) = 5 \cdot 2^3 + 3 \cdot 2^2 - 7 \cdot 2 + 8 = 40 + 12 - 14 + 8 = 46$$

RECORDA

Un **monomi** és una expressió algèbrica en la qual les úniques operacions que apareixen entre les seves variables són el producte i la potència d'exponent natural.

Si té una única variable indeterminada, un monomi és una expressió del tipus:

$$ax^n$$

on a és un nombre real anomenat **coeficient** del monomi, x^n és la **part literal,** x és la **indeterminada** i n, l'exponent, un nombre natural que indica el **grau** del monomi.

Dos monomis són **semblants** si la seva part literal és idèntica; és a dir, si tenen la mateixa variable indeterminada i el mateix grau:

- $7x^2$ i $-3x^2$ són semblants.
- $2z^5$ i $2z^2$ no són semblants.

VOCABULARI

Expressió algèbrica. Combinació de lletres, nombres i signes d'operacions aritmètiques. Les lletres solen representar quantitats desconegudes i es denominen *variables* o *incògnites.*

INTERNET

A l'apartat de Recursos del web següent trobaràs un interessant document sobre els primers tractats d'àlgebra i sobre els primers usos de les lletres com a elements matemàtics:

http://links.edebe.com/hf5psr

Exercicis i problemes
7, 8

1.2. Arrels d'un polinomi

Existeixen certs valors de la variable, els que anul·len el polinomi, que es denominen **arrels** o **zeros,** i que tenen una importància especial perquè, com veurem en apartats següents, és molt útil calcular-los per a factoritzar polinomis, resoldre equacions polinòmiques i simplificar fraccions algèbriques.

Les arrels d'un polinomi són els valors de la variable indeterminada que fan que el seu valor numèric sigui 0:

$$a \text{ és arrel de } P(x) \Leftrightarrow P(a) = 0$$

Les **arrels enteres** d'un polinomi compleixen les **propietats** següents:

— Perquè un nombre enter *a* sigui arrel d'un polinomi, és imprescindible que *a* sigui divisor del seu terme independent (sempre que aquest no sigui nul).

— El nombre d'arrels enteres d'un polinomi és sempre més petit o igual que el seu grau.

2 EXEMPLE

Verifica si –2, 2 i 3 són arrels del polinomi $P(x) = 2x^2 - 8$.

Solució

COMPRENSIÓ. Les arrels del polinomi seran els valors de *x* que anul·len el polinomi (fan que el seu valor numèric sigui zero).

RESOLUCIÓ. Substituïm els diferents valors de *x* en l'expressió del polinomi:

$P(x) = 2x^2 - 8$; $P(-2) = 2 \cdot (-2)^2 - 8 = 8 - 8 = 0 \rightarrow x = -2$ és arrel de $P(x)$.

$P(2) = 2 \cdot (2)^2 - 8 = 8 - 8 = 0 \rightarrow x = 2$ és arrel de $P(x)$.

$P(3) = 2 \cdot (3)^2 - 8 = 18 - 8 = 10 \rightarrow x = 3$ no és arrel de $P(x)$.

3 EXEMPLE

Calcula les arrels enteres del polinomi $P(x) = x^2 + x - 12$.

Solució

COMPRENSIÓ. Les arrels enteres del polinomi es troben entre els divisors del terme independent. Com que el grau de $P(x)$ és 2, com a màxim hi haurà dues arrels enteres.

RESOLUCIÓ. Elaborem una llista amb tots els divisors (positius i negatius) del terme independent i calculem el valor numèric del polinomi per a cadascun dels divisors: Div. (12) = $= \{\pm 1, \pm 2, \pm 3, \pm 4, \pm 12\}$.

$P(1) = (1)^2 + 1 - 12 = -10 \rightarrow x = 1$ no és arrel de $P(x)$.

$P(-1) = (-1)^2 + (-1) - 12 = 1 - 1 - 12 = -12 \rightarrow x = -1$ no és arrel de $P(x)$.

$P(2) = (2)^2 + 2 - 12 = 4 + 2 - 12 = -6 \rightarrow x = 2$ no és arrel de $P(x)$.

$P(-2) = (-2)^2 + (-2) - 12 = 4 - 2 - 12 = -10 \rightarrow x = -2$ no és arrel de $P(x)$.

$P(3) = (3)^2 + 3 - 12 = 9 + 3 - 12 = 0 \rightarrow x = 3$ és arrel de $P(x)$.

$P(-3) = (-3)^2 + (-3) - 12 = 9 - 3 - 12 = -6 \rightarrow x = -3$ no és arrel de $P(x)$.

$P(4) = (4)^2 + 4 - 12 = 16 + 4 - 12 = 8 \rightarrow x = 4$ no és arrel de $P(x)$.

$P(-4) = (-4)^2 + (-4) - 12 = 16 - 4 - 12 = 0 \rightarrow x = -4$ és arrel de $P(x)$.

En aquest cas, el grau del polinomi és 2 i ja hem trobat dues arrels. Així, les arrels de $P(x)$ són $x = 3$ i $x = -4$.

FIXA-T'HI

Tots els polinomis que no tenen terme independent admeten com a arrel $x = 0$.

En aquests casos, podem treure factor comú a la *x*: $P(x) = x\,Q(x)$.

Així doncs, si calculem el valor numèric del polinomi per a $x = 0$, el resultat serà zero com correspon a una arrel.

Per exemple:

Si $P(x) = x^2 + x = x(x + 1)$, aleshores $P(0) = 0$ i $x = 0$ és una arrel.

LLENGUATGE MATEMÀTIC

La utilitat del llenguatge algèbric per a plantejar i resoldre problemes consisteix en la seva simplicitat i precisió.

Un dels problemes més antics de les matemàtiques consisteix en la **resolució** d'equacions algèbriques i en la determinació de les **arrels** de polinomis. La notació que encara utilitzem avui en dia es va desenvolupar a partir del segle XV però no va ser fins al segle XVI que van aparèixer les primeres aproximacions d'arrels i **fórmules** de polinomis de fins a grau quatre.

Problemes resolts A

Exercicis i problemes 9 a 12

2. Operacions amb polinomis

Les operacions que durem a terme amb polinomis són la suma, la resta, la multiplicació i la divisió.

2.1. Suma

Per tal de **sumar** dos o més polinomis, se sumen els termes semblants de tots dos, i s'obté un polinomi nou. Si efectuem la suma en vertical, escrivim els polinomis un sota l'altre, de manera que en una mateixa columna hi hagi els termes d'igual grau, i es deixen, si cal, espais en blanc.

Propietats de la suma de polinomis

La suma de polinomis compleix les mateixes propietats que la suma de nombres reals:

— **Associativa.** Donats tres polinomis $P(x)$, $Q(x)$ i $R(x)$, es verifica que $[P(x) + Q(x)] + R(x) = P(x) + [Q(x) + R(x)]$.

— **Commutativa.** Donats dos polinomis $P(x)$ i $Q(x)$, es verifica que $P(x) + Q(x) = Q(x) + P(x)$.

— **Element neutre.** Per a qualsevol polinomi es verifica que $P(x) + O(x) = P(x)$, on $O(x)$ és el **polinomi nul.**

— **Element oposat.** Per a qualsevol polinomi $P(x)$, existeix $-P(x)$, tal que $P(x) + [-P(x)] = O(x) = 0$.

2.2. Resta

Per tal de **restar** dos polinomis, sumem al primer polinomi (minuend) l'oposat del segon (subtrahend), i s'obté un polinomi nou.

$$P(x) - Q(x) = P(x) + [-Q(x)], \text{ on } -Q(x) \text{ és l'oposat de } Q(x).$$

4 EXEMPLE

Donats els polinomis $P(x) = 5x^4 - 2x^2 + x + 8$ i $Q(x) = -3x^3 + 6x^2 - 3x - 1$, calcula $P(x) + Q(x)$ i $P(x) - Q(x)$.

Solució

COMPRENSIÓ. Hem d'operar els termes semblants dels dos polinomis.

RESOLUCIÓ. En primer lloc, calculem la suma:

$$P(x) + Q(x) = (5x^4 - 2x^2 + x + 8) + (-3x^3 + 6x^2 - 3x - 1) =$$
$$= 5x^4 - 3x^3 + (-2 + 6)x^2 + (1 - 3)x + (8 - 1) = 5x^4 - 3x^3 + 4x^2 - 2x + 7$$

Per tal de determinar la diferència, restem els termes semblants dels dos polinomis, o sumem els termes semblants del primer polinomi amb els de l'oposat del segon.

$$P(x) - Q(x) = (5x^4 - 2x^2 + x + 8) - (-3x^3 + 6x^2 - 3x - 1) =$$
$$= (5x^4 - 2x^2 + x + 8) + (3x^3 - 6x^2 + 3x + 1) =$$
$$= 5x^4 + 3x^3 + (-2 - 6)x^2 + (1 + 3)x + (8 + 1) = 5x^4 + 3x^3 - 8x^2 + 4x + 9$$

Si operem verticalment:

	$5x^4$		$-2x^2$	$+x$	$+8$
(+)		$-3x^3$	$+6x^2$	$-3x$	-1
	$5x^4$	$-3x^3$	$+4x^2$	$-2x$	$+7$

	$5x^4$		$-2x^2$	$+x$	$+8$
(−)		$-3x^3$	$+6x^2$	$-3x$	-1
	$5x^4$	$+3x^3$	$-8x^2$	$+4x$	$+9$

FIXA-T'HI

En operar, escriurem prèviament els polinomis ordenats de forma decreixent.

De la mateixa manera, el **resultat** de qualsevol operació entre polinomis s'ha de donar sempre en forma de polinomi **ordenat** i **reduït.**

FIXA-T'HI

El **grau** del **polinomi suma** és sempre més petit o igual que el del polinomi de major grau.

LLENGUATGE MATEMÀTIC

— El **polinomi nul $O(x)$** és aquell que té tots els seus coeficients nuls. Així, $O(x) = 0x^n + 0x^{n-1} + \ldots + 0x + 0$.

El seu **valor numèric** és **nul** per a qualsevol valor de x, d'aquí ve el seu nom.

— Donat un polinomi $P(x)$, el seu **oposat** és el polinomi que s'obté canviant el signe de tots els seus termes. El polinomi oposat es denota com a $-P(x)$.

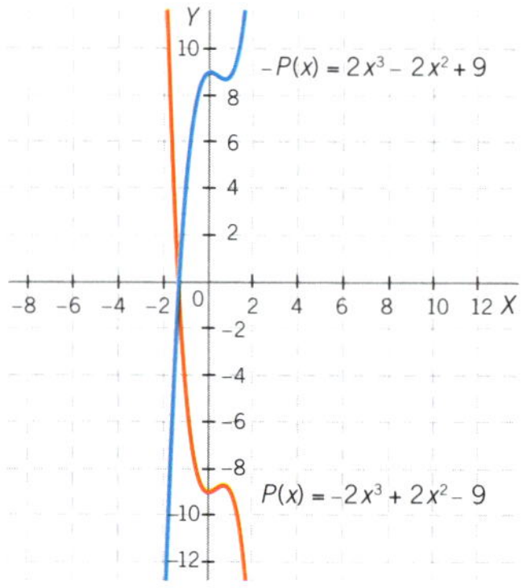

Polinomis oposats.

2.3. Multiplicació

Per tal de **multiplicar** dos polinomis, multipliquem tots els termes del primer per cadascun dels termes del segon i sumem els monomis obtinguts. Dit d'una altra manera, apliquem la propietat distributiva del producte de nombres reals respecte de la suma. El resultat serà un polinomi nou.

La **multiplicació d'un nombre real per un polinomi** és un cas concret de la multiplicació de dos polinomis, un dels quals és un polinomi de grau zero.

RECORDA

El **producte de dos monomis** ax^m i bx^n és un altre monomi abx^{m+n}.

5 EXEMPLE

Donats els polinomis $P(x) = 3x^2 - 2x + 3$ i $Q(x) = 3x - 1$, calcula el seu producte.

Solució

COMPRENSIÓ. Multipliquem tots els termes del segon polinomi per cadascun dels monomis del primer (o viceversa).

RESOLUCIÓ. Si apliquem la propietat distributiva del producte respecte de la suma:

$$P(x) \cdot Q(x) = (3x^2 - 2x + 3) \cdot (3x - 1) = 3x^2 \cdot 3x + 3x^2 \cdot (-1) + (-2x) \cdot 3x + (-2x) \cdot (-1) + \\ + 3 \cdot 3x + 3 \cdot (-1) = 9x^3 - 3x^2 - 6x^2 + 2x + 9x - 3 = 9x^3 - 9x^2 + 11x - 3$$

On, per acabar, hem reduït els termes semblants i ordenat el polinomi.

Verticalment, a la primera línia escrivim el producte de $P(x)$ per -1 i a la segona, el producte de $P(x)$ per $3x$. Després les sumem totes dues:

$P(x)$		$3x^2$	$-2x$	$+3$
$Q(x)$			$3x$	-1
1a línia:		$-3x^2$	$+2x$	-3
2a línia:	$9x^3$	$-6x^2$	$+9x$	
$P(x) \cdot Q(x)$	$9x^3$	$-9x^2$	$+11x$	-3

FIXA-T'HI

En multiplicar dos polinomis, el **grau del polinomi resultant** és igual a la suma dels graus dels polinomis que es multipliquen.

LLENGUATGE MATEMÀTIC

El **polinomi neutre** és aquell que únicament té terme independent, que és igual a 1.

Propietats de la multiplicació de polinomis

La multiplicació de polinomis compleix les mateixes propietats que la multiplicació de nombres reals:

— **Associativa.** Donats tres polinomis $P(x)$, $Q(x)$ i $R(x)$, es verifica que $[P(x) \cdot Q(x)] \cdot R(x) = P(x) \cdot [Q(x) \cdot R(x)]$.

— **Commutativa.** Donats dos polinomis $P(x)$ i $Q(x)$, es verifica que $P(x) \cdot Q(x) = Q(x) \cdot P(x)$.

— **Element neutre.** Per a qualsevol polinomi es verifica que $P(x) \cdot 1 = P(x)$, on 1 és el polinomi neutre.

— **Distributiva de la multiplicació respecte de la suma.** Donats tres polinomis, $P(x) \cdot [Q(x) + R(x)] = P(x) \cdot Q(x) + P(x) \cdot R(x)$.

FIXA-T'HI

És important procurar que la presentació dels càlculs i els resultats obtinguts sigui ordenada per evitar errors.

6 EXEMPLE

Comprova la propietat commutativa del producte de $P(x) = x^2 + 3x$ i $Q(x) = x + 2$.

Solució

COMPRENSIÓ. Verifiquem l'enunciat de la propietat commutativa del producte de polinomis.

RESOLUCIÓ. Multipliquem $P(x) \cdot Q(x)$ i $Q(x) \cdot P(x)$ i comprovem si s'obté el mateix resultat:

$$P(x) \cdot Q(x) = (x^2 + 3x) \cdot (x + 2) = x^3 + 2x^2 + 3x^2 + 6x = x^3 + 5x^2 + 6x$$
$$Q(x) \cdot P(x) = (x + 2) \cdot (x^2 + 3x) = x^3 + 3x^2 + 2x^2 + 6x = x^3 + 5x^2 + 6x$$

2.4. Divisió

FIXA-T'HI

Per tal de dividir dos polinomis, s'ha de complir que el grau del dividend sigui igual o més gran que el grau del divisor.

En dividir un polinomi $P(x)$ de grau m entre un altre polinomi $Q(x)$ de grau $n < m$ obtenim dos polinomis més, $C(x)$ i $R(x)$, que compleixen les condicions següents:

$$P(x) = Q(x) \cdot C(x) + R(x)$$

$$\text{grau de } C(x) = m - n; \text{ grau de } R(x) < n$$

De forma anàloga a la divisió de nombres reals, els polinomis $P(x)$, $Q(x)$, $C(x)$ i $R(x)$ s'anomenen, respectivament, **dividend, divisor, quocient** i **residu.**

Si $R(x) = 0$, la **divisió** és **exacta** i aleshores podem dir que $P(x)$ és **divisible** per $Q(x)$, que $P(x)$ és **múltiple** de $Q(x)$, i que $Q(x)$ és **divisor** de $P(x)$.

7 EXEMPLE

A continuació veurem com es pot dividir el polinomi $P(x) = 63x^3 - 86x^2 + 3x + 20$ entre $Q(x) = x - 1$.

Per tal de dividir dos polinomis, apliquem l'algorisme de la divisió:

— Ordenem els termes del dividend i del divisor, de major a menor grau, i deixem un espai en blanc en el lloc de cada terme que falti en el dividend.

— Dividim el primer terme del dividend entre el primer terme del divisor, i obtenim el primer terme del quocient.

— Multipliquem el quocient pel divisor.

— Restem aquest producte del dividend, per fer-ho el canviem de signe (per restar sumem l'oposat), i obtenim el primer residu parcial.

$$\begin{array}{rr|l}
63x^3 - 86x^2 & +3x+20 & x-1 \\ \cline{3-3}
-63x^3 + 63x^2 & & 63x^2 \\ \cline{1-1}
-23x^2 & &
\end{array}$$

— Baixem el següent terme del dividend i repetim el procés amb el polinomi resultant fins a obtenir un residu parcial de grau menor que el grau del divisor.

$$\begin{array}{rr|l}
63x^3 - 86x^2 & +3x+20 & x-1 \\ \cline{3-3}
-63x^3 + 63x^2 & & 63x^2 - 23x - 20 \\ \cline{1-1}
-23x^2 & +3x & \\
23x^2 & -23x & \\ \cline{1-2}
 & -20x+20 & \\
 & +20x-20 & \\ \cline{2-2}
 & 0 &
\end{array}$$

El quocient i el residu de la divisió són:

$$C(x) = 63x^2 - 23x - 20$$

$$R(x) = 0$$

Com que el residu és igual a zero, es tracta d'una divisió exacta. Aleshores podem dir que $P(x)$ és múltiple de $Q(x)$ i que $Q(x)$ és divisor de $P(x)$.

Podem comprovar que el resultat és correcte verificant que $P(x) = Q(x) \cdot C(x) + R(x)$:

$$Q(x) \cdot C(x) + R(x) = (x-1) \cdot (63x^2 - 23x - 20) + 0 =$$
$$= 63x^3 - 23x^2 - 20x - 63x^2 + 23x + 20 = 63x^3 - 86x^2 + 3x + 20$$

INTERNET

En el blog següent trobaràs aplicacions d'operacions amb polinomis en la vida quotidiana.

http://links.edebe.com/en3r

Exercicis i problemes
13, 14, 16 a 25, 29 a 31

2.5. Regla de Ruffini

La **regla de Ruffini** és un mètode que ens permet realitzar la divisió de polinomis d'una manera més senzilla. Per tal d'aplicar-la, el divisor ha de ser de la forma $(x - a)$, on a és un nombre real.

8 EXEMPLE

Vegem com es pot dividir el polinomi $P(x) = 5x^4 - 3x^3 + 2x^2 - 7x + 3$ entre $Q(x) = x - 1$, aplicant la regla de Ruffini.

Observem que la forma del divisor és del tipus $(x - a)$, sent $a = 1$, per tant podem aplicar la regla de Ruffini:

— **Escrivim els coeficients ordenats del dividend i l'oposat del terme independent del divisor (el nombre a) de la manera que es mostra. Si el dividend és incomplet, s'ha de col·locar un zero en el lloc de cada terme que falti.**

	5	−3	2	−7	3
1					

— **Baixem el primer coeficient del dividend, el multipliquem per a i el resultat el sumem al segon coeficient.**

	5	−3	2	−7	3
1		5			
	5	2			

— **Repetim el procés amb tots els coeficients del dividend.**

	5	−3	2	−7	3
1		5	2	4	−3
	5	2	4	−3	0

L'últim nombre obtingut equival al residu de la divisió, i el polinomi quocient es construeix amb els altres nombres obtinguts com a coeficients, tenint en compte que té un grau menys que el dividend.

Dividend

	5	−3	2	−7	3
1		5	2	4	−3
	5	2	4	−3	0

Divisor: 1 — Quocient: 5 2 4 −3 — Residu: 0

Així doncs, el quocient i el residu resultants són:

$$C(x) = 5x^3 + 2x^2 + 4x - 3 \text{ i } R(x) = 0$$

De la mateixa manera que en la divisió numèrica, s'ha de complir que $P(x) = Q(x) \cdot C(x) + R(x)$, després podem escriure:

$$5x^4 - 3x^3 + 2x^2 - 7x + 3 = (x - 1) \cdot (5x^3 + 2x^2 + 4x - 3) + 0$$

Si calculem el producte, comprovarem que es compleix que el resultat equival al polinomi inicial:

$$(x - 1) \cdot (5x^3 + 2x^2 + 4x - 3) = 5x^4 + 2x^3 + 4x^2 - 3x - 5x^3 - 2x^2 - 4x + 3 =$$
$$= 5x^4 - 3x^3 + 2x^2 - 7x + 3$$

PAOLO RUFFINI

Paolo Ruffini (1765-1822) va ser un matemàtic i metge italià que també es va dedicar a la docència. Va idear el mètode que permet trobar els coeficients del polinomi que resulta de la divisió d'un polinomi qualsevol pel binomi $x - a$. Cap a l'any 1805 va demostrar, encara que de manera prematura, la impossibilitat de trobar una solució general per a les equacions de cinquè grau o superiors.

FIXA-T'HI

Si ens trobem amb **divisors del tipus $(-x + a)$,** per a poder aplicar Ruffini hem de multiplicar per −1 el dividend i el divisor, ja que:

$$-1 \cdot (-x + a) = x - a$$

AMPLIA

Donat un polinomi amb coeficient principal a_n i terme independent a_0, el **teorema de Gauss** estableix que si aquest polinomi té arrels racionals, aleshores aquestes estan dins de la llista que es forma prenent totes les fraccions possibles, el numerador de les quals sigui un divisor de a_0 i el denominador de les quals sigui divisor de a_n.

Exercicis i problemes
15, 26 a 28, 32

3. Factorització de polinomis

En aquest apartat veurem com podem expressar un polinomi en forma de producte de factors, per a la qual cosa ens seran molt útils els teoremes del residu i del factor.

3.1. Teorema del residu

El **teorema del residu,** que es dedueix directament de les propietats de la divisió, s'enuncia de la manera següent:

El residu $R(x)$ de la divisió d'un polinomi $P(x)$ entre $(x - a)$ és igual al valor numèric d'aquest polinomi per a $x = a$; $P(a) = R(x)$.

INTERNET

— Càlcul d'arrels d'un polinomi de grau 3:

http://links.edebe.com/cpa4, http://links.edebe.com/3p2bkh

— Aplicació del teorema del residu i regla de Ruffini:

http://links.edebe.com/gbse6u, http://links.edebe.com/6y

9 EXEMPLE

Calcula per substitució i mitjançant el teorema del residu el valor numèric del polinomi $P(x) = x^3 - x + 6$ per a $x = 2$.

Solució

COMPRENSIÓ. Trobem el valor numèric $P(2)$ substituint el valor de $x = 2$ en el polinomi i calculant el residu de la divisió $P(x) : (x - 2)$.

RESOLUCIÓ. En primer lloc, substituïm en el polinomi per $x = 2$:

$$P(2) = 2^3 - 2 + 6 = 12$$

A continuació, calculem el residu $R(x)$ de la divisió $P(x) : (x - 2)$ per la regla de Ruffini:

	1	0	−1	6
2		2	4	6
	1	2	3	12

COMPROVACIÓ. Tal com enuncia el teorema del residu, el valor numèric del polinomi per a $x = 2$ i el residu de la divisió coincideixen: $P(2) = R(x) = 12$.

FIXA-T'HI

El **teorema del residu** permet:

— Trobar el valor numèric d'un polinomi sense substituir.

— Obtenir el residu d'una divisió entre $x - a$ sense efectuar-la.

3.2. Teorema del factor

Si apliquem el teorema del residu en el cas en què la divisió de $P(x)$ entre $(x - a)$ és exacta, obtenim el **teorema del factor,** que s'enuncia de la manera següent:

Un polinomi $P(x)$ és divisible per $(x - a)$ si i només si el valor numèric d'aquest polinomi per a $x = a$ és 0.

Així, el polinomi $P(x)$ es pot expressar de la forma $P(x) = (x - a) \cdot C(x)$, on $(x - a)$ és un **factor de** $P(x)$.

FIXA-T'HI

— El **teorema del factor** permet saber si un polinomi és **divisible** per un altre de la forma $(x - a)$ sense necessitat de fer la divisió.

— Si $(x - a)$ és **factor** d'un polinomi, aleshores a és **arrel** d'aquest polinomi.

Exercicis i problemes 33, 37 a 42

10 EXEMPLE

Determina de dues maneres diferents si el polinomi $P(x) = 5x^4 - 3x^3 + 2x^2 - 7x + 3$ és divisible entre $(x - 1)$.

Solució

COMPRENSIÓ. Hem de veure si el residu de la divisió és zero, per fer-ho podem calcular-la o aplicar el teorema del factor.

RESOLUCIÓ. Primer efectuem la divisió per Ruffini:

	5	−3	2	−7	3
1		5	2	4	−3
	5	2	4	−3	0

Després $P(x)$ és divisible per $(x - 1)$. Anàlogament, pel teorema del factor:

$$P(1) = 5 \cdot 1^4 - 3 \cdot 1^3 + 2 \cdot 1^2 - 7 \cdot 1 + 3 = 0 \rightarrow$$
$$\rightarrow P(1) = 0$$

Comprovem que el polinomi és divisible per $(x - 1)$, atès que $P(1) = 0$.

3.3. Factorització

Factoritzar un polinomi consisteix a expressar-lo com a producte de polinomis irreductibles (que no es poden seguir factoritzant) de grau menor anomenats **factors.**

En cada pas, s'ha d'escriure el polinomi inicial com a **producte de tots els factors trobats.** D'aquesta manera, un polinomi de grau n,

$$P(x) = a_n x^n + a_{n-1} x^{n-1} + \ldots + a_1 x + a_0$$

amb n arrels $x_1, x_{2,\ldots,} x_n$, quedaria descompost de la manera següent:

$$P(x) = a_n (x - x_1) \cdot (x - x_2) \cdot \ldots \cdot (x - x_0)$$

Per a cada arrel calculada, $x = a$, tindrem un factor $(x - a)$. Tingues en compte que un polinomi de grau n té com a màxim n arrels i, per tant, n factors irreductibles.

Es finalitza la factorització quan tots els factors siguin de grau 1 o quan no es pugui continuar factoritzant.

La factorització de polinomis ens permetrà:

— Simplificar fraccions algèbriques.

— Resoldre equacions i buscar les seves arrels enteres.

Podem utilitzar les següents tècniques per a factoritzar un polinomi:

— **Treure factor comú** a la variable i/o a algun nombre (si el polinomi no té terme independent o els seus coeficients tenen algun divisor comú).

— **Identificar les igualtats notables** (vegeu el requadre al marge).

— **Calcular les arrels enteres** i factoritzar el polinomi aplicant la **regla de Ruffini** i els **teoremes del residu** i **del factor.**

— **Calcular les arrels** a través de la **resolució de l'equació** de manera clàssica.

Les arrels d'un polinomi poden estar repetides. Si una arrel solament apareix una vegada es tracta d'una arrel **simple,** si està repetida, s'anomena arrel **doble,** arrel **triple...,** segons el nombre de vegades que es repeteixi.

RECORDA

Igualtats notables:

— Quadrat d'una suma o diferència:

$$(a \pm b)^2 = a^2 \pm 2ab + b^2$$

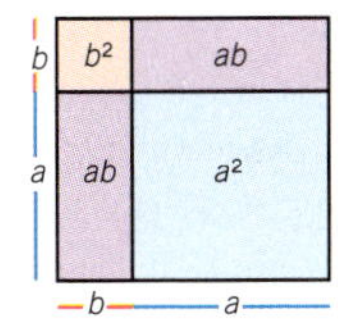

— Suma per diferència:

$$(a + b)(a - b) = a^2 - b^2$$

— Cub d'una suma o diferència:

$$(a \pm b)^3 = a^3 + 3a^2b \pm 3ab^2 \pm b^3$$

INTERNET

En aquest enllaç trobaràs exercicis i problemes resolts de polinomis:

http://www.vitutor.com/ab/p/p_e.html

Problemes resolts
B, C

Exercicis i problemes
34 a 36, 43 a 50

Síntesi
70 i 72

11 EXEMPLE

Factoritza el polinomi $P(x) = x^4 + 7x^3 + 16x^2 + 12x$.

Solució

COMPRENSIÓ. Per tal de factoritzar el polinomi, intentarem aplicar els mètodes presentats més amunt de manera successiva fins a aconseguir que tots els factors siguin de grau 1 o irreductibles.

RESOLUCIÓ. En primer lloc, traiem factor comú a la x, atès que no existeix terme independent:

$$P(x) = x^4 + 7x^3 + 16x^2 + 12x = x(x^3 + 7x^2 + 16x + 12)$$

Prosseguim factoritzant el polinomi de grau 3. Per fer-ho calculem les arrels enteres, que es troben entre els divisors del terme independent, i apliquem el teorema del factor. Així, obtenim que $x = -3$ és una arrel i, per tant, $(x + 3)$ és un factor de $P(x)$:

$$\text{Div. } (12) = \{\pm 1, \pm 2, \pm 3, \pm 4, \pm 6, \pm 12\}$$

	1	7	16	12
−3		−3	−12	−12
	1	4	4	0

Així, $P(x) = x(x + 3)(x^2 + 4x + 4)$.

Podríem seguir-ho provant amb altres divisors, però s'identifica fàcilment una igualtat notable coneguda (el quadrat d'una suma):

$$P(x) = x(x + 3)(x + 2)^2 = x(x + 3)(x + 2)(x + 2)$$

Com que tots els factors són de grau 1, hem acabat la factorització.

Una vegada expressat el polinomi d'aquesta manera, podem identificar que les arrels de $P(x)$ són $x = 0$, $x = -3$ i $x = -2$. Les dues primeres són arrels simples, mentre que $x = -2$ és una arrel doble perquè el factor $(x + 2)$ apareix dues vegades.

4. Fraccions algèbriques

De la mateixa manera que la divisió entre dos nombres enters pot expressar-se com a fracció, la divisió entre polinomis dóna lloc a les fraccions algèbriques.

S'anomena **fracció algèbrica** el quocient de dos polinomis amb coeficients reals $P(x)$ i $Q(x)$ de la forma:

$$\frac{P(x)}{Q(x)} \quad \text{amb} \quad Q(x) \neq 0$$

Són fraccions algèbriques, per exemple: $\frac{2x^2 - 6x + 8}{x^2 - 3}$, $\frac{3x^2 - 2}{x}$, $\frac{5x + 8}{8}$.

4.1. Fraccions algèbriques equivalents

També de forma anàloga a les fraccions numèriques, per a les fraccions algèbriques és possible definir la seva equivalència, que expressem amb el signe igual:

Dues fraccions algèbriques són **equivalents,** si es compleix que:

$$\frac{P(x)}{Q(x)} = \frac{R(x)}{S(x)} \Leftrightarrow P(x) \cdot S(x) = R(x) \cdot Q(x)$$

FIXA-T'HI

Qualsevol polinomi es pot expressar com a fracció algèbrica, tan sols col·locant la unitat com a denominador. Per exemple:

Polinomi: $x^2 - 2x$

Fracció algèbrica: $\frac{x^2 - 2x}{1}$

12 EXEMPLE

Determina si les següents fraccions algèbriques són equivalents: $\frac{x^2 + x}{2x}$ **i** $\frac{x^2 - 1}{2x - 2}$.

Solució

COMPRENSIÓ. Per tal de saber si dues fraccions algèbriques són equivalents, hem de calcular els productes creuats dels polinomis que les componen.

RESOLUCIÓ. Trobem els dos productes creuats, que són iguals, per la qual cosa les fraccions són equivalents:

$$(x^2 + x)(2x - 2) = 2x^3 - 2x^2 + 2x^2 - 2x = 2x^3 - 2x^2; \qquad 2x\,(x^2 - 1) = 2x^3 - 2x^2$$

4.2. M.C.D. i m.c.m. de polinomis

Conèixer el màxim comú divisor (M.C.D.) i el mínim comú múltiple (m.c.m.) de diversos polinomis ens serà útil per a operar amb les fraccions algèbriques.

El **màxim comú divisor (M.C.D.)** de dos o més polinomis és el polinomi de major grau que és divisor de tots ells.

El **mínim comú múltiple (m.c.m.)** de dos o més polinomis és el polinomi de menor grau que és múltiple de tots ells.

En la pràctica, primer descompondrem en factors els diferents polinomis i:

— En l'M.C.D. prenem els factors comuns elevats al menor exponent.

— En l'm.c.m., els comuns i no comuns elevats al major exponent.

4.3. Simplificació de fraccions algèbriques

En operar amb fraccions algèbriques, igual que ens passava amb les fraccions numèriques, sempre és convenient simplificar les fraccions.

A més, una vegada efectuades les operacions és preferible simplificar també el resultat.

Simplificar **una fracció algèbrica és transformar-la en una altra de més senzilla i equivalent.**

Per tal de simplificar una fracció algèbrica seguirem els passos següents:

— Factoritzarem els polinomis del numerador i del denominador.

— Dividirem el numerador i el denominador pels factors comuns, és a dir, per l'M.C.D. de tots dos.

D'aquesta manera, obtenim una fracció que no és possible simplificar més.

S'anomena **fracció algèbrica irreductible** aquella en què entre numerador i denominador no hi ha més factors comuns que la unitat.

Aquestes fraccions són la «mínima expressió» de la fracció equivalent inicial i, com el seu nom indica, no es poden reduir més.

FIXA-T'HI

Per a simplificar fraccions algèbriques utilitzem el mateix mètode de simplificació que utilitzàvem amb les fraccions numèriques:

$$\frac{60}{45} = \frac{2^2 \cdot \cancel{3} \cdot \cancel{5}}{3^{\cancel{2}} \cdot \cancel{5}} = \frac{2^2}{3} = \frac{4}{3}$$

INTERNET

En el següent enllaç trobaràs un vídeo sobre la simplificació de fraccions algèbriques.

http://youtu.be/KG12HptTW9w

13 EXEMPLE

Calcula l'M.C.D. i l'm.c.m. dels polinomis $P(x) = x^4 + 7x^3 + 16x^2 + 12x$ i $Q(x) = x^3 + 8x^2 + 21x + 18$.

Solució

COMPRENSIÓ. Per tal de calcular l'M.C.D. i l'm.c.m. és necessari factoritzar els dos polinomis.

RESOLUCIÓ. Factoritzem $P(x)$ i $Q(x)$:

$$P(x) = x(x+3)(x+2)^2 \text{ i } Q(x) = (x+3)^2(x+2)$$

Per tal de trobar l'M.C.D. considerem els factors comuns elevats al menor exponent:

$$\text{M.C.D. } [P(x), Q(x)] = (x+3)(x+2)$$

Per tal de trobar l'm.c.m. prenem els factors comuns i no comuns elevats al major exponent:

$$\text{m.c.m. } [P(x), Q(x)] = x(x+3)^2(x+2)^2$$

Exercicis i problemes 51 a 58

14 EXEMPLE

Simplifica la fracció algèbrica $\dfrac{P(x)}{Q(x)} = \dfrac{x^4 + x^3 - 8x^3 - 12x}{x^4 - 3x^2 - 10x^2}$.

Solució

COMPRENSIÓ. Factoritzem els polinomis del numerador i del denominador i els dividim pels factors comuns.

RESOLUCIÓ. En primer lloc factoritzem:

$$P(x) = x(x-3)(x+2)^2; \quad Q(x) = x^2(x-5)(x+2)$$

I, a continuació, dividim pels factors comuns:

$$\frac{P(x)}{Q(x)} = \frac{x^4 + x^3 - 8x^3 - 12x}{x^4 - 3x^2 - 10x^2} =$$

$$= \frac{\cancel{x}(x-3)(x+2)^{\cancel{2}}}{x^{\cancel{2}}(x-5)\cancel{(x+2)}} = \frac{x^2 - x - 6}{x^2 - 5x}$$

La fracció irreductible és, per tant, $\dfrac{P(x)}{Q(x)} = \dfrac{x^2 - x - 6}{x^2 - 5x}$.

5. Operacions amb fraccions algèbriques

Amb les fraccions algèbriques podem efectuar les mateixes operacions que amb les fraccions numèriques: suma, resta, multiplicació i divisió.

5.1. Suma i resta

Per tal de sumar o restar fraccions algèbriques se segueixen els següents passos:

— Es calcula l'm.c.m. dels denominadors de les fraccions donades, i es redueixen les fraccions a comú denominador.

— S'obté el numerador resultat mitjançant la suma o diferència dels numeradors obtinguts en el pas anterior. El denominador resultat és l'm.c.m. dels denominadors.

— Se simplifica la fracció algèbrica resultant.

RECORDA

En treballar amb fraccions algèbriques realitzarem les mateixes operacions que utilitzàvem amb fraccions numèriques.

— Recordes com feies les següents operacions?

$$\frac{2}{6}+\frac{5}{12};\quad \frac{3}{8}-\frac{1}{4}$$
$$\frac{4}{2}\cdot\frac{3}{13};\quad \frac{9}{4}:\frac{7}{6}$$

15 EXEMPLE

Calcula $\dfrac{x+10}{x^2-4}-\dfrac{x+4}{x^2+4x+4}$.

Solució

COMPRENSIÓ. Per tal de restar dues fraccions algèbriques és necessari reduir-les a comú denominador.

RESOLUCIÓ. Factoritzem els denominadors, calculem l'm.c.m. i reduïm a comú denominador. Finalment, operem els numeradors per a obtenir el resultat.

$$\text{m.c.m.}\,(x^2-4,\ x^2+4x+4)=\text{m.c.m.}\,[(x+2)(x-2),\ (x+2)^2]=(x+2)^2(x-2)$$

$$\frac{x+10}{x^2-4}-\frac{x+4}{x^2+4x+4}=\frac{(x+10)(x+2)}{(x+2)^2(x-2)}-\frac{(x+4)(x-2)}{(x+2)^2(x-2)}=$$

$$=\frac{x^2+2x+10x+20-(x^2-2x+4x-8)}{(x+2)^2(x-2)}=\frac{10x+28}{(x+2)^2(x-2)}=\frac{2(5x+14)}{(x+2)^2(x-2)}$$

RECORDA

Per reduir a comú denominador:

1. Calculem l'm.c.m. dels denominadors.
2. Dividim l'm.c.m. entre els denominadors de cada fracció.
3. Multipliquem el numerador i el denominador de cada fracció pel resultat corresponent trobat en el punt 2.

5.2. Multiplicació

El **producte** de fraccions algèbriques és una altra fracció que té:

— Per numerador el **producte** dels **numeradors.**

— Per denominador el **producte** dels **denominadors.**

$$\frac{P(x)}{Q(x)}\cdot\frac{R(x)}{S(x)}=\frac{P(x)\cdot R(x)}{Q(x)\cdot S(x)}$$

S'ha de **simplificar** la **fracció algèbrica resultat,** encara que també es pot simplificar abans d'operar.

16 EXEMPLE

Calcula $\dfrac{x+1}{x^2-9}\cdot\dfrac{2x+6}{x-2}$.

Solució

COMPRENSIÓ. S'han de factoritzar les fraccions algèbriques abans d'operar i simplificar-les perquè els càlculs siguin més senzills.

RESOLUCIÓ. Factoritzem les fraccions, efectuem el producte en línia i, finalment, simplifiquem:

$$\frac{x+1}{x^2-9}\cdot\frac{2x+6}{x-2}=\frac{x+1}{(x+3)(x-3)}\cdot\frac{2(x+3)}{x-2}=$$

$$=\frac{2(x+1)\cancel{(x+3)}}{\cancel{(x+3)}(x-3)(x-2)}=\frac{2(x+1)}{(x-3)(x-2)}$$

5.3. Divisió

Per tal de **dividir** dues fraccions algèbriques es multiplica la primera fracció per la inversa de la segona.

En la pràctica, el quocient de fraccions algèbriques és una altra fracció que té:

— Per numerador el **producte del numerador** de la primera **pel denominador** de la segona.

— Per denominador el **producte del denominador** de la primera **pel numerador** de la segona.

$$\frac{P(x)}{Q(x)} : \frac{R(x)}{S(x)} = \frac{P(x)\cdot S(x)}{Q(x)\cdot R(x)}$$

És convenient simplificar la fracció algèbrica resultat, encara que també es pot simplificar abans d'operar.

RECORDA

La **fracció inversa** d'una de donada és una altra fracció on el numerador i el denominador estan intercanviats.

$$\frac{x-7}{x+1} \xrightarrow{\text{inversa}} \frac{x+1}{x-7}$$

El producte de tot parell de fraccions inverses és igual a la unitat:

$$\frac{x-7}{x+1}\cdot\frac{x+1}{x-7} = \frac{(x-7)\cdot(x+1)}{(x+1)\cdot(x-7)} = 1$$

17 EXEMPLE

Calcula: $\frac{x^2+2x}{x^2-5x+6} : \frac{x^2+4x+4}{x^2-4}$.

Solució

COMPRENSIÓ. S'han de factoritzar les fraccions algèbriques abans d'operar i simplificar-les perquè els càlculs siguin més senzills.

RESOLUCIÓ. Factoritzem les fraccions, efectuem el producte en creu i, finalment, simplifiquem:

$$\frac{x^2+2x}{x^2-5x+6} : \frac{x^2+4x+4}{x^2-4} = \frac{x(x+2)}{(x-3)(x-2)} : \frac{(x+2)\cancel{^2}}{\cancel{(x+2)}(x-2)} =$$

$$= \frac{x\cancel{(x+2)}\cancel{(x-2)}}{(x-3)\cancel{(x-2)}\cancel{(x+2)}} = \frac{x}{x-3}$$

INTERNET

En l'enllaç següent trobaràs exercicis sobre fraccions algèbriques:

http://www.vitutor.com/ab/p/f_e.html

18 EXEMPLE

Efectua l'operació següent expressant el resultat en forma de fracció irreductible:

$\frac{x-2}{x^2} + \frac{x+2}{x^2-x} - \frac{1}{x^2-1}$.

Solució

COMPRENSIÓ. Per tal de calcular aquestes operacions, hem de reduir les fraccions a comú denominador.

RESOLUCIÓ. En primer lloc, factoritzem els denominadors:

$$x^2 - x = x(x-1)$$
$$x^2 - 1 = (x+1)(x-1)$$

A continuació, calculem l'm.c.m. dels tres denominadors:

$$\text{m.c.m.}\,(x^2, x^2-x, x^2-1) = \text{m.c.m.}\,[x^2, x(x-1), (x+1)(x-1)] = x^2(x-1)(x+1)$$

Finalment, reduïm a comú denominador i operem els numeradors per a obtenir el resultat:

$$\frac{x-2}{x^2} + \frac{x+2}{x^2-x} - \frac{1}{x^2-1} = \frac{(x-2)(x-1)(x+1) + (x+2)x(x+1) - x^2}{x^2(x-1)(x+1)} =$$

$$= \frac{(x^3-2x^2-x+2) + (x^3+3x^2+2x) - x^2}{x^2(x-1)(x+1)} = \frac{2x^3+x+2}{x^4-x^2}$$

Problemes resolts
D

Exercicis i problemes
59 a 67

Síntesi
71

5.4. Descomposició de fraccions algèbriques en fraccions simples

AMPLIA

Si l'equació $ax^2 + bx + c = 0$ no té arrels reals, aleshores la fracció $\dfrac{Mx - n}{ax^2 + bx + c}$ no es pot descompondre en factors reals.

Quan el denominador d'una fracció algèbrica es pot descompondre en factors, la fracció es pot escriure com a suma o diferència d'altres fraccions més simples. Aquest procés es coneix amb el nom de **descomposició en fraccions simples.**

Suposem una fracció algèbrica de numerador $P(x)$ i denominador $Q(x)$:

— Si **grau $P(x)$ < grau $Q(x)$,** considerem els casos següents:

- **$Q(x)$ solament té arrels simples.**

  $Q(x) = (x - a_1)(x - a_2) \ldots (x - a_n)$, aleshores:

$$\frac{P(x)}{Q(x)} = \frac{A_1}{x - a_1} + \frac{A_2}{x - a_2} + \ldots + \frac{A_n}{x - a_n}$$

- **$Q(x)$ té arrels múltiples.**

  $Q(x) = (x - a_1)^m(x - a_2) \ldots (x - a_{n-m})$, aleshores:

$$\frac{P(x)}{Q(x)} = \frac{A_1}{x - a_1} + \frac{A_{1,2}}{(x - a_1)^2} + \ldots + \frac{A_{1,m}}{(x - a_1)^m} + \frac{A_2}{x - a_2} + \ldots + \frac{A_{n-m}}{x - a_{n-m}}$$

- **$Q(x)$ conté polinomis de grau 2.**

  $Q(x) = (x^2 + bx + c)(x - a_1)(x - a_2) \ldots (x - a_{n-2})$, aleshores:

$$\frac{P(x)}{Q(x)} = \frac{Mx + N}{x^2 + bx + c} + \frac{A_1}{x - a_1} + \frac{A_2}{x - a_2} + \ldots + \frac{A_{n-2}}{x - a_{n-2}}$$

— Si **grau $P(x) \geq$ grau $Q(x)$,** efectuem la divisió i obtenim:

$$\frac{P(x)}{Q(x)} = C(x) + \frac{R(x)}{Q(x)}$$

Com que grau $R(x)$ < grau $Q(x)$, apliquem el mètode anterior a $\dfrac{R(x)}{Q(x)}$.

Problemes resolts
E

Exercicis i problemes
68 i 69

19 EXEMPLE

Descompon la fracció algèbrica següent en fraccions simples: $\dfrac{4x+1}{x^2+3x-4}$.

Solució

COMPRENSIÓ. Atès que el grau $P(x)$ < grau $Q(x)$, descompondrem $Q(x)$ en factors i expressarem la fracció com a suma de fraccions.

RESOLUCIÓ. En primer lloc, factoritzem $Q(x)$:

$$Q(x) = (x - 1)(x + 4)$$

que té 2 arrels simples, per la qual cosa podem escriure la fracció de la manera següent:

$$\frac{4x + 1}{x^2 + 3x - 4} = \frac{A}{x - 1} + \frac{B}{x + 4} = \frac{A(x + 4) + B(x - 1)}{(x - 1)(x + 4)}$$

Així, si igualem els numeradors, obtenim:

$$4x + 1 = A(x + 4) + B(x - 1)$$

Per tal de determinar els valors de A i B, desenvolupem la igualtat i resolem el sistema d'equacions:

$$4x + 1 = (A + B)x + 4A - B$$

$$\left.\begin{aligned} A + B &= 4 \\ 4A - B &= 1 \end{aligned}\right\}$$
$$5A = 5; \quad A = 1; \quad B = 3$$

Així doncs:

$$\frac{4x + 1}{x^2 + 3x - 4} = \frac{1}{x - 1} + \frac{3}{x + 4}$$

Problemes RESOLTS

A ARRELS D'UN POLINOMI

Calcula *a* i *b* perquè es compleixi que –5 i 0 són arrels de $P(x) = x^2 + 2ax + b$.

Solució

COMPRENSIÓ. m és arrel de $P(x) \Leftrightarrow P(m) = 0$. Per tal de calcular a i b, hem d'obtenir els valors del polinomi per a $x = -5$ i $x = 0$ i resoldre les equacions resultants.

DADES. $P(x) = x^2 + 2ax + b$; $x = -5$ i $x = 0$ arrels de $P(x)$.

RESOLUCIÓ. Intenta resoldre el problema tu sol. Per fer-ho, tapa la columna de la resposta i segueix aquests passos:

Passos	Resposta
— Apliquem la definició d'arrel a –5 i 0 per a plantejar un sistema de dues equacions i dues incògnites.	— $\left.\begin{array}{l} P(-5) = (-5)^2 + 2a(-5) + b = 0 \\ P(0) = (0)^2 + 2a(0) + b = 0 \end{array}\right\}$ $\left.\begin{array}{r} 25 - 10a + b = 0 \\ b = 0 \end{array}\right\}$
— Resolem el sistema d'equacions substituint el valor obtingut per a b en la primera expressió per a calcular a.	— $25 - 10a + 0 = 0 \rightarrow -10a = -25 \rightarrow a = \frac{-25}{-10} = \frac{5}{2}$

COMPROVACIÓ. Substituïm els valors de $a = 5/2$ i $b = 0$ a $P(x)$ i comprovem que $P(-5) = P(0) = 0$.

1. ★★☆ Calcula a i b perquè es compleixi que:

a) Les arrels de $P(x) = x^2 + \frac{a}{4}x - 3b$ siguin –3 i 2.

b) Les arrels de $Q(x) = x^5 - ax + b$ siguin –2 i 2.

Sol.: a) $a = 4$, $b = 2$; b) $a = 16$, $b = 0$

B FACTORITZACIÓ D'UN POLINOMI

Factoritza el polinomi $P(x) = 2x^3 - 3x^2 - 11x + 6$ i determina les seves arrels.

Solució

COMPRENSIÓ. Per tal de factoritzar el polinomi, intentarem aplicar els diferents mètodes estudiats a la unitat de manera successiva fins a aconseguir que tots els factors siguin de grau 1 o irreductibles.

DADES. $P(x) = 2x^3 - 3x^2 - 11x + 6$.

RESOLUCIÓ. Calculem les arrels enteres, que es troben entre els divisors del terme independent, i apliquem el teorema del factor. Així, obtenim que $x = -2$ és una arrel i, per tant, $(x + 2)$ és un factor de $P(x)$:

Div. (6) = {±1, ±2, ±3, ±6}

	2	–3	–11	6
2		–4	14	–6
	2	–7	3	0

Així, la factorització queda de moment:

$$P(x) = (x + 2) \cdot (2x^2 - 7x + 3)$$

Podríem continuar provant amb altres divisors però, com que el polinomi resultant és de segon grau, trobarem les arrels aplicant la fórmula de les equacions de segon grau:

$$x = \frac{7 \pm \sqrt{7^2 - 4 \cdot 2 \cdot 3}}{2 \cdot 2} = \frac{7 \pm \sqrt{25}}{4} = \frac{7 \pm 5}{4} = \begin{cases} 3 \\ 1/2 \end{cases}$$

I la factorització queda així: $P(x) = 2(x + 2)(x - 3)(x - 1/2)$.

Com que tots els factors són de grau 1, hem acabat la factorització.

Una vegada expressat el polinomi d'aquesta forma, podem identificar que les arrels de $P(x)$ són $x = -2$, $x = 3$ i $x = 1/2$. Totes són arrels simples.

COMPROVACIÓ. Si multipliquem els factors que formen el polinomi $P(x)$, comprovem que s'obté l'expressió de $P(x)$ de l'enunciat.

2. ★★☆ Factoritza els següents polinomis i determina les seves arrels: a) $P(x) = 2x^3 - 3x^2 - 8x - 3$; b) $Q(x) = 6x^2 - 9x - 6$.

Sol.: a) $P(x) = 2(x + 1)(x + 1/2)(x - 3)$, $x_1 = -1$, $x_2 = -1/2$, $x_3 = 3$; b) $P(x) = 6(x - 2)(x + 1/2)$, $x_1 = 2$, $x_2 = -1/2$

3. ★★☆ Factoritza el polinomi $P(x) = 2x^5 - 3x^3 + 4x^2 - 9x + 6$ i determina les seves arrels.

Sol.: a) $P(x) = (x - 1)^2(x + 2)(2x^2 + 3)$, $x_1 = 1$ (doble), $x_2 = -2$

C FACTORITZACIÓ DE POLINOMIS MITJANÇANT IGUALTATS NOTABLES

Factoritza els següents polinomis, amb ajuda de les igualtats notables: a) $P(x) = 25x^4 + 30x^2 + 9$; b) $R(x) = (x + 7)^2 - 16$.

Solució

COMPRENSIÓ. Intentarem identificar la forma dels polinomis amb les fórmules de les igualtats notables.

DADES. $P(x) = 25x^4 + 30x^2 + 9$; $R(x) = (x + 7)^2 - 16$.

RESOLUCIÓ.

a) Identifiquem que $P(x)$ té la forma del quadrat d'una suma: $a^2 + 2ab + b^2 = (a + b)^2$. Per tant:

$$P(x) = 25x^4 + 30x^2 + 9 =$$
$$= (5x^2)^2 + 2 \cdot 5x \cdot 3 + 3^2 = (5x^2 + 3)^2$$

b) $R(x)$ té la forma d'una diferència de quadrats: $(a + b)(a - b) = a^2 - b^2$ Per tant::

$$R(x) = (x + 7)^2 - 16 = (x + 7)^2 - 4^2 =$$
$$= [(x + 7) + 4][(x + 7) - 4] = (x + 11)(x + 3)$$

4. ★★☆ Usant les igualtats notables, factoritza: a) $P(x) = x^2 - 9$; b) $Q(x) = x^2y^2 - 1$; c) $R(x) = 4x^2 + 20x + 25$.

Sol.: a) $P(x) = (x + 3)(x - 3)$; b) $Q(x) = (xy + 1)(xy - 1)$; c) $R(x) = (2x + 5)(2x + 5)$

D OPERACIONS COMBINADES AMB FRACCIONS ALGÈBRIQUES

Calcula l'operació següent: $1 + \frac{x+3}{x^2-1} \cdot \frac{x+1}{2x}$.

Solució

COMPRENSIÓ. A més d'operar segons hem vist a la unitat, s'ha de tenir en compte la jerarquia de les operacions.

DADES. $1 + \frac{x+3}{x^2-1} \cdot \frac{x+1}{2x}$.

RESOLUCIÓ. Primer calcularem el producte de fraccions i després la suma (reduint a comú denominador). Sempre que sigui possible, simplificarem les fraccions:

$$1 + \frac{x+3}{x^2-1} \cdot \frac{x+1}{2x} = 1 + \frac{(x+3)\cancel{(x+1)}}{2x\cancel{(x+1)}(x-1)} =$$
$$= \frac{2x(x-1) + (x+3)}{2x(x-1)} = \frac{2x^2 - 2x + x + 3}{2x(x-1)} = \frac{2x^2 - x + 3}{2x^2 - 2x}$$

5. ★★☆ Calcula: $\left(\frac{1}{x} + \frac{1}{x^2-1}\right) \cdot \left(\frac{x+1}{2} : \frac{x}{x-1}\right)$

Sol.: $\frac{x^2 + x - 1}{2x^2}$

E DESCOMPOSICIÓ EN FRACCIONS SIMPLES

Descompon en fraccions simples: $\frac{1}{x^2 - 5x + 6}$.

Solució

COMPRENSIÓ. Atès que el grau $P(x)$ < grau $Q(x)$, descompondrem $Q(x)$ en factors i expressarem la fracció com a suma de fraccions.

DADES. $P(x) = 1$; $Q(x) = x^2 - 5x + 6$.

RESOLUCIÓ. En primer lloc, factoritzem $Q(x)$:

$$Q(x) = (x - 2)(x - 3)$$

que té 2 arrels simples, per la qual cosa podem escriure la fracció de la manera següent:

$$\frac{1}{x^2 - 5x + 6} = \frac{A}{x-2} + \frac{B}{x-3} = \frac{A(x-3) + B(x-2)}{(x-2)(x-3)}$$

Així, si igualem els numeradors, obtenim:

$$1 = A(x - 3) + B(x - 2)$$

Per tal de determinar els valors de A i B, tenim dues opcions:

— Desenvolupar la igualtat i resoldre el sistema:

$$1 = (A + B)x - 3A - 2B$$

$$\left.\begin{aligned} A + B &= 0 \\ -3A - 2B &= 1 \end{aligned}\right\} \quad \left.\begin{aligned} A &= -B \\ 3B - 2B &= 1 \end{aligned}\right\} \quad B = 1;\ A = -1$$

— En la igualtat $1 = A(x - 3) + B(x - 2)$, substituir x en els dos membres per valors que simplifiquin l'expressió:

$x = 2 \rightarrow 1 = A(2 - 3)$; $A = -1$ $\quad x = 3 \rightarrow 1 = B(3 - 2)$; $B = 1$

Així doncs:

$$\frac{1}{x^2 - 5x + 6} = \frac{-1}{x-2} + \frac{1}{x-3}$$

6. ★★☆ Descompon en fraccions més simples:

a) $\frac{5x - 3}{x^2 - 2x - 3}$ b) $\frac{5x^2 + 20x + 6}{x^3 + 2x^2 + x}$

Sol.: a) $\frac{2}{x+1} + \frac{3}{x-3}$; b) $\frac{6}{x} - \frac{1}{x+1} + \frac{9}{(x+1)^2}$

EXERCICIS I PROBLEMES

1 POLINOMIS

7. ★☆☆ Justifica quines de les expressions següents són polinomis i quines no:

a) $x^2 - 5$

b) $x^{-2} + 2$

c) $\frac{3x}{x-7}$

d) $\frac{x}{3} - \frac{x^2}{5}$

e) $x^2 + 2x + 2$

f) $z^2 - 7z$

8. ★☆☆ Calcula per a $x = -3$ el valor numèric dels següents polinomis: a) $P(x) = 2x^3 + 9x + 12$; b) $Q(x) = -x^3 - 27$.

Sol.: a) $P(-3) = -69$; b) $Q(-3) = 0$

9. ★★☆ Assenyala el valor numèric dels polinomis següents per a $x = -2$ i $x = 2$ i les seves arrels:

a) $x^2 - 9$

b) $(x-2)(x+2)$

c) $x^2 + 2x + 2$

d) $x^2 + 1$

Sol.: Valors: a) −5, −5; b) 0, 0; c) 2, 10; d) 5, 5;
Arrels: a) 3, −3; b) 2, −2; c) –; d) –

10. ★★☆ Explica amb les teves pròpies paraules què és una arrel d'un polinomi.

— Com podem trobar les arrels de $P(x) = ax^2 + bx + c$?

11. ★★☆ Determina quin és el polinomi de tercer grau les arrels del qual són 1, −3 i 7 i que té 7 com a coeficient del terme de major grau.

Sol.: $7x^3 - 35x^2 - 119x + 147$

12. ★★★ Calcula el polinomi $P(x)$ sabent que: a) és de tercer grau; b) s'anul·la per a $x = 1$; c) només té dos termes; d) $P(2) = 28$.

Sol.: $P(x) = 4x^3 - 4$ o $P(x) = 7x^3 - 7x^2$ o $P(x) = \frac{14}{3}x^3 - \frac{14}{3}x$

2 OPERACIONS AMB POLINOMIS

13. ★☆☆ Donats els polinomis: $P(x) = 3x^2 + x - 7$ i $Q(x) = x^2 - x$, comprova que es compleix:

a) La propietat commutativa de la suma.

b) La propietat associativa del producte.

14. ★☆☆ Donats els monomis: $P(x) = -2x^2$ i $Q(x) = 6x^2$, calcula: a) $P(x) + Q(x)$; b) $P(x) - Q(x)$; c) $P(x) \cdot Q(x)$; d) $2P(x)$.

Sol.: a) $4x^2$; b) $-8x^2$; c) $-12x^4$; d) $-4x^2$

15. ★☆☆ Utilitzant la regla de Ruffini, troba el quocient i el residu de les divisions següents:

a) $(x^3 - 8) : (x - 2)$

b) $(3x^3 + 2x^2 - x) : (x + 2)$

c) $(x^4 - 16) : (x + 2)$

Sol.: a) $C(x) = x^2 + 2x + 4$, $R = 0$; b) $C(x) = 3x^2 - 4x + 7$, $R = -14$;
c) $C(x) = x^3 - 2x^2 + 4x - 8$, $R = 0$

16. ★★☆ Determina a, b i c perquè es verifiqui:

$$(2x^2 - 4x + c) + (ax^2 + 3bx + 8) = 5x^2 - 2x + 3$$

Sol.: $a = 3$, $b = 2/3$, $c = -5$

17. ★★☆ Realitza les operacions següents amb polinomis:

a) $(17x^5 + 19x^2 + 15) - (9x^7 - 11x - 17)$

b) $(20x^6 - 13x^5) - (-7x^6 + 7x^5 - 20x^3 - 4x^2)$

c) $(-2x^2) \cdot (11x^3 - 10x^2 + 4x + 6)$

d) $5x^2 \cdot (-6x - 3)$

e) $(6x + 10) - (17x + 10) - 10x(4x + 2)$

f) $(-11x + 6) \cdot \left[(11x^2 + 16x + 9) + (14x^2 + 8x + 12)\right]$

Sol.: a) $-9x^7 + 17x^5 + 19x^2 + 11x + 32$;
b) $27x^6 - 20x^5 + 20x^3 + 4x^2$; c) $-22x^5 + 20x^4 - 8x^3 - 12x^2$;
d) $-30x^3 - 15x^2$; e) $-40x^2 - 31x$; f) $-275x^3 - 114x^2 - 87x + 126$

18. ★★☆ Siguin els polinomis: $P(x) = -x^2 + 3x + 1$, $Q(x) = x^3 - 3x^2 + 4$ i $R(x) = x^2 - 3x$. Calcula: a) $P(x) + Q(x)$; b) $P(x) \cdot Q(x)$; c) $P(x) + R(x)$; d) $P(x) \cdot R(x)$.

Per a realitzar els càlculs, pots utilitzar el Wolfram Alpha a: http://www.wolframalpha.com

Sol.: a) $x^3 - 4x^2 + 3x + 5$; b) $-x^5 + 6x^4 - 8x^3 - 7x^2 + 12x + 4$;
c) 1; d) $-x^4 + 6x^3 - 8x^2 - 3x$

19. ★★☆ Donats els polinomis: $P(x) = 3x^2 + x - 7$, $Q(x) = x^2 - x$ i $R(x) = -2x - 2$, efectua les operacions següents: a) $P(x) \cdot Q(x)$; b) $P(x) \cdot R(x)$; c) $Q(x) \cdot R(x)$; d) $P(x) \cdot 2Q(x) \cdot 2xR(x)$; e) $P(x) + 3Q(x) + 3R(x)$.

Sol.: a) $3x^4 - 2x^3 - 8x^2 + 7x$;
b) $-6x^3 - 8x^2 + 12x + 14$;
c) $-2x^3 + 2x$; d) $-24x^6 - 8x^5 + 80x^4 + 8x^3 - 56x^2$;
e) $6x^2 - 8x - 13$

20. ★★☆ Determina el polinomi $P(x)$ de primer grau que compleix $(x^2 + 2) \cdot P(x) + 5x^2 = 2x^3 + x^2 + 4x - 8$.

Sol.: $P(x) = 2x - 4$

21. ★★☆ Efectua les divisions polinòmiques següents:

a) $(x^4 - 2x^3 - 11x^2 + 30x - 20) : (x^2 + 3x - 2)$

b) $(7x^2 - 5x + 3) : (x^2 - 2x + 1)$

c) $(2x^3 - 7x^2 + 5x - 3) : (x^2 - 2x)$

d) $(x^3 - 5x^2 + 2x + 4) : (x^2 - x + 1)$

Sol.: a) $C(x) = x^2 - 5x + 6$, $R(x) = 2x - 8$;
b) $C(x) = 7$, $R(x) = 9x - 4$;
c) $C(x) = 2x - 3$, $R(x) = -x - 3$;
d) $C(x) = (x - 4)$, $R(x) = -3x + 8$

22. ★★☆ Comprova si $x + 3$ és un divisor de $x^4 - x^3 - 14x^2 + x + 16$.

23. ★★☆ Donats els polinomis $P(x) = 6x^3 + 3x - 12$ i $Q(x) = 2x^2 + 4x + 10$, calcula $\frac{1}{3}P(x) : \frac{1}{2}Q(x)$.

Sol.: $C(x) = 2x - 4$, $R(x) = -x + 16$

24. ★★☆ Divideix $P(x) = 3x^3 - 2x^2 - 6x - 4$ entre els polinomis següents, i mostra'n el resultat fent servir la forma Divisor · Quocient + Residu: a) $x - 1$; b) $x - 2$; c) $x - 3$.

Sol.: a) $(x-1)\cdot(3x^2+x-5)+(-9)$; b) $(x-2)\cdot(3x^2+4x+2)+0$; c) $(x-3)\cdot(3x^2+7x+15)+41$

25. ★★☆ Calcula les operacions indicades i simplifica.

a) $(x^5 - x^3 + x) + (3x^5 - 4x^4) + (x^3 + 2x + 5)$

b) $(8x^2 - 5x) - (3x^2 - 3) + (3x - 5)$

c) $(4x - 1)\cdot(7x + 2)$

d) $(6x - 5)\cdot(6x + 5)$

e) $(2x + 1)\cdot(4x^2 + 2x + 1)$

f) $\dfrac{15x^4 + 30x^3 + 12x^2 - 9x}{3x}$

— Amb l'ajuda de la calculadora d'operacions amb polinomis que trobaràs a **http://links.edebe.com/vspjim**, realitza novament les operacions anteriors. @

Sol.: a) $4x^5 - 4x^4 + 3x + 5$; b) $5x^2 - 2x - 2$; c) $28x^2 + x - 2$; d) $36x^2 - 25$; e) $8x^3 + 8x^2 + 4x + 1$; f) $5x^3 + 10x^2 + 4x - 3$

26. ★★☆ Troba el quocient i el residu de les següents divisions aplicant la regla de Ruffini:

a) $(4x^5 - 6x^4 + 8x^3 - 10x^2 + 6x + 2) : (x + 4)$

b) $(-2x^4 + 3x^3 - 5) : (x - 3)$

c) $(x^5 + 4x^2) : (x + 3)$

d) $(ax^3 + 3x - a) : (x - a)$

Sol.: a) $C(x) = 4x^4 - 22x^3 + 96x^2 - 394x + 1582$, $R = -6326$; b) $C(x) = -2x^3 - 3x^2 - 9x - 27$, $R = -86$; c) $C(x) = x^4 - 3x^3 + 9x^2 - 23x + 69$, $R = -207$; d) $C(x) = ax^2 + a^2x + a^3 + 3$, $R(x) = a^4 + 2a$

27. ★★☆ Calcula el valor del paràmetre p, perquè la divisió $(2x^3 - 5x - p) : (x + 3)$ tingui com a residu -30.

Sol.: $p = -9$

28. ★★☆ Determina el valor del paràmetre m, perquè el polinomi $P(x)$ sigui divisible entre $Q(x)$.

a) $P(x) = x^4 + m$, $Q(x) = x - 1$

b) $P(x) = 6x^3 + x^2 + 4x + m$, $Q(x) = x + 1$

Sol.: a) $m = -1$; b) $m = 9$

29. ★★★ Calcula i simplifica les operacions següents:

a) $(3x + 4)^2$ b) $(s + 3)^2 - (s - 3)^2$

Sol.: a) $9x^2 + 24x + 16$; b) $12s$

30. ★★★ Donats els polinomis $P(x) = x^4 - 3x^2 + 2x - 9$, $Q(x) = -x^2 + x - \dfrac{1}{2}$, calcula $P(x) - [Q(x)]^2$.

Sol.: $2x^3 - 5x^2 + 3x - 37/4$

31. ★★★ Efectua les següents operacions amb polinomis:

a) $[(x^3 - 2x^2) + (3x^2 - 3)]\cdot(2x + 3)$

b) $[(x^3 - 2x^2) - (3x^2 - 3)]\cdot(2x + 3)$

c) $[(3x^2 - 3) - (x^3 - 2x^2)]\cdot(2x + 3)$

— Tenint en compte les propietats de la suma, la resta i la multiplicació de polinomis, podries haver predit el resultat de l'apartat c), a partir dels resultats de l'apartat a) i el b)? Com?

Sol.: a) $2x^4 + 5x^3 + 3x^2 - 6x - 9$; b) $2x^4 - 7x^3 - 15x^2 + 6x + 9$; c) $-2x^4 + 7x^3 + 15x^2 - 6x - 9$

32. ★★★ Troba un polinomi de primer grau que en dividir-lo per $(x - a)$ tingui de residu R, i en dividir-lo per $(x - 2)$ doni exacte.

Sol.: $R\dfrac{x-2}{a-2}$

3 FACTORITZACIÓ DE POLINOMIS

33. ★☆☆ Determina, sense fer la divisió, si el polinomi $P(x) = x^4 + 5x^3 - 4x - 159$ és divisible per $Q(x) = x + 3$. Justifica la teva resposta.

34. ★☆☆ Troba un polinomi de grau 3 les arrels del qual siguin 3, 3 i -5.

Sol.: $x^3 - x^2 - 21x + 45$

35. ★☆☆ Factoritza el polinomi $P(x) = 2x^3 - 6x^2 + 4x$.

Sol.: $2x(x - 2)(x - 1)$

36. ★☆☆ Factoritza el polinomi $P(x) = 9x^2 - 30x + 25$.

Sol.: $(3x - 5)^2$

37. ★★☆ Utilitza el teorema del residu per a calcular el residu d'aquestes divisions: a) $(x^{11} - 2x^2) : (x - 1)$; b) $(x^{12} - 81) : (x + 1)$; c) $(x^7 - 1) : (x - 1)$.

Sol.: a) -1; b) -80; c) 0

38. ★★☆ Troba el residu de les següents divisions algèbriques, sense fer-les: a) $(3x^2 - 5x + 1) : (x + 2)$; b) $(x^{25} - 3x^2 - 4) : (x - 1)$; c) $(x^{10} - 1) : (x + 1)$.

Sol.: a) 23; b) -6; c) 0

39. ★★☆ Calcula les arrels enteres dels polinomis següents de dues maneres diferents:

a) $A(x) = 2x^3 + 9x^2 + 12x + 4$

b) $B(x) = x^4 - 8x^2 - 9$

Sol.: a) $x = -2$, b) $x = -3$, $x = +3$

40. ★★☆ Utilitzant la regla de Ruffini, esbrina si el polinomi $P(x) = x^4 + 3x^3 - x^2 - 4x - 1$ és múltiple de:

a) $A(x) = x + 3$ b) $B(x) = x + 1$

41. ★★☆ Aplica el teorema del factor per a: a) comprovar si $(x + 1)$ és un factor de: $P(x) = 3x^4 - 2x^2 + x$; b) identificar els factors del polinomi $P(x) = x^3 - 3x^2 - 6x + 8$, d'entre els següents: $(x - 1)$, $(x - 3)$, $(x + 1)$, $(x + 2)$.

42. ★★☆ Troba el valor de m, sabent que $(x + 2)$ és un factor del polinomi $mx^3 - 3x^2 + 5x + 9m$.

Sol.: $m = 22$

43. ★★☆ Escriu un polinomi de grau 3 les arrels del qual siguin 1, 2 i 3, i que el coeficient del terme de major grau sigui 4.

44. ★★☆ Factoritza el polinomi $x^3 + 2x^2 - 16x - 32$.

Sol.: $(x - 4)(x + 2)(x + 4)$

45. ★★☆ Factoritza els polinomis següents: a) $(x+1)^2-4$; b) x^3-1; c) x^2+5x+6; d) $x^3-x^2-25x+25$.

Sol.: a) $(x-1)(x+3)$; b) $(x-1)(x^2+x+1)$; c) $(x+2)(x+3)$; d) $(x-5)(x-1)(x+5)$

46. ★★☆ Factoritza els següents polinomis: a) $-2x^3+17x-3$; b) $4x^3-20x^2+25x-3$; c) x^4-5x^2+4.

Sol.: a) $-(x+3)(2x^2-6x+1)$; b) $(x-3)(4x^2-8x+1)$; c) $(x-2)(x-1)(x+1)(x+2)$

47. ★★☆ Factoritza els polinomis següents: a) $12x^2(x-1)-4x(x-1)-5(x-1)$; b) $6x^4+35x^2-6$.

Sol.: a) $(x-1)(2x+1)(6x-5)$; b) $(x^2+6)(6x^2-1)$

48. ★★☆ Factoritza els polinomis següents i escriu les seves arrels: a) $3x^3-12$; b) $4x^3-24x^2+36x$; c) $x^4+2x^3+x^2$; d) x^6-16x^2

Sol.: a) $3(x^3-4)$; b) $4x(x-3)^2$; c) $x^2(x+1)^2$; d) $x^2(x-2)(x+2)(x^2+4)$

49. ★★☆ Factoritza els següents polinomis, traient factor comú: a) $2x(x-3)+5(x-3)$; b) $7t(s+9)-6(s+9)$; c)$5y(y^2+1)-4(y^2+1)$.

Sol.: a) $(x-3)(2x+5)$; b) $(s+9)(7t-6)$; c) $(y^2+1)(5y-4)$

50. ★★★ Raona quines de les afirmacions següents són certes:

a) $x^2-9=(x-3)^2$ per a qualsevol nombre real x.

b) El polinomi $4x^2+100$ és una suma de quadrats, i, per tant, no pot ser factoritzat.

c) En treure factor comú en el polinomi $3xy^3+9xy^2+21xy$, el trinomi resultant no pot ser factoritzat.

4 FRACCIONS ALGÈBRIQUES

51. ★☆☆ Proposa una fracció equivalent a la fracció:

$$\frac{2x-1}{4x^2+3}$$

52. ★☆☆ Simplifica la fracció algèbrica següent:

$$\frac{2(x-3)(x+3)}{4x(x+3)(x-1)}$$

Sol.: $\dfrac{x-3}{2x(x-1)}$

53. ★★☆ Comprova si els següents parells de fraccions algèbriques són equivalents:

a) $\dfrac{x-4}{3x-12}$ i $\dfrac{1}{2}$

b) $\dfrac{x^2+x}{2x}$ i $\dfrac{x}{2}$

c) $\dfrac{x}{x^2-x}$ i $\dfrac{2}{2x-2}$

54. ★★☆ Completa les equivalències següents:

a) $\dfrac{x+1}{x^2-2x-3}=\dfrac{2x-4}{\ldots}$ b) $\dfrac{x^2-x-2}{x^2-6x+8}=\dfrac{\ldots}{x-4}$

Sol.: a) $2x^2-10x+12$; b) $x+1$

55. ★★☆ Calcula l'M.C.D. i l'm.c.m. dels polinomis $A(x)=x^3-2x^2-x+2$ i $B(x)=x^4+2x^3-3x^2-8x-4$.

Sol.: M.C.D.$[A(x),B(x)]=(x+1)(x-2)$, m.c.m.$[A(x),B(x)]=(x+1)^2(x+2)(x-2)(x-1)$

56. ★★☆ Simplifica les següents fraccions algèbriques:

a) $\dfrac{x^2-9}{x^2+6x+9}$ b) $\dfrac{2-x}{x^2-4}$ c) $\dfrac{x^2+25-10x}{x^2+25}$

Sol.: a) $\dfrac{x-3}{x+3}$; b) $\dfrac{-1}{x+2}$; c) $1-\dfrac{10x}{x^2+25}$

57. ★★☆ Expressa les fraccions següents en la seva forma més simple:

a) $\dfrac{3(x+2)+5(x-4)}{4x-7}$ c) $\dfrac{x+2}{3x+6}$

b) $\dfrac{2x+4}{12}$ d) $\dfrac{5x^2+25x}{100x^3}$

Sol.: a) 2; b) $\dfrac{x+2}{6}$; c) $\dfrac{1}{3}$; d) $\dfrac{x+5}{20x^2}$

58. ★★☆ Factoritza mentalment el numerador i el denominador de les següents fraccions algèbriques i després simplifica-les si és possible:

a) $\dfrac{x^2-x}{3x-3}$ c) $\dfrac{x^2-4x+4}{x^2-4}$

b) $\dfrac{(x+2)^2}{x^2-4}$ d) $\dfrac{x^2}{x^2-x}$

Sol.: a) $\dfrac{x}{3}$; b) $\dfrac{x+2}{x-2}$; c) $\dfrac{x-2}{x+2}$; d) $\dfrac{x}{x-1}$

5 OPERACIONS AMB FRACCIONS ALGÈBRIQUES

59. ★☆☆ Redueix a comú denominador $\dfrac{-1}{x^2-1^2}$ i $\dfrac{x}{(x-1)^2}$.

Sol.: $\dfrac{-1(x-1)}{(x+1)(x-1)^2}$, $\dfrac{x(x+1)}{(x+1)(x-1)^2}$

60. ★★☆ Redueix a comú denominador i simplifica les fraccions algèbriques següents:

a) $\dfrac{x-2}{x^2}+\dfrac{x+2}{x^2-x}-\dfrac{1}{x^2-1}$

b) $\dfrac{2x}{x^2+x-2}-\dfrac{5}{x+2}-\dfrac{x-4}{3x+6}$

— Efectua les operacions amb fraccions algèbriques de l'exercici anterior, utilitzant, en línia, el programa Derive o un altre de similar.

Sol.: a) $\dfrac{2x^3+x+2}{x^2(x^2-1)}$; b) $-\dfrac{x^2+4x-11}{3(x-1)(x+2)}$

61. ★★☆ Realitza les operacions següents i simplifica:

a) $3x-\dfrac{3x^2-2}{x}+\dfrac{x-1}{2x^2}$ b) $(x+1)+\dfrac{x^2-3x+1}{x-1}$

Sol.: a) $\dfrac{5x-1}{2x^2}$; b) $\dfrac{x(2x-3)}{x-1}$

62. ★★☆ Calcula i expressa en la seva forma més simple:

$$\frac{m-1}{n} \cdot \frac{n^2+3n}{m^2-7m+6}$$

Sol.: $\frac{n+3}{m-6}$

63. ★★☆ Calcula i simplifica les fraccions algèbriques següents:

a) $\frac{2x^2}{5} : \frac{4x}{10}$

b) $\frac{4x-8}{6} : \frac{x-2}{3}$

c) $\frac{x^2+4x+4}{x-7} : \frac{3x+6}{5}$

Sol.: a) x; b) 2; c) $\frac{5(x+2)}{3(x-7)}$

64. ★★☆ Calcula:

a) $\frac{x+2}{x+1} \cdot \frac{x^2+x}{x^2-4}$

b) $\frac{2x^2+x}{x^2-1} : \frac{2x+1}{3x^2-4}$

Sol.: a) $\frac{x}{x-2}$; b) $\frac{x(3x^2-4)}{(x-1)(x+1)}$

65. ★★☆ Realitza les següents operacions amb fraccions algèbriques:

a) $\frac{x^2-2x-8}{3x^2} \cdot \frac{6x}{3x-12}$

b) $\frac{3x-15}{6x^2} \cdot \frac{2x}{x^2-25}$

c) $\frac{x^2-x-6}{2x-6} : \frac{x^2-4}{4x^2}$

Sol.: a) $\frac{2(x+2)}{3x}$; b) $\frac{1}{x(x+5)}$; c) $\frac{2x^2}{x-2}$

66. ★★☆ Multiplica i divideix les fraccions algèbriques següents:

a) $\frac{4x^2}{x-2} \cdot \frac{x^2-4}{12}$

b) $\frac{z^2+3z}{6z^2} : \frac{5z+15}{4}$

c) $\frac{13x+26}{39} : \frac{x^2+3x+2}{2}$

Sol.: a) $\frac{x^2(x+2)}{3}$; b) $\frac{2}{15z}$; c) $\frac{2}{3(x+1)}$

67. ★★☆ Calcula i simplifica:

a) $\left(x+\frac{4x-1}{x-4}\right) \cdot \frac{2}{x-1}$

b) $\left(\frac{1}{x^2-4}+\frac{1}{x-2}\right) : \left(1+\frac{2}{x-2}\right)$

c) $\left(\frac{1}{x}+\frac{2}{x^2}\right) \cdot \frac{3x^2}{x+2}$

Sol.: a) $\frac{2(x+1)}{x-4}$; b) $\frac{x+3}{x(x+2)}$; c) 3

68. ★★☆ Escriu la fracció següent com a suma de fraccions més simples $\frac{4x-1}{x^2+3x-10}$.

Sol.: $\frac{1}{x-2}+\frac{3}{x+5}$

69. ★★☆ Descompon les següents fraccions algèbriques en fraccions més simples:

a) $\frac{x^3-2x^2+5x-1}{x^2-x+2}$

b) $\frac{x^2+3x}{x+4}$

Sol.: a) $x-1+\frac{2x+1}{x^2-x+2}$; b) $x-\frac{x}{x+4}$

SÍNTESI

70. ★★☆ Donat $Q(x) = 3x^3 - px^2 - 6x + 8$:

a) Sabent que 4 és una arrel del polinomi, troba p i els factors de $Q(x)$.

b) Expressa les arrels del polinomi donat.

c) Calcula el seu valor numèric per a $x = -1$ i $x = 5$.

Sol.: a) $p = 11$, $(x-4)$, $(x+1)$ i $(3x-2)$; b) arrels: 4, −1 i 2/3; c) $Q(-1) = 0$, $Q(5) = 78$

71. ★★☆ Efectua les operacions següents amb fraccions algèbriques:

a) $4-\frac{1}{2x-1} \cdot \left(\frac{2}{x}-\frac{1}{x^2}\right)$

b) $\left(1-\frac{x-1}{x}\right) \cdot \frac{x^2}{x+3}-1$

c) $\left(\frac{1}{x}-\frac{1}{x+3}\right) : \frac{3}{x^2}$

— Calcula l'M.C.D. i l'm.c.m. dels denominadors dels resultats.

Sol.: a) $\frac{4x^2-1}{x^2}$; b) $-\frac{3}{x+3}$; c) $\frac{x}{x+3}$

72. ★★★ Expressa l'àrea $A(x)$ i el volum $V(x)$ d'aquesta caixa usant polinomis:

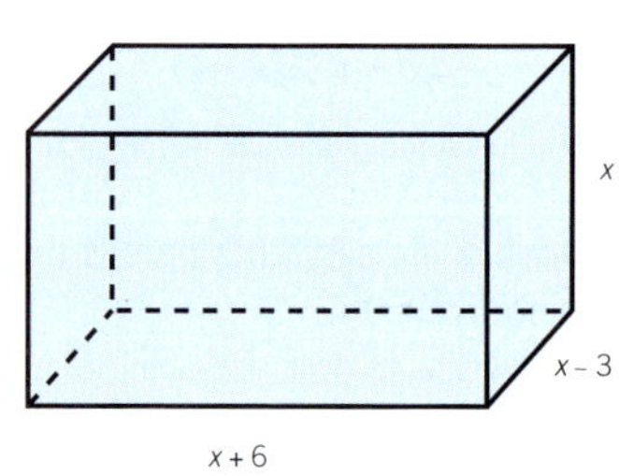

— Calcula $V(x)+A(x)$, $V(x)-A(x)$, $V(x) \cdot A(x)$, $V(x) : A(x)$.

— Determina quines són les arrels de $V(x)$.

Sol.: $A(x) = 6x^2+12x-36$, $V(x) = x^3+3x^2-18x$;
$V(x)+A(x) = x^3+9x^2-6x-36$,
$V(x)-A(x) = x^3-3x^2-30x+36$,
$V(x) \cdot A(x) = 6x^5+30x^4-108x^3-324x^2+648x$,
$V(x) : A(x) = \frac{x+1}{6}+\frac{-14x+6}{6x^2+12x-36}$;
arrels: 0, 3, −6

Síntesi

POLINOMIS

Un **polinomi en la indeterminada *x*** és una expressió algèbrica del tipus:

$$P(x) = a_n x^n + a_{n-1} x^{n-1} + \ldots + a_1 x + a_0$$

El **valor numèric** d'un polinomi $P(x)$ per a un valor donat $x = a$, $P(a)$, és el nombre real que s'obté substituint la variable x pel seu valor a i operant el polinomi.

Les **arrels** d'un polinomi són els valors de la variable indeterminada que fan que el seu valor numèric sigui 0.

Operacions amb polinomis

- Suma
- Resta
- Multiplicació
- Divisió

Propietats de la suma: associativa, commutativa, element neutre, element oposat.

Propietats de la multiplicació: associativa, commutativa, element neutre, distributiva de la multiplicació respecte de la suma.

Regla de Ruffini

Factorització de polinomis

Teorema del residu: El residu $R(x)$ de la divisió d'un polinomi $P(x)$ entre $(x - a)$ és igual al valor numèric d'aquest polinomi per a $x = a$; $P(a) = R(x)$.

Teorema del factor: Un polinomi $P(x)$ és divisible per $(x - a)$ si i només si el valor numèric d'aquest polinomi per a $x = a$ és 0.

Factorització

Mètodes: treure factor comú, identificar les igualtats notables, determinar les arrels senceres (Ruffini, teoremes del residu i del factor), calcular les arrels resolent l'equació.

FRACCIONS ALGÈBRIQUES

S'anomena **fracció algèbrica** el quocient de dos polinomis amb coeficients reals $P(x)$ i $Q(x)$ de la forma: $\dfrac{P(x)}{Q(x)}$ amb $Q(x) \neq 0$

Dues fraccions algèbriques són **equivalents** si es compleix que: $\dfrac{P(x)}{Q(x)} = \dfrac{R(x)}{S(x)} \Leftrightarrow P(x) \cdot S(x) = R(x) \cdot Q(x)$

El **màxim comú divisor (M.C.D.)** de dos o més polinomis és el polinomi de major grau que és divisor de tots ells.

El **mínim comú múltiple (m.c.m.)** de dos o més polinomis és el polinomi de menor grau que és múltiple de tots ells.

Simplificar una fracció algèbrica és transformar-la en una altra de més senzilla i equivalent.

S'anomena **fracció algèbrica irreductible** aquella en què entre numerador i denominador no hi ha més factors comuns que la unitat.

Operacions amb fraccions algèbriques

Suma, resta, multiplicació, divisió.

Descomposició en fraccions simples.

1 Calcula les següents operacions amb polinomis:

a) $[(3x^3 - 2x^2 + 5x - 15) + (2x^3 + 3x^2 + 12x - 3)] \cdot (x^2 + 3)$

b) $(x^3 + x)(x - 7) + (5x - 15) + (2x^3 + 3x^2 + 12x - 3) \cdot (x^2 + 3)$

Sol.: a) $5x^5 + x^4 + 32x^3 - 15x^2 + 51x - 54$; b) $2x^5 + 4x^4 + 11x^3 + 7x^2 + 34x - 24$

2 Justifica si són correctes aquestes afirmacions:

a) Si es divideix $2x^3 + 4x^2 - 2x - 1$ entre $x - 2$, el residu és 3.

b) El binomi $x + 1$ és un factor de $4x^4 - x^3 - 3x + 2$.

c) Si es divideix $2x^4 - 7x^3 + 6x^2 - 14x + 20$ entre $x - 3$, el residu és -5.

d) El binomi $x + 2$ és un factor de $5x^3 + 7x^2 + 12$.

3 Un dels clients d'Indústries del Cartró SL ha demanat una caixa de cartró sense tapa. La caixa es construeix tallant els quadrats dels cantons d'un full de cartró que mesura un total de 24 × 18 cm, i aixecant els laterals. El volum de la caixa ve donat per la fórmula $V(x) = 4x^3 - 84x^2 + 432x$, on x representa la mesura del quadrat tallat.

Utilitza la divisió polinòmica i el teorema del residu per a calcular si un volum de 640 cm³ correspon a quadrats de cantons de 2, 3, 4 o 5 cm, i indica les dimensions de la caixa per a aquest volum.

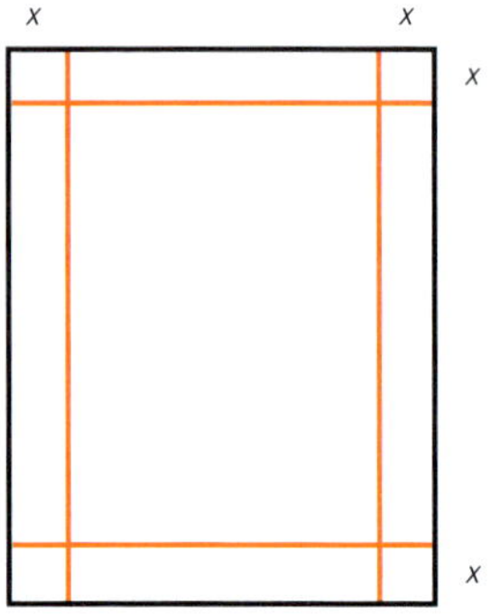

Sol.: $x = 4$ cm, 16 × 10 × 4 (en cm)

4 Durant les 12 setmanes dels mesos d'estiu, el nombre de turistes que arriben a l'illa de Tavira es pot modelitzar seguint la següent funció polinòmica $N(x) = -0,1x^4 + 2x^3 - 14x^2 + 52x + 5$, on $N(x)$ és el nombre (en milers) de turistes durant la setmana x. Respon:

a) Quan hi haurà més turistes a l'illa de Tavira, a la setmana 5 ($x = 5$) o a la setmana 10?

b) Quan hi haurà més turistes, a la primera setmana o a la penúltima?

c) El nombre de turistes creix ràpidament entre les setmanes 7 i 10. Utilitza el teorema del residu per a determinar la setmana de màxima afluència a l'illa.

5 Assenyala quina estratègia utilitzaries per a factoritzar cadascun dels polinomis següents; després, factoritza'ls:

a) $x^2 - 3x - 4$

b) $24b^2 - 4b - 8$

c) $m^2 + 100 - 20m$

d) $2x^3 - 5x^2 - 2x + 5$

e) $x^6 - 1$

f) $6t^2 + 6t + 12$

Sol.: a) $(x - 4)(x + 1)$; b) $24(x - 2/3)(x + 1/2)$; c) $(m - 10)^2$; d) $2(x - 1)(x + 1)(x - 5/2)$; e) $(x + 1)(x^2 - x + 1)(x - 1)(x^2 + x + 1)$; f) $6t^2 + 6t + 12$

6 En Joan ha factoritzat un polinomi com a $(a - b)(x - y)$, mentre que en Pau ha factoritzat el mateix polinomi i ha obtingut com a solució $(b - a)(y - x)$. Poden ser els dos resultats correctes? Justifica la teva resposta.

7 En l'exercici següent, et proposem un polinomi i una de les seves arrels. Factoritza'ls completament i digues el seu valor numèric per a l'arrel.

a) $P(x) = -5x^2 + 2x + 24$, $x = -2$

b) $Q(x) = x^3 - 7x^2 + 7x + 15$, $x = 3$

c) $R(x) = x^4 + 2x^3 - 12x^2 - 18x + 27$, $x = -3$

d) $S(x) = x^4 + 4x^3 - 6x^2 - 4x + 5$, $x = 1$

e) $T(x) = 2x^3 + 11x^2 - x - 30$, $x = 3/2$

Sol.: a) $P(x) = -5(x + 2)(x - 12/5)$; b) $Q(x) = (x - 3)(x - 5)(x + 1)$; c) $R(x) = (x - 1)(x - 3)(x + 3)^2$; d) $S(x) = (x - 1)^2(x + 1)(x + 5)$; e) $T(x) = 2(x - 3/2)(x + 2)(x + 5)$

8 L'empresa en la qual treballes, MVM Music SL, està desenvolupant un nou lector de MP3. Els teus estudis de mercat han determinat que per a x unitats venudes, els beneficis es calculen mitjançant el polinomi $B(x) = 280x - 0,4x^2$ euros. El president de l'empresa et demana que li aclareixis la fórmula. Troba una nova expressió per als beneficis, en la qual la x no tingui exponents.

9 Resol:

$$\left(\frac{x - 1}{x + 1}\right) : \left(\frac{2x - 1}{x^2 + 2x + 1}\right)$$

Sol.: $\frac{x^2 - 1}{2x - 1}$

BLOG

Gaussianos

En aquest blog trobaràs un interessant article **http://links.edebe.com/ur**, en el qual es parla de polinomis generadors de nombres primers.

- Descriu-ne alguns tenint en compte, en cada cas, les seves limitacions.

SOCIETY

Per a què serveixen els polinomis a la vida real?

Per a resoldre equacions, per a extreure arrels, per a operar algèbricament... Només per a això?

A més de totes les aplicacions estrictament matemàtiques ja conegudes, els polinomis són útils en diversos camps de la ciència: telecomunicacions, biologia i medicina, per a realitzar pronòstics en economia i meteorologia, etc.

Per exemple, en pediatria solen utilitzar-se fórmules en forma de fraccions algèbriques per a deduir la dosi de medicació que ha de prendre un menor, prenent com a referència la d'un adult. Per a menors d'entre 2 i 12 anys se sol utilitzar la **fórmula de Young:**

$$N = \frac{xy}{y+12},$$

on N és la fracció resultant, x és la dosi estàndard per a un adult i y és l'edat del menor.

- Cerca a la xarxa algunes aplicacions concretes dels polinomis en els camps abans esmentats.

SOCIETY

El pare de la computació

***Charles Babbage** (1791-1871) va ser un matemàtic britànic que és considerat el pare de la computació pel seu afany d'inventar màquines de calcular. Entre elles destaca la **màquina diferencial** (1822), la funció de la qual havia de ser la **tabulació de polinomis** usant el mètode numèric de les diferències. Tot i que la va començar a construir mai no va aconseguir acabar-la a causa de diverses dificultats tècniques; no obstant això, el 1991 el Museu de Ciències de Londres en va construir una rèplica basant-se en el projecte de **Babbage** i utilitzant la tecnologia d'aquella època. La màquina va funcionar sense cap problema...*

CRITICAL SENSE

EL CÀLCUL DE L'IPC

L'IPC (índex de preus de consum) indica la variació dels preus de diversos articles i serveis entre dos períodes de temps. A Espanya es calcula mitjançant la **fórmula de Laspeyres,** de la qual forma part un determinat polinomi amb coeficients percentuals.

- Formeu grups de tres components i distribuïu els rols i les tasques amb la finalitat d'investigar què és l'IPC.
- Busqueu informació en diferents fonts per a esbrinar quin tipus d'articles i serveis s'utilitzen per a calcular l'IPC a Espanya i d'on s'obtenen aquestes dades.
- Creus que és ajustada la distribució percentual d'aquests articles i serveis si es té en compte l'ús real que es fa de cadascun d'ells?
- Feu un càlcul simplificat de l'IPC al vostre barri o població.

  Per fer-ho, definiu un cistell de consum tipus i en el supermercat més proper determineu l'evolució setmanal del preu del vostre cistell durant un parell de mesos.

  Compareu el resultat obtingut amb la variació real de l'IPC en el mateix període.
- Exposeu a classe el mètode que heu seguit i les vostres conclusions.

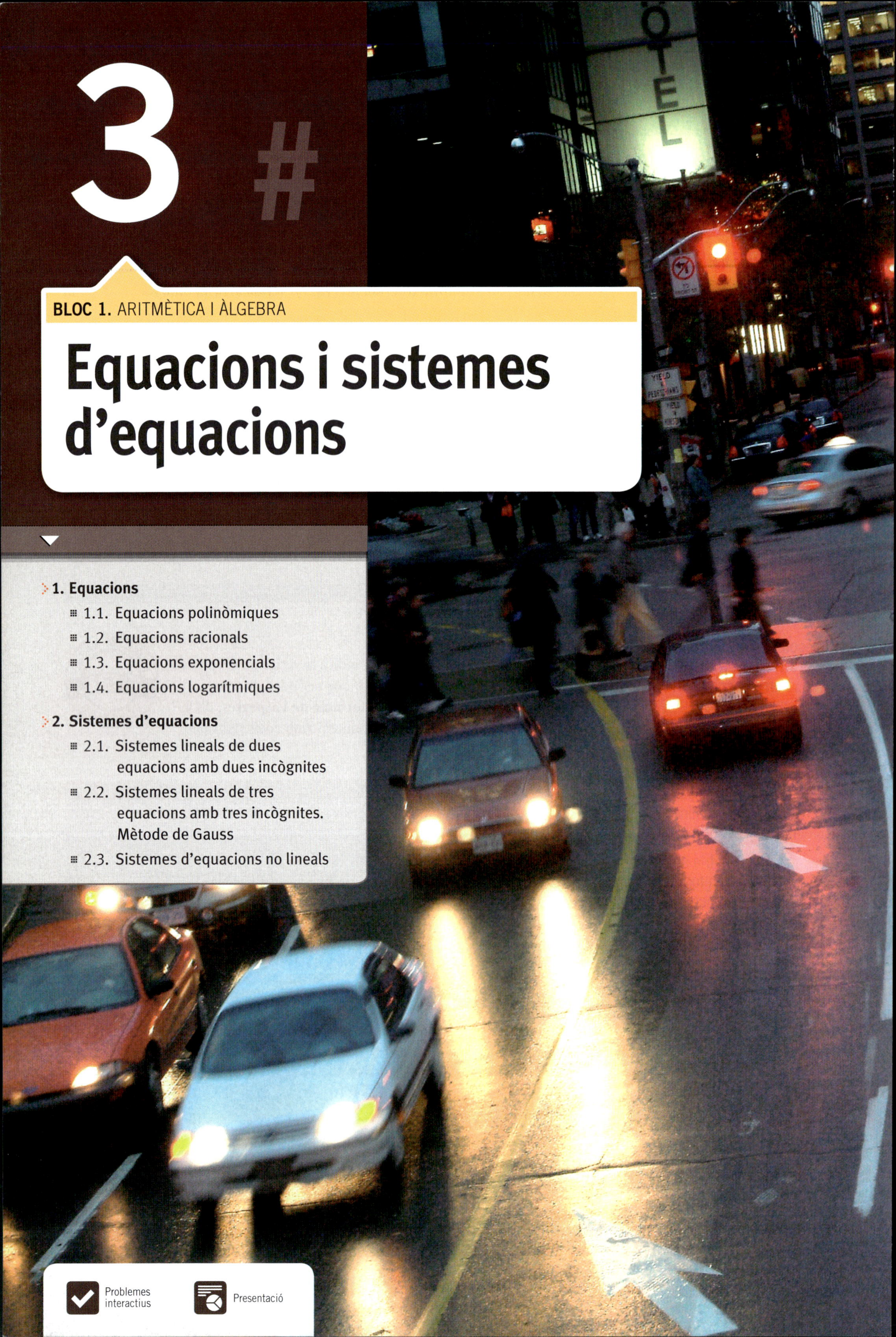

3

BLOC 1. ARITMÈTICA I ÀLGEBRA

Equacions i sistemes d'equacions

Problemes interactius

Presentació

Notícies

«Verd, groc, vermell»

«La bona coordinació de la xarxa de semàfors de la ciutat i l'optimització dels cicles i les fases de cadascun són eines fonamentals per a tractar de resoldre els problemes de congestió de trànsit i sobresaturació de vehicles.»

«Això s'intenta resoldre de diverses maneres en els diferents sistemes. Alguns inclouen equacions que relacionen els sistemes de cada cantonada entre si. D'altres, fan simulacions limitades sobre l'efecte que una decisió en una cantonada pot produir en cantonades properes...»

Traduït de: *Encrucijadas,* núm. 42.

http://links.edebe.com/3r3vr7

Web

Recorda les nocions bàsiques de les equacions de primer i segon grau a través dels vídeos tutorials dels enllaços següents:

http://links.edebe.com/t8u

http://links.edebe.com/54s

EN CONTEXT

a> Efectua l'activitat següent:

— Escriu al quadern tres idees sobre de quina manera es poden regular els sistemes semafòrics per a reduir els problemes de congestió del trànsit. Afegeix-hi dues preguntes i una analogia que et suggereixi aquest tema.

— Llegeix l'article complet sobre l'optimització de les xarxes de semàfors.

— Redacta de nou tres idees, dues preguntes i una analogia tenint en compte la informació de l'article.

— Per parelles, poseu en comú el vostre pensament inicial i el nou, i expliqueu com i per què ha canviat.

b> Quines altres situacions coneixes que creus que es poden resoldre a través d'equacions o sistemes d'equacions? Investiga-ho.

1. Equacions

Sovint se'ns plantegen problemes que podem solucionar mitjançant equacions. Resoldre-les és trobar, en cas que existeixin, el valor o els valors de les incògnites pels quals la igualtat és certa. Per fer-ho, les transformarem en equacions més senzilles que siguin equivalents.

1.1. Equacions polinòmiques

Una **equació polinòmica** és una equació de la forma $P(x) = 0$. Per exemple, $x^5 - 3x^2 + 2x + 1 = 0$ és una equació polinòmica de cinquè grau.

Anomenem **equació polinòmica de grau *n*** qualsevol equació equivalent a $a_n x^n + a_{n-1} x^{n-1} + ... + a_1 x + a_0 = 0$ on $n \in \mathbb{N}$ i els coeficients de l'equació $a_n, a_{n-1}, ..., a_1, a_0 \in \mathbb{R}$, amb $a_n \neq 0$ i $n \neq 0$.

Les **solucions de l'equació** són els valors de x que fan que el valor numèric del polinomi $P(x)$ sigui igual a 0, és a dir, les **arrels** d'aquest polinomi.

Les equacions polinòmiques es classifiquen segons el **grau del polinomi** $P(x)$, com ara *equacions de primer grau, de segon grau,* etc.

El **nombre de solucions** d'una equació polinòmica és menor o igual que el seu grau. Així una equació de primer grau té com a màxim una solució, una de segon grau, dos, i així successivament. En aquesta unitat considerarem només les **solucions reals.**

RECORDA

Dues **equacions** són **equivalents** quan totes dues tenen les mateixes solucions.

Les transformacions que permeten obtenir una equació equivalent són:

— Sumar o restar als dos membres de l'equació una mateixa expressió polinòmica.

— Multiplicar o dividir els dos membres de l'equació per un mateix nombre diferent de zero.

Equacions de primer grau o lineals

Les equacions polinòmiques bàsiques són les **equacions de primer grau,** també conegudes com a **equacions lineals.**

Anomenem **equació de primer grau** o **lineal** qualsevol equació equivalent a $ax + b = 0$, amb $a, b \in \mathbb{R}$ i $a \neq 0$.

Una equació polinòmica de primer grau, de tenir-la, té **una única solució** que s'obté directament de l'expressió $x = -b/a$.

Equacions de segon grau o quadràtiques

Altres equacions polinòmiques importants són les de segon grau.

Anomenem **equació de segon grau** o **quadràtica** tota equació equivalent a $ax^2 + bx + c = 0$, amb $a, b, c \in \mathbb{R}$ i $a \neq 0$.

Una equació de segon grau té com a màxim **dues solucions,** definides per la fórmula següent:

$$x_1 = \frac{-b + \sqrt{b^2 - 4ac}}{2a}$$

$$x_2 = \frac{-b - \sqrt{b^2 - 4ac}}{2a}$$

FIXA-T'HI

L'expressió $b^2 - 4ac$ es coneix com a **discriminant** i es denota amb **símbol** Δ.

Segons quin sigui el seu valor es pot establir el **nombre de solucions** de l'equació de segon grau:

$\Delta = b^2 - 4ac$	NRE. SOLUCIONS
$\Delta > 0$	Dues solucions reals
$\Delta = 0$	Una solució real doble
$\Delta < 0$	Sense solució real

Si algun dels coeficients és nul, parlem d'equacions **de segon grau incompletes,** la solució de les quals pot trobar-se fàcilment sense utilitzar la fórmula:

— Si $b = c = 0$, tenim $ax^2 = 0 \rightarrow x_1 = x_2 = 0$ és una solució doble.

— Si $b = 0$, tenim $ax^2 + c = 0 \rightarrow x_1 = +\sqrt{-c/a}$, $x_2 = -\sqrt{-c/a}$.

— Si $c = 0$, tenim $ax^2 + bx = x(ax + b) = 0 \rightarrow x_1 = 0$, $x_2 = -b/a$.

1 EXEMPLE

Determina el nombre de solucions de l'equació següent sense resoldre-la, i després calcula-les: $x^2 + 6x + 8 = 0$.

Solució

COMPRENSIÓ. Estudiem el seu grau i observem que es correspon amb una equació de segon grau.

RESOLUCIÓ. Trobem el discriminant per a determinar el nombre de solucions:

$$\Delta = b^2 - 4ac = 6^2 - 4 \cdot 1 \cdot 8 = 36 - 32 = 4 > 0$$

Per tant, té dues solucions reals. Calculem les dues solucions aplicant la fórmula:

$$x = \frac{-6 \pm \sqrt{6^2 - 4 \cdot 1 \cdot 8}}{2 \cdot 1} = \frac{-6 \pm \sqrt{36 - 32}}{2} = \frac{-6 \pm 2}{2} = \begin{cases} x_1 = \dfrac{-6+2}{2} = -2 \\ x_2 = \dfrac{-6-2}{2} = -4 \end{cases}$$

COMPROVACIÓ. Substituïm les dues solucions a l'equació i comprovem que són correctes.

RECORDA

Quan una equació té més d'una solució, posem **subíndexs a la variable** per a diferenciar-les entre elles. Per exemple:

$$x_1 = -2 \text{ i } x_2 = -4$$

AMPLIA

La suma (S) i el producte (P) de les solucions d'una equació de segon grau compleixen:

$$S = x_1 + x_2 = -\frac{b}{a}$$

$$P = x_1 \cdot x_2 = \frac{c}{a}$$

A més, si coneixem les solucions d'una equació, podem construir aquesta equació aplicant la fórmula següent:

$$x^2 - Sx + P = 0$$

Equacions de grau superior a dos

Entre les equacions de grau superior a dos, ens ocuparem de les equacions biquadràtiques i d'aquelles que es poden factoritzar.

— **Equacions biquadràtiques.** Tenen una relació directa amb les equacions de segon grau, atès que es poden convertir i solucionar de manera similar.

> Anomenem **equació biquadràtica** tota equació equivalent a $ax^4 + bx^2 + c = 0$, amb $a, b, c \in \mathbb{R}$ i $a \neq 0$.

Per tal de resoldre una equació polinòmica biquadràtica, es fa un canvi de variable $x^2 = t$, i es resol l'equació resultant com una equació quadràtica. Una vegada resolta l'equació quadràtica, es desfà el canvi de variable per obtenir la solució de l'equació inicial.

En tractar-se d'una equació polinòmica de quart grau, tindrà **com a màxim quatre solucions.**

— **Equacions que es poden factoritzar.** Les equacions $P(x) = 0$ de grau major a dos solen resoldre's descomponent el polinomi $P(x)$ en factors de primer i segon grau.

Atès que, perquè un producte de factors sigui igual a zero, algun d'aquests factors ha de ser zero, n'hi ha prou amb igualar a 0 cadascun dels factors i resoldre les equacions resultants per a conèixer les solucions de l'equació inicial, $P(x) = 0$.

Segons el que hem vist fins ara, l'equació $P(x) = 0$ tindrà, com a màxim, tantes solucions com sigui el seu grau.

FIXA-T'HI

En les equacions biquadràtiques, de cada solució per a la variable t, obtenim **dues solucions** per a la variable x (la positiva i la negativa en fer l'arrel quadrada):

$$t_1 = x^2 \rightarrow \begin{cases} x_1 = +\sqrt{t_1} \\ x_2 = -\sqrt{t_1} \end{cases}$$

$$t_2 = x^2 \rightarrow \begin{cases} x_3 = +\sqrt{t_2} \\ x_4 = -\sqrt{t_2} \end{cases}$$

RECORDA

Per tal de **factoritzar un polinomi,** seguirem els passos següents:

— **Treure factor comú** a la variable o a algun nombre (si el polinomi no té terme independent o els seus coeficients tenen algun divisor comú).

— **Identificar les igualtats notables.**

— **Calcular les arrels enteres** i factoritzar el polinomi aplicant la **regla de Ruffini** i els **teoremes del residu** i **del factor.**

— Si el grau és igual a 2, **calcular les arrels** a través de la **resolució de l'equació** de forma clàssica.

Per cada arrel calculada $x = a$, tindrem un factor $(x - a)$. Es finalitza la factorització quan tots els factors siguin de grau u o quan no es pugui continuar factoritzant.

INTERNET

En aquest enllaç trobaràs exercicis i problemes resolts d'equacions de grau superior a dos:

http://links.edebe.com/yajee

Problemes resolts
A, B

Exercicis i problemes
1 a 3, 7 a 11, 15 a 31 i 43 a 47

2 EXEMPLE

Resol l'equació $x^4 - 4x^2 + 3 = 0$.

Solució

COMPRENSIÓ. Estudiem el seu grau i forma, i observem que es correspon amb una equació biquadràtica.

RESOLUCIÓ. Apliquem un canvi de variable i reescrivim l'equació:

$$x^2 = t \rightarrow x^4 - 4x^2 + 3 = t^2 - 4t + 3 = 0$$

Resolem l'equació de segon grau resultant:

$$t = \frac{4 \pm \sqrt{(-4)^2 - 4 \cdot 1 \cdot 3}}{2 \cdot 1} = \frac{4 \pm \sqrt{16 - 12}}{2} = \frac{4 \pm 2}{2} = \begin{cases} t_1 = 3 \\ t_2 = 1 \end{cases}$$

Desfem el canvi per a trobar les solucions de l'equació inicial:

$$t_1 = x^2 \rightarrow 3 = x^2 \rightarrow \begin{cases} x_1 = +\sqrt{3} \\ x_2 = -\sqrt{3} \end{cases} \qquad t_2 = x^2 \rightarrow 1 = x^2 \rightarrow \begin{cases} x_3 = +\sqrt{1} = 1 \\ x_4 = -\sqrt{1} = -1 \end{cases}$$

COMPROVACIÓ. Substituïm les solucions a l'equació inicial i comprovem que les quatre són correctes.

3 EXEMPLE

Resol l'equació $2x^4 + x^3 = 8x^2 + x - 6$.

Solució

COMPRENSIÓ. Estudiem el seu grau i forma, i observem que es correspon amb una equació polinòmica de grau superior a dos que es pot factoritzar.

RESOLUCIÓ. Escrivim l'equació en la forma ordenada i reduïda:

$$2x^4 + x^3 - 8x^2 - x + 6 = 0$$

Factoritzem el polinomi de grau 4. Per fer-ho, calculem les arrels enteres, que es troben entre els divisors del terme independent ($\pm 1, \pm 2, \pm 3, \pm 6$), i apliquem el teorema del factor. Així, obtenim que $x = 1$, $x = -1$ i $x = -2$ són arrels i, per tant, $(x - 1)$, $(x + 1)$ i $(x + 2)$ són factors:

	2	1	−8	−1	6
1		2	3	−5	−6
	2	3	−5	−6	0
−1		−2	−1	6	
	2	1	−6	0	
−2		−4	6		
	2	−3	0		

Per la qual cosa:

$$\begin{aligned} 2x^4 + x^3 - 8x^2 - x + 6 &= (x - 1)(x + 1)(x + 2)(2x - 3) = \\ &= 2(x - 1)(x + 1)(x + 2)(x - 3/2) = 0 \end{aligned}$$

Com que tots els factors són de grau u, hem acabat la factorització. Ara, igualem a 0 cada factor per a trobar les solucions de l'equació:

$$x - 1 = 0 \rightarrow x_1 = 1, \qquad x + 1 = 0 \rightarrow x_2 = -1$$

$$x + 2 = 0 \rightarrow x_3 = -2, \qquad x - \frac{3}{2} = 0 \rightarrow x_4 = \frac{3}{2}$$

COMPROVACIÓ. Substituïm les solucions a l'equació i comprovem que són correctes.

1.2. Equacions racionals

A més de les equacions polinòmiques en què les incògnites se sumen, resten i multipliquen, trobem equacions amb fraccions en què les incògnites formen part del denominador.

És el cas, per exemple, de l'equació:

$$\frac{4}{x} = 3 + \frac{9}{x-2}$$

Anomenem **equació racional** l'equació en què apareixen fraccions algèbriques.

Per a resoldre-les s'han d'eliminar els denominadors de les fraccions que intervenen en l'equació. Per fer-ho, multiplicarem els dos membres de l'equació pel mínim comú múltiple dels denominadors.

Hem de tenir en compte que en multiplicar els dos termes d'una equació per un polinomi de grau > 0 és possible que s'hi afegeixin solucions no desitjades (que, en realitat, no són Solució de l'equació original).

Per això, és especialment important **comprovar** que **les solucions** en aquest tipus d'equacions siguin vàlides.

Una **equació irracional** és una equació que té una incògnita dins del signe radical. Per exemple:

$$\sqrt{2x-3} = x-2$$

Per tal de resoldre-les, aïllarem un radical i elevarem tots dos membres de l'equació a la potència que ens permeti eliminar-lo. Repetirem aquest mètode fins a aconseguir una equació lliure de radicals.

En el procés, es poden afegir solucions que no són solució de l'equació original. Per això, en aquest cas també és molt important **comprovar les solucions.**

4 EXEMPLE

Resol l'equació $\frac{4}{x^2-x} - \frac{2}{x-1} = 0$.

Solució

COMPRENSIÓ. Estudiem la seva forma i observem que es correspon amb una equació racional.

RESOLUCIÓ. Trobem l'm.c.m. dels denominadors:

$$\text{m.c.m. }(x^2-x,\ x-1) = \text{m.c.m. }\left[x(x-1),\ x-1\right] = x(x-1)$$

A continuació, multipliquem tots dos membres de l'equació per l'm.c.m.:

$$\frac{4}{x(x-1)} - \frac{2}{x-1} = 0 \rightarrow \frac{4x(x-1)}{x(x-1)} - \frac{2x(x-1)}{x-1} = 0 \rightarrow 4-2x=0$$

Finalment, resolem l'equació resultant:

$$4-2x=0 \rightarrow 2x=4 \rightarrow x=2$$

COMPROVACIÓ. Substituïm les solucions obtingudes en l'equació inicial i comprovem que són correctes:

$$\frac{4}{x^2-x} - \frac{2}{x-1} = 0$$

$$x=2 \rightarrow \frac{4}{2^2-2} - \frac{2}{2-1} = 0 \rightarrow \frac{4}{2} - \frac{2}{1} = 0 \rightarrow$$

$$\rightarrow 2-2=0 \rightarrow 0=0$$

I veiem que, efectivament, $x = 2$ és solució.

Problemes resolts
C

Exercicis i problemes
4, 12, 32 a 36, 48 i 49

1.3. Equacions exponencials

Una incògnita també pot formar part de l'exponent d'una equació.

Una **equació exponencial** és una equació en la qual la incògnita apareix a l'exponent d'una potència.

Per tal de resoldre una equació exponencial, a més de la definició i les propietats de les potències i els logaritmes, utilitzarem que:

$$\text{si } a^x = a^y \Rightarrow x = y$$

A més, per tal d'aïllar la incògnita de l'exponent d'una potència, aplicarem a tots dos membres de l'equació logaritmes de base la base de la potència:

$$a^x = b \rightarrow \log_a a^x = \log_a b \rightarrow x \cdot \log_a a = \log_a b \rightarrow x = \log_a b$$

De vegades, també pot ser útil realitzar un canvi de variable: $t = a^x$.

5 EXEMPLE

Resol les següents equacions: a) $3^{2x-1} = 27$; b) $10^{x+2} = 5$; c) $3^{2x-1} - 3^x = 18$.

Solució

COMPRENSIÓ. Es tracta d'equacions exponencials, que resoldrem aplicant logaritmes i les seves propietats, o mitjançant un canvi de variable.

RESOLUCIÓ.

a) Expressem tots els termes en forma de potència de base 3 i resolem l'equació resultant:

$$3^{2x-1} = 27 \rightarrow 3^{2x-1} = 3^3 \rightarrow 2x - 1 = 3 \rightarrow 2x = 4 \rightarrow x = 2$$

b) Apliquem logaritmes (la base dels quals és la base de la potència) i les seves propietats a tots dos membres, simplifiquem i resolem:

$$10^{x+2} = 5 \rightarrow \log 10^{x+2} = \log 5 \rightarrow$$
$$\rightarrow (x+2) \cdot \log 10 = \log 5 \rightarrow x + 2 = \log 5 \rightarrow x = \log 5 - 2 \rightarrow x = -1,301$$

c) Per les propietats de les potències escrivim l'equació de la forma:

$$3^{2x-1} - 3^x = 18 \rightarrow \frac{3^{2x}}{3} - 3^x = 18 \rightarrow \frac{(3^x)^2}{3} - 3^x = 18$$

Efectuem el canvi de variable $t = 3^x$:

$$\frac{(3^x)^2}{3} - 3^x = 18 \rightarrow \frac{t^2}{3} - t = 18 \rightarrow t^2 - 3t - 54 = 0$$

Que és una equació de segon grau les solucions de la qual són $t = 9$ i $t = -6$. Observa que la solució $t = -6$ no és vàlida, ja que 3^x ha de ser sempre un nombre positiu. Per tant, l'única solució vàlida és:

$$t = 9 \rightarrow 3^x = 9 \rightarrow 3^x = 3^2 \rightarrow x = 2$$

COMPROVACIÓ. Substituïm les solucions en les equacions originals:

a) $x = 2 \rightarrow 3^{2 \cdot 2 - 1} \stackrel{?}{=} 27 \rightarrow 3^3 \stackrel{?}{=} 27 \rightarrow 27 = 27$

b) $x = -1,301 \rightarrow 10^{-1,301+2} \stackrel{?}{=} 5 \rightarrow 10^{0,699} \stackrel{?}{=} 5 \rightarrow 5 = 5$

c) $x = 2 \rightarrow 3^{2 \cdot 2 - 1} - 3^2 \stackrel{?}{=} 18 \rightarrow 3^3 - 3^2 \stackrel{?}{=} 18 \rightarrow 27 - 9 \stackrel{?}{=} 18 \rightarrow 18 = 18$

Per tant, les solucions de les tres equacions són correctes.

RECORDA

Propietats de les potències:

$a^0 = 1$

$a^1 = a$

$a^m \cdot a^n = a^{m+n}$

$a^m : a^n = a^{m-n}$

$(a^m)^n - a^{m \cdot n}$

$a^n \cdot b^n = (a \cdot b)^n$

$a^n : b^n = (a : b)^n$

Propietats dels logaritmes:

$\log_a 1 = 0$

$\log_a a = 1$

$\log_a a^n = n$

$\log_a (x \cdot y) = \log_a x + \log_a y$

$\log_a \frac{x}{y} = \log_a x - \log_a y$

$\log_a x^n = n \cdot \log_a x$

$\log_a x = \frac{\log_b x}{\log_b a}$

LLENGUATGE MATEMÀTIC

Quan la base del logaritme no ve indicada, se suposa que és base 10 (base decimal):

$$\log 5 \equiv \log_{10} 5$$

De la mateixa manera, quan es tracta d'un logaritme neperià (la base del qual és el nombre e), la notació varia:

$$\ln 5 \equiv \log_e 5$$

Exercicis i problemes
13, 37 a 39 i 50

1.4. Equacions logarítmiques

Una incògnita també pot formar part de l'argument d'un logaritme.

Una **equació logarítmica** és una equació en la qual la incògnita apareix afectada per un logaritme.

Per tal de resoldre una equació logarítmica, a més de la definició i les propietats dels logaritmes, utilitzarem que:

$$\text{si } \log_a x = \log_a y \Rightarrow x = y$$

Tanmateix, hem de rebutjar, si n'hi ha, les solucions que en substituir en l'equació original donin lloc al logaritme d'un nombre negatiu.

6 EXEMPLE

Resol les equacions següents:

a) $2\log x = 3 + \log \frac{x}{10}$; **b)** $\log(x+1) + \log 5 = \log(x-3)$.

Solució

COMPRENSIÓ. Estudiem la seva forma i observem que es correspon amb una equació logarítmica.

RESOLUCIÓ.

a) En primer lloc, apliquem les propietats dels logaritmes. Concretament, la del logaritme d'un quocient:

$$2\log x = 3 + \log\frac{x}{10}$$
$$2\log x = 3 + \log x - \log 10$$

Agrupem i resolem l'equació resultant:

$$2\log x - \log x = 3 - \log 10$$
$$\log x = 2$$
$$x = 100$$

b) Apliquem les propietats dels logaritmes (concretament la del logaritme d'un producte):

$$\log(x+1) + \log 5 = \log(x-3)$$
$$\log[5(x+1)] = \log(x-3)$$

I resolem l'equació resultant:

$$5(x+1) = x - 3$$
$$5x + 5 = x - 3$$
$$4x = -8$$
$$x = -2$$

COMPROVACIÓ. Substituïm el valor de les solucions en l'equació original.

a) En el primer cas, la solució és correcta:

$$x = 100 \rightarrow 2\log 100 \overset{?}{=} 3 + \log\frac{100}{10} \rightarrow 2 \cdot 2 \overset{?}{=} 3 + \log 10 \rightarrow 4 \overset{?}{=} 3 + 1 \rightarrow 4 = 4$$

b) En el segon, en canvi:

$$x = -2 \rightarrow \log(-2+1) + \log 5 \overset{?}{=} \log(-2-3) \rightarrow \log(-1) + \log 5 \overset{?}{=} \log(-5)$$

Com es pot veure, apareixen els termes log(−1) i log(−5), que no existeixen. Així, concloem que la segona equació no té solució.

FIXA-T'HI

El nivell d'intensitat sonora o nivell de soroll percebut per l'oïda es mesura mitjançant una escala logarítmica en decibels (dB).

Es determina mitjançant la següent equació logarítmica:

$$\beta = 10\log\frac{I}{I_0}$$

On I és la intensitat del so (en $W \cdot m^{-2}$) i I_0 és la intensitat del llindar mínim d'audició per a l'oïda humana ($1{,}0 \cdot 10^{-12}\ W \cdot m^{-2}$).

RECORDA

Has de presentar de manera ordenada i clara els càlculs i els resultats obtinguts en la resolució dels exercicis i problemes.

Problemes resolts
D

Exercicis i problemes
5, 14, 40 a 42 i 51

Síntesi
71 i 72

2. Sistemes d'equacions

Un **sistema d'equacions** és un conjunt d'equacions que s'han de complir simultàniament.

Els sistemes d'equacions es poden classificar atenent els mateixos criteris que utilitzem per a classificar equacions: nombre d'incògnites, grau, etc.

Si existeix un conjunt de valors de les incògnites que satisfà simultàniament totes les equacions del sistema, direm que és una **solució del sistema.**

FIXA-T'HI

Una **equació lineal o de primer grau** és una equació el major exponent de la qual associat a les incògnites és 1, és a dir, no estan elevades a potències, ni multiplicades entre elles, ni en el denominador.

2.1. Sistemes lineals de dues equacions amb dues incògnites

En un **sistema d'equacions lineals** totes les equacions són de primer grau.

Un **sistema lineal de *m* equacions amb *n* incògnites** és un sistema de la forma:

$$\left.\begin{array}{l} a_{11}x_1 + a_{12}x_2 + \ldots + a_{1n}x_n = k_1 \\ a_{21}x_1 + a_{22}x_2 + \ldots + a_{2n}x_n = k_2 \\ \ldots \\ a_{m1}x_1 + a_{m2}x_2 + \ldots + a_{mn}x_n = k_m \end{array}\right\}$$

On $x_1, x_2, x_3, \ldots, x_n$ són les incògnites,

a_{ij} són els coeficients,

$k_1, k_2, k_3, \ldots, k_m$ són els termes independents.

LLENGUATGE MATEMÀTIC

Un sistema lineal en el qual tots els termes independents són nuls s'anomena **sistema homogeni.**

$$\left.\begin{array}{r} 2x + y - z = 0 \\ x + 3y + x = 0 \\ 3x - 10y + 4z = 0 \end{array}\right\}$$

La **solució d'un sistema** d'equacions lineals és el valor de les incògnites que és solució de totes i cadascuna de les equacions del sistema.

Si ens trobem solament amb dues equacions i dues incògnites en cadascuna d'elles, estarem davant el cas bàsic de resolució de sistemes, al qual ja ens hem enfrontat en cursos anteriors i que recordarem a continuació.

Un **sistema lineal de dues equacions amb dues incògnites** és un sistema de la forma:

$$\left.\begin{array}{l} a_1x + b_1y = c_1 \\ a_2x + b_2y = c_2 \end{array}\right\} \text{ on } \left\{\begin{array}{l} a_1 \neq 0 \text{ o } b_1 \neq 0 \\ a_2 \neq 0 \text{ o } b_2 \neq 0 \end{array}\right.$$

Els mètodes algèbrics per a resoldre un sistema d'aquest tipus són:

— **Mètode de substitució.** Consisteix a aïllar una de les incògnites en una de les equacions i substituir-la en l'altra. Resulta útil si una de les incògnites té coeficient igual a 1 o si ja està aïllada.

— **Mètode d'igualació.** Consisteix a aïllar la mateixa incògnita en les dues equacions i igualar les expressions obtingudes. És útil quan la mateixa incògnita es pot aïllar fàcilment en totes dues equacions.

— **Mètode de reducció.** Consisteix a multiplicar cada equació pel nombre adequat perquè en sumar-les s'obtingui una equació amb una sola incògnita. És útil quan no es pot resoldre el sistema pels mètodes anteriors.

INTERNET

L'aplicació que trobaràs a l'enllaç següent resol sistemes lineals. Pots utilitzar-la per a comprovar si la solució dels exercicis que resolguis a la unitat és correcta:

http://links.edebe.com/h4gp

Classificació de sistemes lineals segons les seves solucions

Atenent el nombre de solucions, els sistemes d'equacions lineals es poden classificar en:

- **SISTEMES D'EQUACIONS LINEALS**
  - **Sistemes compatibles (SC)** Tenen solució.
    - Sistemes compatibles determinats (SCD) Tenen una única solució.
    - Sistemes compatibles indeterminats (SCI) Tenen infinites solucions.
  - **Sistemes incompatibles (SI)** No tenen solució.

FIXA-T'HI

— **SCD.** En resoldre el sistema, obtenim un valor concret per a les incògnites. Per exemple:

$x = 2,\ y = -3$

— **SCI.** En resoldre el sistema, obtenim una identitat del tipus $0x = 0$ o $k = k$. Per exemple:

$0x = 0,\ 2 = 2$

— **SI.** En resoldre el sistema, obtenim una igualtat falsa del tipus $0x = k$ o $k = j$. Per exemple:

$0x = 4,\ 2 = -3$

Interpretació geomètrica d'un sistema lineal de dues equacions i dues incògnites

En representar gràficament les solucions de cadascuna de les equacions d'un sistema de dues equacions amb dues incògnites, s'obtenen **dues rectes.**

Si el **sistema de dues equacions amb dues incògnites:**

— Té **solució única,** les dues rectes que el formen es tallen en un únic punt, que és precisament la solució del sistema (ja que només aquest punt satisfà les dues equacions alhora).

— Té **infinites solucions,** les dues rectes són coincidents (són la mateixa recta) i cada punt d'aquestes és solució del sistema.

— **No té solució,** les dues rectes són paral·leles, no tenen cap punt en comú i, per tant, el sistema no té solució.

RECORDA

La representació gràfica de les solucions d'una equació lineal amb dues incògnites, $ax + by = c$, és una recta.

La taula següent mostra un resum dels tres tipus de sistemes lineals de dues equacions amb dues incògnites:

Exercicis i problemes
52, 53, 55 a 60, 69 i 70

TIPUS DE SISTEMA	Sistema compatible determinat	Sistema compatible indeterminat	Sistema incompatible
NRE. DE SOLUCIONS	Té una única solució: $x = 4,\ y = 2$.	Té infinites solucions.	No té solució.
EXEMPLE	$\left.\begin{aligned} x + y &= 6 \\ x - y &= 2 \end{aligned}\right\}$	$\left.\begin{aligned} x + y &= 6 \\ 3x + 3y &= 18 \end{aligned}\right\}$	$\left.\begin{aligned} x + y &= 6 \\ x + y &= 2 \end{aligned}\right\}$
REPRESENTACIÓ GRÀFICA	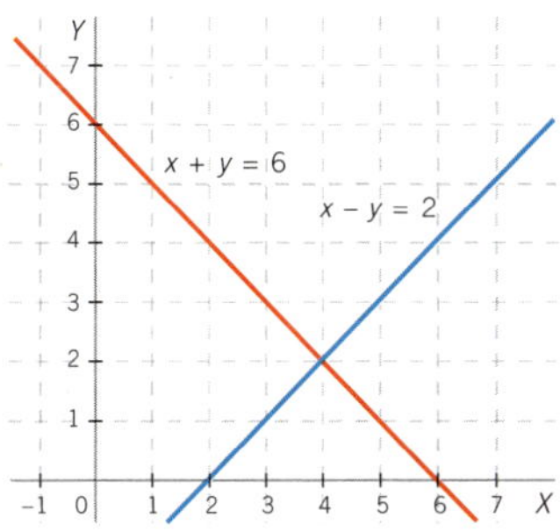	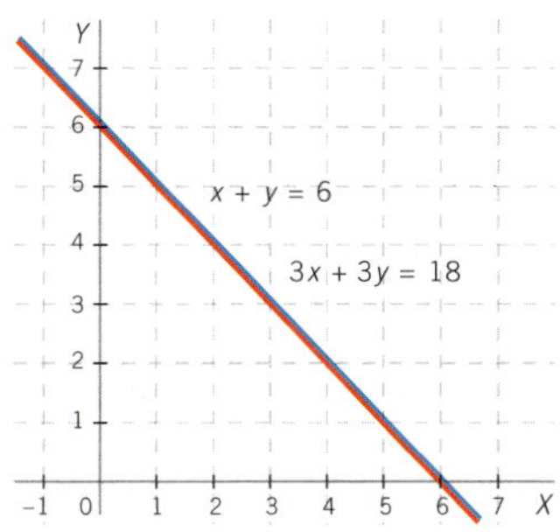	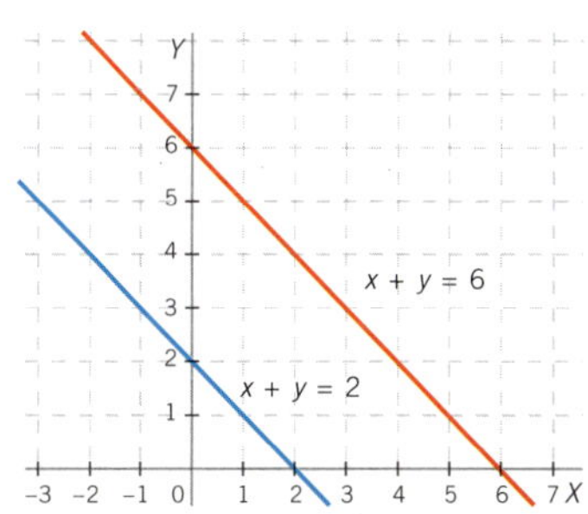
PUNTS DE TALL	Les rectes es tallen a $x = 4,\ y = 2$.	Les rectes són coincidents (n'hi ha prou amb dividir la segona equació entre 3 per obtenir la primera).	Les rectes són paral·leles (no tenen cap punt en comú).

L> secants L> coincidents L> paral·leles

2.2. Sistemes lineals de tres equacions amb tres incògnites. Mètode de Gauss

Per tal de resoldre sistemes lineals de tres equacions amb tres incògnites podem utilitzar el mètode de Gaùss.

El **mètode de Gauss** és una generalització del mètode de reducció i consisteix a transformar un sistema donat en un **sistema escalonat.**

$$\left.\begin{array}{r} a_1x+b_1y+c_1z=d_1 \\ a_2x+b_2y+c_2z=d_2 \\ a_3x+b_3y+c_3z=d_3 \end{array}\right\} \rightarrow \left.\begin{array}{r} A_1x+B_1y+C_1z=D_1 \\ B_2y+C_2z=D_2 \\ C_3z=D_3 \end{array}\right\}$$

L'objectiu del mètode de Gauss és transformar el sistema inicial en un sistema en el qual cada equació té una incògnita menys que l'equació anterior.

Per tal d'aconseguir-ho, apliquem **transformacions que permetin obtenir un sistema equivalent;** és a dir, realitzem qualsevol de les operacions següents a la primera (e_1), segona (e_2) o tercera (e_3) equacions:

a) **Canviar l'ordre** de les equacions o incògnites: $e_i \leftrightarrow e_j$.

b) **Multiplicar** (o dividir) els dos membres de l'equació per un mateix nombre diferent de zero: $e_i' = t\,e_i$.

c) **Substituir una equació** per la suma d'aquesta mateixa més la combinació lineal de les altres: $e_i' = e_i + t\,e_j$.

7 EXEMPLE

Resol el següent sistema d'equacions mitjançant Gauss: $\left.\begin{array}{r} x+y+z=48 \\ -x+2y+2z=-24 \\ x-3y+2z=6 \end{array}\right\}$.

Solució

COMPRENSIÓ. Estudiem la seva forma i observem que es pot resoldre pel mètode de Gauss aplicant les transformacions oportunes.

RESOLUCIÓ. Triem una equació (e_1) en la qual un dels coeficients és ±1 o un divisor de la resta de coeficients de la mateixa incògnita i eliminem aquesta incògnita de les dues equacions restants (e_2 i e_3):

$$\left.\begin{array}{r} x+y+z=48 \\ -x+2y+2z=-24 \\ x-3y+2z=6 \end{array}\right\} \xrightarrow[e_3'=e_3-e_1]{e_2'=e_2+e_1} \left.\begin{array}{r} x+y+z=48 \\ 3y+3z=24 \\ -4y+z=-42 \end{array}\right\}$$

Anàlogament, eliminem la segona incògnita de la tercera equació:

$$\left.\begin{array}{r} x+y+z=48 \\ 3y+3z=24 \\ -4y+z=-42 \end{array}\right\} \xrightarrow{e_2'=\frac{e_2}{3}} \left.\begin{array}{r} x+y+z=48 \\ y+z=8 \\ -4y+z=-42 \end{array}\right\} \xrightarrow{e_3'=e_3+4e_2} \left.\begin{array}{r} x+y+z=48 \\ y+z=8 \\ 5z=-10 \end{array}\right\}$$

Una vegada obtingut el sistema escalonat, calculem les solucions aïllant les incògnites de les equacions de baix cap a dalt (de manera escalonada):

$$z=\frac{-10}{5}=-2 \qquad y=8-z=8-(-2)=10 \qquad x=48-y-z=48-10-(-2)=40$$

El sistema és compatible determinat i la seva solució única és $x = 40$, $y = 10$, $z = -2$.

COMPROVACIÓ. Substituïm la solució en el sistema i comprovem que és correcta.

FIXA-T'HI

Un sistema de 3 equacions i 3 incògnites és **escalonat** quan en la primera equació presenta les 3 incògnites, en la segona equació presenta una incògnita menys que en l'equació anterior i en la tercera equació presenta una incògnita menys que en la seva antecessora.

RECORDA

Dos sistemes d'equacions són **equivalents** quan tenen les mateixes solucions. Les transformacions que permeten obtenir un sistema equivalent són:

- Canviar d'ordre les equacions.
- Multiplicar els dos membres d'alguna de les equacions per un nombre real diferent de zero.
- Sumar a una equació una altra equació multiplicada per un nombre real.

Johann Carl Friedrich Gauss

Johann Carl Friedrich Gauss (1777-1855) va ser un matemàtic i físic alemany considerat el «príncep dels matemàtics» i el «matemàtic més gran des de l'Antiguitat», malgrat els seus orígens en una família camperola de pares analfabets.

Problemes resolts
E

Exercicis i problemes
6 i 61 a 64

2.3. Sistemes d'equacions no lineals

En una equació no lineal o de grau diferent d'u, podem trobar incògnites elevades a potències, multiplicades entre elles o en el denominador.

Un sistema d'equacions no lineals és un conjunt de dues o més equacions en el qual alguna de les equacions que el formen és no lineal, és a dir, té grau diferent d'u.

Exemples de sistemes d'equacions no lineals són:

$$\left.\begin{aligned}2x + y^2 - y &= 4\\ -x + y^2 &= 3\end{aligned}\right\} \qquad \left.\begin{aligned}1/x^2 + 1/y^2 &= 13\\ x + 2y - z &= 2\end{aligned}\right\}$$

En el cas de sistemes de dues equacions no lineals amb dues incògnites, les solucions de les equacions ja no representen dues rectes; una d'elles, o les dues, poden ser paràboles, el·lipses, hipèrboles...

Per tal de resoldre aquest tipus de sistemes, generalment recorrerem al **mètode de substitució.** La **Solució** del sistema són els **punts** en els quals les dues corbes que representen les solucions de cadascuna de les equacions **es tallen.**

FIXA-T'HI

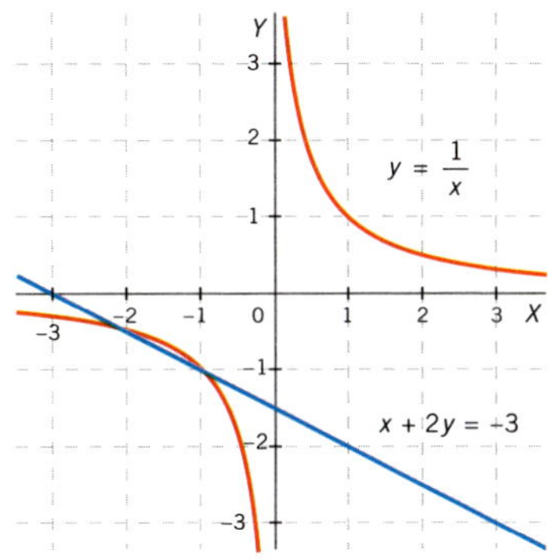

Resolució gràfica d'un sistema d'equacions no lineal: recta i hipèrbola.

8 EXEMPLE

Resol el sistema següent: $\left.\begin{aligned}x^2 - y^2 &= 8\\ x \cdot y &= -3\end{aligned}\right\}.$

Solució

COMPRENSIÓ. Estudiem la seva forma i observem que es correspon amb un sistema d'equacions no lineal.

RESOLUCIÓ. Aïllem la x en la segona equació i substituïm en la primera:

$$x \cdot y = -3 \rightarrow x = \frac{-3}{y}$$

$$x^2 - y^2 = 8 \rightarrow \left(-\frac{3}{y}\right)^2 - y^2 = 8 \rightarrow \frac{9}{y^2} - y^2 = 8$$

A continuació, multipliquem tots dos membres de l'equació resultant per l'm.c.m.

$$\frac{9y^2}{y^2} - y^2 \cdot y^2 = 8 \cdot y^2 \rightarrow y^4 + 8y^2 - 9 = 0$$

Resolem l'equació biquadràtica aplicant el canvi de variable $t = y^2$.

$$y^4 + 8y^2 - 9 = 0 \xrightarrow[y^2=t]{} t^2 + 8t - 9 = 0 \rightarrow$$

$$t = \frac{-8 \pm \sqrt{8^2 - 4 \cdot 1 \cdot (-9)}}{2 \cdot 1} = \frac{-8 \pm \sqrt{64 + 36}}{2} = \frac{-8 \pm 10}{2} = \begin{cases} t_1 = 1 \\ t_2 = -9 \end{cases}$$

Desfem el canvi de variable:

$$\left.\begin{aligned}t_1 &= 1\\ t_2 &= -9\end{aligned}\right\} \xrightarrow[y^2=t]{} \begin{cases} y = \pm\sqrt{1} \rightarrow y_1 = +1, y_2 = -1 \\ y = \pm\sqrt{-9} \rightarrow \text{no té solucions reals.} \end{cases}$$

Substituïm els valors de y en la 2a equació: $\left.\begin{aligned}y_1 &= +1\\ y_2 &= -1\end{aligned}\right\} \rightarrow \left.\begin{aligned}x \cdot 1 &= -3\\ x \cdot (-1) &= -3\end{aligned}\right\} \rightarrow \left.\begin{aligned}x_1 &= -3\\ x_2 &= 3\end{aligned}\right\}$

Per tant, les solucions són: $\begin{cases}(x_1, y_1) = (-3, 1) \\ (x_2, y_2) = (3, -1)\end{cases}$

COMPROVACIÓ. Substituïm les solucions en el sistema i veiem que són correctes.

Exercicis i problemes
54 i 65 a 68

Síntesi
73 i 74

Problemes RESOLTS

A EQUACIONS POLINÒMIQUES DE GRAU 2

Indica el valor que ha de tenir la variable t perquè l'equació $tx^2 + 8x + 4 = 0$ tingui una solució doble.

Solució

COMPRENSIÓ. Perquè l'equació quadràtica tingui solució doble, el seu discriminant $b^2 - 4ac$ ha de ser igual a 0.

DADES. $a = t$; $b = 8$; $c = 4$.

RESOLUCIÓ. Per tant, resoldre el problema plantejat es redueix a resoldre l'equació $b^2 - 4ac = 0$.

$$b^2 - 4ac = 0 \rightarrow 64 - 4 \cdot t \cdot 4 = 0 \rightarrow 64 - 16t = 0 \rightarrow$$

$$\rightarrow t = \frac{64}{16} \rightarrow t = 4$$

COMPROVACIÓ. Si substituïm el valor de t en l'equació i la resolem, observem que la seva solució és $x_1 = x_2 = -1$.

1. ★★☆ Calcula el valor de t perquè la solució de l'equació $x + 6y - t = 0$ sigui (1, 2).

Sol.: $t = 13$

2. ★★☆ Troba el valor de t perquè l'equació $2x^2 + tx + 2 = 0$ tingui una solució doble.

Sol.: $t = \pm 4$

B EQUACIONS POLINÒMIQUES DE GRAU MÉS GRAN QUE 2

Resol la següent equació polinòmica: $x^6 + 7x^3 - 8 = 0$.

Solució

COMPRENSIÓ. Observem que l'equació és similar a una equació biquadràtica, així que procedim de forma anàloga (mitjançant un canvi de variable).

RESOLUCIÓ. Intenta resoldre el problema tu sol. Per fer-ho, tapa la columna de la dreta i segueix aquests passos:

Passos

— Efectuem el canvi de variable $x^3 = t$ i reescrivim l'equació.

— Apliquem la fórmula de resolució de les equacions quadràtiques (però aquesta vegada per a la variable t).

— Desfem el canvi de variable i determinem les solucions.

Resposta

— $x^6 + 7x^3 - 8 = 0 \xrightarrow{t = x^3} t^2 + 7t - 8 = 0$

— $t^2 + 7t - 8 = 0 \rightarrow t = \dfrac{-7 \pm \sqrt{7^2 - 4 \cdot 1 \cdot (-8)}}{2 \cdot 1} =$

$$= \frac{-7 \pm \sqrt{81}}{2} = \frac{-7 \pm 9}{2} \rightarrow \begin{cases} t_1 = 1 \\ t_2 = -8 \end{cases}$$

— $x^3 = t \rightarrow x = \sqrt[3]{t} \rightarrow \begin{cases} x_1 = \sqrt[3]{t_1} = \sqrt[3]{1} = 1 \\ x_2 = \sqrt[3]{t_2} = \sqrt[3]{-8} = -2 \end{cases}$

COMPROVACIÓ. Substituïm les solucions en l'equació i observem que són correctes.

3. ★★☆ Resol les següents equacions polinòmiques:
a) $x^4 - 81 = 0$; b) $x^6 - 9x^3 + 8 = 0$.

Sol.: a) $x = \pm 3$; b) $x_1 = 1, x_2 = 2$

C EQUACIONS RACIONALS

Resol la següent equació racional:

$$\frac{x^2 - 4x - 12}{x^2 - 10x + 25} = \frac{6}{x - 5} + \frac{x - 3}{x - 5}$$

Solució

COMPRENSIÓ. Estudiem la seva forma i observem que correspon a una equació racional.

RESOLUCIÓ. Trobem l'm.c.m. dels denominadors:

$$\text{m.c.m. } (x^2 - 10x + 25,\ x - 5,\ x - 5) =$$
$$= \text{m.c.m. } \left[(x - 5)^2,\ x - 5,\ x - 5\right] = (x - 5)^2$$

A continuació, multipliquem tots dos membres de l'equació per l'm.c.m. i resolem l'equació resultant:

$$\frac{(x^2 - 4x - 12)(x - 5)^2}{(x - 5)^2} = \frac{6(x - 5)^2}{x - 5} + \frac{(x - 3)(x - 5)^2}{x - 5}$$

$$x^2 - 4x - 12 = 6(x - 5) + (x - 3)(x - 5)$$

$$x^2 - 4x - 12 = 6x - 30 + x^2 - 5x - 3x + 15$$

$$-2x + 3 = 0 \rightarrow x = \frac{3}{2}$$

COMPROVACIÓ. Substituïm la solució en l'equació i observem que es compleix la igualtat.

4. ★★☆ Resol les següents equacions racionals: a) $\dfrac{1}{x + 3} = \dfrac{x + 4}{x - 2} + \dfrac{6}{x - 2}$; b) $\dfrac{x}{x - 3} - \dfrac{5}{x + 1} = \dfrac{20}{x^2 - 2x - 3}$

Sol.: a) $x_1 = -8, x_2 = -4$; b) $x = 5$

D EQUACIONS LOGARÍTMIQUES

Resol l'equació següent $\ln(x-3)+\ln(x-2)=\ln(2x+24)$.

Solució

COMPRENSIÓ. Estudiem la seva forma i observem que es correspon amb una equació logarítmica. Com que el logaritme d'un nombre negatiu o 0 no existeix:

— $\ln(x-3)$ existeix solament si $x-3>0$, és a dir, si $x>3$; $\ln(x-2)$ existeix solament si $x-2>0$, és a dir, si $x>2$; $\ln(2x+24)$ és vàlid quan $2x+24>0$, és a dir, si $x>-12$.

RESOLUCIÓ. Apliquem les propietats dels logaritmes i resolem l'equació resultant:

$$\ln(x-3)+\ln(x-2)=\ln(2x+24) \rightarrow \ln[(x-3)(x-2)]=\ln(2x+24) \rightarrow (x-3)(x-2)=(2x+24) \rightarrow$$

$$\rightarrow x^2-5x+6=2x+24 \rightarrow x^2-7x-18=0 \rightarrow x=\frac{7\pm\sqrt{7^2-4\cdot1\cdot(-18)}}{2\cdot1}=\frac{7\pm\sqrt{121}}{2}=\frac{7\pm11}{2} \rightarrow x_1=9, x_2=-2$$

Però com havíem vist, la variable ha de complir que $x>3$. Després, la solució de l'equació logarítmica plantejada és $x=9$.

COMPROVACIÓ. Confirmem que la solució és vàlida, substituint el valor de x en l'equació inicial.

5. ★★☆ Tenint l'exercici anterior com a base, resol: a) $\log(x+6)-\log(2x-1)=0$; b) $3\log x-\log 30=2\log x-\log 5$.

Sol.: a) $x=7$; b) $x=6$

E SISTEMES D'EQUACIONS

Un comerciant ven llavors de blat, blat de moro i arròs. Per 3 kg de blat, 2 de blat de moro i 4 d'arròs, un client paga 49 €; per 1 kg de blat, 2 de blat de moro i 3 d'arròs, un altre client paga 30 €, i per 4 kg de blat, 3 de blat de moro i 2 d'arròs, un tercer client paga 50 €. Determina el preu del quilogram de cada llavor.

Solució

COMPRENSIÓ. Traduïm l'enunciat al llenguatge algèbric i obtenim un sistema de tres equacions amb tres incògnites.

RESOLUCIÓ. Intenta resoldre el problema tu sol. Per fer-ho, tapa la columna de la dreta i segueix aquests passos:

Passos

— Assigna una incògnita al preu del kg de cada llavor.

— Tradueix al llenguatge algèbric les frases de l'enunciat.

— Busca el sistema escalonat equivalent al sistema obtingut, utilitzant el mètode de Gauss.

— Aïlla z, y, x successivament.

— Interpreta la solució trobada.

Resposta

— Anomenem x el preu d'un kg de blat, y el d'un kg de blat de moro i z el d'un kg d'arròs.

— Obtenim el sistema: $\left.\begin{aligned}3x+2y+4z&=49\\x+2y+3z&=30\\4x+3y+2z&=50\end{aligned}\right\}$

— Canviem l'ordre de les dues primeres equacions i realitzem les operacions indicades:

$$\left.\begin{aligned}x+2y+3z&=30\\3x+2y+4z&=49\\4x+3y+2z&=50\end{aligned}\right\}\xrightarrow[e'_3=4e_1-e_3]{e'_2=3e_1-e_2}$$

$$\left.\begin{aligned}x+2y+3z&=30\\4y+5z&=41\\5y+10z&=70\end{aligned}\right\}\xrightarrow[e'_3=5e_2-4e_3]{}\left.\begin{aligned}x+2y+3z&=30\\4y+5z&=41\\-15z&=-75\end{aligned}\right\}$$

— Aïllem les tres incògnites:

$$-15z=-75 \rightarrow z=5$$

$$4y+5z=41 \rightarrow 4y+25=41 \rightarrow y=16/4=4$$

$$x+2y+3z=30 \rightarrow x+8+15=30 \rightarrow x=7$$

— El kg de blat costa 7 €, el de blat de moro 4 €, i el d'arròs, 5 €.

6. ★★☆ Una empresa té al magatzem tres tipus de productes. Se sap que el 60 % del producte A més el 50 % del producte B representen el 30 % del total dels seus productes. El 20 % del producte A més el 60 % del producte B i el 60 % del producte C representen la meitat dels productes. Hi ha 100 unitats més del producte C que de l'A. Calcula quantes unitats té de cada producte.

Sol.: A = 125, B = 150, C = 225

EXERCICIS I PROBLEMES

1 EQUACIONS

7. ★☆☆ Resol les equacions següents:

a) $\frac{3}{4}x + \frac{5}{6} = 5x - \frac{125}{3}$

b) $\frac{6x-7}{4} + \frac{3x-5}{7} = \frac{5x+78}{28}$

c) $0,5x - 0,7 + 0,3x - 1,5 = 0,6x - 4 + 1,7x$

d) $\frac{4(x-3)}{2} - \frac{5(x+8)}{6} = 6(x+3) - 2$

e) $\frac{3}{4} \cdot \left[2x - \left(1 - \frac{x+2}{3}\right)\right] = \frac{2-x}{5}$

Sol.: a) $x = 10$; b) $x = 3$; c) $x = \frac{6}{5}$; d) $x = -\frac{172}{29}$; e) $x = \frac{1}{3}$

8. ★☆☆ Es volen repartir 99 caramels entre la Victòria, la Paula i la Clàudia, tres nenes de 5, 7 i 8 anys. El repartiment es vol fer de manera que la Victòria rebi 14 caramels més que la Paula, i la Clàudia, 16 menys que la Victòria. Escriu la solució en forma d'equació.

Sol.: $3x + 12 = 99$

9. ★☆☆ Troba les solucions de les equacions següents:

a) $x^2 - 5x + 6 = 0$

b) $3t^3 + t^2 - t = 0$

Sol.: a) $x_1 = 3, x_2 = 2$; b) $t = 0, t = \frac{-1+\sqrt{13}}{6}, t = \frac{-1-\sqrt{13}}{6}$

10. ★☆☆ Resol les equacions següents:

a) $x^2 + 13x = -36$

b) $n^2 + 12n + 21 = -6$

c) $x^4 - 16 = 0$

Sol.: a) $x_1 = -4, x_2 = -9$; b) $n_1 = -3, n_2 = -9$; c) $x = \pm 2$

11. ★☆☆ Comprova si $x = -1, x = 0, x = 1$ i $x = 2$ són solucions de l'equació $x^3 - x = 0$.

12. ★☆☆ Resol la següent equació racional: $\frac{2}{x} + 5 = 2$.

Sol.: $x = -2/3$

13. ★☆☆ Resol les següents equacions exponencials:

a) $3^y = 3^{3y+1}$

b) $5^y = 5^{3y+4}$

Sol.: a) $y = -\frac{1}{2}$; b) $y = -2$

14. ★☆☆ Resol l'equació logarítmica $\log(x+3) = 2$.

Sol.: $x = 97$

15. ★★☆ El rècord de l'Anna tocant la pilota amb el cap sense que caigui és d'1 toc per sobre del de la Laura. Si sabem que la suma dels seus rècords és 47, calcula quants tocs és capaç de donar cadascuna a la pilota.

Sol.: Anna 24 tocs, Laura 23

16. ★★☆ Sabem que si a un nombre donat li sumem el seu triple i li restem dues unitats, obtenim 6. Calcula aquest nombre.

Sol.: 2

17. ★★☆ En Paco té el quàdruple de l'edat de la seva filla Carla. D'aquí a cinc anys només tindrà el triple de l'edat d'ella. Troba les edats actuals d'en Paco i la Carla.

Sol.: Paco 40 anys i Carla 10

18. ★★☆ La suma de dos nombres naturals i imparells consecutius és 56. Calcula el valor dels dos imparells següents.

Sol.: 31 i 33

19. ★★☆ Un vehicle surt de Carcabuey amb direcció a El Lentiscal i porta una velocitat constant de 80 km/h. En el mateix instant, un altre vehicle surt d'El Lentiscal a Carcabuey amb una velocitat de 60 km/h. Si la distància entre Carcabuey i El Lentiscal és de 280 km, troba a quina distància de Carcabuey es creuen els dos vehicles.

Sol.: A 160 km de Carcabuey

20. ★★☆ Es mescla cafè tipus A de 4,8 €/kg amb cafè tipus B de 7,2 €/kg. Si es desitja obtenir 60 kg de mescla a 6,5 €/kg, quants kg de cada classe s'han de mesclar?

Sol.: 17,5 kg del cafè tipus A i 42,5 kg del tipus B

21. ★★☆ La suma dels quadrats de dos nombres consecutius és 181. Troba aquests nombres.

Sol.: El 9 i 10 o el −10 i −9

22. ★★☆ Resol les següents equacions de segon grau:

a) $(x+2)(x-3) - x(2x+1) = -6x$

b) $(x-2)^2 + x - 4 = -2(1-x)^2$

c) $8x^2 - 40 = 0$

d) $(x+1)(x-3) = 0$

Sol.: a) Sense solució real; b) $x_1 = 2$, $x_2 = \frac{1}{3}$; c) $x = \sqrt{5}$; d) $x_1 = -1, x_2 = 3$

23. ★★☆ Troba les dimensions d'un terreny rectangular, sabent que és 3 dam més llarg que ample i que la seva àrea o superfície és de 40 dam^2.

Sol.: 8 dam de llarg i 5 dam d'ample

24. ★★☆ En el producte 13 × 27, en quantes unitats cal disminuir el primer factor i augmentar el segon perquè el producte disminueixi exactament en 51?

Sol.: En 3 unitats o en −17

25. ★★☆ Segons les representacions gràfiques següents, indica quantes solucions tindran, i de quin tipus, les equacions següents:

a) $3x^2 - 6x = 0$

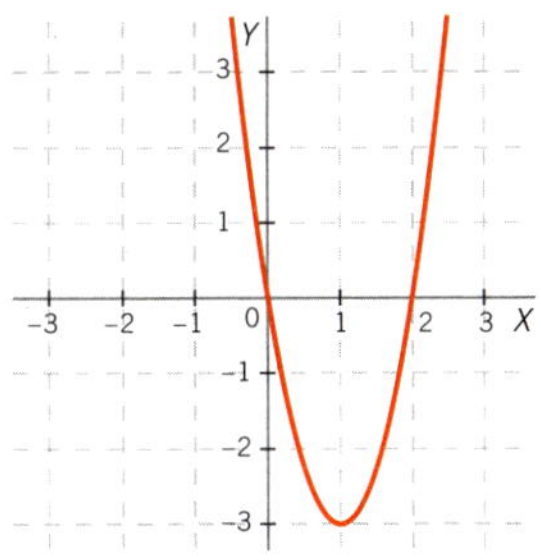

b) $x^2 + 8x + 16 = 0$

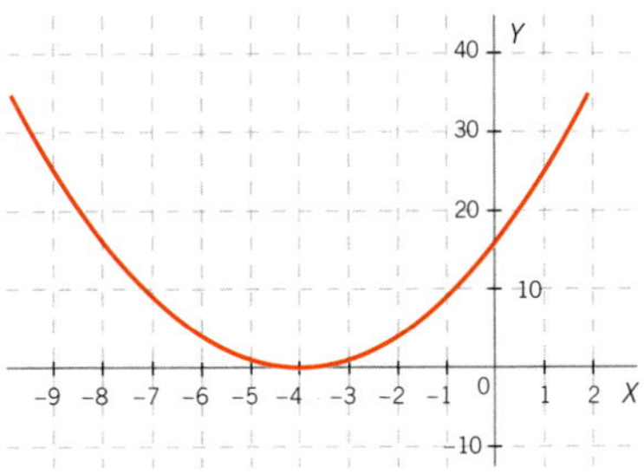

c) $-x^2 - x - 1 = 0$

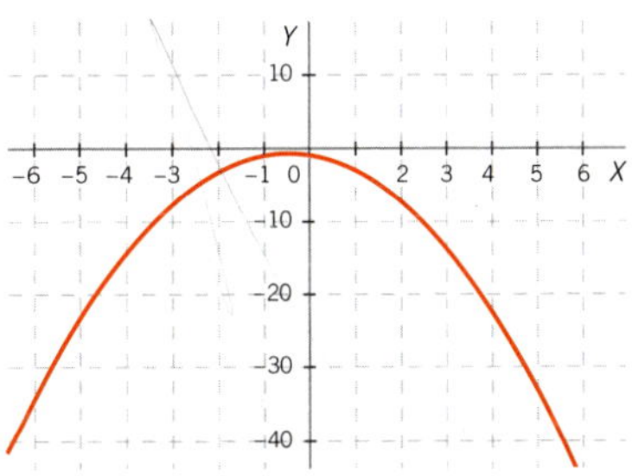

Sol.: a) Dues de diferents: $x_1 = 0$, $x_2 = 2$; b) Una d'única: $x = -4$; c) Sense solució real

26. ★★☆ Donades les equacions següents, troba els valors de *a* per als quals aquestes equacions tinguin una arrel real doble:

a) $2x^2 - 4x + a = 0$

b) $x^2 - 5x + a = 0$

c) $3x^2 + 3x - a = 0$

d) $x^2 - 2x - a = 0$

Sol.: a) $a = 2$; b) $a = \frac{25}{4}$; c) $a = -\frac{3}{4}$; d) $a = -1$

27. ★★☆ Els costats d'un triangle rectangle tenen per mesures tres nombres parells consecutius. Troba:

a) Els costats del triangle.

b) La seva àrea.

Sol.: a) 6, 8 i 10; b) 24 u^2

28. ★★☆ Resol les equacions següents de manera similar a com resols les biquadràtiques:

a) $x^6 - 7x^3 + 6 = 0$

b) $x^8 - 5x^4 + 4 = 0$

c) $x^{10} - 5x^5 + 4 = 0$

Sol.: a) $x_1 = 1$, $x_2 = \sqrt[3]{6}$; b) $x = \pm\sqrt[4]{4}$, $x = \pm 1$; c) $x_1 = \sqrt[5]{4}$, $x_2 = 1$

29. ★★☆ Troba les solucions de les següents equacions biquadràtiques:

a) $(x-2)^2 + 4x - 8 = -x(x^3 + 2x)$

b) $(x^2 + 10)^2 = 41x^2 - 8$

c) $(x^2 - 8)^2 + \frac{15}{4}x = \frac{5}{2}\left(\frac{578}{5} + \frac{3}{2}x\right)$

Sol.: a) $x = \pm 1$; b) $x = \pm 3$, $x = \pm 2\sqrt{3}$; c) $x = \pm 5$

30. ★★☆ Troba les solucions de l'equació $x^3 - x^2 - 65x - 63 = 0$, sabent que $(x+7)$ és un factor del polinomi $P(x) = x^3 - x^2 - 65x - 63$.

Sol.: $x_1 = 9$, $x_2 = -1$, $x_3 = -7$

31. ★★☆ Resol les equacions següents: a) $2x^4 + x^3 - 8x^2 - x + 6 = 0$; b) $5x^4 - 30x^3 - x^2 + 6x = 0$; c) $x^4 + 8x^3 + 17x^2 + 8x + 16 = 0$; d) $x^3 + 13x^2 + 30x = 0$.

Sol.: a) $x_1 = 1$, $x_2 = -1$, $x_3 = -2$, $x_4 = \frac{3}{2}$; b) $x_1 = 0$, $x_2 = 6$, $x_3 = \frac{\sqrt{5}}{5}$, $x_4 = -\frac{\sqrt{5}}{5}$; c) $x = -4$; d) $x_1 = 0$, $x_2 = -3$, $x_3 = -10$

32. ★★☆ Resol les següents equacions racionals:

a) $\frac{6}{x} - \frac{9}{x-1} = \frac{1}{4}$

b) $\frac{5k}{k+2} + \frac{2}{k} = 5$

c) $x - \frac{2}{x-3} = \frac{x-1}{3-x}$

d) $\frac{x^2 + 7x + 6}{x^2} = \frac{1}{6} - \frac{1}{6x^2}$

Sol.: a) $x_1 = -3$, $x_2 = -8$; b) $k = \frac{1}{2}$; c) $x = -1$; d) $x_1 = -1$, $x_2 = -\frac{37}{5}$

33. ★★☆ Resol les següents equacions racionals:

a) $\frac{1}{x-2} + \frac{1}{x+2} = \frac{1}{x^2 - 4}$

b) $\frac{x-4}{x^2 - 5x} - \frac{2}{x^2 - 25} = 0$

c) $\frac{1}{x^2 - x} = \frac{1}{x-1}$

Sol.: a) $x = \frac{1}{2}$, $x = 3$; b) $x = 4$; c) No té solució

34. ★★☆ Resol les següents equacions racionals:

a) $\frac{1}{x} - \frac{1}{x^2 + 3x} = \frac{x^2 + 12x + 32}{x^2 + 3x}$

b) $1 = \frac{x-6}{x^2 - 6x + 5} + \frac{1}{x^2 - 6x + 5}$

c) $\frac{r-5}{r} = 1 - \frac{1}{r+5}$

d) $\frac{n-3}{n-8} = \frac{n}{n+3} - \frac{1}{n^2 - 5n - 24}$

Sol.: a) $x_1 = -6$, $x_2 = -5$; b) $x = 2$; c) $x = -\frac{25}{4}$; d) $x = 1$

35. ★★☆ En Pau i el seu fill Alexandre treballen junts a l'estiu pintant cases. Poden pintar una casa en 4 dies. En Pau podria fer la feina ell sol en 6 dies menys del temps en què ho podria fer l'Alexandre. Calcula el temps que trigaria cadascun a fer-ho independentment.

Sol.: 12 dies l'Alexandre i en Pau, 6

36. ★★☆ Una canella triga dues hores més que una altra a omplir un dipòsit i si les obrim totes dues es triga 1 hora i 20 minuts. Quant temps trigarà a omplir el dipòsit cadascuna per separat?

Sol.: La primera 2 h i la segona 4 h

37. ★★☆ L'expressió $y = 2^{\frac{x}{5}}$ determina el creixement d'un cultiu de bacteris. Si y és el nombre de bacteris (en milers), i el temps x es mesura en hores, quant temps ha de passar perquè hi hagi més de 28 000 bacteris?

Sol.: Aproximadament 24 hores

38. ★★☆ En un zoològic marí s'incorporen 85 estrelles de mar, que es reprodueixen segons la fórmula $y = 85e^{2x}$, on y és el nombre d'estrelles de mar i x el nombre d'anys. Determina el temps que ha de transcórrer perquè hi hagi més d'un milió d'exemplars d'estrelles.

Sol.: 4,69 anys (4 anys, 8 mesos i 8 dies aproximadament)

39. ★★☆ A un pacient amb càncer se li estan subministrant sessions de quimioteràpia. La quantitat de medicament en sang ve determinada per la fórmula $y = 50 \cdot 0{,}85^x$, on y són els mil·ligrams del medicament i x el temps en hores. Perquè la teràpia sigui efectiva, s'ha d'administrar una nova dosi quan la quantitat baixa de 14 mg. Determina cada quant temps cal administrar les dosis.

Sol.: Aproximadament cada 8 hores

40. ★★☆ Resol les següents equacions logarítmiques:

a) $\log_5(x+1) - 2 = \log_5(x-1)$

b) $\log(5x-2) = \log(2x+9)$

c) $\log(4k-5) = \log(2k-1)$

d) $\log(-2x+9) = \log(7-4x)$

e) $6\log_3(x-3) = -24$

Sol.: a) $x = \frac{13}{12}$; b) $x = \frac{11}{3}$; c) $k = 2$; d) $x = -1$; e) $x = \frac{244}{81}$

41. ★★☆ Resol les següents equacions logarítmiques:

a) $\log 4 + 2\log(x-3) = \log x$

b) $\log(5x+4) - \log 2 = \frac{1}{2}\log(x+4)$

c) $\ln x^3 - \ln x = \ln(2x+3)$

Sol.: a) $x = 4$; b) $x = 0$; c) $x = 3$

42. ★★☆ Per a descriure els efectes d'un terratrèmol s'utilitza l'escala de Richter. Segons aquesta escala, la magnitud M d'un terratrèmol ve donada per l'expressió:

$$M = \frac{2}{3}\log\left(\frac{E}{E_0}\right)$$

On E és l'energia alliberada pel terratrèmol (en joules) i E_0 és una constant de valor $2{,}5 \cdot 10^4$ J.

Calcula l'energia alliberada en el terratrèmol de San Francisco de l'any 1906 si la seva magnitud va ser de 8,25 en l'escala de Richter.

43. ★★★ Troba el valor de la suma i el producte de les solucions de les equacions següents, sense calcular-les:

a) $2x^2 = 15 - 7x$ b) $3x^2 + 3 = -6x$

Sol.: a) $x_1 + x_2 = -3{,}5$, $x_1 \cdot x_2 = -7{,}5$; b) $x_1 + x_2 = -2$, $x_1 \cdot x_2 = 1$

44. ★★★ Determina l'equació de segon grau la suma de solucions de la qual és 5 i el producte és 6.

Sol.: $x^2 - 5x + 6 = 0$

45. ★★★ En un bar es fa la festa de la parella per celebrar el dia de Sant Valentí, però quan recompten el nombre de persones de cada sexe, s'adonen que hi ha 7 homes menys que dones. Si els homes solament saluden les dones, hi haurà un total de 1 248 salutacions. Calcula quantes dones hi ha a la festa.

Sol.: 39 dones

46. ★★★ Calcula el discriminant de l'equació $3x^2 - 4\sqrt{3}\,x + 4 = 0$, quantes solucions té l'equació i de quin tipus són? Troba'n les solucions.

Sol.: $\Delta = 0$, una solució doble

47. ★★★ El terme independent d'una equació de segon grau és 15 i una de les seves solucions és $x = 3$. Calcula l'equació.

Sol.: $x^2 - 8x + 15 = 0$

48. ★★★ Calcula:

a) $\dfrac{5x}{x^2 - 5x + 6} = \dfrac{15}{x-3} - \dfrac{10}{x-2}$

b) $\dfrac{7x-3}{x+2} - \dfrac{5x+1}{x-2} + 8 = \dfrac{5}{3}$

Sol.: a) Infinites solucions ($0x = 0$); b) $x_1 = 4$, $x_2 = -\frac{16}{25}$

49. ★★★ Resol les equacions irracionals següents:

a) $\sqrt{9x+10} - 2\sqrt{x+3} = \sqrt{x-2}$

b) $\sqrt{x+4} + \sqrt{x-1} = \sqrt{2x+15}$

Sol.: a) $x = 6$; b) $x = 5$

50. ★★★ Resol les equacions irracionals següents:

a) $3^{x+2} + 3^{x+1} + 3^3 + 3^{x-1} = 120$

b) $2^x \cdot 8^{x+1} \cdot 16^x = 32 \cdot 4^x \cdot 2$

c) $3^{x+3} + 3^{x+2} + 3^x = 8\,991$

d) $3^{2(x+1)} - 18 \cdot 3^x + 9 = 0$

e) $0{,}4^{x-1} - 6{,}25^{6x-5} = 0$

f) $10^{\frac{3x-1}{2x+1}} = 100$

Sol.: a) $x = 2$; b) $x = \frac{1}{2}$; c) $x = 5$; d) $x = 0$; e) $x = \frac{11}{3}$; f) $x = -3$

51. ★★★ Fent ús de la calculadora, resol les següents equacions logarítmiques. Expressa la solució amb dos decimals.

a) $5\ln(3-x) = 4$

b) $\log_2(x+2) + \log_2(x-1) = 2$

Sol.: a) $x = 0{,}77$; b) $x = 2$

2 SISTEMES D'EQUACIONS

52. ★☆☆ Dos nombres sumen 51. Si el primer el dividim entre 3 i el segon entre 6, els quocients es diferencien en 1. Troba aquests nombres.

Sol.: 32 i 19

53. ★☆☆ En un parc hi ha 55 persones. Si hi ha patinadors i ciclistes i el total de rodes és de 170, troba quants patinadors i quantes bicicletes hi ha.

Sol.: 30 patinadors i 25 bicicletes

54. ★☆☆ Donada l'equació $2x + y = -3$, escriu una segona equació de manera que obtinguis un sistema de dues equacions i dues incògnites no lineals.

55. ★★☆ Les edats de la Pepa i la Lluna fa tres anys estaven en la proporció 6:1, mentre que d'aquí a 6 anys estaran en la proporció 3:1. Determina les edats actuals de la Pepa i la Lluna.

Sol.: Pepa 39 anys i Lluna 9

56. ★★☆ Resol els següents sistemes d'equacions pel mètode de substitució i gràficament:

a) $\left.\begin{array}{r} -7x-6y=17-2x \\ 4x-14y=34 \end{array}\right\}$ c) $\left.\begin{array}{r} 7x-y=-1+5x-y \\ y+2x=3x-1 \end{array}\right\}$

b) $\left.\begin{array}{r} 4z-3y=7-x \\ 3x=-2z \end{array}\right\}$

Sol.: a) $x=-\frac{17}{47}, y=-\frac{119}{47}$; b) SCI; c) $x=-\frac{1}{2}, y=-\frac{3}{2}$

57. ★★☆ Resol els següents sistemes d'equacions pel mètode de reducció:

a) $\left.\begin{array}{r} x-y=11 \\ 2x+y=19 \end{array}\right\}$ b) $\left.\begin{array}{r} 6x+8y+1=21+2x \\ 15-2x=-y \end{array}\right\}$

— Comprova les solucions obtingudes a través de l'aplicació: **http://links.edebe.com/h4gp** @

Sol.: a) $x=10, y=-1$; b) $x=7, y=-1$

58. ★★☆ L'Elvira ha col·locat un capital de 200 € de la manera següent: una part al 5 % i l'altra al 4 %. La primera produeix anualment 2,80 € més que la segona. Troba les dues parts del capital.

Sol.: 120 € al 5 % i 80 € al 4 %

59. ★★☆ Els angles $\hat{A}$ i $\hat{B}$ són suplementaris i la mesura de l'angle $\hat{A}$ és 18° més gran que l'angle $\hat{B}$. Calcula les mesures d'aquests angles.

Sol.: $\hat{A}=81°$, $\hat{B}=99°$

60. ★★☆ Resol els següents sistemes d'equacions per mètode d'igualació i gràficament:

a) $\left.\begin{array}{r} -\frac{4}{3}y=\frac{2}{3}-x \\ 4y+6x=-6 \end{array}\right\}$ c) $\left.\begin{array}{r} -13y-10x=34+3y \\ -17-2y+2x=5y \end{array}\right\}$

b) $\left.\begin{array}{r} 3y=3+x \\ 8y-7x=-5 \end{array}\right\}$ d) $\left.\begin{array}{r} -4x-2=4y \\ y+\frac{3}{2}x=-\frac{3}{2} \end{array}\right\}$

Sol.: a) $x=-2, y=1$; b) $x=3, y=2$; c) $x=\frac{1}{3}, y=-\frac{7}{3}$; d) $x=-2, y=\frac{3}{2}$

61. ★★☆ Un agricultor té 200 hectàrees de terra per a conrear cereals tipus A, B i C. El cost per hectàrea de cultiu de cereal A, B i C costa, respectivament, 40 €, 60 € i 80 €. L'agricultor té 12 600 € disponibles per a invertir en el cultiu.

Cada hectàrea tipus A requereix 20 hores de treball, cada hectàrea tipus B requereix 25 hores i cada hectàrea tipus C, 40 hores. L'agricultor té un màxim de 5 950 hores disponibles.

Si desitja utilitzar tota la seva superfície, els estalvis i les hores disponibles, troba les hectàrees de cada tipus que ha de plantar.

Sol.: 50 ha tipus A, 70 ha tipus B i 80 ha tipus C

62. ★★☆ Resol els següents sistemes d'equacions pel mètode de Gauss:

a) $\left.\begin{array}{r} 4x+2y-6z=34 \\ 2x+y+3z=3 \\ 6x+3y-3z=37 \end{array}\right\}$ d) $\left.\begin{array}{r} 3x-y+z=-1 \\ 2x+3y+z=4 \\ 5x+4y+2z=5 \end{array}\right\}$

b) $\left.\begin{array}{r} 2x+y+z=-2 \\ 2x-y+3z=6 \\ 3x-5y+4z=7 \end{array}\right\}$ e) $\left.\begin{array}{r} 2x-4y+z=10 \\ x+2y-z=1 \\ -x-3y+2z=0 \end{array}\right\}$

c) $\left.\begin{array}{r} 3x+y-z=4 \\ x+2y+2z=5 \\ 4x+y-z-3 \end{array}\right\}$ f) $\left.\begin{array}{r} 2x+5z=-3y+8 \\ y+x=6-2z \\ 2z-3=-x-y \end{array}\right\}$

Sol.: a) SCI; b) $x=-3, y=0, z=4$; c) $x=-1, y=5, z=-2$; d) $x=-1, y=1, z=3$; e) $x=3, y=-1, z=0$; f) SI

63. ★★☆ Els costats d'un triangle fan 26, 28 i 34 cm. Amb centre a cada vèrtex es dibuixen tres circumferències tangents entre elles dues a dues. Calcula la longitud dels radis d'aquestes circumferències.

Sol.: 10, 16 i 18, respectivament

64. ★★☆ Un caixer automàtic conté 95 bitllets de 10 €, 20 € i 50 €, la qual cosa suposa un total de 2 000 €. Si el nombre de bitllets de 10 € és el doble del nombre de bitllets de 20 €, esbrina quants bitllets hi ha de cada tipus. Aplica el mètode de Gauss.

Sol.: 50 bitllets de 10, 25 bitllets de 20 i 20 bitllets de 50

65. ★★☆ Resol els següents sistemes d'equacions no lineals:

a) $\left.\begin{array}{r} 2x^2+y^2-6x-14y+28=0 \\ 5x^2+y^2-15x-14y-2=0 \end{array}\right\}$

b) $\left.\begin{array}{r} 2y^2+x-16y+30=0 \\ 3y^2+x-24y+42=0 \end{array}\right\}$

Sol.: a) (5, 8), (5, 6), (−2, 8), (−2, 6); b) (−6, 2), (−6, 6)

66. ★★☆ Ajudant-te de les representacions gràfiques (que pots fer amb l'aplicació informàtica GeoGebra, **http://links.edebe.com/bjx**), troba les solucions del següent sistema d'equacions no lineals: @

$$\left.\begin{array}{r} x^2+y^2-4x-6y+11=0 \\ x^2+y^2-6x-8y+21=0 \end{array}\right\}$$

Sol.: a) $x_1=3, y_1=2, x_2=1, y_2=4$

67. ★★☆ Resol els següents sistemes d'equacions no lineals:

a) $\left.\begin{array}{r} x^2 - y^2 = 8 \\ x \cdot y = -3 \end{array}\right\}$

b) $\left.\begin{array}{r} x^2 + y^2 - 4x - 6y + 11 = 0 \\ x^2 + y^2 - 6x - 8y + 21 = 0 \end{array}\right\}$

c) $\left.\begin{array}{r} 2y^2 = (12x - 22)y \\ -6x - 9y = -21 \end{array}\right\}$

d) $\left.\begin{array}{r} \dfrac{1}{x^2} + \dfrac{1}{y^2} = 13 \\ \dfrac{1}{x} - \dfrac{1}{y} = 1 \end{array}\right\}$

e) $\left.\begin{array}{r} 2x + y^2 - y = 4 \\ y^2 - 3 = x \end{array}\right\}$

Sol.: a) $x_1 = -3, y_1 = 1, x_2 = 3, y_2 = -1$;
b) $x_1 = 3, y_1 = 2, x_2 = 1, y_2 = 4$;
c) $x = 2, y_1 = 1$;
d) $x_1 = \frac{1}{3}, y_1 = \frac{1}{2}, x_2 = -\frac{1}{2}, y_2 = -\frac{1}{3}$;
e) $x_1 = 1, y_1 = 2, x_2 = -\frac{2}{9}, y_2 = -\frac{5}{3}$

68. ★★☆ Ens hem gastat 60 € per comprar fundes protectores per a mòbils. Si n'haguéssim comprat tres més, ens haurien fet un descompte d'1 € en cadascuna, i el preu total hauria estat el mateix. Quantes fundes hem comprat?

Sol.: 12 fundes

69. ★★★ Les xifres d'un nombre de dues xifres sumen 12 unitats. Si s'inverteix l'ordre d'aquestes xifres, el nombre que en resulta és 18 unitats menor que el primer. Quin és aquest nombre?

Sol.: 75

70. ★★★ Mitjançant l'aplicació informàtica GeoGebra, representa gràficament els sistemes d'equacions següents. Segons aquesta representació gràfica: @

1) Indica el nombre i la naturalesa de les solucions del sistema.

2) Dóna la solució, o almenys una aproximació, si és possible.

a) $\left.\begin{array}{r} x + y = -4 \\ 7x - y = -4 \end{array}\right\}$

b) $\left.\begin{array}{r} 7x - 3y = 12 \\ 2x - 3y = -3 \end{array}\right\}$

c) $\left.\begin{array}{r} x - y = 1 \\ x - y = 3 \end{array}\right\}$

d) $\left.\begin{array}{r} -2 + y = 0 \\ 1 = -3x - y \end{array}\right\}$

Sol.: a) $x = -1, y = -3$; b) $x = 3, y = 3$; c) Sense solució real; d) $x = -1, y = 2$

SÍNTESI

71. ★☆☆ Identifica el tipus d'equació en cada cas:

a) $2^x - 2^{3x} = 5$

b) $5x^2 + 3x - 1 = 0$

c) $\dfrac{3}{x-1} + \dfrac{2x}{x+1} = \dfrac{x}{5}$

d) $\log (x + 2) = 2 - \log x$

e) $4x - 6 = 5(x + 1) + 12$

72. ★★☆ Resol:

a) $\dfrac{(2x-1)(2x+1)}{3} + \dfrac{(x-2)^2}{4} = \dfrac{3x+4}{6} + \dfrac{x^2}{3}$

b) $\sqrt{18x - 8} - 2\sqrt{2x + 1} - \sqrt{2x - 4} = 0$

Sol.: a) $x_1 = \frac{6}{5}, x_2 = 0$; b) $x = 4$

73. ★★☆ Digues quin mètode (igualació, reducció, substitució, gràficament) utilitzaries per a resoldre els següents sistemes d'equacions i troba les solucions corresponents.

a) $\left.\begin{array}{r} 2x - y = 8 \\ x + y = 4 \end{array}\right\}$

b) $\left.\begin{array}{r} 2x - 5y = 7 \\ 3x - 2y = -17 \end{array}\right\}$

c) $\left.\begin{array}{r} y = 3x - 1 \\ y = 3x - 5 \end{array}\right\}$

d) $\left.\begin{array}{r} 2y = 8 - 7x \\ 4y = 16 - 14x \end{array}\right\}$

Sol.: a) $x = 4, y = 0$; b) $x = -9, y = -5$; c) SI; d) SCI

74. ★★☆ Resol els següents sistemes d'equacions:

a) $\left.\begin{array}{r} 2x + 3y + z = 3 \\ x + 2y - z = 2 \\ 2x + y + z = 0 \end{array}\right\}$

b) $\left.\begin{array}{r} x - y + 2z = 1 \\ x + y + 2z = -1 \\ -x + y + z = 0 \end{array}\right\}$

c) $\left.\begin{array}{r} 2x - y + z = 3 \\ x = 2y + z - 3 \\ x + y - z = 0 \end{array}\right\}$

d) $\left.\begin{array}{r} x - 2y + z = -1 \\ x + y = 2 \\ x + 2y + z = 0 \end{array}\right\}$

e) $\left.\begin{array}{r} x - y + 2z = 1 \\ 2x - 2y + 4z = 2 \\ -x + y + z = 0 \end{array}\right\}$

f) $\left.\begin{array}{r} -18x + 6 = 6y \\ y + 3x = 1 \end{array}\right\}$

— Comprova que els sistemes lineals de l'exercici anterior estan ben resolts a través de l'aplicació següent: @

http://links.edebe.com/h4gp

Sol.: a) $x = -\frac{5}{6}, y = \frac{3}{2}, z = \frac{1}{6}$;
b) $x = -\frac{2}{3}, y = -1, z = \frac{1}{3}$;
c) $x = 1, y = 1, z = 2$; d) $x = \frac{7}{4}, y = \frac{1}{4}, z = -\frac{9}{4}$;
e) $x = \frac{3\lambda + 1}{3}, y = \lambda, z = \frac{1}{3}$; f) SCI

EQUACIONS

- **Equacions polinòmiques**
  - De primer grau → $ax + b = 0$; Solució: $x = -b/a$.
  - De segon grau → $ax^2 + bx + c = 0$; Solució: $x = \dfrac{-b \pm \sqrt{b^2 - 4ac}}{2a}$
  - De grau superior a dos
    - Biquadràtiques: $ax^4 + bx^2 + c = 0$. Resolució mitjançant canvi de variable.
    - $P(x) = 0$; resolució mitjançant factorització.
- **Equacions racionals** → Aquelles en les quals apareixen fraccions algèbriques. → Resolució multiplicant els dos membres per l'm.c.m. dels denominadors.
- **Equacions exponencials** → La incògnita apareix en l'exponent d'una potència. → Resolució aplicant logaritmes o per canvi de variable.
- **Equacions logarítmiques** → La incògnita apareix afectada per un logaritme. → Resolució aplicant la definició i propietats dels logaritmes.

SISTEMES D'EQUACIONS

- **Sistemes d'equacions lineals**
  - Classificació: SCD (solució única), SCI (infinites solucions), SI (no té solució).
  - De dues equacions amb dues incògnites. → $\left.\begin{array}{l} a_1x + b_1y = c_1 \\ a_2x + b_2y = c_2 \end{array}\right\}$ → Resolució: substitució, igualació, reducció o gràficament.
  - De tres equacions amb tres incògnites. → $\left.\begin{array}{l} a_1x + b_1y + c_1z = d_1 \\ a_2x + b_2y + c_2z = d_2 \\ a_3x + b_3y + c_3z = d_3 \end{array}\right\}$ → Resolució pel mètode de Gauss.
- **Sistemes d'equacions no lineals** → Alguna de les seves equacions és no lineal. → Resolució pel mètode de substitució o gràficament.

1 Una empresa produeix 600 camions de joguina al dia. Han encarregat un estudi de mercat que diu que els clients prefereixen el doble de vegades un camió vermell que blau. Si haguessis de decidir la producció diària de cada color, quants n'encarregaries de cada color?

Sol.: 200 de blaus i 400 de vermells

2 L'Ester és la directora de la banda de música del seu barri. Necessita encarregar 35 uniformes nous i sap per experiència que sol haver-hi cinc noies més que el doble del nombre de nois. Calcula quants uniformes de cada tipus haurà d'encarregar per a la banda.

Sol.: 10 per a nois i 25 per a noies

3 Els fills de la Laura han decidit posar una parada de venda de llimonada fresca per a guanyar alguns diners extres per a la parròquia del barri. Han calculat que els costos de començar l'activitat (cartrons, colors, cola, etc.) seran d'1,20 €, i que cada got de llimonada els costarà 10 cèntims d'euro. Determina a partir de quants gots de llimonada començaran a tenir beneficis, si els venen a 20 cèntims d'euro.

Sol.: A partir de 13 gots

4 La Irene necessita netejar la tarima flotant i canviar el terra plàstic de la resta de la casa. El terra plàstic que ha seleccionat per a reemplaçar el que té fet malbé costa 2 € el metre quadrat, mentre que netejar la tarima costa 1 € per metre quadrat. La Irene només té 500 € per a gastar-se i necessita cobrir una àrea de 300 m². Quina quantitat de cada es podrà permetre?

Sol.: Podrà canviar 200 m² i netejar 100 m²

5 Calcula les solucions de:

a) $4x^5 - 12x^3 = 0$

b) $x^4 - 8x^2 - 9 = 0$

c) $2x^5 - 18x^4 + 60x^3 - 92x^2 = 18 - 66x$

Sol.: a) $x_1 = 0$ (triple), $x_2 = +\sqrt{3}$, $x_3 = -\sqrt{3}$; b) $x = \pm 3$; c) $x_1 = 1$, $x_2 = 3$

6 Resol les equacions següents i comprova les solucions obtingudes:

a) $\dfrac{1}{x} + \dfrac{1}{x+3} = \dfrac{3}{10}$

b) $\dfrac{4}{x} + \dfrac{2(x+1)}{3(x-2)} = 4$

c) $\dfrac{1}{x} + \dfrac{1}{x^2} = \dfrac{3}{4}$

Sol.: a) $x = \dfrac{11 \pm \sqrt{481}}{6}$; b) $x_1 = 3$, $x_2 = \dfrac{4}{5}$; c) $x_1 = 2$, $x_2 = -\dfrac{2}{3}$

7 Resol les equacions següents:

a) $5^{2x} - 6 \cdot 5^x + 5 = 0$

b) $3^x - 3^{1-x} = 2$

c) $2^{2x} - 2^x = 12$

d) $2^{x-1} + 2^x + 2^{x+1} = 7$

Sol.: a) $x_1 = 0$, $x_2 = 1$; b) $x = 1$; c) $x = 2$; d) $x = 1$

8 Resol les equacions següents:

a) $\log x + \log 20 = 3$

b) $2 \cdot \log x = \log(10 - 3x)$

c) $3 \cdot \log x = \log 6 + 2 \cdot \log x$

d) $\log\left(\dfrac{x+1}{2x-1}\right) = 2$

Sol.: a) $x = 50$; b) $x_1 = -5$, $x_2 = 2$; c) $x = 6$; d) $x = 1/2$

9 Si sumem 3 unitats a cadascun dels termes d'una fracció, dóna com a resultat una fracció equivalent a 10/11. Tanmateix, si restem 4 unitats a cada terme, resulta una altra fracció equivalent a 3/4. Determina quina és la fracció.

Sol.: 7/8

10 La suma de les tres xifres d'un nombre és 16. Si es permuten les xifres de les unitats i de les desenes, el nombre resultant és 27 unitats menor que el proposat. A més, la suma de la primera xifra i de la tercera és igual a la segona. Esbrina aquest nombre.

Sol.: 385

11 Resol els següents sistemes d'equacions:

a) $\left.\begin{aligned} 2x + y - z &= 5 \\ x - y + 2z &= 1 \\ 3x + 2y &= 8 \end{aligned}\right\}$

b) $\left.\begin{aligned} x + 2y - z &= 4 \\ 2x + y + z &= 8 \\ y &= 2z - x \end{aligned}\right\}$

Sol.: a) $x = 2$, $y = 1$, $z = 0$; b) $x = 2$, $y = 2$, $z = 2$

12 Calcula les diagonals d'un rombe si el seu perímetre és 52 cm i la seva àrea 120 cm².

Sol.: $D = 24$ cm, $d = 10$ cm

ENTREPRENEURS

El secret de les equacions de tercer grau

En el Renaixement, alguns matemàtics italians ja resolien algèbricament equacions de tercer grau però sense arribar a publicar-ne la solució. Va ser el cas de **Scipione del Ferro** (1465-1526) i de **Niccolo Fontana Tartaglia** (1499-1557). Finalment, **Girolamo Cardano** (1501-1576) la va donar a conèixer:

Per a $x^3 + px = q$, la solució de x és:

$$x = \sqrt[3]{\frac{q}{2} + \sqrt{\frac{p^3}{27} + \frac{q^2}{4}}} + \sqrt[3]{\frac{q}{2} - \sqrt{\frac{p^3}{27} + \frac{q^2}{4}}}$$

SOCIETY

Datació de restes orgàniques

El **carboni-14** s'utilitza per a datar espècimens i restes orgàniques. Es tracta d'un isòtop radioactiu del carboni que triga uns 5 730 anys a desintegrar-se, se'n redueix la quantitat a la meitat.

La desintegració de la majoria dels elements radioactius es calcula mitjançant la següent **equació exponencial:**

$$Q = Q_0 \cdot e^{-kt}$$

on Q_0 és la quantitat inicial de material radioactiu, t el temps transcorregut en anys, k la constant de variació de massa que depèn de cada substància i Q_0, la quantitat de material radioactiu que roman al cap del temps assenyalat.

CRITICAL SENSE

L'epitafi de Diofant

«Déu va fer que fos nen una sisena part de la seva vida. Afegint-hi un dotzè, les galtes van tenir barba. Li va encendre el foc nupcial després del setè...»

Així comença l'epitafi del matemàtic grec Diofant d'Alexandria (~207/~291 d. C.). Al llarg d'aquest text exposa el desenvolupament de la seva vida com si fos l'enunciat d'un problema algèbric la solució del qual proporciona justament els anys que tenia en morir.

- Cerca a la xarxa el text complet d'aquest epitafi, dedueix-ne l'equació corresponent i resol-la.
- Informa't sobre la biografia de Diofant i investiga quines aportacions va dur a terme en el camp del simbolisme algèbric, del plantejament d'equacions polinòmiques i de les seves possibles solucions.

SOCIETY

Els sistemes d'equacions i l'economia

Els sistemes d'equacions lineals tenen múltiples aplicacions en tots els camps de la ciència; també en l'economia i en l'administració. És el cas de trobar el rendiment de diferents màquines que han de fabricar productes diversos en temps diferents; per fer-ho, fixa't en l'exemple 15 de la pàgina web següent: **http://links.edebe.com/g6bt9**

4

BLOC 1. ARITMÈTICA I ÀLGEBRA

Matemàtica financera

Presentació | Problemes interactius | Simulador

Notícies

«El BCE retalla els tipus fins al 0,50 %, el nivell més baix de la seva història.»

L'entitat retalla mig punt el preu del diner a la zona euro per a devaluar la moneda única, així com reactivar el consum i el creixement a causa de la feble inflació.

Adaptat de: *La Vanguardia*, 22/02/2013

Llibres

A la seva obra *Inferno*, Dan Brown ens proporciona un exemple de progressió geomètrica:

—Si agafés aquest paper i el partís per la meitat —es va aturar en una taula, va agafar un full de paper i el va partir sorollosament per la meitat—, i llavors posés les dues meitats una damunt de l'altra... —va apilar les dues meitats—; i aleshores repetís el procés... —va tornar a trencar els papers i a apilar-los—, tinc una pila de papers que és quatre vegades més gruixuda que l'original.

[...]

Tenint en compte que el full original de paper fa només una desena de mil·límetre d'espessor, si repetís aquest procés, per exemple, cinquanta vegades, sabries quina altura tindria aquesta pila?

Web

La successió de Fibonacci és una de les successions més conegudes i interessants. En el vídeo que trobaràs a **http://links.edebe.com/y4d** podràs conèixer més coses sobre aquesta successió, la seva relació amb la natura (com il·lustren les fotografies d'aquesta pàgina) o l'art, i el matemàtic del qual pren el nom.

EN CONTEXT

a> Llegeix la notícia sobre el tipus d'interès dels diners: 360

— Què creus que saps sobre el tipus d'interès dels diners, el tipus d'interès dels dipòsits o préstecs bancaris i de com incideixen en la nostra vida diària?

— Quines preguntes et sorgeixen sobre aquest tema?

— Què t'agradaria investigar sobre aquest tema?

Anota les teves respostes a les tres qüestions i posa-les en comú amb el grup classe. Seleccioneu les tres preguntes d'investigació que us semblin més interessants i discutiu possibles estratègies per a dur a terme la investigació. Finalment, de manera individual, tria una de les tres preguntes i redacta les conclusions de la teva investigació.

b> Llegeix el fragment del llibre proposat. Quant mesuraria el gruix de la pila de paper?

c> Després de veure el vídeo proposat a l'apartat «Web», investiga i explica com s'aplica la successió de Fibonacci al funcionament dels mercats borsaris. 360

1. Percentatges

En la vida quotidiana ens trobem freqüentment amb magnituds expressades en percentatges: productes financers (interessos, préstecs, hipoteques...), estadístiques, rebaixes, índexs socioeconòmics com l'IPC, etc.

Un **percentatge** és una proporció entre magnituds. Expressa la quantitat d'una magnitud amb relació a 100 unitats de l'altra.

$$p\ (\%) = \frac{Q_1}{Q_2} \cdot 100$$

De la mateixa manera, per a aplicar un percentatge a una quantitat i determinar el valor que suposa, només hem de multiplicar la quantitat pel tant per cent que volem obtenir i dividir entre 100:

$$p\ \%\ \text{de}\ Q = \frac{p}{100} \cdot Q$$

1 EXEMPLE

En Jordi s'ha comprat un vestit durant les rebaixes. Si aquest valia 150 € abans de les rebaixes i a l'època de rebaixes costa 120 €, quin percentatge de descompte li han fet?

Solució

COMPRENSIÓ. Hem de calcular quin percentatge suposa el descompte sobre el preu inicial.

RESOLUCIÓ. Calculem el descompte i, a continuació, el percentatge:

Descompte = 150 − 120 = 30 €

$$30 = \frac{p}{100} \cdot 150 \rightarrow p = \frac{30 \cdot 100}{150} = 20\ \%$$

Per tant, li han aplicat un descompte del 20 %.

RECORDA

Un percentatge es pot expressar també en tant per u com un nombre decimal:

$$23\,\% = \frac{23}{100} = 0{,}23$$

1.1. Augments i disminucions percentuals

A vegades, en aplicar percentatges no ens referim al tant per cent tal qual, sinó que volem dir que una determinada quantitat ha augmentat un 20 % o que ha disminuït un 5 % i necessitem conèixer-ne el nou valor.

Aplicar un augment percentual consisteix a incrementar un percentatge p % una quantitat Q.

$$Q + p\ \%\ \text{de}\ Q = Q + \frac{p}{100} \cdot Q = Q \cdot \left(1 + \frac{p}{100}\right)$$

Aplicar una disminució percentual consisteix a disminuir un percentatge p % una quantitat Q.

$$Q - p\ \%\ \text{de}\ Q = Q - \frac{p}{100} \cdot Q = Q \cdot \left(1 - \frac{p}{100}\right)$$

Aplicar augments i/o disminucions percentuals successivament equival a calcular un únic percentatge producte de tots ells, com es pot veure a continuació a l'*Exemple 2*.

FIXA-T'HI

Contínuament, apliquem percentatges en la nostra vida diària; en alguns casos, fins i tot apliquem diversos percentatges de forma successiva a una mateixa quantitat.

— El preu d'un mòbil és de 420 € sense IVA. Si em rebaixen el preu un 21 %, però després m'apliquen el 21 % d'IVA, ha variat el preu inicial? Justifica la resposta.

2 EXEMPLE

El valor en borsa d'una acció de l'empresa Mimos SA és de 10 €. Dilluns, l'acció puja un 9 %; dimarts, baixa un 2 % i, finalment, dimecres, puja un 5 %. Quin valor té l'acció en finalitzar el dimecres?

Solució

COMPRENSIÓ. El preu de l'acció pateix una pujada, una baixada i novament una pujada, totes elles respecte al preu del dia anterior.

RESOLUCIÓ. Calculem el valor de l'acció en finalitzar cada dia:

— Dilluns: Preu de l'acció = $10 \cdot (1 + 0{,}09) = 10 \cdot 1{,}09 = 10{,}90$ €

— Dimarts: Preu de l'acció = $10{,}90 \cdot (1 - 0{,}02) = 10{,}90 \cdot 0{,}98 = 10{,}68$ €

— Dimecres: Preu de l'acció = $10{,}68 \cdot (1 + 0{,}05) = 10{,}68 \cdot 1{,}05 = 11{,}22$ €

Si realitzem el càlcul mitjançant una única operació:

$$\text{Preu final} = 10 \cdot 1{,}09 \cdot 0{,}98 \cdot 1{,}05 = 11{,}22 \text{ €}$$

FIXA-T'HI

Com descobriràs al llarg de la unitat, les matemàtiques financeres són molt presents a la vida diària. En els diferents apartats, podràs adquirir estratègies de resolució de problemes, els quals has d'encarar amb interès i confiança en tu mateix, que t'ajudaran a resoldre'ls, elaborar judicis i formar-te una opinió.

1.2. Índex de preus de consum (IPC)

Un dels índexs de més importància en l'economia és l'**índex de preus de consum (IPC).**

És elaborat mensualment per l'Institut Nacional d'Estadística (INE), i amb ell es pretén analitzar l'evolució del conjunt de preus dels béns i serveis que consumeix la població espanyola en un període donat pel que fa a un període base, pel qual s'assigna a l'índex un valor 100. Per a elaborar l'IPC, es té en compte la importància dels diferents productes en el consum habitual.

Tanmateix, l'aspecte realment interessant és analitzar l'evolució dels preus en un determinat període de temps. Per fer-ho, calculem la **taxa de variació que experimenta l'IPC** en aquest període en tant per cent.

Si la taxa de variació és positiva, els preus pugen i parlem d'**inflació;** per contra, si és negativa, els preus baixen i parlem de **deflació.**

La pujada o baixada de preus fa que la mateixa quantitat de diners tingui diferent valor en dos moments diferents, és a dir, que variï el seu poder o nivell adquisitiu. Per això, per a establir comparacions entre el preu d'un bé o el valor d'un salari en períodes diferents, hem de tenir en compte l'evolució de l'IPC.

FIXA-T'HI

L'IPC mostra el canvi en percentatge respecte de l'any base, que actualment és el 2011.

INTERNET

A la pàgina web de l'Institut Nacional d'Estadística (INE), trobaràs informació sobre les ponderacions de cada grup de productes en el càlcul de l'IPC, el mètode de càlcul, etc.

— **http://www.ine.es/** en els apartats:

- *INEbase|Sociedad/Nivel, calidad y condiciones de vida (IPC...)*
- *Productos y servicios|El IPC en un clic*

— **http://links.edebe.com/qwzdii**

3 EXEMPLE

L'IPC al gener d'un any determinat va ser de 123,87, mentre que al juny del mateix any va ser de 125,21. Calcula la taxa de variació de l'IPC en aquest període de temps.

Solució

COMPRENSIÓ. La taxa de variació és el quocient entre la variació de l'IPC i el seu valor a l'inici del període considerat.

RESOLUCIÓ. En primer lloc, trobem la variació de l'IPC per a, després, calcular la seva taxa de variació en tant per cent.

$$\text{Variació de l'IPC} = 125{,}21 - 123{,}87 = 1{,}34$$

$$\text{Taxa de variació de l'IPC} = \frac{1{,}34}{123{,}87} \cdot 100 = 1{,}08 \text{ \%}$$

Així doncs, la taxa de variació de gener a juny ha estat de l'1,08 %.

Problemes resolts
A

Exercicis i problemes
9 a 17

2. Successions

Alguns fenòmens del nostre entorn es poden modelitzar a partir de les successions com, per exemple, l'evolució d'una població, el càlcul d'interessos o l'ordenació de les fulles al voltant d'una tija. Aquest fet permet assignar-los, per tant, una expressió matemàtica.

Observa la llista de nombres següent: 1, 4, 9, 16... Com pots veure és una llista ordenada dels quadrats dels nombres naturals.

Una successió de nombres reals és un conjunt de nombres ordenats seguint algun criteri.

Els diferents elements de la successió es denominen **termes** i es representen mitjançant una lletra *a* acompanyada d'un subíndex, que correspon al lloc que ocupen dins de la successió: $a_1, a_2, a_3, a_4...$

LLENGUATGE MATEMÀTIC

a_1 és el primer terme de la successió.

a_2 és el segon terme.

a_n és l'enèsim terme.

a_{n-1} és el terme anterior a a_n.

a_{n+1} és el terme posterior a a_n.

$\{a_n\}$ representa tot el conjunt de termes d'una successió.

4 EXEMPLE

Identifica els primers sis termes de la successió $\frac{1}{3}, \frac{2}{5}, \frac{3}{7}, \frac{4}{9}...$

Solució

COMPRENSIÓ. L'enunciat ens proporciona els quatre primers termes de la successió i hem de deduir els dos següents.

RESOLUCIÓ. Escrivim els quatre primers termes: $a_1 = \frac{1}{3}$, $a_2 = \frac{2}{5}$, $a_3 = \frac{3}{7}$, $a_4 = \frac{4}{9}$.

Observem que el numerador correspon al lloc que ocupa el terme en la successió i que el denominador correspon als nombres imparells.

Per tant, $a_5 = \frac{5}{11}$, $a_6 = \frac{6}{13}$.

VOCABULARI

Successió recurrent. És aquella en la qual cada terme, a partir d'un terme determinat, es defineix en funció dels que el precedeixen.

AMPLIA

La successió 1, 1, 2, 3, 5, 8, 13... en la qual cada terme, excepte els dos primers, es troba sumant els dos termes immediatament anteriors, es troba en nombrosos elements de la natura, com la disposició de les fulles al voltant de la tija en algunes plantes o de les escates en una pinya.

Aquesta successió és coneguda com a *successió de Fibonacci,* ja que va ser aquest matemàtic italià el primer a descriure-la.

2.1. Terme general

En la successió 3, 6, 9, 12, 15..., cada terme és el triple del lloc que ocupa en la successió. Per tant, podríem calcular el valor de la posició 50 realitzant el producte de 3 · 50.

El terme general d'una successió és l'expressió d'un terme qualsevol de la successió en funció del lloc que ocupa.

En la successió anterior, el terme general és $a_n = 3n$ i en la de l'*Exemple 4* $a_n = \frac{n}{(2n+1)}$. Quan es coneix el terme general de la successió, es pot calcular qualsevol terme donant a *n* el valor del lloc que ocupa.

5 EXEMPLE

Donada la successió que té per terme general $a_n = \frac{n^2}{n+1}$, calcula a_7 i a_{23}.

Solució

COMPRENSIÓ. A partir del terme general podem calcular el valor de qualsevol terme només coneixent el lloc que ocupa.

RESOLUCIÓ. Substituïm $n = 7$ i $n = 23$ en el terme general:

$$a_7 = \frac{7^2}{7+1} = \frac{49}{8} \qquad a_{23} = \frac{23^2}{23+1} = \frac{529}{24}$$

Exercicis i problemes
18 a 22

3. Progressions

Hi ha dos tipus de successions, les **progressions aritmètiques** i les **progressions geomètriques,** que apareixen en molts àmbits de la vida quotidiana, de la natura, de l'economia..., de les quals podem deduir fàcilment el seu terme general.

3.1. Progressions aritmètiques

Fixa't en la successió 4, 8, 12, 16... Cada terme s'obté sumant 4 a l'anterior. Aquest seria un exemple de progressió aritmètica.

Una **progressió aritmètica** és una successió de nombres reals en la qual cada terme (menys el primer) s'obté sumant a l'anterior una quantitat constant anomenada *diferència, d.*

$$a_n = a_{n-1} + d, \text{ per a } n > 1$$

El **terme general** d'una progressió aritmètica és: $a_n = a_1 + (n-1) \cdot d$.

Suma dels n *primers termes*

Per a deduir la fórmula que permet calcular la suma dels n primers termes, S_n, d'una progressió aritmètica, utilitzarem la propietat dels termes equidistants dels extrems per la qual la seva suma és sempre igual a $a_1 + a_n$.

$$S_n = a_1 + a_2 + \ldots + a_n$$
$$S_n = a_n + a_{n-1} + \ldots + a_1$$
$$2S_n = (a_1 + a_n) + (a_1 + a_n) + \ldots + (a_1 + a_n)$$

Per tant, $2S_n = n \cdot (a_1 + a_n) \longrightarrow S_n = \dfrac{n \cdot (a_1 + a_n)}{2}$.

6 EXEMPLE

Comprova que la successió 3, 11, 19, 27... és una progressió aritmètica. Troba: a) el seu terme general; b) el valor de a_{20}; c) la suma dels 20 primers termes.

Solució

COMPRENSIÓ. Una vegada comprovem que es tracta d'una progressió aritmètica, podrem utilitzar les expressions de a_n i S_n corresponents.

RESOLUCIÓ. Per a comprovar que és una progressió aritmètica, hem d'observar que la diferència entre dos termes consecutius és constant:

$$\left.\begin{aligned} a_2 - a_1 &= 11 - 3 = 8 \\ a_3 - a_2 &= 19 - 11 = 8 \\ a_4 - a_3 &= 27 - 19 = 8 \end{aligned}\right\} \text{Es tracta d'una progressió aritmètica la diferència de la qual és: } d = 8.$$

a) El seu terme general l'obtenim substituint $a_1 = 3$ i $d = 8$:

$$a_n = a_1 + (n-1) \cdot d \longrightarrow a_n = 3 + (n-1) \cdot 8 = 3 + 8n - 8 = 8n - 5$$

b) Per a calcular el terme a_{20}, substituïm $n = 20$ en l'expressió del terme general:

$$a_n = 8n - 5 \longrightarrow a_{20} = 8 \cdot 20 - 5 = 155$$

c) Una vegada trobat a_{20}, ja podem calcular S_{20}:

$$S_{20} = \frac{20 \cdot (a_1 + a_{20})}{2} = \frac{20 \cdot (3 + 155)}{2} = 1580$$

RECORDA

Per a obtenir el **terme general d'una progressió aritmètica** a partir del primer terme a_1 i de la diferència d, procedim de la manera següent:

$$a_1 = a_1$$
$$a_2 = a_1 + d$$
$$a_3 = a_2 + d = (a_1 + d) + d = a_1 + 2d$$
$$a_4 = a_3 + d = (a_1 + 2d) + d = a_1 + 3d$$
$$a_5 = a_4 + d = (a_1 + 3d) + d = a_1 + 4d$$

FIXA-T'HI

Vegem, mitjançant un exemple, que en una progressió aritmètica de n termes es compleix la propietat que la suma dels termes equidistants dels extrems és sempre igual.

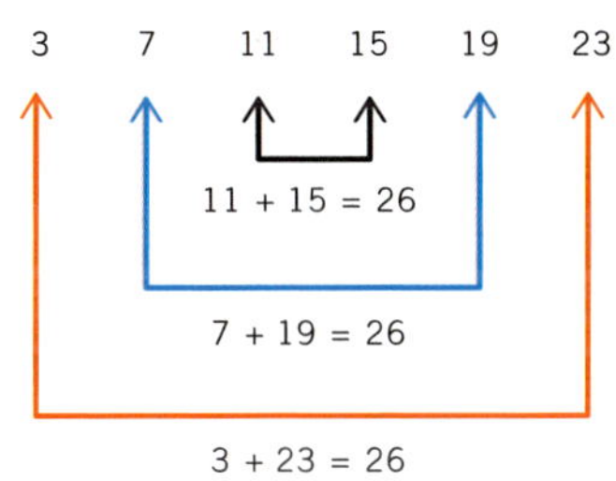

AMPLIA

En una progressió aritmètica amb un nombre imparell de termes, el **terme central** a_c és aquell que pel lloc que ocupa en la progressió equidista dels extrems. Aquest terme compleix que:

$$a_c = \frac{a_1 + a_n}{2}$$

Exercicis i problemes
23, 24, 26 a 30 i 38

3.2. Progressions geomètriques

Fixa't en la successió 2, 8, 32, 128...; cada terme s'obté multiplicant l'anterior per 4. És un exemple de progressió geomètrica.

Una **progressió geomètrica** és una successió de nombres reals en la qual cada terme (excepte el primer) s'obté multiplicant l'anterior per un nombre constant anomenat *raó, r.*

$$a_n = a_{n-1} \cdot r, \text{ per a } n > 1$$

El **terme general** d'una progressió geomètrica és: $a_n = a_1 \cdot r^{n-1}$.

Suma dels n *primers termes*

Per a deduir la fórmula que permet calcular la suma dels n primers termes, S_n, d'una progressió geomètrica de raó r:

$$S_n = a_1 + a_2 + \ldots + a_{n-1} + a_n$$

Multipliquem cada membre de la igualtat anterior per la raó r:

$$r \cdot S_n = a_1 \cdot r + a_2 \cdot r + \ldots + a_{n-1} \cdot r + a_n \cdot r = a_2 + \ldots + a_{n-1} + a_n + a_n \cdot r$$

Restant totes dues expressions:

$$r \cdot S_n - S_n = a_2 + \ldots + a_{n-1} + a_n + a_n \cdot r - a_1 - a_2 - \ldots - a_{n-1} - a_n = a_n \cdot r - a_1$$

Traient factor comú S_n i aïllant, obtenim la fórmula que ens permet calcular S_n en funció de la raó r, el primer terme, a_1, i l'últim, a_n:

$$S_n(r-1) = a_n \cdot r - a_1 \rightarrow S_n = \frac{a_n \cdot r - a_1}{r-1}$$

FIXA-T'HI

Si $r > 1$, la progressió és creixent.

Si $0 < r < 1$, la progressió és decreixent.

Si $r = 1$, la progressió és constant.

Si $r < 0$, la progressió és alternada, ja que alterna signes positius i negatius.

RECORDA

Per a obtenir el **terme general d'una progressió geomètrica** a partir del primer terme a_1 i de la raó r podem procedir de la manera següent:

$a_1 = a_1$

$a_2 = a_1 \cdot r$

$a_3 = a_2 \cdot r = (a_1 \cdot r) \cdot r = a_1 \cdot r^2$

$a_4 = a_3 \cdot r = (a_1 \cdot r^2) \cdot r = a_1 \cdot r^3$

$a_5 = a_4 \cdot r = (a_1 \cdot r^3) \cdot r = a_1 \cdot r^4$

7 EXEMPLE

Comprova que la successió 32, 16, 8, 4, 2... és una progressió geomètrica. Troba: a) el seu terme general; b) el valor de a_8; c) la suma dels 8 primers termes.

Solució

COMPRENSIÓ. Una vegada comprovem que es tracta d'una progressió geomètrica, podrem utilitzar les expressions de a_n i S_n corresponents.

RESOLUCIÓ. Per a comprovar que és una progressió geomètrica hem de veure que el quocient entre dos termes consecutius és constant:

$$\left.\frac{a_2}{a_1} = \frac{16}{32} = \frac{1}{2};\ \frac{a_3}{a_2} = \frac{8}{16} = \frac{1}{2};\ \frac{a_4}{a_3} = \frac{4}{8} = \frac{1}{2}\right\} \rightarrow$$

Es tracta d'una progressió geomètrica de raó: $r = \frac{1}{2}$.

a) El seu terme general l'obtindrem substituint $a_1 = 32$ i $r = \frac{1}{2}$ en l'expressió a_n:

$$a_n = a_1 \cdot r^{n-1} \rightarrow a_n = 32 \cdot \left(\frac{1}{2}\right)^{n-1}$$

b) Per a calcular el terme a_8, substituïm $n = 8$ en l'expressió del terme general:

$$a_n = 32 \cdot \left(\frac{1}{2}\right)^{n-1} \rightarrow a_8 = 32 \cdot \left(\frac{1}{2}\right)^{8-1} = \frac{32}{2^7} = \frac{2^5}{2^7} = \frac{1}{4}$$

c) Per a determinar la suma S_8, substituïm els valors en l'expressió S_n en funció de a_1 i r:

$$S_n = \frac{a_1 \cdot (r^n - 1)}{r-1} \rightarrow S_8 = 63{,}75$$

FIXA-T'HI

Si en l'expressió de S_n substituïm $a_n = a_1 \cdot r^{n-1}$ obtenim S_n en funció de la raó r i del primer terme a_1:

$$S_n = \frac{a_n \cdot r - a_1}{r-1} = \frac{a_1 \cdot r^{n-1} \cdot r - a_1}{r-1} = \frac{a_1 \cdot r^n - a_1}{r-1} = \frac{a_1 \cdot (r^n - 1)}{r-1}$$

Suma il·limitada d'una progressió geomètrica decreixent

Considerem un segment $\overline{AB}$ de longitud 1 metre i el dividim per la meitat. Al seu torn, el segment $\overline{CB}$ de longitud $\frac{1}{2}$ metre el dividim per la meitat, i així de forma successiva com es mostra en la figura al marge. Obtenim d'aquesta manera una successió de segments de longituds:

$$\frac{1}{2}, \frac{1}{4}, \frac{1}{8}, \frac{1}{16} \dots$$

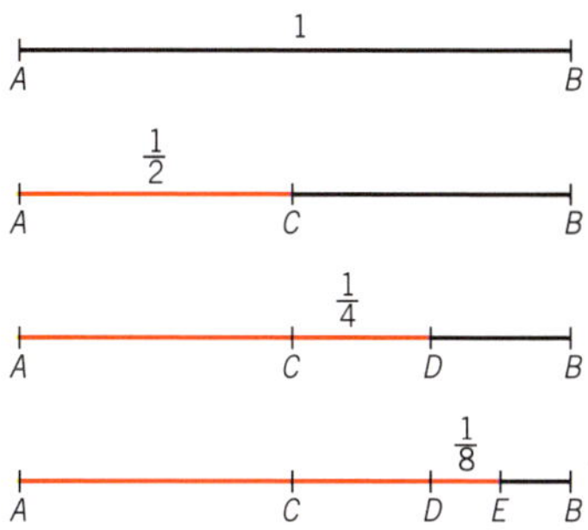

Aquesta successió és una progressió geomètrica de raó $r = \frac{1}{2}$, amb infinits termes i en la qual cada terme és menor que l'anterior. Diem que es tracta d'una progressió geomètrica *decreixent il·limitada*.

Si pretenguéssim calcular la suma de tots els termes d'aquesta progressió, no acabaríem mai. Tanmateix, aquesta suma sí que existeix: és la longitud del segment del qual n'hem partit 1 metre.

L'existència d'aquesta suma es deu al fet que per a valors molt grans de n, els termes de la successió són pràcticament nuls.

Així, per a valors de n molt grans es té:

$$S_n = \frac{a_n \cdot r - a_1}{r-1} = \frac{-a_1}{r-1} = \frac{a_1}{1-r}$$

Per tant, la suma de les longituds dels infinits segments de la successió és:

$$\frac{\frac{1}{2}}{1-\frac{1}{2}} = \frac{\frac{1}{2}}{\frac{1}{2}} = 1$$

En general, donada una progressió geomètrica il·limitada decreixent de raó r i primer terme a_1, la suma de tots els seus termes, que representem amb S_∞, ve donada per l'expressió:

$$S_\infty = \frac{a_1}{1-r}$$

CURIOSITATS

Els quadres d'enfrontament de molts tornejos esportius compleixen que: a la final, s'enfronten dos jugadors; a la semifinal, quatre; als quarts de final hi ha vuit jugadors... Així, a cada ronda addicional, la quantitat de jugadors es duplica.

Si un torneig tingués 25 rondes, hi podrien participar gairebé tots els habitants d'Espanya, i n'hi hauria prou amb 33 rondes perquè hi participessin tots els habitants del planeta.

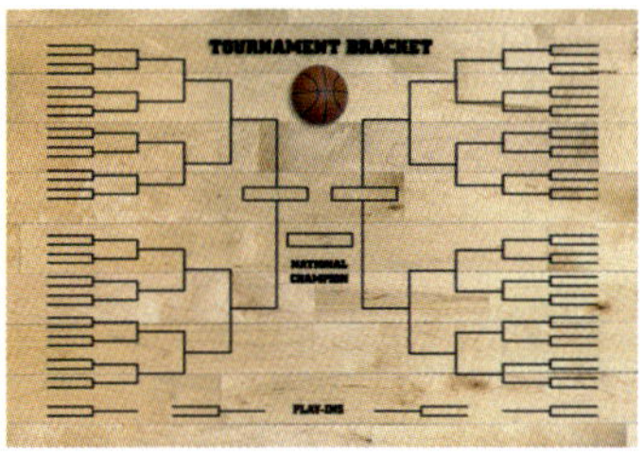

8 EXEMPLE

Calcula la suma de tots els termes de la progressió $1, \frac{1}{\sqrt{2}}, \frac{1}{2}, \frac{1}{2\sqrt{2}} \dots$

Solució

COMPRENSIÓ. Una vegada comprovem que es tracta d'una progressió geomètrica decreixent, podrem utilitzar l'expressió de la suma d'infinits termes.

RESOLUCIÓ. Comprovem que el quocient entre dos termes consecutius és constant:

$$\frac{a_2}{a_1} = \frac{1/\sqrt{2}}{1} = \frac{1}{\sqrt{2}}; \ \frac{a_3}{a_2} = \frac{1/2}{1/\sqrt{2}} = \frac{1}{\sqrt{2}}; \ \frac{a_4}{a_3} = \frac{1/2\sqrt{2}}{1/2} = \frac{1}{\sqrt{2}}$$

Per tant, és una progressió geomètrica de raó $r = \frac{1}{\sqrt{2}}$ menor que 1. Es tracta d'una progressió geomètrica decreixent.

Així doncs, la suma dels seus termes és:

$$S_\infty = \frac{a_1}{1-r} = \frac{1}{1-\frac{1}{\sqrt{2}}} = \frac{\sqrt{2}}{\sqrt{2}-1} = \frac{\sqrt{2}(\sqrt{2}+1)}{(\sqrt{2}-1)(\sqrt{2}+1)} = 2+\sqrt{2}$$

Problemes resolts
B

Exercicis i problemes
25, 31 a 37, 39 i 40

4. Interès

Les entitats financeres paguen una quantitat de diners a les persones o entitats que hi dipositen els seus diners (interessos de captació) i cobren diners per donar préstecs a aquells que els sol·licitin (interessos de col·locació). El benefici d'un banc es deu al fet que els tipus d'interès de col·locació són més alts que els interessos de captació, de manera que les entitats bancàries cobren més per prestar diners que el que paguen per captar-los. Els bancs actuen com a intermediaris.

El **tipus o taxa d'interès** indica quin percentatge de diners s'obtindrà com a benefici en dipositar una quantitat de diners al banc. En el cas d'un préstec o crèdit, indica quin percentatge d'aquests diners caldrà pagar a més de retornar la quantitat prestada.

LLENGUATGE MATEMÀTIC

— i és el **tipus o taxa d'interès** expressat en **tant per u (interès).**

— r és el **tipus d'interès** en **tant per cent (rèdit).**

Un 3 % de rèdit és un 0,03 d'interès.

4.1. Interès simple

Diem que un capital està invertit a **interès simple** quan en finalitzar el període d'inversió els interessos no s'acumulen al capital inicial que roman inalterable.

RECORDA

El **capital final** C_f al cap de t anys a un interès i pot expressar-se com:

$$C_f = C_0 + I = C_0 + C_0 \cdot i \cdot t = C_0(1 + i \cdot t)$$

9 EXEMPLE

Suposem que acabem d'efectuar un dipòsit al banc de 1 000 € al 3 % d'interès simple anual (els interessos s'ingressaran en un compte corrent). Vegem com determinar el capital que tindrem al cap de 3 anys.

Realitzem una taula per a observar l'evolució dels 1 000 €:

ANY	CAPITAL INICIAL (€)	INTERESSOS ANUALS (€)	INTERESSOS ACUMULATS (€)	CAPITAL ACUMULAT (€)
1	1 000	3 % de 1 000 = 30	30	1 000 + 30 = 1 030
2	1 000	3 % de 1 000 = 30	2 · 30 = 60	1 000 + 2 · 30 = 1 060
3	1 000	3 % de 1 000 = 30	3 · 30 = 90	1 000 + 3 · 30 = 1 090

Els interessos obtinguts al cap dels 3 anys seran:

$$I = 1000 \cdot 3\,\% \cdot 3 = 90\ €$$

FIXA-T'HI

Aquesta mateixa fórmula de càlcul d'interessos seria aplicable (encara que no s'utilitzi en la pràctica) al cas d'un préstec en el qual cada any paguéssim els interessos generats pel capital prestat i retornéssim el capital en un únic pagament en finalitzar el préstec.

D'aquest *Exemple* podem deduir com calcular els interessos produïts a interès simple:

Els interessos I produïts pel capital C_0 al tipus d'interès simple anual r % durant t anys seran:

$$I = C_0 \cdot \frac{r}{100} \cdot t = C_0 \cdot i \cdot t$$

VOCABULARI

En un **dipòsit** el client es compromet a mantenir el capital durant un cert temps fixat.

Hi ha d'haver una correlació entre el tipus d'interès i el temps. És a dir, si el tipus és anual, el temps ha d'estar expressat en anys; si el tipus és quadrimestral, en quadrimestres; si és diari, en dies...

Quan la taxa d'interès és anual i volem calcular els interessos en períodes de temps menors, s'han d'utilitzar les fórmules següents:

Exercicis i problemes
41, 44 a 46

PERÍODE DE CÀLCUL	INTERESSOS	PERÍODE DE CÀLCUL	INTERESSOS
Dies	$I = C_0 \cdot \frac{i}{360} \cdot t$ amb t en dies	Trimestres	$I = C_0 \cdot \frac{i}{4} \cdot t$ amb t en trimestres
Mesos	$I = C_0 \cdot \frac{i}{12} \cdot t$ amb t en mesos	Quadrimestres	$I = C_0 \cdot \frac{i}{3} \cdot t$ amb t en quadrimestres

4.2. Interès compost

Diem que un capital està invertit a **interès compost** quan els interessos produïts en finalitzar el període s'acumulen juntament amb el capital inicial per a produir nous interessos. Aquests períodes de temps es denominen **períodes de capitalització.**

10 EXEMPLE

Suposem altra vegada que contractem un dipòsit bancari amb un capital de 1 000 €, però aquest cop al 3 % d'interès compost anual (els interessos s'acumulen al capital del dipòsit).

Vegem com determinar el capital que obtindrem al cap de 3 anys.

Realitzem una taula per a observar l'evolució dels 1 000 €:

ANY	CAPITAL INICIAL (€)	INTERESSOS ANUALS (€)	CAPITAL ACUMULAT (€)
1	1 000	3 % de 1 000 = 30	1 000 + 30 = 1 030
2	1 030	3 % de 1 030 = 30,90	1 030 + 30,90 = 1 060,90
3	1 060,90	3 % de 1 060,90 = 31,83	1 060,90 + 31,83 = 1 092,73

Per tant, els interessos obtinguts al cap de 3 anys seran: $C_f - C_0$ **= 1 092,73 − 1 000 = = 92,73 €.**

Fixem-nos que els interessos generats han estat superiors aplicant-hi un interès compost que un interès simple. Sempre que el període d'imposició sigui superior a l'any, amb la mateixa taxa d'interès anual i el mateix temps, una operació realitzada amb interès compost genera més interessos que a interès simple.

El **capital final** C_f produït pel capital inicial C_0 al tipus d'interès compost anual r % durant t anys és:

$$C_f = C_0 \cdot \left(1 + \frac{r}{100}\right)^t = C_0 \cdot (1+i)^t$$

Quan la taxa d'interès és anual però capitalitzem en períodes menors a un any, haurem d'expressar el tipus d'interès i el temps en funció dels períodes de capitalització:

$$C_f = C_0 \cdot \left(1 + \frac{i}{n}\right)^{nt}$$

on i: tipus d'interès anual, n: períodes de capitalització, t: temps en anys.

FIXA-T'HI

CAPITALITZACIÓ	PERÍODES DE CAPITALITZACIÓ EN UN ANY (n)
Anual	1
Semestral	2
Quadrimestral	3
Trimestral	4
Mensual	12

FIXA-T'HI

Aquesta mateixa fórmula de càlcul del capital final seria aplicable (encara que no s'utilitzi en la pràctica) al cas d'un préstec que amortitzem en un únic pagament (capital més interessos generats en cada període d'amortització) en finalitzar el préstec.

Problemes resolts
C

Exercicis i problemes
42, 47 a 51, 57 i 58

11 EXEMPLE

La Carme inverteix 12 000 € a termini durant 3 anys amb una taxa d'interès anual compost del 3,5 %. Quina opció de capitalització dels interessos resulta més avantatjosa: anual, quadrimestral o mensual?

Solució

COMPRENSIÓ. Hem d'aplicar la fórmula d'interès compost adaptant els períodes de capitalització: $n = 1$ per a liquidació anual, $n = 3$ per a liquidació quadrimestral i $n = 12$ per a liquidació mensual.

RESOLUCIÓ. Substituïm les dades a la fórmula:

$$C_f = C_0 \cdot \left(1 + \frac{i}{n}\right)^{nt}$$

on: $C_0 = 12\,000$; $i = 3{,}5\,\% = 0{,}035$; $t = 3$ anys.

— Capitalització anual ($n = 1$):

$$C_f = C_0 \cdot \left(1 + \frac{i}{n}\right)^{nt} = 12\,000 \cdot (1 + 0{,}035)^3 = 13\,304{,}61 \text{ €}$$

— Capitalització quadrimestral ($n = 3$):

$$C_f = 12\,000 \cdot \left(1 + \frac{0{,}035}{3}\right)^{3 \cdot 3} = 13\,320{,}43 \text{ €}$$

— Capitalització mensual ($n = 12$):

$$C_f = 12\,000 \cdot \left(1 + \frac{0{,}035}{12}\right)^{12 \cdot 3} = 13\,326{,}49 \text{ €}$$

Observem que a més freqüència de capitalització, més capital final s'obté. Per tant, és més avantatjosa la capitalització mensual.

4.3. Taxa anual equivalent (TAE)

FIXA-T'HI

Conèixer la TAE d'una operació financera és fonamental, ja que permet poder comparar correctament diferents opcions.

El Banc d'Espanya obliga des de 1990 les entitats financeres a facilitar la TAE als seus clients.

En dipositar un capital a interès compost, els interessos generats augmenten a mesura que s'incrementa la freqüència de capitalització. Per tant, quan els períodes de capitalització són inferiors a l'any, els interessos anuals produïts per un determinat capital són superiors al tipus d'interès que el banc declara com a tipus d'interès anual. És per això que s'ha de diferenciar entre **la taxa d'interès nominal** i la **taxa anual equivalent,** que és el creixement anual real d'un capital.

La **taxa anual equivalent (TAE)** representa la taxa d'interès anual real que s'aplica si els períodes de capitalització són inferiors a l'any.

Podem calcular la TAE associada a una taxa d'interès nominal i amb freqüència de capitalització n mitjançant la fórmula:

$$TAE = \left(1 + \frac{i}{n}\right)^n - 1$$

12 EXEMPLE

En Toni té dues ofertes per a un dipòsit. L'entitat *A* li ofereix un 5,3 % d'interès anual nominal compost amb pagaments semestrals d'interessos i el banc *B* li ofereix un 5,25 % d'interès anual nominal compost amb capitalització mensual. Determina quina entitat ha d'escollir si vol maximitzar els beneficis.

Solució

FIXA-T'HI

Sigues acurat i ordenat en els càlculs i no oblidis comprovar la congruència de les solucions quan resolguis problemes de matemàtica financera. T'ajudarà a descobrir i evitar errors.

COMPRENSIÓ. Per a comparar-les, hem de calcular la TAE de cada opció, ja que ens ofereixen diferents taxes nominals i diferents períodes de capitalització.

RESOLUCIÓ. Per a l'entitat *A:*

$$TAE = \left(1 + \frac{i}{n}\right)^n - 1 = \left(1 + \frac{0{,}053}{2}\right)^2 - 1 = 0{,}05370 \rightarrow TAE = 5{,}37\ \%$$

Per a l'entitat *B:*

$$TAE = \left(1 + \frac{i}{n}\right)^n - 1 = \left(1 + \frac{0{,}0525}{12}\right)^{12} - 1 = 0{,}05378 \rightarrow TAE = 5{,}38\ \%$$

Per tant, per a maximitzar beneficis en Toni ha d'escollir l'entitat *B*.

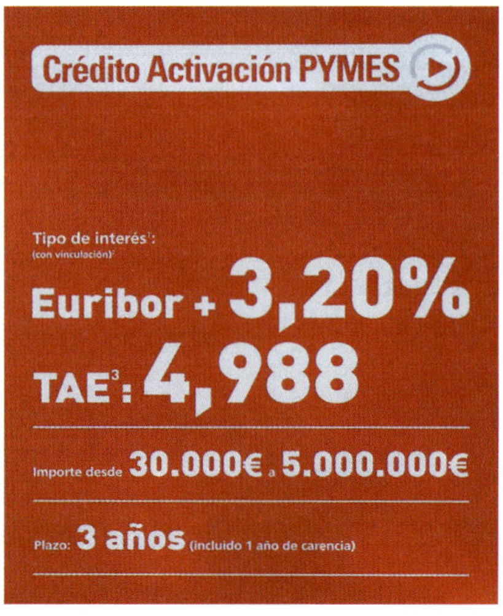

També en els préstecs bancaris es parla de la TAE corresponent a un tipus d'interès anual.

En el seu càlcul, s'inclouen a més les comissions d'estudi i les despeses d'obertura que cobra l'entitat financera per a concedir el préstec.

Exercicis i problemes
43 i 52 a 56

5. Capitalització i amortització

Una entitat financera capta i presta diners. Fa d'intermediària entre aquells que necessiten diners i aquells que disposen de capital.

Quan un client vol acumular un cert capital en un període de temps fixat ha d'ingressar periòdicament una determinada quantitat de diners. Aquesta quantitat es denomina **anualitat de capitalització.** Per contra, quan necessita capital, l'entitat financera li concedeix un préstec o crèdit que haurà de ser retornat en el temps convingut mitjançant el pagament periòdic de les **anualitats d'amortització.** Aquest tipus d'operacions es realitza sempre a un interès compost.

5.1. Anualitats de capitalització

En ingressar periòdicament un capital en un producte financer, es va obtenint una sèrie d'interessos que s'acumulen al capital inicial.

Les **anualitats de capitalització** són la quantitat de diners fixa que s'ha d'ingressar periòdicament per a obtenir, juntament amb els interessos compostos que va generant, un cert capital després d'un temps determinat.

Vegem com s'expressa el capital acumulat al final de t anys amb un tipus d'interès compost anual i si cada any s'ingressa una anualitat A.

ANY IMPOSICIÓ	ANUALITAT	ANYS QUE PRODUEIXEN INTERESSOS	CAPITAL PRODUÏT PER L'ANUALITAT
1	A	t	$A \cdot (1+i)^t$
2	A	$t-1$	$A \cdot (1+i)^{t-1}$
3	A	$t-2$	$A \cdot (1+i)^{t-2}$
...	...	...	...
$t-1$	A	2	$A \cdot (1+i)^2$
t	A	1	$A \cdot (1+i)$

El capital final C_f al cap de t anys és la suma dels capitals produïts:

$$C_f = A \cdot (1+i)^t + A \cdot (1+i)^{t-1} + \ldots + A \cdot (1+i)^2 + A \cdot (1+i)$$

Que és la suma dels primers t termes d'una progressió geomètrica de primer terme $A \cdot (1+i)$ i raó $(1+i)$.

Per la qual cosa,

$$C_f = \frac{A \cdot (1+i)\left[(1+i)^t - 1\right]}{(1+i)-1} = \frac{A \cdot (1+i)\left[(1+i)^t - 1\right]}{i}$$

Si aïllem A:

$$A = \frac{C_f \cdot i}{(1+i)\left[(1+i)^t - 1\right]}$$

obtenim el valor de l'anualitat A que s'ha de pagar per a obtenir un capital final C_f en t anys a un tipus d'interès anual i.

VOCABULARI

Dins de la categoria de productes financers que donen lloc a anualitats de capitalització, hi trobem:

— **Pla d'estalvi.** L'usuari va aportant capital mitjançant ingressos successius i planificats en el temps durant un període determinat.

— **Pla de pensions.** Pla d'estalvi pel qual una persona en edat laboral proveeix un capital per a la seva jubilació.

— **Compte habitatge.** El client va dipositant aportacions subjectes a un tipus d'interès amb la condició que, en un període establert, el capital acumulat es dediqui a la compra d'un habitatge.

RECORDA

La suma dels n primers termes d'una progressió geomètrica és:

$$S_n = \frac{a_1 \cdot (r^n - 1)}{r - 1}$$

13 EXEMPLE

Durant 20 anys l'Anna ha ingressat periòdicament una determinada quantitat de diners al banc al 2 % d'interès anual. Calcula el capital final obtingut si ha ingressat: a) 3 000 euros cada any; b) 250 euros mensuals.

Solució

COMPRENSIÓ. En el primer cas el període de capitalització és anual, mentre que en el segon és mensual.

RESOLUCIÓ. Apliquem la fórmula corresponent a cada cas per a calcular el capital final, amb $i = 0{,}02$ i $t = 20$ anys.

a) Ingressant 3000 € anuals, tenim que $A = 3000$ € i $n = 1$:

$$C_f = \frac{A \cdot (1+i)\left[(1+i)^t - 1\right]}{i} = \frac{3000 \cdot (1+0{,}02)\left[(1+0{,}02)^{20} - 1\right]}{0{,}02} = 74349{,}95 \text{ €}$$

El capital acumulat durant aquests 20 anys serà de 74 349,95 €.

b) Amb aportacions de 250 € mensuals, tenim que $A = 250$ € i $n = 12$:

$$C_f = \frac{A \cdot \left(1+\frac{i}{n}\right)\left[\left(1+\frac{i}{n}\right)^{nt} - 1\right]}{\frac{i}{n}} =$$

$$= \frac{250 \cdot \left(1+\frac{0{,}02}{12}\right)\left[\left(1+\frac{0{,}02}{12}\right)^{12\cdot 20} - 1\right]}{\frac{0{,}02}{12}} = 73822{,}04 \text{ €}$$

El capital acumulat durant aquests 20 anys serà de 73 822,04 €.

FIXA-T'HI

Quan la taxa d'interès és anual però les anualitats s'ingressen amb una freqüència n inferior a l'any, calculem el valor del capital final mitjançant l'adaptació de la fórmula:

$$C_f = \frac{A \cdot \left(1+\frac{i}{n}\right)\left[\left(1+\frac{i}{n}\right)^{nt} - 1\right]}{\frac{i}{n}}$$

on:

i: taxa d'interès anual

n: freqüència d'ingrés de les anualitats

t: temps en anys

I l'anualitat serà:

$$A = \frac{C_f \cdot \frac{i}{n}}{\left(1+\frac{i}{n}\right)\left[\left(1+\frac{i}{n}\right)^{nt} - 1\right]}$$

14 EXEMPLE

En Miquel vol disposar de 100 000 € estalviats d'aquí a 30 anys. Si el banc li ofereix un interès de l'1,5 % anual: a) quines aportacions ha de realitzar cada any?; b) i si les aportacions fossin mensuals?

Solució

COMPRENSIÓ. S'ha d'utilitzar la fórmula correcta de càlcul de l'anualitat en funció de si el període de capitalització és anual o mensual.

RESOLUCIÓ. Calculem les anualitats tenint en compte que $C_f = 100000$ €, $i = 0{,}015$ i $t = 30$ anys.

a) Si les aportacions són anuals:

$$A = \frac{C_f \cdot i}{(1+i)\left[(1+i)^t - 1\right]} = \frac{100000 \cdot 0{,}015}{(1+0{,}015)\left[(1+0{,}015)^{30} - 1\right]} = 2624{,}55 \text{ €}$$

Cada any en Miquel ha de realitzar una aportació de 2 624,55 €.

b) Amb aportacions mensuals tenim que $n = 12$:

$$A = \frac{C_f \cdot \frac{i}{n}}{\left(1+\frac{i}{n}\right)\left[\left(1+\frac{i}{n}\right)^{nt} - 1\right]} =$$

$$= \frac{100000 \cdot \frac{0{,}015}{12}}{\left(1+\frac{0{,}015}{12}\right)\left[\left(1+\frac{0{,}015}{12}\right)^{12\cdot 30} - 1\right]} = 219{,}85 \text{ €}$$

Cada mes en Miquel ha de realitzar una aportació de 219,85 €, que seran 2 638,20 € l'any.

Problemes resolts
D

Exercicis i problemes
59 i 61 a 64

5.2. Anualitats d'amortització

En demanar una hipoteca o un préstec a un banc, a més del capital prestat, han de retornar-se també els interessos generats.

La modalitat més freqüent de devolució o amortització d'un préstec és l'amortització progressiva amb quota constant.

Les anualitats d'amortització són la quantitat de diners fixa que s'ha d'abonar al final de cada any per liquidar el deute i els interessos compostos que ha generat una hipoteca o un préstec.

Vegem com s'expressa l'anualitat *A* que s'ha de pagar per liquidar un deute *D* en *t* anys amb una taxa d'interès compost anual *i*.

ANY IMPOSICIÓ	ANUALITAT	ANYS QUE PRODUEIXEN INTERESSOS	CAPITAL PRODUÏT PER L'ANUALITAT
1	A	$t-1$	$A \cdot (1+i)^{t-1}$
2	A	$t-2$	$A \cdot (1+i)^{t-2}$
...	...	...	...
$t-1$	A	1	$A \cdot (1+i)$
t	A	0	A

Per tant, el valor total de les anualitats pagades és:

$$A \cdot (1+i)^{t-1} + A \cdot (1+i)^{t-2} + A \cdot (1+i)^{t-3} + \ldots + A \cdot (1+i) + A$$

que és la suma dels primers *t* termes d'una progressió geomètrica de primer terme *A* i raó $(1 + i)$.

$$\frac{A \cdot \left[(1+i)^t - 1\right]}{i}$$

Aquesta quantitat abonada ha de liquidar el deute *D* i els interessos a interès compost *i* que ha generat: $D \cdot (1+i)^t$.

Igualant les dues quantitats:

$$\frac{A \cdot \left[(1+i)^t - 1\right]}{i} = D \cdot (1+i)^t$$

I aïllant *A* obtenim l'anualitat que s'ha de pagar per liquidar un deute *D* en *t* anys al tipus d'interès *i*:

$$A = \frac{D \cdot i \cdot (1+i)^t}{(1+i)^t - 1}$$

Com en el cas de les capitalitzacions, és freqüent que els pagaments d'amortització es realitzin amb periodicitat inferior a l'any. En aquest cas, adaptem la fórmula de la manera següent:

$$A = \frac{D \cdot \frac{i}{n} \cdot \left(1 + \frac{i}{n}\right)^{nt}}{\left(1 + \frac{i}{n}\right)^{nt} - 1} \quad \text{on} \quad \begin{cases} i\text{: taxa d'interès anual} \\ n\text{: freqüència de pagament de les anualitats} \\ t\text{: temps en anys} \end{cases}$$

Quan aquests es realitzen mensualment, parlem llavors de *mensualitats d'amortització*.

VOCABULARI

Dins de la categoria de productes financers que donen lloc a anualitats d'amortització, hi trobem:

— **Préstec.** L'entitat financera proporciona un determinat capital al client, que es compromet a retornar-lo juntament amb els interessos generats en un termini de temps fixat.

— **Hipoteca.** És un préstec en el qual es dóna un bé immoble, per exemple un edifici, com a garantia de devolució dels diners rebuts.

— **Crèdit.** L'entitat financera posa a la disposició del client un capital del qual pot disposar voluntàriament en part o íntegrament. Només es paguen interessos per les quantitats de les quals es va disposant.

INTERNET

En el següent enllaç, es recull una notícia en la qual s'analitzen les dades sobre la concessió d'hipoteques i l'índex de morositat a Espanya el juny de 2013:

http://links.edebe.com/j94

Quadres d'amortització

Quan es retorna el préstec, es retorna el capital prestat més els interessos que ha generat. Per tant, en cada quota o anualitat fixa hi ha una part que serveix per liquidar els **interessos,** que es determinen aplicant el tipus d'interès al capital pendent d'amortitzar, i la resta per a cancel·lar el préstec **(capital amortitzat).**

Amb la finalitat de presentar la informació relativa a les diferents quotes, es realitzen els **quadres d'amortització.**

FIXA-T'HI

Els quadres d'amortització es poden calcular mitjançant programes informàtics.

Per exemple, mitjançant un programa de càlcul (MS Excel, Calc...), es construeix un full de càlcul que permet realitzar de manera automàtica el quadre d'amortització per a qualsevol préstec.

15 EXEMPLE

La Marina ha sol·licitat un préstec de 30000 € a 10 anys amb un interès anual del 5 %. Calcula la quota (anualitat) que ha de pagar si l'amortització és: a) anual; b) mensual.

Solució

COMPRENSIÓ. Hem de calcular l'anualitat d'amortització d'un préstec en el cas de pagament anual i pagament mensual.

RESOLUCIÓ. Apliquem la fórmula corresponent a cada cas per a calcular l'anualitat amb $D = 30000$ €, $i = 0,05$ i $t = 10$ anys.

a) Si l'amortització és anual:

$$A = \frac{D \cdot i \cdot (1+i)^t}{(1+i)^t - 1} = \frac{30000 \cdot 0,05 \cdot (1+0,05)^{10}}{(1+0,05)^{10} - 1} = 3885,14 \text{ €}$$

Cada any hem d'abonar 3885,14 €.

b) Si l'amortització és mensual:

$$A = \frac{D \cdot \frac{i}{n} \cdot \left(1+\frac{i}{n}\right)^{nt}}{\left(1+\frac{i}{n}\right)^{nt} - 1} = \frac{30000 \cdot \frac{0,05}{12} \cdot \left(1+\frac{0,05}{12}\right)^{12 \cdot 10}}{\left(1+\frac{0,05}{12}\right)^{12 \cdot 10} - 1} = 318,20 \text{ €}$$

Cada mes hem d'abonar 318,20 €.

INTERNET

A la pàgina web:

http://links.edebe.com/yacp

trobaràs exercicis resolts de matemàtica financera, amb els quals podràs practicar.

16 EXEMPLE

Elabora el quadre d'amortització per a un préstec de 30000 € al 5 % anual que cal retornar en 4 anys.

Solució

COMPRENSIÓ. S'ha d'elaborar una taula amb els valors de l'anualitat, l'interès, el capital amortitzat i el capital pendent.

RESOLUCIÓ. En primer lloc, calculem l'anualitat:

$$A = \frac{D \cdot i \cdot (1+i)^t}{(1+i)^t - 1} = \frac{30000 \cdot 0,05 \cdot (1+0,05)^4}{(1+0,05)^4 - 1} = 8460,35 \text{ €}$$

A continuació, calculem quina part de l'anualitat va destinada al pagament dels interessos i quina part a amortitzar el capital per a, finalment, determinar el capital pendent. Repetim el procés per a cada període d'amortització.

TEMPS (ANYS)	ANUALITAT (€)	INTERÈS (€)	CAPITAL AMORTITZAT DEL PERÍODE (€)	CAPITAL AMORTITZAT TOTAL (€)	CAPITAL PENDENT (€)
0					30000,00
1	8460,35	1500,00	6960,35	6960,35	23039,65
2	8460,35	1151,98	7308,37	14268,72	15731,28
3	8460,35	786,56	7673,79	21942,51	8057,49
4	8460,35	402,86	8057,49	30000,00	0,00

Exercicis i problemes
60 i 65 a 71

Síntesi
72

Problemes RESOLTS

A ÍNDEX DE PREUS DE CONSUM I PODER ADQUISITIU

Calcula el nivell adquisitiu que ha perdut una persona durant els anys 2008 a 2013 si el seu salari al gener del 2008 era de 1 200 € i al desembre de 2013 era de 1 330 €.

ANY	IPC (%)	ANY	IPC (%)	ANY	IPC (%)
2008	1,4	2010	3,0	2012	2,9
2009	0,8	2011	2,4	2013	0,3

Solució

COMPRENSIÓ. Si el percentatge de variació de l'IPC és més gran que el del salari, aquesta persona ha perdut nivell adquisitiu.

DADES. Salari (2008) = 1 200 €; Salari (2013) = 1 330 €; a la taula es mostren les variacions de l'IPC des del 2008 fins al 2013.

RESOLUCIÓ. En primer lloc, calculem l'IPC acumulat des del 2008 fins al 2013.

$$\text{IPC acumulat} = 1{,}014 \cdot 1{,}008 \cdot 1{,}03 \cdot 1{,}024 \cdot 1{,}029 \cdot 1{,}003 =$$
$$= 1{,}113 \rightarrow \text{IPC acumulat} = 11{,}3\,\%$$

A continuació, apliquem aquesta variació al salari per a obtenir el que hauria de guanyar aquesta persona sense pèrdua de nivell adquisitiu:

$$1\,200 \cdot 1{,}113 = 1\,335{,}60\ €$$

Així doncs, la pèrdua de nivell adquisitiu ha estat de:

$$\frac{1\,335{,}60 - 1\,330}{1\,335{,}60} \cdot 100 = 0{,}42\ \%$$

Hi ha hagut una pèrdua del 0,42 % del nivell adquisitiu.

1. ★★☆ Calcula la inflació corresponent a cada mes del segon semestre de l'any sabent que l'IPC al juny va ser 104,33 i el corresponent a cadascun dels mesos següents va ser:

JULIOL	AGOST	SETEMBRE	OCTUBRE	NOVEMBRE	DESEMBRE
103,76	103,99	103,80	104,22	104,47	104,77

Sol.: –0,55 %; 0,22 %; –0,18 %; 0,4 %; 0,24 %; 0,29 %

2. ★★☆ Les dades de la taula reflecteixen l'evolució de l'IPC i el salari mensual d'un treballador durant els dos últims anys:

IPC	128,3	133,4
SALARI (€)	1 084	1 145

a) Com ha variat el seu poder adquisitiu?

b) Calcula la taxa d'inflació.

Sol.: b) 4

B PROGRESSIÓ GEOMÈTRICA

Deixem caure una bola de goma des d'una altura de 243 metres. Cada vegada que toca el terra, rebota i recorre cap amunt una distància igual a les dues terceres parts de l'altura des de la qual ha caigut l'última vegada. Des de quina altura ha caigut la bola quan ha tocat el terra per sisena vegada?

Solució

COMPRENSIÓ. Per a saber de quin tipus de successió es tracta, calcularem els primers termes de la successió que representen les altures.

DADES. $a_1 = 243$ m; altura rebot $= \frac{2}{3}$ altura anterior.

RESOLUCIÓ. Els primers termes de les altures són:

$$a_1 = 243;\ a_2 = \frac{2}{3} \cdot 243 = 162;\ a_3 = \frac{2}{3} \cdot 162 = 108\ldots$$

És una progressió geomètrica de raó $r = \frac{2}{3}$ i $a_1 = 243$.

Per tant, el seu terme general és: $a_n = a_1 \cdot r^{n-1} = 243 \cdot \left(\frac{2}{3}\right)^{n-1}$.

Calculem el sisè terme de la progressió:

$$a_6 = 243 \cdot \left(\frac{2}{3}\right)^{6-1} = 243 \cdot \left(\frac{2}{3}\right)^{5} = 32$$

La sisena vegada que ha tocat el terra ha caigut des d'una altura de 32 m.

COMPROVACIÓ. L'altura després del sisè salt ha disminuït considerablement respecte de l'altura inicial, com era d'esperar, atès que es tracta d'una progressió geomètrica descendent.

3. ★★☆ Li expliquem un secret a un amic. Aquest, al cap d'una hora, l'ha explicat a tres amics que, al seu torn, l'han explicat a 3 amics més cadascun, cada hora. Al cap de 12 hores, quanta gent coneix el secret?

Sol.: 265 720 persones

4. ★★☆ Un lloguer de 520 € mensuals s'actualitza cada any un 3 % respecte a l'any anterior. Calcula quant es pagarà de lloguer al cap de 5 anys i quant s'haurà abonat en total durant aquest temps.

Sol.: 585,27 €; 33 129,12 €

C INTERÈS COMPOST

Calcula quant temps ha de mantenir-se un dipòsit bancari perquè un capital inicial de 7 000 € al 7 % anual compost generi uns interessos de 2 000 €.

Solució

COMPRENSIÓ. Ens demanen el càlcul del temps. Per tant, haurem d'aïllar-lo de la fórmula general i substituir els valors.

DADES. $C_0 = 7000$ €; $I = 2000$ €; $i = 0{,}07$ anual.

RESOLUCIÓ. Intenta resoldre el problema tu sol. Per fer-ho, tapa la columna de la resposta i segueix aquests passos:

Passos

— Calculem el capital final.

— Aïllem el temps t de la fórmula general del C_f aplicant logaritmes i utilitzant les seves propietats a banda i banda de la igualtat.

— Substituïm les dades en l'expressió del temps.

Resposta

— $C_f = C_0 + I = 7000 + 2000 = 9000$ €

— $C_f = C_0 \cdot (1+i)^t \rightarrow \dfrac{C_f}{C_0} = (1+i)^t$

$$\log\left(\frac{C_f}{C_0}\right) = \log\,(1+i)^t \rightarrow \log\left(\frac{C_f}{C_0}\right) = t \cdot \log\,(1+i) \rightarrow t = \frac{\log\left(C_f/C_0\right)}{\log\,(1+i)}$$

— $t = \dfrac{\log\left(\dfrac{9\,000}{7\,000}\right)}{\log\,(1+0{,}07)} = \dfrac{0{,}11}{0{,}03} = 3{,}7$ anys

COMPROVACIÓ. Substituïm $t = 3{,}7$ anys en la fórmula de l'interès compost i obtenim el capital final:

$$C_f = C_0 \cdot (1+i)^t = 7\,000 \cdot (1+0{,}07)^{3{,}7} \approx 9\,000 \text{ €}$$

5. ★★☆ A quin tipus d'interès compost han d'invertir-se 3 000 € perquè en 6 anys generin uns interessos de 600 €?

Sol.: 3,08 %

6. ★★☆ Un banc en línia ofereix als seus clients un compte estalvi al 2,75 % anual compost amb pagament mensual d'interessos. En Xavier decideix dipositar 15 000 € en aquest compte. Troba el capital acumulat al cap de 4 anys.

Sol.: 16 742,06 €

D CAPITALITZACIÓ

En Joan té la intenció de canviar-se de cotxe d'aquí a 4 anys. Per fer-ho, decideix obrir un compte estalvi en el qual ingressarà una quantitat fixa mensual. L'entitat financera li ofereix un 1,75 % anual. Determina el que haurà d'estalviar cada mes si necessita 20 000 € per a comprar el cotxe. Dipositarà realment aquests 20 000 €?

Solució

COMPRENSIÓ. Necessitem calcular la mensualitat de capitalització A que ha d'ingressar en Joan coneixent el capital final C_f, la taxa d'interès anual i i el temps t.

Cal destacar que la taxa d'interès i és anual, però les anualitats s'ingressen amb una freqüència n inferior a l'any (mensual).

DADES. $C_f = 20000$; $i = 0{,}0175$; $t = 4$ anys; $n = 12$.

RESOLUCIÓ. Calculem la mensualitat de capitalització, tenint en compte la diferent temporització de la taxa d'interès i la freqüència de capitalització.

$$A = \frac{C_f \cdot \dfrac{i}{n}}{\left(1+\dfrac{i}{n}\right)\left[\left(1+\dfrac{i}{n}\right)^{nt} - 1\right]}$$

Substituint les dades:

$$A = \frac{20\,000 \cdot \dfrac{0{,}0175}{12}}{\left(1+\dfrac{0{,}0175}{12}\right)\left[\left(1+\dfrac{0{,}0175}{12}\right)^{12\cdot 4} - 1\right]} = 401{,}97 \text{ €}$$

Calculem la quantitat que en Joan realment ha dipositat:

$$401{,}97 \cdot 12 \cdot 4 = 19\,294{,}56 \text{ €}$$

Per tant, en Joan no ha dipositat 20 000 €, sinó que amb 19 294,56 €, gràcies als interessos que s'han generat, ha aconseguit obtenir els 20 000 €.

7. ★★☆ La mare d'una família nombrosa aconsegueix estalviar 300 € cada trimestre i els col·loca en una llibreta d'estalvis al 4,5 % anual. Podrà comprar-se una nevera nova d'aquí a dos anys si creu que aleshores costarà 2 500 €?

8. ★★☆ Subscrivim un pla de pensions pel qual durant 30 anys dipositarem anualment 2 000 € amb un interès del 9,5 % anual. Calcula el capital final del qual disposarem.

Sol.: 327 815,63 €

EXERCICIS I PROBLEMES

1 PERCENTATGES

9. ★☆☆ En una classe de 1r de Batxillerat, 12 alumnes porten lents de contacte, 6 utilitzen ulleres i el 40 % restant no necessita res. Determina els alumnes que hi ha a classe.

Sol.: 30 alumnes

10. ★☆☆ La taula següent mostra el nombre de multes registrades en un poble durant els últims 4 anys:

ANY	2011	2012	2013	2014
MULTES	134	156	121	147

a) Calcula el percentatge de variació de cada any respecte a l'anterior.

b) Calcula en quin percentatge van augmentar les multes del 2011 al 2014.

Sol.: a) 16,41 %, −22,43 %, 21,48 %; b) 9,7 %

11. ★★☆ En una empresa de 250 treballadors, el 70 % arriba al lloc de treball amb vehicle propi i la resta, en transport públic. Dels que hi van amb vehicle privat, el 60 % ho fa amb cotxe i la resta, amb moto. Dels que hi van amb transport públic, 45 ho fan amb autobús i la resta, amb metro. Calcula el nombre de treballadors que viatgen amb cada mitjà de transport.

Sol.: Cotxe, 105; moto, 70; autobús, 45; metro, 30

12. ★★☆ El nombre d'habitants d'una determinada localitat, fa dos anys, era de 1 500. L'any passat, aquest nombre va augmentar en un 5 %, i aquest any, ha disminuït en un 4 %. Calcula: a) quants habitants hi ha actualment; b) el percentatge de variació total.

Sol.: a) 1 512 habitants; b) 0,8 %

13. ★★☆ Volem comprar un televisor el preu del qual és de 560 € sense IVA. En passar per caixa, ens apliquen un descompte del 25 % i posteriorment hi afegeixen el 21 % d'IVA. Pagaríem el mateix si primer ens apliquessin l'impost i després el descompte?

14. ★★☆ Una camisa val 45 €. Durant les rebaixes, li apliquen un descompte del 20 %. En finalitzar la temporada, la tornen a rebaixar un 15 %. Troba el percentatge que han aplicat realment.

Sol.: 32 %

15. ★★☆ En una botiga d'esports tenen un lot de complements per jugar a tennis. Què afavoreix més al comprador, aplicar el 20 % al conjunt del lot o aplicar un descompte del 20 % a cada peça per separat? Justifica la resposta.

16. ★★☆ En un determinat país, durant els últims 4 anys l'IPC ha augmentat el 2 %, 3 %, 1,5 % i 2,5 %. Una determinada empresa ha mantingut els sous congelats durant aquests quatre anys. Ara, perquè els treballadors no perdin poder adquisitiu, ha decidit augmentar-los el sou un 9 %. Determina si els treballadors realment perden o no poder adquisitiu.

17. ★★★ Una parella surt a sopar a un restaurant. En pagar el compte, el marit calcula la propina abans d'aplicar l'IVA i la dona la calcula amb l'IVA inclòs. Qui dels dos oferirà més propina? Justifica la resposta.

2 SUCCESSIONS

18. ★☆☆ Troba els cinc primers termes de les successions definides per:

a) $a_n = \dfrac{n^2+2}{n}$ c) $c_n = (-2)^{n-1}$

b) $b_n = \dfrac{n^3}{n-2}$ d) $d_n = 4n - 3$

Sol.: a) 3, 3, 11/3, 9/2, 27/5; b) −1, −, 27, 32, 125/3; c) 1, −2, 4, −8, 16; d) 1, 5, 9, 13, 17

19. ★★☆ Troba el terme general de les següents successions i calcula el terme 50:

a) 3, 6, 11, 18, 27... b) $1, \dfrac{5}{3}, \dfrac{10}{4}, \dfrac{17}{5}, \dfrac{26}{6}$ ...

Sol.: a) $a_n = n^2 + 2$, $a_{50} = 2\,502$; b) $a_n = \dfrac{n^2+1}{n+1}$, $a_{50} = \dfrac{2501}{51}$

20. ★★☆ Escriu els sis primers termes de la successió donada en forma recurrent: $a_1 = 1$; $a_n = a_{n-1} + n$.

Sol.: 1, 3, 6, 10, 15, 21

21. ★★☆ El terme general d'una successió és $a_n = \left(\dfrac{-1}{2}\right)^n$. Escriu els cinc primers termes.

— Quin lloc ocupa el nombre $\dfrac{1}{256}$?

Sol.: a) −1/2, 1/4, −1/8, 1/16, −1/32; b) $n = 8$

22. ★★☆ Els termes de la successió 1, 5, 12, 22, 35... s'anomenen *nombres pentagonals* perquè es poden representar així:

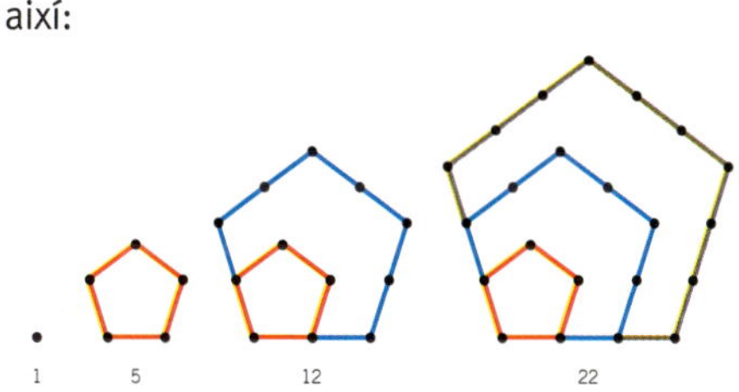

— Calcula a_6, a_{10} i a_n.

Sol.: $a_6 = 51$, $a_{10} = 145$, $a_n = \dfrac{(3n-1)\cdot n}{2}$

3 PROGRESSIONS

23. ★☆☆ El cometa Halley té un període orbital de 76 anys. El vam poder observar per última vegada el 1986 i aquesta era la seva quarta aparició. Calcula quin any va ser descobert.

Sol.: 1758

24. ★☆☆ Calcula la suma dels 50 primers nombres imparells.

Sol.: 2 500

25. ★☆☆ Una llegenda explica que hi va haver un rei que en agraïment al seu mestre d'escacs va decidir donar-li una recompensa. El mestre va demanar al rei que li donés tots els grans de blat que resultessin de col·locar un gra en el primer quadre del tauler d'escacs, dos grans en el segon, quatre en el tercer..., i així fins a arribar a la casella seixanta-quatre. Quants grans de blat va haver de donar el rei al mestre?

Sol.: $2^{63} = 9{,}22 \cdot 10^{18}$

26. ★★☆ En Joan vol estalviar per a comprar-se l'últim model de mòbil, que té un preu de 699 €. Té estalviats 340 € i decideix que cada mes incrementarà aquesta quantitat en 35 €. Determina quants mesos hauran de passar per a poder adquirir el mòbil.

Sol.: 11 mesos

27. ★★☆ En una progressió aritmètica, $a_1 = -4$ i la suma dels 9 primers termes és 72. Troba el terme general.

Sol.: $a_n = 3n - 7$

28. ★★☆ Quants múltiples de set hi ha que tinguin tres xifres? Calcula la suma dels seus valors numèrics.

Sol.: 128 múltiples; 70 336

29. ★★☆ Un castell de cartes té el disseny següent:

a) Troba el terme general que indica el nombre de cartes de cada pis començant pel superior.

b) Calcula quantes cartes hi haurà al sisè pis.

c) Si tenim dues baralles espanyoles de 48 cartes cadascuna, quants pisos podrem formar?

Sol.: a) $3n$; b) 18 cartes; c) 7 pisos

30. ★★☆ Construïm una successió de cubs de la manera següent:

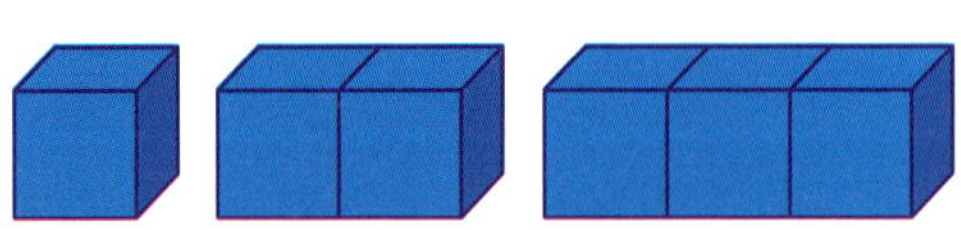

a) Troba la successió del nombre de cares visibles. Quina és l'expressió que permet calcular-les?

b) Troba la successió del nombre de cares ocultes. Quina és l'expressió que permet calcular-les?

Sol.: a) $3n + 2$; b) $3n - 2$

31. ★★☆ Hem construït una pila amb 5 cubs tal com es mostra a la figura. Les arestes del cub més gran són de 64 cm.

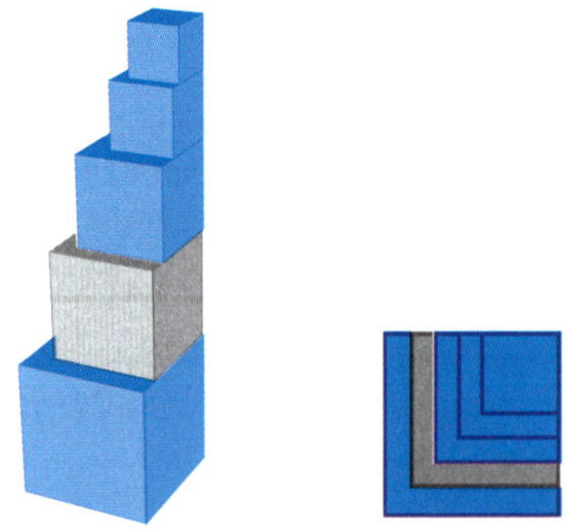

Cadascun dels altres cubs té arestes que mesuren $\frac{3}{4}$ de l'aresta del cub de sota.

a) Calcula quant mesura l'aresta del cub que està a dalt de tot.

b) Calcula l'altura de la pila de cubs.

c) A la pila hi ha un cub de color gris. Calcula l'àrea de les seves 4 cares laterals i del tros que es veu de la cara superior.

Sol.: a) 20,25 cm; b) 195,5 cm; c) 10 224 cm^2

32. ★★☆ La suma dels primers vuit termes d'una progressió geomètrica és 510 i la raó és 2. Troba el primer terme i l'expressió del terme general.

Sol.: $a_1 = 2$; $a_n = 2^n$

33. ★★☆ En un determinat cultiu de laboratori, inicialment, hi havia 1 000 amebes que es reprodueixen per bipartició cada dia. Calcula les amebes que hi haurà al cap de 30 dies des que es va iniciar el cultiu.

Sol.: 536 870 912 000 amebes

34. ★★☆ Determina el nombre mínim de termes de la progressió geomètrica 9, 6, 4... que hem de sumar per obtenir un resultat més gran que 26,999 999.

Sol.: 43

35. ★★☆ Troba la suma il·limitada de la progressió geomètrica de raó $r = 1/3$ i el tercer terme de la qual és $a_3 = 1/18$.

Sol.: 3/4

36. ★★☆ De les successions següents, indica quines són progressions aritmètiques i quines són geomètriques. Calcula en cada cas el terme general.

a) −7, 14, −28, 56...

b) $\frac{1}{3}, \frac{2}{3}, \frac{4}{3}, \frac{8}{3}...$

c) 10, 5, 0, −5...

d) $\frac{1}{2}, 1, \frac{3}{2}, 2...$

e) 13, 4, −5, −14...

Sol.: a) PG $a_n = -7 \cdot (-2)^{n-1}$; b) PG $a_n = \frac{1}{3} \cdot 2^{n-1}$; c) PA $a_n = -5n + 15$; d) PA $a_n = \frac{n}{2}$; e) PA $a_n = -9n + 22$

37. ★★☆ De cadascuna de les següents progressions, escriu el terme general, calcula el valor del sisè terme i troba el valor de la suma dels 10 primers termes:

a) Aritmètica amb $a_2 = 4$ i $a_4 = 14$.

b) Aritmètica amb $a_{21} = 89$ i $d = 5$.

c) Geomètrica amb $a_4 = -24$ i $a_7 = -192$.

d) Geomètrica amb $a_{12} = -354\,294$ i $r = 3$.

Sol.: a) $a_n = 5n - 6$, $a_6 = 24$, $S_{10} = 215$; b) $a_n = 5n - 16$, $a_6 = 14$, $S_{10} = 115$; c) $a_n = -3 \cdot 2^{n-1}$, $a_6 = -96$, $S_{10} = -3069$; d) $a_n = 2 \cdot 3^{n-1}$, $a_6 = 486$, $S_{10} = 59048$

38. ★★★ Calcula la suma dels 21 primers termes d'una progressió aritmètica sabent que el terme onzè és 50.

Sol.: 1 050

39. ★★★ En una progressió geomètrica, el quart terme és 120 unitats més gran que el segon, i el tercer terme és 32. Troba el terme general.

Sol.: $a_n = 2 \cdot 4^{n-1}$

40. ★★★ Considera els quadrats de la figura següent:

La successió de les àrees i la dels perímetres formen progressions geomètriques? En cas afirmatiu, calcula la raó de cadascuna d'elles.

Sol.: $\frac{1}{2}$, $\frac{\sqrt{2}}{2}$

4 INTERÈS

41. ★☆☆ L'Anna inverteix 7 000 € en lletres del tresor a 3 anys al 2,85 % anual. Cada any es dipositen els interessos generats en un compte. Calcula els diners que tindrà en finalitzar els 3 anys.

Sol.: 7 598,50 €

42. ★☆☆ Què és més favorable per a un inversor que disposa d'un capital de 3 000 € a invertir durant 10 anys?

a) Interès simple al 8 % anual.

b) Interès compost al 7 % anual.

43. ★☆☆ Calcula la TAE d'un préstec al 10 % anual nominal que es paga mensualment.

Sol.: 10,47 %

44. ★★☆ Troba el temps que ha d'estar invertit a interès simple un capital de 2 000 € al 2,5 % perquè generi un capital final de 2 600 €.

Sol.: 12 anys

45. ★★☆ Troba els interessos generats per 6 000 € quan són invertits:

a) Al 3,5 % anual durant 7 mesos.

b) Al 2,1 % semestral durant 2 anys.

c) A l'1,4 % trimestral durant 234 dies.

Les tres operacions es realitzen a interès simple.

Sol.: a) 122,50 €; b) 504 €; c) 218,40 €

46. ★★☆ Determina el capital inicial que hem d'invertir al 4 % d'interès simple anual durant 5 quadrimestres per a obtenir 9 000 € d'interessos.

Sol.: 135 000 €

47. ★★☆ A quin tipus d'interès compost anual hem de col·locar un capital de 1 000 € per a obtenir uns interessos de 450 € al cap de 5 anys?

Sol.: 7,71 %

48. ★★☆ Determina durant quant de temps hem de tenir invertits 20 000 € al 2 % d'interès compost anual perquè ens generin uns interessos de 1 300 €.

Sol.: 3,18 anys

49. ★★☆ Calcula els interessos que genera un capital de 4 000 € al 5 % compost anual durant 3 anys si la capitalització és: a) anual; b) semestral; c) trimestral; d) mensual.

Sol.: a) 4 630,50 €; b) 4 638,77 €; c) 4 643,02 €; d) 4 645,89 €

50. ★★☆ Es dipositen 2 000 € al 4 % d'interès compost anual durant 5 anys. Quin capital s'hauria d'haver dipositat a interès simple (sense modificar la taxa d'interès anual) per a obtenir els mateixos interessos en el mateix temps?

Sol.: 2 027,75 €

51. ★★☆ Quant de temps triga a duplicar-se un capital invertit al 5 % d'interès simple anual? I si l'interès és compost?

Sol.: 20 anys; 14,21 anys

52. ★★☆ A la Laura, li ofereixen dues possibilitats per cobrar els interessos del seu producte financer:

a) 2,25 % anual amb capitalització mensual.

b) 2,4 % anual amb capitalització trimestral.

— Determina quina l'afavoreix més.

53. ★★☆ En Ramon va a la seva oficina bancària amb la intenció de dipositar 10 000 € durant 5 anys. Li ofereixen les següents alternatives:

a) Una taxa d'interès del 2,49 % anual compost amb capitalització trimestral.

b) Una taxa d'interès del 2,5 % anual compost amb pagament semestral d'interessos.

c) Una taxa d'interès del 2,51 % anual compost amb capitalització anual.

— Determina quina opció ha d'escollir.

54. ★★☆ Un capital està sotmès a un règim d'interès compost de tipus nominal anual del 8 %, amb liquidació d'interessos trimestral.

a) Calcula la TAE.

b) Raona si aquest capital genera més o menys interessos amb un tipus nominal anual del 7,8 % amb liquidació d'interessos mensual.

c) Quan el tipus nominal anual és del 7,8 %, quants mesos han de passar perquè un capital de 12 000 € es transformi en un capital de 15 000 €?

Sol.: a) 8,24 %; b) 8,08 %; c) 35 mesos

55. ★★☆ Un capital està sotmès a un règim d'interès compost del 15 % anual, amb liquidació d'interessos mensual.

a) Calcula la TAE.

b) Quants mesos han de passar perquè aquest capital es tripliqui?

Sol.: a) 16,08 %; b) 89 mesos

56. ★★☆ En Miquel obre un dipòsit únic de 10 000 € al 5 % anual d'interès compost i període de capitalització trimestral. Calcula:

a) La TAE de l'operació.

b) El capital obtingut al cap de 7 anys.

c) Els anys necessaris per a obtenir un capital que sobrepassi els 20 000 €.

Sol.: a) 5,09 %; b) 14 159,92 €; c) 14 anys

57. ★★★ Ingressem 2 000 € en una llibreta a termini durant 5 anys amb capitalització mensual. Al final del període, obtenim 2 323,23 €. Troba el tipus d'interès compost anual que ens han aplicat.

Sol.: 3 %

58. ★★★ Fa 4 anys en Lluís i l'Albert van decidir invertir 10 000 € cadascun. En Lluís va decidir invertir en borsa i ha aconseguit una revaloració mitjana del 4,75 % anual compost. L'Albert va dipositar el seu capital en un termini fix al 5 % anual i els interessos generats cada any els dipositava en un compte d'estalvi a l'1 % anual. Determina qui té més diners avui.

Sol.: En Lluís, 12 039,71 €; l'Albert, 12 030,20 €

5 CAPITALITZACIÓ I AMORTITZACIÓ

59. ★☆☆ Calcula l'anualitat que hem d'ingressar al banc per a obtenir 20 000 € d'aquí a 10 anys al 2,5 %.

Sol.: 1 741,63 €

60. ★☆☆ Calcula l'anualitat que haurem de pagar per a amortitzar un préstec de 50 000 € al 8 % anual durant 14 anys.

Sol.: 6 064,84 €

61. ★★☆ Quin capital s'obté amb una anualitat de 1 200 € durant 10 anys al 3 % d'interès anual? I si dipositem una mensualitat de 100 €? Justifica el resultat.

Sol.: 14 169,35 €; 14 009,08 €

62. ★★☆ Ingressem 500 € mensuals en un pla d'estalvi al 2 % anual. Troba quant de temps haurem d'estar aportant aquesta mensualitat si volem aconseguir un capital final de 20 000 €.

Sol.: 38,69 mesos

63. ★★☆ Una persona de 42 anys decideix obrir un pla de pensions per a poder completar la jubilació que li correspondrà als 67 anys. Decideix ingressar 3 000 € cada principi d'any. Calcula el capital que haurà acumulat en el moment de la jubilació si li garanteixen un 2 % anual.

Sol.: 98 012,72 €

64. ★★☆ Troba el capital que obtindrem en dipositar 5 000 € durant 5 anys si durant els dos primers anys el tipus d'interès anual compost és del 5 % i els tres anys següents és del 2 %.

Sol.: 5 849,91 €

65. ★★☆ Per a la devolució d'un préstec a 20 anys amb un tipus d'interès del 7 %, es paga una anualitat de 9 439,29 €. Calcula: a) la quantitat prestada; b) el capital que s'està retornant realment.

Sol.: a) 100 000 €; b) 188 785,85 €

66. ★★☆ Si paguem una mensualitat de 159,10 € per a amortitzar un préstec al 5 % d'interès durant 10 anys, quina quantitat ens va finançar el banc?

Sol.: 15 000 €

67. ★★☆ L'Andrea ha de liquidar un deute de 30 000 € en un any mitjançant pagaments mensuals i un tipus d'interès anual del 9 %. A quant ascendeix cada mensualitat? Realitza el quadre d'amortització.

Sol.: 2 623,54 €

68. ★★☆ Volem sol·licitar una hipoteca de 150 000 € i disposem de dues ofertes:

a) Mensualitats al 9,5 % anual durant 12 anys.

b) Mensualitats al 7 % anual durant 18 anys.

— Quina és més avantatjosa des del punt de vista de la mensualitat a pagar?

69. ★★☆ Calcula el temps que necessitarem per a retornar un préstec de 20 000 € al 4 % si cada any podem pagar 3 600 €.

Sol.: 6,4 anys

70. ★★☆ Una persona vol comprar un cotxe que costa 25 000 €. Paga 7 500 € al comptat i finança la resta a 4 anys a un interès compost del 8 % TAE.

a) Si paga quotes anuals (la primera al cap d'un any d'haver pagat els 7 500 €), quant ha de pagar cada any?

b) Quina taxa mensual equival a una TAE del 8 %?

c) Si paga en quotes mensuals, quant ha de pagar cada mes?

Sol.: a) 5 283,61 €; b) 0,64 %; c) 424,60 €

71. ★★★ Elabora un full de càlcul que permeti calcular el quadre d'amortització d'un préstec de 13 000 € al 7 % d'interès anual a retornar en 6 anys. Valora la utilitat del full de càlcul per a efectuar aquests càlculs.

SÍNTESI

72. ★★☆ A la pàgina web següent pots trobar un gran ventall d'exercicis sobre aquesta unitat. Realitza'n alguns. http://links.edebe.com/mk

Síntesi

PERCENTATGES

- $p\ \%\ \text{de}\ Q = \frac{p}{100} \cdot Q$
- **Augments i disminucions percentuals**: $Q \pm p\ \%\ \text{de}\ Q = Q \pm \frac{p}{100} \cdot Q = Q \cdot \left(1 \pm \frac{p}{100}\right)$
- **IPC**: **Taxa de variació de l'IPC.** Evolució en tant per cent dels preus en un determinat període de temps.

SUCCESSIONS

- Una **successió de nombres reals** és un conjunt de nombres ordenats seguint algun criteri.
- El **terme general d'una successió** és l'expressió d'un terme qualsevol de la successió en funció del lloc que ocupa.

PROGRESSIONS

- **Progressions aritmètiques**: $a_n = a_{n-1} + d$, per a $n > 1$; $a_n = a_1 + (n-1) \cdot d$; $S_n = \frac{n \cdot (a_1 + a_n)}{2}$
- **Progressions geomètriques**: $a_n = a_{n-1} \cdot r$, per a $n > 1$; $a_n = a_1 \cdot r^{n-1}$; $S_n = \frac{a_n \cdot r - a_1}{r-1} = \frac{a_1(r^n - 1)}{r-1}$; $S_\infty = \frac{a_1}{1-r}$ per a $0 < r < 1$

INTERÈS

- **Simple**: $I = C_0 \cdot i \cdot t$; $C_f = C_0(1 + it)$
- **Compost**:
  - Capitalització anual: $C_f = C_0 \cdot (1+i)^t$
  - Capitalització inferior a l'any: $C_f = C_0 \cdot \left(1 + \frac{i}{n}\right)^{nt}$
- **TAE**: $TAE = \left(1 + \frac{i}{n}\right)^n - 1$

CAPITALITZACIÓ I AMORTITZACIÓ

- Capitalització anual: $C_f = \frac{A \cdot (1+i)\left[(1+i)^t - 1\right]}{i}$; $A = \frac{C_f \cdot i}{(1+i)\left[(1+i)^t - 1\right]}$
- Capitalització inferior a l'any: $C_f = \frac{A \cdot \left(1 + \frac{i}{n}\right)\left[\left(1 + \frac{i}{n}\right)^{nt} - 1\right]}{\frac{i}{n}}$; $A = \frac{C_f \cdot \frac{i}{n}}{\left(1 + \frac{i}{n}\right)\left[\left(1 + \frac{i}{n}\right)^{nt} - 1\right]}$
- Amortització anual: $A = \frac{D \cdot i \cdot (1+i)^t}{(1+i)^t - 1}$
- Amortització inferior a l'any: $A = \frac{D \cdot \frac{i}{n} \cdot \left(1 + \frac{i}{n}\right)^{nt}}{\left(1 + \frac{i}{n}\right)^{nt} - 1}$

1 Tres persones es reparteixen una herència de la següent manera: el primer n'hereta el 45 %; el segon, el 60 % del primer; i el tercer, l'equivalent a 1/3 del segon. Si queda un saldo de 38000 €, a quant ascendia el total de l'herència?

Sol.: 200000 €

2 Les dades de la taula reflecteixen l'evolució de l'IPC i el salari mitjà anual d'un treballador durant els anys 2013 i 2014.

ANY	2013	2014
IPC (%)	3,1	4,0
SALARI MITJÀ (€)	22899,35	22635,00

— Com ha variat el seu poder adquisitiu?

3 Els costats d'un hexàgon irregular estan en progressió aritmètica. Calcula'ls sabent que el més gran mesura 13 cm i que el perímetre val 48 cm.

Sol.: 3, 5, 7, 9, 11 i 13 cm

4 A quin tipus anual d'interès compost s'ingressaran 500 € perquè en 4 anys produeixin uns interessos de 84,93 €? Determina el tipus d'interès simple que produiria els mateixos interessos.

Sol.: 4 %; 4,25 %

5 L'Anna ha dipositat 10000 € durant 2 anys en un termini fix al 5 % anual compost. Calcula el capital final si la capitalització és semestral, quadrimestral, trimestral o mensual.

Sol.: 11 038,13 €, 11 042,60 €, 11 044,86 €, 11 049,41 €

6 Es diposita un capital de 5000 € a un interès compost del 2 % anual durant 10 anys. Troba l'interès compost anual que hauria de donar una entitat financera perquè un capital de 4000 €, en un període de 15 anys, es convertís en el mateix capital en què s'hauran convertit els 5000 € al cap de 10 anys.

Sol.: 2,85 %

7 Calcula la TAE de les següents taxes d'interès nominals anuals:

a) 5 % amb capitalització mensual.

b) 6,5 % amb capitalització trimestral.

c) 7,25 % amb capitalització semestral.

Sol.: a) 5,12 %; b) 6,66 %; c) 7,38 %

8 Si el dia 1 de gener de cada any es dipositen 1000 € en una llibreta d'estalvis que proporciona un 2,5 % anual, quin capital s'acumularà després de 20 anys?

Sol.: 26183,27 €

9 En Carles ha d'amortitzar un deute de 5000 € en 2 anys. Ha contractat un interès del 8 % anual amb període d'amortització i pagament semestrals.

a) Construeix la taula d'amortització.

b) Quin percentatge del tercer pagament es destina a amortitzar el deute i quin percentatge a pagar els interessos generats pel deute pendent?

c) Calcula quin percentatge de deute queda per pagar després del tercer pagament.

Sol.: b) 7,8 %, 92,2 %; c) 27 %

10 L'Alícia vol contractar un préstec de 10000 € a retornar en un termini d'un any. Té dues ofertes:

— *A:* pagaments trimestrals al 10 % d'interès compost anual.

— *B:* pagaments semestrals al 9 % d'interès compost anual.

a) Calcula amb quina de les dues ofertes es paguen menys interessos.

b) Elabora el quadre d'amortització de les dues ofertes.

c) Troba quin tant per cent de deute queda per retornar després de sis mesos, en cadascun dels dos casos.

d) Determina el total d'interessos que ha pagat després de sis mesos, en cadascun dels dos casos.

Sol.: c) 51 %; d) 440 €, 450 €

11 En Pere decideix obrir un compte habitatge en un banc i ingressar-hi 2400 € al principi de cada any durant 5 anys a un interès compost del 4,6 % anual. Passats els 5 anys, decideix comprar un pis que val 200000 € i dóna els diners que havia estalviat com a entrada. Per a la resta, li concedeixen una hipoteca al 6 % anual a retornar en 20 anys en pagaments mensuals. Calcula:

a) El capital en el compte habitatge passats els 5 anys.

b) Els diners que haurà de retornar al banc al cap dels 20 anys (el capital prestat més els interessos que ha generat).

c) Quant haurà de pagar cada mes si amortitza la hipoteca en pagaments mensuals.

Sol.: a) 13761,14 €; b) 324744 €; c) 1334,40 €

SOCIETY

Wall Street

Wall Street és el nom d'un carrer novaiorquès situat a Manhattan, entre Broadway i East River.

Es considera el cor històric del **districte financer** i és la principal i permanent llar de la Borsa de Valors de Nova York.

Actualment, la major part del personal que treballa a **Wall Street** està compost per professionals del dret i de les finances.

No obstant això, amb les noves tecnologies, no és necessari ser allà per a operar comercialment, ja que pot ferse de forma electrònica des de qualsevol altre punt. Tanmateix, el prestigi professional suggereix ser present en aquest centre financer.

ENTREPRENEURS

Progressions

Quan **Carl Friedrich Gauss** (1777-1855) cursava tercer de Primària, el professor va demanar als seus alumnes que calculessin la suma dels 100 primers nombres naturals; la resposta de Carl va ser immediata: 5 050.

- Explica com ho va fer i de quin algorisme es va servir.
- Busca el significat d'**«interpolació de termes»** d'una progressió aritmètica o geomètrica. Quants termes poden intercalar-se entre dos termes donats? Té relació la resposta amb alguna característica dels nombres reals?

SOCIETY

La successió de Fibonacci

«Un home tenia una parella de conills junts en un lloc tancat i volia saber quants conills es podrien engendrar en un any a partir d'aquest parell, tenint en compte que de forma natural engendren una parella en un mes, i que es comencen a reproduir a partir del segon mes.»

Fibonacci

Aquesta és la descripció que el matemàtic italià Fibonacci (l'autèntic nom del qual era Leonardo Pisano, 1170-1250) va realitzar per a representar la successió numèrica 1, 1, 2, 3, 5, 8, 13, 21, 34..., la qual es troba present en moltes configuracions biològiques, així com en aplicacions en les ciències de la computació, les matemàtiques i en teoria de jocs.

- Qualsevol nombre natural es pot escriure mitjançant la suma d'un nombre limitat de termes de la successió de Fibonacci. Comprova-ho per a alguns casos concrets.
- Cerca a la xarxa algun exemple en el qual aquesta successió es reflecteixi en el món vegetal.

CRITICAL SENSE

Algorisme de càlcul de les quotes d'una hipoteca

En l'escriptura de constitució d'una hipoteca s'ha d'incloure l'algorisme de càlcul de les quotes d'amortització del préstec, d'acord amb el mètode d'amortització pactat. També s'hi inclouran, entre altres dades, l'import del préstec, el termini d'amortització, el tipus d'interès, i totes les despeses i comissions que siguin aplicables.

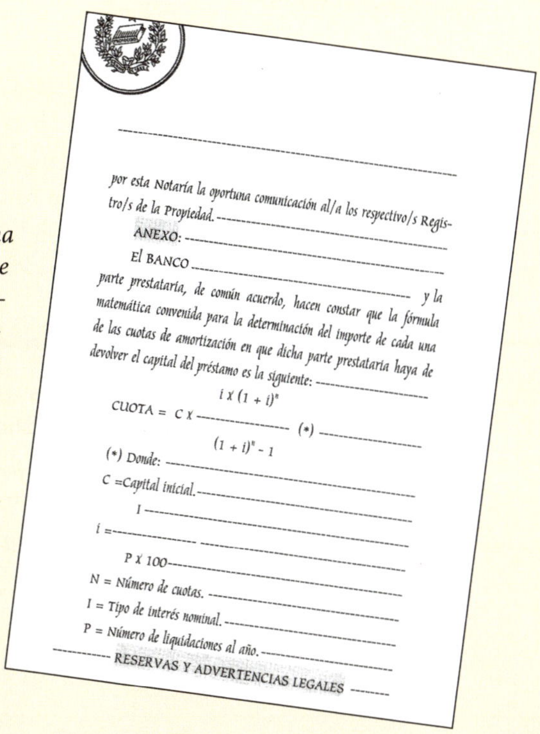
por esta Notaría la oportuna comunicación al/a los respectivo/s Registro/s de la Propiedad.

ANEXO:

El BANCO

parte prestataria, de común acuerdo, hacen constar que la fórmula matemática convenida para la determinación del importe de cada una de las cuotas de amortización en que dicha parte prestataria haya de devolver el capital del préstamo es la siguiente:

$$\text{CUOTA} = C \times \frac{i \times (1+i)^n}{(1+i)^n - 1} \quad (*)$$

(*) Donde:

C =Capital inicial.

$$i = \frac{I}{P \times 100}$$

N = Número de cuotas.

I = Tipo de interés nominal.

P = Número de liquidaciones al año.

RESERVAS Y ADVERTENCIAS LEGALES

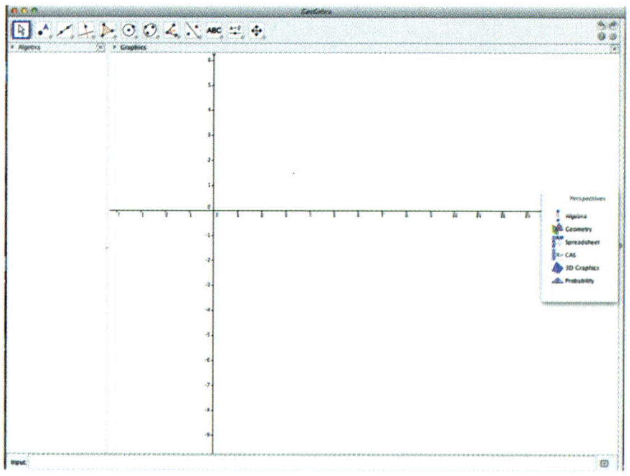

GeoGebra és un programari matemàtic interactiu i lliure creat per Markus Hohenwarter el 2001 a la Universitat de Salzsburg. Actualment, té col·laboradors de l'àmbit de l'ensenyament d'arreu del món la missió dels quals és donar a conèixer, impulsar i desenvolupar activitats relacionades amb el càlcul, l'àlgebra i la geometria.

La pàgina web des d'on us podeu descarregar el programa és **http://www.geogebra.org**

Quan s'inicia el programa, podeu triar entre diferents **Escenaris *(Perspectives)*** en el menú desplegable de la dreta. Per a resoldre equacions i inequacions s'utilitza **CAS** (càlcul simbòlic). També es poden resoldre gràficament a **La zona gràfica *(Graphics)*.**

Polinomis i fraccions algèbriques

Treballarem amb la calculadora simbòlica CAS ($C_{\text{omputació}}$ $A_{\text{lgèbrica}}$ $S_{\text{imbòlica}}$) que permet resoldre operacions de diversos tipus. En aquesta finestra apareixen cel·les que determinen un camp d'entrada a la línia superior i la solució a la inferior. Aquesta finestra, com les altres, podeu obrir-la per separat i/o incorporar-la al conjunt.

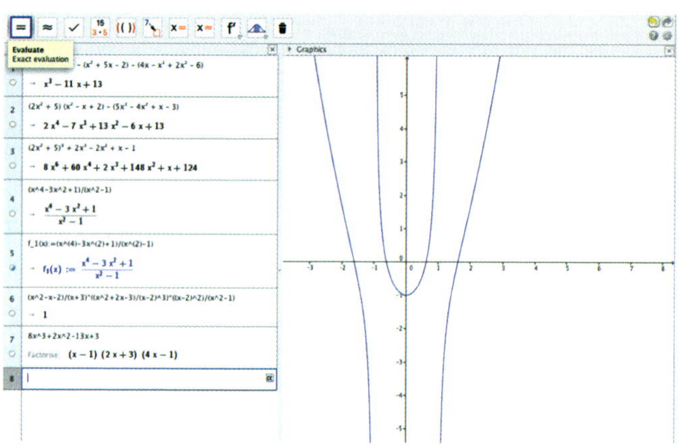

Vegem com s'utilitzen les ordres de la barra d'eines per a efectuar operacions amb polinomis.

- Inserim les expressions polinòmiques en les diferents cel·les. Per a obtenir la solució, es pot clicar l'expressió polinòmica o prémer <Retorn>.
- Per a escriure potències s'utilitza el símbol ^: x^3.
- La divisió s'escriu amb el signe /: (x-1)/x^2
- El producte s'ha d'escriure en les operacions amb el signe * o un espai: a*(b + c) o a (b + c).

Observa com escrivim l'expressió polinòmica de la cel·la 6 de la figura anterior:

(x^2-x-2)/(x+3)*((x^2+2x-3)/(x-2)^3)*((x-2)^2)/(x^2-1)

- Si activem l'esfera que apareix a la segona línia de la cel·la, obtindrem la representació gràfica a **La zona gràfica *(Graphics)*.**
- També podem factoritzar polinomis. Per fer-ho, activem l'opció **Factoritza** *(Factor)* de la barra d'eines.

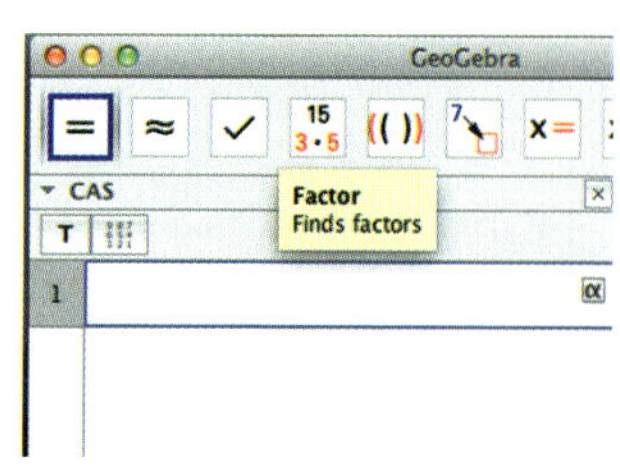

Equacions

Vegem com resoldre equacions i sistemes d'equacions amb l'opció CAS.

- **Equacions polinòmiques**

Introduïm l'equació a la finestra CAS. Per exemple, l'equació de segon grau:

$$x^2 + x - 6 = 0$$

— Si cliquem sobre la icona x=, obtindrem la solució exacta de l'equació a la finestra CAS.

> Podrem obtenir una solució exacta o numèrica, clicant les opcions següents:
>
> x= x≈

— En activar l'esfera de la fila 1, a la zona gràfica apareixen dues rectes verticals que tallen l'eix d'abscisses en les solucions obtingudes. Si activéssim l'esfera de la fila 2, ens representaria les solucions amb dos punts.

- **Equacions exponencials i logarítmiques**

Fixa't en l'exemple de la dreta:

$$4^{(2x-1)} = 64$$

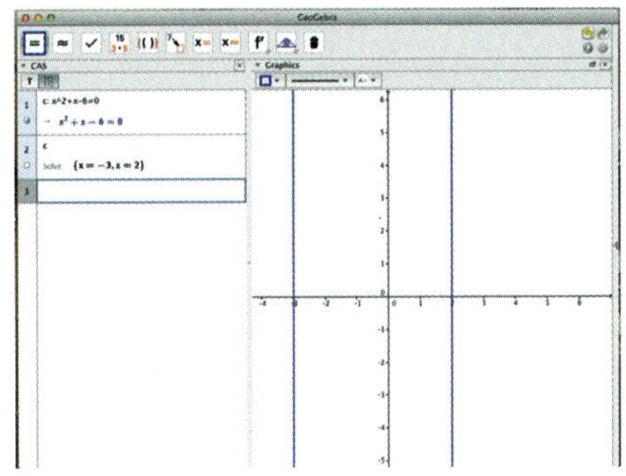

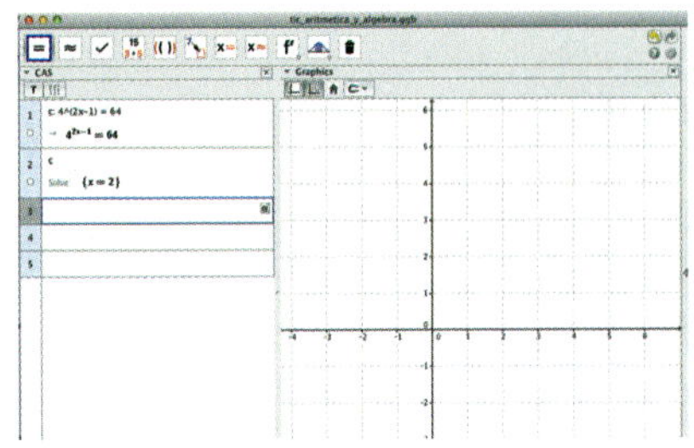

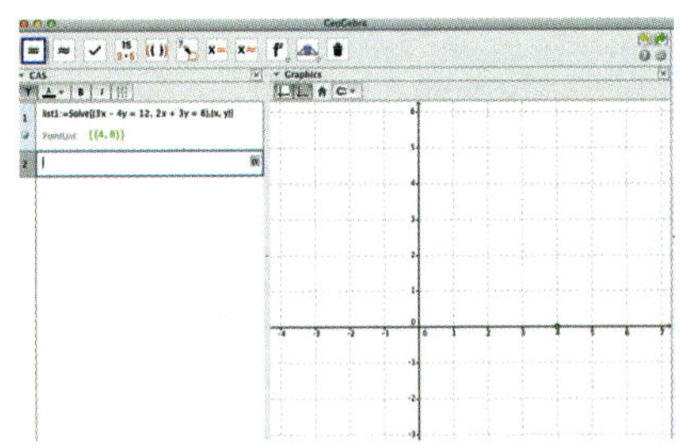

Sistemes d'equacions

Per a resoldre equacions i sistemes d'equacions amb GeoGebra usarem de nou el mode de visualització CAS i La zona gràfica per a representar les solucions.

- **Sistemes de dues equacions amb dues incògnites**

CAS ens permet calcular la solució algèbrica escrivint les equacions i les variables amb l'ordre **Resol *(Solve)*:**

Resol[<Llista d'equacions>, <Llista de variables>]

Per exemple:

Solve[{3x-4y=12,2x+3y=8},{x,y}]

El resultat del sistema és $\{x = 4,\ y = 0\}$.

Igual que en el cas anterior, podem obtenir la solució gràfica, que correspon al punt d'intersecció de les dues rectes.

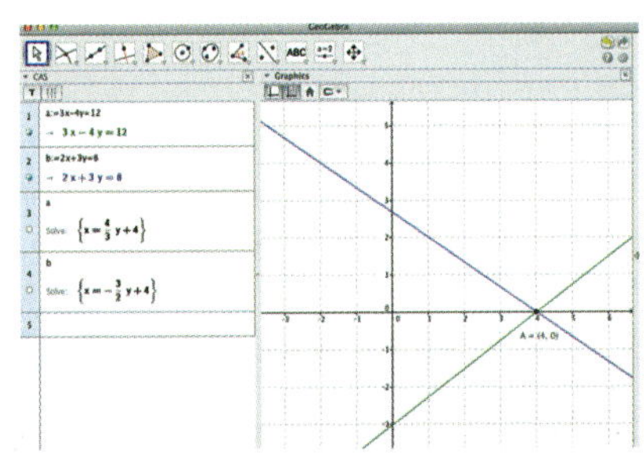

1. Utilitza el programa GeoGebra per a efectuar aquestes operacions:

a) $(3x^2 - 5x) \cdot (2x^3 + 4x^2 - x + 2)$

b) $(x^3 + 6x^2 + 6x + 5) : (x + 1)$

c) Factoritza:

$A(x) = x^4 - 25x^2 + 144$

$B(x) = x^3 + 2x^2 + x$

$C(x) = x^3 - x^2 - x + 1$

2. Utilitza el programa GeoGebra per a resoldre algèbricament i gràficament aquestes equacions i sistemes:

a) $10x^2 + 11x - 6 = 0$

b) $(2x - 1)(3x + 1) = 6$

c) $\dfrac{2x+5}{5} = 2 + x - \dfrac{x+3}{3}$

d) $5 \ln x = 10$

e) $\left.\begin{array}{l} 7x + 8y = 6 \\ 3x + 7y = 5 \end{array}\right\}$

f) $\left.\begin{array}{l} 6x + 5y = 15 \\ -7x - 11y = 3 \end{array}\right\}$

ANÀLISI

>> L'ORIGEN DE LA IDEA DE FUNCIÓ

Les diferents magnituds que caracteritzen un fenomen poden estar tan íntimament relacionades que algunes d'elles quedin completament determinades pels valors que prenguin les altres. Aquestes relacions són les que van conduir al concepte de *funció*.

De manera simplificada, podem dir que una funció és una expressió algèbrica tal que, a cada valor d'una variable, anomenada *independent,* li correspon un valor d'una altra variable, anomenada *dependent.*

L'antecedent més antic que coneixem del que avui s'entén per *funció* es remunta a l'antiga Mesopotàmia: d'aquest període es conserven diverses tauletes d'argila en les quals es recullen sèries de nombres relacionats entre ells.

Tanmateix, l'estudi de les funcions com a relació de dependència entre magnituds no va començar a abordar-se de forma rigorosa fins al segle XVII.

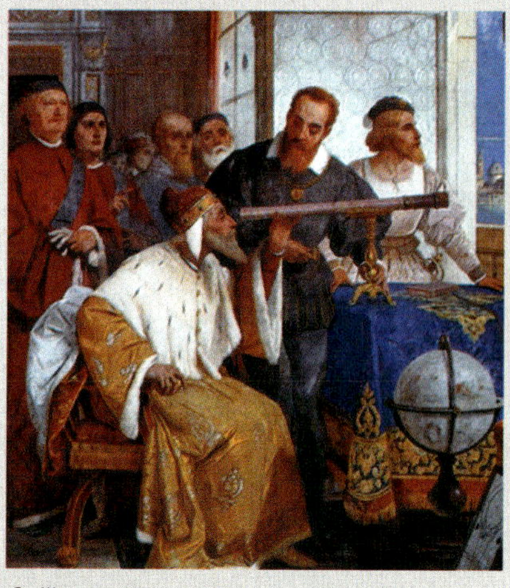

Galileu ensenyant al dux de Venècia l'ús del telescopi. Fresc de Giuseppe Bertini.

Els problemes que preocupaven els científics al segle XVII van ser la causa del naixement de l'anàlisi. En aquesta època Isaac Newton va formular la llei de la gravitació universal.

Així, va caldre esperar a la publicació el 1638 del *Discorsi e dimostrazioni matematiche intorno a due nuove scienze,* de l'astrònom i matemàtic italià **G. Galilei,** perquè els models funcionals s'apliquessin decididament a les ciències experimentals.

>> EL CAMÍ CAP A EULER

L'*anàlisi* és la branca de les matemàtiques que proporciona mètodes per a la investigació quantitativa de la dependència d'unes magnituds respecte d'unes altres, així com dels seus processos de canvi.

Aquesta disciplina va sorgir de la necessitat d'una eina que permetés abordar els problemes que preocupaven els científics del segle XVII.

Per a abordar-los, els matemàtics d'aquella època disposaven d'un gran ventall de procediments de càlcul, desenvolupats al llarg de la història de manera particular i independent. El físic i matemàtic anglès **I. Newton** i el filòsof i matemàtic alemany **G. W. Leibniz** van unificar i desenvolupar de manera gairebé simultània aquestes idees, que durant segles havien romàs disperses.

Més endavant, al segle XVIII, l'estudi de les funcions es va desenvolupar gràcies, sobretot, als treballs dels matemàtics de la família **Bernoulli.**

Tanmateix, el moment culminant d'aquest desenvolupament es va aconseguir amb el matemàtic suís **L. Euler,** el qual a la seva obra *Introductio in analysin infinitorum*, publicada el 1748, va sistematitzar els coneixements de la seva època, va introduir la notació $f(x)$ i va donar una definició rigorosa del concepte de *funció.*

>> UNA IMATGE VAL MÉS QUE MIL PARAULES

El filòsof francès **N. d'Oresme** va ser el primer, cap a mitjan segle XIV, a suggerir la possibilitat de representar gràficament les funcions. Tanmateix, les mancances de la matemàtica de la seva època van impedir que pogués desenvolupar aquesta noció més enllà d'alguns casos concrets relacionats amb l'estudi del moviment.

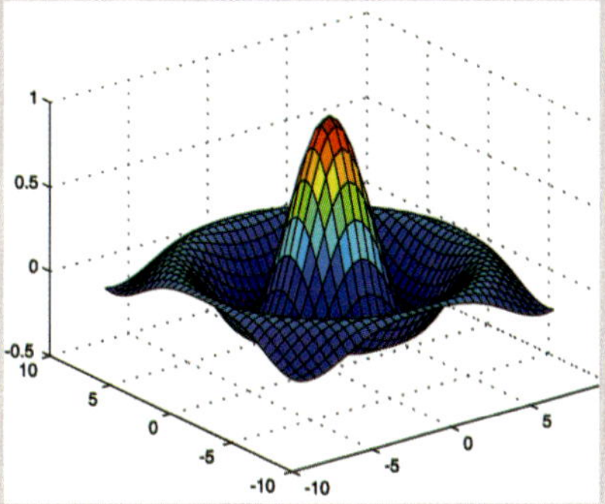

Les aplicacions informàtiques especialitzades permeten la representació gràfica de funcions en dues i tres dimensions.

Va caldre esperar fins a la segona meitat del segle XVII perquè sorgís una de les inspiracions més brillants en la història de les matemàtiques: la connexió entre el concepte de *funció* i la representació d'una corba en un sistema de coordenades. De fet, pot afirmar-se que la idea de funció està implícita en els treballs dels matemàtics francesos **R. Descartes** i **P. de Fermat** sobre el que més endavant es va anomenar *geometria analítica*.

Pierre de Fermat.

La representació gràfica de funcions va obrir un nou capítol en el desenvolupament de l'anàlisi. A partir d'aquell moment, es va considerar que una gràfica determinava per si mateixa una funció, encara que fos donada per una expressió analítica.

Ben aviat, al segle XIX, el matemàtic alemany **P. G. L. Dirichlet** va generalitzar el concepte de funció com qualsevol relació entre conjunts d'elements expressada de qualsevol manera concebible.

>> EL PRELUDI DEL PRESENT

Durant les primeres dècades del segle XIX, un gran nombre de matemàtics es va sumar a la llista d'aquells que van fer possible l'evolució de l'anàlisi. Entre ells cal destacar el francès **A. L. Cauchy.** La seva obra, *Cours d'analyse de l'École Polytechnique*, publicada el 1821, va donar a l'anàlisi elemental la forma que pràcticament adopta avui.

Més endavant, cap a la segona meitat del segle XIX, va sorgir una profunda crisi sobre els fonaments d'aquesta disciplina. D'aquesta manera, els poderosos mètodes de càlcul que s'havien desenvolupat fins a aquest moment van passar a ser vistos amb grans reserves.

Es va iniciar aleshores una àrdua tasca de sistematització de l'anàlisi. Aquest procés el van dur a terme, entre d'altres, **K. Weierstrass, A. A. Markov, A. M. Liapunov, H. Poincaré, F. Klein** i **D. Hilbert.** Amb ells va culminar una etapa marcada pel rigor en la fonamentació de les matemàtiques.

>> L'ANÀLISI A LES CIÈNCIES SOCIALS

L'aplicació de l'anàlisi a les ciències socials és relativament recent comparada amb la primerenca utilització d'aquesta eina a les ciències físiques.

Els primers intents de descriure i comprendre la realitat humana mitjançant tècniques funcionals es deuen a alguns pensadors il·lustrats del segle XVIII.

Des d'un punt de vista més modern, és en el camp de l'economia on l'anàlisi exerceix un paper més destacat. En aquesta línia, cal citar l'economista nord-americà **P. A. Samuelson,** les aportacions a l'economia matemàtica del qual li van valer el premi Nobel de 1970.

En aquest sentit, actualment és difícil trobar algun àmbit de la investigació social (psicologia, sociologia, geografia...) en el qual no estiguin presents els models funcionals.

Paul Anthony Samuelson.

5

BLOC 2. ANÀLISI

Introducció a les funcions

Problemes interactius

Notícies

Una equació com un rellotge

La màquina de 1576 del rellotge de la catedral de Barcelona, estrella d'una exposició sobre matemàtiques i patrimoni

«La màquina és una de les joies de l'exposició, eminentment didàctica, *Imaginary/BCN. La mirada matemàtica, les arts i el patrimoni* [...] S'hi aborda la relació de les matemàtiques i la geometria amb l'art i el patrimoni, present en gairebé tots els edificis que ens envolten. [...] Una de les coses que més sorprenen de l'exposició és veure com les temudes equacions matemàtiques generen colorides formes (a partir d'un programa informàtic) que fins i tot poden generar els visitants en un panell informàtic tàctil. "Les equacions poden ser belles", assegura Xambó, i realment ho semblen vistes així, tan animades. També és possible dissenyar terres hidràulics i observar les formes que genera un calidoscopi».

El País, 16-3-2012 (adaptació).

Web

— El programa de televisió de la UNED *Imaginary: una mirada matemàtica* ens mostra el contingut d'aquesta exposició de la Reial Societat Matemàtica Espanyola, on es pot apreciar la bellesa de les superfícies generades a través de les matemàtiques amb l'ajuda de les noves tecnologies: **http://links.edebe.com/36u4en**

— Aquests dos enllaços ens il·lustren sobre l'omnipresència de les gràfiques en la nostra vida i la seva importància. Es tracta del programa *La aventura del saber. Serie Más por Menos:* «El lenguaje de las gráficas» (a **http://links.edebe.com/7exgri**) i del web **http://links.edebe.com/n9c**

— Visualitza el vídeo de la sèrie *Horizontes. Matemática* titulat «Funciones I» a: **http://links.edebe.com/qr44ut**
Es tracta d'una introducció al concepte de funció i a la seva utilitat pràctica.

EN CONTEXT

a> Consulta els dos recursos proposats a l'apartat «Web» relacionats amb les gràfiques, respon les preguntes de l'article «La importància de l'escala en les gràfiques» i escriu al quadern:

— Què en penses de l'ús de les gràfiques en els mitjans de comunicació (escala, tipus de gràfiques, errors...)?

— Quines preguntes t'han sorgit sobre aquest tema?

— Què t'agradaria investigar sobre aquest tema? Com podries fer-ho?

1. Gràfiques i funcions

En disciplines com la física, la psicologia, la medicina, la biologia, l'economia... ens trobem molt sovint amb la utilització de gràfiques i funcions.

1.1. Gràfiques

Una **gràfica** representa la relació entre **dues variables** (persones-esports, temps-espai, països-banderes...).

Donats dos conjunts *A* i *B*, podem establir una relació entre els seus elements. Si *a* (element de *A*) està relacionat amb *b* (element de *B*), obtenim el parell ordenat (*a*, *b*). Tots els parells ordenats obtinguts de la regla o llei acordada es poden representar gràficament en el pla cartesià.

RENÉ DESCARTES

René Descartes (La Haye, 1596-Estocolm, 1650). Filòsof, matemàtic i físic francès. Va ser un dels creadors de la geometria analítica, en la qual es representen les figures geomètriques mitjançant equacions o fórmules matemàtiques en un determinat sistema de coordenades.

> Una **gràfica** és la representació en uns eixos de coordenades dels parells ordenats que fan veritable una proposició o regla que defineix la relació entre dos conjunts.

1 EXEMPLE

A un grup d'amics se'ls pregunta quins esports practiquen. Al futbol, hi juguen l'Antoni, la Maria, en Víctor i l'Ismael; al bàsquet, en Joan; la natació la practiquen en Joan i l'Ismael; el tennis, la Maria i la Pau; l'handbol, en Víctor; mentre que l'Helena no practica cap esport. Obtingues els parells ordenats d'aquesta relació i la seva gràfica.

Solució

COMPRENSIÓ. Els dos conjunts que relacionem són el grup d'amics i els esports que practiquen.

RESOLUCIÓ. Escrivim els parells ordenats i els representem en un sistema de coordenades amb els noms i els esports en els eixos: (Antoni, futbol), (Maria, futbol), (Víctor, futbol), (Ismael, futbol), (Joan, bàsquet), (Joan, natació), (Ismael, natació), (Maria, tennis), (Pau, tennis), (Víctor, handbol).

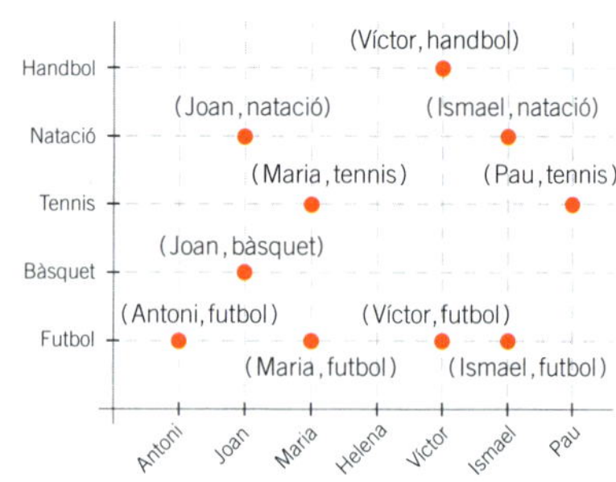

Exercicis i problemes
5, 10 i 21

2 EXEMPLE

Posem a escalfar un tros de gel. La gràfica següent mostra l'evolució de la seva temperatura durant 80 minuts. Estudia, analitza i extreu conclusions de la gràfica.

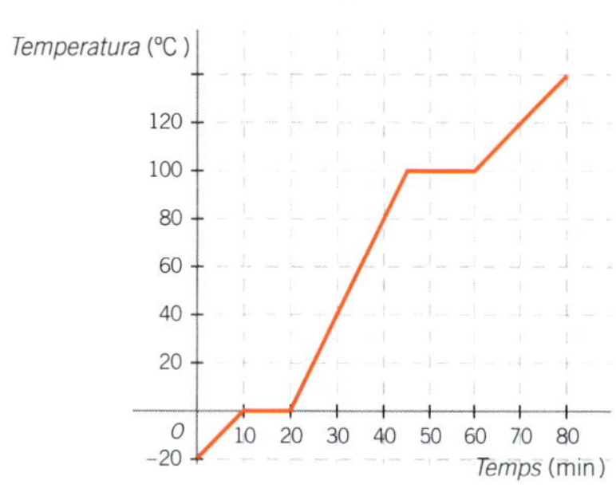

Solució

COMPRENSIÓ. Els dos conjunts que hi intervenen són el temps i la temperatura. Alguns parells d'aquesta relació són: (0', −20°), (10', 0°), (20', 0°), (35', 60°), (45', 100°), (50', 100°), (80', 140°)...

RESOLUCIÓ. Si observem la gràfica veiem que el gel estava a una temperatura inicial de −20 °C i que en el transcurs de 10 min augmenta gradualment fins als 0 °C, temperatura a la qual es manté 10 min més. Sabem que als 0 °C, mentre es completa el canvi d'estat de sòlid a líquid, coexisteixen el gel i l'aigua. Del minut 20 al 45, la temperatura de l'aigua líquida ascendeix fins als 100 °C. Durant els 15 min següents la temperatura es manté constant i igual a 100 °C. Sabem que a aquesta temperatura l'aigua es troba en ebullició i coexisteixen els estats líquid i gasós. A partir del minut 60 la temperatura de l'aigua en estat gasós (vapor d'aigua) supera els 100 °C.

Concloem que mentre es produeix el canvi d'estat en els punts de fusió (0 °C) i ebullició (100 °C), la temperatura roman constant, no canvia.

1.2. Funció

El món que ens envolta està ple de corbes, algunes creades per la natura i d'altres, per l'ésser humà; algunes d'aquestes corbes poden descriure's matemàticament mitjançant funcions.

Una **funció** *f* és una relació entre dos conjunts *A* i *B*, de manera que a cada element *x* del conjunt *A* li correspon un únic element *y* del conjunt *B* o cap element.

Se simbolitza mitjançant la notació:

$$f\colon A \longrightarrow B$$
$$x \longrightarrow f(x)$$

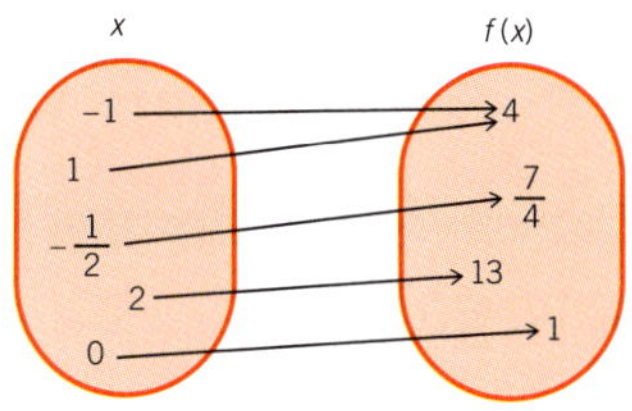

On ***x*** és la **variable independent** i ***y*** la **variable dependent,** i es diu que *y* és funció de *x*, la qual cosa s'escriu ***y* = *f*(*x*).**

L'element ***y*** s'anomena **imatge** de l'element *x*. La ***x*** es denomina **original** o **antiimatge** de l'element *y*.

LEONHARD EULER

Leonhard Euler (Basilea, 1707 - Sant Petersburg, 1783) va ser un matemàtic i físic suís.

Va introduir el concepte de *funció matemàtica* i va ser el primer a utilitzar l'expressió *f*(*x*) per a designar una funció.

També se li deuen, entre d'altres coses, les notacions de les funcions trigonomètriques i els nombres *e*, *i* i π.

1.3. Formes d'expressar una funció

Una funció pot presentar-se bàsicament de quatre formes:

— **Mitjançant una expressió verbal.** Un text ens pot indicar com es relacionen entre si dues variables. Per exemple, «A cada nombre natural li correspon el seu doble més 2 unitats» o «Un caminant a velocitat constant recorre 3 km cada hora».

— **Per mitjà d'una gràfica.** En uns eixos de coordenades es representen tots els parells de la forma (*x*, *f*(*x*)).

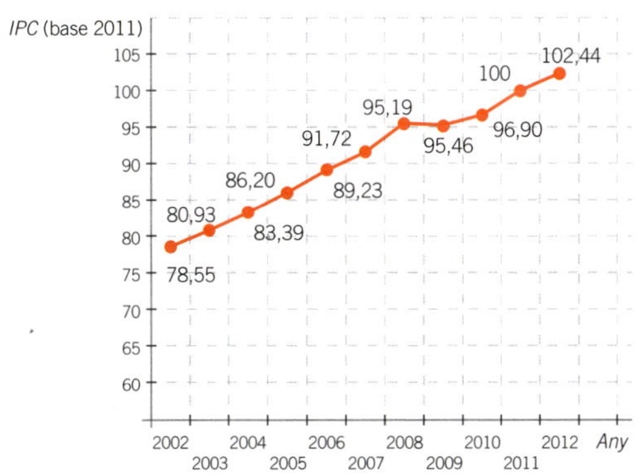

— **Amb una taula de valors.** Una taula de valors generalment no inclou tots els originals ni les imatges; en aquests casos hem de trobar la relació que els uneix.

x	3	4	5	6	7	8	...
y	0	2	5	9	14	20	...

— **A través d'una fórmula.** Es tracta de descriure la funció mitjançant una expressió analítica que ens informi de la relació existent entre les dues variables. Per exemple: $y = f(x) = 2\pi x$, que pot ser interpretada com la descripció de la longitud *y* d'una circumferència de radi *x*.

INTERNET

La utilització de gràfiques és fonamental per a expressar de manera visual l'evolució de les variables estadístiques que estudia l'INE (Institut Nacional d'Estadística):

http://links.edebe.com/mwpmh

Problemes resolts
A

Exercicis i problemes
6 a 9 i 11 a 13

1.4. Domini i recorregut d'una funció

Una informació important per a descriure una funció és observar els **valors** que poden prendre tant la variable dependent com la independent.

Anomenem **domini** d'una funció f i escrivim $D(f)$ el conjunt dels valors de x per als quals existeix la funció, és a dir, es pot calcular $y = f(x)$.

El **recorregut** o **imatge** d'una funció f es designa amb $R(f)$ o $Im(f)$ i és el conjunt de les imatges dels elements del domini (és a dir, els valors que pren la funció).

Obtenció del domini i recorregut d'una funció a partir de la seva gràfica

Si volem saber si un valor $x = a$ pertany al domini de la funció, tracem per a una recta perpendicular a l'eix X; si la recta talla la gràfica, $x = a$ serà un punt del domini.

Així mateix, un valor $y = b$ pertany al recorregut de la funció si en dibuixar per b una recta perpendicular a l'eix Y, aquesta talla la gràfica.

3 EXEMPLE

Calcula el domini i el recorregut de les funcions següents:

a)

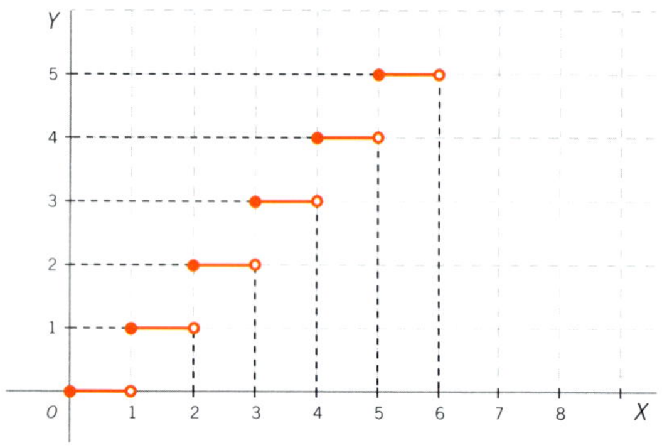

b)

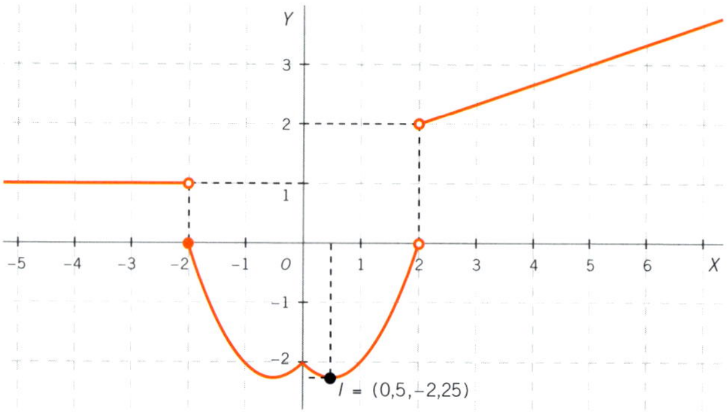

Solució

COMPRENSIÓ.

Els punts assenyalats per ● pertanyen a la gràfica de la funció, mentre que els assenyalats per **o** no pertanyen a la gràfica.

Per a trobar el domini i el recorregut tracem mentalment rectes perpendiculars a l'eix X i a l'eix Y, respectivament, i comprovem si tallen la gràfica.

Per exemple, a la funció de l'apartat a), si tracem la recta perpendicular a l'eix X que passa per $x = 6$, s'observa que no talla la gràfica, per la qual cosa $x = 6$ no pertany al domini. En canvi, per $x = 1{,}5$ sí que la talla, per la qual cosa pertany al domini.

RESOLUCIÓ.

a) Trobem el domini traçant mentalment les rectes perpendiculars a l'eix X que passen pels diferents punts de l'eix i comprovant si tallen la gràfica.

D'aquesta manera, determinem l'interval pel qual està definida la funció:

$$D(f) = [0, 6)$$

Determinem el recorregut de la mateixa manera, però respecte a l'eix Y.

En aquest cas, obtenim un conjunt discret de valors:

$$R(f) = \{0, 1, 2, 3, 4, 5\}$$

b) Igualment, calculem el domini i el recorregut per a aquesta funció:

$$D(f) = (-\infty, 2) \cup (2, +\infty) = \mathbb{R} - \{2\}$$

$$R(f) = [-2{,}25, 0] \cup \{1\} \cup (2, +\infty)$$

Obtenció del domini d'una funció a partir de la seva expressió analítica

En l'expressió analítica d'una funció podem trobar sumes, restes, multiplicacions, divisions i potències d'exponent racional que involucren nombres, variables i funcions elementals (logaritmes, exponencials...).

D'entre les operacions amb nombres reals indicades, a l'hora d'obtenir el domini hem de parar atenció, perquè no tenen sentit, a la divisió per zero i les arrels d'índex parell amb radicand negatiu.

D'altra banda, a la taula següent es presenten els dominis dels principals tipus de funcions, l'estudi de les quals ampliarem en unitats posteriors:

FUNCIONS		DOMINI
Funció polinòmica	$f(x) = P(x)$	Tots els nombres reals.
Funció racional	$f(x) = \dfrac{P(x)}{Q(x)}$	Tots els nombres reals excepte els valors que anul·len el denominador.
Funció irracional (la *x* apareix sota el signe radical) d'índex imparell	$f(x) = \sqrt[n]{x}$	Tots els nombres reals.
Funció irracional d'índex parell	$f(x) = \sqrt[n]{x}$	Els valors de *x* que fan positiu o nul el radicand.
Funció exponencial	$f(x) = a^x$	Tots els nombres reals.
Funció logarítmica	$f(x) = \log_a x$	Els valors de *x* que fan estrictament positiu l'argument.
Funcions: sinus, cosinus	$f(x) = \sin x$ $f(x) = \cos x$	Tots els nombres reals.
Funció tangent	$f(x) = \text{tg } x$	Tots els nombres reals menys $(2k + 1)\,\pi/2$, on $k \in \mathbb{Z}$.

4 EXEMPLE

Calcula el domini de les funcions següents:

a) $f(x) = \sqrt{2x + 10}$ **b)** $g(x) = \dfrac{\sqrt[5]{3x^2 + 1}}{x^2 + 3x - 10}$

Solució

COMPRENSIÓ. Procedim segons la informació de la taula.

RESOLUCIÓ.

a) La funció $f(x)$ és irracional d'índex parell. Per tant, el domini està compost pels valors de *x* que fan el radicand més gran o igual que zero:

$$2x + 10 \geq 0 \rightarrow 2x \geq 10 \rightarrow x \geq -5 \rightarrow$$
$$\rightarrow D(f) = [-5, +\infty)$$

b) La funció $g(x)$ no té problemes en el numerador ja que l'índex de l'arrel és imparell. Comprovem per a quins valors s'anul·la el denominador:

$$x^2 + 3x - 10 = 0 \rightarrow x = \frac{-3 \pm \sqrt{3^2 - 4 \cdot 1 \cdot (-10)}}{2 \cdot 1} = \frac{-3 \pm 7}{2} \rightarrow \begin{cases} x_1 = 2 \\ x_2 = -5 \end{cases}$$

El denominador s'anul·la per a 2 i −5. Per tant:

$$D(g) = \mathbb{R} - \{2, -5\}$$

FIXA-T'HI

Les tècniques de l'anàlisi matemàtica poden ser molt útils per a l'estudi de fenòmens reals, com comprovaràs en alguns exemples senzills al llarg de la unitat. Sigues constant en la seva utilització per a la resolució de problemes i tingues confiança en les teves pròpies capacitats en fer-ho.

Exercicis i problemes
14 a 20 i 22

2. Operacions amb funcions

Una funció en la qual tant el domini com el conjunt imatge són subconjunts de $\mathbb{R}$ es diu que és una **funció real de variable real.** A partir d'ara, treballarem amb aquestes funcions.

2.1. Suma i resta de funcions

Siguin les funcions $f\colon D_1 \subseteq \mathbb{R} \to \mathbb{R}$ i $g\colon D_2 \subseteq \mathbb{R} \to \mathbb{R}$. S'anomena **suma** de les funcions f i g, i es designa per $f + g$ la funció definida per:

$$(f+g)(x) = f(x) + g(x)\ \forall x \in D_1 \cap D_2$$

De la mateixa manera, definim la **resta:** $(f-g)(x) = f(x) - g(x)\ \forall x \in D_1 \cap D_2$

5 EXEMPLE

Siguin $f(x) = \dfrac{x+2}{x}$ i $g(x) = \dfrac{x-1}{x+3}$. Calcula $(f+g)(x)$ i $(f-g)(x)$.

Solució

COMPRENSIÓ. El domini de definició de les funcions suma i resta és la intersecció dels dominis de f i g.

RESOLUCIÓ. Calculem el domini de definició de les funcions suma i resta:

$$D_1 = D(f) = \mathbb{R} - \{0\},\ D_2 = D(g) = \mathbb{R} - \{-3\},\ D = D_1 \cap D_2 = \mathbb{R} - \{0, -3\}$$

$$(f+g)(x) = f(x) + g(x) = \frac{x+2}{x} + \frac{x-1}{x+3} = \frac{2x^2+4x+6}{x(x+3)} \quad \forall x \in D$$

$$(f-g)(x) = f(x) - g(x) = \frac{x+2}{x} - \frac{x-1}{x+3} = \frac{6(x+1)}{x(x+3)} \quad \forall x \in D$$

FIXA-T'HI

El producte de dues funcions lineals és una funció **quadràtica.**

$$f(x) = ax + b,\ a \neq 0$$

$$g(x) = cx + d,\ c \neq 0$$

$$(f \cdot g)(x) = (ax+b)(cx+d) = ac\,x^2 + (ad+bc)\,x + bd$$

2.2. Producte d'un nombre real per una funció

Sigui la funció $f\colon D \subseteq \mathbb{R} \to \mathbb{R}$ i $k \in \mathbb{R}$. El **producte del nombre real *k*** per la funció f és una altra funció definida per:

$$(k \cdot f)(x) = k \cdot f(x),\ \forall x \in D$$

2.3. Producte de funcions

Siguin les funcions $f\colon D_1 \subseteq \mathbb{R} \to \mathbb{R}$ i $g\colon D_2 \subseteq \mathbb{R} \to \mathbb{R}$. El **producte** de les funcions f i g es designa per $f \cdot g$, i és una altra funció definida per:

$$(f \cdot g)(x) = f(x) \cdot g(x),\ \forall x \in D_1 \cap D_2$$

6 EXEMPLE

Siguin $f(x) = \dfrac{x^2+4}{x^2-1}$ i $g(x) = \dfrac{x-1}{x+1}$. Calcula $(f \cdot g)(x)$.

Solució

COMPRENSIÓ. El domini de definició de la funció producte és la intersecció dels dominis de f i g.

RESOLUCIÓ. Calculem el domini de definició del producte i, a continuació, determinem quina és la seva expressió:

$$D_1 = D(f) = \mathbb{R} - \{-1, 1\},\ D_2 = D(g) = \mathbb{R} - \{-1\},\ D = D_1 \cap D_2 = \mathbb{R} - \{-1, 1\}$$

$$(f \cdot g)(x) = f(x) \cdot g(x) = \frac{x^2+4}{x^2-1} \cdot \frac{x-1}{x+1} = \frac{(x^2+4)(x-1)}{(x-1)(x+1)(x+1)} = \frac{x^2+4}{(x+1)^2} \quad \forall x \in D$$

Encara que el denominador només s'anul·la per a -1, $x = 1$ tampoc pertany al domini (no hi apareix perquè hem simplificat el factor $(x-1)$).

2.4. Quocient de funcions

Siguin les funcions $f: D_1 \subseteq \mathbb{R} \rightarrow \mathbb{R}$ i $g: D_2 \subseteq \mathbb{R} \rightarrow \mathbb{R}$. El **quocient** de les funcions *f* i *g* es designa per f/g, i és una altra funció definida per:

$$\left(\frac{f}{g}\right)(x) = \frac{f(x)}{g(x)}, \ \forall x \in D_1 \cap D_2, \text{menys els valors de } x \text{ que anul·len } g(x)$$

FIXA-T'HI

El quocient de dues funcions lineals dóna com a resultat una **funció racional.**

$$f(x) = ax + b$$

$$g(x) = cx + d$$

$$\left(\frac{f}{g}\right)(x) = \frac{ax+b}{cx+d}$$

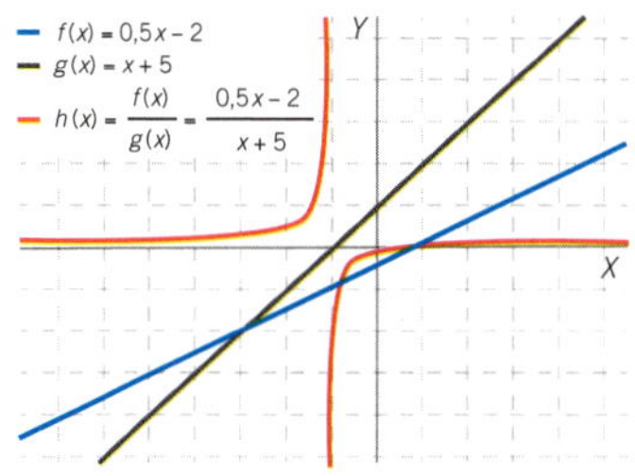

7 EXEMPLE

Siguin $f(x) = \sqrt{x+1}$ i $g(x) = x^2 - 4$. Calcula $\left(\frac{f}{g}\right)(x)$.

Solució

COMPRENSIÓ. El domini de definició de la funció quocient és la intersecció dels dominis de *f* i *g*, menys els valors que anul·len $g(x)$.

RESOLUCIÓ. Calculem el domini de definició del quocient:

$D_1 = D(f) = [-1, +\infty)$, $D_2 = D(g) = \mathbb{R}$, $D_3 = D_1 \cap D_2 = [-1, +\infty)$. El domini serà D_3 menys el conjunt $\{-2, 2\}$, que són els valors que anul·len la funció $g(x)$.

$$\left(\frac{f}{g}\right)(x) = \frac{f(x)}{g(x)} = \frac{\sqrt{x+1}}{x^2-4}, \ \forall x \in [-1, +\infty) - \{2\}$$

2.5. Composició de funcions

Donades les funcions $f(x)$ i $g(x)$, definim una nova funció $(g \circ f)(x)$ obtinguda d'aplicar primer la funció *f*, i al seu recorregut o conjunt imatge aplicar-li la funció *g*.

$$\begin{aligned} g \circ f : D_1 &\xrightarrow{\ f\ } R(f) \subset D_2 \xrightarrow{\ g\ } \mathbb{R} \\ x &\longrightarrow \quad f(x) \quad \longrightarrow g[f(x)] \end{aligned}$$

LLENGUATGE MATEMÀTIC

La composició de funcions s'anomena en el sentit contrari de com s'escriu:

$(g \circ f)(x)$ es llegeix «*f* composta amb *g*».

S'anomena ***f* composta amb *g*** la funció $g \circ f$ que compleix:

$(g \circ f)(x) = g[f(x)]$ i $R(f) \subset D(g)$.

La composició de funcions no compleix la propietat commutativa.

Problemes resolts
B

Exercicis i problemes
23 a 33

8 EXEMPLE

Donades les funcions $f(x) = \frac{2x}{x+1}$ i $g(x) = x^2$, troba les funcions: a) $g \circ f$; b) $f \circ g$.

Solució

COMPRENSIÓ. En la composició de funcions, és molt important comprovar si el recorregut de la primera funció està inclòs en el domini de la segona.

RESOLUCIÓ.

a) En primer lloc, componem *f* amb *g*:

$$(g \circ f)(x) = g(f(x)) = g\left(\frac{2x}{x+1}\right) = \left(\frac{2x}{x+1}\right)^2$$

El $D(g) = \mathbb{R}$, amb la qual cosa es compleix que $R(f) \subseteq D(g)$. Així, $D(g \circ f) = D(f)$.

b) Componem *g* amb *f*:

$$(f \circ g)(x) = f(g(x)) = f(x^2) = \frac{2x^2}{x^2+1}$$

El $D(f) = \mathbb{R} - \{-1\}$ i $R(g) = [0, +\infty)$, per tant, es compleix que $R(g) \subseteq D(f)$. Així, $D(f \circ g) = D(g)$.

3. Funció inversa

LLENGUATGE MATEMÀTIC

La **funció identitat $Id(x)$** és la funció que a cada valor de x li fa correspondre aquest mateix valor:

$$Id(x) = x$$

No s'ha de confondre la funció inversa f^{-1} amb la funció $1/f$.

RECORDA

La inversa de la funció exponencial és la funció logarítmica.

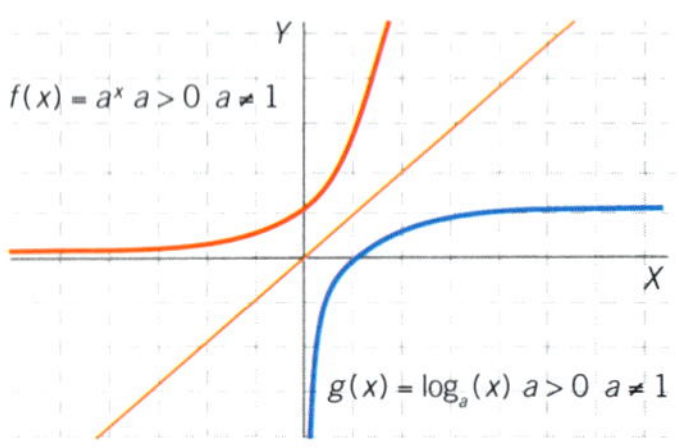

AMPLIA

$$(g \circ f)^{-1}(x) = f^{-1}(x) \circ g^{-1}(x)$$

Exercicis i problemes
34 a 44

Suposem que un euro està al mercat a 1,32 dòlars. Si volem canviar euros per dòlars, quina serà la funció que hem d'aplicar? I si volem canviar dòlars per euros? Per a efectuar aquest tipus de càlculs, utilitzem la funció que relaciona les variables euro i dòlar i la seva funció inversa.

Donada una funció $f(x)$, la seva funció inversa o recíproca és una altra funció, designada per $f^{-1}(x)$, de manera que es compleix que, si $f(a) = b$, llavors $f^{-1}(b) = a$.

Perquè tingui sentit $f^{-1}(x)$ el seu domini ha de coincidir amb $R(f)$ i, a més, tot original de $f(x)$ només pot tenir una imatge.

$$f\colon D \subset \mathbb{R} \longrightarrow \mathbb{R} \qquad\qquad f^{-1}\colon R(f) \longrightarrow D$$
$$a \longrightarrow b \qquad\qquad b \longrightarrow a$$

Una funció i la seva inversa compleixen les següents **propietats:**

— Les gràfiques $f(x)$ i $f^{-1}(x)$ són simètriques respecte de la bisectriu del primer quadrant ($y = x$).

— $(f \circ f^{-1})(x) = (f^{-1} \circ f)(x) = Id(x)$

— $(f^{-1}(x))^{-1} = f(x)$

— $D(f) = R(f^{-1})$ i $R(f) = D(f^{-1})$

Per a trobar la funció inversa, seguim els passos indicats:

PASSOS	EXEMPLE: $f(x) = -2x + 7$
Substituïm $f(x)$ per y.	$y = -2x + 7$
Canviem les x per les y, i viceversa.	$x = -2y + 7$
Aïllem y.	$y = \dfrac{x-7}{-2}$
Substituïm y per $f^{-1}(x)$.	$f^{-1}(x) = \dfrac{x-7}{-2}$

9 EXEMPLE

Analitza la gràfica següent i calcula la inversa de $f(x)$, comprovant que la seva composició dóna la funció identitat.

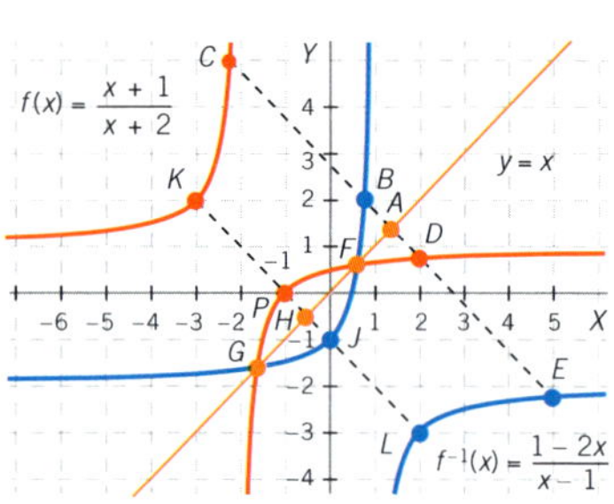

Solució

COMPRENSIÓ. De l'observació de les gràfiques deduïm que les funcions són simètriques respecte de la recta $y = x$.

RESOLUCIÓ. Per a calcular la inversa de $f(x)$ seguim els passos de la taula anterior:

$$x = \frac{y+1}{y+2} \rightarrow x(y+2) = y + 1 \rightarrow (x-1)\,y = 1 - 2x \rightarrow y = \frac{1-2x}{x-1} \rightarrow f^{-1}(x) = \frac{1-2x}{x-1}$$

També compleixen que $(f \circ f^{-1})(x) = (f^{-1} \circ f)(x) = Id(x)$

$$(f \circ f^{-1})(x) = f[f^{-1}(x)] = f\left(\frac{1-2x}{x-1}\right) = \frac{\dfrac{1-2x}{x-1} + 1}{\dfrac{1-2x}{x-1} + 2} = x$$

$$(f^{-1} \circ f)(x) = f^{-1}[f(x)] = f^{-1}\left(\frac{x+1}{x+2}\right) = \frac{1 - 2\,\dfrac{x+1}{x+2}}{\dfrac{x+1}{x+2} - 1} = x$$

4. Característiques d'una funció

Per a estudiar amb precisió una funció és necessari analitzar-ne les propietats o característiques.

4.1. Monotonia

Estudiar la **monotonia** d'una funció consisteix a definir en quins intervals o punts del domini la funció és creixent i en quins és decreixent.

Intuïtivament podem dir que una funció és creixent en un interval si a mesura que augmentem els valors de x, també augmenta el valor de les seves imatges; si aquestes disminueixen, serà decreixent.

— $f(x)$ és estrictament creixent per a $(a, b) \Leftrightarrow \forall x_1, x_2 \in (a, b) \mid x_1 < x_2 \Rightarrow f(x_1) < f(x_2)$.

— $f(x)$ és creixent per a $(a, b) \Leftrightarrow \forall x_1, x_2 \in (a, b) \mid x_1 < x_2 \Rightarrow f(x_1) \leq f(x_2)$.

— $f(x)$ és estrictament decreixent per a $(a, b) \Leftrightarrow \forall x_1, x_2 \in (a, b) \mid x_1 < x_2 \Rightarrow f(x_1) > f(x_2)$.

— $f(x)$ és decreixent per a $(a, b) \Leftrightarrow \forall x_1, x_2 \in (a, b) \mid x_1 < x_2 \Rightarrow f(x_1) \geq f(x_2)$.

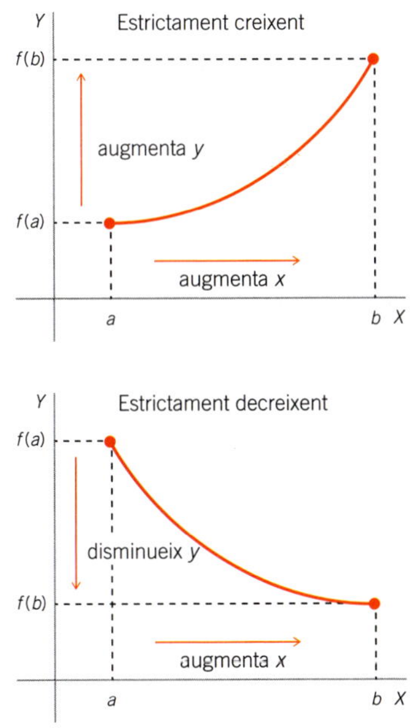

Monotonia d'una funció.

10 EXEMPLE

Estudia la monotonia de la funció la gràfica de la qual es mostra a continuació i que representa el recorregut d'una muntanya russa:

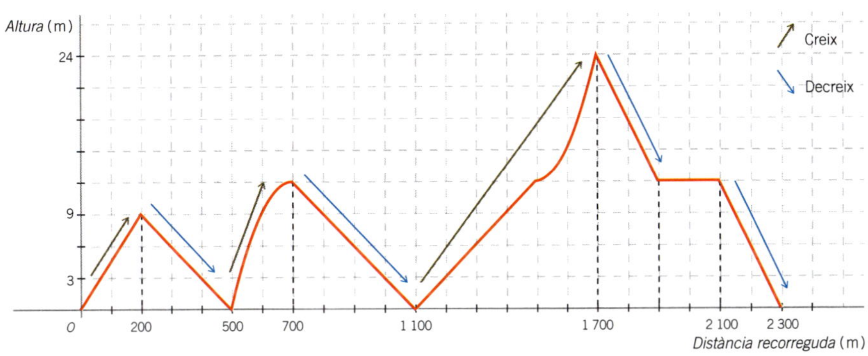

Solució

COMPRENSIÓ. És possible identificar en quins intervals del domini la funció creix o decreix directament sobre la gràfica.

RESOLUCIÓ. A la gràfica veiem que la funció és:

— Estrictament creixent en els **intervals** (0, 200) ∪ (500, 700) ∪ (1 100, 1 700).

— Estrictament decreixent en els intervals: (200, 500) ∪ (700, 1 100) ∪ (1 700, 1 900) ∪ ∪ (2 100, 2 300).

— Constant en l'interval: (1 900, 2 100).

FIXA-T'HI

Una funció que és creixent i decreixent alhora, s'anomena **constant** i és de la forma $f(x) = k$, amb $k \in \mathbb{R}$.

4.2. Continuïtat

Intuïtivament una funció és **contínua** si es pot dibuixar sense aixecar el llapis del paper; és a dir, si no existeixen salts.

En el cas de no ser contínua en un punt, diem que la funció és **discontínua.**

A la imatge, podem observar que la funció $f(x)$ és discontínua per a $x = 2$.

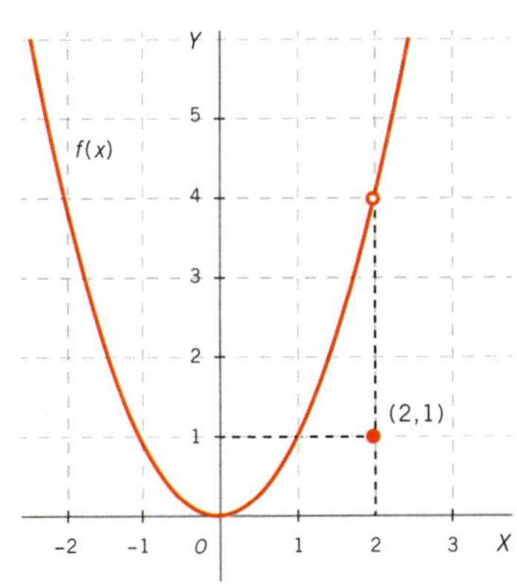

Funció discontínua en $x = 2$.

FIXA-T'HI

Si a x_0 una funció $f(x)$ assoleix un màxim relatiu $y_0 = f(x_0)$, llavors existeix un entorn de x_0 tal que a la seva esquerra la funció és creixent i a la seva dreta, decreixent. Si y_0 és un mínim relatiu, a l'esquerra decreix i a la dreta creix.

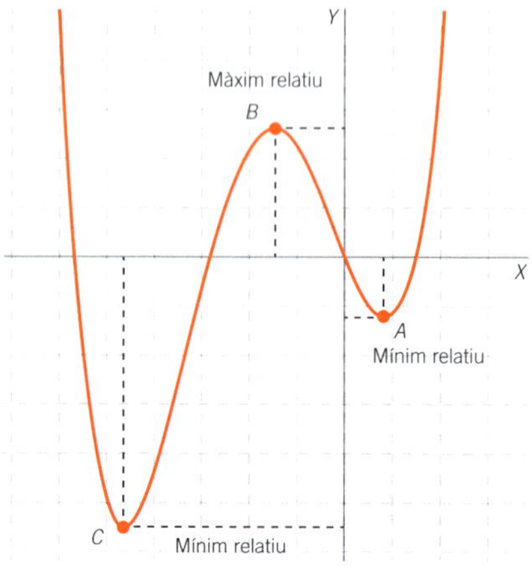

4.3. Extrems relatius

Un màxim relatiu d'una funció és un valor del conjunt imatge que és més gran que les imatges immediatament anteriors i posteriors d'aquest valor. Si ens imaginem una serralada, tots els seus pics serien màxims relatius. Succeeix el contrari si parlem de mínim relatiu.

— *f* assoleix un **màxim relatiu** en x_0 el valor del qual és $f(x_0)$ si, i només si, existeix un entorn de centre x_0 tal que, per a tota *x* que pertany a aquest entorn es compleix que $f(x) < f(x_0)$.

— *f* assoleix un **mínim relatiu** en x_0 el valor del qual és $f(x_0)$ si, i només si, existeix un entorn de centre x_0 tal que, per a tota *x* que pertany a aquest entorn es compleix que $f(x) > f(x_0)$.

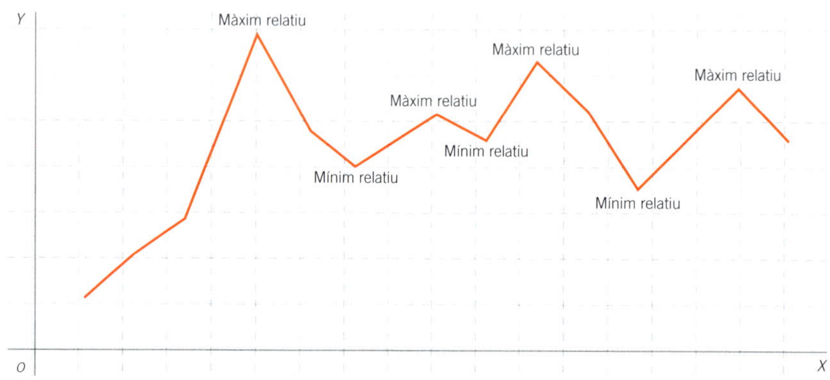

4.4. Funcions fitades. Extrems absoluts

Una funció està fitada si la podem «tancar» tota ella entre dues rectes paral·leles a l'eix *X*.

— La funció *f* està **fitada superiorment** si existeix un nombre real *K* que sigui més gran o igual que totes les imatges de la funció. El nombre *K* s'anomena **fita superior** de la funció.

La menor de les fites superiors es diu que és el **suprem** o **extrem superior.** Si el suprem és assolit per la funció, rep el nom de **màxim absolut.**

— Una funció *f* està **fitada inferiorment** si existeix un nombre real *K'* que sigui menor o igual que totes les imatges de la funció. El nombre *K'* s'anomena **fita inferior** de la funció.

La més gran de les fites inferiors es diu que és l'**ínfim** o **extrem inferior.** Si l'ínfim és assolit per la funció, rep el nom de **mínim absolut.**

— Una funció està **fitada** si ho està superiorment i inferiorment:

$$K' \leq f(x) \leq K \;\; \forall x \in D(f)$$

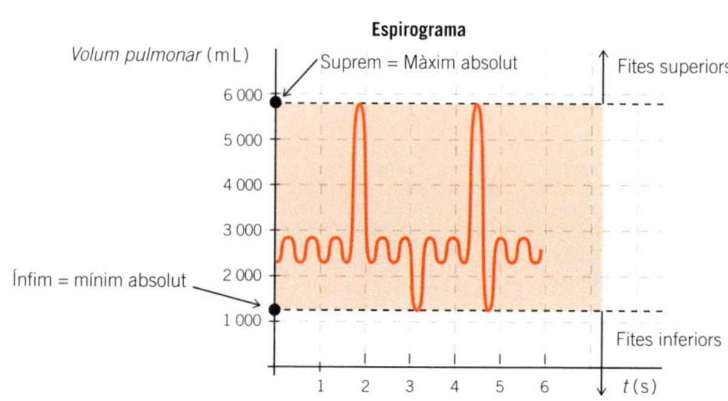

CURIOSITATS

Maria Gaetana Agnesi (1718-1799) va ser una matemàtica italiana que l'any 1748 va publicar *Instituzioni analítiche ad uso della gioventù italiana,* tractat al qual s'atribueix haver estat el primer llibre de text que exposava amb claredat els conceptes a través de l'ús encertat de múltiples exemples. Un d'aquests exemples és precisament la **corba d'Agnesi.**

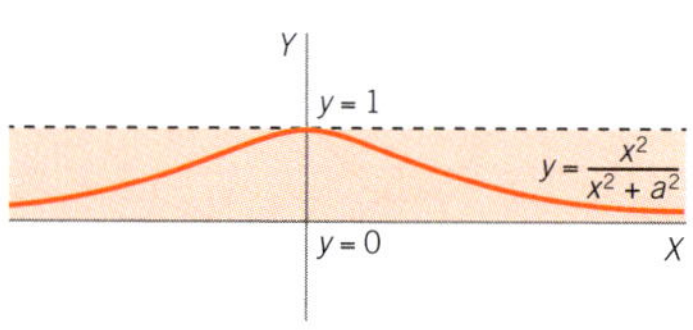

Corba fitada amb màxim absolut $y = 1$ i ínfim $y = 0$.

4.5. Simetries

Les **simetries** són una forma de regularitat de les funcions que en simplifiquen l'estudi, ja que coneixent «la meitat» de la gràfica podem dibuixar-la sencera. Podríem dir que una funció és simètrica quan la meitat de la seva gràfica és «la imatge en el mirall» de l'altra meitat, respecte d'un mirall situat entre totes dues meitats.

Una funció $f(x)$ és **parella** o **simètrica respecte de l'eix** $Y \Leftrightarrow$
$\Leftrightarrow \forall x \in D(f) \Rightarrow f(x) = f(-x)$.

La funció següent és parella:

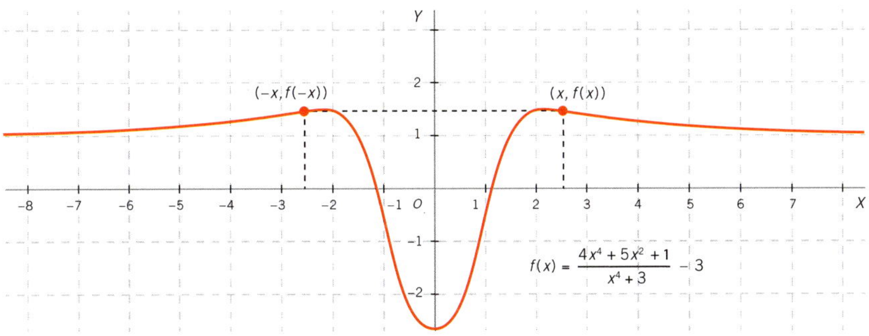

Una funció $f(x)$ és **imparella** o **simètrica respecte de l'origen** $O \Leftrightarrow$
$\Leftrightarrow \forall x \in D(f) \Rightarrow f(x) = -f(-x)$.

La funció següent és imparella:

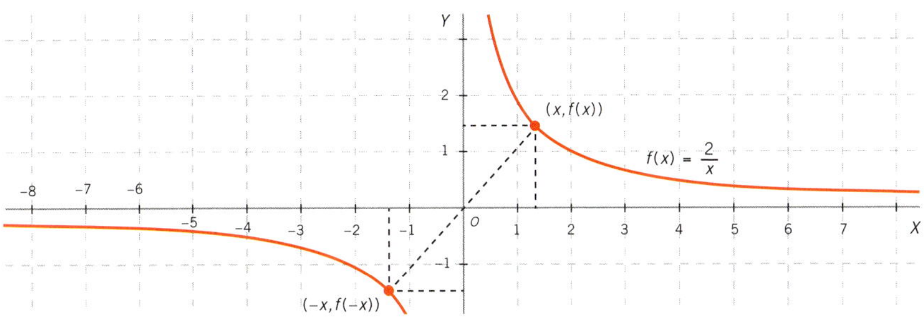

4.6. Periodicitat

L'univers és ple d'ones i vibracions: la propagació de la llum, el so, l'electricitat, les ones a l'aigua... Són fenòmens periòdics; és a dir, fenòmens que es repeteixen a intervals iguals de temps.

Una **funció periòdica,** per tant, és aquella el comportament de la qual es repeteix cada vegada que la variable independent recorre un cert interval. La longitud d'aquest interval s'anomena **període.**

$f(x)$ és una **funció periòdica** de període $T \Leftrightarrow f(x + T) = f(x) \ \forall x \in D(f)$, sent T el menor nombre real que compleix aquesta propietat.

La funció següent és periòdica:

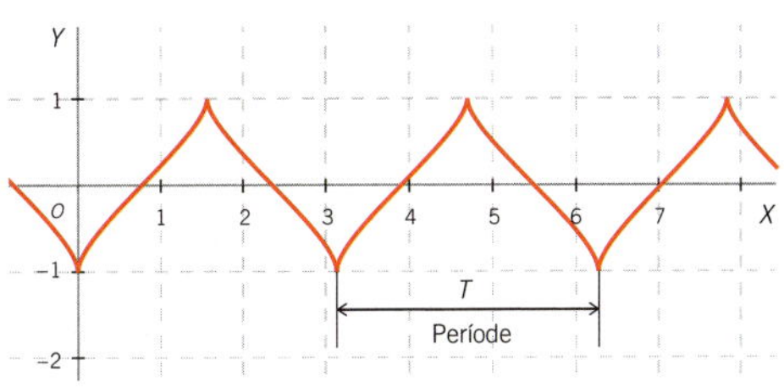

FIXA-T'HI

Per a comprovar si una funció $f(x)$ té simetries, calculem primer $f(-x)$. Si aquesta coincideix amb $f(x)$, la funció serà parella; si coincideix amb $-f(x)$, serà imparella. En els altres casos no té simetria. Per exemple:

a) $f(x) = x^2 + 5 \Rightarrow$

$\Rightarrow f(-x) = (-x)^2 + 5 = x^2 + 5 \Rightarrow$

$\Rightarrow$ funció parella.

b) $g(x) = x^3 - 3x \Rightarrow$

$\Rightarrow g(-x) = (-x)^3 - 3(-x) = -x^3 + 3x \Rightarrow$

$\Rightarrow$ funció imparella.

c) $h(x) = x^2 + x - 3 \Rightarrow$

$\Rightarrow h(-x) = (-x)^2 + (-x) - 3 =$
$= x^2 - x - 3 \Rightarrow$ no és simètrica.

AMPLIA

Una funció $f(x)$ és simètrica respecte d'una recta paral·lela a l'eix Y, $x = a$, si es compleix que:

$$f(a + x) = f(a - x)$$

Problemes resolts
C

Exercicis i problemes
45 a 52

5. Transformacions gràfiques de funcions

Donada una funció $f(x)$ coneguda, podem traçar funcions relacionades amb ella si li apliquem algun tipus de transformació.

5.1. Translacions

Les **translacions** són moviments que desplacen la gràfica de la funció cap amunt, cap avall, a la dreta o a l'esquerra:

— **Desplaçament vertical.** A les gràfiques es mostra com aplicar un desplaçament cap amunt o cap avall a una funció concreta:

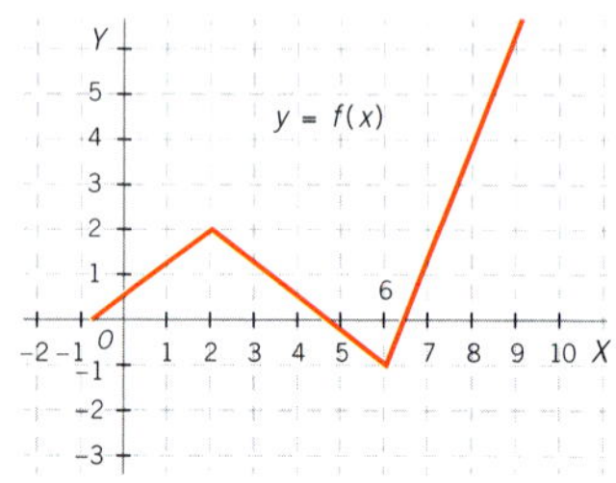

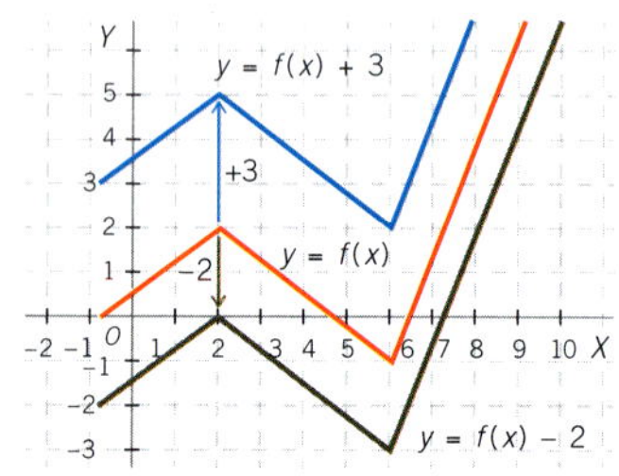

— **Desplaçament horitzontal.** A les gràfiques següents podem veure com aplicar un desplaçament cap a la dreta o cap a l'esquerra a una funció concreta:

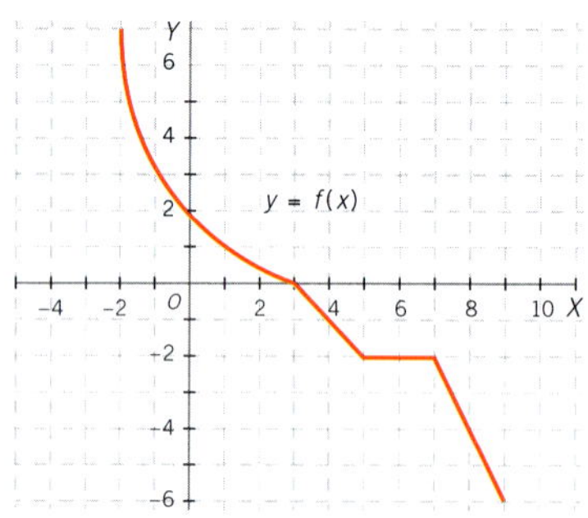

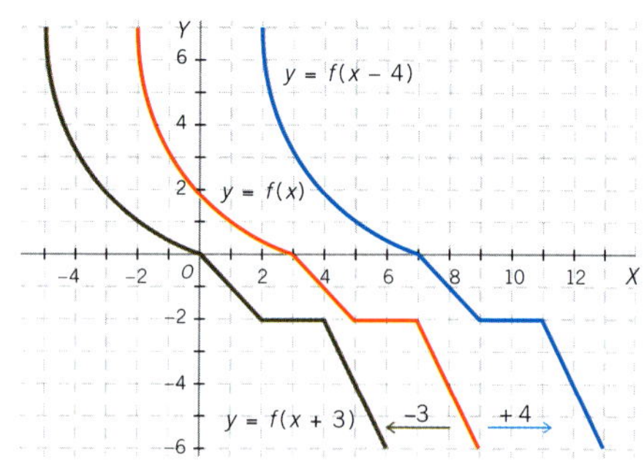

INTERNET

Al web següent trobaràs activitats sobre les transformacions de funcions:

http://links.edebe.com/wf5ftt

11 EXEMPLE

Donada la funció $f(x) = x^3 + 3x^2 - 1$, indica l'expressió analítica de les funcions $g(x)$, $h(x)$ i $s(x)$ que mostra la gràfica i explica com s'obtenen a partir de la funció $f(x)$.

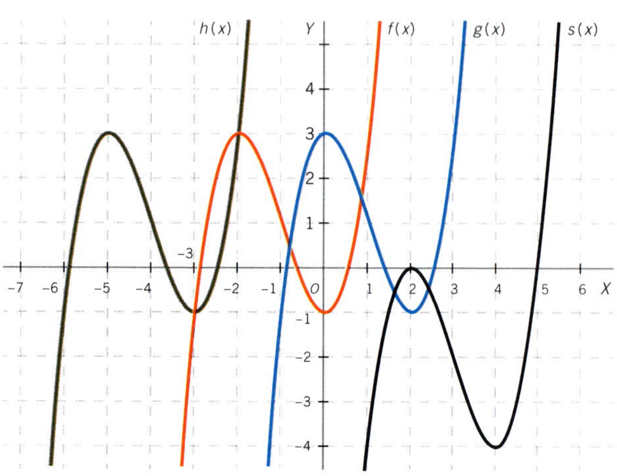

Solució

COMPRENSIÓ. Observem detingudament les funcions de la figura, i ens fixem en la seva posició respecte a $f(x)$.

RESOLUCIÓ. La funció $g(x)$ és la funció $f(x)$ traslladada horitzontalment a la dreta 2 unitats. Per tant:

$$g(x) = f(x-2) = (x-2)^3 + 3(x-2)^2 - 1 = x^3 - 3x^2 + 3$$

Si traslladem horitzontalment cap a l'esquerra 3 unitats la funció $f(x)$, obtenim la funció $h(x)$:

$$h(x) = f(x+3) = (x+3)^3 + 3(x+3)^2 - 1 = x^3 + 12x^2 + 45x + 53$$

La funció $s(x)$ s'obté en realitzar dues translacions a $f(x)$: una translació horitzontal-dreta de 4 unitats i un desplaçament vertical-avall de 3 unitats:

$$s(x) = f(x-4) - 3 = (x-4)^3 + 3(x-4)^2 - 1 - 3 =$$
$$= x^3 - 9x^2 + 24x - 20$$

5.2. Reflexions

Les reflexions d'una funció (o de qualsevol objecte) les podem trobar quan estem davant d'un mirall, d'un vidre, d'un llac...

Reflexió a l'aigua de la silueta de la muntanya.

Intuïtivament, la **reflexió** o **simetria axial** d'una funció és la seva imatge reflectida en un mirall (que és l'eix de simetria o de reflexió). Existeixen dos tipus de reflexió:

— **Reflexió respecte a l'eix *Y*.** La reflexió respecte a l'eix *Y* de la funció $f(x)$ és la funció $g(x) = f(-x)$.

És important no confondre la reflexió respecte a l'eix *Y* d'una funció amb una funció parella. En el primer cas obtenim una nova funció, mentre que en el segon cas ens referim a una propietat de la funció, que és simètrica. No totes les funcions són parelles, en canvi sempre podem obtenir la reflexió respecte a l'eix *Y* d'una funció.

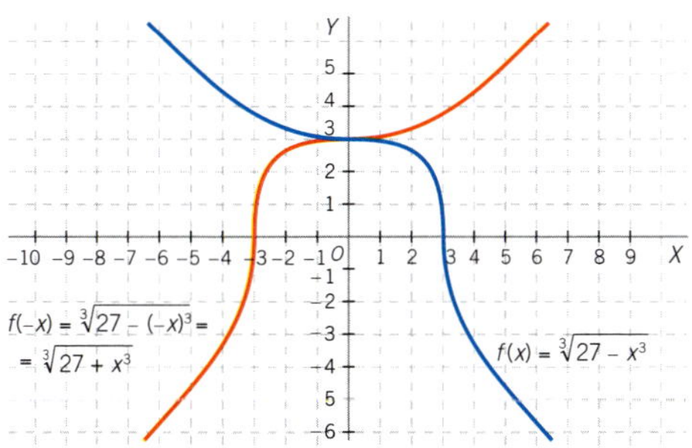

La funció reflectida respecte de l'eix *Y* de la funció $f(x) = \sqrt[3]{27 - x^3}$ és $g(x) =$ $= \sqrt[3]{27 + x^3}$, ja que $g(x) = f(-x)$.

Els punts comuns de totes dues gràfiques són els que pertanyen a l'eix *Y*. Si $M(a, b)$ és un punt de la funció $f(x)$, $M'(-a, b)$ pertany a la funció reflectida.

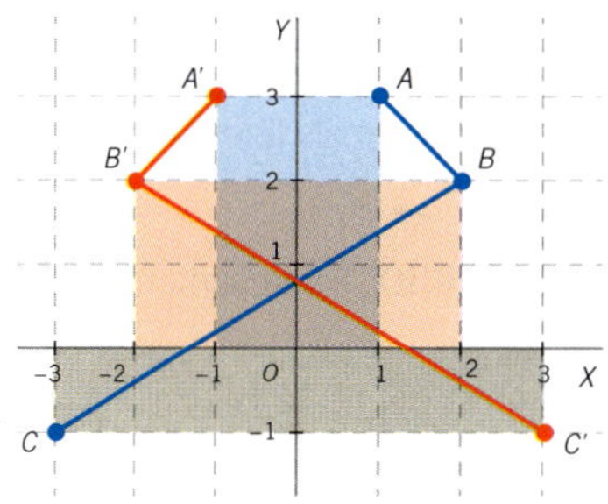

Reflexió respecte a l'eix *Y*.
La línia poligonal $A'B'C'$ és el reflex de ABC.

— **Reflexió respecte a l'eix *X*.** La reflexió respecte a l'eix *X* de la funció $f(x)$ és la funció $h(x) = -f(x)$.

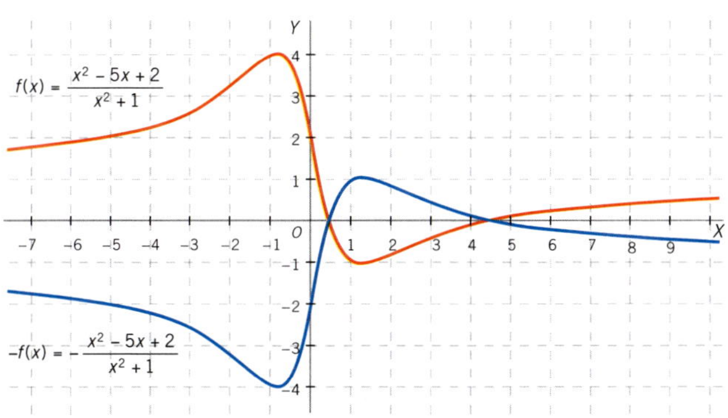

La funció reflectida respecte a l'eix *X* de la funció $f(x) = \dfrac{x^2 - 5x + 2}{x^2 + 1}$ és

$h(x) = -\dfrac{x^2 - 5x + 2}{x^2 + 1}$, ja que $h(x) = -f(x)$.

Els punts comuns de totes dues gràfiques són els que pertanyen a l'eix *X*. Si $M(a, b)$ és un punt de la funció $f(x)$, $M'(a, -b)$ pertany a la funció reflectida.

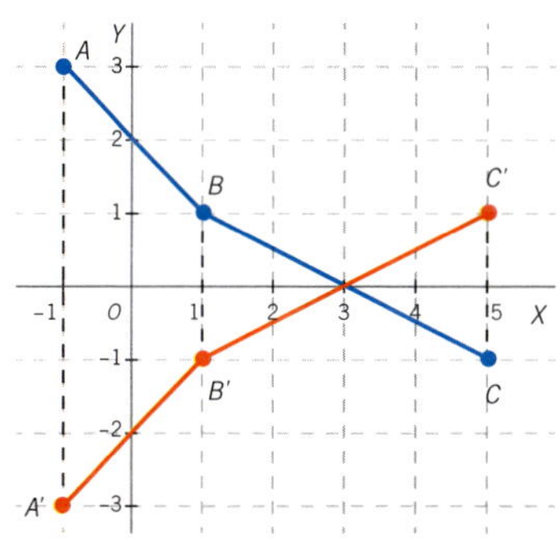

Reflexió respecte a l'eix *X*.
La línia poligonal $A'B'C'$ és el reflex de ABC.

Problemes resolts
D

Exercicis i problemes
53 a 57

Síntesi
58 a 64

Problemes RESOLTS

A GRÀFICA DEL CONTINGUT D'UN DIPÒSIT

Tenim un dipòsit d'aigua amb una aixeta per a omplir-lo. Al principi conté tres quartes parts de la seva capacitat, la qual cosa suposa 90 L. Al cap de 5 min un jardiner s'emporta 3 garrafes de 5 L, i triga a omplir-les 5 min més. Al cap de 10 min es produeix una esquerda en el dipòsit, i es perden 2 L per minut. Triguen 10 min a venir a solucionar el problema, i el reparen en 15 min. Una vegada arreglada la fuita, s'obre l'aixeta amb un cabal de 15 000 cm³ per minut fins a omplir el dipòsit.

Dibuixa la gràfica que mostra la variació del contingut del dipòsit amb el temps.

Solució

COMPRENSIÓ. Es tracta d'una funció en la qual la variable independent x és el temps mesurat en minuts i la variable dependent y són els litres que conté el dipòsit.

DADES. $V_0 = 90$ L.

RESOLUCIÓ. Representem la gràfica:

— Al principi el dipòsit conté 90 L. Per tant, el primer punt de la gràfica és el (0, 90). Aquest volum representa 3/4 parts de la capacitat del dipòsit:

$$\text{Capacitat} = \frac{4}{3} \cdot 90 \text{ L} = 120 \text{ L}$$

— Com que no succeeix res fins que no han transcorregut 5 min, la funció és constant fins a un segon punt (5, 90).

— Al minut 5 el jardiner s'emporta tres garrafes de 5 L (15 L en total) que tarda a omplir 5 minuts. Queden 75 L al dipòsit. Així, el punt següent serà (10, 75).

— Durant els 10 min següents no succeeix res, de manera que un altre punt serà (20, 75).

— A partir d'aquest moment, el dipòsit perd aigua durant 25 min a raó de 2 L/min, amb la qual cosa perd 50 L i en queden 25. Aquesta situació correspon a un descens fins al punt (45, 25).

— Al final s'omple el dipòsit. Per a completar-lo es requereixen 95 L, que a un ritme de 15 L/min, significa que tarda 6 min i 3 s a omplir-se. Per tant, el nostre últim punt serà (51' 3", 120).

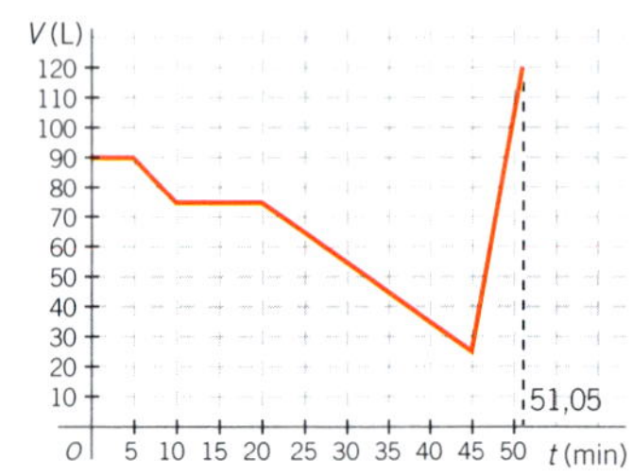

1. ★★☆ Un dipòsit de 2 000 L es troba a 4/5 de la seva capacitat. Al cap de 20 min un camió cisterna s'emporta 500 L que tarda a carregar 15 min. Mitja hora després que se'n vagi el camió n'arriba un altre que s'emporta 3/5 del que quedava a raó de 20 L per minut. Un cop se n'ha anat, s'omple el dipòsit a un cabal de 30 L/min. Representa gràficament l'evolució amb el temps del contingut del dipòsit.

B COMPOSICIÓ DE FUNCIONS

Donades les funcions $f(x) = \frac{2a + 3x}{2x - 1}$, $g(x) = \frac{a}{x + 2}$, calcula el valor de a de manera que es compleixi $(g \circ f)(2) = (f \circ g)(1)$.

Solució

COMPRENSIÓ. Es tracta de calcular el valor de les funcions compostes $g \circ f$ i $f \circ g$ per a un valor concret de x.

DADES. Funcions f i g.

RESOLUCIÓ. Intenta resoldre el problema individualment. Per fer-ho, tapa la columna de la dreta i segueix aquests passos:

Passos

— Calculem $(g \circ f)(2)$.

— Calculem $(f \circ g)(1)$.

— Igualem i resolem calculant el valor de a.

Resposta

— $(g \circ f)(2) = g(f(2)) = g\left(\frac{2a + 6}{3}\right) = \frac{a}{\frac{2a + 6}{3} + 2} = \frac{3a}{2a + 12}$

— $(f \circ g)(1) = f(g(1)) = f\left(\frac{a}{3}\right) = \frac{2a + \frac{3a}{3}}{\frac{2a}{3} - 1} = \frac{9a}{2a - 3}$

— $\frac{3a}{2a + 12} = \frac{9a}{2a - 3} \rightarrow \begin{cases} a = 0 \\ 2a - 3 = 3(2a + 12) \rightarrow a = -39/4 \end{cases}$

COMPROVACIÓ. Substituïm els valors de a en les expressions de $f(x)$ i $g(x)$, i verifiquem que es compleix $(g \circ f)(2) = (f \circ g)(1)$.

2. ★★☆ Donades les funcions $f(x) = ax + b$, $g(x) = x^2 + 2x + c$, calcula el valor de a, b i c sabent que: $(f \circ f)(0) = 2$, $(g \circ f)(0) = c$ i $(f \circ g)(1) = 0$.

Sol.: $a = -2$, $b = -2$ i $c = -4$

C CARACTERÍSTIQUES D'UN ELECTROCARDIOGRAMA

Un electrocardiograma estudia el ritme cardíac d'una persona amb la finalitat de controlar l'aparició d'arítmies, bradicàrdies, infarts...

a) Quines són les variables dependents i independents de la funció? I les seves unitats?

b) Estudia la seva monotonia, continuïtat, extrems relatius, fitació i periodicitat.

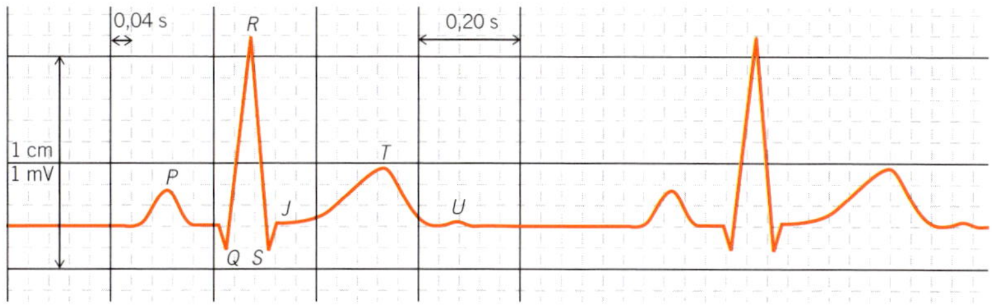

Solució

COMPRENSIÓ. A partir de la gràfica hem d'analitzar les característiques de la funció.

RESOLUCIÓ.

a) La gràfica relaciona el temps en segons i l'activitat elèctrica del cor mesurada en mV. La variable independent és el temps i la dependent, l'activitat elèctrica.

b) Estudiem les característiques de la funció en cada cicle cardíac:

— Monotonia. Creixent fins al punt *P*, entre *Q* i *R*, entre *S* i *T*, entre $t = 0,84$ s i *U*. Decreixent entre *P* i *Q*, entre *R* i *S*, entre *T* i $t = 0,84$ s.

— Continuïtat. És contínua.

— Extrems relatius. Màxims: *P, R, T* i *U*. Mínims: *Q, S* i $t = 0,84$ s.

— La funció està fitada. Fites superiors $[1,1, +\infty)$, 1,1 és el suprem i el màxim absolut de la funció. Les fites inferiors són $(-\infty, 0,1]$, 0,1 és ínfim i mínim absolut.

— Periodicitat. La funció és periòdica de període 1 s.

3. ★★☆ A la gràfica següent estudia: a) domini i recorregut; b) monotonia; c) màxims i mínims; d) simetries; e) fitació; f) continuïtat; g) periodicitat.

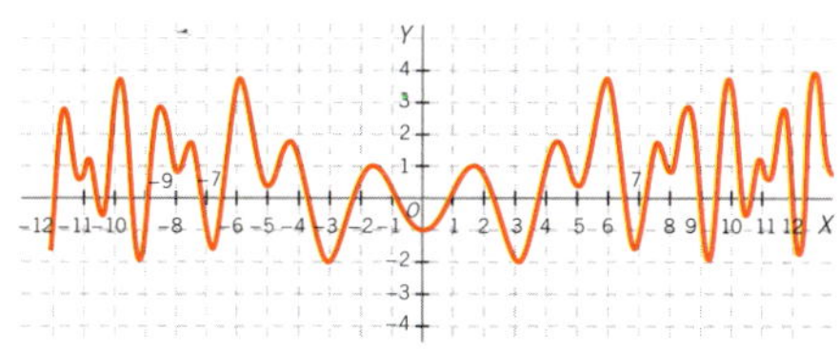

D TRANSLACIÓ I REFLEXIÓ EN UN MOSAIC

Un dels mosaics més famosos de l'Alhambra és l'os nazarí. Dibuixa una funció *f* que sigui el motiu mínim per a reproduir el mosaic amb transformacions de *f*. Indica tots els passos que cal seguir.

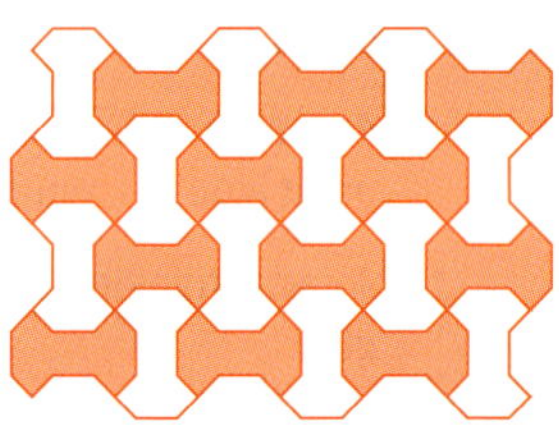

Solució

COMPRENSIÓ. Necessitem trobar el motiu mínim per a realitzar tot el mosaic amb translacions i simetries. El motiu ha de ser una funció.

RESOLUCIÓ.

1. Identifiquem la funció que juga el paper de motiu mínim:

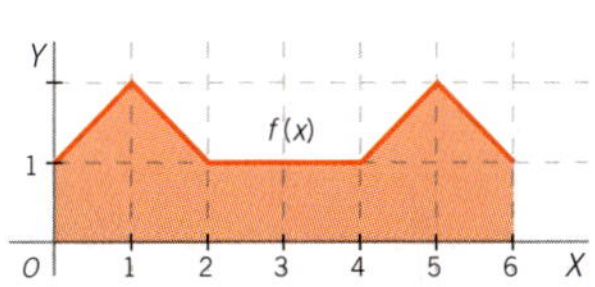

2. Completem l'os mitjançant una reflexió: $-f(x)$.

3. Traslladem $f(x)$ 8 unitats a la dreta (6 de la longitud de l'os i 2 per a deixar el buit que crea l'os vertical), 16 unitats...: $f(x-8)$, $f(x-16)$...

4. I també els apliquem una reflexió: $-f(x-8)$, $-f(x-16)$...

5. Desplacem totes les funcions 8 unitats cap amunt: $f(x)+8$, $f(x-8)+8$, $f(x-16)+8$, $-f(x)+8$, $-f(x-8)+8$...

6. I les desplacem de nou 4 unitats a la dreta més 4 unitats cap amunt:

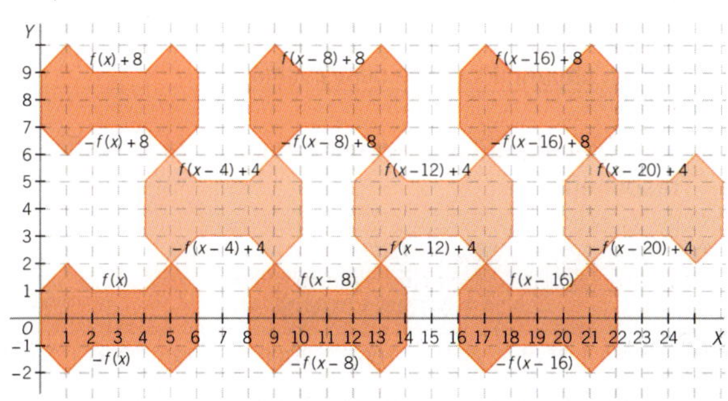

4. ★★☆ Busca un model de mosaic a internet o inventa-te'n un el motiu mínim del qual sigui una funció. Com en el problema D, indica totes les transformacions pas a pas per a reproduir el mosaic.

1 GRÀFIQUES I FUNCIONS

5. ★☆☆ La gràfica següent mostra el nombre d'accidents de trànsit a Espanya.

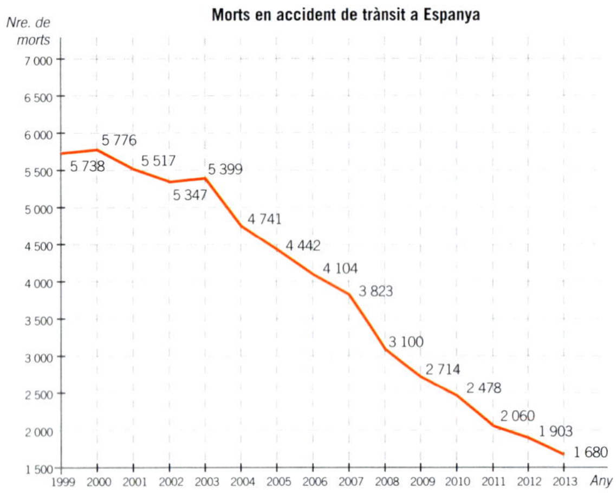

a) Quin any es van produir més accidents? Quants? Quants accidents es van produir l'any 2004?

b) Comenta la gràfica i expressa la teva opinió sobre les possibles causes de la seva evolució.

6. ★☆☆ Indica quines de les gràfiques següents són funcions:

a)

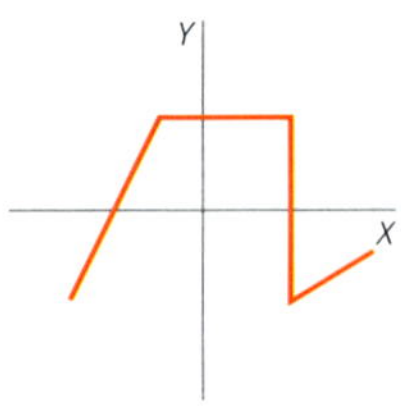

c)

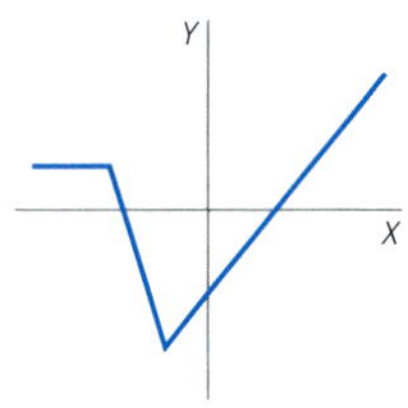

b)

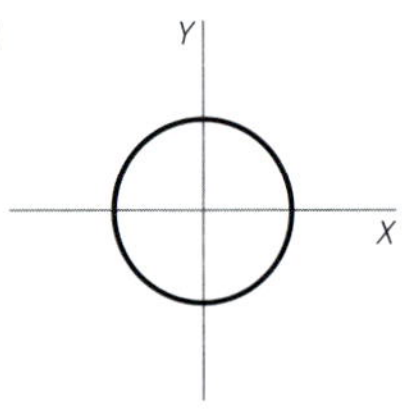

d)

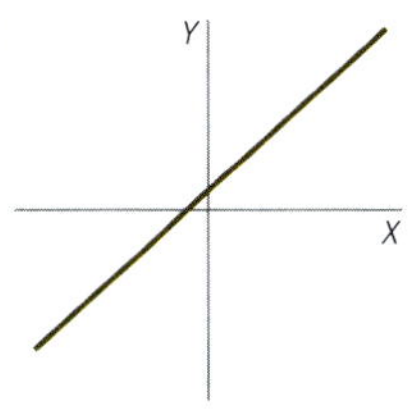

7. ★☆☆ Realitza les activitats presentades a l'enllaç següent: http://links.edebe.com/29umi3 @

8. ★☆☆ Donada la taula següent, representa la gràfica corresponent:

USUARIS D'INTERNET PER CADA 100 HABITANTS A LA REPÚBLICA DOMINICANA								
ANY	2004	2005	2006	2007	2008	2009	2010	2011
%	8,87	11,48	14,84	17,09	21,58	26,77	39,53	35,50

9. ★☆☆ La taula següent recull les dades de l'emissió de CO_2 a Espanya en diferents anys. Representa'n la gràfica.

EMISSIONS DE CO_2 A ESPANYA EN MILIONS DE TONES									
2003	2004	2005	2006	2007	2008	2009	2010	2011	2012
334	352	367	357	364	333	297	281	284	279

10. ★★☆ La gràfica representa l'altura dels successius rebots d'una pilota que cau des d'una determinada altura.

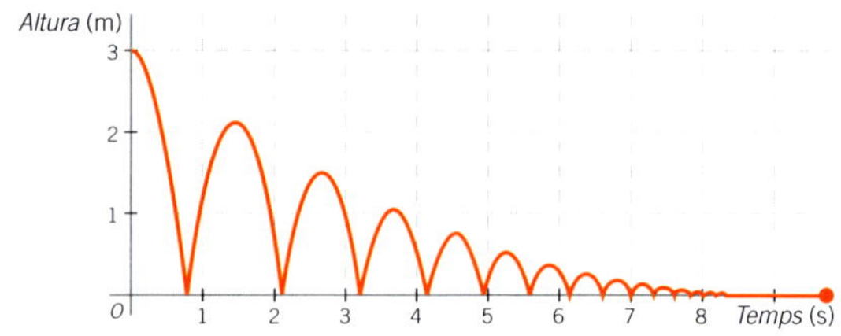

Indica:

a) L'altura des de la qual cau la pilota.

b) Les vegades que rebota abans d'aturar-se.

c) L'altura aproximada que assoleix a cada rebot.

d) Quant dura el moviment de la pilota.

11. ★★☆ Indica quines de les correspondències següents són funcions:

a) A cada nombre real li associem el seu valor absolut.

b) A cada nombre natural li associem els seus divisors.

c) A cada alumne d'una classe li associem la seva edat.

d) A cada nombre natural li associem la suma dels seus dígits.

e) A cada nombre real li associem l'enter immediatament igual o menor que ell.

f) A cada triangle li associem les mesures dels seus angles.

g) A cada persona li assignem la seva nacionalitat.

12. ★★☆ Sigui la funció: «A cada nombre natural li assignem el primer nombre parell igual o més gran que ell»: a) elabora una taula de valors; b) representa-la gràficament; c) determina'n l'expressió analítica.

Sol.: $f(x) = x$ si x és parell
i $f(x) = x + 1$ si x és imparell amb $x \in \mathbb{N}$

13. ★★☆ La gràfica següent representa el contingut del dipòsit de gasolina d'un cotxe mentre recorre un determinat trajecte.

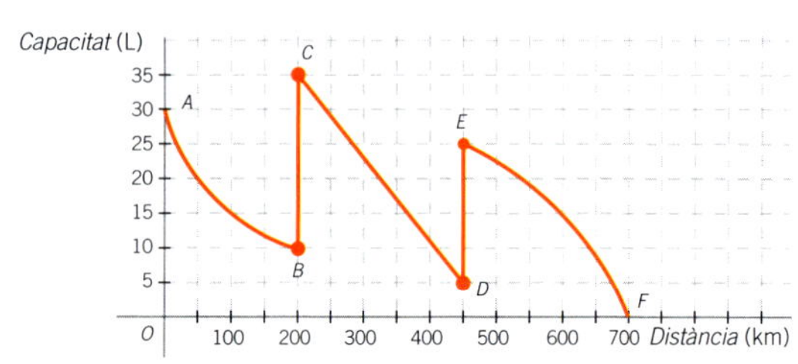

Analitza la gràfica: a) és una funció?; b) explica què succeeix en els quilòmetres 200 i 450; c) identifica amb quants litres de gasolina comença i acaba el trajecte; d) troba els litres que ha gastat; e) determina els quilòmetres que ha recorregut.

14. ★★☆ Dibuixa la gràfica d'una funció f tal que $D(f) = [-5, 8]$ i $R(f) = [1, 4] \cup \{5\}$.

15. ★★☆ Indica tres funcions en què $D(f) = \mathbb{R}$, tres funcions en què $D(f) = \mathbb{R} - \{-2, 3\}$ i tres més en què $R(f) = \mathbb{R}$.

16. ★★☆ Calcula el domini i la imatge de la funció següent:

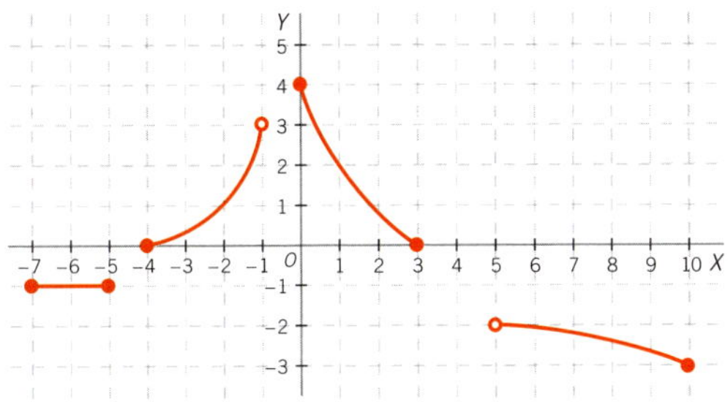

Sol.: $D(f) = [-7, -5] \cup [-4, -1) \cup [0, 3] \cup (5, 10]$, $R(f) = [-3, -2) \cup \{-1\} \cup [0, 4]$

17. ★★☆ Calcula el domini de les funcions següents:

a) $f(x) = 2x^4 - 3x^2 + x - 5$

b) $g(x) = \dfrac{x+1}{x^2-4}$

c) $h(x) = \sqrt{2x+3}$

d) $r(x) = \dfrac{5x^2}{x^2+3}$

e) $s(x) = \sqrt[3]{-x+1}$

f) $t(x) = \dfrac{3}{\sqrt{2-3x}}$

Sol.: a) $\mathbb{R}$; b) $\mathbb{R} - \{-2, 2\}$; c) $[-1{,}5, +\infty)$; d) $\mathbb{R}$; e) $\mathbb{R}$; f) $(-\infty, 2/3)$

18. ★★☆ Calcula el domini de les funcions següents:

a) $f(x) = \dfrac{x^3 - 3x + 1}{x^3 + x^2 - 5x + 3}$

b) $g(x) = \sqrt{\dfrac{2x}{x+2}}$

c) $h(x) = \dfrac{5x}{e^x \sqrt[3]{-2x+5}}$

d) $s(x) = \ln(x^2 - 1)$

— Representa-les amb l'ajuda d'una calculadora gràfica.

Sol.: a) $\mathbb{R} - \{-3, 1\}$; b) $(-\infty, -2) \cup [0, \infty)$; c) $\mathbb{R} - \{5/2\}$; d) $\mathbb{R} - [-1, 1]$

19. ★★☆ Donada la gràfica següent, determina si correspon a una funció. Calcula $D(f)$, $R(f)$, $f(4)$, $f(-3)$, $f(2)$, $f(5{,}2)$, original de -2 i original d'1. Quants originals té el 2?

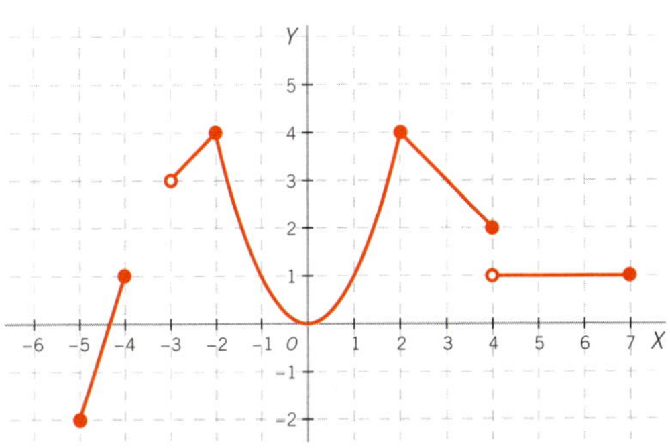

20. ★★☆ Donada la gràfica següent, determina si correspon a una funció. Calcula $D(f)$ i $R(f)$. Inventa't un relat que descrigui l'evolució de la gràfica.

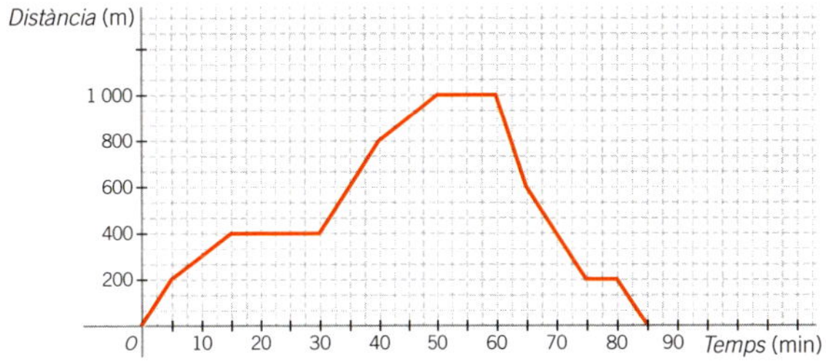

21. ★★★ La gràfica següent representa els colors primaris que hem de barrejar, juntament amb el blanc i el negre, per a aconseguir un altre color.

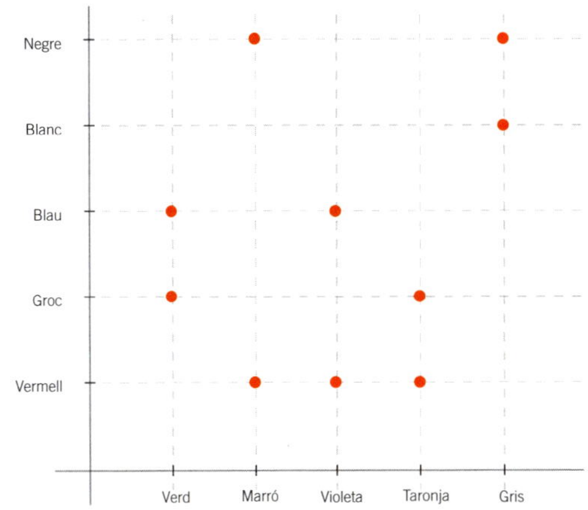

a) Indica què representa cadascun dels eixos. Com s'obté el color verd? I el gris? b) Escriu els parells d'aquesta relació.

22. ★★★ Realitza l'activitat relacionada amb la recerca de la llei o relació d'una funció, que trobaràs a: http://links.edebe.com/q8i9jn

2 OPERACIONS AMB FUNCIONS

23. ★☆☆ En una determinada empresa les despeses de producció d'un article vénen donades per la funció següent: $G(x) = 76 + \dfrac{1}{76\,000}x^3$, i els seus ingressos es regeixen per la fórmula $I(x) = 304 + 3x - \dfrac{1}{100}x^2 + \dfrac{1}{20000}x^3$. Troba la funció que dóna els beneficis.

24. ★☆☆ Calcula $(g \circ f)(x)$ i $(f \circ g)(x)$, sent $f(x) = 2x + 1$ i $g(x) = x^2$.

Sol.: $(g \circ f)(x) = (2x + 1)^2$; $(f \circ g)(x) = 2x^2 + 1$

25. ★★☆ Justifica si és possible restar les funcions $f(x) = \sqrt{x+1}$ i $g(x) = \sqrt{-x-3}$.

26. ★★☆ Calcula la suma i el producte de les funcions següents: $f(x) = \sqrt{x+5}$, $g(x) = x + 1$.

Sol.: $(f+g)(x) = x + 1 + \sqrt{x+5}$ i $(f \cdot g)(x) = (x+1)\sqrt{x+5}$, $D = [-5, +\infty)$

27. ★★☆ Donades les funcions $f(x) = 2x^4 - 3x + 5$, $g(x) = 1 + x^4$ i $h(x) = \dfrac{x^2 - 3}{x + 1}$. Calcula: a) $(f - 2g + h)(x)$; b) $(f + g \cdot h)(x)$.

Sol.: a) $(f - 2g + h)(x) = -2x^2/(x + 1)$, $\forall x \in \mathbb{R} - \{-1\}$;
b) $(f + g \cdot h)(x) = (x^6 + 2x^5 - x^4 - 2x^2 + 2x + 2)/(x + 1)$, $\forall x \in \mathbb{R} - \{-1\}$

28. ★★☆ Donades les funcions $f(x) = 3x^2 - 2x + 1$ i $g(x) = -x^3 + x^2$, calcula: a) $(f + g)(x)$; b) $(f - g)(x)$; c) $(f \cdot g)(x)$; d) $(5 \cdot f)(x)$; e) $(f/g)(x)$; f) $(g/f)(x)$.

Sol.: a) $-x^3 + 4x^2 - 2x + 1$; b) $x^3 + 2x^2 - 2x + 1$;
c) $x^2(-3x^3 + 5x^2 - 3x + 1)$; d) $15x^2 - 10x + 5$;
e) $\dfrac{-(3x^2 - 2x + 1)}{x^2(x - 1)}$, $D = \mathbb{R} - \{0, 1\}$

29. ★★☆ Se sap que els costos totals de fabricar x unitats d'un determinat producte vénen donats per l'expressió $C(x) = 2x^2 - 30x + 76$. Quina és la funció que defineix el cost mitjà?

30. ★★☆ Siguin les funcions $f(x) = \dfrac{x + 2}{5}$ i $g(x) = x^2$. Explica com podem obtenir, a partir d'aquestes funcions i per composició, $p(x) = \left(\dfrac{x + 2}{5}\right)^2$ i $q(x) = \dfrac{x^2 + 2}{5}$.

31. ★★☆ Sigui la funció f definida per «a cada nombre real li associem un quart del seu cub» i la funció g en la qual «a cada nombre real li associem el seu oposat més set unitats». Calcula: a) $(g + f)(x)$; b) $(f - g)(x)$; c) $(3f - 5g)(x)$; d) $(g/f)(x)$; e) $(g \circ f)(x)$; f) $(f \circ g)(x)$.

Sol.: a) $(g + f)(x) = x^3/4 - x + 7$; b) $(f - g)(x) = x^3/4 + x - 7$;
c) $(3f - 5g)(x) = 3x^3/4 + 5x - 35$; d) $(g/f)(x) = (-4x + 28)/x^3$;
e) $(g \circ f)(x) = -x^3/4 + 7$; f) $(f \circ g)(x) = (-x + 7)^3/4$

32. ★★★ Donades les gràfiques següents, calcula: a) $(f + g)(x)$; b) $(f/g)(x)$.

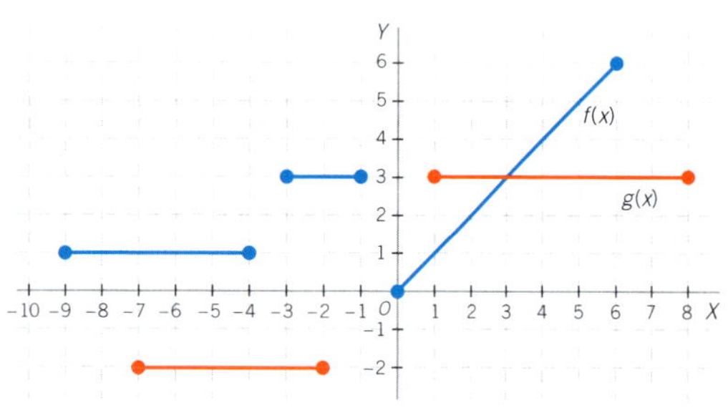

Sol.: a) $(f + g)(x) = -1$, $\forall x \in [-7, -4]$; $(f + g)(x) = 1$, $\forall x \in [-3, -2]$;
$(f + g)(x) = x + 3$, $\forall x \in [1, 6]$; b) $(f/g)(x) = -1/2$, $\forall x \in [-7, -4]$;
$(f/g)(x) = -3/2$, $\forall x \in [-3, -2]$; $(f/g)(x) = x/3$, $\forall x \in [1, 6]$

33. ★★★ Siguin les funcions $f(x) = x^2 + 1$, $h(x) = x^3$. Calcula la funció $g(x)$ que compleixi: $(h \circ g \circ f)(x) = (1/(x^2 + 1))^3$.

Sol.: $g(x) = 1/x$

3 FUNCIÓ INVERSA

34. ★☆☆ Calcula la funció inversa de $f(x) = 7x - 5$.

Sol.: $f^{-1}(x) = (x + 5)/7$

35. ★☆☆ Indica sobre el dibuix quina és la funció inversa de $f(x)$.

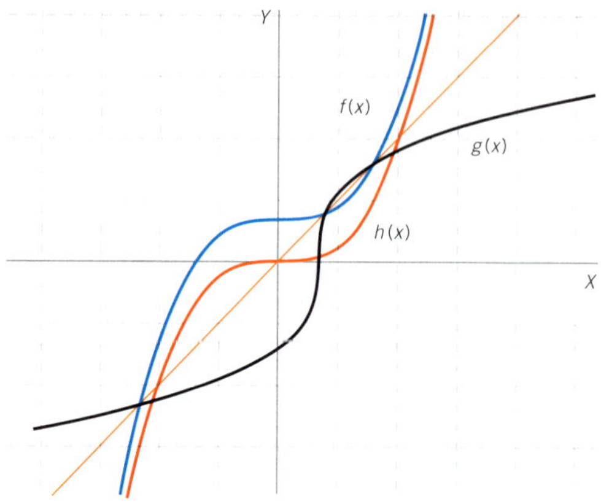

36. ★★☆ Comprova que la inversa de $f(x) = \dfrac{x}{x + 7}$ és $f^{-1}(x) = \dfrac{-7x}{x - 1}$.

37. ★★☆ Justifica si la funció $f(x) = x^2$ té inversa. Podem restringir el $D(f)$ perquè tingui inversa? En cas afirmatiu, indica'n l'expressió.

38. ★★☆ Observa la fórmula següent: $T(°C) = T(K) - 273{,}15$, on $T(°C)$ és la temperatura en graus centígrads i $T(K)$ és la temperatura en kelvin. Troba la funció $f(x)$ per passar de K a °C. Què representa $f^{-1}(x)$? Calcula-la.

39. ★★☆ Calcula $[f^{-1}(x)]^{-1}$ de la funció $f(x) = \dfrac{3}{x + 1}$. Què hi observes?

40. ★★☆ Sigui la funció $f(x) = \sqrt{x + 1}$. Té inversa? Calcula el domini de $f(x)$ perquè existeixi la seva inversa.

41. ★★☆ Les hipèrboles $f(x) = \dfrac{ax + b}{cx + d}$ amb $ad - cb \neq 0$ tenen inversa. Calcula $f^{-1}(x)$, $D(f)$ i $D(f^{-1})$.

Sol.: $f^{-1}(x) = (b - dx)/(cx - a)$

42. ★★☆ Si $f(x) = \dfrac{3x - 1}{2}$ i $g(x) = ax + 2$, troba el valor de a perquè es compleixi $f^{-1}(2) = g^{-1}(-1)$.

Sol.: $-9/5$

43. ★★☆ Donada la funció $f(x)$, calcula $f^{-1}(1)$, $f^{-1}(3)$, $f^{-1}(2)$ i $f^{-1}(0)$. Dibuixa la funció inversa de $f(x)$.

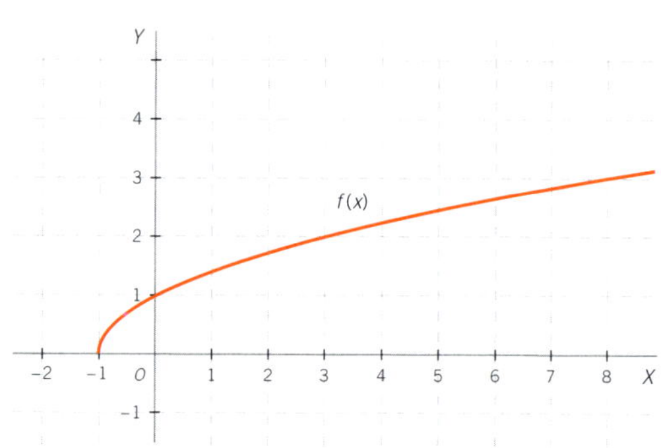

44. ★★★ Una de les propietats de la funció inversa és $(g \circ f)^{-1}(x) = f^{-1}(x) \circ g^{-1}(x)$. Demostra que es compleix aquesta propietat per a les funcions $f(x) = 2x - 5$ i $g(x) = 7/x$.

4 CARACTERÍSTIQUES D'UNA FUNCIÓ

45. ★☆☆ Estudia la monotonia, la continuïtat i els extrems relatius d'aquesta funció, que representa el desnivell d'una etapa d'una prova ciclista.

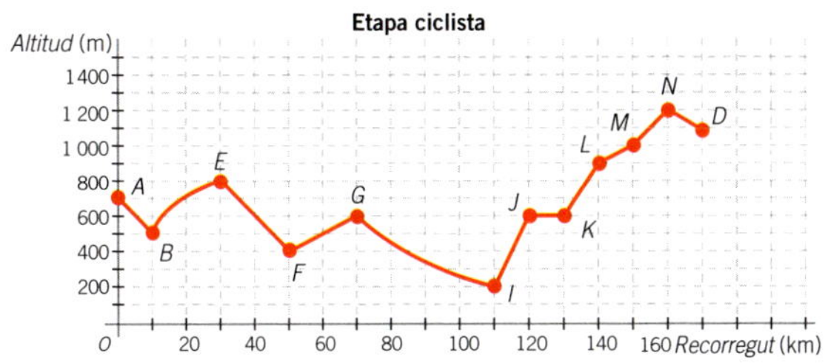

46. ★★☆ Donada la funció següent:

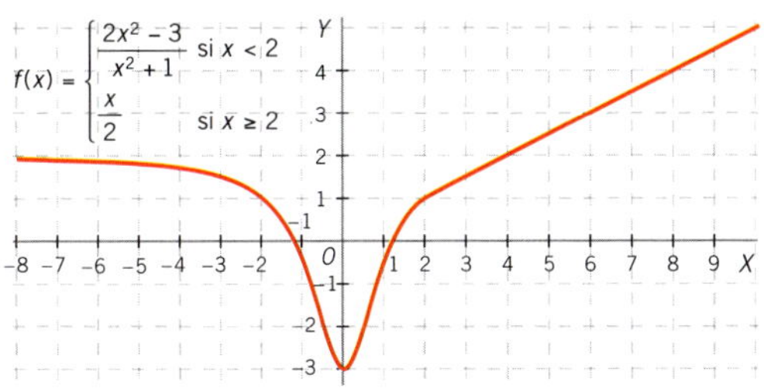

Estudia'n la fitació, i calcula (si existeixen) les fites superiors i inferiors, el suprem i l'ínfim, i els màxims i mínims absoluts.

47. ★★☆ Dibuixa una funció f tal que: $D(f) = \mathbb{R}$, les seves fites superiors són $[4, +\infty)$ i les inferiors, $(-\infty, -2]$, i té suprem, però no ínfim.

48. ★★☆ Indica quin tipus de simetria tenen les funcions següents:

a) $f(x) = \dfrac{x}{x^2+1}$

b) $g(x) = \dfrac{2x+1}{x^2}$

c) $h(x) = x^4 + 3x^2 - 1$

d) $s(x) = |x^3| + 5x^2 - 1$

49. ★★☆ Estudia la simetria de les funcions següents:

a) $f(x) = \dfrac{x^2+x-1}{x^3}$

b) $g(x) = \dfrac{x^4+2x^2+5}{x^2+1}$

c) $h(x) = x^3 - x$

d) $s(t) = \sqrt{x-6}$

50. ★★☆ Donada la funció següent, calcula: a) domini; b) imatge; c) màxims i mínims; d) monotonia; e) fitació.

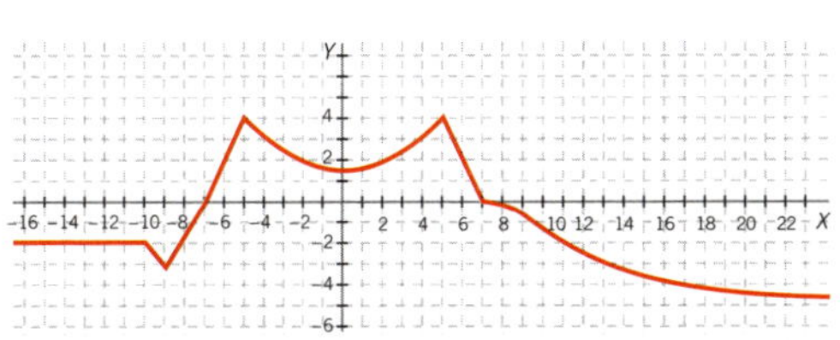

51. ★★☆ Efectua l'activitat interactiva que trobaràs a: http://links.edebe.com/mrhkr i respon les preguntes.

52. ★★☆ La corba següent rep el nom de *cicloide* i és el camí que recorre un punt d'una circumferència en rodar per una línia (en aquest cas, l'eix X) sense lliscar.

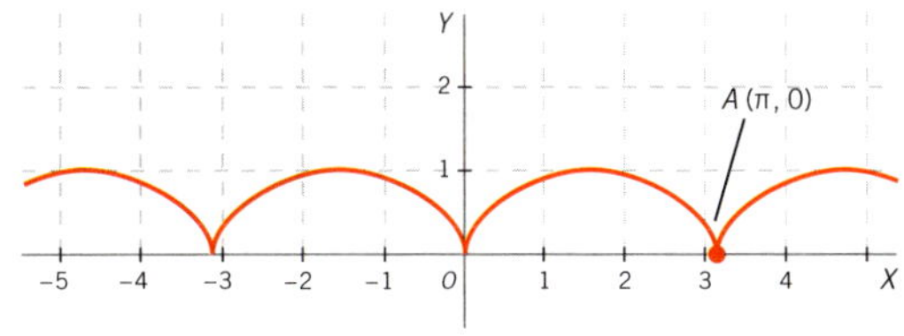

Estudia: domini, recorregut, monotonia, continuïtat, simetries, fitació, màxims i mínims, i periodicitat.

5 TRANSFORMACIONS GRÀFIQUES DE FUNCIONS

53. ★☆☆ Donada la funció $f(x)$, dibuixa les gràfiques de: a) $f(x) + 3$; b) $f(x) -2$; c) $f(x + 1)$; d) $f(x - 4)$.

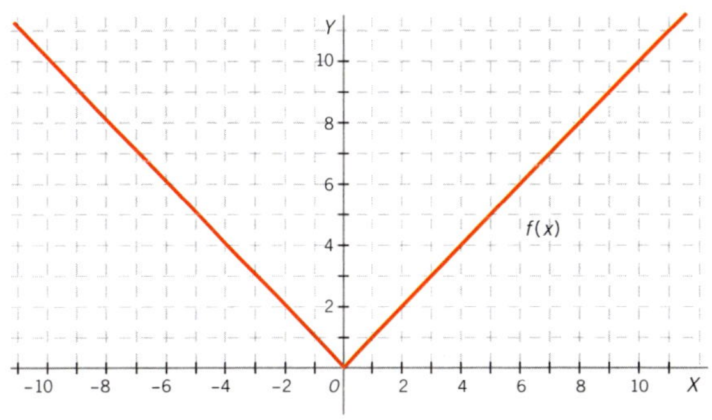

54. ★★☆ A partir de la funció $f(x) = x^2 + 1$, dibuixa les funcions $g(x) = f(x) + 5$ i $h(x) = f(x - 3)$.

— Expressa analíticament $g(x)$ i $h(x)$.

Sol.: $g(x) = x^2 + 6$, $h(x) = x^2 - 6x + 10$

55. ★★☆ Dibuixa $y = \dfrac{1}{x+2} - 3$ a partir de la gràfica $y = \dfrac{1}{x}$.

56. ★★☆ Amb la funció $f(x)$ de la figura, definida en l'interval $[0, 6]$, efectua les transformacions següents: $-f(x - 6)$, $f(x - 12)$, $-f(x - 18)$...

— Determina quines serien les dues transformacions següents i analitza la funció que obtenim.

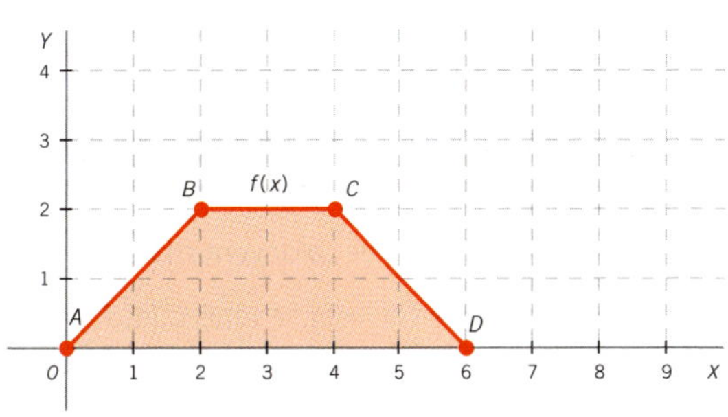

57. ★★★ Donada la funció $f(x)$ i el fris del dibuix, indica i realitza totes les transformacions necessàries per a aconseguir el fris a partir de $f(x)$.

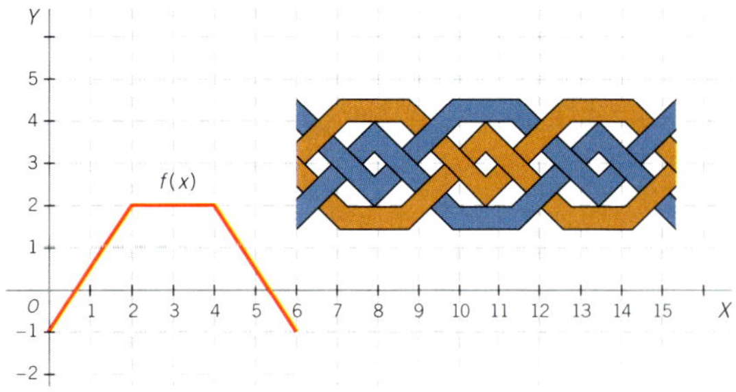

SÍNTESI

58. ★★☆ Siguin les funcions següents:

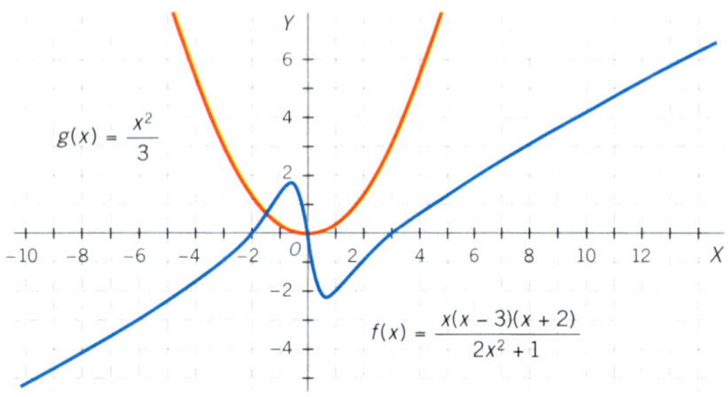

a) Estudia: domini i recorregut, simetries, màxims i mínims, fitació i monotonia.

b) Calcula $(g \circ f)(x)$; $(f+g)(3)$; $(f \cdot g)(0)$.

c) Representa i indica l'expressió analítica de $g(x+1) - 3$.

d) Representa i indica l'expressió analítica de $-f(x)$ i $f(-x)$.

— Representa les funcions dels apartats b), c) i d) amb l'ajuda d'una calculadora gràfica. @

59. ★★☆ A partir de la funció més senzilla possible i de domini mínim, mitjançant transformacions, volem dur a terme el fris següent:

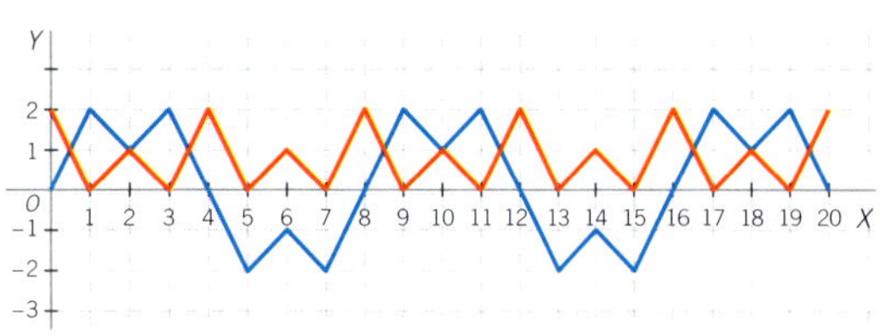

a) Troba la mínima funció i descriu les transformacions que cal efectuar.

b) Considera la funció de color blau del dibuix superior. Estudia'n el domini, el recorregut, la continuïtat, la monotonia, la fitació, les simetries i la periodicitat.

c) Justifica si la funció de color vermell té inversa.

d) Dibuixa la suma i la resta de totes dues funcions.

60. ★★★ La taula següent representa el nombre d'incendis forestals a Espanya en diferents anys:

ANY	2007	2008	2009	2010	2011
NOMBRE	3 378	4 355	5 776	3 910	5 373

a) Representa la gràfica.

b) Justifica si podem saber quants incendis es van produir el mes de març de 2009. Si unim els punts de la taula mitjançant una línia, quina informació dóna la gràfica? Què opines d'aquests fets?

c) Uneix els punts de la taula tenint en compte les dades següents i segons el teu criteri:

— Entre els anys 2009 i 2011 la majoria dels incendis es van produir en el tercer trimestre de l'any.

— El 2010 la major part dels incendis van succeir els mesos de juny, juliol i agost. En el primer trimestre de l'any no se'n va produir cap.

d) Estudia de la forma més completa possible la gràfica creada.

61. ★★★ Realitza les activitats de la pàgina web següent: http://links.edebe.com/7rgsx @

62. ★★★ Siguin les gràfiques següents:

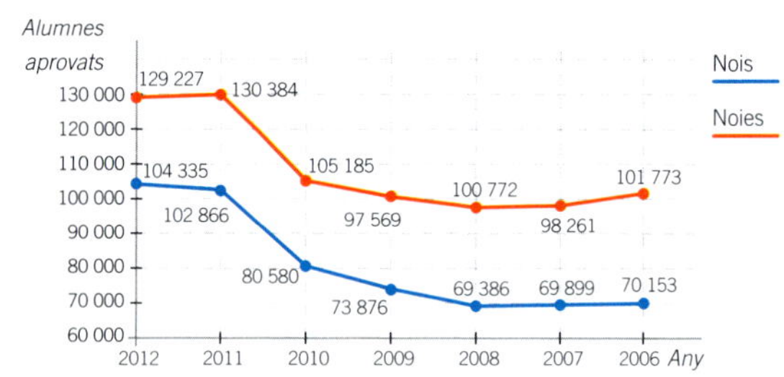

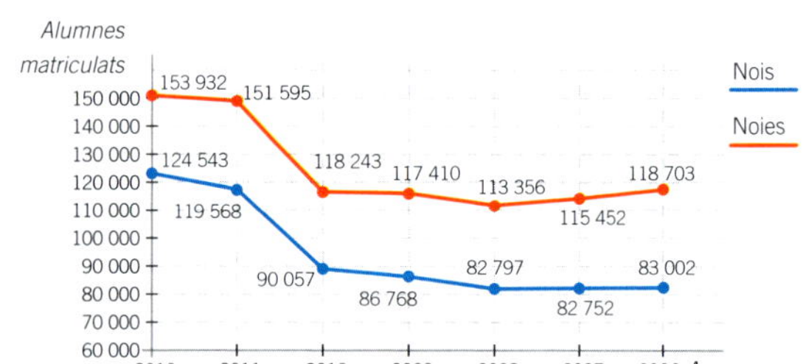

a) Analitza per separat cadascuna de les gràfiques. Pots extreure'n conclusions reals?

b) Ara analitza-les conjuntament i elabora una nova gràfica que mostri la realitat de les dades.

63. ★★★ Efectua l'activitat sobre l'índex de massa corporal de la pàgina web següent: http://links.edebe.com/uzg4u @

64. ★★★ Efectua les activitats interactives sobre característiques de funcions de la pàgina web següent: http://links.edebe.com/i8rf i respon les preguntes plantejades. @

Síntesi

INTRODUCCIÓ A LES FUNCIONS

Gràfiques i funcions

Una **gràfica** és la representació en uns eixos de coordenades dels parells ordenats que fan veritable una proposició o regla que defineix la relació entre dos conjunts.

Una **funció** és una relació entre dos conjunts *A* i *B*, de manera que a cada element *x* del conjunt *A* li correspon un únic element *y* del conjunt *B* o cap element.

Formes d'expressar una funció: expressió verbal, gràfica, taula de valors, fórmula.

- S'anomena *domini d'una funció* el conjunt de valors de *x* per als quals existeix la funció.
- El *recorregut* o *imatge d'una funció* és el conjunt de les imatges dels elements del domini (és a dir, els valors que pren la funció).

Operacions amb funcions

Siguin $f: D_1 \rightarrow \mathbb{R}$, $g: D_2 \rightarrow \mathbb{R}$ i $k \in \mathbb{R}$

Suma i resta: $(f \pm g)(x) = f(x) \pm g(x)\ \forall x \in D_1 \cap D_2$

Producte d'un nre. real per una funció: $(k \cdot f)(x) = k \cdot f(x)\ \forall x \in D_1$

Producte: $(f \cdot g)(x) = f(x) \cdot g(x)\ \forall x \in D_1 \cap D_2$

Quocient: $(f/g)(x) = f(x)/g(x)\ \forall x \in D_1 \cap D_2$ i $g(x) \neq 0$

Composició: $(g \circ f)(x) = g[f(x)]$, complint que $R(f) \subseteq D(g)$

Funció inversa

Donada una funció $f(x)$, la seva **funció inversa** és una altra funció, designada per $f^{-1}(x)$, de manera que es compleix que: si $f(a) = b$, aleshores $f^{-1}(b) = a$.

Característiques d'una funció

Monotonia: Creixent / Estrictament creixent, Decreixent / Estrictament decreixent, Constant

Continuïtat: Una funció és **contínua** si es pot dibuixar sense aixecar el llapis del paper; és a dir, si no existeixen salts.

Extrems relatius:

- f assoleix un **màxim relatiu** en x_0 el valor del qual és $f(x_0)$ si, i només si, existeix un entorn de centre x_0 tal que, per a tota x que pertany a aquest entorn es compleix que $f(x) < f(x_0)$.
- f assoleix un **mínim relatiu** en x_0 el valor del qual és $f(x_0)$ si, i només si, existeix un entorn de centre x_0 tal que, per a tota x que pertany a aquest entorn es compleix que $f(x) > f(x_0)$.

Fitació: Una funció està **fitada superiorment (inferiorment)** si existeix un nombre real K que sigui igual o més gran que totes les imatges de la funció. K s'anomena **fita superior (inferior).** La menor (major) de les fites superiors (inferiors) és el **suprem (ínfim).** Si el suprem (ínfim) és assolit per la funció, es tracta d'un **màxim (mínim) absolut.**

Simetries:

- $f(x)$ és **parella** o **simètrica respecte de l'eix *Y*** si, i només si, $\forall x \in D$ es compleix que $f(x) = f(-x)$.
- $f(x)$ és **imparella** o **simètrica respecte de l'origen** si, i només si, $\forall x \in D$ es compleix que $f(x) = -f(-x)$.

Periodicitat: $f(x)$ és una **funció periòdica** de període $T \Leftrightarrow f(x+T) = f(x)\ \forall x \in D(f)$, sent T el menor nombre real que compleix aquesta propietat.

Transformacions gràfiques

Translacions:

- Desplaçament cap amunt: $f(x) + a$
- Desplaçament cap avall: $f(x) - a$
- Desplaçament a la dreta: $f(x - a)$
- Desplaçament a l'esquerra: $f(x + a)$

Reflexions: Respecte de l'eix Y, $f(-x)$. Respecte de l'eix X, $-f(x)$.

1 Un pintor ha de pintar una superfície de 200 m^2. Comença un dilluns a les 8 h del matí i treballa de forma continuada fins a les 12 h, que para per a esmorzar. Fins a aquest moment ha pintat 80 m^2. Reprèn la tasca després de mitja hora fins a les 15 h, amb el mateix ritme que al començament. A les 17 h torna a la feina i s'adona que hi ha 10 m^2 que tenen una taca que s'ha de treure i tornar a pintar. Tarda 20 min a escatar els 10 m^2. A les 20 h li queden per pintar 30 m^2 i descansa mitja hora. Acaba la feina a les 21 h.

— Representa gràficament la superfície pintada respecte del temps, explicant el procés seguit.

2 L'empresa d'autobusos Buenviaje cobra una tarifa diferent segons el trajecte recorregut a la línia entre Pinto i Valdemoro, que es troben a 7 km l'un de l'altre. La taula recull el preu del viatge *y* en funció de la distància recorreguda *x*.

x (km)	> 0 i ≤ 1	> 1 i ≤ 2	> 2 i ≤ 3	> 3 i ≤ 4
y (€)	1,00	1,50	2,00	2,50

a) Demostra que la taula defineix una funció.

b) Calcula la imatge d'1,5 i les antiimatges de 2 per a aquesta funció i explica'n els significats.

c) Quines característiques pots destacar d'aquesta funció?

Sol.: b) $f(1{,}50) = 1{,}50$, $f^{-1}(2{,}00) = (2, 3]$

3 Calcula el domini de les funcions següents:

a) $f(x) = \dfrac{x^2+1}{x^4-1}$ b) $g(x) = \dfrac{\sqrt{x+3}}{\sqrt[3]{-x+5}}$

Sol.: a) $D(f) = \mathbb{R} - \{-1, 1\}$; b) $D(f) = [-3, 5) \cup (5, +\infty)$

4 Donades les funcions $f(x) = x^3 + 2x$, $g(x) = \dfrac{3}{x}$ i $h(x) = \sqrt{x^2+1}$, calcula especificant els dominis: a) $(5f - 3g)(x)$; b) $(g \circ h \circ f)(x)$; c) $(h/g)(x)$.

Sol.: a) $5x^3 + 10x - \dfrac{9}{x}$, $D = \mathbb{R} - \{0\}$;

b) $\dfrac{3}{\sqrt{(x^3+2x)^2+1}}$, $D = \mathbb{R}$; c) $\dfrac{x\sqrt{x^2+1}}{3}$, $D = \mathbb{R} - \{0\}$

5 Troba la funció inversa de $f(x) = \dfrac{2x+7}{-x+3}$ i comprova que $(f \circ f^{-1})(x) = Id$ i $(f^{-1})^{-1}(x) = f(x)$.

Sol.: $f^{-1}(x) = \dfrac{3x-7}{x+2}$

6 La gràfica següent mostra com es desenvolupa en el temps una passejada de l'Anna.

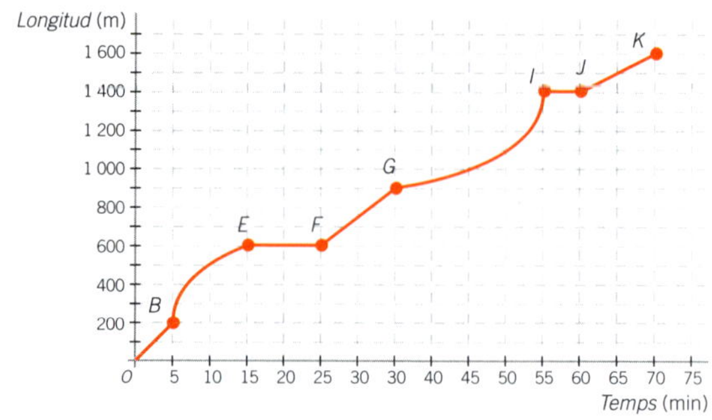

a) Assenyala les variables dependent i independent, així com el domini i el recorregut. b) Estudia la monotonia. Pot ser la gràfica en algun tram decreixent? Per què? c) Quin significat tenen els segments *EF* i *IJ*?

Sol.: a) $D(f) = [0, 70]$, $R(f) = [0, 1600]$

7 Dibuixa una funció *f* tal que: $D(f) = (-\infty, -3] \cup [-1, 6] \cup (7, +\infty)$, $R(f) = [-3, 2] \cup (3, +\infty)$, té dos màxims relatius i un mínim relatiu, i un altre d'absolut.

8 En l'edició d'un llibre de text, el cost fix per exemplar, *C* (desenes de milers d'euros), està relacionat amb el nombre d'exemplars impresos *n* segons aquesta funció:

$$C = f(n) = \frac{10}{n}$$

a) Indica quin tipus de funció és la que relaciona totes dues magnituds i representa-la gràficament, suposant que es tracta d'una funció real de variable real.

b) Obtingues el domini i el recorregut de *f*.

c) Interpreta el significat de la funció a partir de les seves característiques.

Sol.: b) $D(f) = \mathbb{R} - \{0\}$, $R(f) = \mathbb{R} - \{0\}$

9 Estudia el tipus de simetria de les funcions següents:

a) $f(x) = \dfrac{x^3 - 5x}{x^2+3}$ c) $h(x) = \dfrac{-x^4 + 3x^2 + 5}{x^3}$

b) $g(x) = x^2 + 5$ d) $s(x) = \dfrac{7x+1}{x}$

10 Donada $f(x) = \dfrac{2x^3 + 4x^2}{x^2+1}$ la gràfica de la funció *f*, dibuixa i calcula l'expressió analítica de les funcions: a) $h(x) = f(x-3)$; b) $g(x) = f(x) + 2$; c) $s(x) = f(x+1) - 4$.

Sol.: a) $\dfrac{2(x-3)^2(x-1)}{(x-3)^2+1}$; b) $\dfrac{2x^3+6x^2+2}{x^2+1}$; c) $\dfrac{2(x+1)^3-4}{(x+1)^2+1}$

SOCIETY

La idea actual de funció

El concepte de **funció,** tal com el coneixem avui dia, va ser estudiat i precisat pel matemàtic francès **Augustin Louis Cauchy** (1789-1857). Va ser pioner en l'anàlisi matemàtica de les funcions en eliminar-ne tota referència inicial a expressions formals i basar-les en la idea de correspondència entre conjunts.

Augustin Louis Cauchy

ENTREPRENEURS

El secret de les barriques de vi

Encara que l'alemany **Johannes Kepler** *(1571-1630) és més conegut com a astrònom que com a matemàtic, va ser ell qui va establir el fonament de noves idees per a la solució dels màxims i mínims relatius de les funcions. Aquests avanços els va reflectir en la seva obra* Nova Stereometria doliorum vinariorum *(1615); el punt de partida va ser la metodologia seguida per a conèixer quantes àmfores contenien unes barriques de vi que li havien fet arribar. L'enllaç* http://links.edebe.com/jcgb *te'n facilitarà més informació (pàgines 54 a 59 del document en PDF).*

SOCIETY

Oferta i demanda

«El consumidor, com es diu, és el rei... Cadascú és un votant que utilitza els seus diners com a vot per a obtenir les coses que vol».

La frase anterior va ser pronunciada per l'economista nord-americà **Paul A. Samuelson** (1915-2009), que va contribuir de manera decisiva a l'establiment de l'estudi analític i metodològic de l'economia. Els seus esforços van ser reconeguts amb la concessió del Premi Nobel d'Economia l'any 1970.

- Una gran part de l'economia es basa en **la llei de l'oferta i la demanda.** En què consisteix aquest model econòmic? Busca'n informació a internet.
- El citat **Paul A. Samuelson** va convertir aquesta llei en una funció matemàtica de la qual es deriven dues corbes: la de l'oferta i la de la demanda. Accedeix a l'enllaç **http://links.edebe.com/88c39** i n'obtindràs més informació.

TECHNOLOGICAL DEVELOPMENTS

Gràfiques sense esforç

El traçat de tot tipus de gràfiques de funcions es va facilitar enormement amb l'aparició de la primera calculadora gràfica l'any 1985. Des de llavors, amb la meteòrica evolució de la tecnologia informàtica i digital, les calculadores gràfiques actuals, juntament amb els ordinadors de butxaca i altres dispositius mòbils, mostren amb rapidesa i qualitat visual les gràfiques de tot tipus de funcions, atès que ja incorporen el corresponent programari per a aquest tipus d'activitats.

- A través d'internet pots obtenir multitud de programes gratuïts per a la representació de gràfiques en 2D i 3D. Pots buscar-los, per exemple, mitjançant les expressions «Calculadora gràfica 2D» i «Calculadora gràfica 3D». Instal·la alguna d'aquestes aplicacions i valora'n la utilitat.

CRITICAL SENSE

BAIXA EL PREU DEL TAXI?

El preu en aquest tipus de transport sol constar de dos conceptes bàsics: la baixada de bandera (p. ex., 2,05 €) i el preu per quilòmetre recorregut (p. ex., 0,98 €/km). Imagina que es publica el següent canvi de tarifes: 1,84 € per baixada de bandera i 1,05 € per quilòmetre recorregut. A partir d'aquestes dades:

- Converteix a funció el preu d'un trajecte segons cadascuna de les tarifes i, amb una calculadora gràfica, troba quina distància es pot recórrer amb taxi amb les dues tarifes perquè el preu final sigui el mateix.
- Encara que un dels conceptes s'ha rebaixat, a igual recorregut, realment disminueix el preu del transport amb taxi? On sol posar-se l'èmfasi quan s'anuncia aquest tipus de canvis? Justifica les respostes.

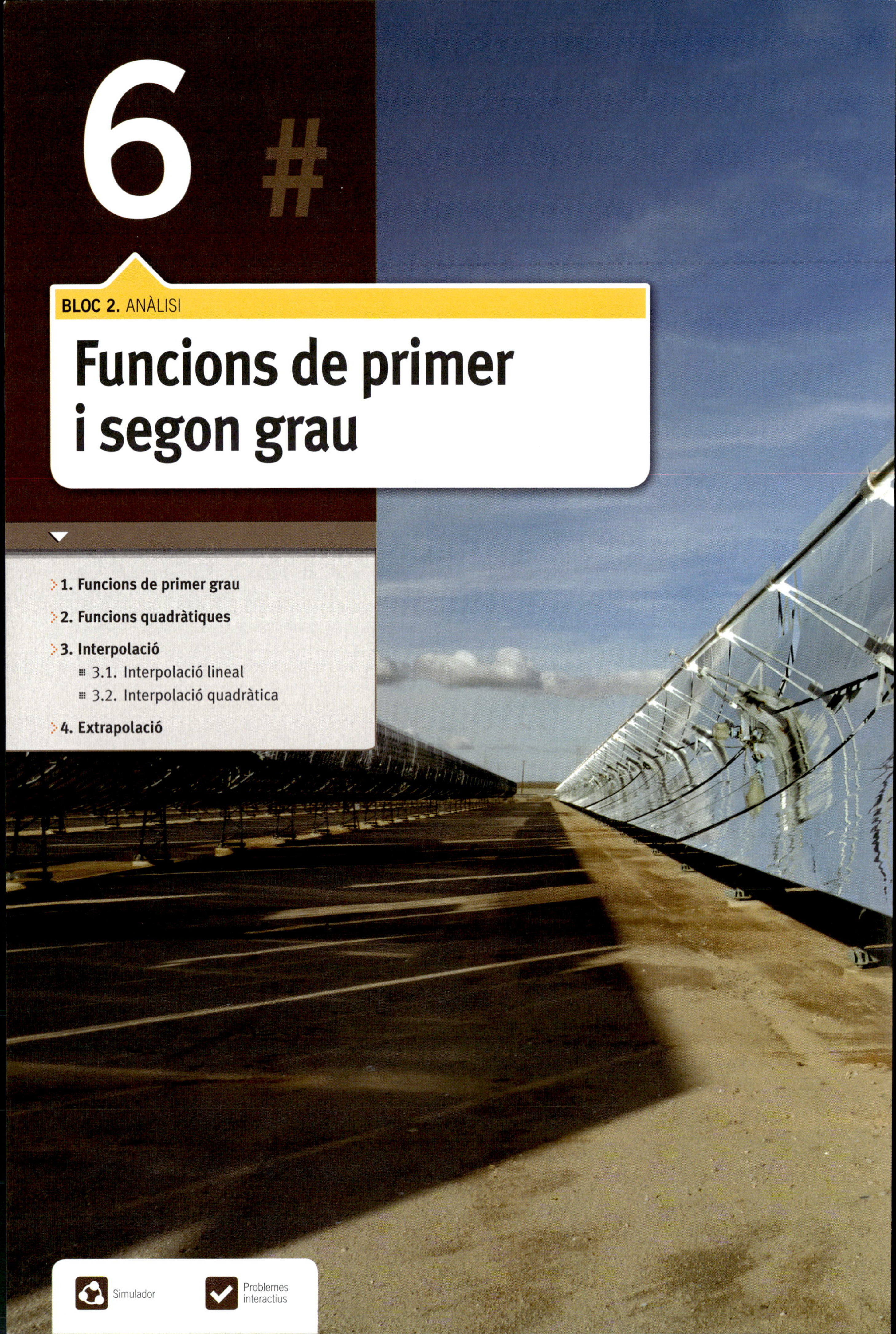

6

BLOC 2. ANÀLISI

Funcions de primer i segon grau

Simulador

Problemes interactius

Notícies

Miralls que espremen el desert

[...] Al sud d'Abu Dhabi, en els confins orientals del desert de Rub al Khali, al desert d'Aràbia, acaba d'inaugurar-se la planta termosolar més gran del món, els 258 048 miralls de la qual miren l'astre rei per a aconseguir energia verda.

[...] Es tracta de la primera planta solar cilindroparabòlica al Pròxim Orient i la primera en operació de mida industrial. Té capacitat per a produir 100 megawatts, prou per a proveir d'electricitat 20 000 llars. El cor del complex, que s'estén sobre 2,5 quilòmetres quadrats, és un conjunt de fileres de miralls amb forma parabòlica que concentren la radiació solar en un tub central pel qual circula oli sintètic que s'escalfa fins a assolir els 393 graus...

El País, 24-3-2013 (adaptació).

Web

— En el vídeo següent, pots veure algunes aplicacions de la paràbola en la tecnologia i l'esport:
http://youtu.be/4f_UgQzVpiY

— Una de les aplicacions de la interpolació és en el camp del tractament digital d'imatges, per exemple, per a ampliar-les. En el web **http://links.edebe.com/eqmvaj** s'explica en què consisteix i com dur-la a terme mitjançant un programa informàtic específic.

EN CONTEXT

a> Llegeix la notícia «Miralls que espremen el desert» a **http://links.edebe.com/u9rcj** i respon:

— Quina forma tenen els miralls?

— Si el cor del complex forma un quadrat, quantes fileres i quants miralls hi ha? (Arrodoneix les solucions a la unitat.)

— Investiga el funcionament de les plantes termosolars i per a què s'hi utilitza l'oli calent.

b> Llegeix la pàgina web proposada més amunt sobre interpolació d'imatges i respon:

— Què sabies anteriorment sobre aquest tema? Com connecta la informació del web amb el que ja sabies?

— Quines noves idees et sorgeixen sobre aquest tema?

— Què et segueix resultant confús?

1. Funcions de primer grau

La línia recta es troba en multitud d'objectes i construccions que ens envolten. Al matemàtic francès René Descartes (1596-1650) li devem les primeres expressions analítiques de les rectes.

> Les **funcions de primer grau o funcions polinòmiques de primer grau** són aquelles l'expressió algèbrica de les quals és de la forma $y = f(x) = mx + n$ i la seva representació gràfica és una línia recta.

On:

— $m \neq 0$ és el **pendent** (inclinació) de la recta.

— n és l'**ordenada en l'origen** (punt de tall amb l'eix Y).

Si $n = 0$, la funció de primer grau rep el nom de **funció lineal** i si $n \neq 0$ es denomina **funció afí.**

— **Pendent d'una recta.** És la mesura d'inclinació de la recta; és a dir, la raó de canvi en y respecte al canvi en x.

$$m = \frac{\textit{canvi vertical}}{\textit{canvi horitzontal}}$$

Donats dos punts de la recta $A(x_1, y_1)$ i $B(x_2, y_2)$:

$$m = \frac{y_2 - y_1}{x_2 - x_1},\ x_2 \neq x_1$$

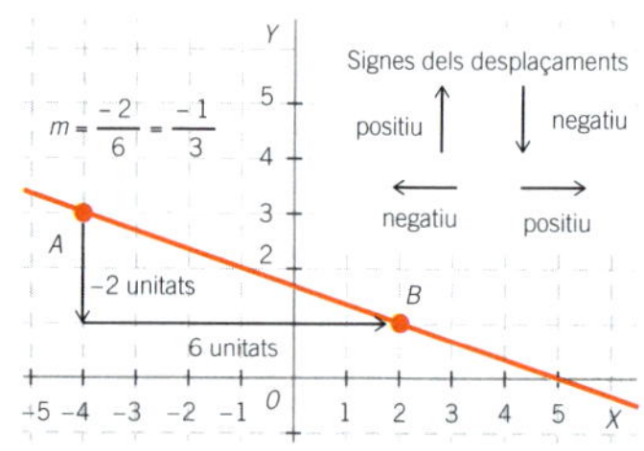

— **Punts de tall amb els eixos.** Per a determinar-los, trobem la intersecció de la recta amb els eixos de coordenades.

PUNTS DE TALL	CÀLCUL	EXEMPLE: $y = 2x + 3$
Eix X	Calculem el valor de x per a $y = 0$.	Si $y = 0 \rightarrow 0 = 2x + 3 \rightarrow$ $\rightarrow x = -3/2 \rightarrow (-3/2, 0)$
Eix Y	Calculem el valor de y per a $x = 0$.	Si $x = 0 \rightarrow y = 3 \rightarrow (0, 3)$

— **Representació gràfica.** Per a representar la funció de primer grau, procedim de la manera que s'explica a continuació en funció de les dades que coneguem:

<table>
<tr><th>DONATS DOS PUNTS A i B</th><th>DONADA L'EXPRESSIÓ ANALÍTICA $y = f(x)$</th><th>DONAT UN PUNT A I EL PENDENT m</th></tr>
<tr><td>Dibuixem els punts en el pla cartesià i tracem la recta.</td><td>Calculem dos punts, donant un valor qualsevol a una de les variables (x o y), que substituïm en l'expressió analítica per calcular el valor de l'altra variable.</td><td>Dibuixem el punt i, a partir d'aquest, realitzem els desplaçaments horitzontals i verticals que indica el pendent; així obtenim un altre punt.</td></tr>
<tr><td>Exemple: donats $A(-3, 1)$ i $B(2, -1)$
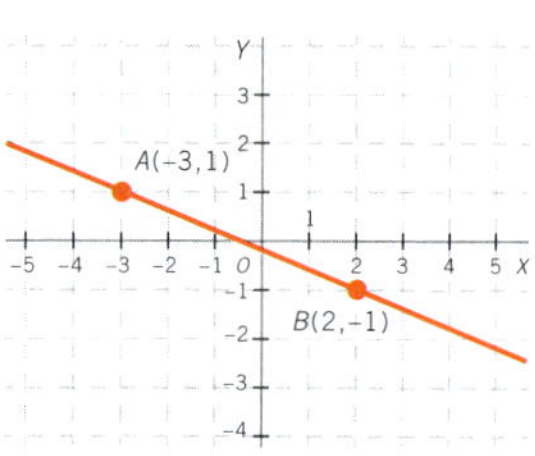
</td><td>Exemple: donada $y = 2x/3 - 1$
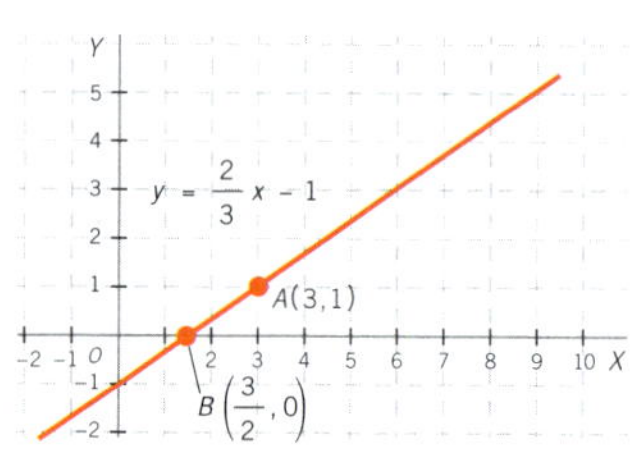

x | y: 3 | 1; 3/2 | 0</td><td>Exemple: donats $A(1, 1)$ i $m = 4/(-3)$
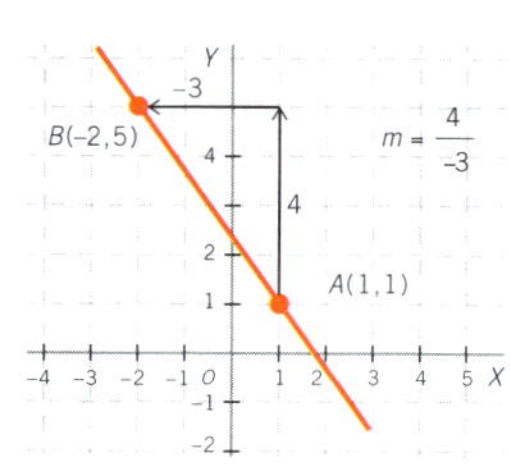
</td></tr>
</table>

CURIOSITATS

Un desnivell d'un 15 % en una carretera significa que per cada 100 m comptats en horitzontal pugem una altura de 15 m.

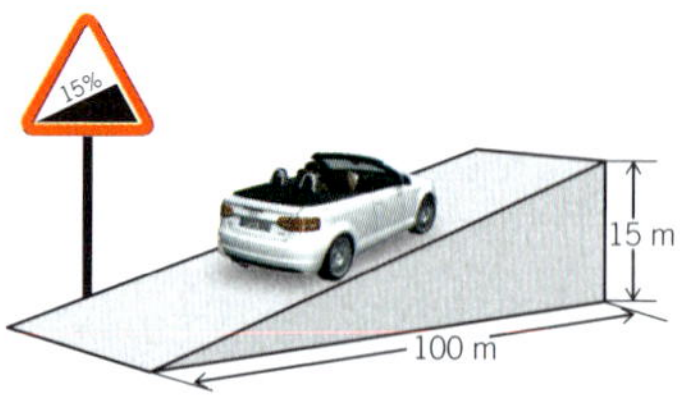

El pendent m és el quocient entre l'altura (15 m) i la distància horitzontal (100 m):

$$m = \frac{15}{100} = 0{,}15$$

Per tant, diem que una **recta** és el **lloc geomètric** dels punts del pla que verifiquen l'expressió analítica de la funció de primer grau.

— **Equacions de la recta.** Existeixen diferents formes d'expressar analíticament la relació que han de complir els punts del pla que determinen una recta:

NOM I OBTENCIÓ	EQUACIÓ
Equació explícita. S'obté a partir del pendent m i l'ordenada en l'origen $(0, n)$.	$y = mx + n$
Equació contínua. S'obté a partir de dos punts $A(x_1, y_1)$ i $B(x_2, y_2)$.	$\frac{x - x_1}{x_2 - x_1} = \frac{y - y_1}{y_2 - y_1}$; $x_2 \neq x_1$, $y_2 \neq y_1$
Equació punt-pendent. S'obté a partir d'un punt $A(x_1, y_1)$ i el pendent m.	$y - y_1 = m(x - x_1)$
Equació general. S'obté d'operar les altres equacions.	$ax + by + c = 0$; a i b no poden ser 0 alhora.

— **Rectes verticals i horitzontals.**

- L'equació d'una **recta vertical** (paral·lela a l'eix Y) és de la forma $x = a$, on a és una constant que coincideix amb el punt de tall de la recta amb l'eix X. El seu **pendent no** està **definit.**
- L'equació d'una **recta horitzontal** (paral·lela a l'eix X) és $y = b$, on b és una constant que coincideix amb el punt de tall de la recta amb l'eix Y. El seu **pendent** és **0.**

FIXA-T'HI

Siguin A i B dos punts coneguts de la recta i X un punt qualsevol. Per la semblança dels triangles ABC i AXD, obtenim l'equació contínua de la recta:

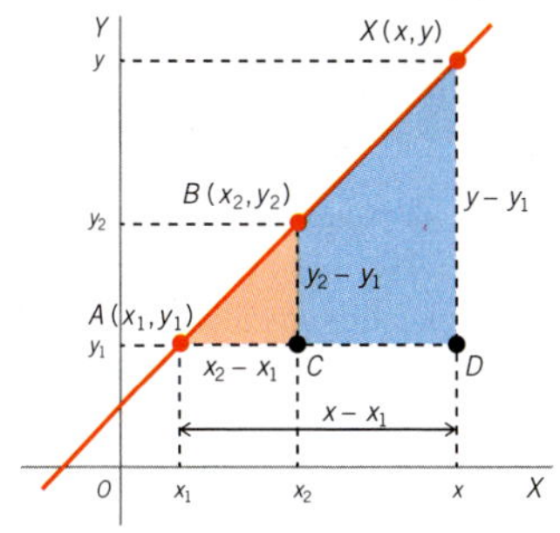

$$\frac{x - x_1}{x_2 - x_1} = \frac{y - y_1}{y_2 - y_1}$$

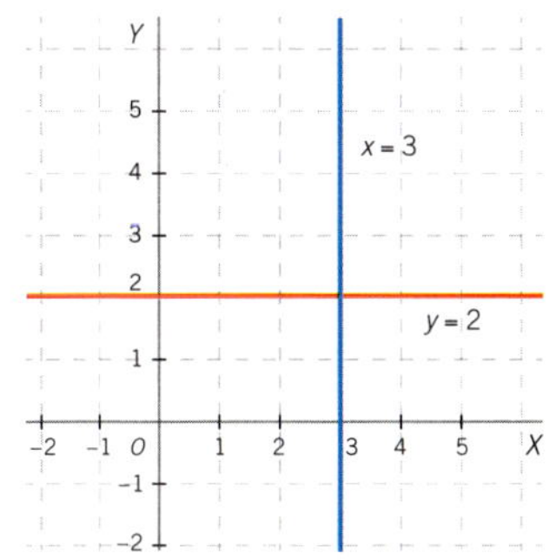

Recta horitzontal i recta vertical.

1 EXEMPLE

Troba els diferents tipus d'equacions de la recta que passa pels punts $A(2, -3)$ i $B(-1, -5)$. Calcula'n el pendent.

Solució

COMPRENSIÓ. Amb dos punts és possible determinar l'equació d'una recta i el seu pendent.

RESOLUCIÓ. En primer lloc, a partir dels punts $A(x_1, y_1) = (2, -3)$ i $B(x_2, y_2) = (-1, -5)$, trobem l'equació contínua:

$$\frac{x - x_1}{x_2 - x_1} = \frac{y - y_1}{y_2 - y_1} \rightarrow \frac{x - 2}{-1 - 2} = \frac{y - (-3)}{-5 - (-3)} \rightarrow \frac{x - 2}{-3} = \frac{y + 3}{-2}$$

Ara, calculem el valor del pendent:

$$m = \frac{y_2 - y_1}{x_2 - x_1} = \frac{-5 - (-3)}{-1 - 2} = \frac{-2}{-3} = \frac{2}{3}$$

I amb el pendent i el punt A, determinem l'equació punt-pendent:

$$y - y_1 = m(x - x_1) \rightarrow y - (-3) = \frac{2}{3}(x - 2) \rightarrow y + 3 = \frac{2}{3}(x - 2)$$

A continuació, operem en aquesta equació per a obtenir l'equació general:

$$y + 3 = \frac{2}{3}x - \frac{4}{3} \rightarrow 3y + 9 = 2x - 4 \rightarrow 2x - 3y - 13 = 0$$

Finalment, si aïllem la variable dependent, arribem a l'equació explícita:

$$3y = 2x - 13 \rightarrow y = \frac{2}{3}x - \frac{13}{3}$$

Exercicis i problemes 5 a 23

Apol·loni de Perge (Perge 262 a. C. - Alexandria 190 a. C.) Va ser el primer a utilitzar el terme *paràbola* en el seu tractat sobre les *Còniques,* una de les obres de la matemàtica grega més importants.

AMPLIA

Les paràboles l'eix de simetria de les quals és paral·lel a l'eix d'abscisses són de la forma:

$$x = ay^2 + by + c$$

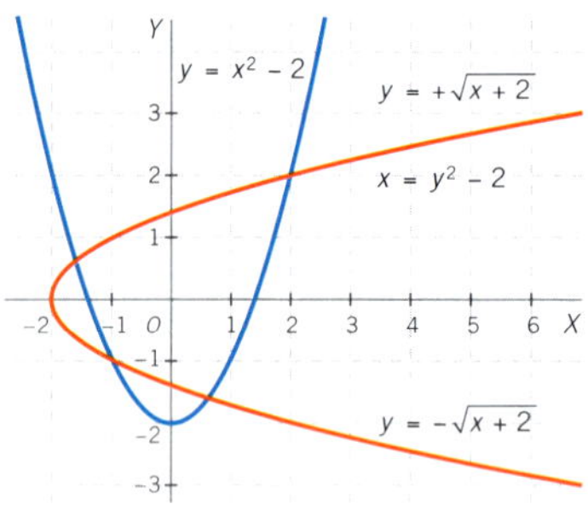

Aquest tipus de paràboles no són funcions, excepte si les restringim a una de les branques.

2. Funcions quadràtiques

La **funció quadràtica** o **funció polinòmica de segon grau** la podem trobar a la trajectòria d'un projectil o d'una pilota, en ponts i edificis, fonts, antenes parabòliques, radiotelescopis, cuines solars, fars de cotxes...

Una funció de la forma $y = f(x) = ax^2 + bx + c$ tal que $a, b, c \in \mathbb{R}$ i $a \neq 0$ és una **funció quadràtica** i la seva representació gràfica és una corba que es denomina **paràbola.**

Elements i representació gràfica d'una paràbola

Per a representar gràficament la paràbola $y = f(x) = ax^2 + bx + c$, seguim els passos que es descriuen a continuació:

1. Ens fixem en el coeficient de grau dos: a.

   — Si $a > 0$, la paràbola està **oberta cap amunt.**

   — Si $a < 0$, la paràbola està **oberta cap avall.**

2. Calculem l'eix de simetria de la paràbola.

   L'**eix de simetria** és la recta que divideix en dues parts iguals (dues branques) la paràbola. La seva equació és:

$$x = \frac{-b}{2a}$$

3. Calculem el vèrtex.

   El **vèrtex** és el punt d'intersecció entre la paràbola i el seu eix de simetria. És el **màxim** (quan les branques estan orientades cap avall) o **mínim** (si les branques estan orientades cap amunt) de la funció. Les coordenades del vèrtex són:

$$V\left[\frac{-b}{2a}, f\left(\frac{-b}{2a}\right)\right]$$

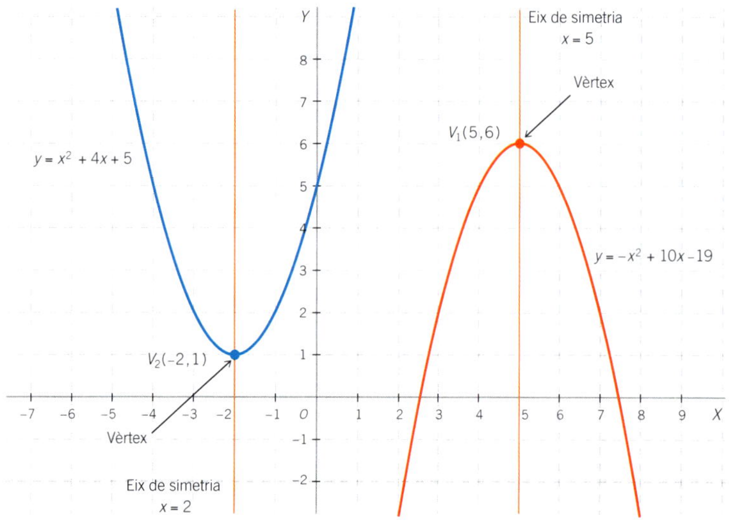

4. Trobem els punts de tall amb els eixos:

   — Si $x = 0 \rightarrow y = c \rightarrow A(0, c)$

   — Si $y = 0 \rightarrow x = \dfrac{-b \pm \sqrt{b^2 - 4ac}}{2a}$ (tindrà 0, 1 o 2 solucions).

5. Si volem més precisió, elaborem una taula de valors.

6. Dibuixem tots els punts calculats i els seus simètrics, i els unim.

2 EXEMPLE

Calcula l'eix de simetria i el vèrtex de la paràbola $y = x^2 + 2x + 5$.

Solució

COMPRENSIÓ. Identifiquem els valors de a, *b* i *c* i apliquem les fórmules.

RESOLUCIÓ. Trobem l'equació de l'eix de simetria per a $a = 1$, $b = 2$ i $c = 5$:

$$x = \frac{-b}{2a} = \frac{-2}{2} = -1 \rightarrow x = -1$$

Determinem les coordenades del vèrtex:

$$V\left[\frac{-b}{2a}, f\left(\frac{-b}{2a}\right)\right] = V\left[-1, f(-1)\right]$$

$$f(-1) = (-1) \cdot 2 + 2 \cdot (-1) + 5 = 4 \rightarrow V(-1, 4)$$

3 EXEMPLE

Troba la representació gràfica de la paràbola $y = -x^2 + 2x + 8$.

Solució

COMPRENSIÓ. Seguim tots els passos del procediment de representació gràfica.

RESOLUCIÓ.

1. Com que $a = -1 < 0 \Rightarrow$ Les branques de la paràbola van cap avall.
2. Calculem l'eix de simetria:

$$x = \frac{-b}{2a} \rightarrow x = \frac{-2}{-2} = 1 \Rightarrow \text{L'eix de simetria és } x = 1.$$

3. Per a calcular les coordenades del vèrtex, com que l'abscissa *x* coincideix amb l'eix de simetria $x = 1$, només hem de substituir aquest valor a l'equació i obtenir-ne l'ordenada:

$$f(1) = -1^2 + 2 \cdot 1 + 8 = 9 \rightarrow \text{El vèrtex és } V[1, f(1)] = V(1, 9).$$

4. Trobem els punts de tall amb els eixos:

si $x = 0 \rightarrow y = 8$

si $y = 0 \rightarrow x = \dfrac{-2 \pm \sqrt{2^2 - 4 \cdot (-1) \cdot 8}}{2 \cdot (-1)} = \dfrac{-2 \pm 6}{-2} \rightarrow \begin{cases} x_1 = -2 \\ x_2 = 4 \end{cases}$

Per tant, els punts de tall són $A(0, 8)$, $B(-2, 0)$ i $C(4, 0)$.

5. Elaborem una petita taula de valors:

x	*y*	PUNT
3	$-3^2 + 2 \cdot 3 + 8 = 5$	*D*(3, 5)
5	$-5^2 + 2 \cdot 5 + 8 = -7$	*E*(5, −7)

6. Dibuixem tots els punts i els seus simètrics, i els unim:

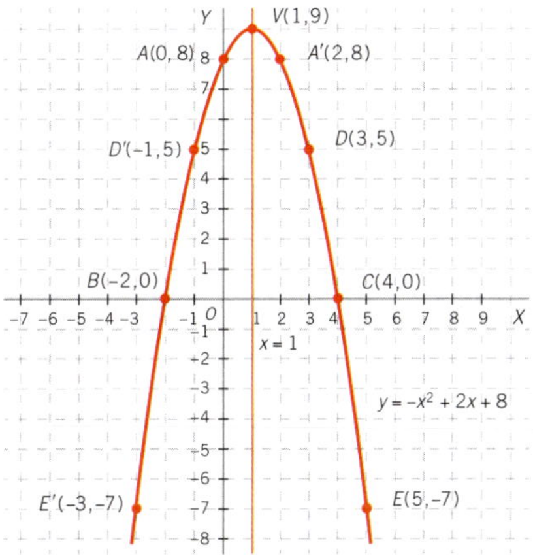

INTERNET

El programa de TV *La aventura del saber*, a la sèrie «Más por menos»: "Cónicas: Del baloncesto a los cometas" parla de les corbes còniques i, més concretament, de la paràbola, les seves propietats i aplicacions:

http://youtu.be/KSJposN6NuQ

FIXA-T'HI

Quan una paràbola assoleix un mínim en el 1r o 2n quadrants o un màxim en el 3r o 4t quadrants, la paràbola no talla l'eix *X*.

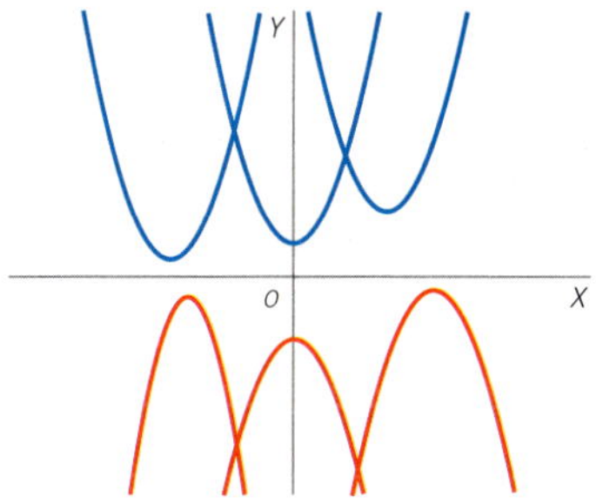

AMPLIA

Equacions d'una paràbola:

— Forma general:

$$y = ax^2 + bx + c$$

— Forma factoritzada:

$$y = a(x - x_1)(x - x_2)$$

sent x_1, x_2, les dues arrels de la paràbola si aquestes són reals.

— Forma canònica:

$$y - V_y = a(x - V_x)^2$$

sent (V_x, V_y) les coordenades del vèrtex.

Problemes resolts A

Exercicis i problemes 24 a 42

Síntesi 59, 60, 63 i 64

3. Interpolació

Quan volem ampliar la grandària d'una imatge, amb qualsevol programa fotogràfic, el que fem és afegir-hi punts (píxels) que es determinen a partir dels punts ja existents. Aquest procés es denomina **interpolació** i implica una pèrdua de nitidesa en la imatge que depèn de la seva qualitat inicial, del **mètode d'interpolació utilitzat** i de la mida a la qual s'ampliï la fotografia.

La interpolació s'aplica en nombrosos camps: enginyeria i disseny, geologia, aeronàutica i automoció, economia, processament de senyals i imatges, robòtica, medicina (aparells auditius, mapes cerebrals), meteorologia (mapes climàtics, detecció d'inundacions, etc.).

La interpolació consisteix a estimar el valor d'una funció en un punt a partir de valors coneguts en punts propers.

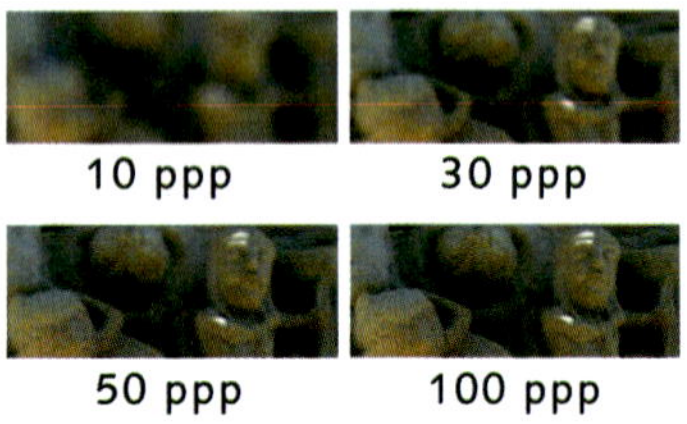

La interpolació en fotografia digital suposa crear nous píxels per polzada (ppp) a partir dels ja existents, augmentant la resolució de la imatge.

Si una funció s'expressa mitjançant una taula de valors i ens interessa conèixer una dada que no es troba a la taula, utilitzem les tècniques d'interpolació per a assignar un valor aproximat a aquesta dada.

Donades les coordenades dels quatre punts següents:

	A	*B*	*C*	*D*
x	x_0	x_1	x_2	x_3
y	y_0	y_1	y_2	y_3

Trobar la funció d'interpolació consisteix a trobar una funció que passi per aquests quatre punts amb la qual puguem estimar valors que no figuren a la taula.

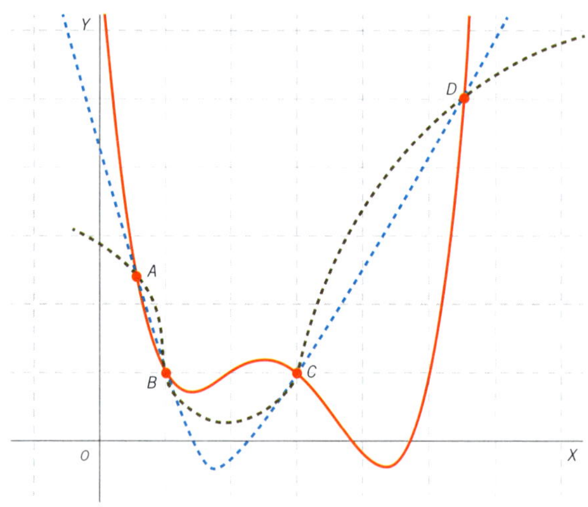

Funcions que passin per un nombre finit de punts, n'hi ha infinites. Per això, prefixem el tipus de funció més senzilla: la **funció polinòmica.**

NOMBRE DE PUNTS CONEGUTS	POLINOMI INTERPOLADOR
2 punts	Funció afí: $f(x) = ax + b$
3 punts	Funció quadràtica: $f(x) = ax^2 + bx + c$
4 punts	Funció cúbica: $f(x) = ax^3 + bx^2 + cx + d$
n punts	Funció polinòmica de grau $n - 1$

AMPLIA

Teorema d'existència i unicitat del polinomi interpolador. Donats $n + 1$ punts (x_0, y_0), (x_1, y_1), (x_2, y_2), ..., (x_n, y_n), existeix un únic polinomi p_n de grau n, com a màxim, tal que: $p_n(x_i) = y_i \; \forall i = 0, 1, 2, 3, \ldots, n$.

3.1. Interpolació lineal

Si coneixem dos punts $A(x_1, y_1)$ i $B(x_2, y_2)$ d'una funció i volem estimar el valor que pren la funció en un punt de l'interval (x_1, x_2), hem de determinar la recta que passa per A i B. Amb aquesta funció polinòmica de grau 1 podem obtenir de forma aproximada el valor que pren la funció a (x_1, x_2). La funció calculada es diu **funció d'interpolació lineal** i és de la forma:

$$y - y_1 = \frac{y_2 - y_1}{x_2 - x_1}(x - x_1)$$

4 EXEMPLE

Donats els punts $A(2, 5)$ i $B(7, -3)$ d'una funció $f(x)$, obtén la funció d'interpolació lineal i calcula el valor estimat de $f(x)$ per a $x = 5$.

Solució

COMPRENSIÓ. El polinomi d'interpolació és la recta que passa per A i B.

RESOLUCIÓ. Determinem l'equació de la recta que passa per A i B:

$$y - 5 = \frac{-3 - 5}{7 - 2}(x - 2) \rightarrow y - 5 = -\frac{8}{5}(x - 2)$$

Per tant, el valor estimat de $f(x)$ per a $x = 5$ és:

$$y - 5 = -\frac{8}{5}(5 - 2) \rightarrow y = \frac{1}{5} = 0,2$$

També podem utilitzar la interpolació lineal si coneixem més de dos punts. En aquest cas, calculem els segments de rectes que passen pels parells de punts consecutius i creem la funció d'interpolació definida pels «trossos» de rectes calculades **(interpolació lineal a trossos),** com es mostra:

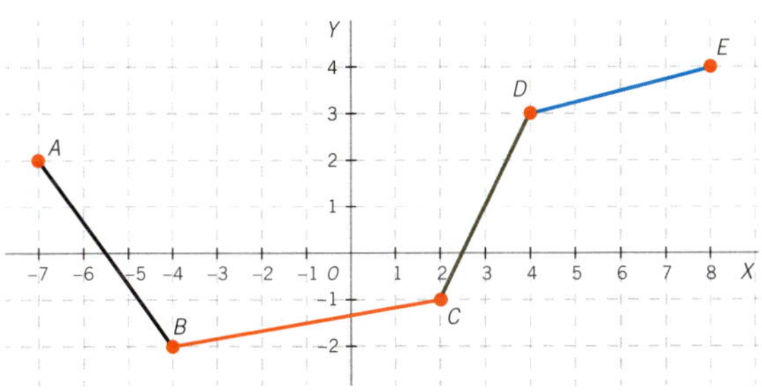

CALCULADORA

La calculadora és una eina molt potent per a realitzar exercicis d'interpolació lineal, també de manera gràfica. Utilitza el llibre d'instruccions o informa't a internet de com fer-ho.

FIXA-T'HI

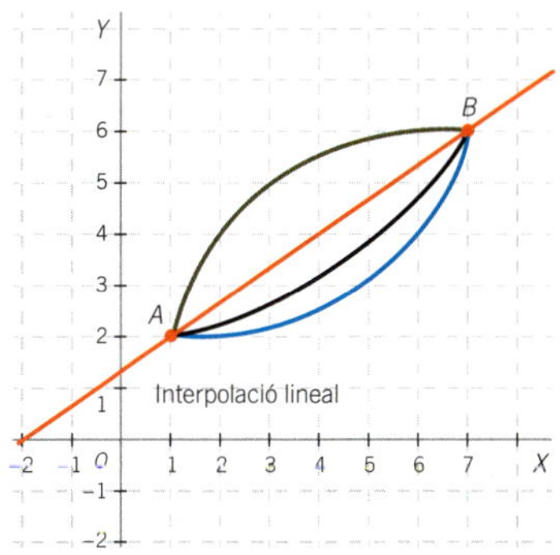

Existeixen infinitat de funcions que passen per dos punts. La interpolació lineal pren com a polinomi interpolador la recta que passa per aquests dos punts.

Exercicis i problemes
43, 44, 46, 47 i 51

5 EXEMPLE

Donats els punts $A(-6, 2)$, $B(-2, 1)$, $C(2, 4)$ i $D(6, 4)$ d'una funció $f(x)$, calcula la funció d'interpolació lineal a trossos.

Solució

COMPRENSIÓ. Hem de realitzar la interpolació lineal entre A i B, B i C, C i D, i, a continuació, definir la funció a trossos.

RESOLUCIÓ. Calculem les tres funcions d'interpolació lineal:

— Entre A i B: $y - 2 = \frac{1 - 2}{-2 - (-6)}[x - (-6)] \rightarrow y - 2 = -\frac{1}{4}(x + 6) \rightarrow y = -\frac{x}{4} + \frac{1}{2}$

— Entre B i C: $y - 1 = \frac{4 - 1}{2 - (-2)}[x - (-2)] \rightarrow y - 1 = \frac{3}{4}(x + 2) \rightarrow y = \frac{3x}{4} + \frac{5}{2}$

— Entre C i D: $y - 4 = \frac{4 - 4}{6 - 2}(x - 2) \rightarrow y - 4 = 0 \rightarrow y = 4$

Per tant, la funció d'interpolació és: $f(x) = \begin{cases} -x/4 + 1/2 \text{ si } x \in [-6, -2) \\ 3x/4 + 5/2 \text{ si } x \in [-2, 2) \\ 4 \text{ si } x \in [2, 6] \end{cases}$

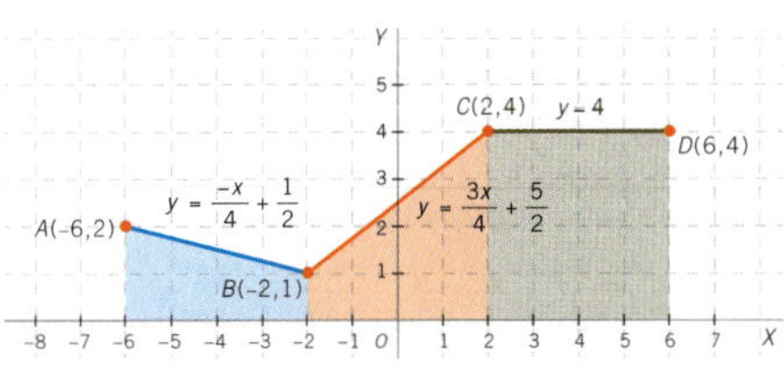

CURIOSITATS

El matemàtic i astrònom andalusí Ibn Mu'adh al-Jayyani, que va viure al segle XI, va ser el primer a utilitzar la interpolació quadràtica per al càlcul dels valors del quocient entre el sinus i el cosinus d'un angle.

FIXA-T'HI

Observa la comparació entre interpolació lineal i quadràtica aplicada als punts *A*, *B* i *C* pertanyents a la funció $f(x) = 2^x$.

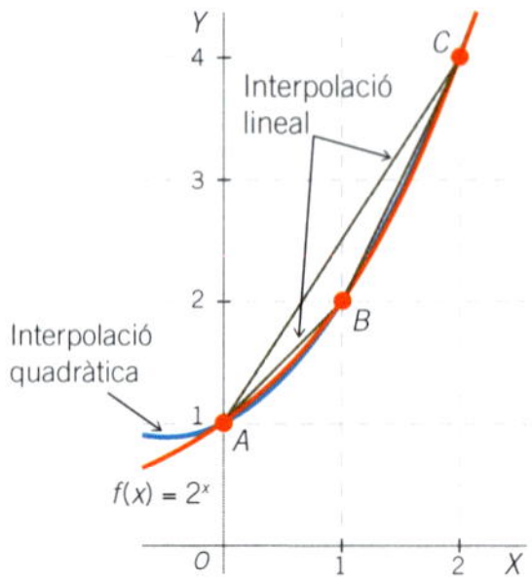

En aquest cas, la interpolació quadràtica s'aproxima molt més que la lineal (si els punts donats fossin gairebé proporcionals, la interpolació lineal seria la més apropiada).

Problemes resolts
B

Exercicis i problemes
45, 48 a 50, 52 i 53

3.2. Interpolació quadràtica

Interpolar consisteix a trobar una funció l'expressió analítica de la qual sigui coneguda i coincideixi amb els punts coneguts de la funció inicial. Si en coneixem dos punts, s'aproxima mitjançant una recta; si en coneixem tres punts, mitjançant una paràbola, etc.

Com que donats tres punts no alineats només existeix una paràbola que passi per aquests punts, si coneixem tres punts $A(x_1, y_1)$, $B(x_2, y_2)$ i $C(x_3, y_3)$ d'una funció amb $x_1 < x_2 < x_3$ i volem estimar el seu valor en un punt de l'interval (x_1, x_3), determinarem la paràbola que passa per aquests tres punts. Aquesta paràbola és la **funció d'interpolació quadràtica** i, a través seu, obtindrem de forma aproximada el valor que pren la funció en aquest interval.

6 EXEMPLE

Donats els punts $A(-8, 4)$, $B(-6, -2)$, $C(0, 4)$ d'una funció $f(x)$, calcula la funció d'interpolació quadràtica i troba el valor estimat de $f(x)$ per a $x = -3$.

Solució

COMPRENSIÓ. Hem de calcular els coeficients *a*, *b* i *c* de la paràbola $y = ax^2 + bx + c$, imposant que passi pels punts *A*, *B* i *C*.

RESOLUCIÓ. Determinem els coeficients de la paràbola:

— Si $A(-8, 4)$ pertany a la paràbola, es compleix que: $4 = 64a - 8b + c$.

— Si $B(-6, -2)$ pertany a la paràbola, es compleix que: $-2 = 36a - 6b + c$.

— Si $C(0, 4)$ pertany a la paràbola, es compleix que: $4 = c$.

Resolem el sistema:

$$\left.\begin{aligned} 64a - 8b + c &= 4 \\ 36a - 6b + c &= -2 \\ c &= 4 \end{aligned}\right\} \rightarrow \left.\begin{aligned} 64a - 8b &= 0 \\ 36a - 6b &= -6 \\ c &= 4 \end{aligned}\right\} \rightarrow \left.\begin{aligned} a &= 0{,}5 \\ b &= 4 \\ c &= 4 \end{aligned}\right\}$$

Per tant, la funció d'interpolació quadràtica és:

$$y = 0{,}5x^2 + 4x + 4$$

I el valor estimat per a $x = -3$ és: $y = 0{,}5 \cdot (-3)^2 + 4 \cdot (-3) + 4 = -3{,}5$.

7 EXEMPLE

La taula de la dreta indica l'espera mitjana, en dies, perquè a un pacient li realitzin un trasplantament cardíac a Espanya. Calcula el polinomi interpolador quadràtic i troba el valor de la funció per a l'any 2010.

ANY	2005	2007	2011
ESPERA MITJANA (DIES)	142	103	122

Solució

COMPRENSIÓ. Hem de calcular els coeficients *a*, *b* i *c* de la paràbola $y = ax^2 + bx + c$, imposant que passi pels punts (2005, 142), (2007, 103) i (2011, 122).

RESOLUCIÓ. Determinem els coeficients de la paràbola:

$$\left.\begin{aligned} 142 &= 2\,005^2a + 2\,005b + c \\ 103 &= 2\,007^2a + 2\,007b + c \\ 122 &= 2\,011^2a + 2\,011b + c \end{aligned}\right\} \rightarrow \left.\begin{aligned} c &= 142 - 4\,020\,025a - 2\,005b \\ 8\,024a + 2b &= -39 \\ 24\,096a + 6b &= -20 \end{aligned}\right\} \rightarrow \left.\begin{aligned} c &= 142 - 4\,020\,025a - 2\,005b \\ b &= -(39 + 8\,024a)/2 \\ a &= 97/24 \end{aligned}\right\}$$

$$\rightarrow a = \frac{97}{24},\quad b = -\frac{48\,704}{3},\quad c = \frac{130\,424\,381}{8}$$

Per tant, el polinomi interpolador és: $y = \dfrac{97}{24}x^2 - \dfrac{48\,704}{3}x + \dfrac{130\,424\,381}{8}$

I el valor estimat per a $x = 2010$ és $y = 105{,}13$. Així, l'espera mitjana calculada per al 2010 va ser de 105 dies.

4. Extrapolació

Quan el punt de la funció que es vol calcular no es troba entre dos punts coneguts, utilitzarem l'extrapolació.

L'extrapolació consisteix a estimar el valor d'una funció en un punt que es troba fora de l'interval definit pels valors coneguts.

Considerem dos tipus d'extrapolació:

— **Extrapolació lineal.** Procedim igual que en la interpolació lineal, però per trobar la recta prenem els dos punts coneguts més propers al que volem estimar.

— **Extrapolació quadràtica.** Procedim igual que en la interpolació quadràtica, però per trobar la paràbola agafem els tres punts coneguts més propers al que volem estimar.

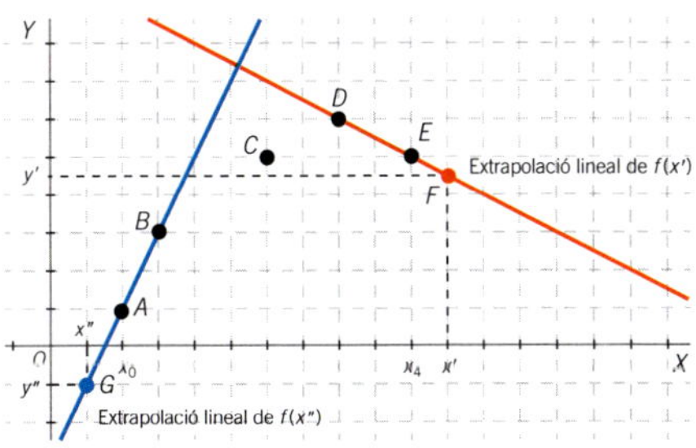

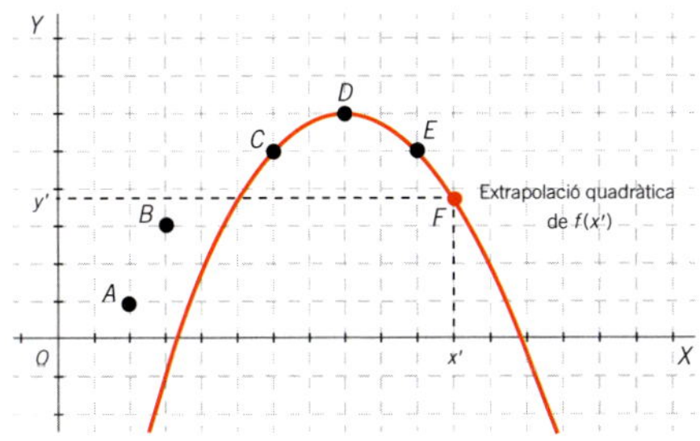

CURIOSITATS

Existeix també l'**extrapolació qualitativa.** En trobem un exemple en el llibre *Industrial Design* (Raymond Loewy, 1893-1986), en el qual es mostra un gràfic sobre l'evolució del disseny dels automòbils.

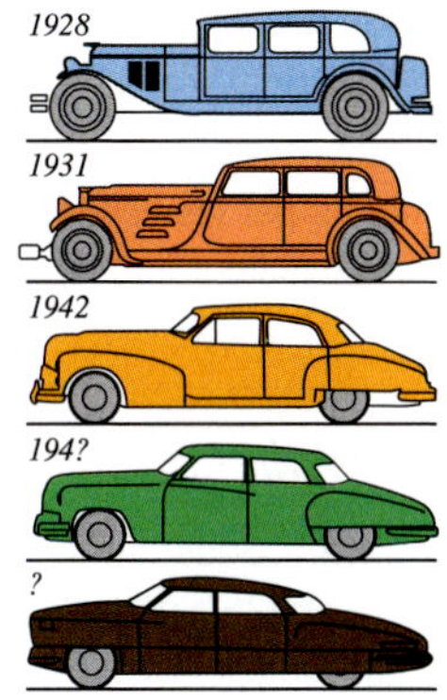

Exercicis i problemes
54 a 58

Síntesi
61, 62, 65 i 66

8 EXEMPLE

La taula següent indica els guanys en milions d'euros d'una empresa, en funció de les despeses realitzades:

DESPESES (M€)	8	13	17	20
GUANYS (M€)	12	26	29	18

a) Utilitza l'extrapolació quadràtica per a estimar els guanys si l'empresa ha gastat 4 milions d'euros.

b) Utilitza l'extrapolació lineal per a estimar els guanys si l'empresa ha gastat 25 milions d'euros.

Solució

COMPRENSIÓ. Com que volem estimar els guanys per a valors de la despesa que es troben per damunt i per sota dels valors coneguts, hem d'utilitzar l'extrapolació.

RESOLUCIÓ.

a) Calculem els coeficients a, b i c de la paràbola $y = ax^2 + bx + c$, imposant que passi pels punts (8, 12), (13, 26) i (17, 29), que són els més propers al que volem estimar:

$$\left.\begin{array}{l} 12 = 64a + 8b + c \\ 26 = 169a + 13b + c \\ 29 = 289a + 17b + c \end{array}\right\} \rightarrow \left.\begin{array}{l} c = 12 - 64a - 8b \\ 105a + 5b = 14 \\ 225a + 9b = 17 \end{array}\right\} \rightarrow \left.\begin{array}{l} c = 12 - 64a - 8b \\ b = (14 - 105a)/5 \\ a = -41/180 \end{array}\right\} \rightarrow \left.\begin{array}{l} a = -41/180 \\ b = 91/12 \\ c = -1534/45 \end{array}\right\}$$

Per tant, el polinomi interpolador és: $y = \dfrac{-41}{180}x^2 + \dfrac{91}{12}x - \dfrac{1534}{45}$.

I el valor estimat per a $x = 4$ és $y = -7{,}4$. És a dir, que en aquest cas es preveuen pèrdues de 7,4 milions d'euros.

b) Determinem la recta que passa pels punts (17, 29) i (20, 18), que són els més propers:

$$y - 29 = \frac{18 - 29}{20 - 17}(x - 17) \rightarrow y - 29 = \frac{-11}{3}(x - 17) \rightarrow y = -\frac{11}{3}x + \frac{274}{3}$$

I el valor estimat per a $x = 25$ és $y = -1/3$, la qual cosa significa que, si l'empresa gasta 25 milions d'euros, en perd 0,33 milions.

Problemes RESOLTS

A FUNCIONS DE PRIMER I SEGON GRAU

Un treballador a l'atur està valorant dues ofertes de feina. L'empresa *A* li ofereix un sou fix al mes de 800 € més un 20% de les vendes, mentre que l'empresa *B* li ofereix un sou fix de 1 100 € més un 10% de les vendes.

a) Expressa cada oferta mitjançant una funció i indica les característiques de cadascuna.

b) Representa gràficament les funcions.

c) Analitza quina és la millor oferta, segons les circumstàncies. Si el venedor aconseguís un mes una venda de 4 500 €, quin seria el sou en cadascun dels casos?

d) Les despeses mensuals en euros de l'empresa *A* per a la fabricació de *x* articles són $G(x) = 15000 + 100x$, mentre que els ingressos obtinguts per les vendes són $I(x) = 300x - 0{,}2x^2$. Representa la funció benefici, utilitzant adequadament l'escala dels eixos, i troba quants articles s'han de fabricar perquè el benefici sigui màxim. (Pots utilitzar la calculadora Wiris en línia.)

Solució

COMPRENSIÓ.

Estem davant dues ofertes de feina que es diferencien en el sou fix i el tant per cent que s'emporta el venedor per les vendes. La variable independent és l'import de vendes en un mes i la dependent és el sou total.

La funció benefici serà la diferència entre els ingressos i les despeses.

DADES.

Oferta $A = 800$ €/mes + 20% vendes; oferta $B = 1100$ €/mes + + 10% vendes; $G(x) = 15000 + 100x$; $I(x) = 300x - 0{,}2x^2$

RESOLUCIÓ.

a) Determinem l'expressió analítica de totes dues funcions:

$f_A(x) = 800 + 0{,}2x$. Es tracta d'una funció de primer grau amb pendent 0,2 i ordenada en l'origen 800.

$f_B(x) = 1100 + 0{,}1x$. Es tracta d'una funció de primer grau amb pendent 0,1 i ordenada en l'origen 1 100.

b) I les representem gràficament:

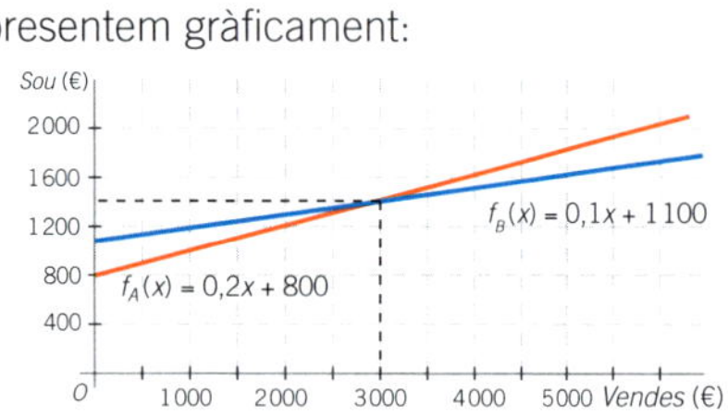

c) Analitzant les gràfiques, observem que, si el venedor obté 3000 € de vendes, totes dues ofertes són equivalents i el salari seria de 1 400 €.

Per a calcular aquest resultat de forma analítica, resolem el sistema de dues equacions amb dues incògnites obtingut de les expressions de les dues rectes i obtenim el punt (3000, 1 400).

Si les vendes són superiors a 3000 € és millor l'opció *A*; en cas contrari, és millor la *B*.

Finalment, trobem el salari si el venedor realitza unes vendes de 4500 €: $f_A(4500) = 1700$ € i $f_B(4500) = 1550$ €.

d) Els beneficis s'obtenen restant les despeses als ingressos:

$$B(x) = (I - G)(x) = -0{,}2x^2 + 200x - 15000$$

Aquesta funció és una paràbola amb les branques obertes cap avall. Per tant, el vèrtex de la paràbola serà el màxim.

$$V_x = \frac{-b}{2a} = \frac{-200}{2\cdot(-0{,}2)} = 500$$

$$V_y = B(500) = -0{,}2\cdot 500^2 + 200\cdot 500 - 15000 = 35000$$

La representem amb l'ajuda d'una calculadora gràfica.

Així doncs, s'han de fabricar 500 articles perquè el benefici, d'uns 35000 €, sigui màxim.

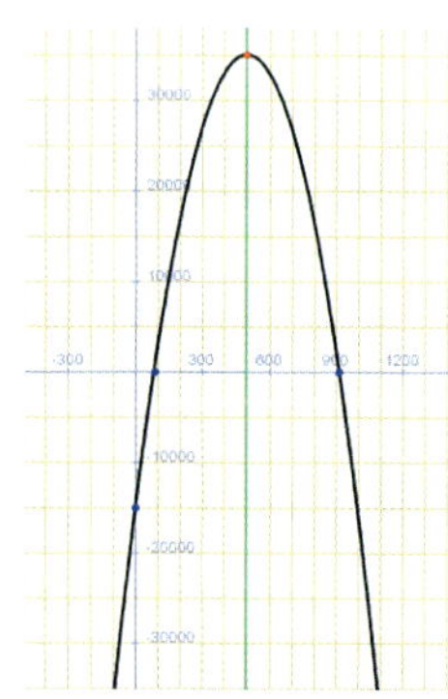

COMPROVACIÓ.

Compara les expressions analítiques amb les gràfiques i assegura't que les interpretes correctament.

1. ★★☆ Un ciclista surt a les 8 del matí d'un punt *A* per a fer un passeig a una velocitat de 10 km/h. Un altre ciclista surt una hora més tard des del mateix punt a una velocitat de 12 km/h.

a) Expressa el recorregut de cada ciclista mitjançant una funció i indica les característiques de cadascuna.

b) Representa gràficament les funcions.

c) Quan es troben els dos ciclistes?

Sol.: a) $f(t) = 10t$, $g(t) = 12\,(t - 1)$; c) en el km 60, amb $t = 6$ hores

2. ★★☆ El perímetre d'un rectangle mesura 18 cm.

a) Expressa mitjançant una funció la relació entre la base *x* i l'altura *y*.

b) Expressa l'àrea del rectangle en funció de la longitud de la base.

c) Representa les funcions i indica el valor de la base que fa que l'àrea sigui màxima.

Sol.: a) $y = 9 - x$; b) $f(x) = 9x - x^2$; c) base = 4,5 cm (és un quadrat)

B INTERPOLACIÓ LINEAL I QUADRÀTICA

Donats els punts $A(-3, 1)$, $B(3, -3)$, $C(6, 0)$ i $D(7{,}5)$ d'una funció $f(x)$:

a) Calcula el polinomi d'interpolació quadràtica que passa pels punts *B*, *C* i *D*.

b) Troba el polinomi d'interpolació lineal entre els punts *A* i *B*.

c) Dibuixa les dues funcions d'interpolació i indica els valors estimats per a $x = -1$, $x = 0$, $x = 4$ i $x = 6{,}5$.

Solució

COMPRENSIÓ. Es tracta d'un problema d'interpolació doble: lineal i quadràtica. Hem de calcular la recta que passa per *A* i *B* i la paràbola determinada pels punts *B*, *C* i *D*.

DADES. $A(-3, 1)$, $B(3, -3)$, $C(6, 0)$, $D(7, 5)$.

RESOLUCIÓ. Intenta resoldre el problema individualment. Per fer-ho, tapa la resposta i segueix aquests passos:

Passos

a) Determinem la funció d'interpolació quadràtica $f(x) = ax^2 + bx + c$, imposant que passi pels punts *B*, *C* i *D* i resolent el sistema que s'obté.

b) Calculem la recta que passa per *A* i *B*. Per fer-ho, utilitzem l'equació punt-pendent.

c) — Dibuixem la recta que passa per *A* i *B*.

— Representem la paràbola que passa per *B*, *C* i *D*.

— Estimem els valors de la funció per a $x = -1$ i $x = 0$ mitjançant la funció d'interpolació lineal, i per a $x = 4$ i $x = 6{,}5$ mitjançant la funció d'interpolació quadràtica.

Resposta

a) $$\left.\begin{aligned}9a + 3b + c &= -3\\ 36a + 6b + c &= 0\\ 49a + 7b + c &= 5\end{aligned}\right\} \rightarrow \left.\begin{aligned}c &= -3 - 9a - 3b\\ 9a + b &= 1\\ 10a + b &= 2\end{aligned}\right\} \rightarrow \left.\begin{aligned}a &= 1\\ b &= -8\\ c &= 12\end{aligned}\right\}$$

$$y = x^2 - 8x + 12$$

b) $$y - 1 = \frac{-3-1}{3-(-3)}[x - (-3)] \rightarrow y - 1 = -\frac{2}{3}(x + 3) \rightarrow$$

$$\rightarrow y = -\frac{2x}{3} - 1$$

c) — $A(-3, 1)$, $B(3, -3)$

— $a = 1$, paràbola oberta cap amunt.

Eix de simetria: $x = \dfrac{-b}{2a} = \dfrac{-(-8)}{2} = 4$

Vèrtex: $V_x = 4$, $V_y = 4^2 - 8 \cdot 4 + 12 = -4 \rightarrow V(4, -4)$

Tall amb l'eix *Y*: $x = 0 \rightarrow y = 12 \rightarrow E(0, 12)$

Tall amb l'eix *X*: $y = 0 \rightarrow$

$$\rightarrow x = \frac{-(-8) \pm \sqrt{(-8)^2 - 4 \cdot 1 \cdot 12}}{2 \cdot 1} =$$

$$= \frac{8 \pm 4}{2} \rightarrow \begin{cases} x_1 = 6 \rightarrow C(6, 0) \\ x_2 = 2 \rightarrow F(2, 0) \end{cases}$$

— $x = -1 \rightarrow y = -\dfrac{2 \cdot (-1)}{3} - 1 = -\dfrac{1}{3}$

$x = 0 \rightarrow y = -\dfrac{2 \cdot 0}{3} - 1 = -1$

$x = 4 \rightarrow y = 4^2 - 8 \cdot 4 + 12 = -4$

$x = 6{,}5 \rightarrow y = 6{,}5^2 - 8 \cdot 6{,}5 + 12 = 2{,}25$

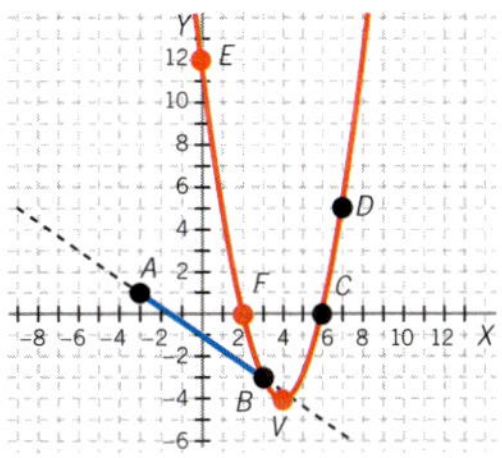

COMPROVACIÓ. És molt important l'ordre i la claredat en la resolució, i que comprovis la correcció i la congruència de les solucions trobades.

3. ★★☆ Donats els punts $A(-3, 0)$, $B(0, -6)$, $C(3, 6)$ i $D(7{,}2)$ d'una funció $f(x)$:

a) Calcula el polinomi d'interpolació quadràtica que passa pels punts *A*, *B* i *C*.

b) Troba el polinomi d'interpolació lineal entre els punts *C* i *D*.

c) Dibuixa les dues funcions d'interpolació.

Sol.: a) $f(x) = x^2 + x - 6$; b) $y = 9 - x$

4. ★★☆ La taula següent mostra el patró d'espanyols residents a Islàndia l'edat dels quals oscil·la entre 30 i 34 anys:

ANY	2009	2011	2013
PERSONES	10	23	15

a) Calcula els valors estimats per als anys 2010 i 2012 mitjançant una interpolació lineal a trossos.

b) Dibuixa la funció d'interpolació.

Sol.: a) El 2010, 17; el 2012, 19

EXERCICIS I PROBLEMES

1 FUNCIONS DE PRIMER GRAU

5. ★☆☆ Calcula el pendent i l'ordenada en l'origen de les rectes següents:

a) $y = 2x + 3$

b) $y = -x + 5$

c) $y = 12$

d) $y = (2x - 1)/3$

Sol.: a) 2, 3; b) – 1, 5; c) 0, 12; d) 2/3, – 1/3

6. ★☆☆ Calcula els punts de tall amb els eixos de les rectes següents:

a) $y = -7x + 2$

b) $y = -3$

c) $2x - 3y + 4 = 0$

d) $y - 3 = -7(x + 2)$

Sol.: a) (0, 2), (2/7, 0); b) (0, – 3); c)(0, 4/3), (– 2, 0); d) (0, – 11), (– 11/7, 0)

7. ★☆☆ Representa les funcions següents:

a) $y = -4x + 5$

b) $-3x + 2y - 4 = 0$

c) $y = 2$

d) $3x = 5y + 1$

8. ★☆☆ Donada la recta $-x + 5y - 1 = 0$, indica quins dels punts següents hi pertanyen: (– 2, 1/5), (9, 2), (4, 1), (0, 1) i (3, 4/5).

Sol.: (9, 2), (4, 1), (3, 4/5)

9. ★☆☆ En Joan pesa 82 kg i vol realitzar una dieta que, segons els experts, ve determinada per una funció lineal amb el temps durant un any. Si al cap de 7 mesos en Joan pesa 77,5 kg, determina la funció lineal segons els mesos de dieta.

Sol.: $f(x) = -45x/70 + 82$

10. ★☆☆ Una botiga ven 35 unitats d'un producte quan el preu és de 15 €/unitat, i 50 unitats quan el preu és de 12 €. Troba: a) l'equació de la demanda, suposant que és lineal; b) el preu per unitat quan se'n venen 40 unitats.

Sol.: a) $f(x) = -x/5 + 22$; b)14 €/unitat

11. ★☆☆ Experimenta amb la miniaplicació i completa els exercicis que trobaràs al web: http://links.edebe.com/cxv @

12. ★★☆ Una recta passa pel punt $A(2, -3)$ i té pendent $m = -4/3$. Indica dos punts més de la recta sense calcular-ne l'equació.

13. ★★☆ Respon les activitats basades en miniaplicacions del web: http://links.edebe.com/wf5ftt @

14. ★★☆ Troba l'equació i el pendent de les rectes següents:

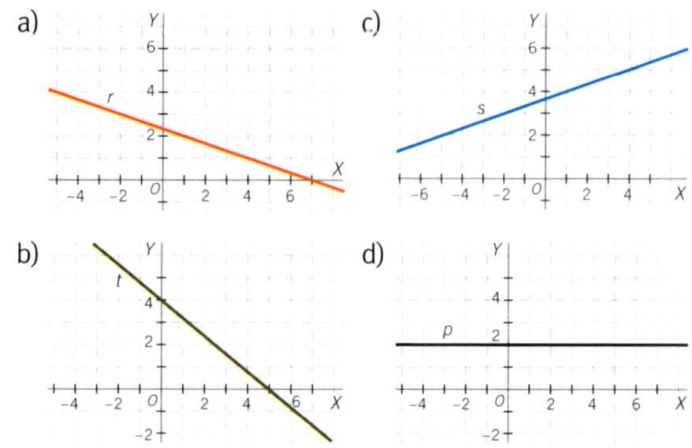

Sol.: a) $x + 3y = 7$, $m = -1/3$; b) $4x + 5y = 20$, $m = -4/5$; c) $-x + 3y = 11$, $m = 1/3$; d) $y = 2$, $m = 0$

15. ★★☆ Calcula l'equació general de les rectes següents:

a) Passa pel punt (– 2, 1) i té un pendent de 2/3.

b) Passa pels punts $A(0, 3)$ i $B(-3, 4)$.

c) És paral·lela a $y = 2x + 3$ i passa per (1, – 2).

Sol.: a) $-2x + 3y - 7 = 0$; b) $x + 3y - 9 = 0$; c) $-2x + y + 4 = 0$

16. ★★☆ Determina si els punts (2, 0), (– 1, 4) i (5, – 4) estan alineats.

17. ★★☆ Calcula el valor de n en l'equació $y = 3x + n$ perquè la recta passi pel punt (2/3, 5).

Sol.: $n = 3$

18. ★★☆ Indica les equacions de totes les rectes que intervenen en aquest dibuix:

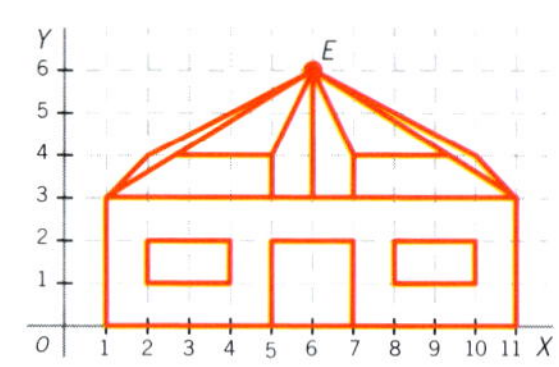

Sol.: $x = 1$; $x = 2$; $x = 4$; $x = 5$; $x = 6$; $x = 7$; $x = 8$; $x = 10$; $x = 11$; $y = 0$; $y = 1$; $y = 2$; $y = 3$; $y = 4$; $x - 2y = -6$; $3x - 5y = -12$; $x - y = -2$; $2x - y = 6$; $2x + y = 18$; $3x + 5y = 48$; $x + 2y = 18$; $x + y = 14$

19. ★★☆ Indica les expressions de totes les rectes que determinen els segments de la figura següent:

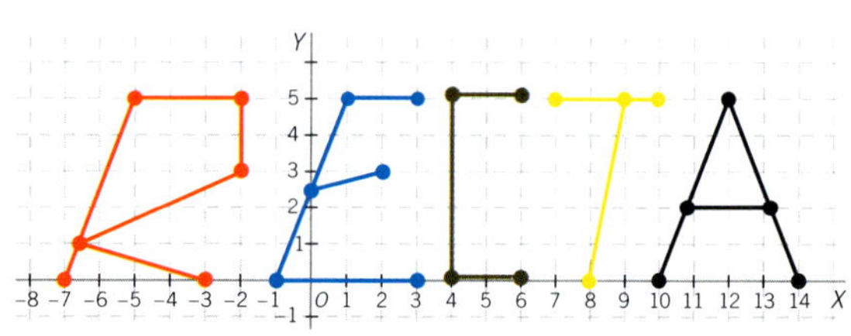

Sol.: $y = 5$; $y = 2$; $y = 0$; $x = -2$; $x = 4$; $-5x + 2y = 35$; $5x + 18y + 15 = 0$; $-10x + 23y - 89 = 0$; $5x - 2y = -5$; $-0{,}5x + 2y = 5$; $-5x + y = -40$; $-5x + 2y = -50$; $5x + 2y = 70$

20. ★★☆ Observa les taules següents i justifica quines corresponen a rectes. En cas afirmatiu, troba'n el pendent, l'ordenada en l'origen i la seva equació.

a)

x	1	2	3
y	−1	1	2

b)

x	0	2	4
y	1	2	3

c)

x	1	2	3
y	5	−4	−13

Sol.: b) $y = 0{,}5x + 1$, $m = 0{,}5$, ordenada 1; c) $y = -9x + 14$, $m = -9$, ordenada 14

21. ★★☆ Llegeix l'enunciat de l'exercici d'aplicació de la pàgina web: **http://links.edebe.com/38** @

— Resol-lo i després comprova el resultat.

22. ★★★ Calcula l'àrea del triangle determinat per la recta $-x - 2y = -5$ i els eixos de coordenades.

Sol.: 25/4 u²

23. ★★★ Un costat d'un quadrat es troba sobre la recta $y = (-3/2)\,x - 3$. Calcula les altres tres rectes que el determinen. Per fer-ho, dibuixa la recta i busca possibles vèrtexs.

2 FUNCIONS QUADRÀTIQUES

24. ★☆☆ Calcula l'eix de simetria i el vèrtex de les paràboles següents:

a) $y = -x^2 + 4x + 2$

b) $y = 3x^2 + 12x - 1$

c) $y = (x - 3)^2 + 1$

Sol.: a) $x = 2$, $V(2, 6)$; b) $x = -2$, $V(-2, -13)$; c) $x = 3$, $V(3, 1)$

25. ★☆☆ Pertany el punt $(-1, 5)$ a la paràbola $y = 2x^2 + x + 1$? Justifica la resposta.

26. ★☆☆ Dibuixa les paràboles següents:

a) $y = x^2 - x - 6$

b) $y = (x + 1)^2 + 3$

c) $y = x^2 + 1$

d) $y = x^2 - 1$

27. ★☆☆ Experimenta amb la miniaplicació i completa els exercicis que trobaràs al web: **http://links.edebe.com/3d5kb8** @

28. ★★☆ Calcula a i b perquè la paràbola $y = ax^2 + bx + 3$ passi pels punts $(-1, 2)$ i $(2, 3)$.

Sol.: $a = -1/3$, $b = 2/3$

29. ★★☆ Volem llogar un estand rectangular en una fira d'art, un dels costats del qual coincideix amb una paret. Delimitem l'estand amb una corda de 20 m. Quina és la dimensió de l'estand si volem que l'àrea sigui màxima?

Sol.: 5,5 m × 10 m

30. ★★☆ Calcula l'equació de les paràboles següents:

a)

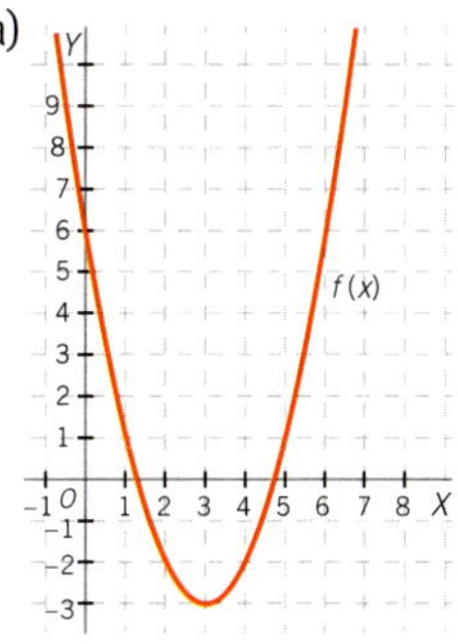

b)

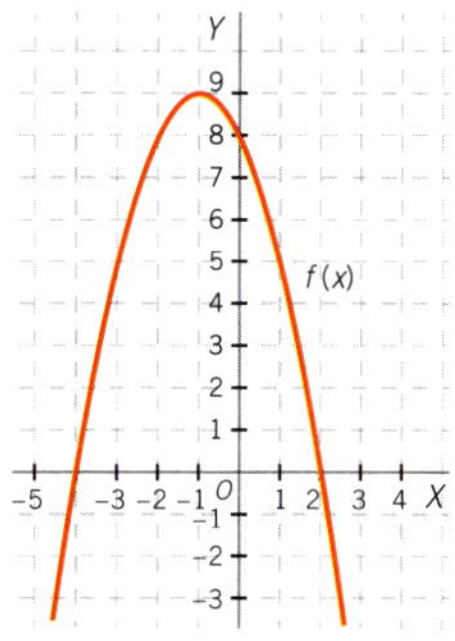

Sol.: a) $y = x^2 - 6x + 6$; b) $y = -x^2 - 2x + 8$

31. ★★☆ Dibuixa la paràbola el vèrtex de la qual és un màxim per al qual $y = 3$, té l'eix de simetria a la recta $x = 5$ i passa pel punt $(7, -1)$.

32. ★★☆ Un atleta aconsegueix efectuar un llançament de javelina de 90 m. En el moment del llançament, la punta de la javelina es troba a 2 m del terra i l'altura màxima assolida és de 5 m.

Sabent que la seva trajectòria és parabòlica, indica'n l'equació i la gràfica, assenyala'n el vèrtex i els punts de tall amb els eixos.

— Representa també la paràbola amb algun programa informàtic.

Sol.: $y = -0{,}001\,94\,x^2 + 0{,}152\,7x + 2$, $V(40, 5)$, $(90, 0)$, $(-11, 0)$

33. ★★☆ Un afeccionat a la jardineria, per a millorar la floració, decideix utilitzar un fertilitzant per a la terra del seu jardí. La informació que dóna el fertilitzant per a les dimensions del seu jardí respon a la funció $f(x) = -10x^2 + 20x$, on x expressa la quantitat utilitzada del fertilitzant en kg i $f(x)$, la productivitat de les flors.

Calcula:

a) La quantitat de fertilitzant necessària per a obtenir la màxima productivitat.

b) A partir de quants quilograms de fertilitzant la productivitat decreix.

c) Els quilograms de fertilitzant que aconsegueixen la mateixa productivitat que si no s'utilitza gens de fertilitzant.

Sol.: a) 1 kg; b) A partir d'1 kg; c) 2 kg

34. ★★☆ Un avió teledirigit de joguina segueix una trajectòria tal que la seva altura $h(t)$ en metres sobre el terra, després de t segons, ve donada per $h(t) = -0{,}5t^2 + 5t$.

a) Dibuixa la gràfica de la funció.

b) Calcula la màxima altura de l'avió.

c) Quant temps està en vol l'avió?

d) Si l'expressió ve donada per $h(t) = -0{,}5t^2 + 5t + 1{,}5$, com varien les respostes anteriors?

Sol.: b) 12,5 m; c) 10 s; d) $h_{màx} = 14$ m, $t = 10{,}29$ s

35. ★★☆ Les torres d'un pont penjat tenen una altura de 299,5 m i estan connectades per cables que pengen en forma de paràbola l'expressió de la qual és:

$$y = \frac{7}{20\,000}(x - 925)^2 + 7$$

a) Calcula la distància entre cada dues torres consecutives. b) Arriba el cable al terra del pont? c) Troba la distància mínima entre el terra i el cable.

Sol.: a) 1 828 m; c) 7 m

36. ★★☆ La figura següent representa un pont penjat, els cables del qual tenen forma de paràbola. Determina'n l'equació.

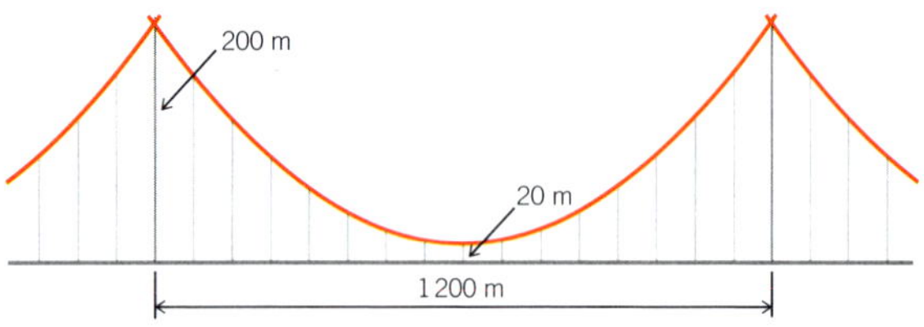

Sol.: $y = x^2/2\,000 - 0{,}6x + 200$

37. ★★☆ Respon les activitats basades en les miniaplicacions de les pàgines web: http://links.edebe.com/7vs76r i http://links.edebe.com/iauz @

38. ★★☆ Analitza les propietats de la paràbola mitjançant la miniaplicació i les activitats que trobaràs a:

http://links.edebe.com/riiwm @

39. ★★★ Determina el conjunt de paràboles que tenen el vèrtex en el punt $V(2, -1)$.

Sol.: $f(x) = ax^2 - 4ax + 4a - 1, a \neq 0$

40. ★★★ El dibuix següent simula una mà. Tots els traços estan realitzats amb parts de paràboles. En realitat, només són tres paràboles, a dues de les quals se'ls han aplicat transformacions.

Realitza un dibuix similar i indica el procés seguit (pots utilitzar algun programa que dibuixi funcions i la calculadora en línia Wiris per a fer operacions).

Confia en les teves capacitats, coneixements i estratègies.

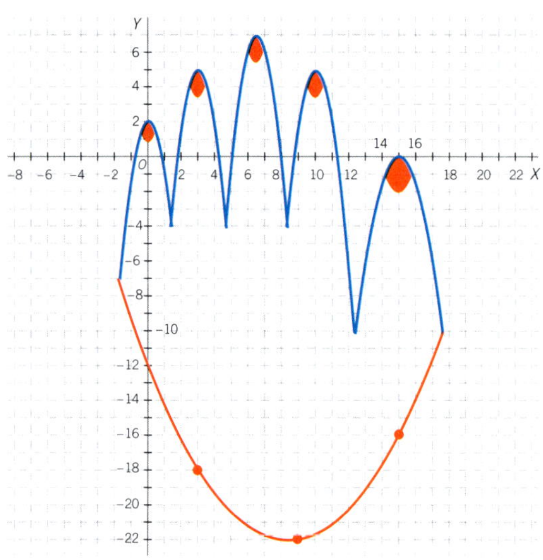

41. ★★★ Considerem la funció de l'àrea d'un triangle equilàter de costat x: a) indica l'expressió analítica de la funció i el seu domini; b) representa-la gràficament; c) com seria la representació gràfica i l'expressió analítica de l'àrea d'un hexàgon regular de costat x?

Sol.: a) $f(x) = \frac{\sqrt{3}}{4}x^2$, $D(f) = (0, +\infty)$; c) $g(x) = \frac{3\sqrt{3}\,x^2}{2}$

42. ★★★ Observa diferents maneres de construir una paràbola a: @

http://links.edebe.com/jh7q

http://links.edebe.com/ue2r

http://youtu.be/0_C34-a2hTs

— Elabora un breu informe en el qual expliquis i comparis els tres mètodes, justificant-ne l'equivalència.

3 INTERPOLACIÓ

43. ★☆☆ Troba la recta d'interpolació lineal corresponent als punts (5, 7) i (10, 22). Determina els valors corresponents a: $x = 7$, $x = 8$ i $x = 9$.

Sol.: $y = 3x - 8$, (7, 13), (8, 16), (9, 19)

44. ★☆☆ Determina la funció lineal d'interpolació que passa pels punts (−3, 1) i (10, 2). Interpola el valor $x = 2$.

Sol.: $y = x/13 + 16/13$, per a $x = 2 \rightarrow y = 18/13$

45. ★☆☆ A partir dels punts (−2, −1), (0, 3) i (5, 1), calcula la funció d'interpolació quadràtica. Quin valor pren per a $x = 3$?

Sol.: $y = \frac{-12x^2}{35} + \frac{46x}{35} + 3$; per a $x = 3$, $y = 27/7$

46. ★☆☆ Pujant un port de muntanya de pendent constant, al quilòmetre 10 l'altura sobre el nivell del mar és de 800 m, i al quilòmetre 23 és de 1 700 m. Calcula per interpolació lineal l'altura al quilòmetre 20.

Sol.: 1 492,3 m

47. ★★☆ Coneguts els punts $A(3, 6)$, $B(5, 8)$ i $C(8, 15)$, realitza la interpolació lineal a trossos i calcula els valors de la funció per a $x = 4$ i $x = 6$.

Sol.: $f(x) = \begin{cases} x + 3 & \text{si } 3 \leq x \leq 5 \\ \frac{7}{3}x - \frac{11}{3} & \text{si } 5 < x \leq 8 \end{cases}$

per a $x = 4 \rightarrow y = 7$, per a $x = 6 \rightarrow y = 31/3$

48. ★★☆ La taula següent mostra el nombre d'articles produïts en una fàbrica segons el nombre d'hores treballades:

HORES	2	6	10
ARTICLES	3	10	19

Calcula la funció d'interpolació quadràtica i el nombre d'articles fabricats en 8 hores.

Sol.: $y = \frac{1}{16}x^2 + \frac{5}{4}x + \frac{1}{4}$, uns 14 articles

49. ★★☆ La taula següent mostra el nombre d'investigadors (R+D+I) a Espanya per a diferents anys:

2007	2009	2011
122 624	133 803	130 235

Sabent que l'any 2008 hi havia 130 986 investigadors, quin tipus d'interpolació s'ajustaria més a la realitat?

50. ★★☆ A la pàgina web **http://links.edebe.com/wj5g**, trobaràs exemples i exercicis d'interpolació. Estudia atentament els exemples i clica la pestanya *Inténtalo* per a resoldre'n alguns. @

51. ★★☆ La gràfica següent representa una interpolació lineal a trossos de 4 punts. Calcula aquests punts i indica el valor estimat per a $x = -5$, $x = -2$ i $x = 5$.

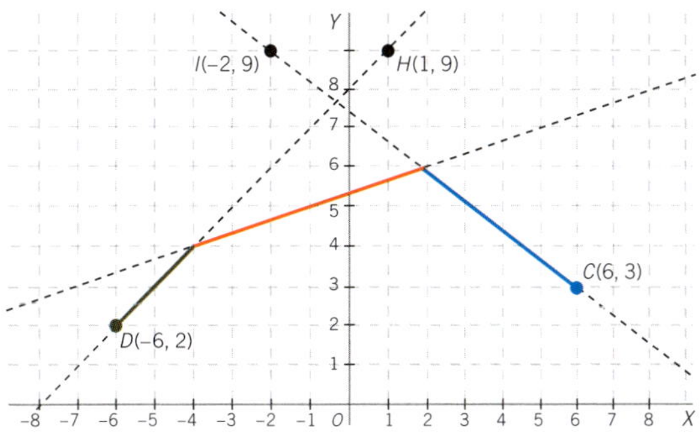

Sol.: (−6, 2), (−4, 4), (2, 6) i (6, 3); per a $x = -5 \rightarrow y = 3$, per a $x = -2 \rightarrow y = 4{,}67$, per a $x = 5 \rightarrow y = 3{,}75$

52. ★★★ Un jugador de bàsquet fa un llançament a la cistella tal com indica la figura:

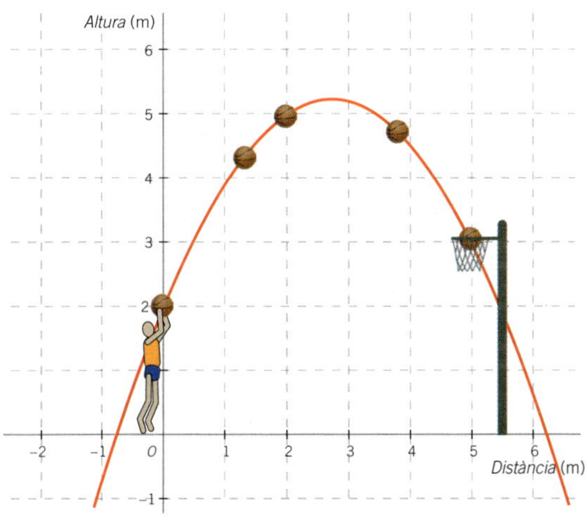

a) Pren la posició inicial de la pilota, la posició corresponent a l'encistellada i un altre punt que creguis oportú per a calcular la funció d'interpolació quadràtica.

b) A quina altura es troba la pilota quan ha recorregut 4 metres en horitzontal?

Sol.: a) $y = -\frac{13}{30}x^2 + \frac{71}{30}x + 2$; b) 4,53 m

53. ★★★ Tal com es crea la funció d'interpolació de segon grau amb 3 punts, ara volem crear la funció d'interpolació de tercer grau $f(x) = ax^3 + bx^2 + cx + d$ donats 4 punts $A(-2, 0)$, $B(3, -7)$, $C(6, 8)$ i $D(8, 36)$. Per fer-ho, planteja el sistema de 4 equacions amb 4 incògnites i resol-lo amb la calculadora Wiris en línia (**http://links.edebe.com/75gk**).

— Amb la calculadora Wiris, a l'opció *Geometria*, representa la gràfica. @

Sol.: $f(x) = 0{,}1x^3 + 0{,}1x^2 - 2{,}2x - 4$

4 EXTRAPOLACIÓ

54. ★☆☆ El preu d'un viatge amb autobús va en funció dels quilòmetres recorreguts. Recórrer 80 km costa 12 € i 110 km costa 16 €.

a) Troba la funció lineal que expressa el cost del bitllet segons els quilòmetres recorreguts.

b) Calcula per extrapolació el preu del bitllet per a un trajecte de 500 km.

c) Si el bitllet costa 35 €, quants quilòmetres té el recorregut?

Sol.: a) $y = 12 + \frac{2}{15}(x - 80)$; b) 68 €; c) 252,5 km

55. ★★☆ La taula següent mostra la taxa d'atur dels EUA registrada a la dècada de 1960 en la qual va haver-hi taxes d'inflació diferents:

INFLACIÓ (%)	1,2	1,9	3,6
ATUR (%)	5,7	4,4	3,7

Troba la funció d'interpolació lineal a trossos corresponent a aquestes dades i utilitza-la per a extrapolar l'atur que hi podia haver hagut amb una inflació del 5 %.

Sol.: Taxa d'atur = 3,12 %

56. ★★☆ La taula següent mostra quin és el pes ideal de les dones de complexió mitjana segons la seva altura:

ALTURA (m)	1,5	1,6	1,7	1,8	1,9
PES (kg)	50	57	65	73	81

Utilitza l'extrapolació lineal i l'extrapolació quadràtica per a estimar el pes ideal d'una dona de 145 cm d'altura.

Sol.: 46,88 kg

57. ★★☆ La taula següent mostra el percentatge de la població xinesa que llegeix llibres en format paper:

ANY	2008	2009	2010	2011	2012
PERCENTATGE	49,3	50,1	52,3	53,9	54,9

Calcula per extrapolació quadràtica el percentatge de població xinesa lectora en suport paper l'any 2013.

Sol.: 55,3 %

58. ★★☆ La taula següent mostra l'esperança de vida de la població espanyola:

ANY	2002	2004	2006	2008	2010
PERCENTATGE	79,57	79,87	80,82	81,18	81,68

Utilitza: a) la interpolació quadràtica (a partir de les dades dels anys 2004, 2006 i 2008) per a obtenir l'esperança de vida per a l'any 2005; b) l'extrapolació quadràtica per a estimar l'esperança de vida l'any 2011.

Sol.: a) 80,42 anys; b) 81,89 anys

SÍNTESI

59. ★★☆ Respon:

a) Calcula, de forma gràfica, els punts d'intersecció entre la paràbola $y = (x - 6)^2 + 1$ i la recta $y = x + 7$.

b) Indica cinc punts de la paràbola $y = -2x^2 + 3x - 1$.

c) Calcula i representa les equacions d'una recta i una paràbola els punts de tall de les quals siguin $A(0, 5)$ i $B(4, 1)$.

d) Calcula i representa les equacions de tres rectes els punts de tall de les quals són $A(0, 6)$, $B(4, 10)$ i $C(-5, 14)$.

Sol.: a) $A(3, 10)$ i $B(10, 17)$

60. ★★☆ Reprodueix aquest dibuix (o similar) i indica les equacions de les paràboles i rectes utilitzades:

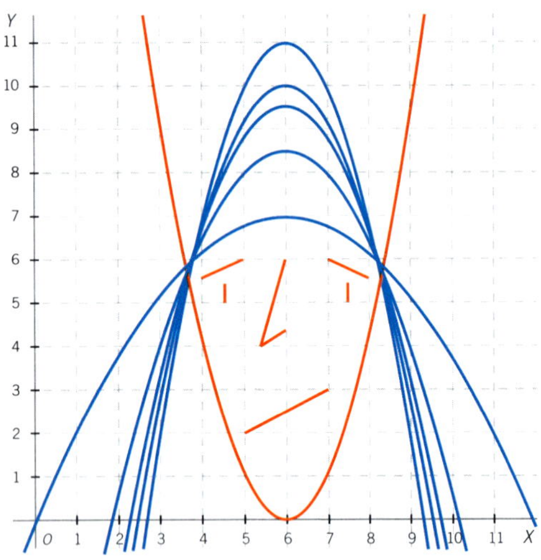

61. ★★☆ La gràfica següent és el resultat d'una interpolació mixta (lineal i quadràtica) a partir dels punts *D*, *A*, *B* i *C*:

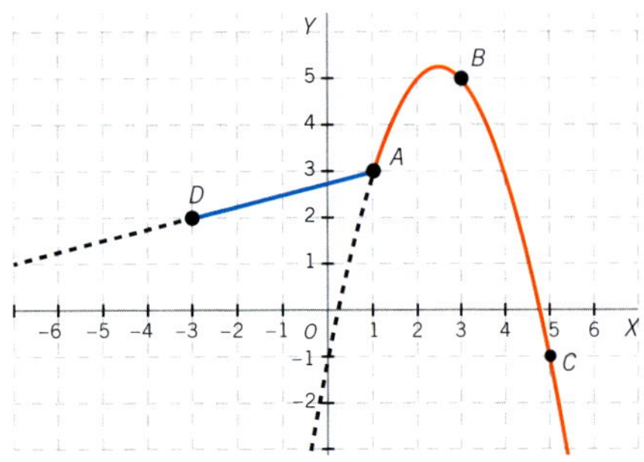

a) Troba les funcions d'interpolació i les coordenades d'aquests punts.

b) Calcula els valors per a $x = -5, -2, 0, 2, 4, 8$.

Sol.: a) $y = -x^2 + 5x - 1$, $y = (x + 11)/4$;
b) $(-5, 1{,}5)$, $(-2, 2{,}25)$, $(0, 2{,}75)$, $(2, 5)$, $(4, 3)$, $(8, -25)$

62. ★★☆ A la pàgina web **http://links.edebe.com/qcrq**, s'explica com interpolar i extrapolar amb Excel. Segueix els passos, realitza els exercicis que hi trobaràs i investiga els tipus d'interpolació descrits que desconeguis.

63. ★★★ Les funcions de segon grau s'utilitzen molt en els videojocs, ja que quan un personatge o objecte fa un salt, la majoria de les vegades segueix un moviment parabòlic.

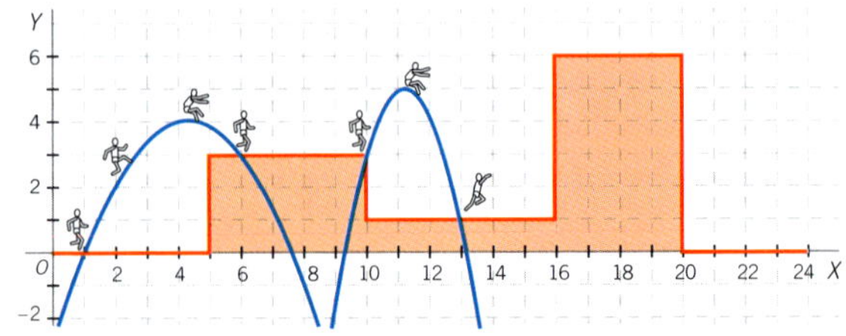

a) Calcula les dues paràboles (salts) representades a la figura. Pots utilitzar la calculadora Wiris en línia o alguna eina similar.

b) Fes el mateix per als dos salts següents.

64. ★★★ Representa la paràbola $y = x^2 - 8x + 15$, indica la seva equació i dibuixa les rectes determinades pels punts d'intersecció de la paràbola amb els eixos. Troba l'àrea tancada per aquestes rectes.

Sol.: 15 u²

65. ★★★ Disposem dels valors següents de la funció arrel quadrada:

$\sqrt{3} = 1{,}732$ $\sqrt{3{,}5} = 1{,}871$ $\sqrt{4} = 2$

Aproxima el valor de $\sqrt{3{,}2}$ mitjançant interpolació: a) lineal; b) quadràtica.

— Extrapola de la mateixa manera $\sqrt{2{,}5}$.

Sol.: a) 1,787 6; b) 1,765 76; —lineal: 1,593, quadràtica: 1,775

66. ★★★ La taula següent conté les dades corresponents al benefici net, en milions d'euros, de l'empresa japonesa Sony:

2008	2009	2010	2011	2012	2013	2014	2015
−99	−41	−260	−457	43	54	83	137

Font: **http://www.eleconomista.es** [Consulta: 14-6-2013].

a) Què observes d'especial a la taula?

b) Prenent les tres últimes dades reals, calcula el polinomi d'interpolació quadràtic i els beneficis esperats per als anys següents de la taula. Explica el que succeeix.

c) Investiga a internet altres tipus d'interpolació diferents dels ja coneguts.

Síntesi

FUNCIONS DE PRIMER I SEGON GRAU

Funcions de primer grau

$f(x) = mx + n$ — La seva representació gràfica és una **recta.**

Pendent: És la mesura d'inclinació de la recta; és a dir, la raó de canvi en y respecte al canvi en x.

$$m = \frac{\textit{canvi vertical}}{\textit{canvi horitzontal}}$$

Punts de tall amb els eixos:

- Amb l'eix X: calculem el valor de x per a $y = 0$.
- Amb l'eix Y: calculem el valor de y per a $x = 0$.

Equacions:

- Explícita: m (pendent), n (ordenada en l'origen) → $y = mx + n$
- Contínua: $A(x_1, y_1)$ i $B(x_2, y_2)$ → $\dfrac{x - x_1}{x_2 - x_1} = \dfrac{y - y_1}{y_2 - y_1}$
- Punt-pendent: $A(x_1, y_1)$, m (pendent) → $y - y_1 = m(x - x_1)$
- General → $ax + by + c = 0$

Funcions quadràtiques

$f(x) = ax^2 + bx + c$ — La seva representació gràfica és una **paràbola.**

Elements i representació gràfica d'una paràbola:

- Si $a > 0$, oberta cap amunt. Si $a < 0$, oberta cap avall.
- Eix de simetria: $x = \dfrac{-b}{2a}$
- Vèrtex: $V\left[\dfrac{-b}{2a}, f\left(\dfrac{-b}{2a}\right)\right]$
- Punts de tall amb els eixos $\begin{cases} \text{Eix } Y\text{: } x = 0 \rightarrow (0, c) \\ \text{Eix } X\text{: } y = 0 \rightarrow \left(\dfrac{-b \pm \sqrt{b^2 - 4ac}}{2a}, 0\right) \end{cases}$

Interpolació

Consisteix a estimar el valor d'una funció en un punt a partir de valors coneguts en punts propers.

- Interpolació lineal: a partir de dos punts. Si coneixem més punts, podem utilitzar la interpolació lineal a trossos.
- Interpolació quadràtica: a partir de tres punts.

Extrapolació

Consisteix a estimar el valor d'una funció en un punt que es troba fora de l'interval definit pels valors coneguts.

- Extrapolació lineal
- Extrapolació quadràtica

1 Donada la funció $y = \frac{2}{3}x + 1$:

a) De quina funció es tracta? Indica'n el pendent.

b) Calcula els punts de tall amb els eixos.

c) Digues si els punts $A(3, 3)$ i $B(2, 7/3)$ pertanyen a la funció.

d) Representa-la gràficament.

Sol.: a) $m = 2/3$; b) $(0, 1)$ i $(-3/2, 0)$

2 Calcula:

a) L'equació general de la recta que passa pels punts $A(-2, 3)$ i $B(5, 7)$. Quin n'és el pendent?

b) L'equació punt-pendent de la recta que passa per $A(0, 2)$ i el pendent de la qual és $m = -5/3$.

c) L'equació paral·lela a la recta $2x + 3y + 1 = 0$ que passa per l'origen de coordenades.

d) L'equació de la recta perpendicular a l'eix d'abscisses que passa pel punt $P(2, -3)$. Quin n'és el pendent?

3 Indica el pendent de les gràfiques següents i determina'n l'equació:

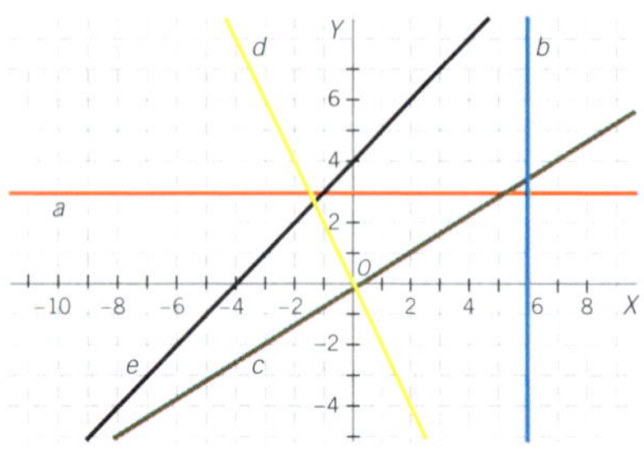

4 Es vol construir un arc parabòlic la base del qual mesuri 4 metres i la seva altura màxima sigui de 12 metres. Si el dibuixem en el pla cartesià, passa pels punts (1, 0) i (5, 0). Troba l'equació d'aquest arc i representa'l gràficament.

5 Dibuixa la paràbola $y = 2x^2 - 4x - 6$ i indica'n el vèrtex, els punts de tall amb els eixos, l'eix de simetria, i tres punts més. Explica la diferència que hi ha entre aquesta paràbola i la paràbola $y = x^2 - 2x - 3$.

6 Dibuixa la paràbola $y = x^2 - 2x - 3$ i les rectes que determinen un rombe dos costats consecutius del qual estan sobre les rectes que passen pel vèrtex de la paràbola i per cadascun dels punts de tall de la paràbola amb l'eix X. Calcula les equacions de les quatre rectes i l'àrea del rombe.

Sol.: $A = 16$ u^2

7 La gràfica següent és el resultat d'una interpolació lineal i una altra de quadràtica:

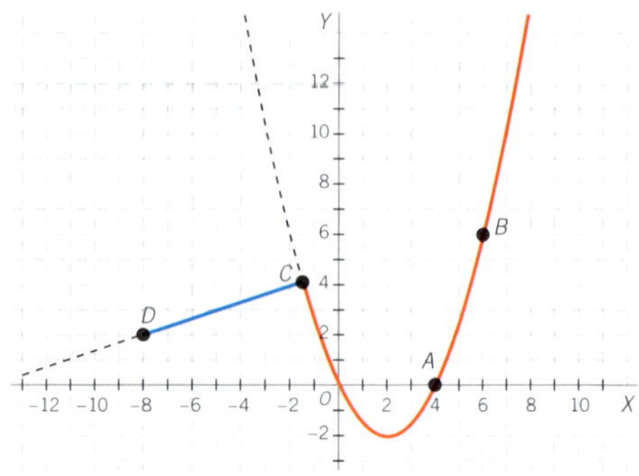

a) Troba les funcions d'interpolació i les coordenades d'aquests punts.

b) Calcula els valors per a $x = -5$, $x = 1$ i $x = 5$.

Sol.: b) 3, $-3/2$, $5/2$

8 La longitud total de les femelles del saure *Lampropeltis polyzona* està relacionada amb la longitud de la cua. Sabem que per a una cua de 60 mm, la longitud total és de 455 mm, i per a una cua de 140 mm, la longitud total del saure és de 1050 mm.

Calcula el polinomi d'interpolació/extrapolació lineal per a obtenir els valors de la longitud total de les femelles de saures de 100 mm i 150 mm de cua.

9 La taula següent mostra el creixement del blat de moro en centímetres, en funció dels dies transcorreguts:

DIES	15	30	45	55
ALTURA (cm)	65	92	157	245

Utilitza la interpolació lineal per a calcular l'altura del blat de moro als 20 dies i la quadràtica per a saber la seva altura als 50 dies. Quina és l'altura als 60 dies?

Sol.: 74 cm, 196,54 cm, 302,4 cm

10 La taula següent mostra les dades sobre la lectura digital a Espanya:

ANY	2010	2011	2012
NRE. DE LECTORS (%)	47,8	52,7	58

a) Extrapola de dues maneres diferents el percentatge de lectors per a l'any 2013.

b) Esbrina el valor real i compara'l amb el calculat.

c) Elabora un breu informe en el qual analitzis l'evolució del nombre de lectors digitals i el grau d'ajustament de les funcions d'extrapolació, juntament amb les seves representacions gràfiques.

Sol.: a) 63,03 %

SOCIETY

La funció de les funcions

La majoria de vegades que fem correspondre unes xifres numèriques amb unes altres, sense saber-ho, estem utilitzant les **funcions reals.** Avui dia les funcions tenen molta utilitat pràcticament en tots els camps del saber, ja que ens resolen situacions de la vida diària: finances, estadística, enginyeria, medicina, química, física, astronomia...

En economia, les importants **lleis de l'oferta i de la demanda** es regeixen per un determinat tipus de funcions que podràs conèixer a través de l'enllaç:

http://links.edebe.com/ecc

SOCIETY

L'arc de Wembley

El nou estadi de Wembley a Londres és una meravella arquitectònica, construïda per **Norman Foster** el 2007, que conté un arc parabòlic d'acer de 315 m de longitud, lleugerament inclinat, i el vèrtex del qual està a 133 m d'altura. Aquest arc ve definit per una funció quadràtica que és possible determinar.

En els enllaços següents trobaràs més informació sobre aquest tema:

http://links.edebe.com/8vr36i

http://links.edebe.com/hz7f2

http://links.edebe.com/3fghbb

CRITICAL SENSE

EL RISC D'EXTRAPOLAR...

En **l'extrapolació,** partint d'unes dades inicials de la funció i la gràfica que les conté, és possible conèixer el comportament d'aquesta funció per a dades diferents de les primeres. Aquest recurs és bàsic en **tasques de previsió** com, per exemple, els pronòstics a llarg termini en meteorologia.

En determinats experiments tècnics, podem anticipar resultats a partir de les dades d'experiències prèvies si aquestes s'**extrapolen,** encara que sempre hi pot haver errors...

PROBLEM-BASED LEARNING PBL

- Formeu grups de quatre components.
- Imagineu que s'han anat penjant diferents pesos a una molla i s'han anotat els resultats de la seva elongació:

PES (kg)	0,5	1,3	3,0
ELONGACIÓ (cm)	2,0	5,2	12,5

- Realitzeu una **extrapolació a trossos** per saber quant s'allargarà la molla si s'hi penja un pes de 10 kg.
- Algèbricament parlant, pot ser fiable el resultat final?
- Considerant el material de fabricació de la molla, tenim la certesa absoluta que l'extrapolació realitzada serà correcta? Justifiqueu la resposta, respectant les opinions i formes d'aproximar-se al problema dels vostres companys.
- Per a comprovar la vostra justificació, dissenyeu i executeu un experiment similar al plantejat i poseu-lo per escrit en forma de dossier amb els apartats següents: introducció, objectius, material, passos del procediment i recollida de dades, anàlisi dels resultats, conclusió.

7

BLOC 2. ANÀLISI

Funcions reals de variable real

Presentació

Problemes interactius

Notícies

«Neix la Llibreria Digital de Funcions Matemàtiques»

Els professors de la Universidad de Cantabria, Amparo Gil i Javier Segura, han estat els dos únics investigadors espanyols que han participat a la Llibreria Digital de Funcions Matemàtiques (*Digital Library of Mathematical Functions,* DLMF), **http://dlmf.nist.gov.** El *National Institute of Standards and Technology* (NIST), entitat dependent dels EUA, ha inaugurat aquest portal de coneixement obert que constitueix la base de dades de funcions més important del món.

http://www.agenciasinc.es/

(2-6-2010).

EN CONTEXT

a> Llegeix la notícia completa sobre la Llibreria Digital de Funcions Matemàtiques a: **http://links.edebe.com/eu5u**

— Què creus que va impulsar aquests professors a prendre la decisió de crear un banc matemàtic?

— Quina és la seva utilitat?

b> Entra a la Llibreria Digital de Funcions Matemàtiques, **(http://dlmf.nist.gov),** visita el capítol 4 «Elementary Functions» i investiga quines funcions coneixes de les que s'hi mostren.

c> Observa la imatge d'aquestes dues pàgines:

— Pensa en el que ja hem tractat sobre funcions i gràfiques. Si haguessis d'escriure un titular que captés l'essència de la fotografia en relació a aquest tema, quin triaries?

— Compartiu el titular en parelles.

— Poseu en comú els titulars en el grup classe i llegiu en veu alta aquells elaborats pels vostres companys que expressen realment l'essència del tema.

— Discutiu els titulars proposats, resumiu a la pissarra les aportacions i poseu per escrit les vostres conclusions.

— Canviaries el titular que vas proposar inicialment? De quina manera?

1. Funcions polinòmiques

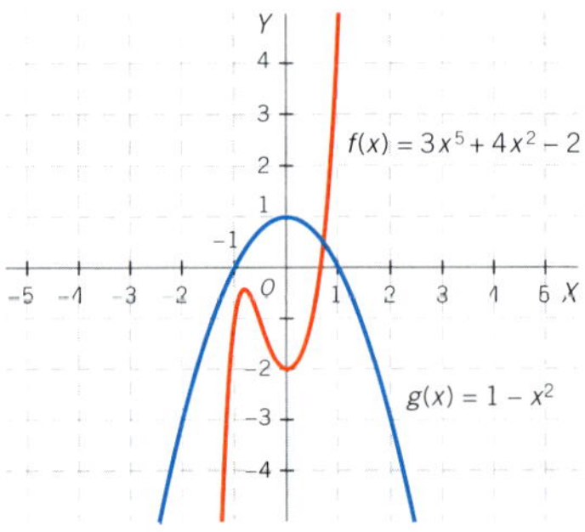

Funcions polinòmiques.

Com hem estudiat a la unitat 5, les funcions ajuden a generalitzar situacions en les quals existeix una relació entre dos conjunts o variables. Així, les funcions polinòmiques permeten modelitzar i estudiar les característiques i regularitats d'una varietat de sistemes naturals, socioeconòmics...

Les funcions l'expressió algèbrica de les quals correspon a un polinomi reben el nom de **funcions polinòmiques.** S'expressen de la forma següent: $f(x) = a_n x^n + a_{n-1} x^{n-1} + ... + a_1 x + a_0$.

En les funcions polinòmiques sempre és possible calcular la imatge de qualsevol nombre real; per tant, el seu **domini** és $\mathbb{R}$. Recordem les funcions de primer i segon grau, que van ser objecte d'estudi a la unitat 6.

Les funcions l'expressió algèbrica de les quals és de la forma $f(x) = mx + n$ són **funcions polinòmiques de primer grau.**

Les funcions del tipus $f(x) = ax^2 + bx + c$ (a, b i $c \in \mathbb{R}$ i $a \neq 0$) es denominen **funcions polinòmiques de segon grau o quadràtiques.**

FIXA-T'HI

El **grau** d'una funció polinòmica és el grau del polinomi de la seva expressió analítica.

Funcions polinòmiques de primer grau

La seva representació gràfica és la **recta de pendent *m*** que passa pel punt $P(0, n)$, i les seves principals **característiques** són:

— Si $n = 0$, $f(x) = mx$ es denomina **funció lineal** o **de proporcionalitat.**

— Si $n \neq 0$, $f(x) = mx + n$ rep el nom de **funció afí.**

DOMINI	$D(f) = \mathbb{R}$
RECORREGUT	$R(f) = \mathbb{R}$, si $m \neq 0$ i $R(f) = \{n\}$, si $m = 0$
PUNTS DE TALL AMB ELS EIXOS	$(0, n)$, $(-n/m, 0)$
MONOTONIA	Si $m > 0$, llavors f creix. Si $m < 0$, llavors f decreix.

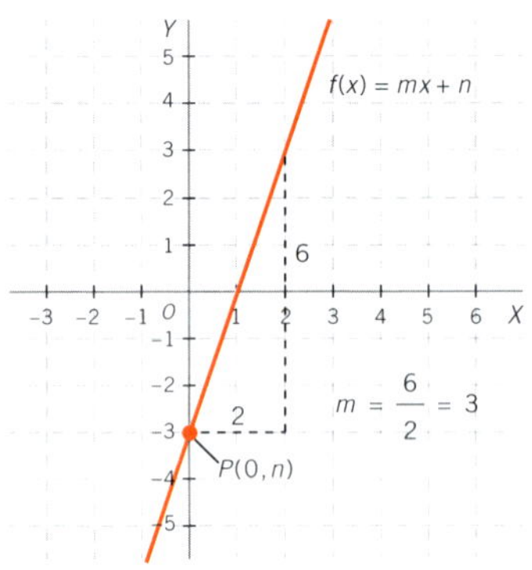

Funció afí.

Funcions polinòmiques de segon grau o quadràtiques

La seva representació gràfica és una **paràbola** i les principals **característiques** són:

	$a > 0$	$a < 0$
DOMINI	$D(f) = \mathbb{R}$	
RECORREGUT	$R(f) = [y_V, +\infty)$, on y_V és la coordenada i del vèrtex.	$R(f) = (-\infty, y_V]$
PUNTS DE TALL AMB ELS EIXOS	$(0, c)$ i les solucions de l'equació $ax^2 + bx + c = 0$	
VÈRTEX	$x_V = \frac{-b}{2a}$, $y_V = f(x_V)$. Mínim.	$x_V = \frac{-b}{2a}$, $y_V = f(x_V)$. Màxim.
EIX DE SIMETRIA	$x = \frac{-b}{2a}$	
MONOTONIA	En $(-\infty, x_V)$ decreix. En $(x_V, +\infty)$ creix.	En $(-\infty, x_V)$ creix. En $(x_V, +\infty)$ decreix.
CURVATURA	Convexa.	Còncava.

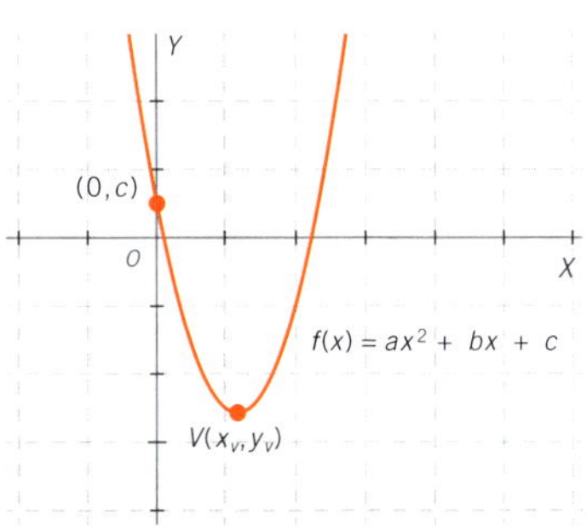

Funció quadràtica.

Exercicis i problemes
8 a 17

2. Funcions racionals

Els nombres racionals són aquells que es poden expressar com a quocient de dos nombres enters, sempre que el denominador sigui diferent de zero.

De la mateixa manera, una funció racional és el quocient de dues funcions polinòmiques (de dos polinomis), amb el denominador diferent de zero.

Les funcions l'expressió de les quals és la d'una fracció algèbrica, $f(x) = \dfrac{P(x)}{Q(x)}$ amb $Q(x) \neq 0$, es denominen **funcions racionals.**

En les funcions racionals és possible calcular la imatge de qualsevol nombre real que no anul·li el denominador; per tant, el seu **domini** són tots els nombres reals excepte aquells per als quals el denominador és zero.

Un cas particular d'aquest tipus de funcions és la **funció de proporcionalitat inversa,** que desenvoluparem a continuació.

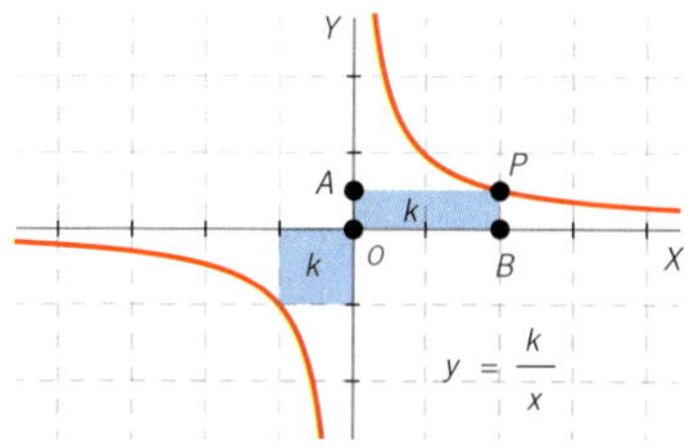

Funció de proporcionalitat inversa.
La constant de proporcionalitat inversa k s'identifica gràficament amb l'àrea del rectangle que té per vèrtexs $O(0, 0)$, $A(0, y_0)$, $P(x_0, y_0)$, $B(x_0, 0)$.

2.1. Funcions de proporcionalitat inversa

Si obrim una aixeta de la qual raja aigua, resulta evident que com més gran sigui el cabal menys temps trigarem a omplir un recipient. Es tracta **de magnituds inversament proporcionals.**

Les funcions de la forma $f(x) = \dfrac{k}{x}$ reben el nom de **funcions de proporcionalitat inversa,** on k és la constant de proporcionalitat inversa.

La seva representació gràfica és una **hipèrbola,** i les seves **característiques** principals són les que es mostren a la taula següent:

	$k > 0$	$k < 0$
DOMINI	$D(f) = \mathbb{R} - \{0\}$	
RECORREGUT	$R(f) = \mathbb{R} - \{0\}$	
PUNTS DE TALL AMB ELS EIXOS	No n'hi ha.	
CENTRE DE SIMETRIA	$O(0, 0)$	
ASÍMPTOTES	Horitzontal, $y = 0$. Vertical, $x = 0$.	
MONOTONIA	Decreix.	Creix.
CURVATURA	En $(-\infty, 0)$, còncava. En $(0, +\infty)$, convexa.	En $(-\infty, 0)$, convexa. En $(0, +\infty)$, còncava.

FIXA-T'HI

A vegades, la gràfica d'una funció i la d'una recta s'aproximen cada vegada més a mesura que la variable independent s'apropa a un valor determinat o creix indefinidament. Aquestes rectes s'anomenen **asímptotes** de la funció. A la unitat 8 veurem com determinar-les.

La funció de proporcionalitat inversa amb $k = 1$ pren valors molt grans per a valors molt petits de x, com pots observar en el quadre al marge.

x	$f(x) = \dfrac{1}{x}$
10^{-3}	$10^{3} = 1\,000$
10^{-6}	$10^{6} = 1\,000\,000$
10^{-12}	$10^{12} = 1\,000\,000\,000\,000$
10^{-16}	$10^{16} = 10\,000\,000\,000\,000\,000$

RECORDA

Quan operem amb fraccions impròpies i volem expressar-les com la suma d'un enter i una fracció pròpia tenim:

$$\frac{D}{d} = c + \frac{r}{d}$$

De la matelxa manera, podem expressar fraccions algèbriques en les quals grau $P(x) \geq$ grau $Q(x)$ com ara:

$$\frac{P(x)}{Q(x)} = C(x) + \frac{R(x)}{Q(x)}$$

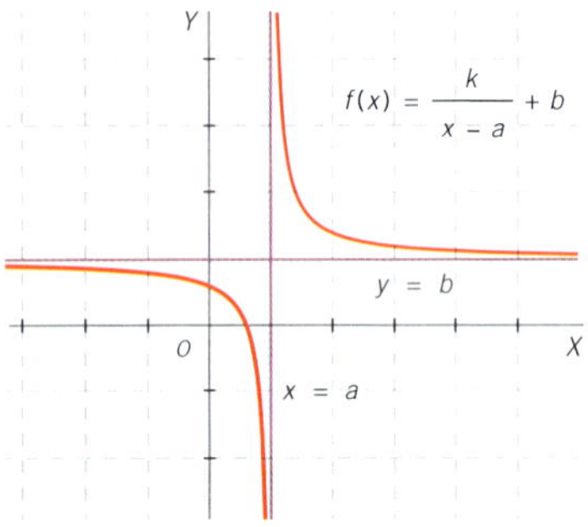

Problemes resolts A

Exercicis i problemes 18 a 23

Funció racional definida com a quocient de polinomis de primer grau

Com hem vist, les funcions racionals vénen expressades algèbricament pel quocient de dos polinomis. Quan $P(x)$ i $Q(x)$ són polinomis de primer grau, la funció $f(x) = \frac{P(x)}{Q(x)}$ resulta igual a la translació d'una funció de proporcionalitat inversa:

$$f(x) = \frac{P(x)}{Q(x)} = \frac{k}{x-a} + b$$

D'acord amb això, les seves **característiques** principals són:

	$k > 0$	$k < 0$
DOMINI	$D(f) = \mathbb{R} - \{a\}$	
RECORREGUT	$R(f) = \mathbb{R} - \{b\}$	
PUNTS DE TALL AMB ELS EIXOS	$\left(0, b - \frac{k}{a}\right)$ i $\left(a - \frac{k}{b}, 0\right)$	
CENTRE DE SIMETRIA	$C(a, b)$	
ASÍMPTOTES	Horitzontal: $y = b$. Vertical: $x = a$.	
MONOTONIA	Decreix.	Creix.
CURVATURA	En $(-\infty, a)$, còncava. En $(a, +\infty)$, convexa.	En $(-\infty, a)$, convexa. En $(a, +\infty)$, còncava.

1 EXEMPLE

Donada la funció $f(x) = \frac{x-3}{x+1}$, determina: a) la constant de proporcionalitat; b) el centre de simetria; c) les asímptotes; d) els punts de tall amb els eixos.

Solució

COMPRENSIÓ. Hem d'expressar la funció en la forma $f(x) = \frac{k}{x-a} + b$ per, amb els valors de k, a i b, poder determinar el centre de simetria, les asímptotes i els punts de tall amb els eixos.

RESOLUCIÓ. En primer lloc, efectuem el quocient i identifiquem els termes un cop hàgim escrit la funció en la forma desitjada:

$$\frac{P(x)}{Q(x)} = \frac{x-3}{x+1} = C(x) + \frac{R(x)}{Q(x)} = 1 + \frac{-4}{x+1}$$

Per tant, $k = -4$, $a = -1$ i $b = 1$.

Així doncs, d'acord amb el quadre resum de característiques, resulta que:

a) La constant de proporcionalitat és $k = -4$.

b) El centre de simetria és el punt $C(-1, 1)$.

c) L'asímptota horitzontal té per equació $y = 1$, i l'asímptota vertical és $x = -1$.

d) Els punts de tall amb els eixos són $(0, -3)$ i $(3, 0)$.

COMPROVACIÓ. Podem comprovar que les solucions són correctes representant gràficament la funció.

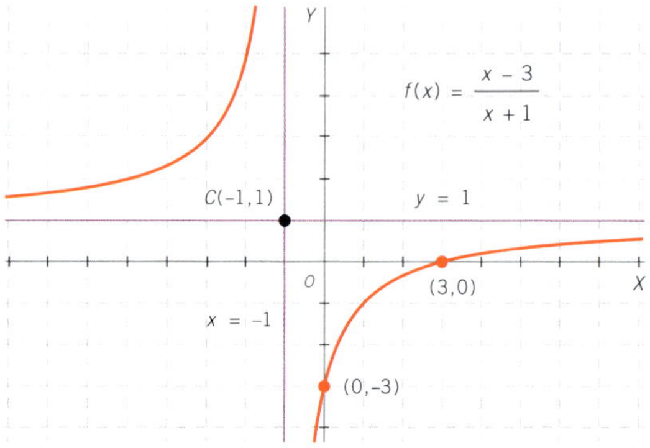

3. Funcions irracionals

Una funció irracional s'expressa com l'arrel enèsima d'una altra funció polinòmica o racional.

Les funcions en les quals la variable independent, *x*, es troba sota la influència d'un radical es denominen **funcions irracionals.** La seva expressió algèbrica és del tipus $f(x) = \sqrt[n]{g(x)}$.

Les funcions irracionals d'índex ***n* imparell** estan definides per a tots els valors del domini del seu radicant $g(x)$.

Les funcions irracionals d'índex ***n* parell** estan definides únicament per a aquells valors del domini de $g(x)$ que fan que $g(x) \geq 0$, ja que un radical d'índex parell amb radicand negatiu no té arrels reals.

En aquest curs estudiarem les funcions irracionals de la forma $f(x) = \sqrt{g(x)}$ i, més concretament, aquelles en les quals $g(x)$ és una funció quadràtica. Vegem-ne les **característiques:**

DOMINI	$D(f) = \{x \in \mathbb{R} \mid g(x) \geq 0\}$
RECORREGUT	$[0, +\infty)$
MONOTONIA	Creix si $g(x)$ creix. Decreix si $g(x)$ decreix.
CURVATURA	Depèn de $g(x)$.

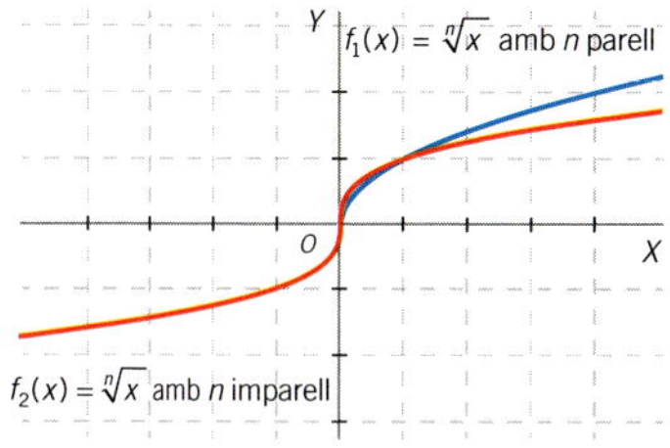

Funció $f(x) = \sqrt[n]{x}$.

Exercicis i problemes 24 a 29

2 EXEMPLE

Estudia les característiques de les funcions: a) $f_1(x) = \sqrt{x}$; b) $f_2(x) = \sqrt{x^2 - 4}$.

Solució

COMPRENSIÓ. En tots dos casos ens fixarem en les característiques de la funció que es troba sota el signe radical, que anomenarem $g(x)$.

RESOLUCIÓ.

a) En aquest cas, $g(x) = x$. D'acord amb el quadre resum de característiques, concloem:

DOMINI	$[0, +\infty)$
RECORREGUT	$[0, +\infty)$
MONOTONIA	Creix en $[0, +\infty)$.
CURVATURA	Còncava.

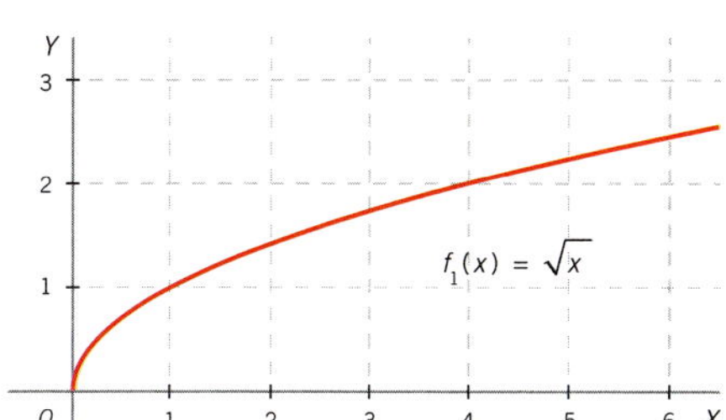

b) A partir de la funció quadràtica $g(x) = x^2 - 4$, tenim que la funció $f_2(x)$ compleix:

DOMINI	$(-\infty, -2] \cup [2, +\infty)$
RECORREGUT	$[0, +\infty)$
MONOTONIA	Decreix en $(-\infty, -2]$. Creix en $[2, +\infty)$.
CURVATURA	Còncava.

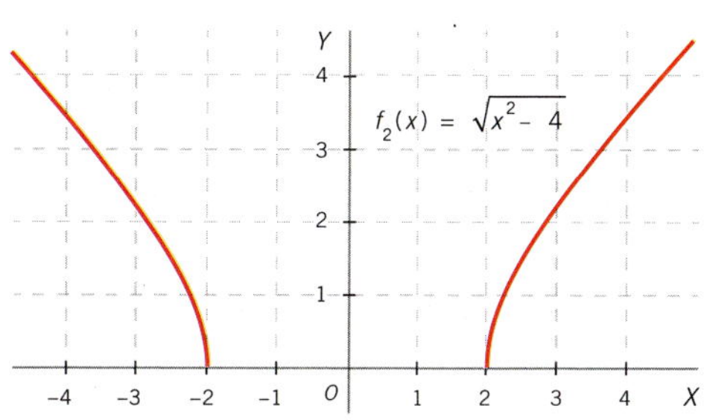

4. Funcions exponencials i logarítmiques

Les funcions exponencial i logarítmica s'utilitzen per a expressar el creixement d'una població, determinar l'acidesa o basicitat de les substàncies, quantificar el nivell de soroll o determinar la magnitud d'un terratrèmol.

RECORDA

$a^0 = 1$

$a^1 = a$

$a^m \cdot a^n = a^{m+n}$

$a^{-n} = \dfrac{1}{a^n} = \left(\dfrac{1}{a}\right)^n$

$a^m : a^n = a^{m-n}$

$\left(a^m\right)^n = a^{m \cdot n}$

$a^{\frac{m}{n}} = \left(a^m\right)^{\frac{1}{n}} = \sqrt[n]{a^m}$

$(-a)^n = \begin{cases} a^n, & n \text{ parell} \\ -a^n, & n \text{ imparell} \end{cases}$

4.1. Funcions exponencials

Les amebes són cèl·lules que es reprodueixen dividint-se en dos mitjançant la mitosi. Si considerem que cada mitja hora es produeix una duplicació completa, quantes amebes es formaran després d'haver-se repetit el procés ininterrompudament al llarg d'un dia?

— Al cap de mitja hora tindrem 2 amebes.

— Al cap d'una hora tindrem $2 \cdot 2 = 2^2 = 4$ amebes.

— Al cap d'una hora i mitja tindrem $2 \cdot 2 \cdot 2 = 2^3 = 8$ amebes.

— Al cap de dues hores tindrem $2 \cdot 2 \cdot 2 \cdot 2 = 2^4 = 16$ amebes.

— ...

Aquest i molts altres problemes de la natura es poden modelitzar i resoldre mitjançant una **funció exponencial.**

Siguin x la variable temps (en hores) i y la variable que ens proporciona el nombre d'amebes en funció del temps. La relació entre totes dues variables la proporciona l'expressió $f(x) = 2^{2x}$:

— Al cap d'1 dia (24 h), $f(x = 24) = 2^{48} = 281\,479\,976\,710\,656 \approx 3 \cdot 10^{14}$.

Per tant, en un dia es produiran prop de $3 \cdot 10^{14}$ amebes.

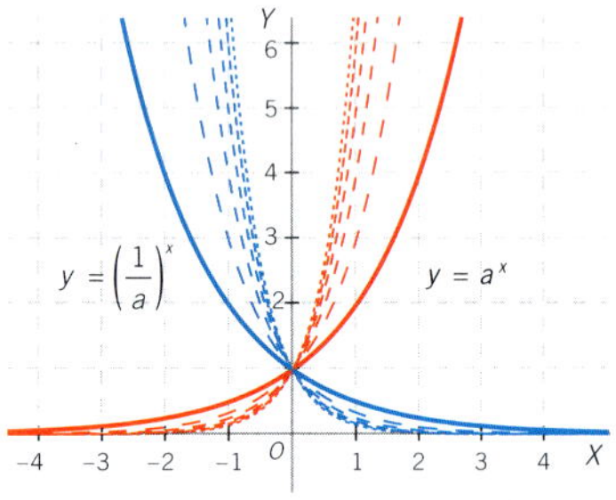

Simetria entre funcions exponencials per a diferents valors de *a*.

Les gràfiques de les funcions $f(x) = a^x$ i $f(x) = \left(\dfrac{1}{a}\right)^x$ són simètriques respecte de l'eix d'ordenades.

Les funcions de la forma $f(x) = a^{g(x)}$ ($a > 0$, $a \neq 1$) reben el nom de funcions exponencials.

En aquest curs ens interessa conèixer el cas particular $f(x) = a^x$ i les seves possibles aplicacions a les ciències socials.

Però per a poder aplicar aquestes i altres funcions a problemes quotidians necessitem conèixer aquelles **característiques** que les defineixen i diferencien de les altres:

	$0 < a < 1$	$a > 1$
DOMINI	$D(f) = \mathbb{R}$	
RECORREGUT	$R(f) = (0, +\infty)$	
PUNTS DE TALL AMB ELS EIXOS	(0, 1)	
ASÍMPTOTES	Horitzontal: $y = 0$.	
MONOTONIA	Decreix.	Creix.
CURVATURA	Convexa.	

Ara bé, si la funció exponencial a estudiar resulta que és la **translació** de la funció anterior, $f(x) = a^{x-b} + c$, les **característiques** a tenir en compte són les següents:

	$0 < a < 1$	$a > 1$
DOMINI	$D(f) = \mathbb{R}$	
RECORREGUT	$R(f) = (c, +\infty)$	
PUNTS DE TALL AMB ELS EIXOS	$(0, a^{-b} + c)$ $(b + \log_a(-c), 0)$, només si $c < 0$	
ASÍMPTOTES	Horitzontal $y = c$.	
MONOTONIA	Decreix.	Creix.
CURVATURA	Convexa.	

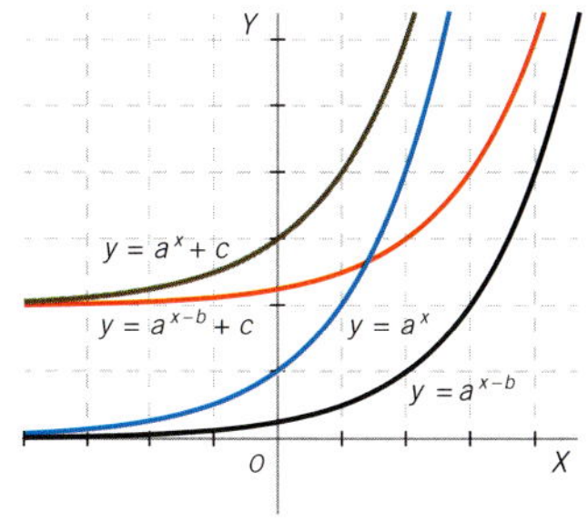

RECORDA

Una de les aplicacions més importants de les funcions exponencials és en matemàtica financera.

Per a calcular el capital final produït per una inversió durant un període de temps, a un determinat interès compost, emprem la funció:

$$C(t) = C_0(1 + i)^t$$

on:

— $C(t)$ és el capital final.

— C_0 és el capital inicial.

— i és l'interès.

— t és el temps.

3 EXEMPLE

Demostra que $P(0, 1)$ és el punt de tall amb els eixos de coordenades de les funcions de la forma $f(x) = a^x$; $a > 0$; $a \neq 1$.

Solució

COMPRENSIÓ. Per a calcular els punts de tall amb l'eix Y imposem que $x = 0$, mentre que per a determinar els punts de tall amb l'eix X, imposem que $y = 0$.

RESOLUCIÓ. La condició $y = a^x = 0$ no té sentit atès que el recorregut de la funció no conté el valor $f(x) = 0$. Per tant, no existeixen punts de tall amb l'eix X.

Quant a l'eix Y:

$$x = 0 \rightarrow y = a^0 = 1 \rightarrow P(0, 1)$$

Així, el punt de tall $P(0, 1)$ és comú a la família de funcions exponencials de la forma $y = a^x$; $a > 0$; $a \neq 1$.

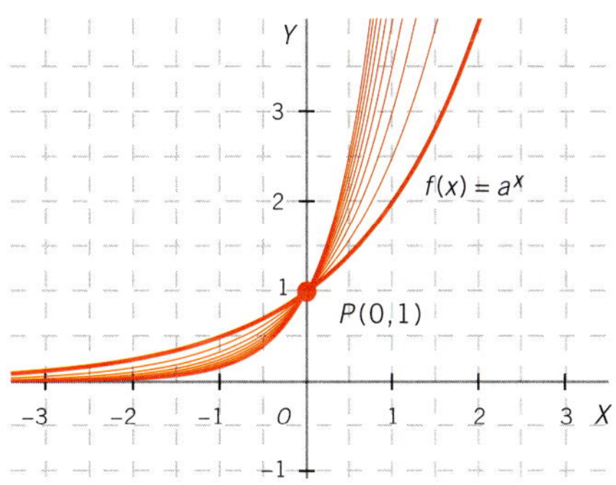

Exercicis i problemes
30, 32 (a, b, c, d, e), 33 (a, b, c), 34, 35 i 38

4 EXEMPLE

Estudia les característiques de la funció $f(x) = 3^{x+2} - 3$.

Solució

COMPRENSIÓ. Realitzarem l'estudi de la funció a partir del contingut del quadre corresponent a les funcions de la forma $f(x) = a^{x-b} + c$.

RESOLUCIÓ. D'acord amb el quadre resum, per a $b = -2$ i $c = -3$, les característiques de la funció són les següents:

— $D(f) = \mathbb{R}$

— $R(f) = (-3, +\infty)$

— Punts de tall amb els eixos:

Si $x = 0 \rightarrow y = 3^2 - 3 = 9 - 3 = 6 \rightarrow P(0, 6)$

Si $y = 0 \rightarrow 3^{x+2} - 3 = 0 \rightarrow 3^{x+2} = 3 \rightarrow x + 2 = 1 \rightarrow x = -1 \rightarrow Q(-1, 0)$

— Asímptota horitzontal: $y = -3$.

— Monotonia: creixent en $\mathbb{R}$.

— Curvatura: convexa.

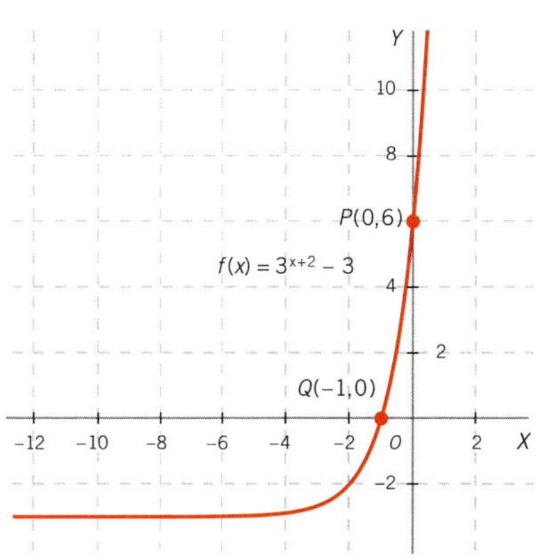

4.2. Funcions logarítmiques

Històricament, els logaritmes van ser introduïts pel noble escocès John Napier per a facilitar els càlculs que involucren potències i arrels amb exponents. Més tard, el professor d'Oxford Henry Briggs va refinar juntament amb Napier els logaritmes construint taules per als logaritmes en base 10.

Els logaritmes van tenir un gran acolliment per a la realització de càlculs astronòmics, ja que gràcies a ells les tedioses multiplicacions i divisions de grans nombres es transformen en simples sumes i restes; l'extracció d'arrels també s'efectua amb facilitat.

En l'actualitat, el seu ús és molt més freqüent i important. Un exemple el tenim en la funció logarítmica que mesura la magnitud dels terratrèmols $f(x) = \log x$, on x és l'amplitud vertical de l'ona sísmica.

RECORDA

$\log_a x = b \Leftrightarrow x = a^b$

$\log_a 1 = 0$

$\log_a a = 1$

$\log_a m + \log_a n = \log_a (m \cdot n)$

$\log_a m - \log_a n = \log_a (m/n)$

$\log_a m^n = n \cdot \log_a m$

$\log_a m = \dfrac{\log_b m}{\log_b a}$

RECORDA

Anomenem **logaritme decimal** el logaritme en base 10 i l'escrivim log x. Els **logaritmes neperians** són logaritmes en base e, i els escrivim ln x.

Les funcions de la forma $f(x) = \log_a g(x)$, amb $a \neq 1$, $a > 0$, es denominen **funcions logarítmiques.**

De la mateixa manera que succeïa amb les funcions exponencials, aquest curs treballarem amb els casos particulars de la funció $f(x) = \log_a x$ i les seves possibles aplicacions en l'àmbit de les ciències socials. Les seves **característiques** principals són:

	$0 < a < 1$	$a > 1$
DOMINI	$D(f) = (0, +\infty)$	
RECORREGUT	$R(f) = \mathbb{R}$	
PUNTS DE TALL AMB ELS EIXOS	(1, 0)	
ASÍMPTOTES	Vertical: $x = 0$.	
MONOTONIA	Decreix.	Creix.
CURVATURA	Convexa.	Còncava.

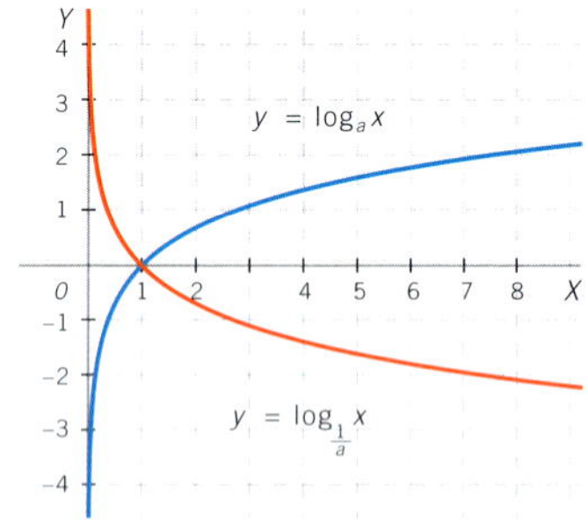

Simetria entre funcions logarítmiques. Les funcions $f(x) = \log_a x$ i $f(x) = \log_{\frac{1}{a}} x$ són simètriques respecte de l'eix d'abscisses.

5 EXEMPLE

Estudia les característiques de la funció $f(x) = \log x$.

Solució

COMPRENSIÓ. El log x és un logaritme decimal (en base 10).

RESOLUCIÓ. D'acord amb el quadre resum, les característiques de la funció són les següents:

— $D(f) = (0, +\infty)$

— $R(f) = \mathbb{R}$

— Punts de tall amb els eixos:

Si $y = 0 \rightarrow \log x = 0 \rightarrow x = 1 \rightarrow P(1, 0)$

No existeixen punts de tall amb l'eix Y, ja que el valor $x = 0$ no pertany al domini.

— Asímptota vertical: $x = 0$.

— Monotonia: creixent en $(0, +\infty)$.

— Curvatura: còncava.

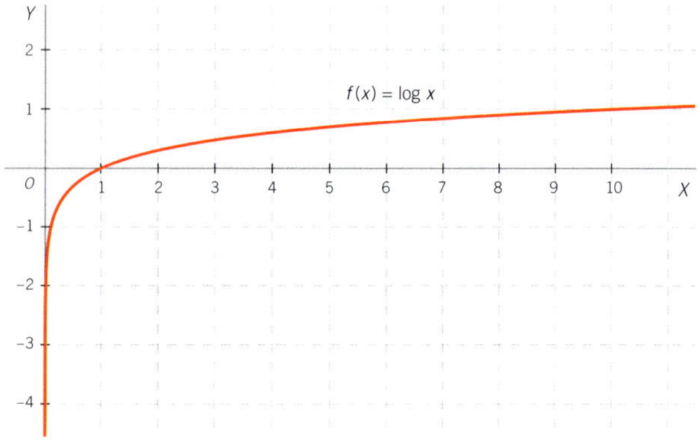

Com en el cas de les funcions exponencials, ens interessa estudiar les **característiques** de les funcions que sorgeixen com a **translació** de les funcions logarítmiques bàsiques, $f(x) = \log_a(x - b) + c$:

	$0 < a < 1$	$a > 1$
DOMINI	$D(f) = (b, +\infty)$	
RECORREGUT	$R(f) = \mathbb{R}$	
PUNTS DE TALL AMB ELS EIXOS	$(b + a^{-c}, 0)$ $(0, \log_a(-b) + c)$, només si $b < 0$	
ASÍMPTOTES	Vertical $x = b$.	
MONOTONIA	Decreix.	Creix.
CURVATURA	Convexa.	Còncava.

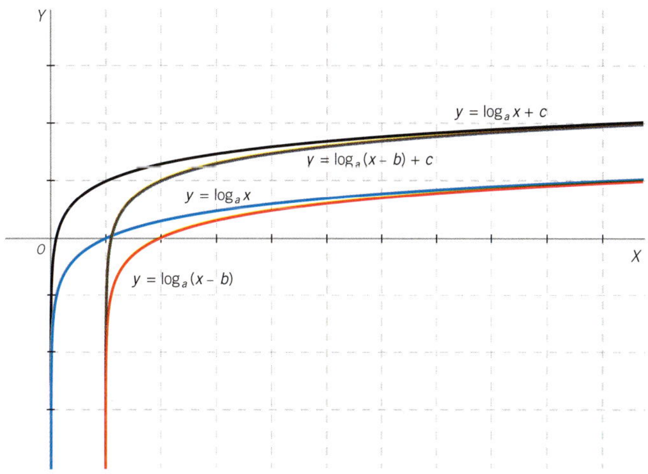

CURIOSITATS

El **nombre *e*** es coneix com el **nombre d'Euler** o **constant de Napier.**

$e \approx 2{,}71828182845904523536$

En aquesta pàgina pots trobar informació sobre aquest nombre:

http://links.edebe.com/te8g5j

FIXA-T'HI

La funció exponencial i la funció logarítmica són funcions **inverses** i la seva representació gràfica és simètrica respecte de la bisectriu del primer i tercer quadrants, $y = x$.

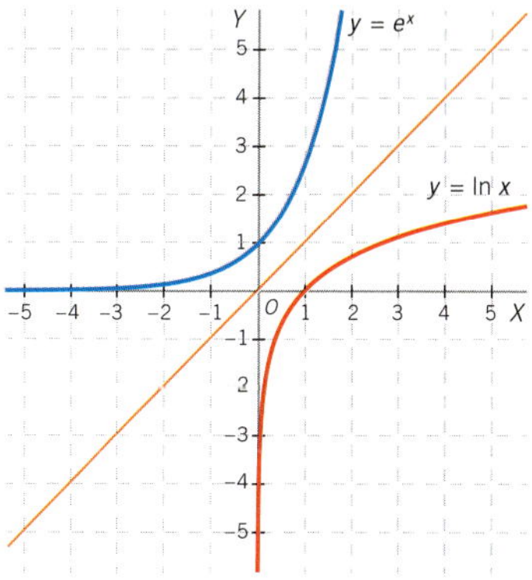

Problemes resolts
B

Exercicis i problemes
31, 32 (f, g, h, i, j), 33 (d, e), 36 i 37

6 EXEMPLE

Estudia les característiques de la funció $f(x) = \log_2(x - 4)$.

Solució

COMPRENSIÓ. Es tracta d'una translació horitzontal en 4 unitats de la funció $\log_2 x$.

RESOLUCIÓ. D'acord amb el quadre resum, per a $b = 4$ i $c = 0$, les característiques de la funció són:

— $D(f) = (4, +\infty)$

— $R(f) = \mathbb{R}$

— Punts de tall amb els eixos:

Si $y = 0 \rightarrow \log_2 (x - 4) = 0 \rightarrow x - 4 = 1 \rightarrow x = 5 \rightarrow P(5, 0)$

No existeixen punts de tall amb l'eix *Y*, ja que $x = 0$ no pertany al domini.

— Asímptota vertical: $x = 4$.

— Monotonia: creixent en $(4, +\infty)$.

— Curvatura: còncava.

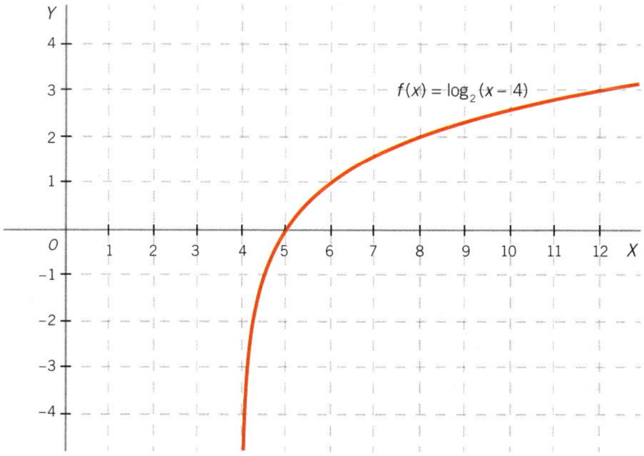

5. Funcions trigonomètriques

Des d'antic, la trigonometria ha estat de gran utilitat per a navegants i astrònoms. Sempre s'ha utilitzat en agrimensura i actualment permet descriure fenòmens naturals com l'onatge superficial o el ritme del cor, i és imprescindible en els càlculs realitzats per satèl·lits artificials.

Per a estudiar les funcions trigonomètriques és necessari recordar alguns conceptes bàsics associats a la resolució de triangles.

5.1. Raons trigonomètriques

La mesura d'un angle pot venir donada tant en graus com en radians. Un **grau** és la mesura de l'angle central que resulta de dividir una circumferència en 360 parts iguals. Un **radian** és la mesura de l'angle central d'una circumferència al qual correspon un arc d'igual mesura que el radi.

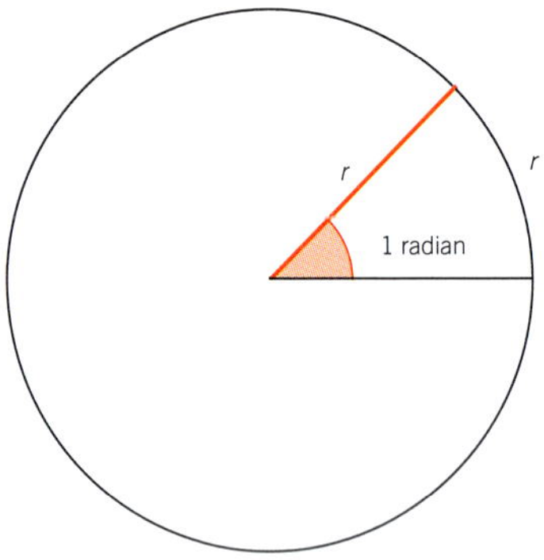

Radian.

De les definicions anteriors es dedueix que a un angle de 360° li correspon un arc de 2π vegades el radi. Per tant:

$$360° = 2\pi \text{ rad} \qquad 1 \text{ rad} = 57°\ 17'\ 45''$$

CALCULADORA

A la calculadora es pot treballar tant amb graus sexagesimals (en mode DEG) com amb radians (en mode RAD).

Donada una circumferència en el pla i centrada en l'origen, considerem el triangle rectangle que forma un punt $P(x, y)$ d'aquesta i l'angle central α.

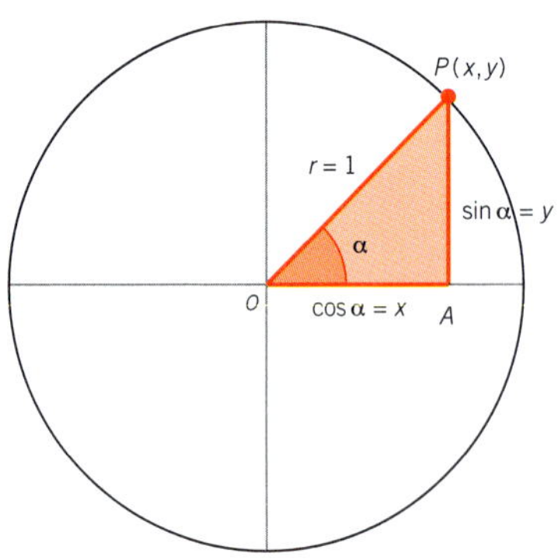

Sobre la circumferència goniomètrica (de radi unitat i centrada en l'origen de coordenades) el sinus i el cosinus de l'angle central coincideixen, respectivament, amb els catets oposat (y) i contigu (x). A més, observem que es compleix que:

$$-1 \leq \sin \alpha \leq 1$$
$$-1 \leq \cos \alpha \leq 1$$

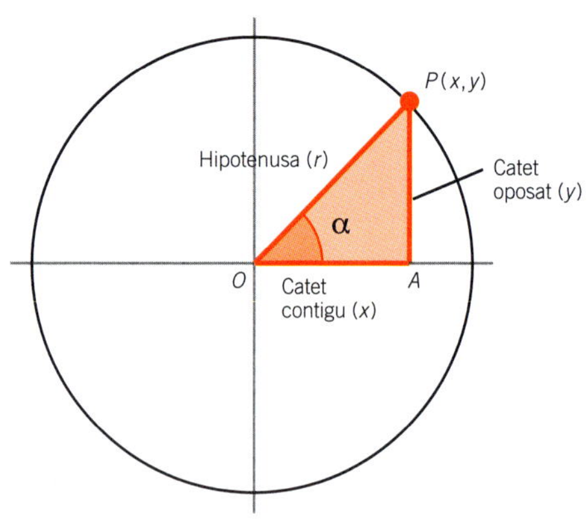

Definim a continuació les **raons trigonomètriques** següents:

— El **sinus** de l'angle α ($\sin \alpha$) és la raó que existeix entre el catet oposat a l'angle i la hipotenusa.

— El **cosinus** de l'angle α ($\cos \alpha$) és la raó que existeix entre el catet contigu a l'angle i la hipotenusa.

— La **tangent** de l'angle α ($\text{tg}\, \alpha$) és la raó entre el catet oposat i el catet contigu, és a dir, entre el sinus i el cosinus de l'angle.

$$\sin \alpha = \frac{y}{r} \qquad \cos \alpha = \frac{x}{r} \qquad \text{tg}\, \alpha = \frac{y}{x}$$

Les **raons trigonomètriques inverses** vénen donades per les relacions següents:

$$\text{cosec}\, \alpha = \frac{1}{\sin \alpha} \qquad \sec \alpha = \frac{1}{\cos \alpha} \qquad \text{cotg}\, \alpha = \frac{1}{\text{tg}\, \alpha}$$

A partir d'una raó (o de la seva inversa) i emprant les identitats trigonomètriques podem determinar la resta sempre que sapiguem en quin quadrant es troba l'angle.

RECORDA

Identitats trigonomètriques:

$$\sin^2 \alpha + \cos^2 \alpha = 1$$
$$1 + \sec^2 \alpha = \text{tg}^2\, \alpha$$
$$1 + \text{cosec}^2\, \alpha = \text{cotg}^2\, \alpha$$

Càlcul de raons trigonomètriques habituals

Les raons trigonomètriques més habituals es recullen en el quadre següent:

ANGLE (°)	0°	30°	45°	60°	90°	180°	270°	360°
ANGLE (rad)	0	$\frac{\pi}{6}$	$\frac{\pi}{4}$	$\frac{\pi}{3}$	$\frac{\pi}{2}$	π	$\frac{3\pi}{2}$	2π
SINUS	0	$\frac{1}{2}$	$\frac{\sqrt{2}}{2}$	$\frac{\sqrt{3}}{2}$	1	0	−1	0
COSINUS	1	$\frac{\sqrt{3}}{2}$	$\frac{\sqrt{2}}{2}$	$\frac{1}{2}$	0	−1	0	1
TANGENT	0	$\frac{\sqrt{3}}{3}$	1	$\sqrt{3}$	∄	0	∄	0

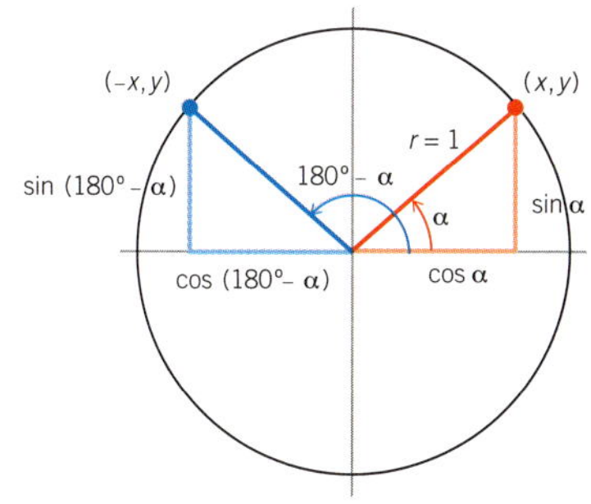

Relació entre angles del primer i segon quadrants.

Podem relacionar les raons trigonomètriques de qualsevol angle amb un que es trobi en el primer quadrant. És a dir, per a α en el primer quadrant:

2n QUADRANT	3r QUADRANT	4t QUADRANT
$\sin(\pi - \alpha) = \sin\alpha$	$\sin(\pi + \alpha) = -\sin\alpha$	$\sin(2\pi - \alpha) = -\sin\alpha$
$\cos(\pi - \alpha) = -\cos\alpha$	$\cos(\pi + \alpha) = -\cos\alpha$	$\cos(2\pi - \alpha) = \cos\alpha$
$\text{tg}(\pi - \alpha) = -\text{tg}\,\alpha$	$\text{tg}(\pi + \alpha) = \text{tg}\,\alpha$	$\text{tg}(2\pi - \alpha) = -\text{tg}\,\alpha$

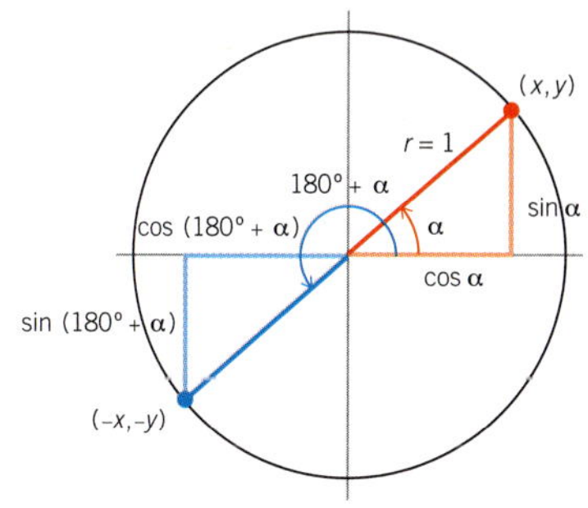

Relació entre angles del primer i tercer quadrants.

7 EXEMPLE

Determina les raons trigonomètriques de 120°, 240° i 300° a partir de les d'un angle del primer quadrant.

Solució

COMPRENSIÓ. Busquem un angle del primer quadrant que puguem relacionar amb els angles donats, tal com s'estableix en el quadre anterior.

RESOLUCIÓ. 120° pertany al segon quadrant; per tant, l'angle que ens permet completar 180° és: $180° - \alpha = 120° \rightarrow \alpha = 60°$

I, amb aquest angle, calculem les raons trigonomètriques de 120°:

$$\sin 120° = \sin(180° - 60°) = \sin 60° = \frac{\sqrt{3}}{2};$$

$$\cos 120° = \cos(180° - 60°) = -\cos 60° = \frac{-1}{2};\ \text{tg}\,120° = \text{tg}(180° - 60°) = -\text{tg}\,60° = -\sqrt{3}$$

240° pertany al tercer quadrant; per tant, l'angle que hem de sumar a 180° és: $180° + \alpha = 240° \rightarrow \alpha = 60°$.

$$\sin 240° = \sin(180° + 60°) = -\sin 60° = \frac{-\sqrt{3}}{2};\ \cos 240° = -\cos 60° = \frac{-1}{2};$$

$$\text{tg}\,240° = \text{tg}(180° + 60°) = \text{tg}\,60° = \sqrt{3}$$

Finalment, 300° pertany al quart quadrant; per tant, l'angle que ens permet completar 360° és: $360° - \alpha = 300° \rightarrow \alpha = 60°$.

$$\sin 300° = \sin(360° - 60°) = -\sin 60° = \frac{-\sqrt{3}}{2};\ \cos 300° = \cos 60° = \frac{1}{2};$$

$$\text{tg}\,300° = \text{tg}(360° - 60°) = -\text{tg}\,60° = -\sqrt{3}$$

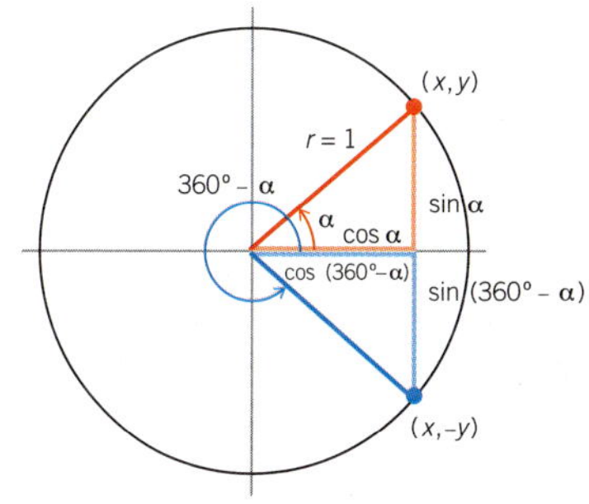

Relació entre angles del primer i quart quadrants.

Exercicis i problemes
39 a 42

5.2. Funcions trigonomètriques elementals

Les funcions que assignen al valor d'un angle, mesurat en radians, el valor d'una raó trigonomètrica es denominen **funcions trigonomètriques** o **circulars.**

Són bàsiques per a l'estudi de les funcions periòdiques ja que qualsevol funció d'aquest tipus pot expressar-se mitjançant suma de sinus i cosinus.

Funció sinus

Vegem com podem definir la funció sinus:

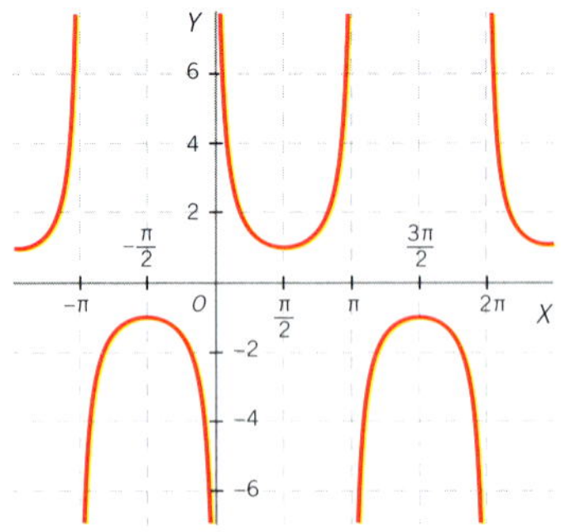

Funció *f*(*x*) = cosec *x*.

> La **funció sinus,** $f(x) = \sin x$, és aquella que associa a l'angle x el valor del sinus de x.

Les seves **característiques** principals són:

DOMINI	$D(f) = \mathbb{R}$
RECORREGUT	$R(f) = [-1, 1]$
PUNTS DE TALL AMB ELS EIXOS	$(0, 0), (\pi, 0), (2\pi, 0)...$
SIMETRIA	Imparella (simètrica respecte de l'origen): $f(x) = -f(-x)$.
PERIODICITAT	Periòdica de període $T = 2\pi$.
MONOTONIA	Creix en $\left(0, \frac{\pi}{2}\right) \cup \left(\frac{3\pi}{2}, \frac{5\pi}{2}\right) \cup \left(\frac{7\pi}{2}, \frac{9\pi}{2}\right)...$ Decreix en $\left(\frac{\pi}{2}, \frac{3\pi}{2}\right) \cup \left(\frac{5\pi}{2}, \frac{7\pi}{2}\right)...$
EXTREMS	Màxim absolut: $y = 1$. S'assoleix per a $x = \frac{\pi}{2}, \frac{5\pi}{2}...$ Mínim absolut: $y = -1$. S'assoleix per a $x = \frac{3\pi}{2}, \frac{7\pi}{2}...$
CURVATURA	Còncava en $(0, \pi) \cup (2\pi, 3\pi)...$ Convexa en $(\pi, 2\pi) \cup (3\pi, 4\pi)...$

Observa la seva representació gràfica i la de les seves translacions horitzontal i vertical:

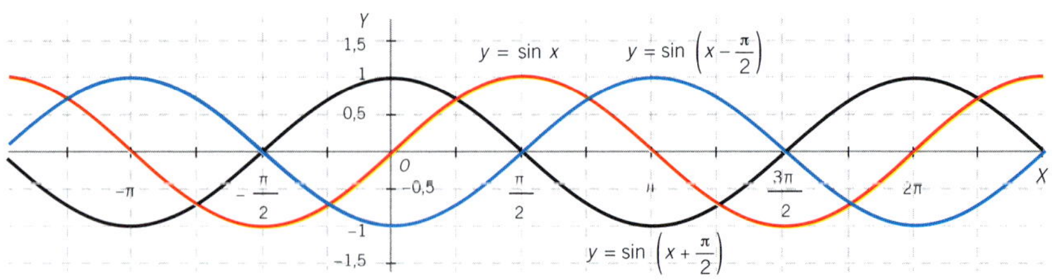

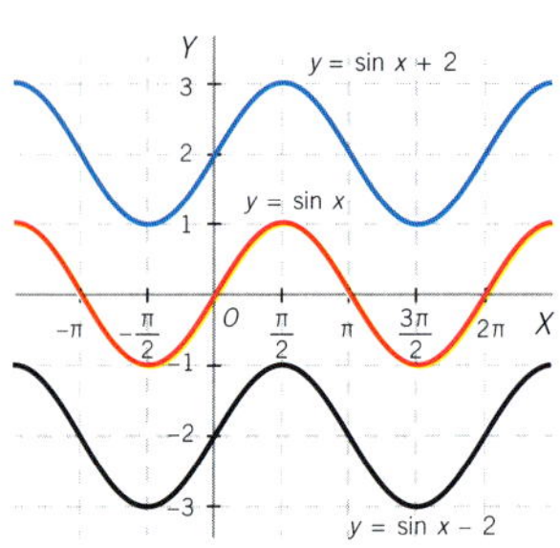

Funció cosinus

Definim ara la funció cosinus:

> La **funció cosinus,** $f(x) = \cos x$**,** és aquella que associa a cada angle x el valor del cosinus de x.

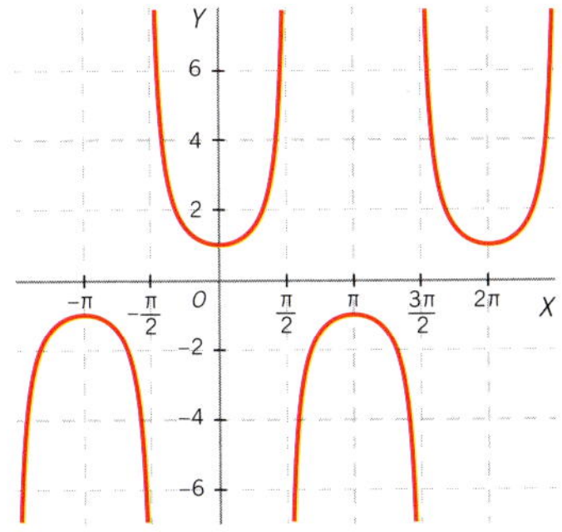

Funció $f(x) = \sec x$.

Les seves **característiques** principals són:

DOMINI	$D(f) = \mathbb{R}$
RECORREGUT	$R(f) = [-1, 1]$
PUNTS DE TALL AMB ELS EIXOS	$(0,1), \left(\frac{\pi}{2},0\right), \left(\frac{3\pi}{2},0\right), \left(\frac{5\pi}{2},0\right)...$
SIMETRIA	Parella (simètrica respecte de l'eix d'ordenades): $f(x) = f(-x)$.
PERIODICITAT	Periòdica de període $T = 2\pi$.
MONOTONIA	Decreix en $(0, \pi) \cup (2\pi, 3\pi)$... Creix en $(\pi, 2\pi) \cup (3\pi, 4\pi)$...
EXTREMS	Màxim absolut: $y = 1$. S'assoleix per a $x = 0, 2\pi$... Mínim absolut: $y = -1$. S'assoleix per a $x = \pi, 3\pi$...
CURVATURA	Còncava en $\left(0, \frac{\pi}{2}\right) \cup \left(\frac{3\pi}{2}, \frac{5\pi}{2}\right) \cup \left(\frac{7\pi}{2}, \frac{9\pi}{2}\right)...$ Convexa en $\left(\frac{\pi}{2}, \frac{3\pi}{2}\right) \cup \left(\frac{5\pi}{2}, \frac{7\pi}{2}\right)...$

Observa la seva representació gràfica i la de les seves translacions horitzontal i vertical a les imatges següents:

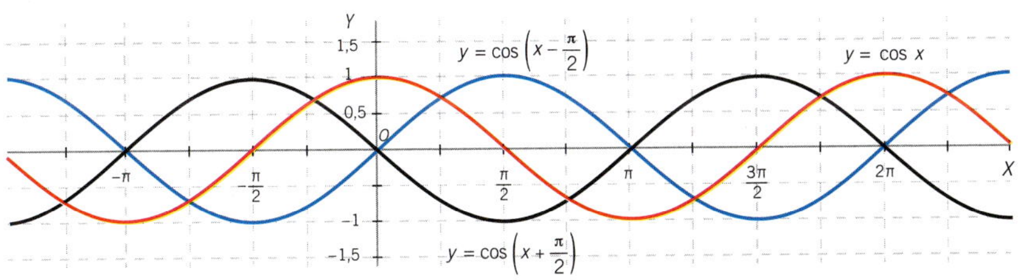

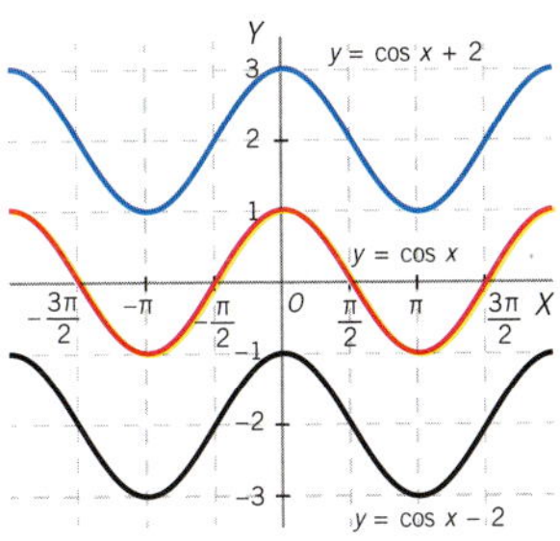

Funció tangent

La tangent d'un angle quantifica la relació existent entre les raons trigonomètriques fonamentals sinus i cosinus. Tenint en compte aquest fet definim la funció tangent de la manera següent:

La **funció tangent,** $f(x) = \text{tg}\ x$, és aquella que associa a cada valor de l'angle x el quocient entre el seu sinus i el seu cosinus, és a dir, el valor de la tangent de x.

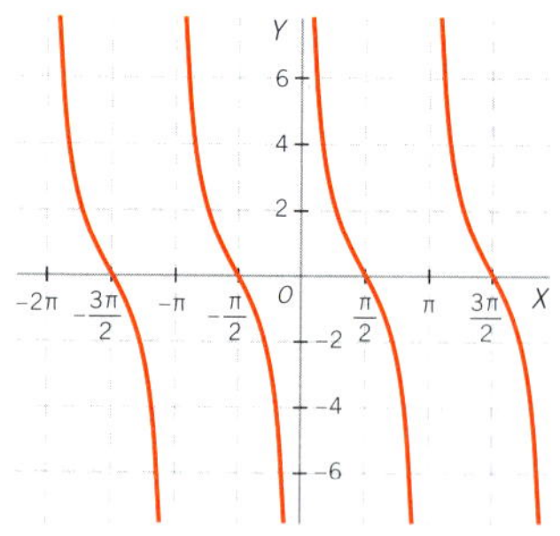

Funció $f(x) = \text{cotg}\ x$.

Les seves **característiques** principals són:

DOMINI	$D(f) = \mathbb{R} - \left\{\frac{\pi}{2} + k\pi \mid k \in \mathbb{Z}\right\}$
RECORREGUT	$R(f) = \mathbb{R}$
PUNTS DE TALL AMB ELS EIXOS	$\{(k\pi, 0) \mid k \in \mathbb{Z}\}$
SIMETRIA	Imparella (simètrica respecte de l'origen): $f(x) = -f(-x)$.
PERIODICITAT	Periòdica de període $T = \pi$.
ASÍMPTOTES	Verticals: $\left\{x = \frac{\pi}{2} + k\pi \mid k \in \mathbb{Z}\right\}$
MONOTONIA	Creix en $\left(\frac{-\pi}{2}, \frac{\pi}{2}\right) \cup \left(\frac{\pi}{2}, \frac{3\pi}{2}\right)$...
CURVATURA	Còncava en $\left(\frac{-\pi}{2}, 0\right) \cup \left(\frac{\pi}{2}, \pi\right)$... Convexa en $\left(0, \frac{\pi}{2}\right) \cup \left(\pi, \frac{3\pi}{2}\right)$...

Observa la seva representació gràfica i la de les seves translacions horitzontal i vertical:

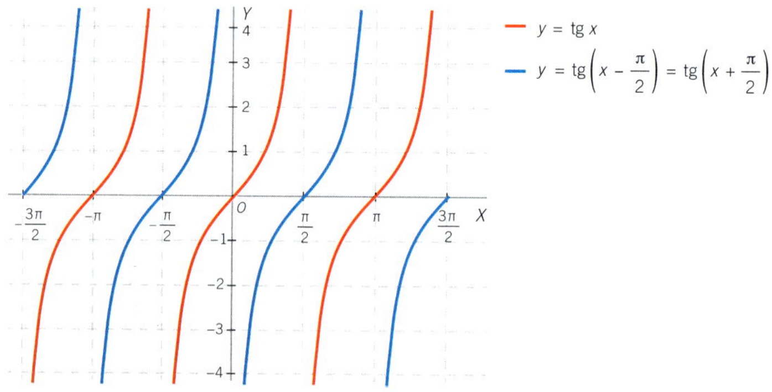

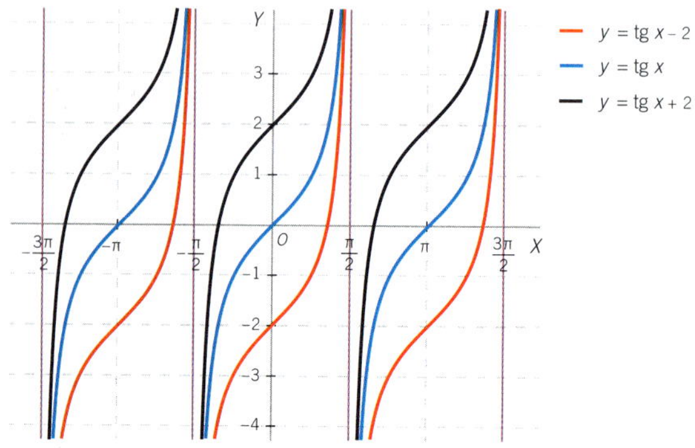

Problemes resolts
C

Exercicis i problemes
43 a 50

6. Funcions definides a trossos

En la realitat, les funcions acostumen a caracteritzar situacions en un interval concret de valors de la variable dependent, per exemple, el temps. No són vàlides per a qualsevol valor. Aquest fet es tradueix al llenguatge matemàtic assignant a cada interval del domini de definició la funció que millor defineix l'esdeveniment en qüestió.

Una funció que té expressions analítiques diferents per a diferents intervals del domini de definició es diu que és una funció definida a trossos.

Casos particulars i interessants de les funcions definides a trossos són la **funció part entera,** que fa correspondre a cada nombre real el nombre enter immediatament inferior; la **funció signe,** que a cada nombre real li assigna +1 o −1, segons el seu signe; i la **funció valor absolut,** que estudiarem al subapartat següent.

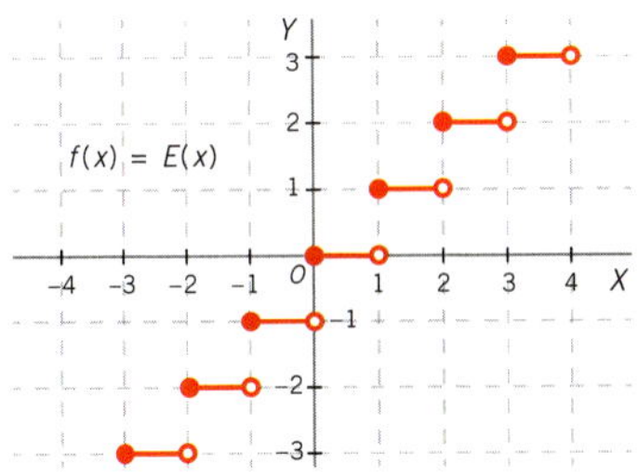

Funció part entera.

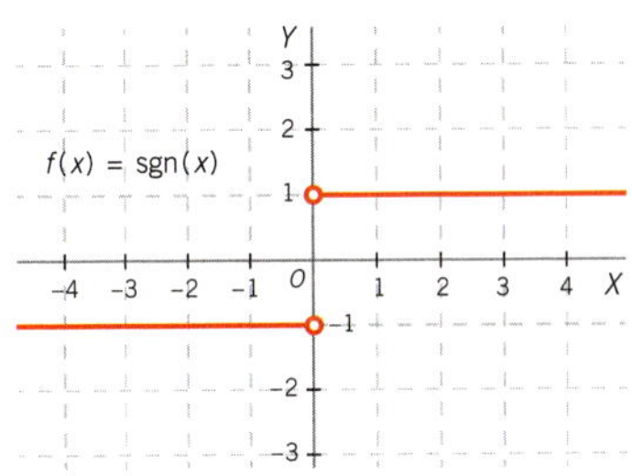

Funció signe.

8 EXEMPLE

Representa gràficament i estudia, sobre la gràfica, la continuïtat de la següent funció definida a trossos:

$$f(x) = \begin{cases} x - 1 & x < 1 \\ x^2 - 1 & 1 \leq x < 3 \\ 2^{-x} & 3 < x \end{cases}$$

Solució

COMPRENSIÓ. En primer lloc, estudiem el domini de la funció per, després, assignar a cada interval de definició la funció que s'hi descriu. Ens basarem en la teoria estudiada al llarg de la unitat, per la qual cosa no farem un estudi exhaustiu de cada tipus de funció.

RESOLUCIÓ. De les expressions analítiques de la funció a cada interval i dels mateixos intervals de definició, observem que el domini de la funció són tots els nombres reals excepte el 3:

$$D(f) = (-\infty, 1) \cup [1, 3) \cup (3, +\infty).$$

— A l'interval $(-\infty, 1)$ tracem la gràfica de la funció $y = x - 1$, funció lineal creixent que talla els eixos en els punts $P(1, 0)$ i $Q(0, -1)$. En aquest cas, la semirecta s'apropa a $x = 1$, però sense arribar a aquest punt.

— A l'interval $[1, 3)$ li correspon el fragment de la funció quadràtica que inclou el punt $P(1, 0)$, però no el punt $R(3, 8)$, que representarem mitjançant un punt buit. El vèrtex de la paràbola cau fora de l'interval de definició, ja que es tracta del punt $(0, -1)$.

— A l'últim interval de definició, $(3, +\infty)$, la gràfica és la corresponent a una funció exponencial de base $\frac{1}{2}$ que s'enganxa de manera asimptòtica a l'eix d'abscisses. Tampoc no inclou el punt $S\left(3, \frac{1}{8}\right)$, que també representem mitjançant un punt buit.

— Com podem veure, la funció $f(x)$ no és contínua, ja que no és possible dibuixar-la sense aixecar el llapis del paper. Concretament, $f(x)$ és discontínua per a $x = 3$.

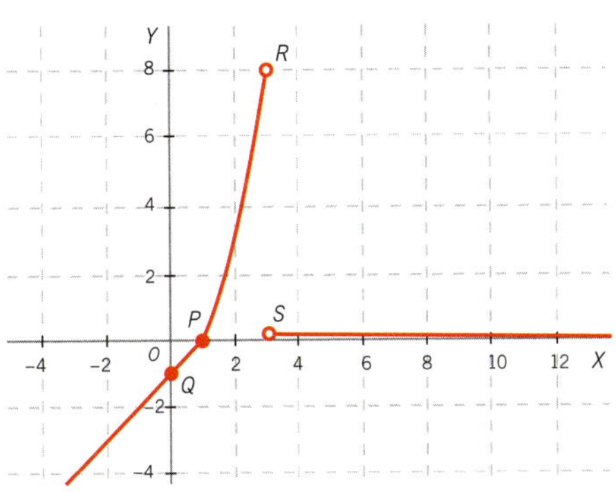

Exercicis i problemes
51 i 53 a 61

CURIOSITATS

La funció $f(x) = \begin{cases} -x, & x < 0 \\ x, & x \geq 0 \end{cases}$ és la funció definida a trossos més utilitzada. S'expressa $y = |x|$.

La seva gràfica és:

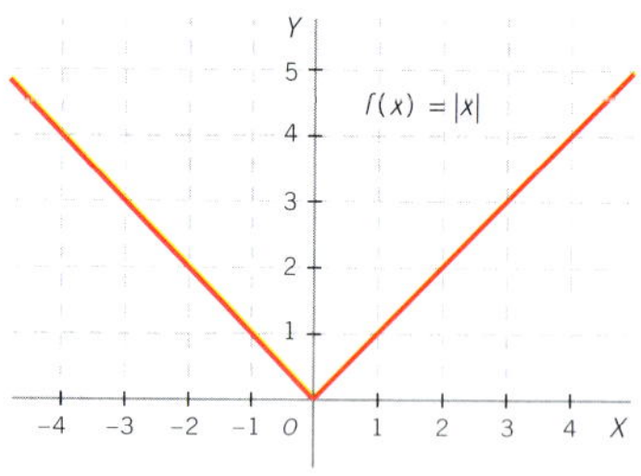

Exercicis i problemes
52 i 62 a 64

Síntesi
65 a 68

6.1. Funcions de valor absolut

Dins de les funcions definides a trossos, ens interessen en gran mesura les **funcions de valor absolut.**

La **funció de valor absolut** és aquella funció de la forma:

$$|f(x)| = \begin{cases} f(x) & f(x) \geq 0 \\ -f(x) & f(x) < 0 \end{cases}$$

En tractar-se d'una **funció definida a trossos,** les característiques d'una funció de valor absolut depenen de la seva expressió a cada interval de definició.

Per a representar aquest tipus de funcions seguim els passos següents:

— Representem $f(x)$.

— Determinem si existeixen intervals en els quals $f(x)$ és negativa (la gràfica queda per sota de l'eix d'abscisses).

— En cas afirmatiu, dibuixem la gràfica simètrica respecte de l'eix X en els intervals corresponents.

— Suprimim la gràfica que queda sota l'eix X.

9 EXEMPLE

Representa gràficament la funció $f(x) = |x^2 - 5x + 6|$.

Solució

COMPRENSIÓ.

Es tracta del valor absolut de la funció quadràtica :

$$y = x^2 - 5x + 6$$

la representació de la qual és una paràbola.

Els seus coeficients són $a = 1$, $b = -5$ i $c = 6$.

RESOLUCIÓ.

Com que $a > 0$, les branques de la paràbola van cap amunt.

Determinem el vèrtex i els punts de tall amb els eixos:

— Vèrtex: $x_V = \dfrac{-b}{2a} = \dfrac{5}{2} \rightarrow y_V = \dfrac{-1}{4} \rightarrow V\left(\dfrac{5}{2}, -\dfrac{1}{4}\right)$

— Punts de tall amb els eixos:

Si $x = 0 \rightarrow y = 6$

Si $y = 0 \rightarrow x = \dfrac{-b \pm \sqrt{b^2 - 4ac}}{2a} =$

$= \dfrac{5 \pm \sqrt{5^2 - 4 \cdot 1 \cdot 6}}{2 \cdot 1} = \dfrac{5 \pm 1}{2} \rightarrow \begin{cases} x_1 = 3 \\ x_2 = 2 \end{cases}$

Per tant, els punts de tall amb els eixos són:

$A(0, 6)$, $B(3, 0)$, $C(2, 0)$

Observem que la paràbola és negativa en l'interval (2, 3), per la qual cosa representem la gràfica simètrica respecte de l'eix X per als punts d'aquest interval.

— $V'\left(\dfrac{5}{2}, \dfrac{1}{4}\right)$

Finalment, suprimim la part de la gràfica que es troba per sota de l'eix X.

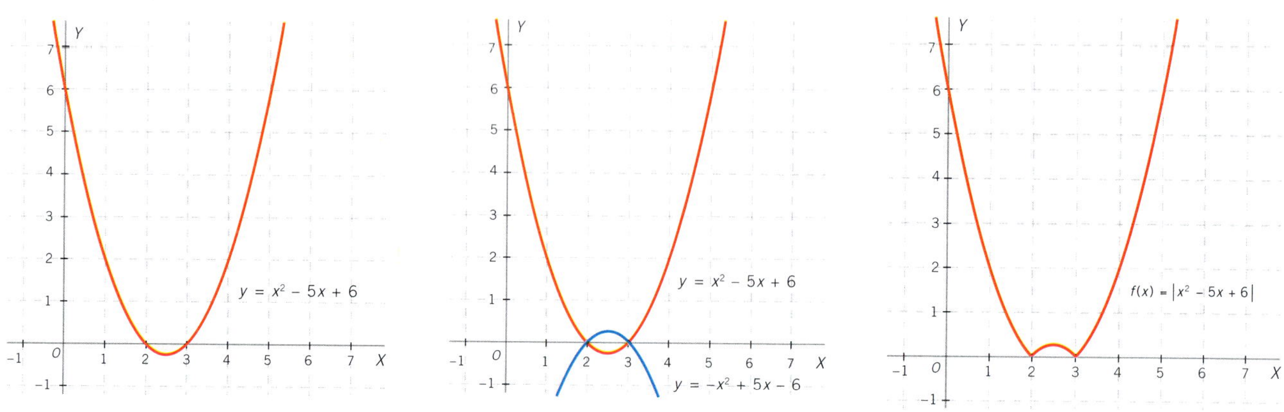

Problemes RESOLTS

A L'IMPORT DEL LLOGUER

Una família acudeix a una agència immobiliària perquè vol llogar un habitatge. El comercial els ofereix les opcions següents:

— Opció *A*: han de fer un desemborsament inicial de 3 000 € i pagar unes mensualitats de 600 €.

— Opció *B*: han de fer un desemborsament inicial de 2 000 € i pagar unes mensualitats de 800 €.

a) Determina l'equació de les funcions que representen l'import total de cada opció.

b) Quina opció resulta més rendible durant el primer trimestre?

c) Justifica quan convé canviar d'opció.

Solució

COMPRENSIÓ.

Es tracta de determinar dues funcions polinòmiques de primer grau en què la variable independent és el temps (en mesos) i la variable dependent, l'import del lloguer.

DADES.

$f_A(0) = 3000$; $f_B(0) = 2000$; mensualitat $(A) = 600$ €; mensualitat $(B) = 800$ €

RESOLUCIÓ.

a) En tots dos polinomis, el terme independent és el desemborsament inicial (no s'incrementa amb el pas del temps) i el coeficient de t (nombre de mesos) són les mensualitats:

$$f_A(t) = 3000 + 600t$$

$$f_B(t) = 2000 + 800t$$

b) Calculem l'import del lloguer del primer trimestre ($t = 3$ mesos) per a totes dues opcions:

$$f_A(3) = 3000 + 600 \cdot 3 = 4800 \text{ €}$$

$$f_B(3) = 2000 + 800 \cdot 3 = 4400 \text{ €}$$

Durant el primer trimestre resulta més rendible l'opció *B*.

c) Convindrà canviar d'opció quan el cost de les mensualitats compensi el desemborsament inicial. Hem de calcular en quin moment el cost de totes dues opcions és el mateix, és a dir, a partir de quin moment l'opció *B* deixa de ser la més rendible.

$$f_A(t) = f_B(t)$$

$$3000 + 600t = 2000 + 800t \rightarrow 200t = 1000 \rightarrow t = 5$$

A partir del 5è mes, l'opció *A* comença a ser més rendible.

Per a aquest valor de t, l'import del lloguer per a les dues opcions és de:

$$f_A(5) = 3000 + 600 \cdot 5 = 6000 \text{ €}$$

$$f_B(5) = 2000 + 800 \cdot 5 = 6000 \text{ €}$$

COMPROVACIÓ.

Si representem totes dues funcions, comprovem que efectivament es tallen en el punt (5, 6000).

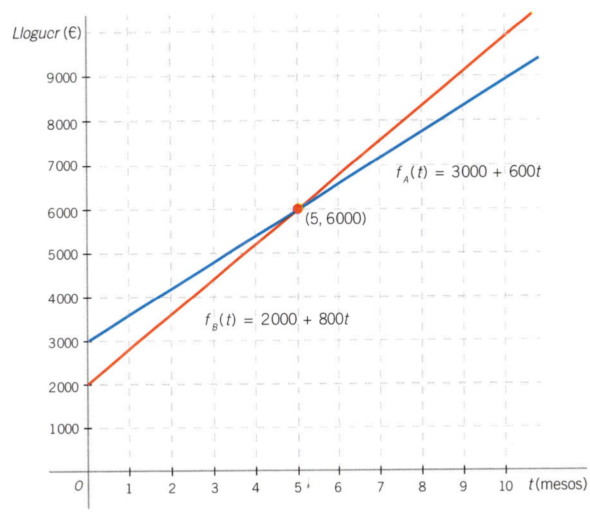

1. ★★☆ Un transportista ha de recórrer 300 km per a fer el lliurament d'uns mobles.

Si suposem que la seva velocitat és constant durant tot el trajecte:

a) Determina l'expressió que relaciona la velocitat del vehicle amb el temps en hores emprat a recórrer els 300 km.

b) Després de recórrer 200 km, passa per un radar. Sabent que això ha succeït al cap de 90 min d'haver començat el trajecte, raona si el conductor tindrà alguna sanció.

2. ★★★ El nombre d'individus, en milions, d'una població, ve donat per la funció $P(t) = \dfrac{15+t}{t+1}$, on t es mesura en anys transcorreguts des de $t = 0$. Calcula:

a) La població inicial.

b) L'any en el qual s'aconseguirà la població mínima. Quina en serà la mida?

— Utilitza una aplicació de representació de funcions per a determinar els punts de tall de la gràfica $f(x)$ amb els eixos de coordenades. @

Sol.: a) 15 milions; b) Tendeix a 1 milió d'individus.

B FUNCIONS EXPONENCIALS I LOGARÍTMIQUES

Alguns experts van estimar, a començaments de la dècada de 1990, que la sida creixia a raó del 20 % anual. Si suposem que en aquesta data en una ciutat determinada hi havia 1 000 malalts de sida i la fórmula de creixement ve donada per:

$$E(t) = 1\,000 \cdot (1 + 0{,}20)^t$$

a) Calcula el nombre de malalts que hi havia l'any 1993. I el 2000?

b) Determina quant trigarà a duplicar-se el nombre d'afectats.

Solució

COMPRENSIÓ. Per a respondre l'apartat a) hem d'interpretar correctament el significat de la variable t: com que $E(1990) = 1\,000$; aleshores el 1990, $t = 0$. A l'apartat b) haurem de determinar el nombre de malalts en un any qualsevol i calcular el valor de la variable independent pel qual es duplica aquest nombre.

DADES. $E(t) = 1\,000 \cdot (1 + 0{,}20)^t$

RESOLUCIÓ.

a) La variable dependent t es refereix als anys transcorreguts des del moment en què comença l'estudi.

Així, $t = 0$ es referirà a l'any 1990; $t = 1$ es referirà a l'any 1991; $t = 2$ es referirà a l'any 1992, i $t = 3$ es referirà a l'any 1993.

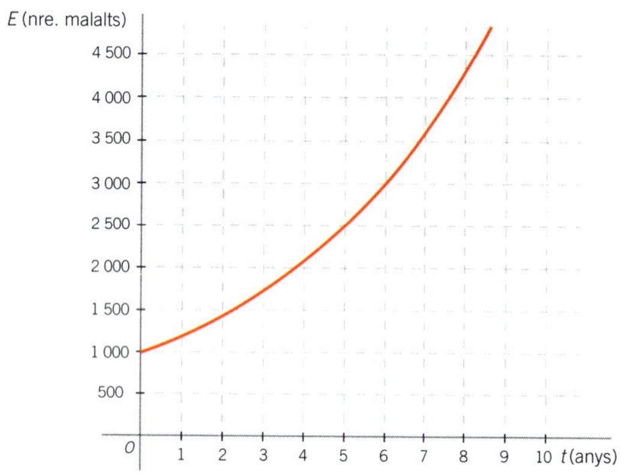

Per tant, l'any 1993 hi havia 1 728 malalts de sida:

$$E(t = 3) = 1\,000 \cdot 1{,}20^3 = 1\,000 \cdot 1{,}728 = 1\,728$$

Iterant, obtenim que l'any 2000 està representat per $t = 10$:

$$E(t = 10) = 1\,000 \cdot 1{,}20^{10} = 1\,000 \cdot 6{,}1917 = 6\,191{,}7 \approx 6\,192$$

Per tant, l'any 2000 el nombre de malalts era de 6 192.

b) Expressem el nombre d'infectats per a un any t_0 i un altre de posterior t, i imposem la condició que a t les infeccions s'hagin duplicat:

$$\left.\begin{array}{l} E(t_0) = 1\,000 \cdot 1{,}20^{t_0} \\ E(t) = 1\,000 \cdot 1{,}20^{t} \end{array}\right\} \rightarrow E(t) = 2 \cdot E(t_0)$$

$$1\,000 \cdot 1{,}20^t = 2\,000 \cdot 1{,}20^{t_0}$$

$$1{,}20^{t-t_0} = 2$$

$$t - t_0 = \log_{1{,}2} 2 = 3{,}8018 \cong 4 \text{ anys}$$

Podem concloure que el nombre de malalts de sida es duplica aproximadament cada 4 anys.

COMPROVACIÓ. Si calculem el nombre de malalts l'any 1997, observem que és aproximadament el doble que l'any 1993.

3. ★★☆ Una entitat financera ofereix un pla d'inversió en què el capital anual $F(t)$ que s'obté en funció del temps t durant el qual es manté la inversió ve representat per $F(t) = c(1+i)^t$, on c és el capital inicial i i, la taxa unitària d'interès.

a) Determina l'expressió del capital obtingut si es disposa d'un capital inicial de 6 000 € i la taxa d'interès unitària, molt avantatjosa, és de 0,2.

b) Representa la funció obtinguda.

c) Troba durant quant temps hem de mantenir la inversió per a obtenir un benefici d'almenys la meitat del capital invertit.

d) Suposem ara que la inversió es regeix mitjançant la funció $G(t) = c\log_{(1+i)} t$. Quina inversió consideres més rendible i per què?

Sol.: a) $F(t) = 6000 \cdot 1{,}2^t$; c) 2,2 anys

4. ★★☆ Considera la funció $f(x) = \log_4 x$.

a) Estudia-la i representa-la de manera aproximada.

b) Compara-la amb la funció $f(x) = \log_6 x$. Quina creix més de pressa a prop de l'asímptota vertical? Què succeeix per a valors molt grans de l'abscissa?

5. ★★★ Per a cada valor de a es considera la funció: @

$$f(x) = ax + a\ln x$$

a) Determina el valor de a sabent que la gràfica passa pel punt $P(e, 2e + 2)$.

b) Determina els punts de tall amb els eixos.

c) Utilitza una aplicació informàtica per a representar $g(x) = ax - 4\ln x$ i compara totes dues gràfiques.

Sol.: a) $a = 2$; b) (0,57, 0)

C FUNCIONS TRIGONOMÈTRIQUES

Representa la gràfica de $f(x) = 3\sin 2x$ i indica'n les característiques més notables.

Solució

COMPRENSIÓ. Es tracta d'una funció trigonomètrica sinus que estudiarem com es modifica en triplicar els valors de la imatge i multiplicar l'argument per un factor 2.

DADES. $f(x) = 3\sin 2x$

RESOLUCIÓ. Intenta resoldre el problema individualment. Per fer-ho, tapa el text de la resposta i segueix aquests passos:

Passos

— Determinem el domini i el recorregut de la funció.

— Trobem els punts de tall amb els eixos.

— Estudiem la simetria i la periodicitat.

— N'analitzem la monotonia.

— Determinem els extrems de la funció.

— Expressem com és la seva curvatura.

— Representem gràficament $f(x)$.

Resposta

— $D(f) = \mathbb{R}$, igual que per a la funció sin x.

$R(f) = [-3, 3]$, ja que hem multiplicat per 3 la funció sinus (que varia entre −1 i 1).

— Si $y = 0 \rightarrow \sin 2x = 0 \rightarrow 2x = k\pi \mid k \in \mathbb{Z} \rightarrow x = \dfrac{k\pi}{2}$ i els punts de tall són de la forma:

$$P_k = \left\{\left(\frac{k\pi}{2}, 0\right) \mid k \in \mathbb{Z}\right\}$$

— La funció és imparella igual que sin x, atès que $f(x) = -f(-x)$, i periòdica de període π (la meitat del període del sin x), ja que $f(x) = f(x + \pi)$.

— Atès que el període de $f(x)$ és la meitat del de sin x:

creix en els intervals $I_k = \left(-\dfrac{\pi}{4} + k\pi, \dfrac{\pi}{4} + k\pi\right) \mid k \in \mathbb{Z}$;

decreix en els intervals $I_k = \left(\dfrac{\pi}{4} + k\pi, \dfrac{3\pi}{4} + k\pi\right) \mid k \in \mathbb{Z}$.

— Màxim, $y = 3$. S'assoleix per a $x = \dfrac{\pi}{4} + k\pi \mid k \in \mathbb{Z}$.

Mínim, $y = -3$. S'assoleix per a $x = \dfrac{3\pi}{4} + k\pi \mid k \in \mathbb{Z}$.

— Atès que el període de $f(x)$ és la meitat del de sin x:

$f(x)$ és còncava en $I_k = \left(0 + k\pi, \dfrac{\pi}{2} + k\pi\right) \mid k \in \mathbb{Z}$.

$f(x)$ és convexa en $I_k = \left(\dfrac{\pi}{2} + k\pi, \pi + k\pi\right) \mid k \in \mathbb{Z}$.

Per a comprendre millor la representació gràfica de la funció, primer representem $y = \sin 2x$, per, a continuació, representar $f(x) = 3\sin 2x$:

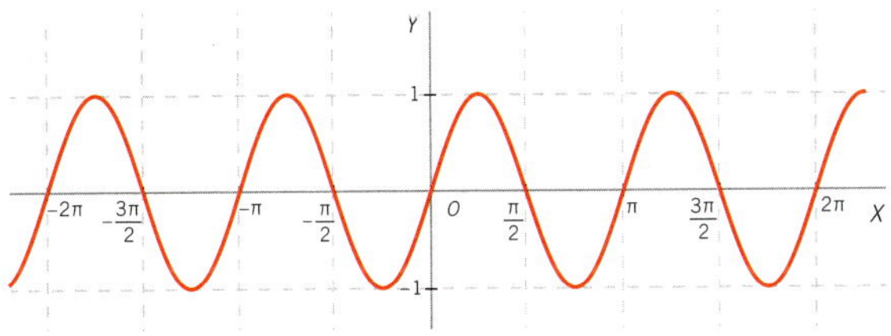

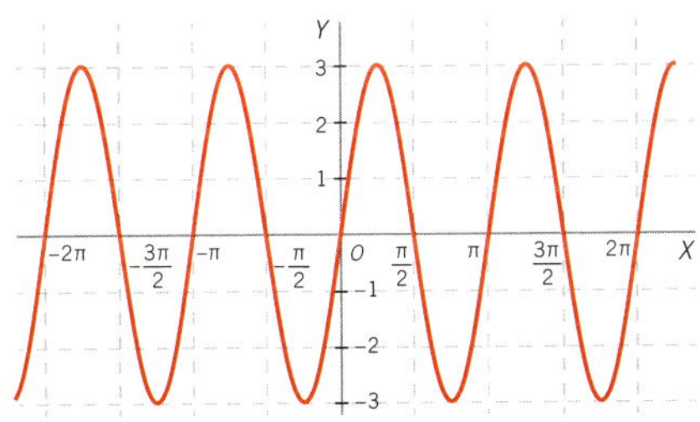

6. ★★☆ El centre de control de plagues vol estar previngut davant una possible invasió de llagostes. Per fer-ho, realitza un estudi en el qual se suposa que les plagues de llagostes són cícliques al llarg dels mesos de l'any i que segueixen la funció:

$$L(t) = L_0 + L_0 \cos\frac{(6+t)\pi}{6}$$

on t és el temps en mesos (gener, $t = 0$...).

a) Determina els mesos en els quals hi ha menor nombre de llagostes.

b) Es duplica el nombre de llagostes en alguna ocasió?

c) Representa la gràfica de la funció amb una aplicació informàtica.

Sol.: a) Al gener; b) Al juny

7. ★★★ A partir de la gràfica de la funció $f(x) = \sin x$:

a) Mitjançant una translació, determina la gràfica de la funció $f(x) = \cos x$.

b) Representa la funció $f(x) = \cos 2x$ i assenyala'n les característiques principals.

c) Estableix la relació entre el sinus d'una funció i el cosinus de l'angle doble.

d) Mitjançant una aplicació de representació de funcions, dibuixa:

$$f(x) = \sqrt{\frac{1 - \cos 2x}{2}}$$

e) Estudia les característiques principals de la funció definida a l'apartat anterior. Què hi observes?

EXERCICIS I PROBLEMES

1 FUNCIONS POLINÒMIQUES

8. ★☆☆ Escriu l'equació de la recta que passa pel punt $P(0, 2)$ i té pendent -3.

Sol.: $y = 2 - 3x$

9. ★☆☆ Calcula el pendent de la funció lineal que passa pel punt $A(2, 8)$.

Sol.: $m = 4$

10. ★☆☆ Determina l'eix de simetria de la funció quadràtica que talla l'eix d'abscisses en els valors 3 i 5, i el d'ordenades en el valor 15.

Sol.: $x = 4$

11. ★★☆ Estudia i representa les funcions polinòmiques següents:

a) $f(x) = -x$

b) $f(x) = \dfrac{x}{2}$

c) $f(x) = 3$

d) $f(x) = 2x + 7$

e) $f(x) = \dfrac{-1}{2}$

f) $f(x) = -x^2$

g) $f(x) = x^2 - 3x + 2$

h) $f(x) = -x^2 + 4x - 3$

i) $f(x) = -2x^2 + 8x - 12$

j) $f(x) = x^2 - 9$

— Comprova, amb una aplicació de representació de funcions, que has realitzat correctament les gràfiques. @

12. ★★☆ Estudia les funcions següents a partir de la seva gràfica:

a)

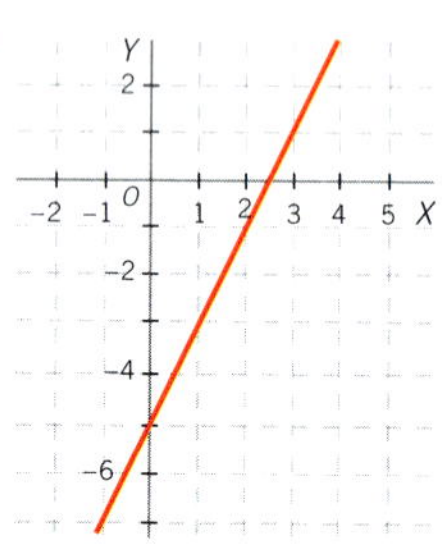

b)

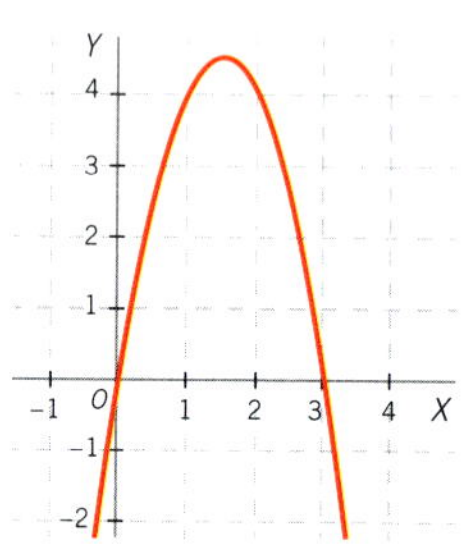

— Les funcions estudiades:

- Són periòdiques?
- Tenen extrems?
- S'hi pot observar algun tipus de simetria?

— Determina les seves equacions.

Sol.: a) $f(x) = 2x - 5$; b) $f(x) = 6x - 2x^2$

13. ★★☆ Un tren surt de Sevilla en direcció a Madrid amb una velocitat mitjana de 150 km/h. Al mateix temps, un cotxe surt de Madrid per l'autopista amb destinació a Sevilla. Sabent que la velocitat mitjana del cotxe és de 120 km/h i que la distància entre Madrid i Sevilla és de 540 km:

a) Com serien les funcions que descriuen la distància de cada mitjà de transport a Sevilla?

b) A quina distància de Sevilla es trobaran el cotxe i el tren quan es creuin?

c) Representa gràficament totes dues funcions.

d) Cal definir noves funcions per a donar la distància a Madrid en el moment en què es creuen?

Sol.: b) 300 km; d) No, 240 km

14. ★★☆ El benefici setmanal (en milers d'euros) que obté una central d'oli per la producció d'oli verge està determinat per la funció $A(x) = -x^2 + 8x - 15$, en la qual x representa els hectolitres d'oli produïts en una setmana.

a) Representa gràficament la funció $B(x)$ per a valors no negatius.

b) Calcula els hectolitres d'oli verge que ha de produir cada setmana la central per a maximitzar el seu benefici. Calcula aquest benefici.

c) Calcula les quantitats mínima i màxima d'hectolitres d'oli verge que ha de produir la central cada setmana per a no incórrer en pèrdues.

Sol.: b) 4 hL, 1 000 €; c) Entre 3 i 5 hL

15. ★★☆ Troba l'extrem de la funció quadràtica que passa pels punts $A(-1, 13)$, $B(0, 8)$ i $C(1, 1)$. Quin tipus d'extrem és?

Sol.: $V(-3, 17)$

16. ★★☆ Calcula els valors de p i q de manera que la funció $f(x) = x^2 + px + q$ contingui el punt $(2, -1)$ i presenti un mínim en $x = 2$.

Sol.: $p = -4$, $q = 5$

17. ★★★ En el teu centre, hi estudia un alumne que es prepara per a participar en les properes olimpíades. La seva especialitat és el salt de perxa. La durada del salt és de 5 segons i l'altura que ha d'aconseguir per a superar la prova és d'almenys 6 metres.

a) Determina la funció que es descriu i representa-la.

b) Segons la gràfica, en quin instant aconsegueix la màxima altura?

Sol.: a) $f(x) = 5x - x^2$; b) Als 2,5 s

2 FUNCIONS RACIONALS

18. ★☆☆ Representa mitjançant una aplicació informàtica les funcions de proporcionalitat inversa que es defineixen per als valors de k enters compresos en l'interval $(0, 10]$. @

19. ★★☆ Estudia i representa les funcions racionals:

a) $f(x) = \dfrac{3}{x}$

b) $f(x) = \dfrac{-6}{x}$

c) $f(x) = \dfrac{-2}{3x}$

d) $f(x) = \dfrac{x}{x-2}$

e) $f(x) = \dfrac{x-1}{x}$

f) $f(x) = 1 + \dfrac{1}{x}$

g) $f(x) = \dfrac{3x-1}{x+2}$

h) $f(x) = \dfrac{1}{x} + 2$

i) $f(x) = 2 - \dfrac{2}{x}$

j) $f(x) = \dfrac{2}{x} + 2$

— Comprova, amb una aplicació de representació de funcions, que has realitzat correctament les gràfiques. @

20. ★★☆ Estudia les funcions a partir de les seves gràfiques:

a)

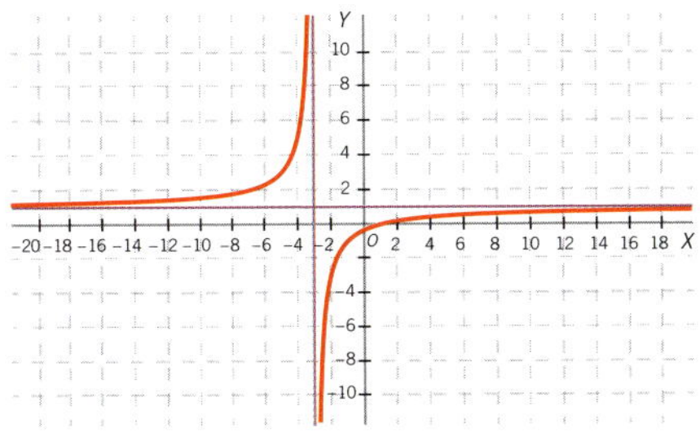

b)

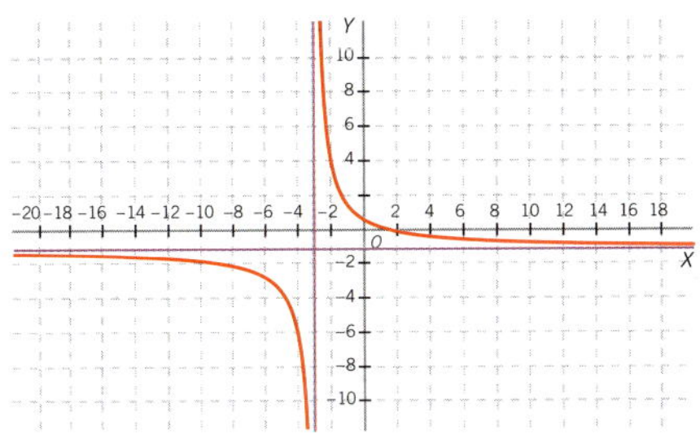

— Les funcions estudiades:

- Són periòdiques?
- Tenen extrems?
- S'hi pot observar algun tipus de simetria?

— Determina les seves equacions.

Sol.: a) $f(x) = \dfrac{x-1}{x+3}$; b) $f(x) = \dfrac{2-x}{x+3}$

21. ★★☆ Representa la gràfica de la funció racional que resulta de traslladar la funció de proporcionalitat inversa de constant $k = -2$ tres unitats a l'esquerra i dues unitats cap avall. Quina equació va associada a la gràfica?

Sol.: $f(x) = \dfrac{-2x-8}{x+3}$

22. ★★☆ Tenint en compte que la constant de proporcionalitat d'una funció racional del tipus $f(x) = \dfrac{ax+b}{cx+d}$ és 5, que passa pel punt $P(2, 1)$ i té una asímptota en $x = 3$, determina la seva equació i representa la seva gràfica.

Sol.: $f(x) = \dfrac{6x-13}{x-3}$

23. ★★★ Donada la funció real de variable real definida per $f(x) = \dfrac{x^2-x}{x^2-3x+2}$:

a) Especifica el domini de definició.

b) Calcula'n les asímptotes, si n'hi ha.

3 FUNCIONS IRRACIONALS

24. ★☆☆ Identifica a quina família de funcions pertany $f(x) = \sqrt{5x-1}$.

25. ★☆☆ Representa la gràfica de $f(x) = \sqrt[n]{x}$ per a $n = 2, 3, 4, 5$. Què pots afirmar?

26. ★★☆ Estudia i representa les funcions irracionals:

a) $f(x) = \sqrt{x^2-9}$

b) $f(x) = \sqrt{9-x^2}$

— Compara totes dues gràfiques. Què hi observes?

- Són periòdiques?
- Tenen extrems?
- S'hi pot observar algun tipus de simetria?

— Comprova, amb una aplicació de representació de funcions, que has realitzat correctament les gràfiques. @

27. ★★☆ Indica en quins casos les funcions irracionals existeixen per a tot valor real, i analitza si això succeeix quan l'índex de l'arrel és un divisor de 6.

28. ★★☆ El consum d'una bateria ve donat per la funció $f(x) = \sqrt{x-a}$, en la qual el consum s'expressa en milliamperes i el temps, en minuts.

a) Determina el valor de a perquè passats dos minuts el consum sigui de 0,03 amperes (A).

b) Esbossa la gràfica per a aquest valor.

Sol.: a) $a = -898$

29. ★★★ La funció $f(x) = x^{-1/3}$ té exponent fraccionari, com la classificaries? Esbossa'n la gràfica.

4 FUNCIONS EXPONENCIALS I LOGARÍTMIQUES

30. ★☆☆ Determina el valor de k perquè la funció $f(x) = k \cdot 5^x$ passi pel punt (2, 5).

Sol.: $k = 1/5$

31. ★☆☆ Determina i representa la funció logarítmica $f(x) = \log_a(x-1)$ que passa pel punt (10, 2).

Sol.: $a = 3$

32. ★★☆ Estudia i representa les funcions següents:

a) $f(x) = 4^x$

b) $f(x) = 2 \cdot 3^x$

c) $f(x) = 5^x$

f) $f(x) = \log_2 2x$

g) $f(x) = 1 - \log \dfrac{x}{2}$

h) $f(x) = \ln x$

d) $f(x) = \left(\dfrac{1}{5}\right)^x$

e) $f(x) = e^x$

i) $f(x) = 2 + \log_2 x$

j) $f(x) = \log(x + 2)$

— Comprova, amb una aplicació de representació de funcions, que has realitzat correctament les gràfiques. @

33. ★★☆ Estudia aquestes funcions a partir de la seva gràfica:

a)

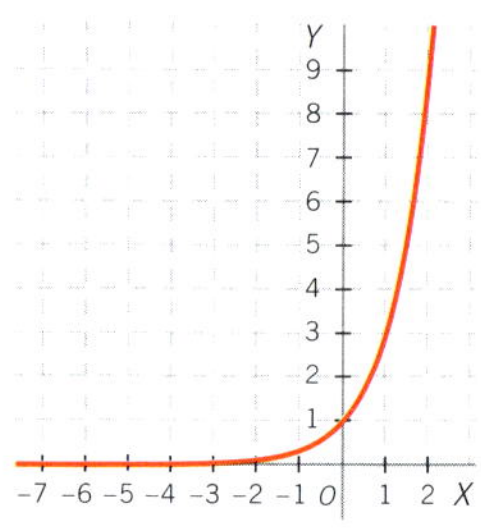

b)

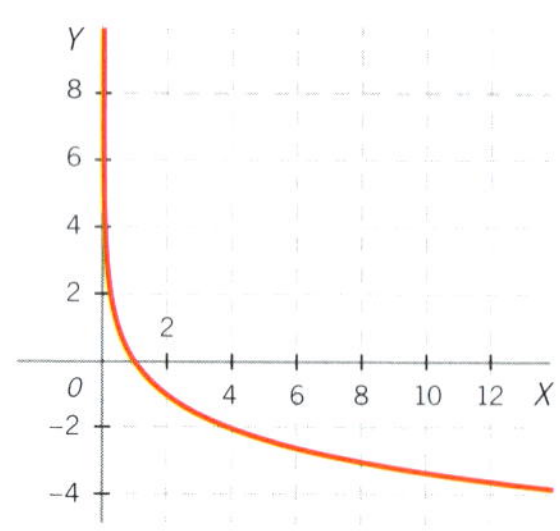

c)

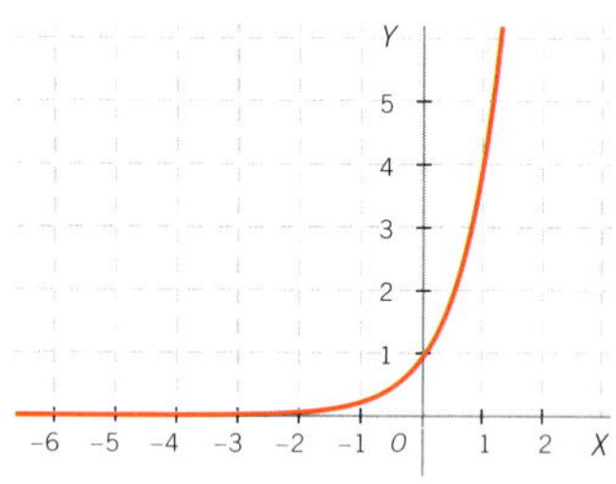

d)

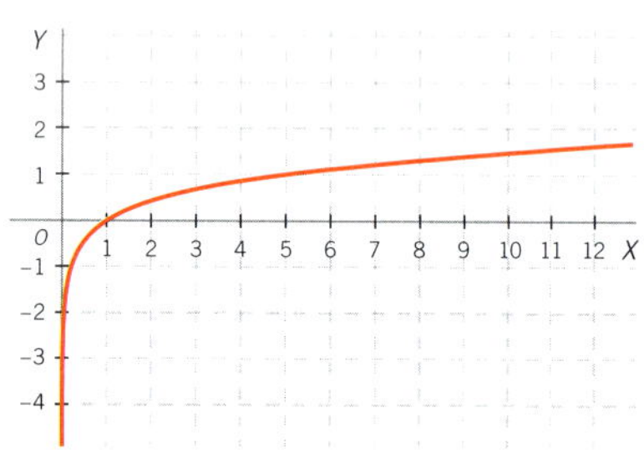

e)

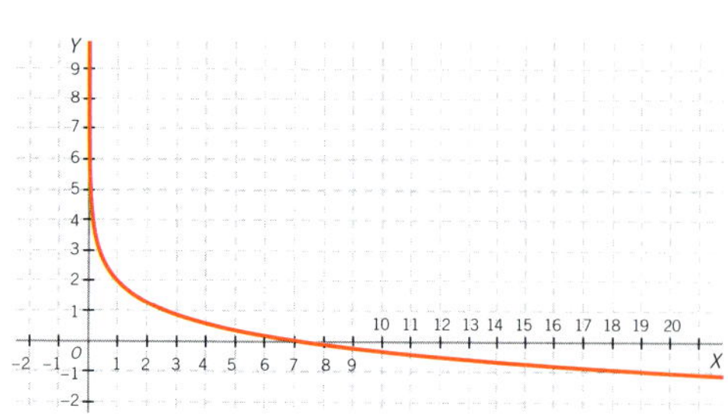

— Les funcions estudiades:

- Són periòdiques?
- Tenen extrems?
- S'hi pot observar algun tipus de simetria?

— Determina les seves equacions.

34. ★★☆ Una població d'arnes es reprodueix segons la funció $f(x) = 2 + \left(\dfrac{1}{2}\right)^x$, que representa el nombre d'arnes en funció del temps en mesos.

a) Representa la gràfica.

b) Troba la població d'arnes que hi haurà al cap d'1 any.

c) Aquesta espècie tendeix o no a extingir-se?

Sol.: b) 2 arnes

35. ★★☆ Una població de formigues es reprodueix segons la funció $f(x) = 2^{x+1}$, que representa el nombre de formigues en funció del temps en mesos.

a) Representa'n la gràfica.

b) Troba la població de formigues que hi haurà al cap d'1 any.

c) Aquesta espècie tendeix o no a extingir-se?

Sol.: b) 8 192 formigues

36. ★★☆ Se sap que el volum d'aigua que raja d'una font segueix la funció logarítmica $f(x) = \log x$, sent x el temps en segons que l'aixeta es manté oberta i $f(x)$ el volum en centilitres.

a) Descriu i analitza la gràfica de la funció en els cinc primers segons.

b) Calcula l'aigua que raja de la font si es manté oberta dos de cada tres segons durant un minut.

Sol.: b) 6 centilitres

37. ★★☆ Representa a la mateixa gràfica $f(x) = 2^x$ i $g(x) = \log_2 x$ i analitza el resultat.

38. ★★★ Determina si la funció $f(x) = 3^x + \left(\dfrac{1}{3}\right)^x$ presenta algun tipus de simetria.

5 FUNCIONS TRIGONOMÈTRIQUES

39. ★☆☆ Transforma els angles següents de graus sexagesimals a radians o viceversa: a) 1,43 rad; b) $5\pi/3$ rad; c) 45,84°; d) 15,65°.

Sol.: a) 81,93°; b) 300°; c) 0,8 rad; d) 0,27 rad

40. ★☆☆ Els catets d'un triangle rectangle mesuren 3 cm i 4 cm. Calcula les raons trigonomètriques dels seus angles aguts.

Sol.: $\sin\hat{B} = 4/5$, $\cos\hat{B} = 3/5$, $\operatorname{tg}\hat{B} = 4/3$;
$\sin\hat{C} = 3/5$, $\cos\hat{C} = 4/5$, $\operatorname{tg}\hat{C} = 3/4$

41. ★☆☆ Determina les raons trigonomètriques de 225° a partir de les d'un angle del primer quadrant.

Sol.: $225° = 180° + 45°$; $\sin 225° = -\sin 45° = \dfrac{-\sqrt{2}}{2}$

$\cos 225° = -\cos 45° = \dfrac{-\sqrt{2}}{2}$; $\operatorname{tg} 225° = \operatorname{tg} 45° = 1$

42. ★★☆ En una pista de patinatge de forma circular hi té lloc una carrera. Un patinador dóna 3 voltes en 10 minuts. Si ha estat patinant durant 30 minuts, quina és la mesura de l'angle que ha descrit? Expressa l'angle en graus i radians.

Sol.: 18π rad = 3 240°

43. ★★☆ Estudia i representa les funcions trigonomètriques:

a) $f(x) = 2\sin x$

b) $f(x) = \sin\dfrac{x}{2}$

c) $f(x) = 3\cos x$

d) $f(x) = 2 + \cos 4x$

e) $f(x) = \text{tg } 3x$

f) $\dfrac{1}{2}\text{tg } x$

— Comprova, amb una aplicació de representació de funcions, que has realitzat correctament les gràfiques. @

44. ★★☆ Estudia aquestes funcions a partir de la seva gràfica:

a)

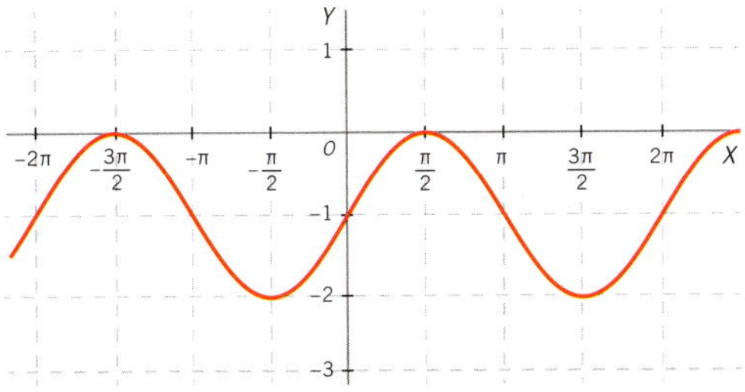

b)

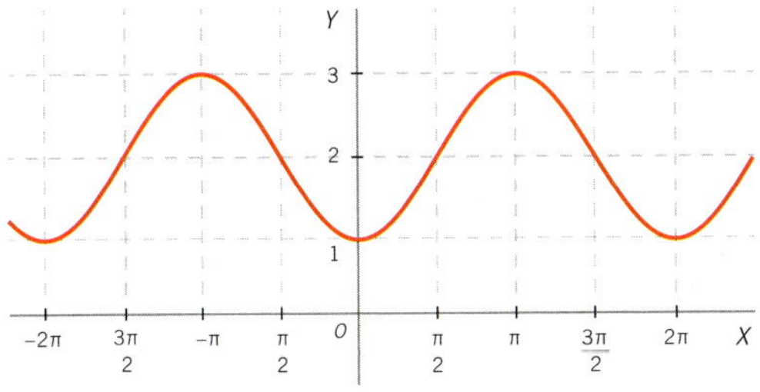

— Les funcions estudiades:

- Són periòdiques?
- Tenen extrems?
- S'hi pot observar algun tipus de simetria?

— Determina les seves equacions.

45. ★★☆ Expressa $f(x) = \sin(-x) - \sin(\pi - x)$ en funció de les raons trigonomètriques elementals.

Sol.: $f(x) = -2\sin x$

46. ★★☆ En una ciutat de clima mediterrani la temperatura (en graus Celsius) ve donada per la funció trigonomètrica:

$$H(t) = 2\sin\left[\left(\frac{24-t}{24}\right)\pi\right] + 12, \text{ amb } 0 \le t \le 24$$

Calcula:

a) La temperatura a les tres de la tarda.

b) A quina hora farà una temperatura de 12°.

c) Les temperatures màximes i mínimes.

Sol.: a) 13,84°; b) A mitjanit; c) $H_{mín} = 12°$ C, $H_{màx} = 14°$ C

47. ★★☆ Tenint en compte la funció $f(x) = \cos x$, explica què succeeix a la funció $f(x) = \cos 3x$.

48. ★★☆ A partir de la gràfica $f(x) = \text{tg } x$, representa la gràfica de $f(x) = 2 + \text{tg } x$.

49. ★★★ Determina els valors dels angles inferiors a 2π radians en els quals es compleix:

a) $\sin x < 1$

b) $\cos x \ge \dfrac{1}{2}$

c) $\cos x \le \dfrac{\sqrt{3}}{2}$

d) $\text{tg } x > 1$

Sol.: a) $\left[0, \frac{\pi}{2}\right] \cup \left[\frac{\pi}{2}, 2\pi\right]$; b) $\left[0, \frac{\pi}{3}\right] \cup \left[\frac{5\pi}{3}, 2\pi\right]$; c) $\left[\frac{\pi}{6}, \frac{11\pi}{6}\right]$; d) $\left[0, \frac{\pi}{4}\right] \cup \left[\pi, \frac{5\pi}{4}\right]$

50. ★★★ Analitza, fixant-te en la seva gràfica, les característiques de les funcions següents: a) $f(x) = \text{cosec } x$; b) $f(x) = \sec x$; c) $f(x) = \text{cotg } x$.

— Comprova, amb una aplicació de representació de funcions, que has realitzat correctament les gràfiques. @

6 FUNCIONS DEFINIDES A TROSSOS

51. ★☆☆ Descriu com seria la gràfica de la funció:

$$f(x) = \text{sgn}(x^2)$$

52. ★☆☆ Raona com serà la representació gràfica de la funció $f(x) = |-x|$.

53. ★★☆ Estudia i representa aquesta funció definida a trossos:

$$f(x) = \begin{cases} 1 - x^2 & x < 0 \\ x & 0 \le x < 1 \\ x^2 & x \ge 1 \end{cases}$$

54. ★★☆ Estudia i representa les funcions següents definides a trossos:

a) $f(x) = \begin{cases} \dfrac{2}{x} & x < 0 \\ 2^x & x \ge 0 \end{cases}$

b) $f(x) = \begin{cases} \sin x & x < 0 \\ x & 0 \le x < \pi \\ \cos x & x \ge \pi \end{cases}$

— Comprova, amb una aplicació de representació de funcions, que has realitzat correctament les gràfiques. @

55. ★★☆ Considera la funció real de variable real definida per:

$$f(x) = \begin{cases} x^2 & x < 2 \\ x + a & 2 \le x \le 5 \\ -x^2 + 5x + b & x > 5 \end{cases}$$

i representa-la per a $a = 1$ i $b = 6$.

56. ★★☆ Sigui la funció dependent dels paràmetres a i b:

$$f(x) = \begin{cases} x - 1 & x < 0 \\ 2x + a & 0 \le x \le 2 \\ bx - 3 & x > 2 \end{cases}$$

Representa gràficament la funció per als valors $a = -1$ i $b = 3$, i estudia'n la continuïtat.

57. ★★☆ Troba l'expressió analítica de la funció definida a trossos la gràfica de la qual és la següent:

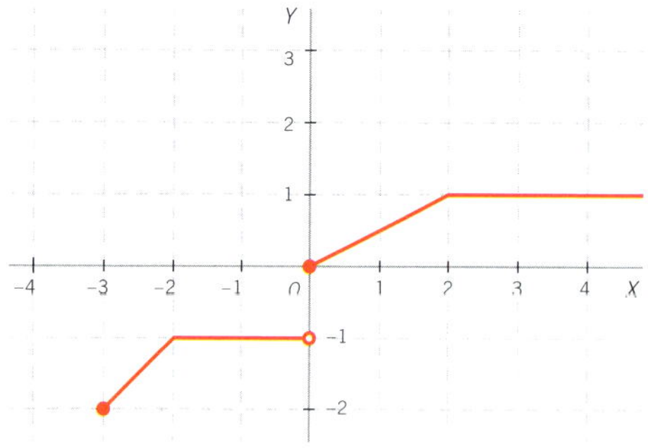

58. ★★☆ Representa la funció part entera de $2x$, $f(x) = E(2x)$, i compara-la amb $f(x) = E(x)$.

— Comprova, amb una aplicació de representació de funcions, que has realitzat correctament les gràfiques. @

59. ★★☆ Determina la gràfica de la funció que defineix el consum (en hectolitres per hora) del reg per aspersió del jardí d'una comunitat de veïns en funció del temps (en hores), que presenta de la forma següent:

$$f(x) = \begin{cases} 0 & 0 \leq x < 1 \\ \log x & 1 \leq x < 10 \\ \dfrac{12-x}{2} & 10 \leq x \leq 12 \end{cases}$$

60. ★★☆ Un agricultor vol saber si la temperatura de l'aigua amb la qual rega la seva finca influeix en la quantitat d'hortalisses que planta. Per a iniciar l'estudi, ha pres les següents mesures de temperatura del dipòsit d'aigua amb la qual rega diferents parcel·les del terreny:

PARCEL·LA	1	2	3	4
TEMPERATURA	25°	30°	27°	26°

a) Representa la gràfica de la funció.

b) Determina l'equació de la funció associada a la gràfica.

61. ★★☆ Ala2, SA és una empresa de transport de petita paqueteria, les seves tarifes de repartiment urbà en funció del pes del paquet són:

PES DEL PAQUET (kg)	PREU (€)
Fins a 1 kg.	3 €
De més d'1 kg fins a 5 kg.	3 €/kg
De més de 5 kg fins a 10 kg.	15 € més 1,5 € per cada kg que excedeixi de 5 kg.
No reparteix paquets de més de 10 kg.	

a) Troba l'expressió analítica de la funció definida per la taula.

b) Representa-la gràficament.

c) Troba el domini i el recorregut.

62. ★★☆ Representa gràficament les funcions següents:

a) $f(x) = |2x + 1|$

b) $f(x) = |x^2 + 4x - 4|$

c) $f(x) = 1 + |x|$

d) $f(x) = 2x - |x + 1|$

63. ★★☆ Des d'una altura de 6 metres es llança una pilota al terra que segueix una trajectòria rectilínia i obliqua. La pilota bota al terra al cap de 10 segons i surt rebotada amb el mateix angle fins a entrar per una finestra que està a una altura de 4 metres. Considera nul·la la gravetat i resol:

a) Representa gràficament l'altura en funció del temps, $h(t)$.

b) Quina funció descriu el moviment?

c) Calcula per a quin valor de t la pilota entra per la finestra.

Sol.: c) 6,67 s

64. ★★★ Un agricultor té un terreny que parteix de la façana principal de la casa i té la forma de la funció $f(x) = 6 - |3x - 6|$. Sabent que la façana mesura 4 metres: esbossa el terreny; calcula'n la superfície.

Sol.: b) 12 m²

SÍNTESI

65. ★☆☆ Classifica, segons els tipus que n'hem vist en aquesta unitat, les funcions següents: a) $f(x) = \ln(2x + 1)$; b) $f(x) = 3x^2 - 5x$; c) $f(x) = \cos \dfrac{1}{x}$; d) $f(x) = \sqrt{\sin x}$; e) $f(x) = \dfrac{4x + 2}{1 - x}$; f) $f(x) = 2^{x-1}$.

66. ★★☆ Donada la funció definida en els nombres reals excepte $x = 0$, $f(x) = 3 - 4x - \dfrac{1}{x}$, calcula les coordenades dels seus màxims i mínims relatius.

Sol.: $x = -1/2$, $x = 1/2$

67. ★★☆ Estudia i representa les funcions de valor absolut següents:

a) $f(x) = |x^2 + 1|$

b) $f(x) = \left|\dfrac{3x - 1}{x + 2}\right|$

c) $f(x) = |\log_2 x|$

d) $f(x) = |\cos x|$

— Les funcions estudiades: Són periòdiques? Tenen extrems? S'hi pot observar algun tipus de simetria?

— Comprova, amb una aplicació de representació de funcions, que les gràfiques són correctes. @

68. ★★★ Determina una funció definida a trossos que compleixi les condicions següents i representa-la:

— Existeixen cinc intervals de definició.

— La funció és contínua en $I_1 \cup I_2$.

— Té un màxim relatiu en I_3.

— És simètrica en I_4.

— Té una asímptota vertical a l'extrem inferior de I_5.

— Les funcions de cada interval són de diferent tipus.

Síntesi

FUNCIONS REALS DE VARIABLE REAL

- **Funcions polinòmiques**
  - De primer grau — Rectes: $f(x) = mx + n$, $f(x) = mx$
  - De segon grau o quadràtiques — Paràbola: $f(x) = ax^2 + bx + c$
- **Funcions racionals**
  - De proporcionalitat inversa — Hipèrbola: $f(x) = \frac{k}{x}$, $f(x) = \frac{k}{x-a} + b$
- **Funcions irracionals**
  - $f(x) = \sqrt[n]{x}$ amb n imparell
  - $f(x) = \sqrt[n]{x}$ amb n parell
  - $f(x) = \sqrt{g(x)}$
- **Funcions exponencials i logarítmiques**
  - Exponencials — $f(x) = a^x$, $f(x) = a^{x-b} + c$
  - Logarítmiques — $f(x) = \log_a x$, $f(x) = \log_a(x-b) + c$
- **Funcions trigonomètriques**
  - Elementals — $f(x) = \sin x$; $f(x) = \cos x$; $f(x) = \text{tg } x$
- **Funcions definides a trossos**
  - De valor absolut — $|f(x)|$, $|x|$

1 Determina el domini i el recorregut de les funcions:

a) $f(x) = x^2 + 9$ b) $f(x) = \sqrt{3 - 2x}$

— Indica quina gràfica correspon a cada funció.

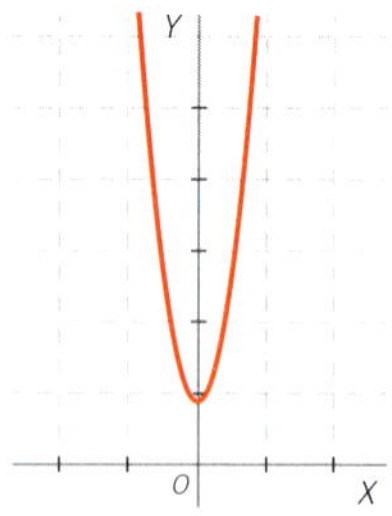

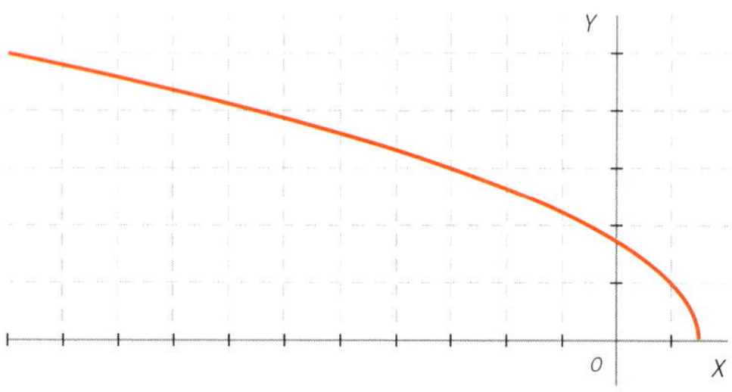

Sol.: a) $D(f) = \mathbb{R}$, $R(f) = [9, +\infty)$;
b) $D(f) = (-\infty; 3/2]$, $R(f) = [0, +\infty)$

2 Calcula el valor de la constant de proporcionalitat inversa de la funció $f(x) = \dfrac{(x+2)}{x}$ i representa la seva gràfica.

Sol.: $k = 2$

3 Calcula els punts de tall amb els eixos de la funció $f(x) = 2 - 2^x$.

— Explica com resoldries l'exercici a partir de les gràfiques de les funcions $f(x) = 2$ i $f(x) = 2^x$.

Sol.: $P(0, 1)$, $Q(1, 0)$

4 Representa gràficament:

a) $f(x) = 4^x$ c) $f(x) = \log_{\frac{1}{4}}(x)$

b) $f(x) = \left(\dfrac{1}{4}\right)^x$ d) $f(x) = \log_4 x$

— Descriu com estan relacionades entre si.

5 Una empresa de fabricació de vehicles passa uns controls de qualitat. Si al cap de t anys el percentatge de vehicles que segueixen funcionant ve donat per la funció $f(t) = 100 \cdot 0{,}8^t$:

a) Representa gràficament la funció.

b) Calcula el percentatge de vehicles que funcionaran al cap de 5 anys. I al cap de 10?

c) En virtut dels resultats, paga la pena comprar un vehicle a aquesta empresa?

d) Relaciona les característiques de la funció amb la situació plantejada a l'enunciat i interpreta-la.

Sol.: b) 32; 10

6 Troba l'expressió algèbrica de les funcions següents:

a)

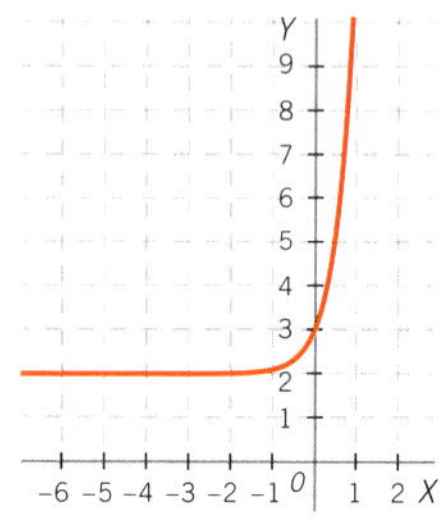

b)

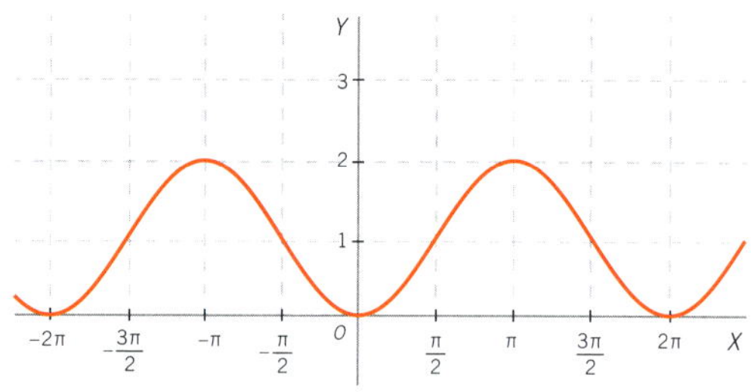

7 Representa gràficament la funció $f(x) = 1 - \cos x$, i calcula:

a) $f(0)$ i $f(\pi)$.

b) Els valors de x que anul·len la funció.

c) Els valors de x tals que $f(x) = \dfrac{1}{2}$.

Sol.: a) $f(0) = 0$; $f(\pi) = 2$; b) $\{2k\pi \mid k \in \mathbb{Z}\}$;
c) $\left\{\dfrac{\pi}{3} + 2k\pi \mid k \in \mathbb{Z}\right\}$ y $\left\{\dfrac{5\pi}{3} + 2k\pi \mid k \in \mathbb{Z}\right\}$

8 Expressa la funció $f(x) = \cos(\pi + x) + \cos x$ en funció de les raons trigonomètriques elementals.

Sol.: $f(x) = 0$

9 Representa la funció:

$$f(x) = \begin{cases} x - 1 & 0 \le x \\ x^2 + 1 & x < 0 \end{cases}$$

10 Determina el comportament de la gràfica de la funció:

$$f(x) = \left|\frac{x-1}{x+2}\right|$$

SOCIETY

Quants serem?

En general, les poblacions demogràfiques creixen o decreixen seguint l'anomenada **funció de creixement poblacional** ($P(t) = P_0 \cdot e^{r \cdot t}$), on P *és la població final transcorregut un temps* t; P_0 és la població inicial i r correspon a la taxa mitjana de creixement durant el temps estudiat.

La corba logística

La propagació de malalties, la difusió de les xarxes socials o el creixement de poblacions poden ser mesurats mitjançant l'anomenada **funció** o **corba logística.** La corba logística és un refinament del model exponencial, que es correspon amb aquesta funció que depèn del temps $P(t) = \dfrac{1}{1 + e^{-t}}$, on P és la població i e és l'anomenada **constant d'Euler-Mascheroni** ($e \rightarrow \gamma = 0{,}577\,215\,664...$).

- Accedeix a **http://links.edebe.com/ukv5i3** i obtindràs més informació sobre la funció de creixement poblacional. Descriu-la.
- A l'abril de 2012 Espanya tenia 46 200 000 habitants i s'estima que l'any 2020 hi haurà un milió més de persones. Quina taxa mitjana de creixement hi haurà al llarg d'aquests vuit anys?
- Ara, consulta **http://links.edebe.com/3bz.** Compara les característiques de la funció logística amb les de la funció de creixement exponencial i, a partir d'aquí, explica els dos models que representen per a descriure el creixement d'una població.

CRITICAL SENSE

El cas del pes

Una de les aplicacions més curioses de les funcions logarítmiques la constitueix la **llei psicofísica** dels matemàtics alemanys **E. H. Weber** (1795-1878) i **G. T. Fechner** (1801-1887), segons la qual s'estableix una relació quantitativa entre la magnitud d'un estímul físic i com aquest és percebut. És el cas del **pes dels objectes:** per què no discriminem un pes de 200 g d'un de 210 g sostingut a la nostra mà i, en canvi, sí que ho fem amb un pes de 240 g? Per a trobar la funció logarítmica que regula aquest llindar de discerniment, entra a la xarxa i accedeix a: **http://links.edebe.com/er8a.**

CRITICAL SENSE

El repartiment de la riquesa

«Mentre no hi hagi una distribució equitativa de la riquesa, no hi haurà pau»

Aquesta afirmació correspon a la psicòloga, editora i comissària d'art contemporani espanyola **Elena Ochoa** (1958), i fa referència al problema de la distribució de la riquesa al món. Aquesta qüestió la va abordar de manera científica l'economista nord-americà **Max Otto Lorenz** (1876-1959), qui, per a descriure les desigualtats en les rendes, va desenvolupar el concepte conegut com a **corba de Lorenz.**

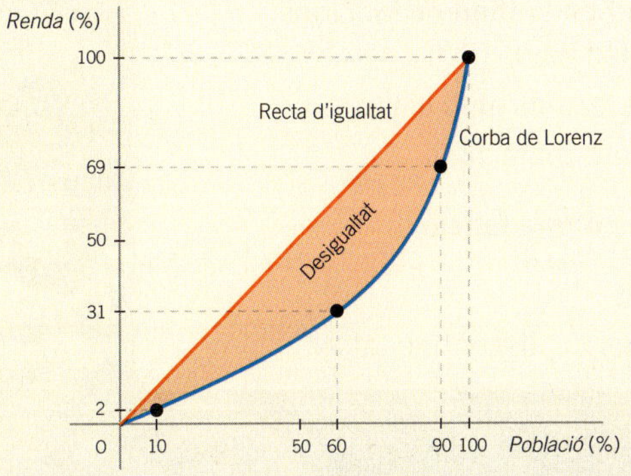

- Entra a la xarxa; descobreix a quin tipus de funció matemàtica correspon l'esmentada *corba*; i investiga algun dels paràmetres de la seva interpretació. Explica a la llibreta el que has esbrinat.
- A l'enllaç següent podràs observar la **corba de Lorenz** aplicada a la distribució de la riquesa que hi havia a Espanya l'any 2002: **http://links.edebe.com/uwjhaa.** A quines conclusions pots arribar?

8

BLOC 2. ANÀLISI

Límits

Problemes interactius

Simulador

Web

Ja coneixes el nombre *e* per la seva relació amb les funcions exponencials i logarítmiques, però pot ser que no tinguis present la seva relació amb els límits de successions i algunes de les seves aplicacions. En pots saber més si entres al web:

http://links.edebe.com/cd2c

Web

El vídeo «Los límites del infinito» del programa *tres14* de RTVE presenta qüestions fonamentals sobre el concepte d'infinit:

http://links.edebe.com/3tdx

Llibres

— L'existència d'un llibre infinit, com la sorra del mar, és narrada en el relat *El libro de arena*, de Jorge Luis Borges, Aliança Editorial, 1998.

— En aquest altre relat descobriràs els diàlegs entre una asímptota i la seva corba: «La unión imposible», capítol del llibre *Teatromático*, d'Ismael Roldán, Nivola, 2002.

EN CONTEXT

a> El concepte d'infinit pot ser poc intuïtiu:

— Escriu a la teva llibreta 3 idees, encara que siguin informals, 2 preguntes i 1 analogia sobre l'infinit.

— A continuació, visiona el vídeo «Los límites del infinito».

— En funció del contingut del vídeo, torna a escriure a la teva llibreta 3 idees, 2 preguntes i 1 analogia sobre l'infinit.

— En parelles, poseu en comú els vostres pensaments inicials i els actuals, i reflexioneu com han canviat.

1. Límit d'una successió

D'una successió a_n no solament ens interessa conèixer el valor d'alguns dels seus termes, sinó l'evolució dels valors a mesura que la successió avança. Per a valors molt grans de n, a quin valor tendeixen els seus termes?

Donada, per exemple, la successió $a_n = \dfrac{n+1}{n+2}$, vegem com evoluciona:

n	1	2	10	30	100	1 000	2 000
a_n	$0,\hat{6}$	0,75	$0,91\hat{6}$	0,96875	0,9901960784	0,999001996	0,9995004...

Observa que com més gran és n, més petita és la distància respecte a 1. Aquesta successió s'aproxima a 1 «tant com vulguem» i diem que la successió tendeix a 1; és a dir, el seu **límit** és 1 i ho escrivim com segueix:

$$\lim_{n\to\infty} a_n = \lim_{n\to\infty} \frac{n+1}{n+2} = 1$$

Una **successió** a_n és **convergent** si, en augmentar n, els seus termes s'aproximen cada vegada més a un valor finit L, anomenat **límit.**

Vegem què ocorre amb la successió $b_n = \dfrac{n^2}{n+1}$:

n	1	10	100	1000	10000	100000	1000000
a_n	0,5	9,09	99	999	9999	99999	999999

En aquesta successió els termes no s'aproximen a cap nombre; en canvi, a mesura que n augmenta, els termes es fan cada vegada més grans. A partir de determinat valor de n, els termes són més grans que qualsevol nombre que triem.

En aquests casos direm que la successió b_n és **divergent** i ho expressem així:

$$\lim_{n\to\infty} b_n = \lim_{n\to\infty} \frac{n^2}{n+1} = +\infty$$

El símbol $+\infty$, que no és un nombre real, serveix per a expressar que els termes de la successió creixen indefinidament. Si la successió decreix indefinidament, és a dir, a mesura que n creix, els termes són tan petits com vulguem, el límit és $-\infty$, i també es diu que la successió és **divergent.**

Una **successió** a_n és **divergent** si en augmentar n els seus termes creixen o decreixen indefinidament.

1.1. El nombre *e*

Hi ha una successió especial que apareix sovint en les explicacions de determinats fenòmens que es donen en diferents camps científics i socials (química, física, economia, arquitectura...). És la següent:

$$a_n = \left(1 + \frac{1}{n}\right)^n$$

INTERNET

— A la pàgina web següent pots repassar els conceptes bàsics de successions:

http://links.edebe.com/tagq

— En aquest altre vídeo, «¿Por qué todos los libros caben en un metro?», trobaràs més idees sorprenents al voltant del concepte d'infinit

http://links.edebe.com/45k49

FIXA-T'HI

El límit de $a_n = \dfrac{3n-6}{2n+4}$ és 1,5, i coincideix amb el quocient dels coeficients que acompanyen la n.

Aquesta propietat es compleix sempre que la n aparegui amb el mateix grau en el numerador i el denominador. Així, per exemple:

$$\lim_{n\to\infty} \frac{3n^2+n-1}{6n^2+2} = \frac{3}{6} = 0,5$$

FIXA-T'HI

Hi ha altres successions, com aquesta:

$$c_n = (-1)^n = \{-1, 1, -1, 1, -1, \ldots\}$$

els termes de la qual a partir d'un n donat no s'acosten tant com volem a un valor, ni tampoc creixen o decreixen indefinidament. Aquestes successions no tenen límit.

Vegem com evoluciona aquesta successió a mesura que augmentem n:

$a_1 = 2$	$a_{200} = 2{,}71151712...$	$a_{10^5} = 2{,}71826823...$
$a_{10} = 2{,}5937424...$	$a_{5000} = 2{,}71801005...$	$a_{10^{10}} = 2{,}71828182...$
$a_{100} = 2{,}7048138...$	$a_{10000} = 2{,}7181459...$	$a_{10^{12}} = 2{,}718281828...$

Si mirem els resultats de la taula podem observar que cada terme és més gran que l'anterior. A més, a mesura que augmentem n, la diferència entre un terme i l'anterior és cada vegada més petita.

Un estudi més acurat d'aquesta successió va permetre establir-ne el límit, que es correspon amb el nombre irracional $e = 2{,}718281828...$ Així:

$$\lim_{n\to\infty}\left(1+\frac{1}{n}\right)^n = e = 2{,}718281828...$$

CURIOSITATS

— Les primeres referències al nombre e van ser publicades el 1618 a la taula d'un apèndix sobre logaritmes de **John Napier.**

— A **Jacob Bernoulli,** en estudiar un problema sobre interès compost, li apareixia la constant e.

— **Leonhard Euler** va començar a utilitzar la lletra e per identificar aquesta constant el 1727; en el seu llibre *Mechanica*, publicat el 1736, apareix impresa per primera vegada.

1.2. Operacions amb successions. Límits

En tractar-se de conjunts ordenats per subíndexs, amb les successions podem efectuar operacions aritmètiques com sumes, restes, multiplicacions, divisions... Quan operem, els límits es «transmeten» al resultat de l'operació.

Per exemple, donades les successions $a_n = \frac{1}{n}$, el límit de la qual és 0, i $b_n = \frac{3n-6}{2n+4}$, el límit de la qual és 1,5:

$$\lim_{n\to\infty}(a_n - b_n) = \lim_{n\to\infty} a_n - \lim_{n\to\infty} b_n = 0 - 1{,}5 = -1{,}5$$

$$\lim_{n\to\infty}(a_n \cdot b_n) = \lim_{n\to\infty} a_n \cdot \lim_{n\to\infty} b_n = 0 \cdot 1{,}5 = 0$$

$$\lim_{n\to\infty}\left(\frac{a_n}{b_n}\right) = \frac{\lim_{n\to\infty} a_n}{\lim_{n\to\infty} b_n} = \frac{0}{1{,}5} = 0 \qquad \lim_{n\to\infty} {a_n}^{b_n} = \left(\lim_{n\to\infty} a_n\right)^{\lim_{n\to\infty} b_n} = 0^{1{,}5} = 0$$

Quan estudiem els límits de funcions, veurem què succeeix en les operacions si algun dels límits és infinit o no queda ben determinat.

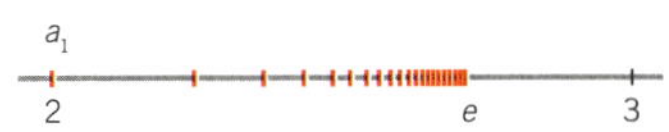

Termes de la successió $a_n = \left(1+\frac{1}{n}\right)^n$ sobre la recta numèrica acostant-se al nombre e.

1 EXEMPLE

Determina, si en tenen, quins són els límits de les successions següents: a) $a_n = -n + 3$; b) $b_n = \frac{4n-1}{2n+3}$; c) $c_n = \frac{n-1}{n^2+2}$; d) $d_n = \left(1+\frac{1}{n}\right)^{7n}$.

Solució

COMPRENSIÓ. Determinem els límits tenint en compte en cada cas el tipus de successió. També podríem fer-ho calculant els seus termes per a n cada vegada més gran.

RESOLUCIÓ.

a) Es tracta d'una successió que decreix indefinidament a mesura que n augmenta:

$$\lim_{n\to\infty}(-n+3) = -\infty + 3 = -\infty$$

b) El grau en n del numerador és igual al del denominador. Per tant:

$$\lim_{n\to\infty}\frac{4n-1}{2n+3} = \frac{4}{2} = 2$$

c) En canvi, ara el grau del denominador és més gran.

Per tant:

$$\lim_{n\to\infty}\frac{n-1}{n^2+2} = 0$$

d) Operem així:

$$\lim_{n\to\infty}\left(1+\frac{1}{n}\right)^{7n} = \lim_{n\to\infty}\left[\left(1+\frac{1}{n}\right)^n\right]^7 =$$

$$= \left[\lim_{n\to\infty}\left(1+\frac{1}{n}\right)^n\right]^7 = e^7$$

INTERNET

Gràcies al vídeo següent de la sèrie *Más por menos* coneixeràs més coses interessants sobre el nombre e: http://links.edebe.com/73h

AMPLIA

També es compleix que:

$$\lim_{n\to\infty}\left(1+\frac{1}{kn}\right)^{kn} = e$$

Exercicis i problemes
6 a 11

2. Límits de funcions

Per a estudiar el comportament de les funcions, tant a l'entorn d'un punt com a l'infinit, és molt important estudiar els límits.

*per saber el comportament de la funció

2.1. Límit d'una funció en un punt

Intuïtivament, el límit d'una funció en un punt és el valor al qual s'aproxima la funció quan x s'acosta a aquest punt. Fixa't que solament considerem els valors de x propers a x_0; en el límit no és important què succeeix a x_0:

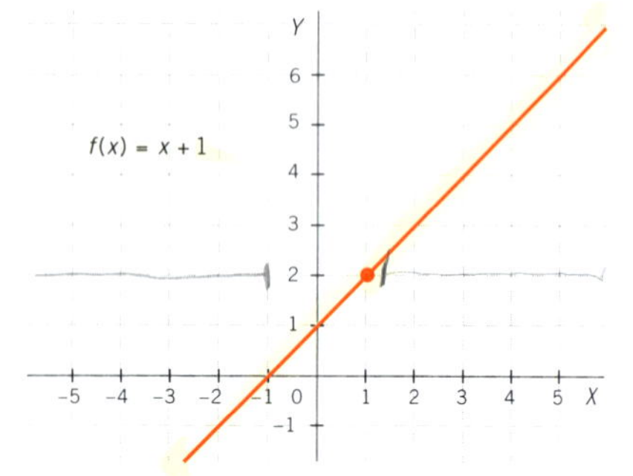

Per a valors molt propers a $x = 1$, tant per la dreta (més grans que 1) com per l'esquerra (més petits que 1), les imatges de la funció s'aproximen a 2.

Per tant:

$$\lim_{x \to 1} f(x) = 2$$

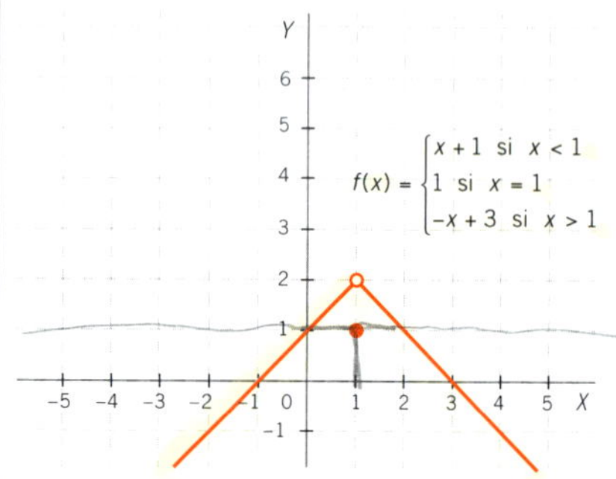

Encara que $f(2) = 1$, en l'aproximació a $x = 1$, tant per la dreta com per l'esquerra, les seves imatges s'aproximen a 2.

Així:

$$\lim_{x \to 1} f(x) = 2$$

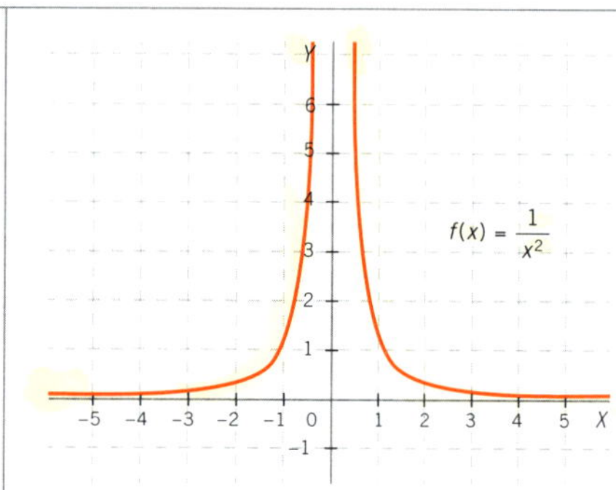

En $x = 0$ la funció no està definida, però a mesura que ens acostem a 0, les imatges es fan cada vegada més grans en valors positius.

En aquestes condicions diem que:

$$\lim_{x \to 0} f(x) = +\infty$$

LLENGUATGE MATEMÀTIC

L'ús del llenguatge simbòlic permet representar els límits de manera més clara i concisa.

El **límit d'una funció** f quan x tendeix a x_0 és el valor, en cas que existeixi, al qual s'aproxima $f(x)$ quan x s'apropa a x_0.

En general, per a trobar el límit d'una funció en un punt, n'hi haurà prou amb substituir aquest punt a la funció $\lim_{x \to x_0} f(x) = f(x_0) = L$.

2 EXEMPLE

Calcula: a) $\lim_{x \to 2} (5x + 1)$; **b)** $\lim_{x \to 0} e^x$; **c)** $\lim_{x \to 1} \frac{2x+1}{x+3}$.

Solució

COMPRENSIÓ. Si la imatge de x_0 existeix i és un valor real, obtindrem el límit.

RESOLUCIÓ. Substituïm la x pel valor al qual tendeix en les expressions d'aquestes tres funcions:

a) $\lim_{x \to 2} (5x + 1) = 11$

b) $\lim_{x \to 0} e^x = 1$

c) $\lim_{x \to 1} \frac{2x+1}{x+3} = \frac{3}{4}$

Així, en els tres casos, el límit existeix.

Exercicis i problemes
12 i 15

2.2. Límits laterals

Considerem la funció $f(x) = \begin{cases} x^2 & \text{si } x \leq 1 \\ -x+4 & \text{si } x > 1 \end{cases}$.

Per a observar què succeeix al voltant de $x = 1$, podem elaborar una taula o representar la gràfica de la funció. En primer lloc, fixem-nos en la taula:

x	0,8	0,9	0,98	0,99	1,01	1,1	1,15	1,2	x
x^2	0,64	0,81	0,9604	0,9801	2,99	2,9	2,85	2,8	$-x+4$

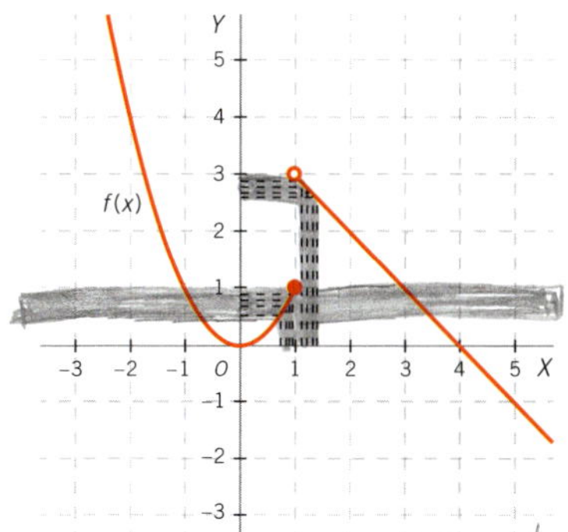

Si ens acostem a $x = 1$ per l'esquerra (des de valors de x menors que 1), veiem que les imatges s'aproximen a 1. Tanmateix, si ens acostem a 1 per la dreta (des de valors de x més grans que 1), observem que les imatges s'aproximen a 3.

A la gràfica de la funció $f(x)$, representada al marge, observem el mateix que a la taula. En acostar-nos a $x = 1$ per la dreta les seves imatges s'aproximen tant com vulguem a 3. De la mateixa manera, en acostar-nos a $x = 1$ per l'esquerra les seves imatges s'aproximen tan com vulguem a 1.

Matemàticament, es diu que existeix el **límit per la dreta** en $x = 1$ de la funció $f(x)$ i val 3: $\lim_{x \to 1^+} f(x) = 3$.

De forma anàloga, diem que existeix el **límit per l'esquerra:** $\lim_{x \to 1^-} f(x) = 1$.

S'anomena **límit lateral per la dreta** (esquerra) quan x tendeix a x_0 de la funció $f(x)$, i s'expressa $\lim_{x \to x_0^+} f(x) \left(\lim_{x \to x_0^-} f(x) \right)$, el valor al qual s'acosten les imatges de la funció quan x pren valors propers a x_0, però més grans (més petits).

Per tant:

Una funció $f(x)$ té límit en $x = x_0$, si existeixen els límits laterals i coincideixen:

$$\text{si } \lim_{x \to x_0^+} f(x) = \lim_{x \to x_0^-} f(x) = L, \text{ aleshores } \lim_{x \to x_0} f(x) = L$$

Exercicis i problemes
13 i 16

3 EXEMPLE

Troba $\lim_{x \to -1} \dfrac{1}{x(x+1)}$.

Solució

COMPRENSIÓ. El límit d'una funció en un punt existeix si existeixen els dos límits laterals i són iguals.

RESOLUCIÓ. Calculem els límits laterals.

Per a fer-ho tenim en compte que, quan dividim un nombre real per un valor que s'acosta a 0 tant com vulguem, el quocient tendeix a $\pm\infty$ (el signe dependrà del signe del quocient).

Quan x tendeix a -1 per la dreta (per exemple, prenent el valor $-0{,}99$), tenim que $x(x+1)$ és negatiu:

$$\lim_{x \to -1^+} \frac{1}{x(x+1)} = -\infty$$

Quan x tendeix a -1 per l'esquerra (per exemple, prenent el valor $-1{,}01$), tenim que $x(x+1)$ és positiu:

$$\lim_{x \to -1^-} \frac{1}{x(x+1)} = +\infty$$

Com que els límits laterals són diferents, la funció no té límit.

RECORDA

Quan dividim un nombre real per un valor que s'acosta a ∞ tant com vulguem, el quocient tendeix a 0.

2.3. Límits en l'infinit

Moltes vegades, ens interessarà estudiar cap a on tendeix la funció quan x creix indefinidament ($x \longrightarrow +\infty$) o decreix indefinidament ($x \longrightarrow -\infty$); és a dir, veure com la funció es comporta en l'infinit.

S'anomena **límit en l'infinit de $f(x)$, i s'expressa** $\lim_{x \to +\infty} f(x)$ $\left(\lim_{x \to -\infty} f(x)\right)$, **el valor L al qual s'acosten les imatges de la funció quan x creix (decreix) indefinidament.**

Si algun d'aquests límits existeix i és un nombre real ($L \in \mathbb{R}$), la gràfica de la funció tendeix a la recta $y = L$ sense arribar a tocar-la. Direm que el límit de la funció, quan x tendeix a $+\infty$ o $-\infty$, és L.

$$\lim_{x \to +\infty} f(x) = L \qquad \lim_{x \to -\infty} f(x) = L$$

Si, per contra, el valor de L no tendeix a cap nombre real sinó que creix (o decreix) indefinidament amb la funció, direm que el límit de la funció, quan x tendeix a $+\infty$ o $-\infty$, és més infinit (o menys infinit).

$$\lim_{x \to +\infty} f(x) = +\infty \qquad \lim_{x \to +\infty} f(x) = -\infty \qquad \lim_{x \to -\infty} f(x) = +\infty \qquad \lim_{x \to -\infty} f(x) = -\infty$$

Problemes resolts
A

Exercicis i problemes
14 i 17 a 20

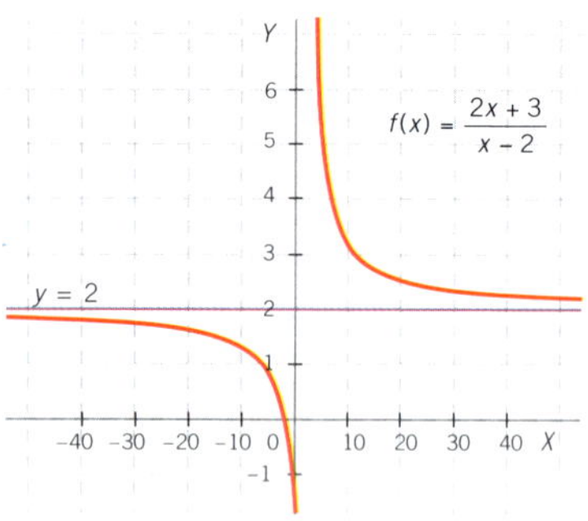

Per a valors molt elevats de x (tant negatius com positius), les imatges de la funció tendeixen a acostar-se a $y = 2$:

$$\lim_{x \to +\infty} f(x) = \lim_{x \to -\infty} f(x) = 2$$

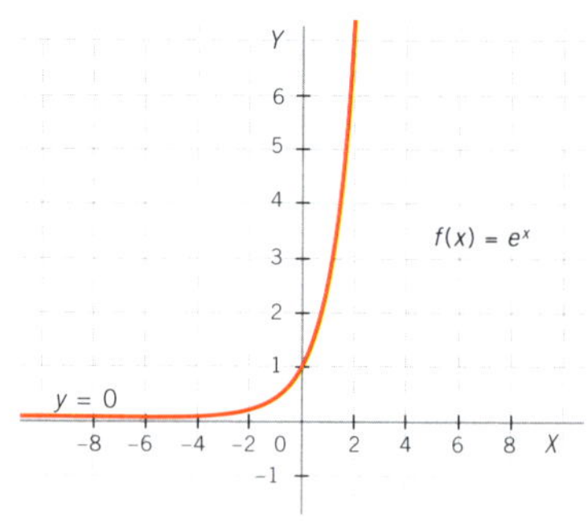

Per a valors negatius de x, les imatges de la funció tendeixen a $y = 0$. En canvi, per a valors de x molt elevats, la funció creix indefinidament:

$$\lim_{x \to +\infty} f(x) = +\infty \text{ i } \lim_{x \to -\infty} f(x) = 0$$

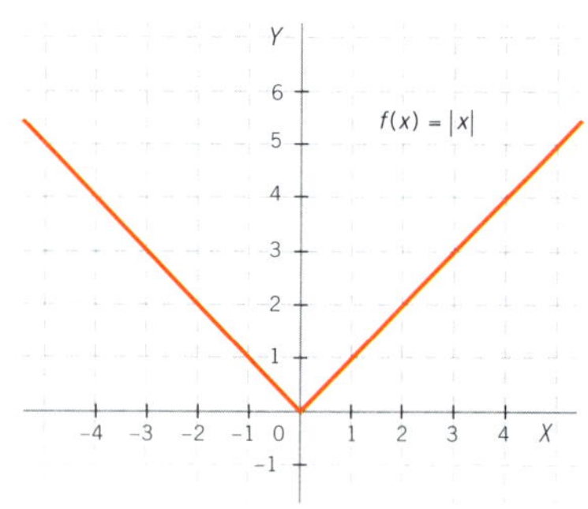

Per a valors molt elevats de x (tant negatius com positius), les imatges es fan cada vegada més grans:

$$\lim_{x \to +\infty} f(x) = \lim_{x \to -\infty} f(x) = +\infty$$

Hi ha funcions, com les funcions trigonomètriques, en què el límit en l'infinit no és un valor concret L, ni creixen o decreixen indefinidament. En aquest tipus de funcions, diem que el límit en l'infinit no existeix.

4 EXEMPLE

Estudia els límits quan $x \longrightarrow -1$, $x \longrightarrow 0$, $x \longrightarrow +\infty$ i $x \longrightarrow -\infty$ de la funció següent:

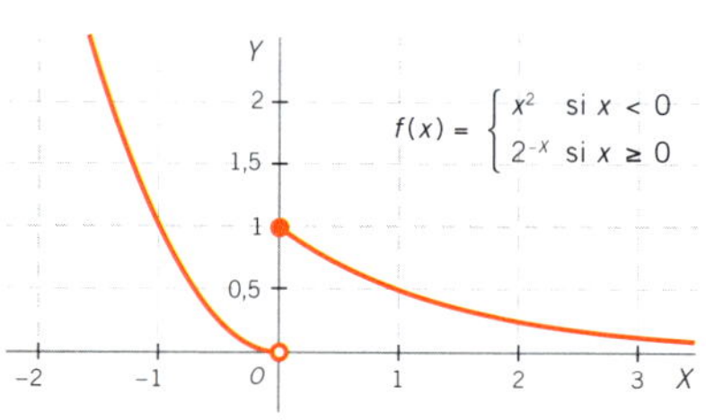

Solució

COMPRENSIÓ. Observem el comportament de la funció en els punts indicats.

RESOLUCIÓ. No existeix límit quan x tendeix a 0, ja que:

$$\lim_{x \to 0^-} f(x) = 0 \text{ i } \lim_{x \to 0^+} f(x) = 1$$

Per als altres punts sí que existeix límit:

$$\lim_{x \to -1} f(x) = f(-1) = 1 \qquad \lim_{x \to -\infty} f(x) = +\infty \qquad \lim_{x \to +\infty} f(x) = 0$$

3. Càlcul de límits

En general, per a calcular el límit d'una funció en un punt, se substitueix el punt en la funció. De la mateixa manera, per a calcular el límit d'una funció en l'infinit, podem trobar el valor per a nombres molt grans de la variable i intuir-ne el comportament, o bé podem substituir l'infinit en la funció i avaluar el resultat obtingut.

3.1. Límit en l'infinit de funcions polinòmiques

Fixem-nos ara en les funcions de la forma $f(x) = x^n$. Observem que quan $x \longrightarrow \pm\infty$ les seves imatges s'acosten també a $\pm\infty$.

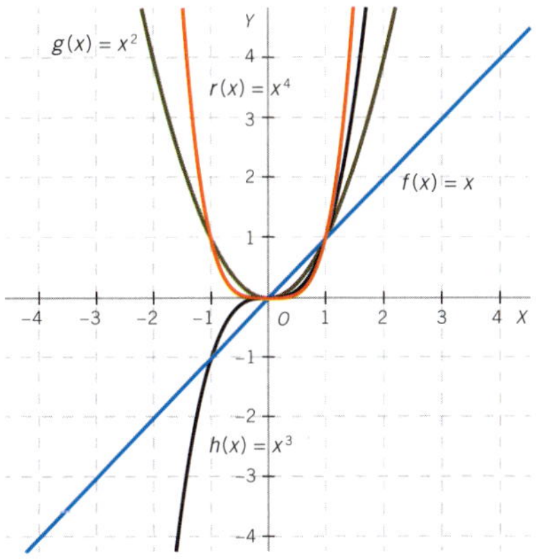

A més, donades dues potències de x, la de l'exponent més gran és la que tendeix a infinit més ràpidament; és a dir, la de grau superior predomina sobre les de grau inferior.

Podem concloure que el límit quan $x \longrightarrow \pm\infty$ d'un polinomi és $\pm\infty$ i és equivalent al límit del monomi de grau superior. El signe $\pm$ del resultat s'obté d'aplicar la regla dels signes al producte $a_n x^n$ (del monomi de grau superior):

$$\lim_{x\to\pm\infty} (a_n x^n + a_{n-1} x^{n-1} + \ldots + a_0) = \lim_{x\to\pm\infty} a_n x^n = \pm\infty$$

Així,

— Si $a_n > 0$ i n és parell, $\lim_{x\to+\infty} f(x) = +\infty$ i $\lim_{x\to-\infty} f(x) = +\infty$.

— Si $a_n > 0$ i n és senar, $\lim_{x\to+\infty} f(x) = +\infty$ i $\lim_{x\to-\infty} f(x) = -\infty$.

— Si $a_n < 0$ i n és parell, $\lim_{x\to+\infty} f(x) = -\infty$ i $\lim_{x\to-\infty} f(x) = -\infty$.

— Si $a_n < 0$ i n és senar, $\lim_{x\to+\infty} f(x) = -\infty$ i $\lim_{x\to-\infty} f(x) = +\infty$.

3.2. Límit en l'infinit de funcions racionals

Per a resoldre el càlcul del límit en l'infinit d'una divisió de polinomis, n'hi ha prou d'aplicar la regla següent:

$$\text{Siguin } \begin{array}{l} P(x) = a_n x^n + \ldots + a_0 \\ Q(x) = b_p x^p + \ldots + b_p \end{array} \text{ aleshores } \lim_{x\to\pm\infty} \frac{P(x)}{Q(x)} = \begin{cases} \pm\infty & \text{si } n > p \\ 0 & \text{si } n < p \\ a_n/b_p & \text{si } n = p \end{cases}$$

El signe del $\pm\infty$ depèn del signe del quocient dels monomis de grau més elevat del numerador i denominador. Així,

$$\lim_{x\to+\infty} \frac{5x^6 - 3x^2 + 2}{-3x^5 + x^4 + 1} = -\infty, \quad \lim_{x\to-\infty} \frac{2x^3 + 3x}{x^4 + 3} = 0, \quad \lim_{x\to-\infty} \frac{5x^3 + 2x + 1}{-3x^3 + x^2 - 2} = \frac{5}{-3}$$

AMPLIA

Tant les funcions potencials (x^n), com les exponencials (a^x, $a > 1$) i les logarítmiques ($\log_a x$), tendeixen a $+\infty$ quan $x \longrightarrow +\infty$.

Les funcions exponencials creixen més ràpidament com més gran sigui la base. I el mateix succeeix amb les logarítmiques.

Si comparem els tres tipus de funcions, les exponencials són les de creixement més ràpid i predominen sobre les altres dues; després vénen les potencials i finalment les logarítmiques:

$$\lim_{x\to+\infty} (3x^{10} - 2^x + \log_5 x) = \lim_{x\to+\infty} (-2^x) = -\infty$$

Si tenim un quocient entre funcions potencials, exponencials i logarítmiques, també tenim en compte aquest **ordre de prioritat dels infinits:**

$$\lim_{x\to+\infty} \frac{x^5 + 4x^2 - 5}{2^x - 3^x} = \lim_{x\to+\infty} \frac{x^5}{-3^x} = 0$$

$$\lim_{x\to+\infty} \frac{x^3 + 2^x}{-x^5 - \ln x} = \lim_{x\to+\infty} \frac{2^x}{-x^5} = -\infty$$

Exercicis i problemes
21 a 23, 25, 26 i 34

3.3. Operacions amb límits

FIXA-T'HI

Amb l'ajuda de les regles per a efectuar operacions amb límits d'aquest subapartat 3.3., podràs resoldre mentalment límits senzills.

CURIOSITATS

Els antics grecs utilitzaven procediments basats en límits per a calcular àrees.

Tanmateix, no és fins al 1817 que Bolzano va introduir la notació que més tard va demostrar Weierstrass i que avui dia coneixem.

Vegem a continuació les regles per a efectuar operacions amb límits. Considerarem que els límits de $f(x)$ i $g(x)$ existeixen i que són finits.

— $\lim[f(x) \pm g(x)] = \lim f(x) \pm \lim g(x)$

— $\lim[f(x) \cdot g(x)] = \lim f(x) \cdot \lim g(x)$; $\lim[k \cdot g(x)] = k \cdot \lim g(x)$

— $\lim \dfrac{f(x)}{g(x)} = \dfrac{\lim f(x)}{\lim g(x)}$, sempre que $\lim g(x) \neq 0$

— $\lim[f(x)]^{g(x)} = [\lim f(x)]^{\lim g(x)}$, amb $\lim f(x) \geq 0$

Si algun dels límits involucrats és infinit, tindrem en compte que:

$k + \infty = +\infty$	$k - \infty = -\infty$	$+\infty + \infty = +\infty$
$-\infty - \infty = -\infty$	$\pm\infty \cdot (\pm\infty) = \pm\infty$	$k \cdot (\pm\infty) = \pm\infty$ amb $k \neq 0$
$\dfrac{k}{\pm\infty} = 0$	$\dfrac{\pm\infty}{k} = \pm\infty$ amb $k \neq 0$	$k^{+\infty} = +\infty$ amb $k > 1$
$k^{-\infty} = \dfrac{1}{k^{+\infty}} = 0$ amb $k > 1$	$k^{+\infty} = 0$ amb $0 < k < 1$	$k^{-\infty} = +\infty$ amb $0 < k < 1$

En els casos en què trobem un altre tipus de resultats, es diu que hi ha una **indeterminació** (a priori no coneixem el resultat) i cal resoldre el límit per altres mètodes, com veurem al subapartat següent.

5 EXEMPLE

Donats $P(x) = 2x^2 + 2x - 1$ i $Q(x) = 4x^3 + 2x^2 - 2x$, calcula els límits següents:

a) $\lim_{x\to 1} P(x)$ **b)** $\lim_{x\to 1} Q(x)$ **c)** $\lim_{x\to 1} \dfrac{P(x)}{Q(x)}$

d) $\lim_{x\to 1} P(x)^{Q(x)}$ **e)** $\lim_{x\to -\infty} [P(x) \cdot Q(x)]$

Solució

COMPRENSIÓ. Calculem els límits aplicant, si cal, les regles de les operacions amb límits.

RESOLUCIÓ. a) $\lim_{x\to 1} P(x) = P(1) = 2 \cdot 1^2 + 2 \cdot 1 - 1 = 3$

b) $\lim_{x\to 1} Q(x) = Q(1) = 4 \cdot 1^3 + 2 \cdot 1^2 - 2 \cdot 1 = 4$

c) $\lim_{x\to 1} \dfrac{P(x)}{Q(x)} = \dfrac{\lim_{x\to 1} P(x)}{\lim_{x\to 1} Q(x)} = \dfrac{P(1)}{Q(1)} = \dfrac{3}{4}$

d) $\lim_{x\to 1} P(x)^{Q(x)} = \lim_{x\to 1} P(x)^{\lim_{x\to 1} Q(x)} = P(1)^{Q(1)} = 3^4 = 81$

e) $\lim_{x\to -\infty} [P(x) \cdot Q(x)] = \lim_{x\to -\infty} P(x) \cdot \lim_{x\to -\infty} Q(x) = (+\infty) \cdot (-\infty) = -\infty$

3.4. Indeterminacions

Els tipus d'indeterminació que poden aparèixer són:

$$\infty - \infty \qquad 0 \cdot \infty \qquad \frac{0}{0} \qquad \frac{\infty}{\infty} \qquad \infty^0 \qquad 0^0 \qquad 1^\infty$$

Vegem, a continuació, com resoldre'n algunes.

Indeterminació $\frac{0}{0}$

Que la funció racional $f(x)$ presenti una indeterminació del tipus 0/0 quan $x \to x_0$ significa que tots dos polinomis tenen com a arrel x_0. Per a resoldre-la, la factoritzem, la simplifiquem, i comprovem que ja no tenim indeterminació.

Indeterminació $\infty - \infty$

Les indeterminacions d'aquest tipus, implícitament, s'han calculat per al cas dels límits en l'infinit de polinomis, considerant el límit del monomi de grau més elevat. Tanmateix, existeixen altres formes d'aquesta indeterminació:

— Si tenim una expressió polinòmica i radical, seguim la mateixa regla que per als polinomis; és a dir, busquem el monomi de grau més elevat expressant com a potència d'exponent fraccionari el grau dels monomis afectats pel radical:

$$\lim_{x\to+\infty}\left(3x^2-\sqrt[6]{2x^{15}+3x^{10}-2x}\right)=\lim_{x\to+\infty}(-2x^{15/6})=-\infty$$

— Si hi hagués dos monomis amb el mateix grau (un d'ells afectat pel radical), desfem la indeterminació multiplicant i dividint pel conjugat d'aquesta expressió:

$$\lim_{x\to+\infty}\left(x-\sqrt{x^2+3}\right)=\lim_{x\to+\infty}\frac{\left(x-\sqrt{x^2+3}\right)\left(x+\sqrt{x^2+3}\right)}{x+\sqrt{x^2+3}}=$$

$$=\lim_{x\to+\infty}\frac{x^2-\left(\sqrt{x^2+3}\right)^2}{x+\sqrt{x^2+3}}=\lim_{x\to+\infty}\frac{-3}{x+\sqrt{x^2+3}}=0$$

— Quan la indeterminació $\infty - \infty$ es dóna en una resta de fraccions, operem per tenir només una fracció:

$$\lim_{x\to 0}\left(\frac{x^3+1}{x^2}-\frac{1}{x^4}\right)=\lim_{x\to 0}\frac{x^2(x^3+1)-1}{x^4}=\lim_{x\to 0}\frac{x^5+x^2-1}{x^4}=-\infty$$

FIXA-T'HI

— Algunes de les indeterminacions del tipus ∞/∞ ja s'han estudiat en el càlcul del límit en l'infinit de funcions racionals. Com hem vist, el resultat depèn dels graus del numerador i del denominador.

— A vegades, en calcular el límit d'una funció en un punt, podem obtenir una expressió del tipus $k/0$ amb $k \in \mathbb{R}$.

Per saber si el límit existeix o no, haurem de calcular els límits laterals, que seran $+\infty$ o $-\infty$.

Si coincideixen, aquest serà el valor del límit. Si no coincideixen, el límit no existirà.

Problemes resolts
B

Exercicis i problemes
24, 27 a 33 i 35

6 EXEMPLE

Calcula: a) $\lim_{x\to 2}\frac{x^3-2x-4}{x^3+4x^2-7x-10}$; **b)** $\lim_{x\to 0}\left(\frac{5x+1}{x^4}-\frac{3}{x^2}\right)$; **c)** $\lim_{x\to+\infty}3x^2-\sqrt{2x^4-1}$.

Solució

COMPRENSIÓ. Calculem el límit de la funció per al valor indicat. Si el resultat és una indeterminació, la resolem segons les regles.

RESOLUCIÓ.

a) Primer substituïm en l'expressió $x = 2$ i obtenim 0/0, que és una indeterminació. Per desfer-la, atès que $x = 2$ és arrel dels polinomis del numerador i del denominador, traiem $(x - 2)$ factor comú mitjançant Ruffini i la simplifiquem:

	1	4	−7	−10
2		2	12	10
	1	6	5	0

	1	0	−2	−4
2		2	4	4
	1	2	2	0

$x^3+4x^2-7x-10=(x-2)(x^2+6x+5)$

$x^3-2x-4=(x-2)(x^2+2x+2)$

$$\lim_{x\to 2}\frac{x^3-2x-4}{x^3+4x^2-7x-10}=\lim_{x\to 2}\frac{\cancel{(x-2)}(x^2+2x+2)}{\cancel{(x-2)}(x^2+6x+5)}=\lim_{x\to 2}\frac{x^2+2x+2}{x^2+6x+5}=\frac{10}{21}$$

b) Aquest límit dóna com a resultat una indeterminació del tipus $\infty - \infty$. Per resoldre-la, operem amb la finalitat d'obtenir una sola fracció:

$$\lim_{x\to 0}\left(\frac{5x+1}{x^4}-\frac{3}{x^2}\right)=\lim_{x\to 0}\frac{5x+1-3x^2}{x^4}=+\infty$$

c) Aquest límit dóna com a resultat una indeterminació del tipus $\infty - \infty$. Per resoldre-la, multipliquem i dividim pel conjugat:

$$\lim_{x\to+\infty}\left(3x^2-\sqrt{2x^4-1}\right)=\lim_{x\to+\infty}\frac{\left(3x^2-\sqrt{2x^4-1}\right)\left(3x^2+\sqrt{2x^4-1}\right)}{3x^2+\sqrt{2x^4-1}}=\lim_{x\to+\infty}\frac{9x^4-2x^4+1}{3x^2+\sqrt{2x^4-1}}=\lim_{x\to+\infty}\frac{7x^4+1}{3x^2+\sqrt{2x^4-1}}=+\infty$$

4. Asímptotes d'una funció

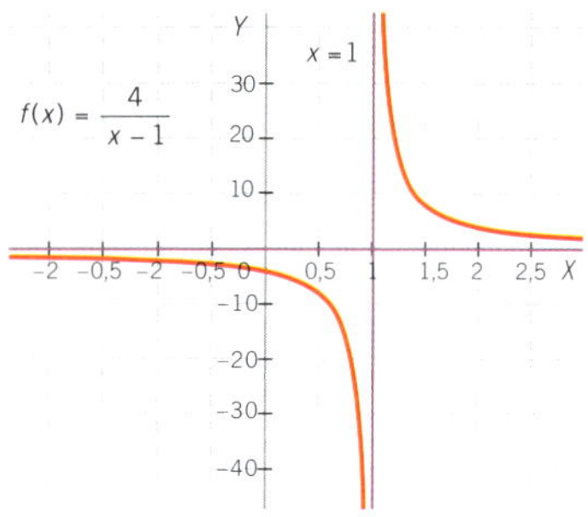

Asímptota vertical en $x = 1$ i horitzontal en $y = 0$.

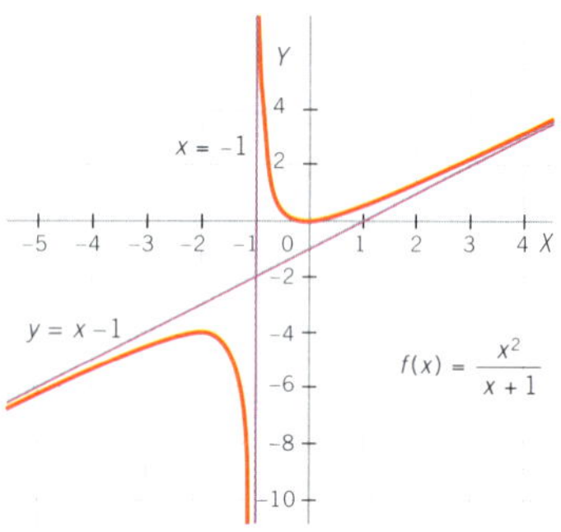

Asímptota vertical en $x = -1$ i obliqua d'equació $y = x - 1$.

A vegades, la gràfica d'una funció i la d'una recta s'aproximen cada vegada més a mesura que la variable independent s'acosta a un valor determinat o creix indefinidament. Aquestes rectes són les **asímptotes** de la funció, i precisament una de les aplicacions del càlcul de límits és la seva determinació.

Asímptotes verticals

La recta vertical $x = k$ amb $k \in \mathbb{R}$ és una **asímptota vertical** de la funció f si els límits laterals de la funció en $x = k$ són infinits.

$$\lim_{x \to k^-} f(x) = \pm\infty \text{ i } \lim_{x \to k^+} f(x) = \pm\infty$$

En les funcions racionals, les asímptotes verticals es troben entre els valors que anul·len el denominador.

Asímptotes horitzontals

La recta horitzontal $x = k$ amb $k \in \mathbb{R}$ és una **asímptota horitzontal** de la funció f si algun dels límits en l'infinit de la funció és igual a k.

Només poden existir com a màxim dues asímptotes horitzontals, que provenen de calcular els límits $\lim_{x \to +\infty} f(x)$ i $\lim_{x \to -\infty} f(x)$.

Asímptotes obliqües

La recta $y = mx + n$ és una **asímptota obliqua** de la funció f si existeixen i són finits els límits:

$$m = \lim_{x \to \pm\infty} \frac{f(x)}{x} \text{ i } n = \lim_{x \to \pm\infty} [f(x) - mx] \text{ amb } m \neq 0$$

Quan una funció és racional i el grau del numerador és més gran en una unitat que el grau del denominador, existeix una asímptota obliqua igual al quocient de la divisió entre tots dos polinomis.

Si existeixen asímptotes horitzontals, no n'hi ha d'obliqües (tret que la funció estigui definida a trossos).

Problemes resolts
C

Exercicis i problemes
36 a 43

7 EXEMPLE

Estudia les asímptotes de la funció $f(x) = \dfrac{x+2}{x^2-4}$.

Solució

COMPRENSIÓ. Apliquem les definicions per als tres tipus d'asímptotes.

Com que es tracta d'una funció racional, per trobar les asímptotes verticals ens fixarem en els valors que anul·len el denominador.

RESOLUCIÓ. En primer lloc, determinem les asímptotes verticals, si n'hi ha. Com que el denominador s'anul·la per a $x = 2$ i $x = -2$:

$$\lim_{x \to -2} \frac{x+2}{x^2-4} = \lim_{x \to -2} \frac{\cancel{x+2}}{(x-2)\cancel{(x+2)}} = \lim_{x \to -2} \frac{1}{x-2} = \frac{1}{-4}$$

$$\lim_{x \to 2^-} \frac{x+2}{x^2-4} = \lim_{x \to 2^-} \frac{\cancel{x+2}}{(x-2)\cancel{(x+2)}} = \lim_{x \to 2^-} \frac{1}{x-2} = -\infty$$

$$\lim_{x \to 2^+} \frac{x+2}{x^2-4} = \lim_{x \to 2^+} \frac{\cancel{x+2}}{(x-2)\cancel{(x+2)}} = \lim_{x \to 2^+} \frac{1}{x-2} = +\infty$$

Per tant, en $x = -2$ no hi ha asímptota vertical. En canvi, sí que n'hi ha en $x = 2$.

A continuació, calculem els límits en l'infinit per veure si existeixen asímptotes horitzontals:

$$\lim_{x \to +\infty} \frac{x+2}{x^2-4} = \lim_{x \to -\infty} \frac{x+2}{x^2-4} = 0$$

Per tant, $y = 0$ és asímptota horitzontal.

Finalment, com que tenim asímptota horitzontal, no hi pot haver asímptota obliqua.

5. Continuïtat

Com ja saps, intuïtivament, una funció *f* és contínua quan es pot dibuixar sense aixecar el llapis del paper.

Tanmateix, de forma més rigorosa, la continuïtat d'una funció depèn de l'existència de límits en els punts del seu domini:

Una funció $f(x)$ és **contínua** en un punt $a \in D(f)$ si $f(a)$ existeix i els límits laterals són finits i iguals a $f(a)$.

$$\lim_{x \to a^+} f(x) = \lim_{x \to a^-} f(x) = f(a)$$

Si $f(x)$ no compleix alguna d'aquestes premisses, es diu que $f(x)$ és **discontínua** en $x = a$ o que té una discontinuïtat en $x = a$.

Estudiar la continuïtat d'una funció és conèixer tots els punts del domini en els quals és contínua:

- Una funció es **contínua en un subconjunt *A*** del seu domini, si és contínua en tots els punts de *A*.
- Les funcions **polinòmiques, racionals, exponencials, irracionals, logarítmiques** i **trigonomètriques** són contínues en el seu domini de definició.
- La **suma,** la **resta** i **producte** de funcions contínues és contínua.
- El **quocient** de funcions contínues és contínua, excepte en els valors en els quals el denominador s'anul·la.
- Per determinar els punts en els quals la funció pot no ser contínua analitzarem els extrems dels intervals que formen el domini de definició (si existeixen) i aquells punts en els quals canvia l'expressió de la funció (en les funcions definides a trossos). També els punts en els quals s'anul·la el denominador, ja que la funció no està definida en aquests punts.

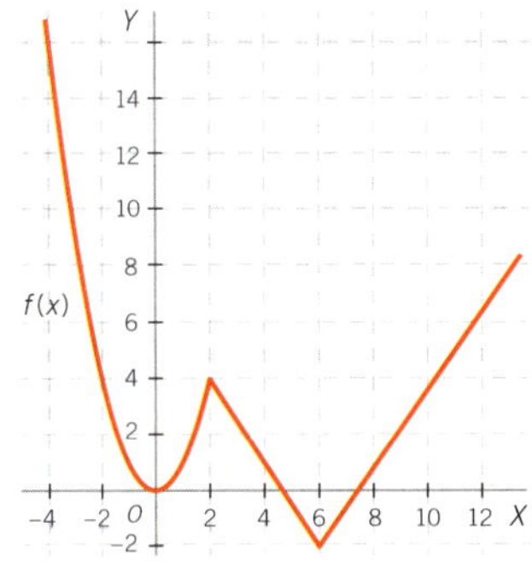

Funció contínua.

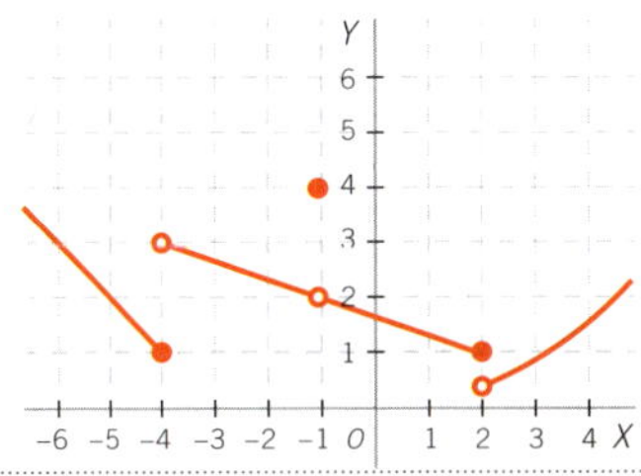

Funció discontínua en $x = -4$, $x = -1$ i $x = 2$.

8 EXEMPLE

Estudia la continuïtat de la funció $f(x) = \begin{cases} 2x+5 & \text{si } x \leq 3 \\ \dfrac{x^2}{x+1} & \text{si } x > 3 \end{cases}$.

Solució

COMPRENSIÓ. Estudiarem la continuïtat de la funció en els punts on canvia l'expressió de la funció i en els punts en què s'anul·la el denominador.

RESOLUCIÓ. En primer lloc, observem que el domini de definició de $y = 2x + 5$ és $\mathbb{R}$, on és contínua, per la qual cosa no presenta problemes.

A continuació, estudiem què succeeix per al valor $x = -1$, que anul·la el denominador de la segona expressió. Com que aquest valor no pertany a l'interval $x > 3$, no s'ha de considerar cap discontinuïtat.

Finalment, estudiem la funció en el punt en què canvia la seva expressió, $x = 3$:

$$f(3) = 2 \cdot 3 + 5 = 11$$

$$\lim_{x \to 3^-} f(x) = \lim_{x \to 3^-} (2x + 5) = 11 \qquad \lim_{x \to 3^+} f(x) = \lim_{x \to 3^+} \frac{x^2}{x+1} = \frac{9}{4}$$

Els límits laterals no coincideixen, per tant, $f(x)$ no és contínua en $x = 3$; és a dir, $f(x)$ és continua a $\mathbb{R} - \{3\}$.

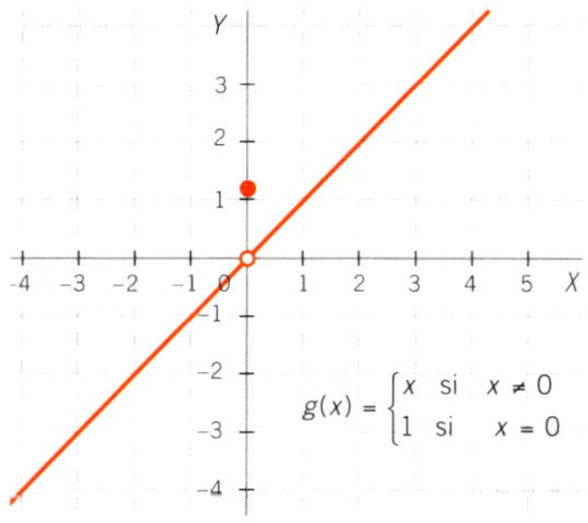

Discontinuïtat evitable.

AMPLIA

Hi ha un tipus de discontinuïtat anomenada de **segona espècie,** en què hi ha un dels límits laterals que no existeix:

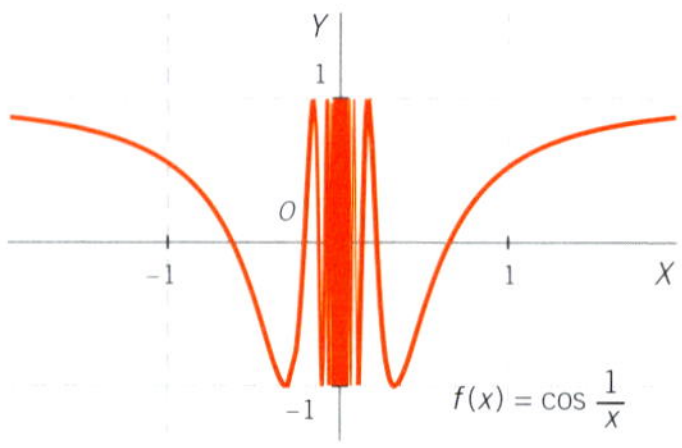

Discontinuïtat de segona espècie en $x = 0$.
Els límits laterals oscil·len entre -1 i 1.

Problemes resolts
D

Exercicis i problemes
44 a 49

Síntesi
50 a 54

5.1. Tipus de discontinuïtat

Les discontinuïtats s'estudien a partir de la definició de continuïtat en un punt i es classifiquen segons la condició que la funció no compleix.

Discontinuïtat evitable

És aquella en què els límits laterals de la funció en x_0 existeixen, són finits i coincideixen, però no coincideixen amb $f(x_0)$ o no existeix $f(x_0)$.

Discontinuïtat no evitable o de primera espècie

Les discontinuïtats no evitables apareixen quan els límits laterals no existeixen o n'hi ha un que és infinit.

— Si els límits laterals existeixen i són finits però diferents, estem davant una **discontinuïtat de salt finit.**

— Si els límits existeixen però almenys un d'ells és infinit, estem davant una **discontinuïtat de salt infinit.**

Si els dos límits laterals són infinits, diem que es tracta d'una **discontinuïtat asimptòtica,** sent $x = x_0$ l'asímptota vertical.

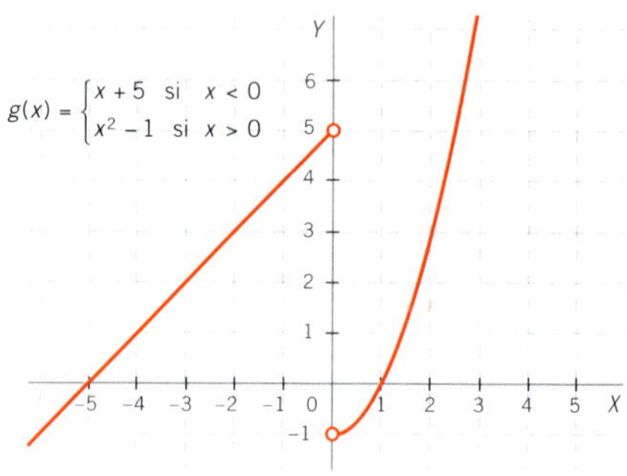

Discontinuïtat en $x = 0$ de salt finit.

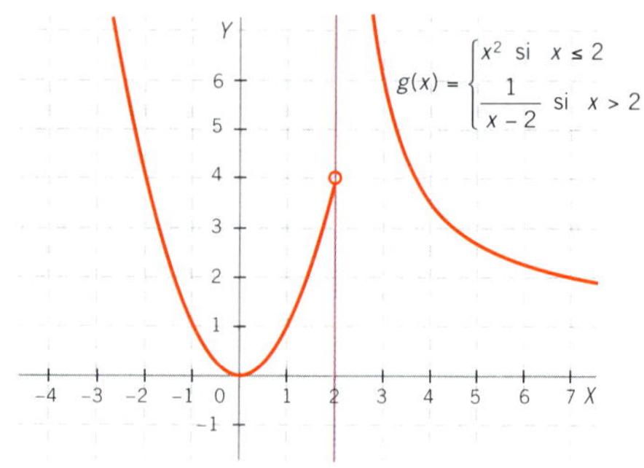

Discontinuïtat en $x = 2$ de salt infinit.

9 EXEMPLE

Estudia el tipus de discontinuïtat que presenten les funcions següents:

a) $f(x) = \dfrac{x^2 - 4}{x + 2}$ b) $f(x) = \begin{cases} 2x - 3 & \text{si } x \leq 0 \\ x + 2 & \text{si } x > 0 \end{cases}$

Solució

COMPRENSIÓ. S'han d'estudiar els punts en què la funció podria no ser contínua per a determinar si existeixen discontinuïtats i de quin tipus són.

RESOLUCIÓ.

a) En tractar-se d'una funció racional, estudiem els punts on s'anul·la el denominador; en aquest cas $x = -2$:

$f(-2)$ no existeix, ja que $x = -2$ no pertany al domini.

$$\lim_{x \to -2^+} \frac{x^2 - 4}{x + 2} = \lim_{x \to -2^-} \frac{x^2 - 4}{x + 2} = \lim_{x \to -2} \frac{\cancel{(x+2)}(x-2)}{\cancel{x+2}} = -4$$

Per tant, com que els límits laterals de la funció existeixen, són finits i coincideixen, es tracta d'una discontinuïtat evitable. La podem evitar redefinint la funció de manera que:

$$f(x) = \begin{cases} \dfrac{x^2 - 4}{x + 2} & \text{si } x \neq -2 \\ -4 & \text{si } x = -2 \end{cases}$$

b) En aquest cas, tenim una funció definida a trossos en què les dues expressions no presenten problemes en el seu domini de definició. Així, estudiem únicament el punt on canvia l'expressió analítica de la funció, $x = 0$:

$$f(0) = -3$$

$$\lim_{x \to 0^-} f(x) = \lim_{x \to 0} (2x - 3) = -3 \qquad \lim_{x \to 0^+} f(x) = \lim_{x \to 0} (x + 2) = 2$$

Per tant, com que els límits laterals de la funció existeixen i són finits però diferents, es tracta d'una discontinuïtat (no evitable) de salt finit.

A LÍMIT EN L'INFINIT DE FUNCIONS

Els enginyers d'una empresa han analitzat la línia de muntatge d'un producte determinat i han conclòs que:

- **El cost de producció unitari (en milers d'euros) ve donat per la funció $C(x) = \dfrac{3x^2 + 800\,000}{x^2 + 40\,000}$, on x és el nombre d'articles produïts.**
- **La funció $f(t) = 90 - 40 \cdot e^{-0{,}2t}$ descriu el nombre d'unitats acabades per un obrer cada hora d'acord amb el nombre d'hores d'experiència t de l'obrer.**

a) Calcula el cost unitari quan no es fabrica cap article i quan el nombre d'articles creix indefinidament (la producció és «infinita»). Quin significat tenen aquests valors?

b) Esbrina quantes unitats fabricarà en una hora un obrer sense cap tipus d'experiència i quantes si el nombre d'hores d'experiència creix indefinidament.

Solució

COMPRENSIÓ. Tenim dues funcions, una dels costos unitaris i una altra del nombre d'articles fabricats per hora i persona. Les preguntes estan relacionades amb el càlcul de límits d'aquestes funcions.

DADES. $C(x) = \dfrac{3x^2 + 800\,000}{x^2 + 40\,000}$; $f(t) = 90 - 40 \cdot e^{-0{,}2t}$

RESOLUCIÓ.

a) Calculem el cost quan no es fabrica cap article:

$$C(0) = \frac{3 \cdot 0 + 800\,000}{0 + 40\,000} = 20$$

Això significa que aquesta línia de muntatge suporta uns costos mínims (sense haver produït res) de 20000 €.

Ara, determinem què succeeix quan el nombre d'articles creix indefinidament calculant el límit:

$$\lim_{x \to +\infty} \frac{3x^2 + 800\,000}{x^2 + 40\,000} = 3$$

És a dir, que els costos de producció quan el nombre d'articles fabricats és il·limitat són de 3000 €/unitat.

b) Calculem les unitats fabricades en una hora per un obrer sense experiència ($t = 0$):

$$f(0) = 90 - 40 \cdot e^0 = 50 \text{ articles/hora}$$

Finalment, trobem quantes unitats fabrica en una hora un obrer l'experiència del qual creix indefinidament mitjançant el càlcul del límit corresponent:

$$\lim_{t \to +\infty} (90 - 40\,e^{-0{,}2t}) = 90 \text{ articles/hora}$$

que és el nombre màxim d'articles que un obrer pot fabricar en una hora.

1. ★★☆ La funció $f(x) = \dfrac{2x^5 + 100}{2^x + 1}$ mostra el nombre de persones disposades a contractar un producte financer des del moment en què es llança l'oferta i sense cap tipus de publicitat posterior (amb x expressat en mesos). Quants clients contractaran aquest producte si el temps es fa infinitament gran?

Sol.: 0

B CÀLCUL DE LÍMITS. INDETERMINACIONS

L'equació que descriu la distància recorreguda per un mòbil en funció del temps és $s(t) = 4t^2 + 7$, on t es mesura en segons i s en metres. Si la rapidesa es defineix així:

$$v = \lim_{h \to 0} \frac{s(t+h) - s(t)}{h}$$

Calcula el valor de la rapidesa d'aquest mòbil per a $t = 3$ s.

Solució

COMPRENSIÓ. Hem de calcular la rapidesa del mòbil en un instant de temps determinat mitjançant la definició.

DADES. $s(t) = 4t^2 + 7$; $t = 3$ s

RESOLUCIÓ. Intenta resoldre el problema individualment. Per a fer-ho, tapa el text de la resposta i segueix aquests passos:

Passos

- Calculem $s(t + h)$ i $s(t)$ per a $t = 3$.
- Apliquem la definició de rapidesa.
- Resolem la indeterminació.

Resposta

- $s(3 + h) = 4(3 + h)^2 + 7 = 4(9 + 6h + h^2) + 7 = 4h^2 + 24h + 43$
  $s(3) = 4 \cdot 3^2 + 7 = 43$
- $v = \lim\limits_{h \to 0} \dfrac{s(t+h) - s(t)}{h} = \lim\limits_{h \to 0} \dfrac{(4h^2 + 24h + 43) - 43}{h} = \lim\limits_{h \to 0} \dfrac{4h^2 + 24h}{h} = \dfrac{0}{0}$
- $\lim\limits_{h \to 0} \dfrac{4h^2 + 24h}{h} = \lim\limits_{h \to 0} \dfrac{\cancel{h}(4h + 24)}{\cancel{h}} = \lim\limits_{h \to 0} (4h + 24) = 24$

Així, la rapidesa per a $t = 3$ s és de 24 m/s.

2. ★★★ En un moviment rectilini, un mòbil determinat es mou a una velocitat (en m/s) expressada en funció del temps (en s) per $v(t) = 2t^2 + 3t - 1$. Troba'n l'acceleració en l'instant $t = 2$ s, si aquesta es defineix com $a = \lim\limits_{h \to 0} \dfrac{v(t+h) - v(t)}{h}$.

Sol.: 11 m/s²

C ASÍMPTOTES D'UNA FUNCIÓ

Troba les asímptotes de la funció $f(x) = \dfrac{3x^2}{x-2}$.

Solució

COMPRENSIÓ. Les funcions racionals poden presentar asímptotes verticals per als valors de x que anul·len el denominador.

Com que el grau del numerador és més gran en una unitat que el del denominador, també existirà una asímptota obliqua, la qual cosa descarta la presència d'asímptotes horitzontals.

DADES. $f(x) = \dfrac{3x^2}{x-2}$

RESOLUCIÓ. En primer lloc, estudiem els valors de x que anul·len el denominador per veure si la funció presenta asímptotes verticals:

$$x - 2 = 0 \rightarrow x = 2$$

$$\lim_{x \to 2^-} \frac{3x^2}{x-2} = -\infty \qquad \lim_{x \to 2^+} \frac{3x^2}{x-2} = +\infty$$

Com que els límits laterals són infinits, $x = 2$ és una asímptota vertical.

A continuació, busquem l'asímptota obliqua $y = mx + n$:

$$m = \lim_{x \to \pm\infty} \frac{f(x)}{x} = \lim_{x \to \pm\infty} \frac{3x}{x-2} = 3$$

$$n = \lim_{x \to \pm\infty} [f(x) - mx] = \lim_{x \to \pm\infty} \left(\frac{3x^2}{x-2} - 3x \right) =$$

$$= \lim_{x \to \pm\infty} \frac{6x}{x-2} = 6$$

Per tant, l'asímptota obliqua és $y = 3x + 6$.

COMPROVACIÓ. Podem comprovar els resultats amb un programa de representacions gràfiques. Disposar d'aquestes eines informàtiques és molt útil per a estudiar les propietats i aplicacions dels límits de funcions.

3. ★★☆ La quantitat d'unitats de producció d'una fàbrica de televisors ve donada per la funció $f(t) = \dfrac{20t^2}{t+3}$, on t és el temps en dies. a) Estudia i justifica el sentit de les asímptotes. b) Quantes unitats es fabriquen el primer dia?

Sol.: b) 5 unitats

D CONTINUÏTAT

Troba el valor de a perquè la funció $f(x) = \dfrac{x^2 + x - 2}{x^2 - x - a}$ sigui discontínua en $x_0 = 3$ i classifica totes les seves discontinuïtats.

Solució

COMPRENSIÓ. Una funció racional solament pot ser discontínua per als valors de x que anul·len el denominador.

DADES. $f(x) = \dfrac{x^2 + x - 2}{x^2 - x - a}$; $x_0 = 3$

RESOLUCIÓ. Si f és discontínua en $x_0 = 3$ s'ha de complir que:

$$3^2 - 3 - a = 0 \rightarrow a = 6$$

Per tant:

$$f(x) = \frac{x^2 + x - 2}{x^2 - x - 6}$$

Per trobar totes les discontinuïtats, determinem les solucions de $x^2 - x - 6 = 0$, ja que la seva funció no està definida.

$$x = \frac{1 \pm \sqrt{1^2 - 4 \cdot 1 \cdot (-6)}}{2 \cdot 1} = \frac{1 \pm 5}{2} \rightarrow \begin{cases} x_1 = -2 \\ x_2 = 3 \end{cases}$$

— Analitzem què succeeix en $x = -2$:

$$\lim_{x \to -2} \frac{x^2 + x - 2}{x^2 - x - 6} = \lim_{x \to -2} \frac{\cancel{(x+2)}(x-1)}{\cancel{(x+2)}(x-3)} = \frac{3}{5}$$

No existeix $f(-2)$, però el límit sí que existeix. Per tant, en $x = -2$, la funció presenta una discontinuïtat evitable.

— Analitzem què succeeix a $x = 3$:

$$\lim_{x \to 3^-} \frac{x^2 + x - 2}{x^2 - x - 6} = -\infty \qquad \lim_{x \to 3^+} \frac{x^2 + x - 2}{x^2 - x - 6} = +\infty$$

En aquest cas no existeix $f(-2)$ i els límits laterals són infinits. Per tant, en $x = 3$, la funció presenta una discontinuïtat de salt infinit asimptòtica.

4. ★★☆ Troba a de manera que $f(x) = \dfrac{x+2}{x^3 + ax^2 + 16x}$ sigui discontínua en $x_0 = 4$ i classifica les seves discontinuïtats.

Sol.: $a = -8$

5. ★★★ Troba el valor de k perquè la funció següent tingui una discontinuïtat no evitable de salt infinit en $x_0 = -2$:

$$f(x) = \frac{3x^2 + 4x - k}{2x + 4}$$

Sol.: $k \neq 4$

EXERCICIS I PROBLEMES

1 LÍMIT D'UNA SUCCESSIÓ

6. ★☆☆ Sabent que $\lim\limits_{n\to\infty} a_n = -6$ i $\lim\limits_{n\to\infty} b_n = 4$, calcula els límits de les successions següents: a) $b_n - a_n$; b) $a_n \cdot b_n$; c) b_n / a_n; d) $b_n^{a_n}$.

Sol.: a) 10; b) −24; c) −2/3; d) 4^{-6}

7. ★★☆ Posa un exemple d'una successió que no tingui límit, una altra el límit de la qual sigui 0, i dues més els límits de les quals siguin $+\infty$ i $-\infty$, respectivament.

8. ★★☆ Analitza l'evolució dels termes de les successions següents per determinar-ne els límits:

a) $a_n = (-2)^n$ c) $c_n = \dfrac{n}{n+1}$ e) $e_n = \dfrac{n^2}{2^n}$

b) $b_n = \dfrac{5n+1}{n+2}$ d) $d_n = \dfrac{1}{n^2}$ f) $f_n = -n$

Sol.: a) No existeix; b) $b_n \to 5$; c) $c_n \to 1$; d) $d_n \to 0$; e) $e_n \to 0$; f) $f_n \to -\infty$

9. ★★☆ Calcula:

a) $\lim\limits_{n\to+\infty}\left(1+\dfrac{1}{n}\right)^{2n+5}$ c) $\lim\limits_{n\to+\infty}\left(1+\dfrac{1}{18n}\right)^{18n}$

b) $\lim\limits_{n\to+\infty}\left(1+\dfrac{5}{n}\right)^{n}$ d) $\lim\limits_{n\to+\infty}\left(1+\dfrac{7}{n}\right)^{3n}$

Sol.: a) e^2; b) e^5; c) e; d) e^{21}

10. ★★☆ Volem dipositar 3 000 euros en un banc durant un any a un interès compost del 15 % anual. Per a conèixer el capital final, si suposem un interès continu, l'assessor del banc ens diu que hem d'aplicar la fórmula: $\lim\limits_{m\to+\infty} c\left(1+\dfrac{r}{m}\right)^{mt}$, on c es el capital inicial; r, l'interès anual i t, el nombre de períodes. Quina quantitat tindré al final de l'any?

Sol.: 3 485,50 €

11. ★★★ Entra a la pàgina *Aquiles, la tortuga y la computabilidad*, http://links.edebe.com/p5hinm, i respon les preguntes plantejades. @

2 LÍMITS DE FUNCIONS

12. ★☆☆ Calcula els límits:

a) $\lim\limits_{x\to2}(5x-4)$ c) $\lim\limits_{x\to0}(2x-3)^3$

b) $\lim\limits_{x\to1}(x^2+x-1)$ d) $\lim\limits_{x\to0}(\sin x \cos x)$

Sol.: a) 6; b) 1; c) −27; d) 0

13. ★☆☆ Sigui la funció $f(x) = \begin{cases} x-1 & \text{si } x \in [2,4] \\ 3 & \text{si } x \notin [2,4] \end{cases}$.

Mitjançant taules de valors adequades, calcula el valor dels límits següents: a) $\lim\limits_{x\to2} f(x)$; b) $\lim\limits_{x\to4} f(x)$.

Sol.: a) No existeix; b) 3

14. ★☆☆ Calcula mitjançant taules de valors adequades $\lim\limits_{x\to+\infty} \dfrac{x}{1-2x}$.

Sol.: −1/2

15. ★★☆ Realitza els exercicis de l'apartat 1 de la pàgina web següent: @

http://links.edebe.com/n7fv

16. ★★☆ Realitza els exercicis sobre límits laterals de la pàgina web següent: @

http://links.edebe.com/jq7gx

17. ★★☆ Si $f(x) = x^3$, calcula $\lim\limits_{x\to+\infty} f(x)$ i $\lim\limits_{x\to-\infty} f(x)$.

Sol.: $+\infty$, $-\infty$

18. ★★☆ Determina a partir de la gràfica els límits quan $x \to -\infty, -1^-, -1^+, 0^-, 0^+, 2^-, 2^+, +\infty$ de la funció següent:

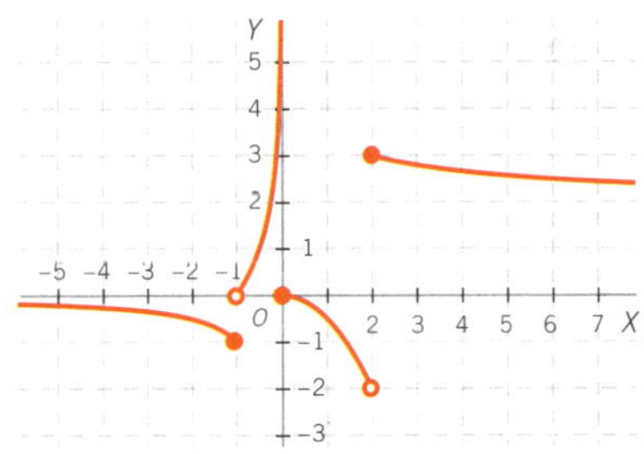

Sol.: 0, −1, 0, $+\infty$, 0, −2, 3, 2

19. ★★☆ Dibuixa una funció amb les característiques següents:

$\lim\limits_{x\to-\infty} f(x) = +\infty$ $\lim\limits_{x\to-5^-} f(x) = 2$ $\lim\limits_{x\to-5^+} f(x) = 4$

$\lim\limits_{x\to0^-} f(x) = -\infty$ $\lim\limits_{x\to0^+} f(x) = -2$ $\lim\limits_{x\to3^-} f(x) = 1$

$\lim\limits_{x\to3^+} f(x) = 5$ $\lim\limits_{x\to8^-} f(x) = +\infty$ $\lim\limits_{x\to8^+} f(x) = -\infty$

$\lim\limits_{x\to+\infty} f(x) = +\infty$

20. ★★☆ Determina a partir de la gràfica els límits de $f(x)$ en: a) $-\infty$; b) −1; c) 0; d) 1; e) $+\infty$.

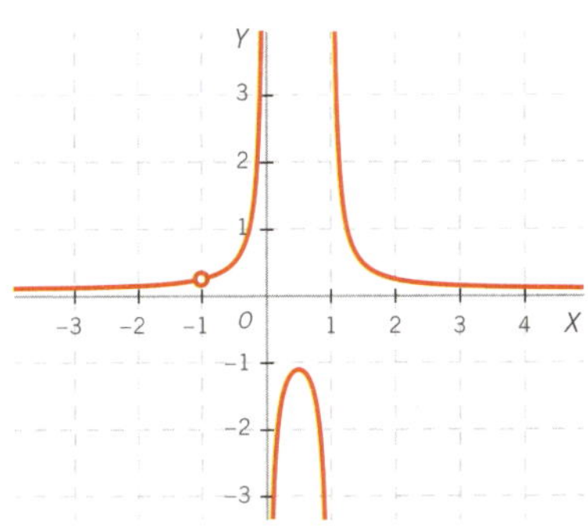

Sol.: a) 0; b) 5/20; c) Per l'esquerra $+\infty$, per la dreta $-\infty$; d) Per l'esquerra $-\infty$, per la dreta $+\infty$; e) 0

3 CÀLCUL DE LÍMITS

21. ★☆☆ Calcula els límits de les funcions polinòmiques següents:

a) $\lim_{x\to+\infty}(2x^3-3x+2)$

b) $\lim_{x\to-\infty}(-2x^4+3x^2-1)$

c) $\lim_{x\to+\infty}(x^4-3x^6+2x^3)$

d) $\lim_{x\to-\infty}(-x^7+x^6+2x^3+3)$

Sol.: a) $+\infty$; b) $-\infty$; c) $-\infty$; d) $+\infty$

22. ★☆☆ Si $f(x)=\dfrac{2x}{x+1}$, determina $\lim_{x\to+\infty}f(x)$ i $\lim_{x\to-\infty}f(x)$ mitjançant taules de valors.

Sol.: 2, 2

23. ★☆☆ La quantitat d'analgèsic d'un pacient en sang (en mg d'analgèsic per ml de sang) t hores després de subministrar-lo ve donada per la funció $f(t)=(3t+7)/t(t+4)$. En passar el temps, quina és la quantitat límit d'analgèsic en el pacient?

Sol.: 0

24. ★☆☆ Calcula els límits immediats següents:

a) $\lim_{x\to+\infty}(3x^2+5)\cdot e^x$

b) $\lim_{x\to+\infty}2^x$

c) $\lim_{x\to+\infty}\left(\dfrac{1}{2}\right)^x$

d) $\lim_{x\to-\infty}5^x$

e) $\lim_{x\to-\infty}0{,}3^x$

f) $\lim_{x\to+\infty}\left(\dfrac{2x+1}{x+3}\right)^x$

g) $\lim_{x\to+\infty}\left(\dfrac{x^2+1}{2x^2-1}\right)^x$

h) $\lim_{x\to0}\left(\dfrac{1}{x^2}\right)^{\frac{1}{x^2}}$

i) $\lim_{x\to2}\dfrac{x+1}{-x}$

j) $\lim_{x\to1}\dfrac{x^2+1}{x^4}$

Sol.: a) $+\infty$; b) $+\infty$; c) 0; d) 0; e) $+\infty$; f) $+\infty$; g) 0; h) $+\infty$; i) $-3/2$; j) 2

25. ★★☆ La població d'una colònia de microorganismes (en milions), després de t dies, ve donada per la funció $f(t)=12/(4+5e^{-3t}-3t)$.

a) Calcula la població inicial de la colònia.

b) Amb el temps, s'extingeix la població?

Sol.: a) 4/3 milions

26. ★★☆ Calcula els següents límits de funcions racionals:

a) $\lim_{x\to+\infty}\dfrac{3x^2+4x-1}{-x+3}$

b) $\lim_{x\to+\infty}\dfrac{4x^2+3x^5-7x+2}{-2x^5+4x^3+3}$

c) $\lim_{x\to+\infty}\dfrac{7x^5+4x^3+2x+1}{x^8-2x+3}$

d) $\lim_{x\to-\infty}\dfrac{-x^3+2x^2+3x+5}{6x^2-x+1}$

e) $\lim_{x\to-\infty}\dfrac{x^4-1}{x^6-1}$

f) $\lim_{x\to-\infty}\dfrac{6x^4+2x^2+x-1}{3x^4-x^3+x^2-3x}$

g) $\lim_{x\to+\infty}\dfrac{x^2+5}{x+3}$

h) $\lim_{x\to+\infty}\dfrac{x^2+5}{-x+3}$

i) $\lim_{x\to-\infty}\dfrac{x^2+5}{x+3}$

j) $\lim_{x\to-\infty}\dfrac{x^2+5}{-x+3}$

Sol.: a) $-\infty$; b) $-3/2$; c) 0; d) $+\infty$; e) 0; f) 2; g) $+\infty$; h) $-\infty$; i) $-\infty$; j) $+\infty$

27. ★★☆ Calcula:

a) $\lim_{x\to0}\dfrac{x^3+2x^2+3x}{x^5+x}$

b) $\lim_{x\to1}\dfrac{x^4-x^3+x-1}{x^3-x^2+2x-2}$

c) $\lim_{x\to-2}\dfrac{x^3+3x^2-4}{x^3+7x^2+16x+12}$

d) $\lim_{x\to-1}\dfrac{x^7+2x^5+3}{x+1}$

e) $\lim_{x\to5}\dfrac{x^2+5x}{x^2-25}$

f) $\lim_{x\to2}\dfrac{x^4+2x^2+x+1}{x+5}$

g) $\lim_{x\to1}\dfrac{x^4-1}{x^2-1}$

h) $\lim_{x\to\frac{1}{2}}\dfrac{2x^3-3x^2-11x+6}{2x^3-7x^2+3x}$

Sol.: a) 3; b) 2/3; c) -3; d) 17; e) $+\infty$ i $-\infty$; f) 27/7; g) 2; h) 5

28. ★★☆ Volem saber el nom de pila d'un conegudíssim matemàtic. Per a descobrir-lo calcula els límits següents i relaciona el resultat amb la posició de les lletres del nostre abecedari.

a) $\lim_{x\to0}\dfrac{x^2+12x}{x^2+x}$

b) $\lim_{x\to3}\dfrac{x^3+x}{2x^2-12}$

c) $\lim_{x\to-4}\dfrac{\sqrt{x^2+9}-5x+7}{x+6}$

d) $\lim_{x\to1}\dfrac{4x^3+2x^2-16x+10}{x^2-2x+1}$

e) $\lim_{x\to+\infty}\dfrac{16x^2+5x+1}{2x^2+x-3}$

f) $\lim_{x\to1}\dfrac{x^3-2x^2-5x+6}{-x^2-4x+5}$

g) $\lim_{x\to2}\dfrac{9(x^2+15x-34)}{x^2+5x-14}$

h) $\lim_{x\to-1}\dfrac{x^3+8x^2+17x+10}{2x^2+5x+3}$

Sol.: a) L = 12; b) E = 5; c) O = 16; d) N = 14; e) H = 8; f) A = 1; g) R = 19; h) D = 4

29. ★★☆ Calcula els límits següents, estudiant «el grau dels monomis»:

a) $\lim_{x\to+\infty}\left(x^3+3x-\sqrt{2x^3+3}\right)$

b) $\lim_{x\to+\infty}\left(x^2-\sqrt{4x^5+1}\right)$

c) $\lim_{x\to+\infty}\left(x-\sqrt{x}\right)$

d) $\lim_{x\to-\infty}\left(-x^3+\sqrt[3]{x^7-2}\right)$

Sol.: a) $+\infty$; b) $-\infty$; c) $+\infty$; d) $+\infty$

30. ★★☆ Calcula els límits següents:

a) $\lim_{x\to+\infty}\dfrac{x^4+3\sqrt{x^{10}-2x^5+3}}{7x^4+4x^3-2x}$

b) $\lim_{x\to+\infty}\dfrac{x+\sqrt{2x^4-5x}}{3x^2+5}$

c) $\lim_{x\to+\infty}\dfrac{\sqrt[4]{16x^8-4x^4+1}+x^2}{3x^2-x+5}$

d) $\lim_{x\to+\infty}\dfrac{2x^3+3x^2+1}{\sqrt{x^7+2x^5}+2x}$

Sol.: a) $+\infty$; b) $\sqrt{2}/3$; c) 2/3; d) 0

31. ★★☆ Calcula:

a) $\lim_{x\to+\infty}\left(x^2+\sqrt{2x^4+5}\right)$

b) $\lim_{x\to+\infty}\left(2x-\sqrt{x^2+x-1}\right)$

c) $\lim_{x\to+\infty}\left(x^2-\sqrt{x^4+1}\right)$

d) $\lim_{x\to+\infty}\left(x-\sqrt{x^2+x+1}\right)$

Sol.: a) $+\infty$; b) $+\infty$; c) 0; d) $-1/2$

32. ★★☆ Calcula la rapidesa d'un objecte en l'instant $t = 5$ que es desplaça segons la funció $s(t) = 2t^2 + 3t - 1$, on t són segons i $s(t)$ metres.

Sol.: 23 m/s

33. ★★☆ Calcula els límits següents:

a) $\lim_{x\to+\infty}\dfrac{3x^4+\sqrt{8x^8+5x^2+7}}{x-\sqrt{7x^6+4x^9+x^4}}$

b) $\lim_{x\to+\infty}\dfrac{3x^5+2x^4+3}{-x^3+x^2+2x}$

c) $\lim_{x\to+\infty}\dfrac{(3x+5)^2(5x-1)^2}{5x^4-3}$

d) $\lim_{x\to1}\dfrac{x^3-2x^2+x}{3x^3-7x^2+x+1}$

e) $\lim_{x\to3}\dfrac{x^3-3x^2-x+3}{x^5-3x^4+x-3}$

f) $\lim_{x\to1}\left(\dfrac{1}{x-1}-\dfrac{2}{x^2-1}\right)$

g) $\lim_{x\to-\infty}\dfrac{\sqrt{x^6+2x^2+1}}{x^3+1}$

h) $\lim_{x\to+\infty}\left(\sqrt{2x+1}-\sqrt{x^2+1}\right)$

i) $\lim_{x\to+\infty}\left(\sqrt{4x+1}-\sqrt{x+1}\right)$

j) $\lim_{x\to+\infty}\left(\sqrt{x^2-x}-\sqrt{x^2+2x}\right)$

k) $\lim_{x\to4}\dfrac{\sqrt{x}-2}{x-4}$

l) $\lim_{x\to-\infty}\dfrac{x^3-1}{\sqrt{x^6+5}}$

m) $\lim_{x\to+\infty}\dfrac{x^3-1}{\sqrt{x^6+5}}$

n) $\lim_{x\to+\infty}\dfrac{x^2+x^3\sqrt{x}}{x^4}$

o) $\lim_{x\to5}\dfrac{10x+1}{x^2-3x-10}$

p) $\lim_{x\to+\infty}\dfrac{3x^2+1}{e^{-x}}$

q) $\lim_{x\to3}\dfrac{9-x^2}{4-\sqrt{x^2+7}}$

r) $\lim_{x\to1}\dfrac{\sqrt{x+1}-\sqrt{2x}}{2x-1}$

s) $\lim_{x\to+\infty}\left(\dfrac{3x+1}{5x+2}\right)^{x^3}$

Sol.: a) 0; b) $-\infty$; c) 45; d) 0; e) 4/41; f) 1/2; g) -1; h) $-\infty$; i) $+\infty$; j) $-3/2$; k) 1/4; l) -1; m) 1; n) 0; o) $\pm\infty$; p) $+\infty$; q) 8; r) 0; s) 0

34. ★★★ Calcula els límits següents tenint en compte la prioritat d'infinits:

a) $\lim_{x\to+\infty}\dfrac{2\ln x}{x^2}$

b) $\lim_{x\to+\infty}\dfrac{x^5+2^x}{3^x}$

c) $\lim_{x\to+\infty}\dfrac{\ln x+5^x}{x^2+3^x}$

d) $\lim_{x\to+\infty}\dfrac{-23x^5}{\log x}$

e) $\lim_{x\to+\infty}\dfrac{5x^2-2\ln x}{x^4+3x^2-1}$

f) $\lim_{x\to+\infty}\dfrac{-3^x}{2\cdot3^x}$

Sol.: a) 0; b) 0; c) $+\infty$; d) $-\infty$; e) 0; f) $-1/2$

35. ★★★ Determina els valors de a i b perquè es compleixi:

a) $\lim_{x\to2}\dfrac{x^2+ax+b}{x^2-4}=2$

b) $\lim_{x\to+\infty}\left(\dfrac{x^2+a}{x-a}-\dfrac{x^2-a}{x+a}\right)=6$

Sol.: a) $a = 4$, $b = -12$; b) $a = 3$

4 ASÍMPTOTES D'UNA FUNCIÓ

36. ★☆☆ Dibuixa una funció que tingui dues asímptotes verticals i una d'obliqua.

37. ★★☆ Indica l'expressió analítica d'una funció que tingui 5 asímptotes verticals.

38. ★★☆ Calcula les asímptotes horitzontals de les funcions següents:

a) $f(x)=\dfrac{2x^2-3x^5-1}{7x^2+1}$

b) $g(x)=\dfrac{x+8}{2x-3}$

c) $h(x)=\dfrac{x+\sqrt{4x^2-2}}{2x-1}$

d) $i(x)=\dfrac{x^2}{3^x}$

Sol.: a) No en té; b) $y = 1/2$; c) $y = 3/2$; d) $y = 0$

39. ★★☆ Realitza els exercicis corresponents als tres tipus d'asímptotes de la pàgina web següent: @

http://links.edebe.com/jt6f8

40. ★★☆ Calcula les asímptotes de les funcions següents:

a) $f(x)=\dfrac{5x-2}{x+4}$

b) $g(x)=\dfrac{x^2+1}{x^2-4}$

c) $h(x)=\dfrac{x^2+x-3}{x+1}$

d) $r(x)=\dfrac{x^3}{x^2+x-2}$

Sol.: a) $y = 5$, $x = -4$; b) $y = 1$, $x = 2$, $x = -2$; c) $x = -1$, $y = x$; d) $x = 1$, $x = -2$, $y = x - 1$

41. ★★☆ Calcula les asímptotes de les funcions següents:

a) $f(x)=\dfrac{x^2}{x+7}$

b) $g(x)=\dfrac{\sqrt{x^2+2}}{x}$

c) $h(x)=\dfrac{x^3+2x}{x^2-25}$

— Comprova si els resultats són correctes amb la calculadora Wiris en línia: @

http://links.edebe.com/p9mv

42. ★★☆ Estudia el domini i les asímptotes de les funcions següents:

a) $f(x)=\dfrac{x^3+1}{x^2-1}$

b) $g(x)=\dfrac{3}{x}-\dfrac{1}{x^2}$

c) $h(x)=\dfrac{x^2+1}{x+3}$

d) $i(x)=\dfrac{x^4-16}{x^2+1}$

Sol.: a) $D(f) = \mathbb{R} - \{1, -1\}$, $x = 1$, $y = x$; b) $D(g) = \mathbb{R} - \{0\}$ $x = 0$, $y = 0$; c) $D(h) = \mathbb{R} - \{-3\}$, $x = -3$, $y = x - 3$; d) $D(i) = \mathbb{R}$, no té asímptotes

43. ★★★ Estudia el domini i les asímptotes de la funció següent:

$$f(x)=\begin{cases}\dfrac{2x^2+1}{x^2-4} & \text{si } x<-2\\[2mm] \dfrac{x+1}{x} & \text{si } -2\le x\le 2\\[2mm] x-2 & \text{si } x>2\end{cases}$$

Sol.: $D(f)=\mathbb{R}-\{0\}$; asímptotes: $y=2$ (per l'esquerra), $x=-2$, $x=0$

5 CONTINUÏTAT

44. ★☆☆ Estudia la continuïtat de les funcions següents:

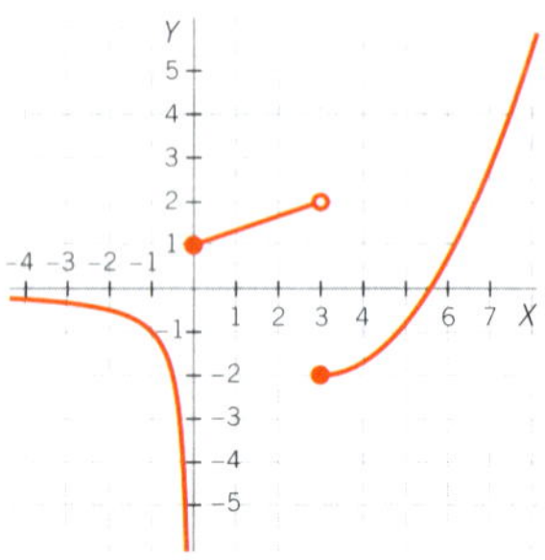

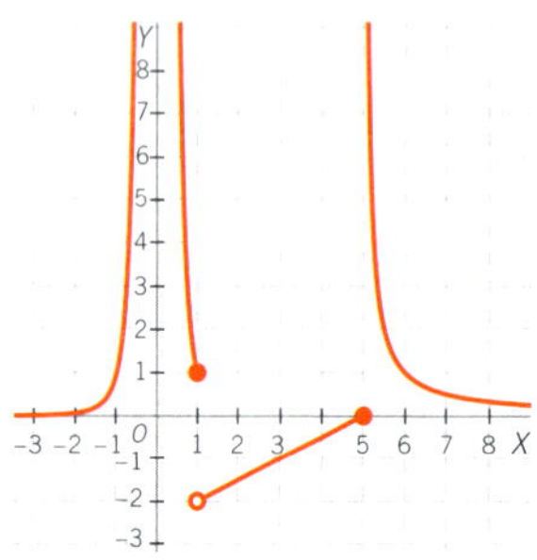

45. ★☆☆ Dibuixa una funció que tingui tots els tipus de discontinuïtat que coneguis.

46. ★★☆ Estudia la continuïtat de les funcions següents:

a) $f(x)=x^2-3x+e^x$

b) $g(x)=\sin x\,\cos x$

c) $h(x)=\sqrt[3]{2x^4-1}$

d) $i(x)=\dfrac{x+1}{x^4+3}$

e) $j(x)=\dfrac{x^2+2x-1}{3^x}$

f) $k(x)=\ln(x^2+1)$

47. ★★☆ Estudia la continuïtat de les funcions següents:

a) $f(x)=\begin{cases}3x^2+1 & \text{si } x<1\\ x+2 & \text{si } x\ge 1\end{cases}$

b) $g(x)=\begin{cases}x^3+2x & \text{si } x\le 2\\ 6x & \text{si } x>2\end{cases}$

c) $h(x)=\begin{cases}\dfrac{x^2-9}{x-3} & \text{si } x\ne 3\\ 10 & \text{si } x=3\end{cases}$

d) $i(x)=\begin{cases}\dfrac{3}{x} & \text{si } x<0\\ x^2 & \text{si } x\ge 0\end{cases}$

48. ★★☆ Estudia la continuïtat de:

a) $f(x)=\dfrac{x^2+4x-5}{x-1}$

b) $g(x)=\dfrac{(x+10)(x-5)(x+2)}{(x-5)(x+2)}$

c) $h(x)=\begin{cases}\dfrac{x+1}{x-1} & \text{si } x\le 2\\ 7x+1 & \text{si } x>2\end{cases}$

d) $i(x)=\begin{cases}2^x & \text{si } x\le 0\\ \ln x & \text{si } x>0\end{cases}$

Sol.: Discontinuïtats: a) $x=1$ evitable; b) $x=5$ i $x=-2$ evitables; c) $x=1$ salt infinit, $x=2$ salt finit; d) $x=0$ salt infinit

49. ★★★ Calcula el valor de a perquè la funció f sigui contínua en tot $\mathbb{R}$:

$$f(x)=\begin{cases}3x+a & \text{si } x\le 1\\[2mm] \dfrac{2x^2+3x-5}{x^2+2x-3} & \text{si } x>1\end{cases}$$

Sol.: $a=-5/4$

SÍNTESI

50. ★★☆ Realitza els exercicis de les pàgines web següents:

http://links.edebe.com/9phnh9

http://links.edebe.com/fd57hu

51. ★★☆ Dibuixa una funció f amb les característiques següents:

— $D(f)=\mathbb{R}$.

— Asímptotes en $x=0$, $x=4$ i $y=2$.

— Discontinuïtats: una d'evitable, una de salt finit en $x=3$, una de salt infinit i una altra d'asimptòtica.

52. ★★☆ Dibuixa una funció f que tingui les característiques següents:

— $D(f)=\mathbb{R}$.

— $y=-2$ és una asímptota horitzontal per l'esquerra i $x=0$ asímptota vertical.

— Una discontinuïtat evitable en $x=3$ i de salt en $x=5$.

53. ★★☆ Calcula el domini, les asímptotes i la continuïtat de les funcions següents:

a) $f(x)=\dfrac{-2x+x^2}{x^2}$

b) $g(x)=\dfrac{x^3-1}{x^2-1}$

c) $h(x)=\dfrac{\sqrt{x^2+1}}{x+1}$

d) $i(x)=-3x^4-2x^2+5$

54. ★★★ Estudia el domini, les asímptotes, la continuïtat i una aproximació gràfica de la funció:

$$f(x)=\begin{cases}2x+3 & \text{si } x\le -3\\[2mm] \dfrac{x+1}{x^2-x} & \text{si } -3<x\le 2\\[2mm] \dfrac{x^2}{x-2} & \text{si } x>2\end{cases}$$

Síntesi

LÍMITS

Límit d'una successió

- Una **successió** a_n és **convergent** si, en augmentar n, els seus termes s'aproximen cada vegada més a un valor finit L, anomenat **límit**.
- Una **successió** a_n és **divergent** si, en augmentar n, els seus termes creixen o decreixen indefinidament.

El nombre e

$$e = \lim_{n\to\infty}\left(1+\frac{1}{n}\right)^n$$

Operacions amb successions

Els límits es transmeten al resultat de l'operació.

Límits de funcions

- **Límit d'una funció en un punt.** El límit d'una funció f quan x tendeix a x_0 és el valor, en cas que existeixi, al qual s'aproxima $f(x)$ quan x s'acosta a x_0.
- **Límits laterals.** S'anomena límit lateral per la dreta (esquerra) quan x tendeix a x_0 de la funció $f(x)$, i s'expressa $\lim\limits_{x\to x_0^+} f(x)\left(\lim\limits_{x\to x_0^-} f(x)\right)$, el valor al qual s'acosten les imatges de la funció quan x pren valors propers a x_0, però més grans (més petits).

$$\text{si } \lim_{x\to x_0^+} f(x) = \lim_{x\to x_0^-} f(x) = L, \text{ aleshores } \lim_{x\to x_0} f(x) = L$$

- **Límit en l'infinit.** S'anomena límit en l'infinit de $f(x)$, i s'expressa $\lim\limits_{x\to+\infty} f(x)\left(\lim\limits_{x\to-\infty} f(x)\right)$, el valor L al qual s'acosten les imatges de la funció quan x creix (decreix) indefinidament.

Càlcul de límits

Límit en l'infinit de funcions polinòmiques. És el límit del monomi de grau més elevat.

Límit en l'infinit de funcions racionals.

$$\text{Siguin } \begin{matrix} P(x) = a_n x^n + \ldots + a_0 \\ Q(x) = b_p x^p + \ldots + b_p \end{matrix} \text{ aleshores } \lim_{x\to\pm\infty} \frac{P(x)}{Q(x)} = \begin{cases} \pm\infty & \text{si } n>p \\ 0 & \text{si } n<p \\ a_n/b_p & \text{si } n=p \end{cases}$$

Operacions amb límits

- $\lim\left[f(x) \pm g(x)\right] = \lim f(x) \pm \lim g(x)$
- $\lim\left[f(x)\cdot g(x)\right] = \lim f(x)\cdot \lim g(x)$; $\lim\left[k\cdot g(x)\right] = k\cdot \lim g(x)$
- $\lim \dfrac{f(x)}{g(x)} = \dfrac{\lim f(x)}{\lim g(x)}$, sempre que $\lim g(x) \neq 0$
- $\lim\left[f(x)\right]^{g(x)} = \left[\lim f(x)\right]^{\lim g(x)}$, amb $\lim f(x) \geq 0$

- **Indeterminacions:** $\infty-\infty \quad 0\cdot\infty \quad \dfrac{0}{0} \quad \dfrac{\infty}{\infty} \quad \infty^0 \quad 0^0 \quad 1^\infty$

Asímptotes d'una funció

- **Asímptotes verticals.** La recta vertical $x = k$ amb $k \in \mathbb{R}$ és una asímptota vertical de la funció f si els límits laterals de la funció en $x = k$ són infinits.
- **Asímptotes horitzontals.** La recta horitzontal $y = k$ amb $k \in \mathbb{R}$ és una asímptota horitzontal de la funció f si algun dels límits en l'infinit de la funció és igual a k.
- **Asímptotes obliqües.** La recta $y = mx + n$ és una asímptota obliqua de la funció f si existeixen els límits i són finits: $m = \lim\limits_{x\to\pm\infty} \dfrac{f(x)}{x}$ i $n = \lim\limits_{x\to\pm\infty} \left[f(x) - mx\right]$ amb $m \neq 0$

Continuïtat

- Una funció $f(x)$ és **contínua** en un punt $a \in D(f)$ si $f(a)$ existeix i els límits laterals són finits i iguals a $f(a)$.

Tipus de discontinuïtat

- **Evitable.** Els límits laterals de la funció en x_0 existeixen, són finits i coincideixen, però no coincideixen amb $f(x_0)$ o no existeix $f(x_0)$.
- **No evitable de salt finit.** Els límits laterals existeixen i són finits però diferents.
- **No evitable de salt infinit.** Els límits existeixen però almenys un d'ells és infinit.

1 Calcula els límits de successions següents:

a) $\lim\limits_{n \to \infty} \dfrac{6 - 4n^2}{2n^2}$ b) $\lim\limits_{n \to \infty} \left(1 + \dfrac{1}{n}\right)^{3n-2}$

2 Donada la funció següent:

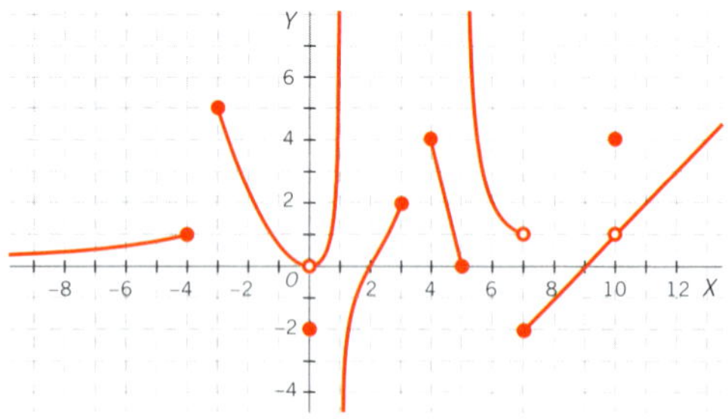

Determina a partir de la gràfica els límits per als següents valors de x: $-\infty$, -4, -3, 0, 1, 3, 4, 5, 7, 10 i $+\infty$.

3 Calcula els límits immediats següents:

a) $\lim\limits_{x \to +\infty} \dfrac{3x^2 - 5x^4 + 2x - 7}{10x^5 + 3x^2 - 6x + 1}$

b) $\lim\limits_{x \to +\infty} \dfrac{3x^4 + 2x^3 - 7}{9x^4 + 5x + 8}$

c) $\lim\limits_{x \to -\infty} \dfrac{x^8 - 2x^3 + 2x^2 + 3}{10x^5 + 3x^2 - 6x + 1}$

d) $\lim\limits_{x \to +\infty} 2^x$

e) $\lim\limits_{x \to +\infty} \dfrac{2x + 5}{x - 3}$

f) $\lim\limits_{x \to +\infty} \left(\dfrac{3x + 5}{5x + 3}\right)^{x+1}$

Sol.: a) 0; b) 1/3; c) $-\infty$; d) $+\infty$; e) 2; f) 0

4 Un cultiu de bacteris creix segons aquesta llei:

$$f(t) = \frac{3}{2 + 0{,}75\, e^{-0{,}2t}}$$

on t és el temps en hores i $f(t)$ és el pes del cultiu en grams.

a) Calcula el pes inicial del cultiu.

b) Indica el pes quan el nombre d'hores creix indefinidament.

Sol.: a) 3/2,75; b) 3/2

5 Calcula els límits següents:

a) $\lim\limits_{x \to 1} \dfrac{-x^3 - 4x^2 + 19x - 14}{x^3 + 5x^2 - x - 5}$

b) $\lim\limits_{x \to +\infty} \left(3x^2 - \sqrt{2x^4 + 3}\right)$

c) $\lim\limits_{x \to 0} \dfrac{1 - \sqrt{1 - x}}{x}$

Sol.: a) 2/3; b) $+\infty$; c) 1/2

6 Calcula les asímptotes de les funcions següents i esbossa'n les gràfiques:

a) $f(x) = \dfrac{x^2 - 2x - 3}{x^2 + 2x - 15}$ c) $h(x) = \dfrac{x^4 - 1}{x^3 - 1}$

b) $g(x) = \dfrac{x^2 - 1}{x}$ d) $r(x) = \dfrac{2}{x - 3} + 5$

Sol.: a) $y = 1$, $x = -5$; b) $x = 0$; c) $y = x$; d) $y = 5$, $x = 3$

7 Estudia la continuïtat de les funcions següents:

a) $f(x) = \begin{cases} 3x^2 + 5 & \text{si } x \le 2 \\ \dfrac{x + 2}{x - 2} & \text{si } 2 < x < 5 \\ -x + 1 & \text{si } x \ge 5 \end{cases}$

b) $g(x) = \begin{cases} \dfrac{x^2 + 3x}{x^2 + 2x - 3} & \text{si } x \ne -3 \\ 2 & \text{si } x = -3 \end{cases}$

8 Troba el valor que han de tenir a i b perquè la funció següent sigui contínua en $\mathbb{R}$:

$$f(x) = \begin{cases} 2x + a & \text{si } x < 3 \\ x + 4 & \text{si } 3 \le x < 5 \\ 3x + b & \text{si } x \ge 5 \end{cases}$$

Sol.: $a = 1$, $b = -6$

9 Dibuixa una funció que tingui com a mínim dues asímptotes verticals, una d'horitzontal, una discontinuïtat de salt en $x = 2$ i una altra discontinuïtat evitable.

10 Donada la funció següent:

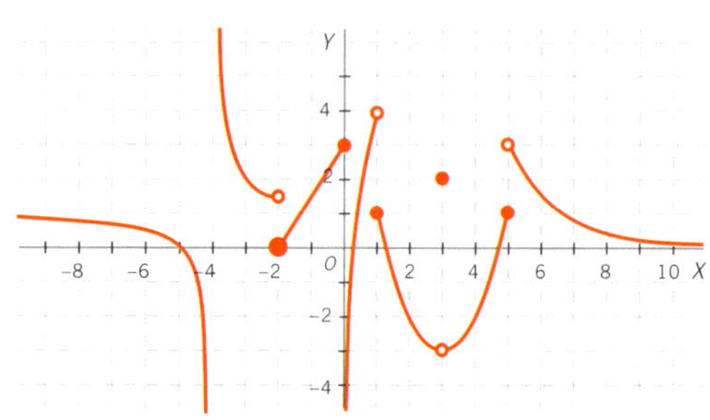

Estudia el domini, les asímptotes i la continuïtat.

SOCIETY

El nombre *e* i les finances

Tot i que va ser **Leonhard Euler** (1707-1783) qui va sistematitzar l'ús del nombre *e* com una constant ($e =$ $= 2{,}718\,281\,828\,4...$), el descobriment i la definició es deuen al matemàtic suís **Jakob Bernoulli** (1654-1705).

Jakob Bernoulli va relacionar el nombre *e* amb l'estudi en les finances de l'interès compost. Va definir el número *e* com: $\lim_{n\to\infty}\left(1+\frac{1}{n}\right)^n$, on *n* és el nombre de pagaments d'interessos que cal realitzar quan s'inverteix un capital determinat.

A l'enllaç **http://links.edebe.com/2249ux** trobaràs altres definicions del nombre *e* i la seva implementació informàtica.

Teorema del «sandvitx»

Aquest teorema es basa en el fet que, si dues funcions tendeixen al mateix límit en un punt, qualsevol altra funció acotada entre les dues anteriors té el mateix límit en aquell punt. Aquest teorema i d'altres semblants van ser usats en l'antiga Grècia per **Arquimedes** (287 a. C. - 212 a. C.) i **Èudox** (390 a. C. - 337 a. C.), en els seus esforços per a calcular el valor de π.

«Allò que no cau...»

Aquesta expressió és la definició informal d'*asímptota*, derivada del grec clàssic. Aquesta interpretació es deu al geòmetra hel·lè **Apol·loni de Perge** (262 a. C. - 180 a. C.), el qual s'hi va referir a ella per expressar que una determinada recta no tallava la branca d'una hipèrbola.

NEW

Velocitat de la grip

Una de les aplicacions actuals dels límits és calcular la rapidesa de creixement de les malalties i de les colònies bacterianes. En general, aquest tipus de propagacions correspon a funcions exponencials que, portades a un temps *t* perllongat ($t \to \infty$), ens permeten conèixer quantes persones poden arribar a infectar-se. Cada malaltia té la seva funció de creixement associada; per exemple, per a una determinada grip seria $P(t) = \frac{2}{1 + 3e^{-0{,}8t}}$, on *P* és la població infectada (en milers d'habitants) transcorregut un temps *t* (en setmanes).

- En el cas descrit, quantes persones haurien contret la grip al cap de 4 setmanes? I a llarg termini, quan tendeix *t* a infinit?
- Accedeix a **http://links.edebe.com/a4h** i podràs observar altres exemples similars aplicats a diverses disciplines: psicologia, demografia, biologia, etc.

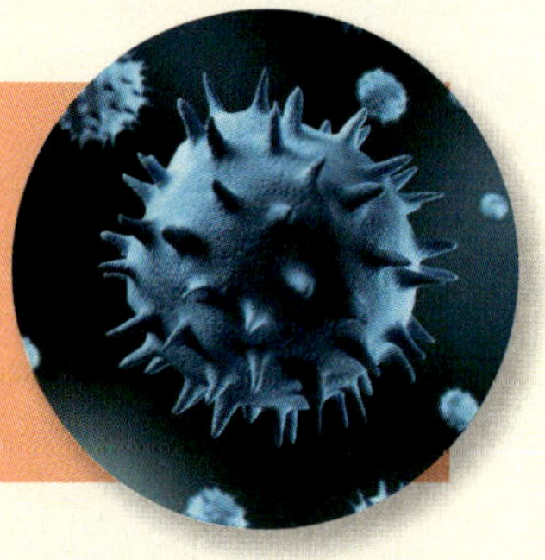

CRITICAL SENSE

L'EVOLUCIÓ DEL PREU D'UN ARTICLE

A partir del preu conegut d'un article en dos períodes de temps propers, es pot arribar a conèixer la tendència d'aquest preu a llarg termini. Suposem que un component informàtic avui costa 6,50 € i el proper any 6 €, i que tots dos valors es regeixen per la funció $P(t) = \frac{at + 8}{t + b}$, on *P* és el preu en un moment donat, *t* és el temps transcorregut, i *a* i *b* són dos valors reals. Mitjançant un sistema d'equacions, es poden calcular els valors *a* i *b* per a $t = 1$ any i per a $t = 2$ anys, i trobar la funció resultant *P*(*t*). Obtenint el límit d'aquesta funció per a $t \to \infty$, es pot saber el preu de l'article a llarg termini.

- Quina és la tendència de l'evolució del preu d'aquest component informàtic que reflecteix la resposta anterior?
- Es podria aplicar aquest tipus d'algorismes a les tendències dels preus a llarg termini dels carburants o dels subministraments domèstics (aigua, gas, llum...)? Justifica les respostes.

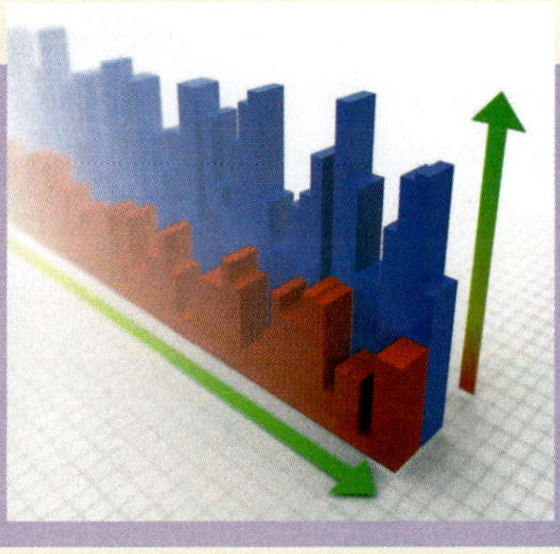

9

BLOC 2. ANÀLISI

Derivades

Presentació

Problemes interactius

Simulador

Notícies

«Models matemàtics per a descriure el comportament de tumors»

Investigadors de la Universidad de Sevilla utilitzen eines matemàtiques per a ajudar a predir l'evolució d'un tumor i determinar-ne teràpies. Equacions de derivades parcials són darrere del procés.

http://links.edebe.com/hity9i

SINC, 05-06-2012

Pel·lícules

El capítol 3 «Derivadas» de la sèrie de vídeos *El Universo Mecánico* mostra de forma excel·lent els aspectes més importants de les derivades, combinant imatges, desenvolupaments matemàtics i contextos històrics. Pots visionar-lo en dues parts a:

https://youtu.be/Tgg4QQTFm04

Web

En aquestes dues adreces trobaràs diferents exemples d'aplicacions de les derivades en economia i administració:

http://links.edebe.com/7r

http://links.edebe.com/pmn98

EN CONTEXT

a> Llegeix la notícia completa sobre els models matemàtics aplicats a l'estudi dels tumors al web de l'Agència SINC:

- Has imaginat alguna vegada que el desenvolupament d'un concepte matemàtic pogués contribuir a salvar vides?
- La notícia és de l'any 2012. Intenta trobar informació actual sobre aquests models.

b> Com hauràs constatat mitjançant els recursos proposats en aquesta mateixa pàgina, les derivades s'apliquen en ciència i economia per a estudiar la raó de canvi entre dues magnituds, resoldre problemes d'optimització... En petits grups responeu:

- En quins camps o problemes penseu que pot aplicar-se la derivada?
- Quines idees dirigeixen el vostre pensament cap a noves direccions?
- Què us resulta confús o difícil sobre les derivades?

1. Taxa de variació

Una taxa és una relació entre dues magnituds. Aquest concepte és de gran utilitat en problemes de l'àmbit social. Per exemple, si volem analitzar els pics d'audiència en una cadena de televisió n'hi haurà prou amb recollir dades, presentar-les en una gràfica i estudiar les variacions (com creixen o decreixen els valors i la rapidesa amb què ho fan) que es produeixen a les diferents franges horàries.

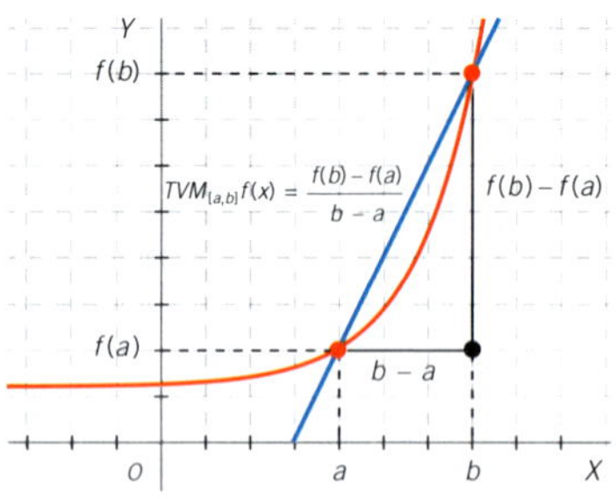

Taxa de variació mitjana.

Taxa de variació mitjana

Un primer pas en l'estudi de com creix o decreix una funció és analitzar el seu comportament entre dos punts. La **taxa de variació mitjana** relaciona la variació d'una funció en un interval amb l'amplitud d'aquest interval.

Si la funció f està definida en un interval $[a, b]$, la taxa de variació mitjana de f en $[a, b]$ és el quocient entre la variació de la funció i la longitud de l'interval:

$$TVM_{[a,\,b]}f(x) = \frac{f(b) - f(a)}{b - a}$$

Observa que la taxa de variació mitjana coincideix amb el pendent de la recta secant a la funció que passa pels punts $(a, f(a))$ i $(b, f(b))$.

1 EXEMPLE

Determina la taxa de variació mitjana del nivell d'audiència de la cadena de televisió a la qual correspon la gràfica entre les 12:00 i les 14:00 hores.

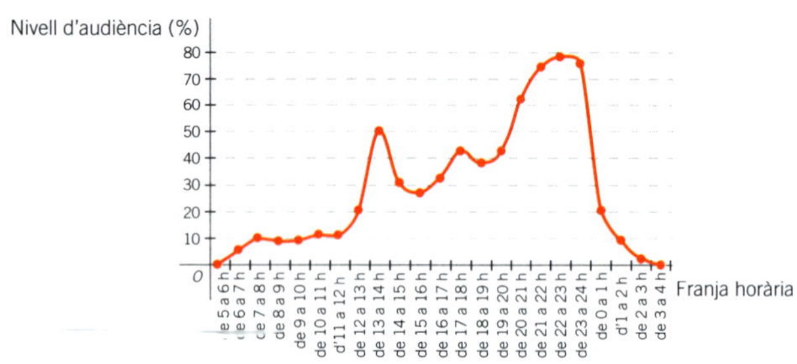

Solució

COMPRENSIÓ. Calcularem els valors que pren la funció en els extrems de l'interval i utilitzarem l'expressió de la taxa de variació mitjana.

RESOLUCIÓ. Observem la gràfica i determinem que:

Nivell d'audiència (de 12 a 13 h) = 20 %
Nivell d'audiència (de 13 a 14 h) = 50 %

$$TVM = \frac{50 - 20}{14 - 12} = \frac{30}{2} = 15\ \%$$

Taxa de variació instantània

La TVM no deixa de ser una mitjana i, per tant, interessa que els intervals escollits siguin com més petits millor per a conèixer de forma precisa com es comporta la funció prop de qualsevol punt. El límit en què els extrems dels intervals de la TVM són infinitament propers es coneix com a **taxa de variació instantània.**

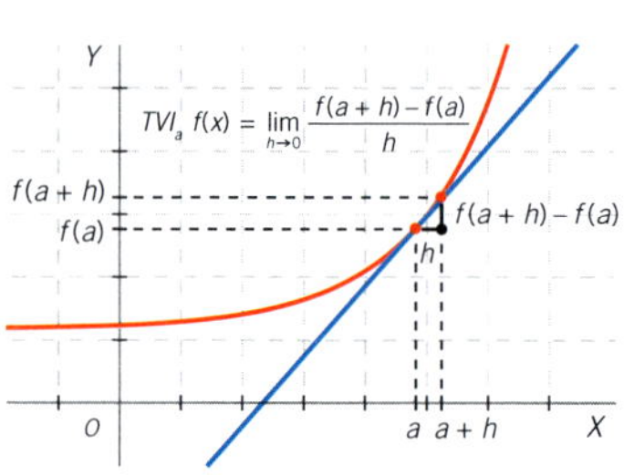

Taxa de variació instantània.

La taxa de variació instantània d'una funció f en $x = a$ és el valor, en cas que existeixi, a què tendeix la taxa de variació mitjana en els intervals $[a, x]$ quan $x \longrightarrow a$. És a dir:

$$TVI_a f(x) = \lim_{x \to a} \frac{f(x) - f(a)}{x - a}$$

Una forma equivalent d'expressar la **TVI** de $f(x)$ en $x = a$ és:

$$\lim_{h \to 0} \frac{f(a+h) - f(a)}{h}$$

Aquesta expressió pot resultar molt útil per a realitzar càlculs.

Exercicis i problemes
6 a 12

2. Derivada d'una funció

L'estudi de funcions va experimentar una revolució amb la seva sistematització en entorns cada vegada més petits. El concepte de *derivada* és part fonamental d'aquesta sistematització, i de la branca de les matemàtiques anomenada *càlcul diferencial.*

2.1. Derivada d'una funció en un punt

La taxa de variació instantània d'una funció en un punt és el concepte bàsic a partir del qual es desenvolupa tota la teoria del càlcul diferencial, i es coneix amb el nom de **derivada d'una funció en un punt.**

S'anomena derivada de la funció f en $x = a$, i es representa amb $f'(a)$ al valor, en cas que existeixi i sigui finit:

$$f'(a) = \lim_{x \to a} \frac{f(x) - f(a)}{x - a}$$

Si aquest límit existeix, diem que f és **derivable** en $x = a$.

Observa que, si una funció és derivable en un punt, es pot demostrar que és contínua en aquest punt:

$$\lim_{x \to a}[f(x) - f(a)] = \lim_{x \to a} \frac{f(x) - f(a)}{x - a} \cdot (x - a) = f'(a) \cdot \lim_{x \to a}(x - a) = f'(a) \cdot 0 = 0 \rightarrow$$

$$\rightarrow \lim_{x \to a} f(x) = f(a)$$

Per tant, la derivabilitat d'una funció f en $x = a$ implica la continuïtat en aquest punt, si bé, tal com veurem en els exemples següents, el recíproc no és cert.

2 EXEMPLE

Donada la funció $f(x) = x^2 - 4x$, calcula la derivada en el punt $x = -1$.

Solució

COMPRENSIÓ. Hem de calcular el límit de la definició, prenent $a = -1$.

RESOLUCIÓ. $f'(-1) = \lim_{x \to -1} \frac{x^2 - 4x - [(-1)^2 - 4 \cdot (-1)]}{x - (-1)} = \lim_{x \to -1} \frac{x^2 - 1 - 4(x + 1)}{x + 1} =$

$$= \lim_{x \to -1} \frac{x^2 - 1}{x + 1} - 4 = \lim_{x \to -1} (x - 1) - 4 = -6$$

3 EXEMPLE

Estudia la continuïtat i derivabilitat de $f(x) = |x|$ en $x = 0$.

Solució

COMPRENSIÓ. Per a estudiar la continuïtat, escriurem f com una funció definida a trossos.

RESOLUCIÓ. $f(x) = \begin{cases} x & \text{si } x \geq 0 \\ -x & \text{si } x < 0 \end{cases}$

La funció és contínua en $x = 0$ perquè els dos límits laterals existeixen i valen 0.

D'altra banda, $f'(0^-) = \lim_{x \to 0^-} \frac{|x|}{x} = -1 \qquad f'(0^+) = \lim_{x \to 0^+} \frac{|x|}{x} = +1$

Com que els límits laterals no coincideixen, no existeix ni el límit ni la derivada en $x = 0$.

En $x = 0$, $f(x) = |x|$ és un exemple de funció **contínua,** però **no derivable.**

INTERNET

En aquest enllaç, trobaràs una introducció al concepte de *derivada d'una funció en un punt* en la qual s'usa l'anomenada **notació incremental:**

http://links.edebe.com/hpbrd

LLENGUATGE MATEMÀTIC

Si una funció f és derivable en tots els punts d'un interval, diem que és derivable en aquest interval.

AMPLIA

El fet que, com hem vist, si una funció és derivable aleshores és contínua implica que si una funció no és contínua aleshores no pot ser derivable.

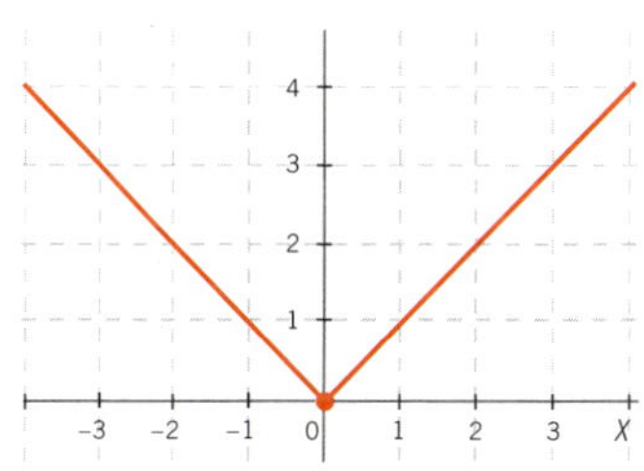

$f(x) = |x|$ és contínua en $x = 0$, però la seva variació presenta una discontinuïtat que gràficament es manifesta com un punt angulós (denominat *punt crític*).

Problemes resolts
A

Exercicis i problemes
13 i 17

2.2. Interpretació geomètrica de la derivada

AMPLIA

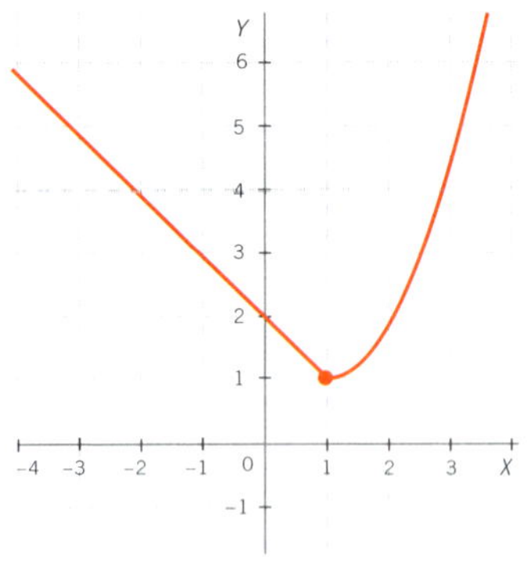

En el punt $x = 1$ el pendent de la recta tangent per l'esquerra i per la dreta són diferents. Per tant, la funció no és derivable en aquest punt.

Hem vist que la taxa de variació mitjana d'una funció *f*, en l'interval $[a, b]$, és el pendent de la recta secant a la gràfica de la funció pels punts $P = (a, f(a))$ i $Q = (b, f(b))$.

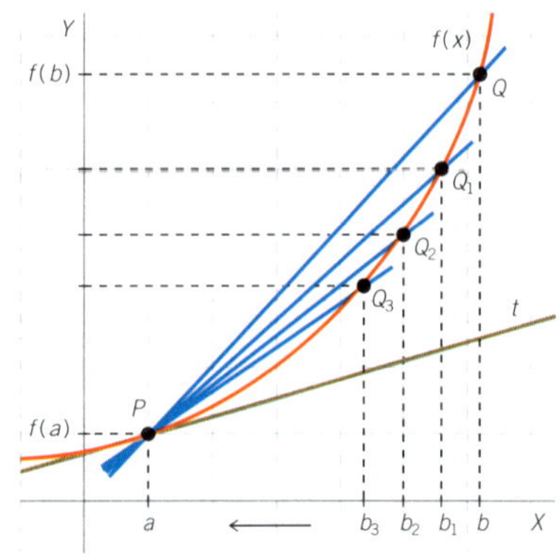

En prendre valors b_1, b_2, b_3... cada vegada més propers a *a*, les corresponents rectes secants PQ_1, PQ_2, PQ_3... es van aproximant a una recta *t*, la qual anomenem recta tangent a la gràfica de la funció en el punt d'abscissa *a*.

El pendent d'aquesta recta és el límit dels pendents de les rectes secants PQ_n, és a dir, el límit de les TVM de *f* als intervals $[a, b_n]$. Però aquest límit és el que hem definit com a $f'(a)$.

Per tant, podem afirmar que:

La derivada de la funció *f* en el punt d'abscissa $x = a$ és el pendent de la recta tangent a la gràfica de la funció en el punt $(a, f(a))$.

FIXA-T'HI

La recta **normal** a la gràfica d'una funció en un punt és la perpendicular a la tangent. Per tant, la seva equació és:

$$y - f(a) = -\frac{1}{f'(a)} \cdot (x - a)$$

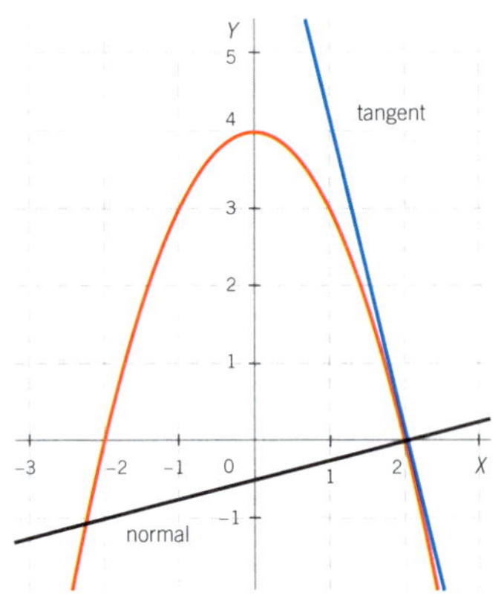

Equació de la recta tangent

Recorda que l'equació punt-pendent d'una recta és:

$$y - y_0 = m \cdot (x - x_0)$$

on (x_0, y_0) és un punt de la recta i *m*, el seu pendent. Com que $f'(a)$ ens dóna el pendent de la recta tangent a *f* en el punt $(a, f(a))$, es té:

L'equació de la recta tangent en el punt $(a, f(a))$ és:

$$y - f(a) = f'(a) \cdot (x - a)$$

4 EXEMPLE

Troba l'equació de la recta tangent a $f(x) = 3x^3 - 4x + 2$ en $x = 1$.

Solució

COMPRENSIÓ. Per a determinar l'equació de la recta, necessitem calcular $f(1)$ i $f'(1)$, en cas que existeixi.

RESOLUCIÓ. $f(1) = 3 \cdot 1^3 - 4 \cdot 1 + 2 = 1$

$$f'(1) = \lim_{x \to 1} \frac{3x^3 - 4x + 2 - (3 - 4 + 2)}{x - 1} = \lim_{x \to 1} \frac{3(x^3 - 1) - 4(x - 1)}{x - 1} =$$
$$= \lim_{x \to 1} 3 \cdot (x^2 + x + 1) - 4 = 9 - 4 = 5$$

L'equació de la recta és, per tant: $y - 1 = 5 \cdot (x - 1) \rightarrow y = 5x - 4$.

Problemes resolts
B

Exercicis i problemes
14, 16 i 18

2.3. Funció derivada

Hem vist que, si una funció f és derivable en $x = a$, el valor de la derivada $f'(a)$ és un nombre real. D'aquesta manera, podem definir una nova funció f' que assigni a cada punt d'abscissa x el valor de la derivada de f en aquest punt.

$$f': \mathbb{R} \longrightarrow \mathbb{R}$$
$$x \longrightarrow f'(x) = \lim_{h \to 0} \frac{f(x+h) - f(x)}{h}$$

Aquesta funció rep el nom de **funció derivada** de f o, simplement, **derivada.**

El càlcul de la funció derivada simplifica el procés del càlcul del valor de la derivada de f en diferents punts.

5 EXEMPLE

Troba la funció derivada de les funcions següents i calcula'n els valors en els punts $x = 1$ i $x = 2$:

a) $f(x) = \frac{2}{x}$ b) $g(x) = \sqrt{x+1}$

Solució

COMPRENSIÓ. Trobarem en cada cas la funció derivada i, a continuació, en calcularem el valor per als punts $x = 1$ i $x = 2$.

RESOLUCIÓ.

a) $$f'(x) = \lim_{h \to 0} \frac{\frac{2}{x+h} - \frac{2}{x}}{h} = \lim_{h \to 0} \frac{\frac{2x - 2x - 2h}{x \cdot (x+h)}}{h} = \lim_{h \to 0} \frac{-2}{x \cdot (x+h)} = \frac{-2}{x^2}$$

$$f'(1) = \frac{-2}{1^2} = -2 \qquad f'(2) = \frac{-2}{2^2} = -0{,}5$$

b) $$g'(x) = \lim_{h \to 0} \frac{\sqrt{x+h+1} - \sqrt{x+1}}{h} \cdot \frac{\sqrt{x+h+1} + \sqrt{x+1}}{\sqrt{x+h+1} + \sqrt{x+1}} =$$

$$= \lim_{h \to 0} \frac{x+h+1-x-1}{h \cdot \sqrt{x+h+1} + \sqrt{x+1}} = \lim_{h \to 0} \frac{1}{\sqrt{x+h+1} + \sqrt{x+1}} = \frac{1}{2\sqrt{x+1}}$$

$$g'(1) = \frac{1}{2\sqrt{1+1}} = 0{,}35 \qquad g'(2) = \frac{1}{2\sqrt{2+1}} = 0{,}29$$

COMPROVACIÓ. Si apliquem la definició de derivada en un punt a cadascuna de les funcions, comprovarem que el resultat obtingut és el mateix.

Derivades successives

La funció derivada f' és una eina molt útil per a estudiar la funció f, però, a més, com que alhora és una funció, també en pot resultar útil l'estudi. Repetint el procés desenvolupat a partir de la funció f, podem definir la **derivada segona** de f:

$$f''(x) = \lim_{h \to 0} \frac{f'(x+h) - f'(x)}{h}$$

Anàlogament podem definir les funcions f''', $f^{(4)}$, $f^{(5)}$..., anomenades *derivades tercera, quarta, cinquena...*

FIXA-T'HI

Observa que el domini de la funció f' és el conjunt de valors del domini de f pels quals la funció és derivable, és a dir:

$$D(f') \subseteq D(f)$$

LLENGUATGE MATEMÀTIC

S'han emprat diferents notacions matemàtiques per al concepte de *derivada.*

— Notació de Leibniz:

Si $y = y(x)$, la derivada és $\frac{dy}{dx}$.

— Notació de Newton:

Si $x = x(t)$, la derivada és $\dot{x}$.

— Notació de Lagrange (s. XVIII):

La derivada és $f'(x)$.

AMPLIA

Newton i Leibniz són considerats els pares del càlcul diferencial. Tots dos van desenvolupar treballs molt semblants al mateix temps. Per aquest motiu va haver-hi acusacions molt dures entre els partidaris de l'un i de l'altre, fet que va produir una ruptura entre els científics del continent i els de les illes:

http://youtu.be/nom1GxrGx8U

http://links.edebe.com/6stvbk

LLENGUATGE MATEMÀTIC

L'ordre de les derivades successives es podria confondre amb un exponent, de manera que es posa entre parèntesis o s'indica amb nombres romans.

Exercicis i problemes
15, 19 i 20

3. Càlcul de derivades

Per trobar la funció derivada d'una funció donada, és útil conèixer les derivades de les funcions més habituals i com afecten les operacions entre funcions el procés de derivació.

3.1. Derivades de les funcions elementals

Aplicant la definició de la funció derivada, obtenim la taula de derivades següent per a les funcions més comunes:

	FUNCIÓ	FUNCIÓ DERIVADA
FUNCIÓ CONSTANT	$f(x) = k,\ k \in \mathbb{R}$	$f'(x) = 0$
FUNCIÓ POTENCIAL	$f(x) = ax^n$	$f'(x) = n \cdot ax^{n-1}$
FUNCIÓ EXPONENCIAL	$f(x) = e^x$	$f'(x) = e^x$
	$f(x) = a^x$	$f'(x) = a^x \cdot \ln a$
FUNCIÓ LOGARÍTMICA	$f(x) = \ln x$	$f'(x) = \dfrac{1}{x}$
	$f(x) = \log_a x$	$f'(x) = \dfrac{1}{x \cdot \ln a}$
FUNCIÓ SINUS	$f(x) = \sin x$	$f'(x) = \cos x$
FUNCIÓ COSINUS	$f(x) = \cos x$	$f'(x) = -\sin x$

6 EXEMPLE

Demostra que les derivades de les funcions següents són les que apareixen a la taula:

a) $f(x) = k$ **b)** $g(x) = kx$ **c)** $h(x) = \dfrac{1}{x}$ **d)** $j(x) = ax^n$

Solució

COMPRENSIÓ. Aplicarem la definició de derivada en tots els casos i comprovarem que el resultat coincideix amb el de la taula.

RESOLUCIÓ.

a) $f'(x) = \lim_{h \to 0} \dfrac{k - k}{h} = \lim_{h \to 0} \dfrac{0}{h} = 0$

b) $g'(x) = \lim_{h \to 0} \dfrac{k(x + h) - kx}{h} = \lim_{h \to 0} \dfrac{kh}{h} = k$

c) $h'(x) = \lim_{h \to 0} \dfrac{\dfrac{1}{x+h} - \dfrac{1}{x}}{h} = \lim_{h \to 0} \dfrac{\dfrac{x - x - h}{x \cdot (x+h)}}{h} = \lim_{h \to 0} \dfrac{-1}{x \cdot (x+h)} = \dfrac{-1}{x^2}$

d) $j'(x) = \lim_{h \to 0} \dfrac{a(x+h)^n - ax^n}{h} =$

$$= \lim_{h \to 0} \frac{a\left(x^n + \dfrac{n}{1!} \cdot x^{n-1} \cdot h + \dfrac{n \cdot (n-1)}{2!} \cdot x^{n-2} \cdot h^2 + \ldots\right) - ax^n}{h} = a \cdot nx^{n-1}$$

COMPROVACIÓ. Les derivades f', g' i j' coincideixen amb les funcions derivades de la taula corresponents. Per la seva banda, h es pot expressar com una funció potencial amb $a = 1$ i $n = -1$; segons la taula, la seva derivada hauria de ser $h'(x) = -x^{-1-1} = -x^{-2} = -1/x^2$, que és el resultat que hem obtingut.

CALCULADORA

Les calculadores programables disposen normalment d'una funció per a obtenir l'expressió analítica de la derivada d'una funció.

FIXA-T'HI

El concepte de *derivada* sorgeix com a resultat dels esforços dirigits a resoldre dos tipus de problemes:

— El càlcul de la tangent a una corba.

— Determinar la velocitat en moviments no uniformes.

La recerca de solucions per a aquests problemes va suposar el desenvolupament dels mètodes apropiats per a dur a terme el càlcul de funcions derivades.

FIXA-T'HI

La funció:

$$f(x) = \left(\frac{1}{x^n}\right)$$

pot escriure's de la forma següent:

$$f(x) = x^{-n}$$

Es tracta, per tant, d'una funció potencial, i la seva derivada és la següent:

$$f'(x) = -nx^{-n-1} = \frac{-n}{x^{n+1}}$$

— Quina és la derivada de la funció $f(x) = \sqrt{x}$?

3.2. Funció derivada i operacions

Vegem, a continuació, les regles que cal tenir en compte per a trobar les expressions de les derivades de funcions que s'obtenen operant i component les de la taula de la pàgina anterior.

Derivada de la funció suma

La derivada de la funció suma de funcions és la suma de les seves derivades. Passa el mateix amb la resta:

$$f(x) = g(x) + h(x) \longrightarrow f'(x) = g'(x) + h'(x)$$
$$f(x) = g(x) - h(x) \longrightarrow f'(x) = g'(x) - h'(x)$$

Tingues en compte que perquè la derivada de f estigui definida ho han d'estar les derivades de les funcions g i h, és a dir:

$$D(f') = D(g') \cap D(h')$$

Per tant, f és derivable per als valors en els quals g i h ho són.

7 EXEMPLE

Calcula la derivada de la funció $f(x) = 2x^3 + 4x^2 - 1$.

Solució

COMPRENSIÓ. La funció f és una suma de tres funcions ($f = f_1 + f_2 + f_3$). Així, f' és la suma de les derivades d'aquestes tres funcions: $f' = f'_1 + f'_2 + f'_3$.

RESOLUCIÓ.

$$f_1(x) = 2x^3 \longrightarrow f'_1(x) = 3 \cdot 2x^2 = 6x^2$$
$$f_2(x) = 4x^2 \longrightarrow f'_2(x) = 2 \cdot 4x^1 = 8x$$
$$f_3(x) = 1 \longrightarrow f'_3(x) = 0$$
$$f'(x) = f'_1 + f'_2 + f'_3 = 6x^2 + 8x + 0 = 6x^2 + 8x$$

Derivada del producte de dues funcions

La derivada del producte de dues funcions ve donada per l'expressió següent:

$$f(x) = g(x) \cdot h(x) \longrightarrow f'(x) = g'(x) \cdot h(x) + g(x) \cdot h'(x)$$

Com en el cas de la suma, el producte de funcions és derivable per als valors de x en els quals ho són els factors.

Observa que, en el cas que $g(x) = k$, constant, $f'(x) = k \cdot h'(x)$.

8 EXEMPLE

Calcula la derivada del producte entre $g(x) = x^2$ i $h(x) = \ln x$.

Solució

COMPRENSIÓ. Trobarem les derivades de les funcions i aplicarem, a continuació, la fórmula de la derivada del producte de dues funcions.

RESOLUCIÓ. $g(x) = x^2 \longrightarrow g'(x) = 2x \qquad h(x) = \ln x \longrightarrow h'(x) = \dfrac{1}{x}$

$$f(x) = g(x) \cdot h(x) \longrightarrow f'(x) = 2x \cdot \ln x + x^2 \cdot \frac{1}{x} = x \cdot (2 \ln x + 1)$$

FIXA-T'HI

La derivada d'un polinomi no és més que la suma de funcions potencials dels diferents monomis, així que la podem calcular derivant cada monomi i sumant-los.

AMPLIA

La regla de la derivació en el cas de sumes i productes de dues funcions es pot generalitzar:

Donades les funcions $f_1, f_2, ..., f_n$:

— $(f_1 + f_2 + ... + f_n)'(x) =$
$= f'_1(x) + f'_2(x) + ... + f'_n(x)$

— $(f_1 \cdot f_2 \cdot ... \cdot f_n)'(x) =$
$= f'_1(x) \cdot f_2(x) \cdot ... \cdot f_n(x) +$
$+ f_1(x) \cdot f'_2(x) \cdot ... \cdot f_n(x) + ...$
$... + f_1(x) \cdot f_2(x) \cdot ... \cdot f'_n(x)$

També es pot demostrar que la derivada enèsima del producte de dues funcions, u i v, és:

$$f^{(n)}(x) = (u \cdot v)^{(n)} = u^{(n)}v + nu^{(n-1)}v' + \frac{n(n-1)}{1 \cdot 2} u^{(n-2)}v'' + ... + uv^{(n)}$$

Aquesta fórmula és coneguda com a *fórmula de Leibniz.*

INTERNET

A la xarxa existeixen pàgines web en les quals es pot derivar en línia, com ara:

http://links.edebe.com/amtv

http://links.edebe.com/pbknzj

També pots trobar i descarregar-te programes per al càlcul numèric i la manipulació d'expressions algèbriques i numèriques, que inclouen el càlcul de derivades, com: Octave, Maxima o Scilab.

Tots aquests recursos poden servir-te per a comprovar els exemples plantejats.

Derivada del quocient de dues funcions

La derivada del quocient de dues funcions ve donada per l'expressió següent:

$$f(x) = \frac{g(x)}{h(x)} \rightarrow f'(x) = \frac{g'(x) \cdot h(x) - g(x) \cdot h'(x)}{[h(x)]^2}$$

En aquest cas, la funció f és derivable en els valors de x per als quals ho són les funcions g i h, amb excepció d'aquells per als quals la funció $h(x)$ s'anul·la.

9 EXEMPLE

Calcula la derivada de la funció $f(x) = \text{tg}\, x$.

Solució

COMPRENSIÓ. Escrivim $f(x)$ com a quocient de funcions i apliquem l'expressió anterior.

RESOLUCIÓ. $f(x) = \text{tg}\,(x) = \frac{\sin x}{\cos x} = \frac{g(x)}{h(x)}$ $\quad g'(x) = \cos x \quad h'(x) = -\sin x$

$$f'(x) = \frac{\cos x \cdot \cos x - \sin x \cdot (-\sin x)}{\cos^2 x} = \frac{1}{\cos^2 x}$$

FIXA-T'HI

La **composició** de funcions és associativa i té element neutre en la funció identitat. Tanmateix, no és commutativa.

$$(g \circ f)(x) \neq (f \circ g)(x)$$

Derivada de la funció composta: regla de la cadena

Multitud de funcions s'obtenen per composició, és a dir, per aplicació successiva d'altres funcions. Així, per exemple, la funció $f(x) = \frac{1}{\ln x}$ és la composició de $h(x) = \ln x$ i $g(x) = \frac{1}{x}$, ja que:

$$f(x) = g(h(x)) = g(\ln x) = \frac{1}{\ln x}$$

Per a derivar funcions compostes, utilitzem l'anomenada **regla de la cadena:**

$$f(x) = (g \circ h)(x) \rightarrow f'(x) = g'(h(x)) \cdot h'(x)$$

En aquest cas, perquè $f(x)$ sigui derivable, $h(x)$ també ho ha de ser i $g(x)$ ho ha de ser en la imatge de h.

AMPLIA

La derivada de la composició de més de dues funcions és una ampliació de la de dues funcions. Per exemple, per a tres funcions f, g i h, tenim:

$$j(x) = (f \circ g \circ h)(x) = h(g(f(x)))$$
$$j'(x) = h'(g(f(x))) \cdot g'(f(x)) \cdot f'(x)$$

10 EXEMPLE

Calcula la derivada de les funcions següents: a) $f(x) = \sin x^2$ b) $g(x) = \ln(\cos x)$

Solució

COMPRENSIÓ. Identificarem en cada cas a partir de la composició de quines funcions s'obtenen f i g i, després, aplicarem la regla de la cadena.

RESOLUCIÓ. a) $f(x)$ és composició de $g(x) = \sin x$ i $h(x) = x^2$, ja que:

$$f(x) = g(h(x)) = g(x^2) = \sin x^2$$

Com que $g'(x) = \cos x$ i $h'(x) = 2x$, aplicant la regla de la cadena:

$$f'(x) = 2x \cos x^2$$

b) $g(x)$ és composició de les funcions $r(x) = \ln x$ i $s(x) = \cos x$, ja que:

$$g(x) = r(s(x)) = r(\cos x) = \ln(\cos x)$$

Com que $r'(x) = 1/x$ i $s'(x) = -\sin x$, aplicant la regla de la cadena obtenim:

$$g(x) = \frac{1}{\cos x} \cdot (-\sin x) = \frac{-\sin x}{\cos x} = -\text{tg}\, x$$

AMPLIA

A partir de la derivada del producte de dues funcions, i de la regla de la cadena, demostra l'expressió de la derivada del quocient de dues funcions.

Exercicis i problemes
21 a 54

4. Aplicació de les derivades

El principal interès de la derivada, i la raó per la qual s'utilitza en nombrosos contextos científics i tecnològics, és la correspondència entre el seu signe i el creixement o decreixement de la funció original.

4.1. Monotonia d'una funció

L'ús de derivades ens pot ajudar a determinar el creixement o decreixement d'una funció a partir del signe de la derivada.

Recorda la definició de derivada d'una funció f en un punt $x = a$.

$$f'(a) = \lim_{x \to a} \frac{f(x) - f(a)}{x - a}$$

Suposem que $f'(a) > 0$. Per la definició de límit, per a valors de x prou propers a a, es compleix que $\frac{f(x) - f(a)}{x - a} > 0$, la qual cosa significa que:

$$\begin{cases} x - a > 0 \Rightarrow f(x) - f(a) > 0 \\ x - a < 0 \Rightarrow f(x) - f(a) < 0 \end{cases}$$

O equivalentment:

$$\begin{cases} x > a \Rightarrow f(x) > f(a) \\ x < a \Rightarrow f(x) < f(a) \end{cases}$$

Aleshores, podem afirmar que existeix un entorn de a en el qual la funció és creixent. Diem que f és creixent en $x = a$.

Anàlogament, si $f'(a) < 0$ obtenim que la funció és decreixent en $x = a$.

Si $f'(a) > 0$, f és **creixent** en $x = a$ i si $f'(a) < 0$, f és **decreixent** en $x = a$.

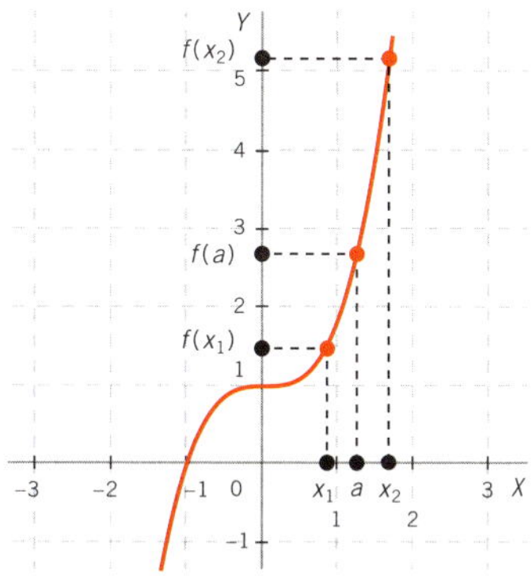

Funció creixent.

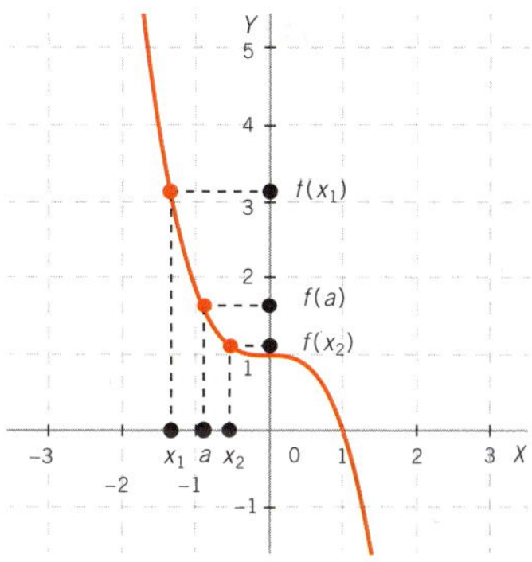

Funció decreixent.

11 EXEMPLE

Indica si la funció $f(x) = \frac{3x^2}{x - 1}$ és creixent o decreixent en els punts $x = -1$, $x = 0{,}5$ i $x = 3$.

Solució

COMPRENSIÓ. Per a conèixer la monotonia de les funcions en aquests punts, hem d'assegurar que els punts pertanyen al domini de la funció i de la funció derivada.

RESOLUCIÓ.

$$f(x) = \frac{3x^2}{x - 1} \qquad f'(x) = \frac{6x(x-1) - 3x^2}{(x-1)^2} = \frac{3x(x-2)}{(x-1)^2}$$

El punt que anul·la el denominador en tots dos casos és $x = 1$. Per tant, podem assegurar que els punts que cal estudiar pertanyen al domini $D(f) = D(f') = \mathbb{R} - \{1\}$.

Ara podem calcular la derivada per a aquests valors:

$$f'(-1) = 2{,}25 > 0$$

$$f(0{,}5) = -9 < 0$$

$$f(3) = 2{,}25 > 0$$

La funció és creixent en $x = -1$ i $x = 3$, i decreixent en $x = 0{,}5$.

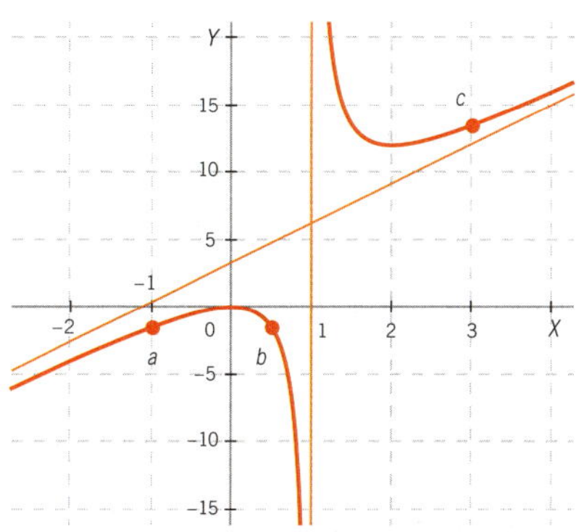

FIXA-T'HI

Una funció pot tenir un extrem en punts on la funció no és derivable.

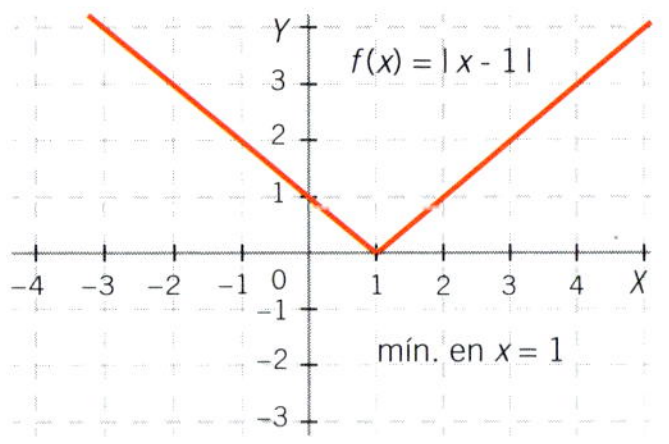

AMPLIA

Si bé la derivada s'anul·la en els extrems d'una funció, el recíproc no és cert. Donada una funció derivable, la derivada es pot anul·lar en punts en els quals la funció no és un extrem. Per exemple, per a $x = 0$, la derivada de $f(x) = x^3$ és nul·la:

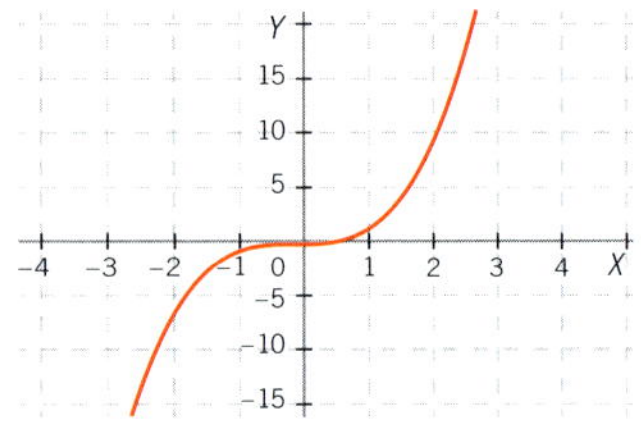

Problemes resolts
C

Exercicis i problemes
55 a 62, 69 i 70

Extrems d'una funció

La funció representada a la figura té dos extrems relatius: un màxim en $x = 1$ i un mínim en $x = 3$.

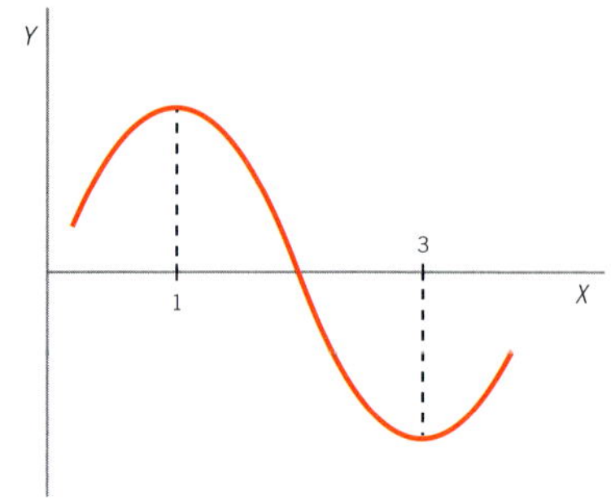

En aquests punts la funció no és ni creixent ni decreixent.

Aleshores, en aquests punts la derivada és zero, ja que no pot ser ni positiva ni negativa.

Així, podem afirmar que:

Si una funció derivable té un extrem relatiu en el punt $x = a$, aleshores $f'(a) = 0$.

Un mètode per a determinar si l'extrem relatiu és **màxim** o **mínim** consisteix a determinar el comportament de la funció a banda i banda del punt.

Si $f(a)$ és un màxim relatiu, la derivada passarà de **ser positiva** per a valors de x situats a l'esquerra de $x = a$, a **ser negativa** per a valors de x situats a la dreta del punt $x = a$.

Si, per contra, $f(a)$ és un mínim relatiu, la derivada passarà de ser negativa a positiva per a punts situats a l'esquerra i a la dreta respectivament de $x = a$.

Així, el comportament que presentaria la derivada d'una funció f derivable amb un màxim relatiu en $x = a$ i un mínim relatiu en $x = b$ seria:

	$x < a$	a	$x > a$	$x < b$	b	$x > b$
$f'(x)$	+	0	−	−	0	+
$f(x)$	↗	màxim	↘	↘	mínim	↗

12 EXEMPLE

Troba els extrems relatius de la funció $f(x) = x^3 - 4x^2 + 4x + 2$.

Solució

COMPRENSIÓ. Trobarem els valors per als quals s'anul·la la derivada i estudiarem el seu signe entorn a ells.

RESOLUCIÓ. $f'(x) = 3x^2 - 8x + 4$. Els punts en què la derivada val 0 són:

$$3x^2 - 8x + 4 = 0 \rightarrow x = \frac{8 \pm \sqrt{64 - 48}}{6} = \frac{8 \pm 4}{6} \Rightarrow \begin{cases} x_1 = \dfrac{2}{3} \\ x_2 = 2 \end{cases}$$

Escollim valors propers i a tots dos costats dels punts en què s'anul·la la derivada per saber si són màxims o mínims:

$f'(0) = 4$ $f'(1) = -1$ $f'(1{,}5) = -1$ $f'(3) = 7$

	$x = 0$	$x = 2/3$	$x = 1$	$x = 1{,}5$	$x = 2$	$x = 3$
$f'(x)$	+	0	−	−	0	+
$f(x)$	↗	màxim	↘	↘	mínim	↗

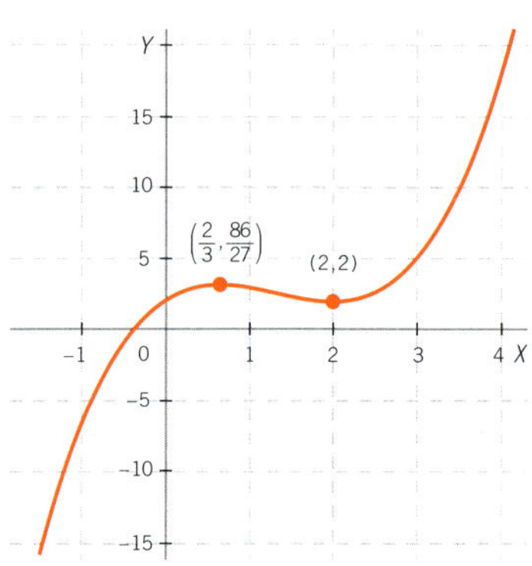

La funció té un màxim en el punt $x = 2/3$ i un mínim en $x = 2$.

4.2. Problemes d'optimització

Ja tenim les eines per a buscar els màxims i els mínims d'una funció a partir de la seva derivada. D'aquesta manera, estem en disposició de solucionar una de les tipologies de problemes que més aplicacions té en contextos reals: els problemes d'optimització.

Quan anem de rebaixes i intentem comprar el màxim nombre d'objectes amb el **mínim cost,** o quan una fàbrica de cartrons de llet procura obtenir el **màxim benefici** utilitzant la mínima quantitat de cartró per a construir els envasos, ens trobem davant de problemes d'optimització.

Optimitzar consisteix a buscar els màxims i mínims d'una funció que defineix un fenomen.

Per a resoldre un problema d'optimització, és aconsellable seguir aquests passos:

1. Relacionar les diferents variables del problema i plantejar la funció que hem d'optimitzar.
2. Derivar la funció i trobar els valors en els quals la derivada s'anul·la.
3. Determinar si aquests valors són màxims o mínims i calcular la seva imatge.
4. Comprovar si els resultats obtinguts són compatibles amb l'enunciat del problema.

CURIOSITATS

Els problemes d'optimització no són pas recents, ja que el desenvolupament de les civilitzacions ha anat estretament lligat al millor aprofitament dels recursos.

Són problemes d'optimització el càlcul de dimensions que fan màxima l'àrea, el càlcul de les longituds que minimitzen distàncies, etc.

Però també ho són qüestions de la vida diària com col·locar els mobles d'una habitació de manera que quedi el màxim espai disponible.

El vídeo següent t'ajudarà a entendre millor l'optimització:

http://youtu.be/LWOgO8YZgaU

Exercicis i problemes **63 a 68 i 71**

Síntesi **72 a 80**

13 EXEMPLE

Volem construir una piscina en forma de triangle isòsceles amb un perímetre de 18 m. Calcula les dimensions que ha de tenir aquest triangle perquè l'àrea sigui màxima.

Solució

COMPRENSIÓ. Per a resoldre el problema, primer hem d'expressar l'àrea del triangle com una funció que depengui únicament d'una variable. Una vegada aconseguida l'expressió, busquem per a quins valors l'àrea és màxima.

DADES.

$P = 18$ m; longitud dels costats iguals: x; altura: h

RESOLUCIÓ.

Un dibuix ens ajudarà a comprendre el problema.

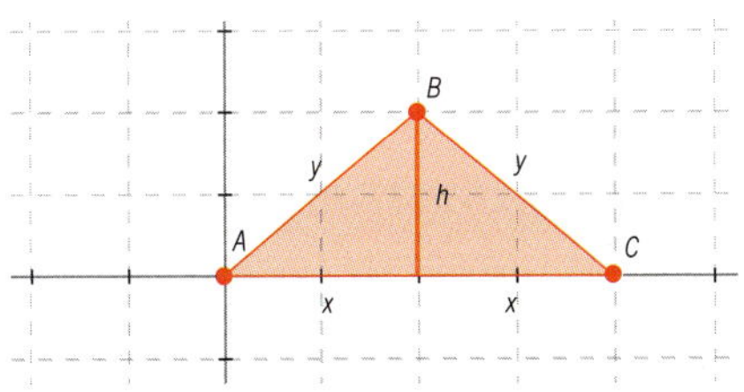

1. La funció que representa l'àrea del triangle és:

$$A = \frac{2x \cdot h}{2} = x \cdot h$$

A partir de l'expressió del perímetre i el teorema de Pitàgores, indicarem l'altura en funció de la variable x:

$$P(x) = 2x + 2y = 18 \rightarrow y = 9 - x$$

$$h = \sqrt{y^2 - x^2} = \sqrt{(9-x)^2 - x^2} = \sqrt{81 - 18x} = 3 \cdot \sqrt{9 - 2x}$$

Substituint a la fórmula de l'àrea, obtenim la funció que hem de derivar:

$$A(x) = x \cdot h = x \cdot 3\sqrt{9 - 2x} = 3\sqrt{9x^2 - 2x^3}$$

2. L'expressió de l'àrea és la composició de les funcions $g(x) = 3\sqrt{x}$ i $h(x) = 9x^2 - 2x^3$ i la seva derivada serà:

$$A'(x) = g'(f(x)) \cdot f'(x) = \frac{3}{2 \cdot \sqrt{9x^2 - 2x^3}} \cdot (18x - 6x^2) =$$

$$= \frac{18x \cdot (3 - x)}{2x \cdot \sqrt{9 - 2x}} = \frac{9 \cdot (3 - x)}{\sqrt{9 - 2x}}$$

Veiem que la derivada s'anul·la en $x = 3$.

3. Per a determinar si el valor és màxim o mínim, escollim un valor de x més gran que 3 i un altre de més petit del domini de definició de f'. Per exemple, $x = 0$, $x = 4$:

$$A'(0) = 3\sqrt{9} > 0$$

$$A'(4) = -9 < 0$$

Així, $x = 3$ és un màxim i el triangle ha de tenir base de $2 \cdot 3 = 6$ m i costats iguals de $y = 9 - 3 = 6$ m.

4. El resultat del problema indica que el triangle isòsceles d'àrea màxima és, de fet, un triangle equilàter de costat 6 m.

Problemes RESOLTS

A DERIVABILITAT I CONTINUÏTAT

Estudia la continuïtat i la derivabilitat de la funció següent:

$$f(x) = \begin{cases} 3x - 1 & \text{si} \quad x \le 2 \\ x^2 + 1 & \text{si} \quad x > 2 \end{cases}$$

Solució

COMPRENSIÓ. Com que es tracta de funcions polinòmiques, són contínues i derivables en els seus dominis respectius. Podem, per tant, reduir l'estudi de la funció al punt $x = 2$.

RESOLUCIÓ. Comprovem, en primer lloc, si la funció $f(x)$ és contínua en $x = 2$:

$$\lim_{x \to 2^-} f(x) = \lim_{x \to 2^-} 3x - 1 = 5 \qquad \lim_{x \to 2^+} f(x) = \lim_{x \to 2^+} x^2 + 1 = 5$$

$$f(2) = 3 \cdot 2 - 1 = 5$$

Com que tots dos límits coincideixen amb el valor de la funció en el punt $x = 2$, podem assegurar que la funció és contínua. Seguidament, derivem la funció:

$$f'(x) = \begin{cases} 3 & \text{si} \quad x < 2 \\ 2x & \text{si} \quad x > 2 \end{cases}$$

Vegem ara com es comporta la derivada a l'entorn de $x = 2$:

$$f'(2^-) = 3 \qquad f'(2^+) = 4$$

Els límits laterals no coincideixen i, per tant, la funció no és derivable en $x = 2$.

COMPROVACIÓ. Per a comprovar la solució obtinguda, podem dibuixar la gràfica i observar que en $x = 2$ la funció és contínua però no derivable, ja que els pendents de les derivades no coincideixen.

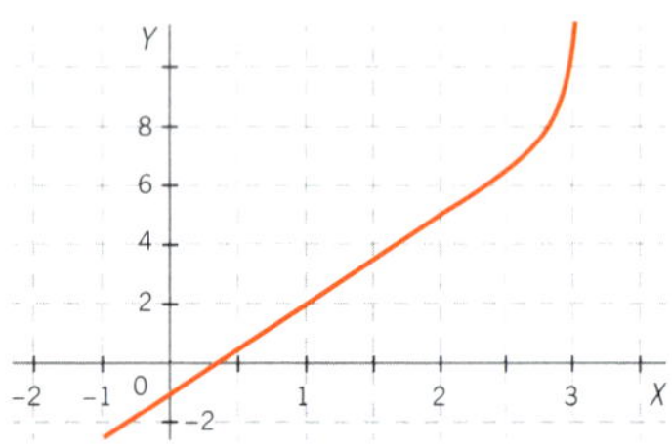

1. ★★☆ Estudia la continuïtat i la derivabilitat de la funció següent definida a trossos:

$$f(x) = \begin{cases} 2x - 1 & \text{si} \quad x \le 1 \\ x^2 & \text{si} \quad 1 < x \le 3 \\ x^3 + 2x - 1 & \text{si} \quad x > 3 \end{cases}$$

2. ★★★ Estudia la continuïtat i la derivabilitat de la funció següent definida a trossos. Troba els valors de a, perquè la funció sigui contínua en $x = 2$.

$$f(x) = \begin{cases} 2x + 1 & \text{si} \quad x \le 0 \\ ax & \text{si} \quad 0 < x \le 2 \\ \sqrt{x + 2} & \text{si} \quad x > 2 \end{cases}$$

Sol.: $a = 1$

B INTERPRETACIÓ GEOMÈTRICA DE LA DERIVADA

El creixement d'una població invasora en un ecosistema, amb 10 individus inicials, ve donat per la funció següent: $f(t) = 10 \cdot 1{,}3^t$, on t representa el temps en mesos. Calcula:

a) L'equació de la recta tangent a la gràfica de la funció quan han passat 2 mesos.

b) L'equació de la recta normal a la gràfica de la funció quan han passat 2 mesos.

Solució

COMPRENSIÓ. Necessitem conèixer la derivada de la funció en el punt t = 2, per a aplicar la fórmula de la recta tangent i posteriorment la de la recta normal.

DADES. $t = 2 = a$

RESOLUCIÓ.

a) L'equació de la recta tangent ve donada per:

$$y - f(a) = f'(a) \cdot (x - a)$$

Calculem la derivada de la funció:

$$f'(t) = 10 \cdot 1{,}3^t \ln 1{,}3$$

Per a $t = 2$:

$$f(2) = 10 \cdot 1{,}3^2 = 16{,}9 \quad f'(2) = 10 \cdot 1{,}3^2 \cdot \ln 1{,}3 = 4{,}43$$

L'equació de la recta tangent serà:

$$y - 16{,}9 = 4{,}43 \cdot (x - 2)$$

$$y = 4{,}43x + 8{,}04$$

b) L'equació de la recta tangent serà:

$$y - f(a) = \frac{-1}{f'(a)}(x - a)$$

Substituint els valors obtinguts a l'apartat anterior:

$$y - 16{,}9 = \frac{-1}{4{,}43} \cdot (x - 2)$$

$$y = \frac{-x}{4{,}43} + 17{,}35$$

3. ★★☆ Troba l'equació de la recta tangent a la gràfica de la funció que expressa la superfície del cercle en funció del radi en $r = 2$.

Sol.: $y = 4\pi\,(r - 1)$

4. ★★☆ Troba la recta tangent i la recta normal en $t = 2$, en un moviment parabòlic donat per l'equació:

$$x(t) = 2t^2 - t + 2$$

Sol.: $x = 7t - 6$

$x = -\dfrac{1}{7}(t - 58)$

C ESTUDI D'UNA FUNCIÓ

Estudia i representa la gràfica de la funció $f(x) = \dfrac{x^3}{x^2 - 1}$.

Solució

COMPRENSIÓ. Per a estudiar i representar la funció, analitzarem aspectes com el domini, el recorregut, la simetria, els talls amb els eixos, els extrems i la monotonia i les asímptotes.

RESOLUCIÓ. Intenta resoldre el problema individualment. Per fer-ho, tapa la resposta i segueix aquests passos:

Passos

— Domini i recorregut: la funció és una fracció algèbrica i, per tant, per a estudiar el domini hem d'analitzar per a quins valors de x s'anul·la el denominador.

— Simetria: per a determinar la simetria, comparem la funció original amb la funció $f(-x)$.

— Talls amb els eixos: determinem els punts de tall amb l'eix d'ordenades avaluant la funció en $x = 0$ i les solucions de l'equació $f(x) = 0$.

— Extrems i monotonia: per a conèixer els extrems, busquem els punts en què la derivada és 0 i avaluem el signe dels punts a la dreta i a l'esquerra d'aquests.

— Asímptotes: per a determinar les asímptotes, hem d'estudiar com es comporta la funció en l'infinit (a. horitzontal), al voltant dels valors de x que no pertanyen al domini (a. vertical) i si existeix una recta $y = mx + n$ com:

$$m = \lim_{x \to \pm\infty} \frac{f(x)}{x} \qquad n = \lim_{x \to \pm\infty} \left[f(x) - mx\right] \text{ (a. obliqua)}$$

— Representació gràfica: amb les dades aconseguides i alguns punts de la funció, obtenim la representació gràfica.

Resposta

— Igualem el denominador a 0: $x^2 - 1 = 0 \rightarrow x = \pm 1$.

Així, el domini és: $D(f) = \mathbb{R} - \{-1, 1\}$.

En aquest cas, la funció pot tenir com a imatge qualsevol nombre real. Aleshores, el recorregut és $R(f) = \mathbb{R}$.

— $f(-x) = \dfrac{(-x)^3}{(-x)^2 - 1} = \dfrac{-x^3}{x^2 - 1} = -f(x)$

Com que $f(-x) = -f(x)$, la funció és imparella. Així, és simètrica respecte de l'origen de coordenades.

— Tall amb l'eix horitzontal: $f(0) = 0$.

La funció talla l'eix d'abscisses en el punt (0, 0).

Tall amb l'eix vertical:

$$f(x) = 0 \rightarrow \frac{x^3}{x^2 - 1} = 0 \rightarrow x = 0$$

La funció talla l'eix vertical en el punt (0, 0).

— Calculem la derivada de $f(x)$ i la igualem a 0:

$$f'(x) = \frac{3x^2 \cdot (x^2 - 1) - x^3 \cdot 2x}{(x^2 - 1)^2} = \frac{x^4 - 3x^2}{(x^2 - 1)^2}$$

$$\frac{x^4 - 3x^2}{(x^2 - 1)^2} = 0 \rightarrow x^4 - 3x^2 = 0 \rightarrow$$

$$\rightarrow x_1 = -\sqrt{3}\,;\, x_2 = 0;\, x_3 = \sqrt{3}$$

Avaluem la funció a dreta i esquerra dels punts trobats.

	$x = -2$	$x = -0{,}5$	$x = 0{,}5$	$x = 1{,}5$	$x = 2$
$f'(x)$	+	−	−	−	+
f	↗	↘	↘	↘	↗

La funció presenta un màxim en $x = -\sqrt{3}$ i un mínim en $x = \sqrt{3}$.

- Asímptotes horitzontals: $\lim\limits_{x \to \pm\infty} f(x) = \pm\infty$
- Asímptotes verticals: $\lim\limits_{x \to \pm 1^-} f(x) = -\infty \quad \lim\limits_{x \to \pm 1^+} f(x) = +\infty$
- Asímptota obliqua:

$$\lim_{x \to \pm\infty} \frac{f(x)}{x} = 1\,;\; \lim_{x \to \pm\infty} \left[f(x) - mx\right] = 0$$

La funció presenta asímptotes verticals en $x = \pm 1$ i conté una asímptota obliqua d'equació $y = x$.

— Representació gràfica:

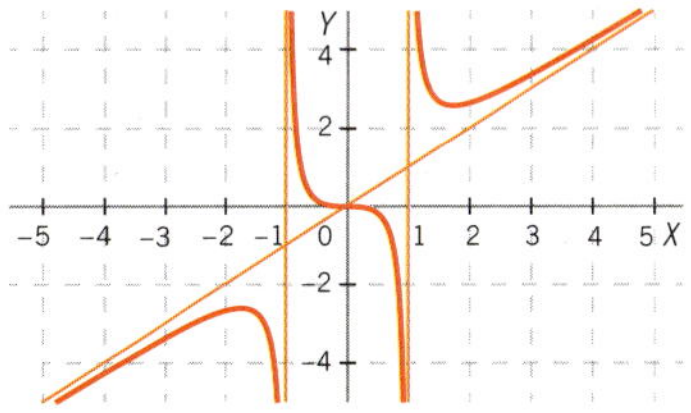

5. ★★☆ **Estudia i representa la funció definida a trossos.**

$$f(x) = \begin{cases} x - 3 & \text{si} \quad x \le 0 \\ x^2 + 1 & \text{si} \quad 0 < x \le 2 \\ \dfrac{5}{x - 1} & \text{si} \quad x > 2 \end{cases}$$

EXERCICIS I PROBLEMES

1 TAXA DE VARIACIÓ

6. ★☆☆ Troba la taxa de variació mitjana de les funcions següents per als intervals indicats:

a) $f(x) = x^3 - 4x + 6$ en $[0, 2]$

b) $f(x) = \sqrt{x-3}$ en $[3, 7]$

c) $f(x) = (x-1)^2$ en $[-3, 0]$

d) $f(x) = \dfrac{x-1}{x+2}$ en $[-1, 2]$

Sol.: a) 0; b) 0,5; c) –5; d) 0,75

7. ★☆☆ Calcula la taxa de variació mitjana de les funcions següents en els intervals:

a) $[0, 2]$ b) $[2, 4]$ c) $[4, 10]$

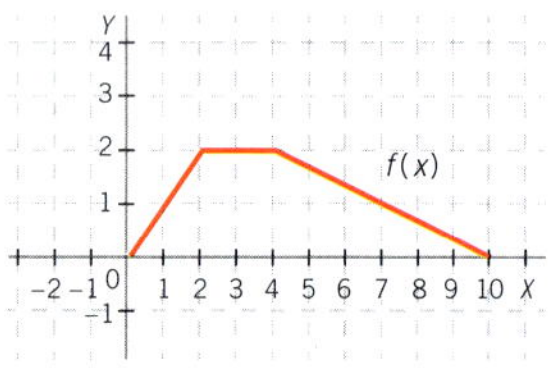

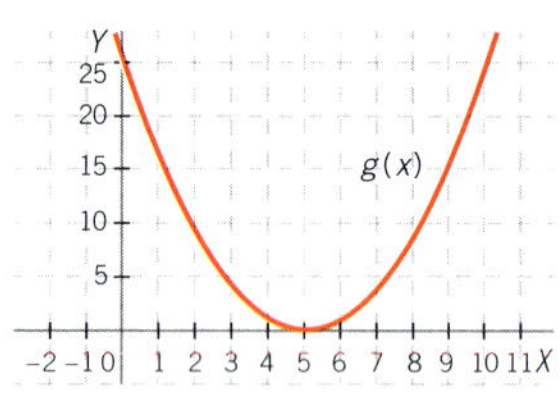

Sol.: a) TVM $f(x) = 1$; TVM $g(x) = -8$; b) TVM $f(x) = 0$; TVM $g(x) = -4$; c) TVM $f(x) = -1/3$; TVM $g(x) = 4{,}166$

8. ★☆☆ Dos atletes realitzen una carrera de 10 km. Observa les seves evolucions en les gràfiques següents:

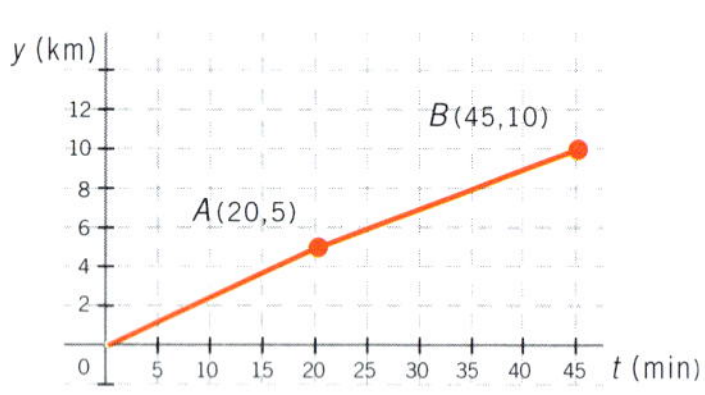

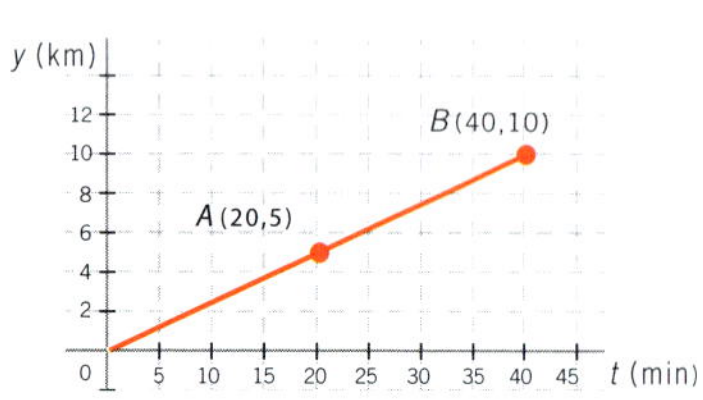

Per a cada atleta, troba:

a) La taxa de variació mitjana dels 5 primers quilòmetres.

b) La taxa de variació mitjana dels darrers 5 quilòmetres.

c) La taxa de variació mitjana total.

d) Quin significat físic tenen els valors trobats?

Sol.: a) 0,25 km/min, 0,25 km/min; b) 0,20 km/min, 0,25 km/min; c) 0,22 km/min, 0,25 km/min

9. ★★☆ El benefici setmanal (en milers d'euros) que obté una central d'oli per la producció d'oli verge està determinat per la funció $A(x) = -x^2 + 8x - 15$, en la qual x representa els hectolitres d'oli produïts en una setmana.

a) Calcula la taxa de variació mitjana dels beneficis si es produeixen entre 300 i 400 litres d'oli setmanals.

b) Calcula la taxa de variació instantània dels beneficis si es produeixen 400 litres setmanals.

c) Té algun significat especial aquesta quantitat?

Sol.: a) 1; b) 0

10. ★★☆ Calcula la taxa de variació instantània de les funcions següents en els punts indicats:

a) $f(x) = 2x + 3$ en $x = 2$

b) $f(x) = \dfrac{1}{x}$ en $x = 2$

c) $f(x) = x^2 - 1$ en $x = 0$

d) $f(x) = x^3 + 2x - 4$ en $x = 1$

Sol.: a) 2; b) –0,25; c) 0; d) 5

11. ★★☆ Troba la taxa de variació mitjana de les funcions següents en l'interval $[1, 1 + h]$:

a) $f(x) = x$

b) $f(x) = x^2$

c) $f(x) = \sqrt{x}$

d) $f(x) = \dfrac{1}{x}$

Sol.: a) 1; b) $h + 2$; c) $\dfrac{\sqrt{1+h}-1}{h}$; d) $\dfrac{-1}{1+h}$

12. ★★★ Disposem d'un cercle del qual podem modificar la longitud del radi.

Troba la funció que representa l'àrea del cercle i calcula:

a) La taxa de variació mitjana de l'àrea en l'interval del radi $[2, 4]$.

b) La taxa de variació mitjana de les 10 primeres unitats.

c) La taxa de variació instantània per a $r = 2$.

d) La taxa de variació instantània per a $r = 10$.

e) La taxa de variació instantània per a $r = 100$.

— Explica, breument, com s'anirà modificant la taxa de variació instantània a mesura que augmenti el radi.

Sol.: a) 18,85; b) 31,41; c) 12,57; d) 62,8; e) 628,3

2 DERIVADA D'UNA FUNCIÓ

13. ★☆☆ A partir de la definició de derivada en un punt, troba la derivada de les funcions següents en $x = 1$:

a) $f(x) = -x + 6$

b) $f(x) = \frac{x}{2} - 1$

c) $f(x) = -x^2 + 2x + 1$

d) $f(x) = \frac{2}{x}$

Sol.: a) –1; b) 1/2; c) 0; d) –2

14. ★☆☆ Troba l'equació de la recta tangent en $x = 2$, de la funció $f(x) = x^2 - 3x + 5$.

Sol.: $y = x + 1$

15. ★☆☆ Un objecte es mou en la trajectòria donada per l'equació següent:

$$f(x) = 3x^2 - 4x + 6$$

Utilitzant la definició de derivada, calcula:

a) La derivada per a $x = 2$.

b) La derivada per a $x = -1$.

Sol.: a) 8; b) –10

16. ★★☆ Donat el volum d'una esfera:

$$V(r) = \frac{4}{3}\pi r^3$$

troba l'equació de la recta tangent per a $r = 1$, utilitzant la definició de derivada.

Sol.: $y = 12{,}57x - 8{,}38$

17. ★★☆ Troba la derivada de les funcions següents en el punt $x = a$, aplicant la definició de derivada en un punt:

a) $f(x) = 3x^2 - 4x + 5$

b) $f(x) = 3x + 80$

Sol.: a) $6a - 4$; b) 3

18. ★★☆ Estudia la continuïtat i la derivabilitat de la funció representada a la gràfica següent:

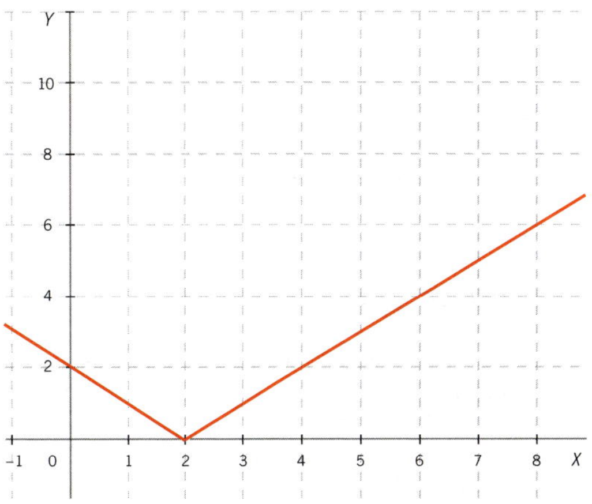

19. ★★☆ Troba els valors de x per als quals la funció següent no és derivable:

$$f(x) = \begin{cases} x - 1 & \text{si } x < 0 \\ x^2 & \text{si } 0 \le x \le 2 \\ 2x & \text{si } x > 0 \end{cases}$$

Sol.: $x = 0$, $x = 2$

20. ★★★ En grup, busqueu un mètode per a trobar la funció derivada de les funcions següents i elaboreu un document explicant els passos que heu seguit per a obtenir-les:

a) $f(x) = 2x^3 + 1$ b) $f(x) = \sqrt{x + 1}$

3 CÀLCUL DE DERIVADES

21. ★☆☆ Calcula la funció derivada de les funcions següents:

a) $f(x) = x^5$

b) $f(x) = x^{-4}$

c) $f(x) = \frac{1}{x^3}$

d) $f(x) = \sqrt[4]{x}$

e) $f(x) = \sqrt[5]{x^3}$

f) $f(x) = \frac{1}{\sqrt{x}}$

22. ★☆☆ Aplica la regla de la suma per a calcular les derivades de $f + g$ i $f - g$ de les funcions següents:

a) $f(x) = 3x^5$ $g(x) = \cos x$

b) $f(x) = \sqrt{x}$ $g(x) = \ln x$

c) $f(x) = 2x^3$ $g(x) = \frac{1}{x}$

d) $f(x) = \sin x$ $g(x) = 5e^x$

e) $f(x) = \log_3 x$ $g(x) = 3^x$

23. ★☆☆ Aplica la regla del producte per a calcular les derivades de les funcions següents:

a) $f(x) = x^6 \cdot \sin x$

b) $f(x) = x^2 \cdot \sqrt{x}$

c) $f(x) = x^2 \cdot \ln x$

d) $f(x) = (x^3 - 2x) \cdot e^x$

e) $f(x) = \ln x \cdot \cos x$

f) $f(x) = \sin x \cdot \cos x$

g) $f(x) = \sqrt{x} \cdot \sin x$

h) $f(x) = 3^x \cdot x$

24. ★☆☆ Aplica la regla del quocient per a calcular les derivades de les funcions següents:

a) $f(x) = \frac{\sin x}{x}$

b) $f(x) = \frac{2x^3 - 4x}{3x - 2}$

c) $f(x) = \frac{2\sqrt{x}}{x}$

d) $f(x) = \frac{x}{\ln x}$

e) $f(x) = \frac{\ln x}{\sin x}$

f) $f(x) = \frac{e^x}{\sqrt{x}}$

25. ★☆☆ Donades les funcions $f(x) = 2x^2 - 4x + 6$ i $g(x) = -x^2 + 2x$, troba la derivada de les funcions següents:

a) $h(x) = f(x) + g(x)$
c) $j(x) = f(x) \cdot g(x)$
b) $i(x) = g(x) - f(x)$
d) $k(x) = f(x) / g(x)$

26. ★★☆ Aplica la regla de la cadena per a calcular les derivades de les funcions següents:

a) $f(x) = (2x^2 - 4x + 3)^3$
e) $f(x) = \sqrt{e^x}$
b) $f(x) = \ln(\cos x)$
f) $f(x) = \sin(\cos x)$
c) $f(x) = \sqrt{3x^2 + 6x}$
g) $f(x) = \cos(\ln x)$
d) $f(x) = e^{x^2+2x}$
h) $f(x) = \sqrt{\dfrac{x+1}{x}}$

27. ★★☆ Deriva les funcions següents:

a) $f(x) = \sqrt{\sin x}$
d) $f(x) = \cos(x^2)$
b) $f(x) = \ln(\cos \sqrt{x})$
e) $f(x) = \ln\left(\dfrac{\sin x}{x}\right)$
c) $f(x) = a^{\operatorname{tg} x}$
f) $f(x) = \sin(\ln x)$

28. ★★☆ Calcula les derivades de les funcions següents i comprova el resultat utilitzant el programa Derive: @

a) $f(x) = (2x^4 - 4x^2 + 3)^5$
g) $f(x) = e^{\cos(3x)}$
b) $f(x) = \ln(\cos(\sin x))$
h) $f(x) = \sqrt{\operatorname{tg} x}$
c) $f(x) = \ln(\cos^2 x)$
i) $f(x) = \operatorname{tg}\sqrt{2x}$
d) $f(x) = \dfrac{2x^3 - x^2 + 1}{3x^4 - 2}$
j) $f(x) = \ln\left(\dfrac{\sin x}{x}\right)$
e) $f(x) = \dfrac{\cos x^{-2} + \sin x}{e^x}$
k) $f(x) = \dfrac{\operatorname{tg} x}{\sqrt{x}}$
f) $f(x) = \dfrac{\sqrt{x}}{3 - \sqrt{x}}$
l) $f(x) = \sqrt{7^{1+x^2}}$

29. ★★☆ Calcula les derivades de les funcions següents, definides a trossos:

a) $f(x) = \begin{cases} x^2 & \text{si} \quad x \le 1 \\ 2x^2 - 1 & \text{si} \quad x > 1 \end{cases}$

b) $f(x) = \begin{cases} x^3 - 3x - 2 & \text{si} \quad x \le 2 \\ \sqrt{x-2} & \text{si} \quad x > 2 \end{cases}$

c) $f(x) = \begin{cases} \cos x & \text{si} \quad x \le 0 \\ e^x & \text{si} \quad 0 < x < 1 \\ x \cdot e^x & \text{si} \quad x \ge 1 \end{cases}$

30. ★★☆ Troba la derivada de les funcions següents, utilitzant dos mètodes diferents:

a) $f(x) = 2x - 6$
c) $f(x) = \sqrt{x+1}$
b) $f(x) = -x$
d) $f(x) = \dfrac{2x}{x-5}$

31. ★★☆ Troba les equacions de la recta tangent i de la recta normal de les funcions següents en els punts indicats:

a) $f(x) = x^3 - 2x + 1$ en $x = 2$
b) $f(x) = \sqrt{x-2}$ en $x = 6$
c) $f(x) = 2e^x$ en $x = 0$
d) $f(x) = \ln(x+1)$ en $x = 0$

Sol.: a) $y_t = 5 \cdot (2x - 3)$; $y_n = -(x + 52)/10$; b) $y_t = (x + 2)/4$; $y_n = -4x + 26$; c) $y_t = 2x + 2$; $y_n = -x/2 + 2$; d) $y_t = x$; $y_n = -x$

32. ★★☆ Troba les equacions de la recta tangent i de la recta normal a la funció $f(x) = x^3 - 3x^2 - x + 5$ en el punt $A(3, 2)$.

Sol.: a) $y_t = 8x - 22$; $y_n = -(x/8) + 19/8$

33. ★★☆ Troba l'equació de la recta perpendicular a la funció $f(x) = x^2 - x - 6$, en el punt $x = -6$.

Sol.: $y = \dfrac{x}{13} + 42$

34. ★★☆ Troba l'equació de la recta tangent de les funcions següents, el pendent de la qual sigui 2:

a) $f(x) = x^2 - 4$
c) $f(x) = x^2 - 4x$
b) $f(x) = -\dfrac{2}{x}$
d) $f(x) = \ln x$

Sol.: a) $y = 2x - 5$; b) $y = 2x + 4$, $y = 2x - 4$; c) $y = 2x - 9$; d) $y = 2x - 1{,}69$

35. ★★☆ Troba l'equació de la recta normal de les funcions següents el pendent de la qual sigui igual a 1:

a) $f(x) = -2 \cdot \sqrt{x}$
c) $f(x) = x^2 - 7x + 7$
b) $f(x) = -x^3 + 11x$
d) $f(x) = 0{,}5x^2 + 2$

Sol.: a) $y = x - 3$; b) $y = x + 12$, $y = x - 12$; c) $y = x - 8$; d) $y = x + 3{,}5$

36. ★★☆ Troba els punts en els quals la tangent a la funció donada sigui horitzontal:

$$f(x) = x^3 - 4x^2 + 4x - 10$$

Sol.: $(2/3, -238/27)$, $(2, -10)$

37. ★★☆ Considera la funció $f(x) = \dfrac{x-2}{x+1}$ i troba la tangent i la normal per a $x = 2$.

Sol.: $y_t = x/3 - 2/3$; $y_n = -3x + 6$

38. ★★☆ Estudia la continuïtat i la derivabilitat de les funcions següents:

a) $f(x) = |x - 1|$
e) $f(x) = \dfrac{2}{x+1}$
b) $f(x) = \dfrac{1}{(x-1)^2}$
f) $f(x) = |2x + 4|$
c) $f(x) = \begin{cases} x - 1 & \text{si } x < 0 \\ -\cos x & \text{si } x \ge 0 \end{cases}$
g) $f(x) = \begin{cases} x^2 + 1 & \text{si } x < 1 \\ \sqrt{x+3} & \text{si } x \ge 1 \end{cases}$
d) $E(x)$, part entera de x
h) $f(x) = |\sin x|$

39. ★★☆ Troba a i b perquè la funció següent sigui diferenciable en tot el seu domini:

$$f(x) = \begin{cases} ax^2 + b & \text{si} \quad x < 1 \\ bx + 3 & \text{si} \quad x \geq 1 \end{cases}$$

Sol.: $a = 3$, $b = 6$

40. ★★☆ Per a cada valor de a es considera la funció $f(x) = a\,x \ln x$.

a) Determina el valor de a sabent que la gràfica passa pel punt $P(e, 2e)$.

b) Determina els valors de x per als quals s'anul·la la derivada primera.

c) Representa la gràfica amb una aplicació en línia i comprova els resultats.

Sol.: a) $a = 2$; b) $x = 1/e$

41. ★★☆ Calcula la derivada segona de les funcions següents:

a) $f(x) = 4x$ e) $f(x) = x^3 - 3x + 2$

b) $f(x) = 3x - 2$ f) $f(x) = \sqrt{x - 1}$

c) $f(x) = x^2 - 3x + 2$ g) $f(x) = x^4 - 2x$

d) $f(x) = x^2 - 16$ h) $f(x) = (x - 2)^3$

Sol.: a) 0; b) 0; c) 2; d) 2;
e) $6x$; f) $\dfrac{-1}{4\sqrt{(x-1)^3}}$; g) $12x^2$; h) $6(x - 2)$

42. ★★☆ Calcula la derivada quarta de les funcions següents:

a) $f(x) = 4x^3 + 2x^2 - 3x - 80$ f) $f(x) = \dfrac{1}{x - 2}$

b) $f(x) = e^x$ g) $f(x) = \cos(2x)$

c) $f(x) = \ln x$ h) $f(x) = 3x^4 + 70x$

d) $f(x) = \sin x$ i) $f(x) = \sqrt{2x^3}$

e) $f(x) = \cos x$ j) $f(x) = 40x^3 + 2x^2$

Sol.: a) 0; b) e^x; c) $-6x^{-4}$; d) $\sin x$; e) $\cos x$; f) $24(x - 2)^{-5}$;
g) $16\cos(2x)$; h) 72; i) $\dfrac{9\sqrt{2}}{16}x^{-5/2}$; j) 0

43. ★★☆ Troba el valor de les tres primeres derivades de les funcions següents, per a $x = 1$:

a) $f(x) = 4x^3 + 5x^2$ d) $f(x) = e^{2x}$

b) $f(x) = \dfrac{1}{x}$ e) $f(x) = x \cdot \ln x$

c) $f(x) = \sqrt{2x + 2}$ f) $f(x) = x^2$

Sol.: a) 22, 34, 24; b) −1, 2, −6; c) 0,5, −0,125, 0,094;
d) $2e^2$, $4e^2$, $8e^2$; e) 1, 1, −1; f) 2, 2, 0

44. ★★☆ El moviment d'un projectil ve donat per l'equació següent:

$$y(t) = 5 + 3t - 4{,}9t^2$$

on y és la posició en metres i t és el temps en segons.

Calcula:

a) La velocitat per a $t = 0$ s.

b) La velocitat per a $t = 2$ s.

c) La velocitat en qualsevol punt.

d) L'acceleració per a $t = 0$ s.

e) L'acceleració en qualsevol punt.

f) Troba la derivada enèsima.

Sol.: a) $v = 3$ m/s; b) $v = -16{,}6$ m/s;
c) $v = 3 - 9{,}8t$; d) $a = -9{,}8$ m/s²;
e) $a = -9{,}8$ m/s²; f) $y^n(t) = 0$

45. ★★☆ Calcula la derivada enèsima de la funció:

$$f(x) = x \cdot e^x$$

Sol.: $f^n(x) = (n + x) \cdot e^x$

46. ★★☆ Calcula derivades successives i troba una expressió per a la derivada enèsima de les funcions següents:

a) $f(x) = \ln x$ e) $f(x) = e^{2x}$

b) $f(x) = \sin x$ f) $f(x) = \cos(2x)$

c) $f(x) = x^{12} + x^4 + 2$ g) $f(x) = x^{-1}$

d) $f(x) = e^x - e^{-x}$

47. ★★☆ El moviment ondulatori ve definit per l'equació $f(t) = A\sin(\omega t + \varphi)$, on A és l'amplitud, ω és la velocitat angular i φ és l'angle inicial i són constants.

Troba:

a) La primera derivada.

b) La segona derivada.

c) La derivada enèsima.

Sol.: a) $A\omega\cos(\omega t + \varphi)$; b) $-A\omega^2\sin(\omega t + \varphi)$;
c) si $n = 2k$, $(-1)^k A\omega^n \sin(\omega t + \varphi)$;
si $n = 2k + 1$, $(-1)^k A\omega^n \cos(\omega t + \varphi)$

48. ★★★ Troba l'àrea del triangle format pels eixos de coordenades i la normal al punt $x = \pi/4$ de la funció següent:

$$f(x) = \cos(2x)$$

Comprova el resultat dibuixant la gràfica de la funció i de la recta normal trobada emprant el programa GeoGebra. @

Sol.: $A = 0{,}15$

49. ★★★ Troba les equacions de les rectes tangents en els punts de tall amb els eixos d'abscisses de la funció:

$$f(x) = x^2 + x - 2$$

Comprova la solució amb el programa GeoGebra. @

50. ★★★ Troba l'equació de la tangent a $f(x) = x^2 - 6x + 1$ en el punt on és paral·lela a la recta $y = 4x$.

Representa la gràfica de la seva funció i la tangent obtinguda amb el programa informàtic GeoGebra. @

Sol.: $y = 4x - 24$

51. ★★★ Calcula l'àrea del triangle limitat pels eixos de coordenades i la recta tangent a la funció $f(x) = -x^2 + 1$, en el punt $x = 1$.

Comprova la solució dibuixant la paràbola i la tangent amb el programa GeoGebra. @

Sol.: 1

52. ★★★ Calcula l'àrea del triangle limitat per l'eix d'abscisses i les rectes tangents a la funció $f(x) = -(x^2 - 4)$, en el punt $x = 1$ i en el punt $x = -1$.

Comprova la solució dibuixant la paràbola i les tangents amb el programa GeoGebra. @

Sol.: 12,5

53. ★★★ Troba:

a) L'equació de la tangent de la funció $f(x) = x^2 - 4x + 1$ en el punt on és paral·lela a la recta $y = 4x$.

b) La recta normal en el mateix punt.

c) Les coordenades del punt.

Sol.: a) $y = 4x - 15$; b) $y = -0{,}25x + 2$; c) $(4, 1)$

54. ★★★ Utilitza la regla de la cadena per a demostrar la igualtat:

$$(f^{-1}(x))' = \frac{1}{f'(f^{-1}(x))}$$

On $(f^{-1})(x)$ és la funció inversa de f, és a dir, la que compleix:

$$f(f^{-1}(x)) = f^{-1}(f(x)) = Id(x) = x$$

4 APLICACIÓ DE LES DERIVADES

55. ★☆☆ Troba els intervals de monotonia de les funcions següents:

a) $f(x) = x^2 - 3x + 2$

b) $f(x) = x^2 - 4$

c) $f(x) = x^3$

d) $f(x) = x^4$

e) $f(x) = x^3 - 12x$

f) $f(x) = 4x - 80$

g) $f(x) = 2 \cdot \ln x$

h) $f(x) = x^5$

56. ★☆☆ Troba els màxims i mínims de les funcions següents:

a) $f(x) = x^2 - 3x + 2$

b) $f(x) = x^2 - 4$

c) $f(x) = 2x^3 - 3x^2 + 2$

d) $f(x) = x^3 - 12x - 1$

e) $f(x) = x^2 - 2$

f) $f(x) = 3x - 20$

Sol.: a) mín. $(1{,}5, -0{,}25)$; b) mín. $(0, -4)$; c) màx. $(0, 2)$, mín. $(1, 1)$; d) màx. $(-2, 15)$, mín. $(2, -17)$; e) mín. $(0, -2)$; f) no n'hi ha

57. ★☆☆ Si un dels catets d'un triangle rectangle té una longitud de $b = 3$ cm:

a) Troba la derivada de la hipotenusa a com a funció depenent del catet c.

b) Calcula la segona derivada.

c) Troba els intervals de creixement i decreixement de la funció.

Sol.: a) $\frac{c}{\sqrt{9 + c^2}}$; b) $\frac{9}{\sqrt{(9 + c^2)^3}}$;
c) decreix $(-\infty, 0)$, creix $(0, +\infty)$

58. ★★☆ Les trajectòries de dos cossos vénen definides per les funcions següents:

$$y_1 = f(x) = 2x^2 - 5x + 1 \qquad y_2 = g(x) = \frac{1}{4}x^4 - \frac{1}{2}x^2$$

a) Troba els intervals de creixement i decreixement de cadascun.

b) Troba els extrems de cadascuna de les trajectòries.

Sol.: $f(x)$: creix $(-\infty, 1{,}25)$, decreix $(1{,}25, +\infty)$;
$g(x)$: decreix $(-\infty, -1)$, $(0, 1)$, creix $(-1, 0)$, $(1, +\infty)$

59. ★★☆ Troba els intervals de monotonia de les funcions següents i els màxims i mínims:

a) $f(x) = x^3 + 2x^2 + x + 1$

b) $f(x) = \sin(2x), x \in [0, \pi]$

c) $f(x) = e^{x^2 - 1}$

d) $f(x) = (x - 2)^3$

e) $f(x) = 0{,}5x^2 + 2$

f) $f(x) = \ln(x^2 + 1)$

60. ★★☆ En les gràfiques de funcions següents, indica els intervals en els quals la derivada de la funció és positiva i els intervals en els quals és negativa. Justifica la resposta.

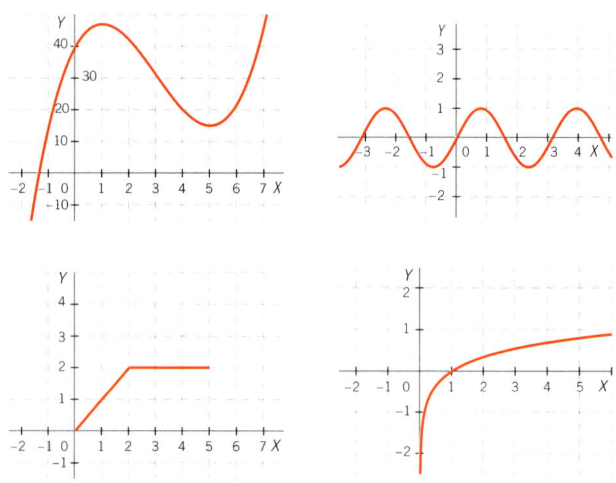

61. ★★☆ Considera la funció $f(x) = x \cdot e^x$ i troba:

a) Els intervals de creixement i decreixement.

b) Els màxims i mínims.

Sol.: a) decreix $(-\infty, -1)$, creix $(-1, +\infty)$; b) mín. $(-1, -0{,}37)$

62. ★★☆ El moviment d'un objecte ve donat per l'equació següent:

$$f(x) = x^4 - 2x^2 + 1$$

Troba:

a) Els intervals de creixement i decreixement.

b) Els màxims i els mínims.

Sol.: a) decreix $(-\infty, -1)$, $(0, 1)$, creix $(-1, 0)$, $(1, \infty)$;
b) màx. $(0, 1)$, mín. $(-1, 0)$, $(1, 0)$

63. ★★☆ Tenim dos nombres que multiplicats donen un resultat de 128.

Troba aquests dos nombres, de manera que la suma de la quarta part del primer més la meitat del segon sigui mínima.

Sol.: 16, 8

64. ★★☆ Els beneficis d'una empresa vénen donats per l'equació següent: $f(x) = x^3 - 2x^2 + x - 4$, on x són els anys transcorreguts i $f(x)$, el benefici en milers d'euros.

Calcula:

a) El moment en el qual el benefici és mínim.

b) El valor d'aquest benefici.

Sol.: a) $x = 1$ any; b) $-4\,000$ euros

65. ★★☆ En una ciutat de clima mediterrani la temperatura H (en graus Celsius) en funció de l'hora del dia t ve donada per la funció trigonomètrica

$$H(t) = 2 \cdot \sin\left[\left(\frac{24-t}{24}\right)\pi\right] + 12, \text{ amb } 0 \leq t \leq 24.$$

Calcula les temperatures màximes i mínimes del dia.

Sol.: mínima a mitjanit, màxima al migdia

66. ★★☆ Una població de formigues es reprodueix segons la funció $f(x) = x \cdot e^{1-x}$, que representa el nombre de formigues en funció del temps (en anys). Determina en quin moment el nombre d'individus de la població serà màxim.

Sol.: per a $x = 1$

67. ★★☆ El nombre d'individus (en milions) d'una població ve donat per la funció $P(t) = \dfrac{15 + t^2}{t + 1}$, on t es mesura en anys transcorreguts des de l'instant inicial $t = 0$. Calcula l'any en el qual s'aconseguirà la mínima població. Quina en serà la grandària?

Sol.: el tercer any; 6 milions

68. ★★☆ Una fàbrica realitza safates de plàstic amb base quadrada, per a emmagatzemar documents, de mig decímetre cúbic. Determina l'altura de la safata i el costat de la base perquè en la seva fabricació s'utilitzi la menor quantitat possible de material.

Sol.: costat = 1 dm, altura = 0,5 dm

69. ★★★ Determina els intervals de creixement i decreixement i els extrems de les funcions següents:

a) $f(x) = x^2 - 5x + 4$

b) $f(x) = \dfrac{3x - 4}{2}$

c) $f(x) = \dfrac{4}{x}$

d) $f(x) = \dfrac{1}{x^2 + 1}$

e) $f(x) = x^4 - 5x + 1$

f) $f(x) = \sqrt{2x - 8}$

g) $f(x) = x^3 - 12x + 6$

h) $f(x) = x^4 - 1$

i) $f(x) = e^{x^3 - 3x + 1}$

j) $f(x) = \ln(x^2 - 2x + 3)$

70. ★★★ Estudia la monotonia i els extrems de les funcions següents:

a) $f(x) = \begin{cases} x + 2 & \text{si } x \leq 1 \\ 3 & \text{si } 1 < x \leq 3 \\ 2x - 3 & \text{si } x > 3 \end{cases}$

b) $f(x) = \begin{cases} -(x-1)^2 & \text{si } x \leq 0 \\ \sqrt{x} & \text{si } x > 0 \end{cases}$

Sol.: a) creix $(-\infty, 1)$, $(3, +\infty)$, sense extrems
b) creix $(-\infty, 0)$, $(0, +\infty)$, sense extrems

71. ★★★ Una ONG té uns ingressos mensuals que es repeteixen cada any segons la funció següent: $f(x) = \dfrac{10x}{x^2 + 4}$, on x és el mes i $f(x)$ són els ingressos en milers d'euros.

a) Troba el mes en què l'ingrés és màxim.

b) Quina és la quantitat ingressada aquest mes?

Sol.: a) febrer; b) 2 500 €

SÍNTESI

72. ★★☆ Esbossa les gràfiques de les funcions que tenen les derivades següents:

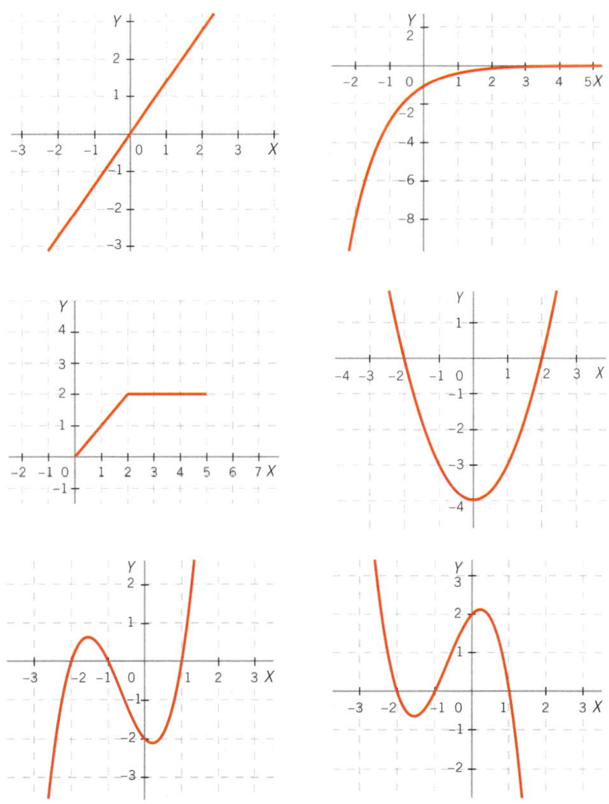

— Compara els resultats amb els teus companys. Heu obtingut tots les mateixes gràfiques? Per què creus que és així?

73. ★★☆ Troba els vèrtexs de les paràboles següents:

a) $f(x) = x^2 - 4$
b) $f(x) = x^2 - 4x$
c) $f(x) = x^2 - 4x + 4$
d) $f(x) = (x + 3)^2$
e) $f(x) = 4x^2 - 16$
f) $f(x) = x^2 + x - 6$
g) $f(x) = -2(x + 3)^2 - 8$
h) $f(x) = -x^2 + 3(x + 2) - 1$

A continuació, deriva les expressions, busca els extrems i comprova que coincideixen amb els vèrtexs que has trobat.

— En quins casos es tracta de màxims? I de mínims?

— Quina relació tenen els extrems relatius amb els coeficients de la paràbola?

Sol.: a) mín. $(0, -4)$; b) mín. $(2, -4)$; c) mín. $(2, 0)$; d) mín. $(-3, 0)$; e) mín. $(0, -16)$; f) mín. $(-0{,}5, -6{,}25)$; g) màx. $(-3, -8)$; h) màx. $(3/2, 29/4)$

74. ★★☆ Troba els valors de a, b i c de la paràbola $f(x) = x^2 + bx + c$, perquè el seu vèrtex se situï en el punt $(2, 1)$.

Sol.: $b = -4$, $c = 5$

75. ★★★ El valor d'un mineral és directament proporcional al quadrat de la seva massa. Si hem extret un mineral de 50 g i el volem dividir en dos trossos que minimitzin el seu preu, troba la massa dels dos trossos.

Sol.: 25 g

76. ★★★ Si tenim la funció següent:

$$f(x) = x^2 - 2x + 4$$

Troba:

a) La taxa de variació mitjana en l'interval $[2, 3]$.

b) La taxa de variació instantània per a $x = 1$.

c) L'equació de la recta tangent per a $x = 0$.

d) L'equació de la recta normal per a $x = 0$.

e) Les n derivades primeres.

f) Els intervals de creixement i decreixement.

g) Els màxims i els mínims.

Sol.: a) TVM = 3; b) TVI = 0; c) $y = -2x + 4$; d) $y = 0{,}5x + 4$; e) $f'(x) = 2x - 2$, $f''(x) = 2$, $f'''(x) = 0$, ..., $f^n(x) = 0$, f) decreix $(-\infty, 1)$, creix $(1, +\infty)$, g) mín. $(1, 3)$

77. ★★★ Considera les funcions següents:

$$f(x) = (x - 5)^2 \quad g(x) = e^x$$

Troba:

a) La taxa de variació mitjana en l'interval $[0, 3]$.

b) La taxa de variació instantània per a $x = 1$.

c) L'equació de la recta tangent per a $x = 0$.

d) La derivada de la suma de les dues funcions.

e) La derivada del producte de les dues funcions.

f) La derivada del quocient de les dues funcions.

g) Els intervals de creixement i decreixement.

h) Els màxims i els mínims.

78. ★★★ Donada la funció:

$$f(x) = \frac{5}{3x - 2}$$

Troba:

a) La taxa de variació mitjana en l'interval $[1, 2]$.

b) La taxa de variació mitjana en l'interval $[0, 4]$.

c) La taxa de variació instantània per a $x = 1$.

d) La taxa de variació instantània per a $x = 0$.

e) L'equació de la recta tangent per a $x = 0$.

f) L'equació de la recta normal per a $x = 0$.

g) La continuïtat i la derivabilitat.

h) La segona derivada.

i) Els intervals de creixement i decreixement.

Sol.: a) $-3{,}75$; b) $0{,}75$; c) -15; d) $-3{,}75$; e) $y = -3{,}75x - 2{,}5$; f) $y = 0{,}27x - 2{,}5$; g) cont. i der. en $(-\infty, 2/3)$ i $(2/3, +\infty)$; h) $\frac{90}{(3x - 2)^3}$; i) decreix $(-\infty, 2/3)$ i creix $(2/3, +\infty)$

79. ★★★ Es diu que una funció derivable diverses vegades en $x = a$ té un punt d'inflexió en $(a, f(a))$ si $f''(a) = 0$ i el mínim n tal que $f^{(n)}(a) = 0$ és imparell.

Cerca a internet quina relació tenen els punts d'inflexió amb la curvatura d'una funció i troba els punts d'inflexió de les funcions següents: @

a) $f(x) = x^3$

b) $f(x) = \sin x + \cos x$, amb $x \in [0, 2\pi]$

c) $f(x) = xe^x$

Sol.: a) $(0, 0)$; b) $(3\pi/4, 0)$, $(7\pi/4, 0)$; c) $(-2, -2/e^2)$

80. ★★★ El criteri de la derivada segona afirma que si f és derivable més d'una vegada en $x = a$ i, a més, $f'(a) = 0$:

si $f''(a) < 0 \rightarrow f$ té un màxim en $(a, f(a))$

si $f''(a) > 0 \rightarrow f$ té un mínim en $(a, f(a))$

Demostra-ho.

DERIVADES

Taxa de variació

Taxa de variació mitjana (TVM):

$$\text{TVM}_{[a,b]}f(x) = \frac{f(b) - f(a)}{b - a}$$

Taxa de variació instantània (TVI):

$$\text{TVI}_a f(x) = \lim_{x \to a} \frac{f(x) - f(a)}{x - a}$$

Derivada d'una funció

Derivada d'una funció en un punt $f'(a)$:

$$f'(a) = \lim_{x \to a} \frac{f(x) - f(a)}{x - a}$$

Continuïtat: una funció derivable en un punt és contínua en aquest punt.

La derivada d'una funció en un punt és el valor del pendent de la recta tangent a la gràfica de la funció en aquest punt.

Recta tangent: $y - f(a) = f'(a) \cdot (x - a)$

Recta normal: $y - f(a) = -\frac{1}{f'(a)} \cdot (x - a)$

Funció derivada $f'(x)$:

$$f'(x) = \lim_{h \to 0} \frac{f(x+h) - f(x)}{h}$$

$f'(x)$ assigna a cada punt d'abscissa x el valor de la derivada de f en aquest punt.

Derivada segona:

$$f''(x) = \lim_{h \to 0} \frac{f'(x+h) - f'(x)}{h}$$

Càlcul de derivades

Funcions elementals

FUNCIÓ	FUNCIÓ DERIVADA
$f(x) = k, k \in \mathbb{R}$	$f'(x) = 0$
$f(x) = ax^n$	$f'(x) = nax^{n-1}$
$f(x) = e^x$	$f'(x) = e^x$
$f(x) = a^x$	$f'(x) = a^x \cdot \ln a$
$f(x) = \ln x$	$f'(x) = \frac{1}{x}$
$f(x) = \log_a x$	$f'(x) = \frac{1}{x \cdot \ln a}$
$f(x) = \sin x$	$f'(x) = \cos x$
$f(x) = \cos x$	$f'(x) = -\sin x$

Derivada de la funció suma:

$f(x) = g(x) + h(x) \longrightarrow f'(x) = g'(x) + h'(x)$

Derivada del producte de dues funcions:

$f(x) = g(x) \cdot h(x)$

$f'(x) = g'(x) \cdot h(x) + g(x) \cdot h'(x)$

Derivada del quocient de dues funcions:

$$f(x) = \frac{g(x)}{h(x)}$$

$$f'(x) = \frac{g'(x) \cdot h(x) - g(x) \cdot h'(x)}{[h(x)]^2}$$

Derivada de la funció composta:

$f(x) = (g \circ h)(x)$

$f'(x) = g'(h(x)) \cdot h'(x)$

Aplicació de les derivades

Monotonia d'una funció — Extrems d'una funció

Problemes d'optimització

1 Calcula la taxa de variació mitjana de les funcions següents, en l'interval [1, 4]:

a) $f(x) = 4x^2 - 2x + 18$ c) $f(x) = 4 \cdot \ln x$

b) $f(x) = \sqrt{x^2 + 1}$ d) $f(x) = \dfrac{12}{5x + 4}$

Sol.: a) 18; b) 0,9; c) 1,85; d) –0,28

2 Aplicant la definició, calcula la derivada de la funció $f(x) = -x^3 + 2x^2 + 2$ en els punts $x = 0$ i $x = 1$.

Sol.: $f'(0) = 0$; $f'(1) = 1$

3 Troba l'equació de la recta tangent i la recta normal a les funcions següents en el punt indicat:

a) $f(x) = \dfrac{2}{x}$ per a $x = 1$

b) $f(x) = x^2 - 2x + 3$ per a $x = 3$

c) $f(x) = x^2 - 2x + 3$ per a $x = -1$

d) $f(x) = \ln x$ per a $x = 1$

e) $f(x) = \cos x$ per a $x = \pi$

4 Calcula les derivades de les funcions següents utilitzant les propietats de la suma, el producte o el quocient de derivades:

a) $f(x) = 3x^2 + \sin x$ c) $f(x) = \dfrac{x \cdot \cos x}{\sqrt{x + 1}}$

b) $f(x) = \ln x \cdot (x^2 + 2x + 1)$ d) $f(x) = \dfrac{\cos x}{\sqrt{x + 1}}$

5 Estudia la continuïtat i la derivabilitat de la funció següent, definida a trossos:

$$f(x) = \begin{cases} x + 1 & \text{si} \quad x \le 1 \\ 0{,}5x^2 + 1{,}5 & \text{si} \quad 1 < x \le 5 \\ 2x - 1 & \text{si} \quad x > 5 \end{cases}$$

6 Estudia la monotonia de les funcions següents:

a) $f(x) = \cos(\pi x)$ d) $f(x) = \dfrac{1}{x^2 + 1}$

b) $f(x) = x^3 - 1$ e) $f(x) = e^x$

c) $f(x) = x^2 - 3x + 2$ f) $f(x) = \ln x - x$

Sol.: a) $(2k + 1, 2k + 2)$; $(2k, 2k + 1)$; b) $(-\infty, 0) \cup (0, +\infty)$; c) $(1{,}5, +\infty)$; $(-\infty, 1{,}5)$; d) $(-\infty, 0)$; $(0, +\infty)$; e) $(-\infty, +\infty)$; f) $(0, 1)$; $(1, +\infty)$

7 Troba els extrems relatius de les funcions següents:

a) $f(x) = x^2 - 3x + 2$ c) $f(x) = \dfrac{1}{x^2 + x + 1}$

b) $f(x) = \sin(\pi x)$ d) $f(x) = x \cdot \ln x$

Sol.: a) $(3/2, -1/4)$; b) $\left(\dfrac{1 \pm 4k}{2}, 1\right), \left(\dfrac{-1 \pm 4k}{2}, -1\right)$; c) $(-1/2, 4/3)$; d) $(1/e, -1/e)$

8 Indica, en cadascuna de les gràfiques següents, els intervals en els quals la derivada és positiva i en els quals és negativa:

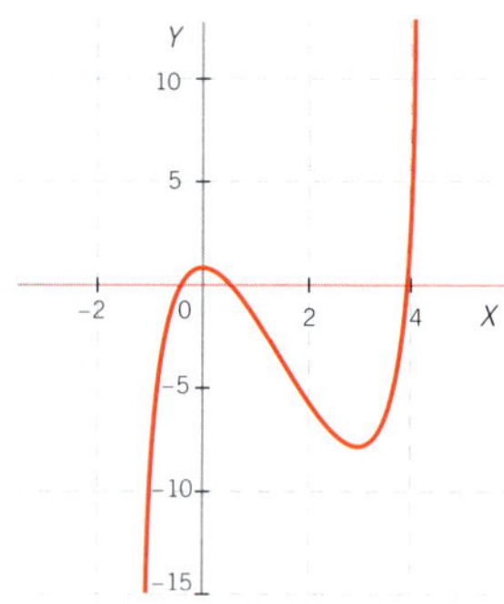

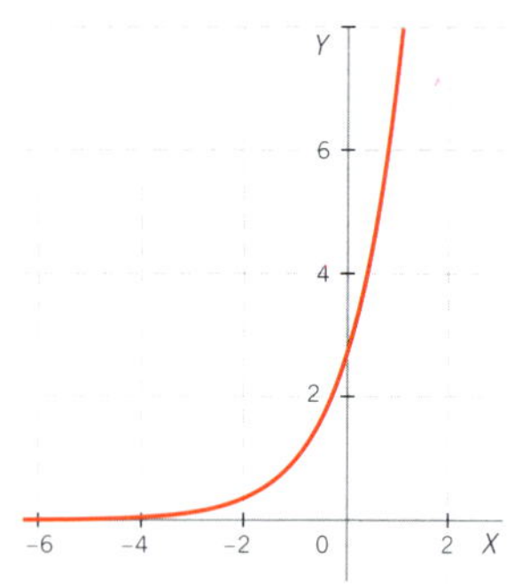

9 Descompon el nombre 10 en dos sumands de manera que el quadrat del primer més el sèxtuple del segon sigui un mínim.

Sol.: 3 i 7

10 Troba el punt de la recta d'equació $y = 3x - 2$ més proper al punt de coordenades (4, 1).

Sol.: (13/10, 19/10)

11 Es vol comprar un solar rectangular de 100 m² de superfície de manera que la parcel·la es pugui tancar utilitzant el mínim material per abaratir costos. Determina les dimensions del solar.

Sol.: quadrat de costat 10 m

SOCIETY

Teoria dels extrems

Un dels conceptes que relaciona les derivades amb la geometria és la **teoria dels extrems:** la derivada en els màxims i mínims d'una funció s'anul·la. Així ho va enunciar el jurista i matemàtic francès **Pierre de Fermat** (1601-1665). També és conegut pel seu anomenat darrer teorema de Fermat, que no va ser resolt fins al 1995.

OPINION

La marató

«Si vols guanyar, corre cent metres.
Si vols experimentar la vida, corre una marató».

Aquesta afirmació la va realitzar el gran atleta i medallista olímpic d'origen txec, **Emil Zátopek** (1922-2000), més conegut com la *Locomotora humana.* La frase fa referència a l'experiència vital que suposa córrer una cursa d'aquesta mena, més enllà de les victòries i marques que es puguin conquistar.

- Aquesta i altres proves esportives es poden estudiar matemàticament a través de les derivades; en el cas de la marató, es pot analitzar com varia la velocitat de l'atleta al llarg de cada instant de la cursa. Accedeix a **http://links.edebe.com/mx94x** i descobriràs en què consisteix la relació existent entre aquesta prova esportiva i la derivació de funcions.
- Entra també als enllaços **http://links.edebe.com/bdkxk** i **http://links.edebe.com/5ys** per a obtenir més informació sobre les aplicacions de les derivades en altres esports.

CRITICAL SENSE

ECONOMIA I DERIVADES

En economia, les derivades també poden resultar útils; per exemple, per a conèixer a partir de quin nivell de producció els costos seran mínims, sabent la funció dels costos de fabricació.

- Suposem que el cost d'un producte ve donat per la funció $C(x) = \frac{x^2}{5} + 2x + 300$, on x és la quantitat d'unitats produïdes. Quin nivell de producció té un cost mínim per unitat? Quin és aquest cost?
- A partir de la derivada de la funció cost-mitjana, sabrem el nivell de producció amb cost mínim. A continuació, aplicant el nivell de producció trobat a la funció cost-mitjana, coneixerem el cost demanat.
- Quin ús pot fer un empresari de les dades en relació amb els seus beneficis?

NEW

EL PONT MATEMÀTIC

A la famosa **Universitat de Cambridge** (Regne Unit) hi ha un pont de fusta conegut com el *Pont Matemàtic,* ja que en la seva estructura s'aprecien diverses tangents a la corba sobre el riu on està erigit. La llegenda diu que va ser construït per **Isaac Newton** sense usar cargols, però la història del pont està plena de contradiccions...

- Entra a l'enllaç següent i coneixeràs més detalls sobre aquest pont: **http://links.edebe.com/u7u**
- Descobreix quina relació existeix entre l'estructura del pont i les derivades.
- Investiga les citades contradiccions que existeixen sobre aquest pont accedint a l'enllaç: **http://links.edebe.com/bkppz**.

Funcions i gràfiques

Utilitzant simultàniament la vista algèbrica i la vista gràfica, podem analitzar les característiques de molts tipus de funcions.

Vegem-ne alguns casos:

PAS 1. Despleguem **La zona gràfica *(Graphics)*,** amb els eixos de coordenades i la quadrícula, i la **Finestra algèbrica *(Algebra)*.**

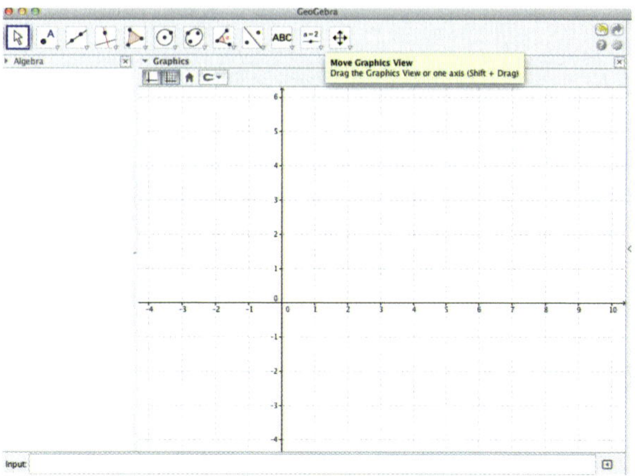

PAS 2. Definim uns **Punts lliscants *(sliders)*** per a dibuixar qualsevol funció. Observem que a la pantalla algèbrica apareixen els tres punts lliscants que hem definit amb el valor que tenen en aquest moment. Si apliquem la fletxa sobre els punts lliscants, els canviem el valor.

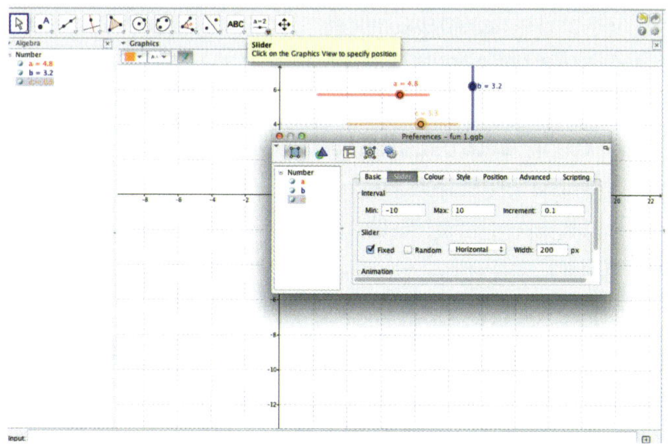

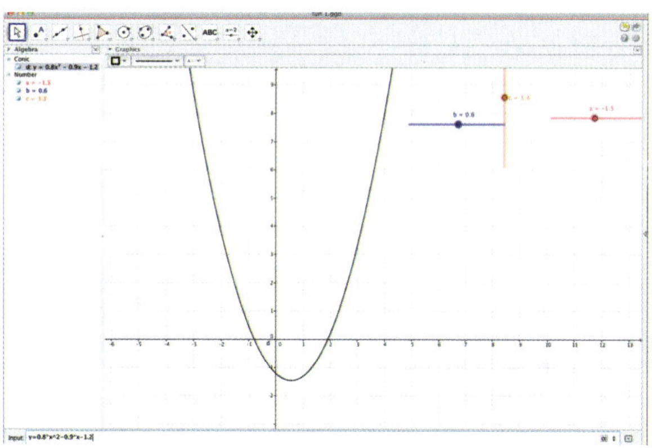

PAS 3. Introduïm les funcions en el camp **Entrada *(Input)*:**

3.1. Per a multiplicar, s'utilitza el símbol *: b*.

3.2. Per a escriure una potència, s'usa el símbol ^: a*x^2.

En el nostre exemple:

y = 0.8*x^2-0.9*x-1.2

3.3. En anar variant el valor dels punts lliscants, veiem com es modifiquen les diferents funcions.

En el desplegable que hi ha al costat de la barra d'**Entrada** hi ha definides moltes funcions.

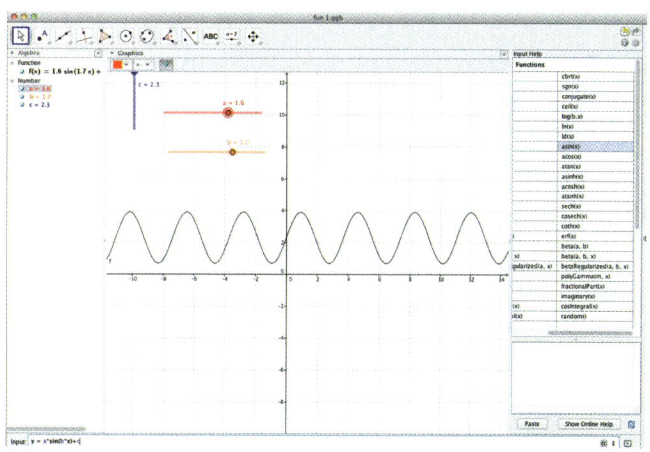

Derivades

Per a determinar derivades, podem utilitzar **La zona gràfica** i les icones:

Tangents (Tangents)

Pendent (Slope)

La icona ***Text (Text)*** permet incorporar text i fórmules a qualsevol document GeoGebra.

Observa aquesta funció:

$f(x) = 2x^2 - 2$

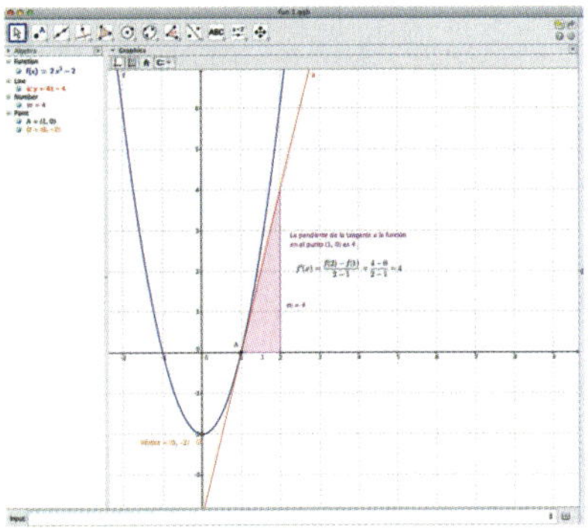

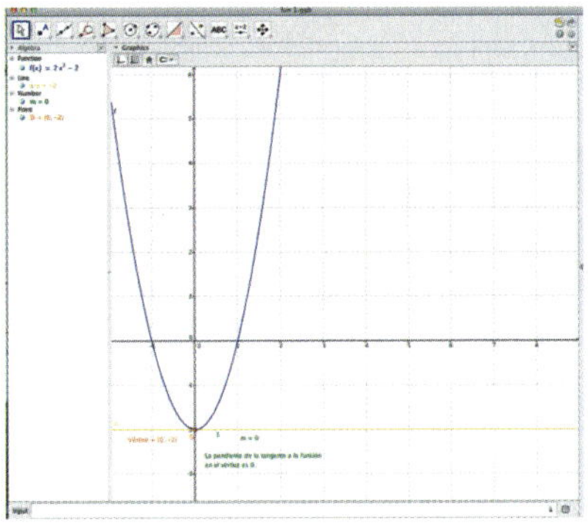

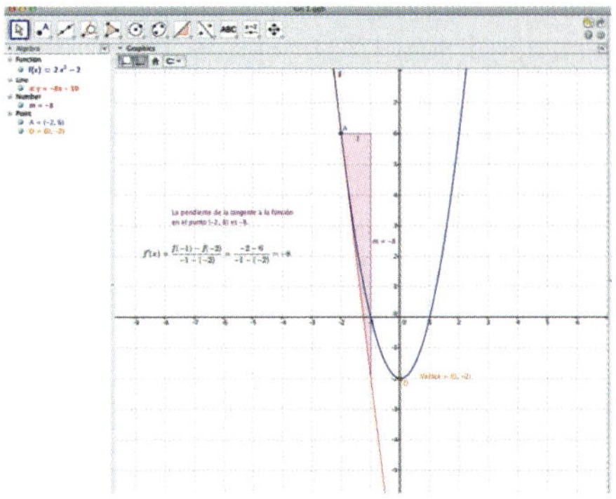

Podem analitzar el valor del pendent de la tangent de la funció en cadascun dels punts indicats. Deduïm que en el punt (1, 0) la funció és creixent; en el (−2, 6) és decreixent i, en el vèrtex, la funció presenta un extrem relatiu (mínim).

1. Dibuixa amb GeoGebra, en una mateixa finestra gràfica, una funció lineal, una de quadràtica i una de cúbica. Defineix tots els punts lliscants que necessitis. Determina el domini i el recorregut de cada funció.

2. Dibuixa amb GeoGebra les funcions:

$$f(x) = \sin x \text{ i } g(x) = \cos x$$

a) Dibuixa amb ajuda del punt lliscant les funcions:

$$h(x) = \sin x + a$$

$$k(x) = \cos x - b$$

— Què observes?

b) Determina el domini i el recorregut, els intervals de creixement i de decreixement, i la continuïtat de les funcions $f(x)$, $g(x)$, $h(x)$ i $k(x)$.

c) Determina amb l'ajuda del desplegable els màxims i els mínims de les funcions $f(x)$, $g(x)$, $h(x)$ i $k(x)$.

3. Dibuixa amb GeoGebra i amb ajuda dels punts lliscants:

$$f(x) = a^x \text{ i } g(x) = b^{-x}$$

Estudia el creixement i el decreixement de les dues funcions. Para especial atenció a definir els punts lliscants.

— Determina el punt d'intersecció de $f(x)$ i $g(x)$ amb els eixos. Per fer-ho, utilitza el desplegable que apareix amb la icona destacada.

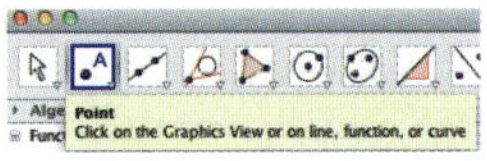

4. Determina les característiques de la funció de la figura. Selecciona quatre punts i troba el pendent de cadascun d'ells.

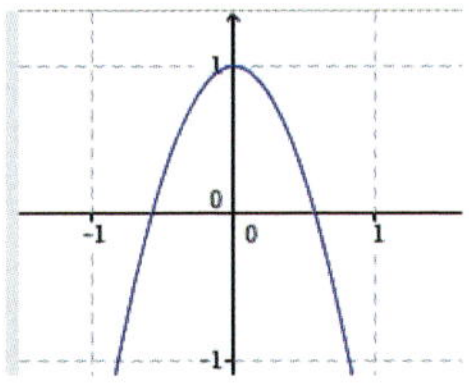

ESTADÍSTICA I PROBABILITAT

>> L'ESTADÍSTICA DEL PASSAT

El terme *estadística* comparteix la mateixa arrel que la paraula *estat*, tant en el sentit habitual de *situació* com en el sentit polític de *nació*. Aquesta semblança històrica no es limita a la forma, sinó que resulta molt més profunda. Durant segles, el significat de la paraula *estadística* ha estat el de la descripció de la situació de la nació, és a dir, de les característiques socials, geogràfiques i econòmiques.

Les decisions que prenen els inversors en borsa es fonamenten, en bona mesura, en la recopilació de dades estadístiques que reflecteixen l'evolució dels valors.

Segons aquest criteri històric, la primera notícia que es té sobre l'elaboració d'un estudi estadístic es remunta a la fi del quart mil·lenni abans de Crist. En aquell temps, segons l'historiador grec **Heròdot,** es va efectuar a Egipte un cens amb la finalitat de preparar la construcció de les piràmides.

El primer cens del qual es té notícia es va elaborar amb la finalitat de preparar la construcció de les piràmides d'Egipte. El fresc de la figura, descobert a la ciutat de Tebes, representa l'aixecament d'un mur.

A la Roma clàssica trobem l'estadística convertida en un veritable instrument al servei de l'administració pública. En l'època imperial era comuna l'elaboració periòdica de registres tributaris, comercials, militars...

L'arribada de l'Edat Mitjana va suposar una reculada de la ciència occidental en el seu conjunt i, en particular, un abandó gairebé absolut de l'interès per l'estadística. Més tard, l'època renaixentista va portar el desenvolupament d'una nova branca de les matemàtiques que va influir de forma notable en l'evolució d'aquesta disciplina: el *càlcul de probabilitats*.

>> L'ESTADÍSTICA MODERNA

L'anglès **J. Graunt** va publicar el 1662 *Natural and Political Observations Made upon the Bills of Mortality*, considerat el primer treball sobre estadística de la població.

Una mica més tard, el 1671, l'holandès **J. de Witt** va protagonitzar un important avenç en aquest camp en incorporar a aquesta disciplina els treballs sobre probabilitat de **Ch. Huygens.** En aquesta línia, al llarg del segle XVIII es va desenvolupar una cada vegada més intensa relació entre l'estadística i el càlcul de probabilitats.

Aquesta empresa va culminar el 1835 de la mà de l'astrònom belga **L. A. J. Quételet.** Les seves investigacions el van fer arribar a la conclusió que la informació continguda en grans masses de dades es podia estudiar tenint com a model la distribució normal. A ell es deuen també conceptes fonamentals en estadística com *mitjana* o *desviació*.

>> L'ESCOLA ANGLOAMERICANA

Les idees de L. A. J. Quételet van ser l'origen d'un ràpid desenvolupament en l'aplicació de les tècniques estadístiques. Tenen especial rellevància els estudis del naturalista anglès **F. Galton,** en els quals es va introduir el concepte de *correlació* i els fonaments de l'*anàlisi de regressió*.

L'herència de F. Galton es reconeix a l'anomenada *escola angloamericana,* els màxims exponents de la qual van ser **K. Pearson** i **R. A. Fisher.**

>> LA CIÈNCIA QUE VA NÉIXER DEL JOC

L'estudi de la *probabilitat* va néixer de l'interès per a conèixer les lleis que governen els jocs d'atzar. Tanmateix, malgrat que aquest interès és tan antic com la civilització mateixa, no es va conèixer cap avenç en aquest camp fins a mitjan segle XVI.

En aquesta època, els italians **G. Cardano** i **N. Tartaglia** van mantenir una encesa polèmica sobre diverses qüestions matemàtiques. Fruit d'aquesta disputa, G. Cardano va publicar un escrit en el qual s'indagava la solució d'alguns problemes referits al llançament d'un dau.

No va ser fins al 1654 quan es van establir els principis fonamentals del càlcul de probabilitats. Aquell any, els matemàtics francesos **B. Pascal** i **P. de Fermat** van mantenir un intercanvi de correspondència sobre aquest tema, animats per l'aristòcrata i apassionat jugador **A. Gombaud,** cavaller de Méré. Inspirat per aquesta correspondència, el naturalista holandès Ch. Huygens va publicar el 1657 *De ratiociniis in ludo aleae*, obra que hom considera el primer tractat sobre el càlcul de probabilitats.

La probabilitat va néixer de l'interès dels jugadors per a conèixer les lleis que governen els jocs d'atzar amb la finalitat d'aconseguir apostes avantatjoses.

>> UN NOM PROPI: PIERRE SIMON LAPLACE

Sens dubte, qui més va ajudar aquesta disciplina a donar els primers passos va ser el matemàtic suís **J. Bernoulli**. Durant més de vint anys va dedicar gran part dels seus esforços a reflexionar sobre el càlcul de probabilitats. Els resultats d'aquesta investigació es van publicar pòstumament el 1713 amb el títol d'*Ars conjectandi*. Del contingut d'aquesta obra destaca la primera referència coneguda a la *distribució binomial*, així com una primitiva versió de *la llei dels grans nombres*, origen de *la definició experimental de la probabilitat.*

Cal destacar també els treballs d'**A. De Moivre,** que el 1718 va publicar un tractat titulat *The Doctrine of Chances,* en el qual apareix per primera vegada la que avui coneixem com a *distribució normal*.

Durant la resta del segle XVIII va haver-hi altres aportacions al càlcul de probabilitats, entre les quals destaca la de **T. Bayes,** que el 1763 va donar a conèixer el teorema que porta el seu nom.

Va caldre esperar fins a l'any 1812 perquè el matemàtic i astrònom francès **P. S. Laplace** sistematitzés en la seva *Théorie analityque des probabilités* els coneixements de la seva època sobre aquest tema. A més de noves tècniques matemàtiques, l'autor va incloure en la seva obra nombroses aplicacions de problemes pràctics.

L'obra de P. S. Laplace va ser la base sobre la qual matemàtics com **C. F. Gauss** o **S. D. Poisson** van desenvolupar el càlcul de probabilitats al llarg del segle XIX.

>> L'ESCOLA DE SANT PETERSBURG

L'evolució general de les matemàtiques aviat va deixar obsoleta l'obra de P. S. Laplace. Això va fer necessària una reformulació del concepte de *probabilitat*, la qual va ser majoritàriament a càrrec d'un grup de matemàtics russos de l'anomenada *escola de Sant Petersburg.* El fundador d'aquest corrent va ser **P. L. Chebyshev.**

En el període comprès entre 1870 i 1930, P. L. Chebyshev i els seus deixebles van formalitzar definitivament el càlcul de probabilitats. Per la seva dedicació a aquesta empresa mereixen un esment especial **A. A. Markov**, **A. M. Liapunov** i **A. N. Kolmogorov,** a qui es deu la *definició axiomàtica de la probabilitat.*

>> EINA DE FUTUR

L'estadística i la probabilitat són, possiblement, les disciplines matemàtiques que més aplicacions troben en les ciències socials. Així, per exemple, són eines imprescindibles en psicologia, sociologia i qualsevol altre camp de coneixement en el qual es pretengui estudiar el comportament de l'ésser humà en el seu entorn.

Així mateix, val la pena destacar el paper que aquestes branques de les matemàtiques exerceixen avui dia en l'economia i la gestió. Tant l'Administració com les empreses privades necessiten disposar d'informació significativa per a prendre decisions que estiguin d'acord amb l'evolució de l'opinió pública i les necessitats socials. Per a obtenir aquesta informació es recorre a estudis basats en tècniques estadístiques i probabilístiques.

No cal oblidar que després de 6 000 anys, la primera aplicació coneguda de l'estadística, l'elaboració d'un cens de la població, continua sent un instrument fonamental per al correcte funcionament de l'Administració d'un país.

Actualment, els avenços tecnològics en el camp de la informàtica permeten treballar amb quantitats cada vegada més grans de dades, la qual cosa propicia una millora substancial de la qualitat de les mostres i de les anàlisis de dades.

10#

BLOC 3. ESTADÍSTICA I PROBABILITAT

Estadística

Presentació

Simulador

Problemes interactius

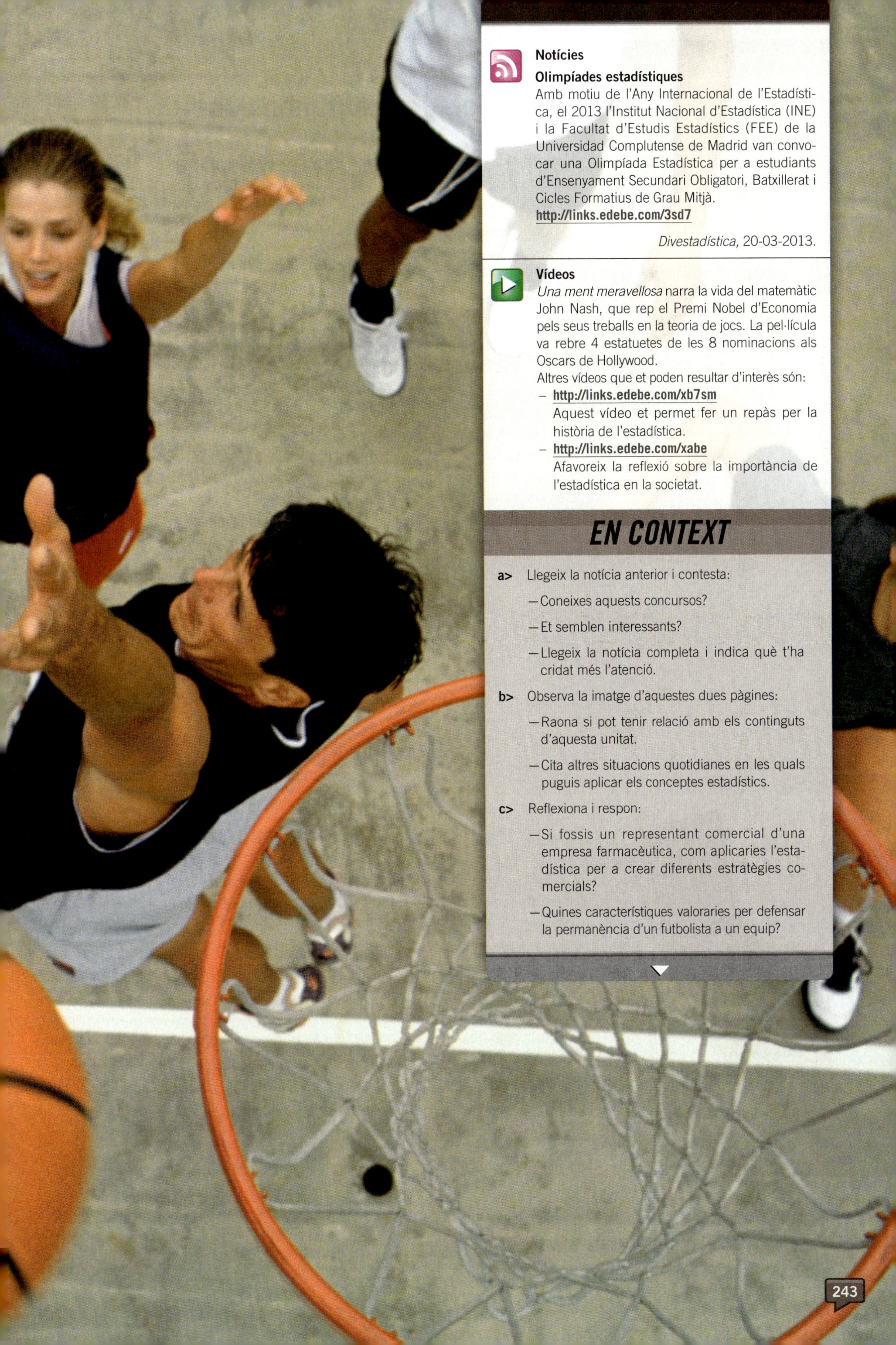

Notícies

Olimpíades estadístiques

Amb motiu de l'Any Internacional de l'Estadística, el 2013 l'Institut Nacional d'Estadística (INE) i la Facultat d'Estudis Estadístics (FEE) de la Universidad Complutense de Madrid van convocar una Olimpíada Estadística per a estudiants d'Ensenyament Secundari Obligatori, Batxillerat i Cicles Formatius de Grau Mitjà.

http://links.edebe.com/3sd7

Divestadística, 20-03-2013.

Vídeos

Una ment meravellosa narra la vida del matemàtic John Nash, que rep el Premi Nobel d'Economia pels seus treballs en la teoria de jocs. La pel·lícula va rebre 4 estatuetes de les 8 nominacions als Oscars de Hollywood.

Altres vídeos que et poden resultar d'interès són:

- **http://links.edebe.com/xb7sm**
  Aquest vídeo et permet fer un repàs per la història de l'estadística.
- **http://links.edebe.com/xabe**
  Afavoreix la reflexió sobre la importància de l'estadística en la societat.

EN CONTEXT

a> Llegeix la notícia anterior i contesta:

- Coneixes aquests concursos?
- Et semblen interessants?
- Llegeix la notícia completa i indica què t'ha cridat més l'atenció.

b> Observa la imatge d'aquestes dues pàgines:

- Raona si pot tenir relació amb els continguts d'aquesta unitat.
- Cita altres situacions quotidianes en les quals puguis aplicar els conceptes estadístics.

c> Reflexiona i respon:

- Si fossis un representant comercial d'una empresa farmacèutica, com aplicaries l'estadística per a crear diferents estratègies comercials?
- Quines característiques valoraries per defensar la permanència d'un futbolista a un equip?

1. Estadística unidimensional

L'**estadística descriptiva** s'encarrega de la **recollida, ordenació** i **tabulació** de les **dades** obtingudes en una sèrie d'**observacions** per, posteriorment, extreure **conclusions** sobre les **característiques** d'una **població.**

En ser gairebé impossible disposar de totes les dades de la població que s'estudia, se selecciona un subconjunt de la població que denominem **mostra.** A partir dels resultats obtinguts en l'estudi de la mostra obtindrem conclusions que considerarem vàlides per a tots els elements de la població.

RECORDA

— Anomenem **població** el conjunt d'individus objecte d'un estudi estadístic.

— A partir de la mostra traiem conclusions que suposem vàlides per a tota la població, per tant, la mostra ha de ser **representativa.**

1.1. Variables estadístiques

Les característiques de les dades recollides poden venir donades mitjançant valors numèrics, **quantitatives,** o no numèrics, **qualitatives.** Les primeres reben el nom de **variables** i les segones, el d'**atribut**. Les diferents situacions possibles de les característiques estudiades es denominen **modalitats.** Han de ser incompatibles i exhaustives, és a dir, cada individu de la població presenta una i només una de les modalitats possibles.

S'anomena **variable estadística** la propietat o característica de la població que estem interessats a estudiar.

Normalment, la variable estadística s'identifica amb el conjunt dels nombres que s'assigna a cadascun dels valors que pren una característica quantitativa. Atenent al camp analític de la variable, aquestes poden ser **discretes** (nombre finit de valors o infinit numerable) o **contínues** (quan poden prendre tots els valors possibles entre dos de donats).

Les variables poden ser **unidimensionals, bidimensionals, tridimensionals...** segons el nombre de característiques quantitatives que presenti cada dada.

INTERNET

Durant la Segona Guerra Mundial el descobriment per part dels aliats del sistema utilitzat pels alemanys per a xifrar i desxifrar missatges (mitjançant una màquina anomenada Enigma) es considera que va contribuir a avançar el final de la guerra. Pots ampliar aquesta informació a l'enllaç següent:

http://links.edebe.com/8vq4jt

1.2. Freqüències i dades agrupades

Després de la recollida de dades es procedeix a la seva representació, que consisteix a presentar-les ordenades i classificades perquè puguin proporcionar informació sobre l'estudi que s'està realitzant.

Les formes fonamentals de representació són tres:

— Estadístiques **numèriques** o taules estadístiques.

— Estadístiques **gràfiques.**

— Reducció de dades mitjançant el **càlcul de paràmetres estadístics representatius** de la **mostra.**

Es denomina **freqüència absoluta** (n_i) d'una característica el nombre de dades de la mostra que la contenen. La **freqüència relativa** (f_i) associada vindrà donada pel quocient entre la freqüència absoluta i el nombre total de dades.

El conjunt de tots els valors de la variable estadística amb les seves freqüències respectives es denomina **distribució de freqüències.** A la pràctica es coneixen com a **taules de freqüències** o **taules estadístiques.**

FIXA-T'HI

Les **taules estadístiques** poden ser **de freqüències absolutes** o **relatives, ordinàries** o **acumulatives.**

1 EXEMPLE

Els resultats següents corresponen a l'alçada en centímetres dels alumnes d'un curs de primer de Batxillerat.

165	165	161	167	162	180	188	174	172	178
192	154	157	185	193	176	191	169	178	179
176	180	181	162	191	177	179	176	164	190

Representa la distribució de freqüències de la variable estadística en cinc intervals de classe.

Solució

COMPRENSIÓ. Després d'ordenar les dades, determinar l'amplitud dels intervals i fer el recompte, procedirem a identificar els diferents tipus de freqüències.

RESOLUCIÓ. Ordenem les dades de menor a major.

154	157	161	162	162	164	165	165	167	169
172	174	176	176	176	177	178	178	179	179
180	180	181	185	188	190	191	191	192	193

Dividim el recorregut en intervals, generalment de la mateixa longitud, denominats **intervals de classe.** El punt mitjà de l'interval es coneix com a **marca de classe,** x_i**.**

L'amplitud dels intervals vindrà donada per $(193 - 154) : 5 = 39 : 5 \approx 8$

Les freqüències absolutes, f_i s'obtenen en comptar les dades i associar-les a l'interval al qual pertanyen.

INTERVALS	MARCA DE CLASSE, x_i	FREQÜÈNCIA, n_i	FREQÜÈNCIA ACUMULADA, N_i	FREQÜÈNCIA RELATIVA, f_i	FREQÜÈNCIA RELATIVA ACUMULADA, F_i
[154, 162)	158	3	3	3/30	3/30
[162, 170)	166	7	10	7/30	10/30
[170, 178)	174	6	16	6/30	16/30
[178, 186)	182	8	24	8/30	24/30
[186, 194)	190	6	30	6/30	30/30
		$N = 30$		30/30	

1.3. Gràfics

En cursos anteriors s'han estudiat les representacions gràfiques de distribucions de tipus discret. La més utilitzada és el diagrama de barres. Quan es treballa amb una distribució en la qual s'agrupen les dades en intervals, el diagrama corresponent es denomina *histograma.*

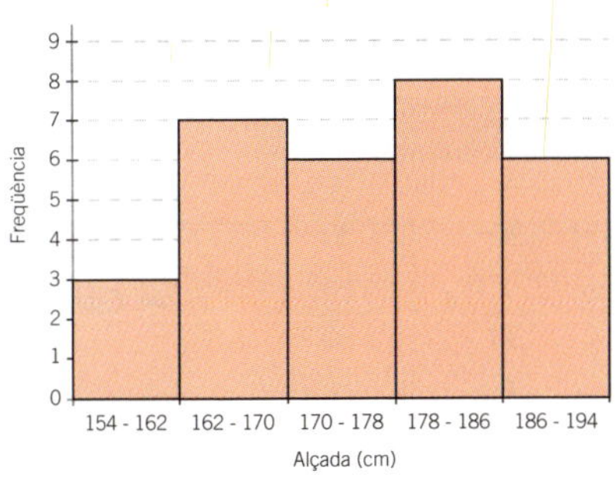

Histograma.

L'**histograma** de freqüències d'una distribució és la representació formada per rectangles juxtaposats. L'àrea de cada rectangle coincideix amb la freqüència relativa, f_i, de cada classe.

AMPLIA

Podem distingir dos tipus de distribucions de freqüències:

— **Valors sense agrupar.** S'aplica quan el nombre de valors que pren la variable és petit. S'utilitza en les variables de tipus **discret.**

— **Valors agrupats.** S'aplica quan el nombre de valors que pren la variable és gran, especialment en variables de tipus **continu.**

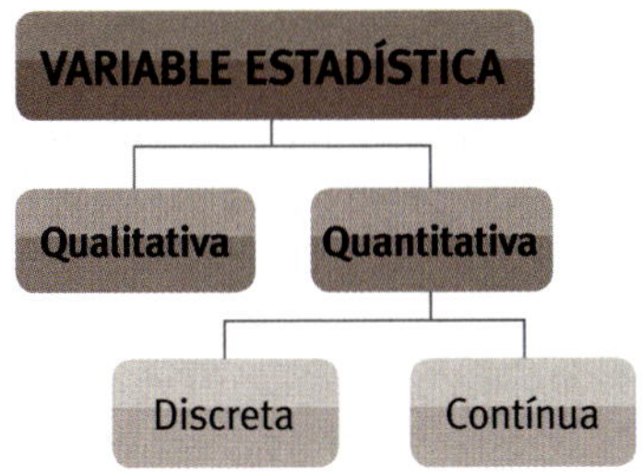

RECORDA

El **polígon de freqüències ordinàries** resulta de traçar la línia poligonal que uneix els punts formats per la **marca de classe,** x_i de cada interval i la **freqüència absoluta,** n_i.

A la pràctica, se suposa que la freqüència es distribueix de manera uniforme a cada interval, la qual cosa permet considerar les freqüències acumulades sense salts.

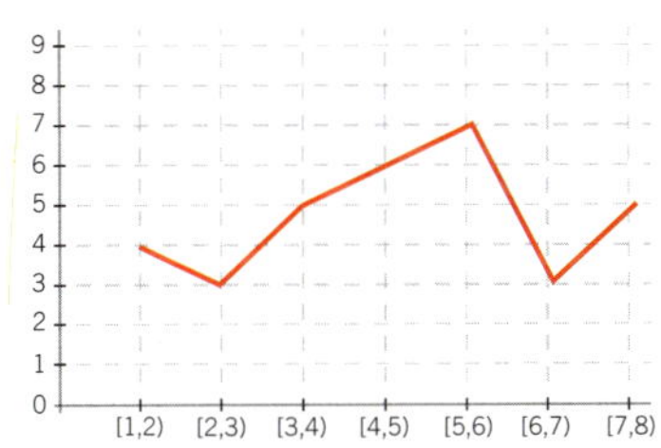

Polígon de freqüències.

Problemes resolts
A

Exercicis i problemes
5 a 9

1.4. Mesures de centralització

En cursos anteriors s'han estudiat els conceptes de *moda, mitjana* i *mediana.*

Són de gran utilitat en l'estudi d'una variable estadística i formen part del que es coneix com a **mesures de centralització d'una variable.**

Una **mesura de centralització** és un valor representatiu d'un conjunt de dades, que sol situar-se en el centre de la distribució una vegada ordenades.

AMPLIA

En economia s'empra la **mitjana geomètrica** com a mesura de centralització per a les variacions en el temps. Per a obtenir, per exemple, la variació percentual de les quantitats que es tracten, ja siguin vendes, ingressos, etc.

La **mitjana harmònica** pot representar amb un valor molt petit la mitjana d'un conjunt de valors molt grans. S'empra en física, geometria, automobilisme, etc.

Les mesures de centralització usuals són:

— **Moda.** És el valor de la variable amb més freqüència. Si les dades estan agrupades en intervals, s'acostuma a considerar que la moda és la marca de classe de l'interval amb més freqüència absoluta, i aquest interval és la **classe modal.**

— **Quartils.** Són els valors Q_1, Q_2 i Q_3 que deixen a la seva dreta $\frac{1}{4}$, $\frac{1}{2}$ i $\frac{3}{4}$ de la distribució.

— **Rang interquartílic.** $Q_3 - Q_1$

— **Mediana.** És el valor que ocupa el **lloc central** en un conjunt de dades ordenades. Si el nombre de dades és imparell, la mediana coincideix amb el valor de la dada que ocupa la posició central. Si és parell, és la mitjana aritmètica de les dues dades que ocupen els llocs centrals.

Si les dades estan agrupades en intervals, es denomina **classe mediana** que és l'interval que conté la dada central i la podem calcular mitjançant l'expressió:

$$Me = L_i + h \cdot \frac{\frac{N}{2} - N_{i-1}}{n_i}$$

L_i: extrem inferior de la classe mediana
h: amplitud de la classe mediana
N: nombre total de dades
N_{i-1}: freqüència absoluta acumulada de l'interval anterior a la classe mediana
n_i: freqüència absoluta de la classe mediana

— **Mitjana aritmètica.** Valor que resulta de dividir la suma de totes les dades entre el nombre total de dades. Si les dades estan agrupades en intervals, es prenen com a valors les marques de classe. Es calcula mitjançant l'expressió:

$$\bar{x} = \frac{\sum_i x_i \cdot n_i}{N}$$

x_i: valor de la variable
n_i: freqüència absoluta de x_i
N: nombre total de dades

Exercicis i problemes 10 i 11

2 EXEMPLE

INTERVALS	x_i	n_i	N_i	f_i	F_i
[154, 162)	158	3	3	$\frac{3}{30}$	$\frac{3}{30}$
[162, 170)	166	7	10	$\frac{7}{30}$	$\frac{10}{30}$
[170, 178)	174	6	16	$\frac{6}{30}$	$\frac{16}{30}$
[178, 186)	182	8	24	$\frac{8}{30}$	$\frac{24}{30}$
[186, 194)	190	6	30	$\frac{6}{30}$	$\frac{30}{30}$
		$N = 30$		$\frac{30}{30}$	

A partir de la taula de dades de l'exemple 1 determinem la classe modal, la classe mediana i la mitjana aritmètica.

— **Classe modal: [178, 186)**

— **Classe mediana: [170, 178)**

$$Me = 170 + 8 \cdot \frac{\frac{30}{2} - 10}{6} = 176,\widehat{6}$$

— **Mitjana aritmètica:**

$$\bar{x} = \frac{5\,276}{30} = 175,8\widehat{6}$$

1.5. Mesures de dispersió

Si, per exemple, considerem les altures 160, 170 i 180 cm d'una banda, i 168, 170 i 172 cm de l'altra, totes dues mitjanes coincideixen, però la concentració de les dades entorn de la mitjana és molt diferent.

Les mesures de dispersió intenten mesurar la major o menor concentració de les dades entorn d'una mesura de centralització.

> Una **mesura de dispersió** determina el grau en què els valors de la variable estadística tendeixen a concentrar-se al voltant d'un valor mitjà.

Les mesures de dispersió més representatives són:

— **Recorregut.** És la diferència entre el valor màxim i el valor mínim de la sèrie de dades. En el cas que les dades estiguin agrupades en intervals, és la diferència entre l'extrem superior de l'últim interval i l'extrem inferior del primer.

— **Desviació mitjana.** És la mitjana aritmètica de les desviacions de totes les dades respecte de la seva mitjana aritmètica. En el cas que les dades estiguin agrupades, es prenen com a valors de la variable les marques de classe.

$$d_m = \sum_{i=1}^{n} |x_i - \overline{x}| \cdot f_i$$

— **Variància.** És la mitjana aritmètica dels quadrats de les desviacions de totes les dades respecte de la seva mitjana aritmètica. En el cas que les dades estiguin agrupades en intervals, es prenen les marques de classe dels diferents intervals com a diferents valors de la variable x_i i les seves freqüències absolutes com a n_i.

$$\sigma^2 = \sum_{i=1}^{n} (x_i - \overline{x})^2 \cdot f_i$$

— **Desviació típica.** Es determina a partir de la variància, amb les mateixes unitats que la mitjana. Es calcula:

$$\sigma = +\sqrt{\sum_{i=1}^{n} (x_i - \overline{x})^2 \cdot f_i}$$

— **Coeficient de variació.** És el quocient entre la desviació típica i la mitjana:

$$\rho = \frac{\sigma}{|\overline{x}|}$$

RECORDA

Freqüència relativa acumulada:

$$f_i = \frac{n_i}{N}$$

Problemes resolts
B

Exercicis i problemes
12 a 14

3 EXEMPLE

Seguim amb les dades de la taula de dades de l'exemple 1 per determinar el recorregut, la desviació mitjana, la variància, la desviació típica i el coeficient de variació.

INTERVALS	x_i	n_i	N_i	f_i	F_i
[154, 162)	158	3	3	0,10	$\frac{3}{30}$
[162, 170)	166	7	10	0,23	$\frac{10}{30}$
[170, 178)	174	6	16	0,20	$\frac{16}{30}$
[178, 186)	182	8	24	0,27	$\frac{24}{30}$
[186, 194)	190	6	30	0,20	$\frac{30}{30}$
		$N = 30$		1,00	

— **Recorregut: 193 – 154 = 39**

— **Desviació mitjana:**

$$d_m = \sum_{i=1}^{5} |x_i - 175{,}6| \cdot f_i = |158 - 175{,}6| \cdot 0{,}10 +$$
$$+ |166 - 175{,}6| \cdot 0{,}23 + |174 - 175{,}6| \cdot 0{,}20 +$$
$$+ |182 - 175{,}6| \cdot 0{,}27 + |190 - 175{,}5| \cdot 0{,}20 = 1{,}653$$

— **Variància:** $\sigma^2 = \sum_{i=1}^{5} (x_i - 175{,}6)^2 \cdot f_i = 99{,}84$

— **Desviació típica:** $\sigma = \sqrt{99{,}84} \simeq 9{,}99$

— **Coeficient de variació:** $\rho = \frac{9{,}99}{175{,}6} = 0{,}056$

2. Estadística bidimensional

Encara que es poden realitzar estudis sobre el caràcter d'una determinada població, resulta evident que les característiques que es manifesten no solen presentar-se de forma aïllada.

L'estadística bidimensional estudia el grau de relació de dues característiques que es manifesten en una mateixa població.

Estudiarem el grau de dependència de les variables tractades com a variables unidimensionals i veurem un mètode que ens permeti mesurar aquest grau de relació.

La representació gràfica dels valors dels quals es disposa ens permetrà intuir si aquesta dependència és més o menys forta, atenent a la concentració dels punts representats.

Un estudi analític ens permetrà concloure amb certesa si la nostra idea inicial era o no encertada. Posteriorment, podrem obtenir els valors d'una variable a partir dels de l'altra emprant una funció d'interpolació com les que s'han estudiat en el bloc d'anàlisi.

BIBLIOGRAFIA

Et proposem que consultis els textos següents amb la finalitat que puguis aprofundir sobre els conceptes d'estadística.

— *Estadística aplicada bàsica* de David S. Moore.

— *Estadística bàsica amb aplicacions en MS Excel* de J. C. Vergara i V. M. Quesada.

2.1. Variables estadístiques

Suposem que estem fent un estudi sobre la població d'un país. Per a cadascuna de les províncies que el componen es pren com a dada la renda *per capita* i el nombre de components de la unitat familiar. Per a cada província estudiem dues característiques i les dades que recollim donaran lloc a una variable estadística bidimensional.

Si considerem una població de N individus en la qual es realitza un estudi de les característiques A i B, i es recullen les dades $(x_1, ..., x_n)$ i $(y_1, ..., y_m)$ respectivament, denominem **variable estadística bidimensional el conjunt:**

$$(X,Y) = \{(x_i, y_j) \mid 1 \le i \le n; 1 \le j \le m\}$$

Francis Galton

Francis Galton (Regne Unit, 1822-1911). Investigador britànic que va contribuir amb els seus estudis estadístics a la millora que Florence Nightingale (Itàlia-Regne Unit, 1820-1910) va dur a terme en la seguretat d'hospitals i cura del personal d'infermeria.

4 EXEMPLE

Indica a quin tipus de variable corresponen les característiques següents d'una població que s'estudien mitjançant variables bidimensionals:

a) El pes i l'alçada d'un grup de persones.

b) El nombre de preguntes respostes correctament pels participants a una oposició del cos de mestres en un test de Matemàtiques i en un de Llengua.

c) Els índexs d'audiència i el nombre d'anuncis que s'emeten en dos canals diferents de televisió al llarg d'un dia.

Solució

COMPRENSIÓ. Distingim entre variables discretes i contínues.

RESOLUCIÓ. a) Contínues; b) Discretes i c) Índexs: contínua, i anuncis: discreta.

2.2. Organització de dades estadístiques

Per a estudiar una variable bidimensional, es realitza un estudi conjunt de les dues variables unidimensionals que la formen amb la finalitat de determinar si existeix alguna relació entre elles, de manera que puguem obtenir informació d'una a partir de l'altra.

Els valors (x_i, y_j) permeten elaborar una **taula de freqüències de doble entrada o taula de correlació.**

(X, Y)	x_1	x_2		x_n	B_j
y_1	n_{11}	n_{21}		n_{n1}	B_1
y_2	n_{12}	n_{22}		n_{n2}	B_2
y_m	n_{1m}	n_{2m}		n_{nm}	B_m
A_i	A_1	A_2		A_n	N

Els conceptes que intervenen a la taula són els següents:

— **Freqüència absoluta conjunta n_{ij}.** És el nombre de vegades que apareix cada parell de valors (x_i, y_j).

— **Freqüència absoluta marginal de la variable *X*.** Són cadascun dels valors $A_i = \sum_{j=1}^{m} n_{ij}$, que representen el nombre de vegades que *X* pren el valor x_i.

— **Freqüència absoluta marginal de la variable *Y*.** Són cadascun dels valors $B_j = \sum_{i=1}^{n} n_{ij}$, que representen el nombre de vegades que *Y* pren el valor y_j.

— **Nombre total d'individus, *N*,** que componen l'estudi.

FIXA-T'HI

$$N = \sum_{i=1}^{n}\sum_{j=1}^{m} n_{ij} = \sum_{i=1}^{n} A_i = \sum_{j=1}^{m} B_j$$

La freqüència relativa de (x_i, y_j) és $f_{ij} = \frac{n_{ij}}{N}$, que compleix:

$$\sum_{i=1}^{n}\sum_{j=1}^{m} f_{ij} = 1$$

5 EXEMPLE

Determina la taula de freqüències conjunta de les qualificacions obtingudes en les matèries de Matemàtiques i Llengua pels opositors al cos de mestres d'un determinat tribunal.

MATEMÀTIQUES	3	4	5	6	6	7	7	8	8
LLENGUA	3	5	5	6	7	6	7	7	8
NRE. OPOSITORS	2	5	14	4	6	4	2	2	1

Solució

COMPRENSIÓ. Assignem a la variable *X* els valors de les qualificacions en la prova de Matemàtiques i a la variable *Y*, els valors de la de Llengua.

RESOLUCIÓ. Realitzem el recompte i recollim les dades a la taula de doble entrada:

Distribució marginal de *X*

X	A_i
3	2
4	5
5	14
6	10
7	6
8	3
	N = 40

Distribució marginal de *Y*

Y	B_j
3	2
5	19
6	8
7	10
8	1
	N = 40

(X, Y)	3	4	5	6	7	8	B_j
3	2	-	-	-	-	-	2
5	-	5	14	-	-	-	19
6	-	-	-	4	4		8
7	-	-	-	6	2	2	10
8	-	-	-	-	-	1	1
A_i	2	5	14	10	6	3	*N* = 40

També es poden elaborar taules de freqüències relatives conjuntes prenent les freqüències relatives, f_{ij}, en lloc de les freqüències absolutes, n_{ij}.

LLENGUATGE MATEMÀTIC

— **Mitjana:**

$$\bar{x} = \frac{1}{N}\sum_{i=1}^{n} x_i \cdot A_i$$

$$\bar{y} = \frac{1}{N}\sum_{j=1}^{m} y_j \cdot B_j$$

— **Variància:**

$$\sigma_x^2 = \frac{1}{N}\sum_{i=1}^{n} (x_i - \bar{x})^2 \cdot A_i$$

$$\sigma_y^2 = \frac{1}{N}\sum_{j=1}^{m} (y_j - \bar{y})^2 \cdot B_j$$

— **Desviació típica:**

$$\sigma_x = \sqrt{\sigma_x^2}$$

$$\sigma_y = \sqrt{\sigma_y^2}$$

INTERNET

A l'enllaç següent trobaràs un vídeo que il·lustra com calcular la covariància:

http://links.edebe.com/sax7

AMPLIA

Existeix una relació entre el concepte estadístic i el concepte físic de **centre de gravetat.**

Les coordenades del centre de gravetat són mitjanes aritmètiques.

El centre de gravetat o centre de masses d'un sistema és el centre de gravetat de les distribucions de freqüències.

Exercicis i problemes 15

2.3. Paràmetres estadístics

Donada una variable bidimensional (X, Y) podem considerar de manera independent cadascuna de les variables unidimensionals, X i Y, que la formen, i calcular, per a cadascuna d'elles, les mesures de centralització i dispersió definides en el cas unidimensional.

A més, per a una variable bidimensional es defineixen els paràmetres estadístics següents:

— **Centre de gravetat.** És el punt $(\bar{x}, \bar{y})$ format per les mitjanes de les distribucions marginals de X i Y.

— **Covariància o variància conjunta de *X* i *Y*.** És la mitjana aritmètica dels productes de les desviacions típiques de cada variable respecte de la seva mitjana.

$$\sigma_{xy} = \frac{1}{N}\sum_{i=1}^{n}\sum_{j=1}^{m}(x_i - \bar{x}) \cdot (y_j - \bar{y}) \cdot n_{ij}$$

A la pràctica, per a calcular la covariància s'empra la fórmula següent que simplifica molt els càlculs:

$$\sigma_{xy} = \frac{1}{N}\sum_{i=1}^{n}\sum_{j=1}^{m} x_i \cdot y_j \cdot n_{ij} - \bar{x} \cdot \bar{y} = \sum_{i=1}^{n}\sum_{j=1}^{m} x_i \cdot y_j \cdot f_{ij} - \bar{x} \cdot \bar{y}$$

6 EXEMPLE

Calcula el centre de gravetat i la covariància de la variable bidimensional que representa les qualificacions obtingudes en les matèries de Matemàtiques i Llengua pels opositors al cos de mestres d'un determinat tribunal de l'exemple 5.

Solució

COMPRENSIÓ. Calculem el centre de gravetat i la covariància a partir de la taula de freqüències de doble entrada que hem realitzat a l'exemple anterior.

RESOLUCIÓ. Tenint en compte les distribucions marginals, calculem les mitjanes de X i Y, la qual cosa ens permet definir el centre de gravetat de la variable bidimensional (X, Y).

X	A_i	$x_i \cdot A_i$
3	2	6
4	5	20
5	14	70
6	10	60
7	6	42
8	3	24
	N = 40	

Y	B_j	$y_j \cdot B_j$
3	2	6
5	19	95
6	8	48
7	10	70
8	1	8
	N = 40	

$$\bar{x} = \frac{1}{N}\sum x_i \cdot A_i = \frac{222}{40} = 5{,}55$$

$$\bar{y} = \frac{1}{N}\sum y_j \cdot B_j = \frac{227}{40} = 5{,}675$$

Per tant, el centre de gravetat és el punt $(\bar{x}, \bar{y}) = (5{,}55;\ 5{,}675)$.

Per a calcular la covariància podem emprar qualsevol de les dues fórmules.

MATEMÀTIQUES, x_i	3	4	5	6	6	7	7	8	8	
LLENGUA, y_j	3	5	5	6	7	6	7	7	8	
NRE. OPOSITORS, n_{ij}	2	5	14	4	6	4	2	2	1	N = 40
$x_i \cdot y_j \cdot f_{ij}$	0,45	2,5	8,75	3,6	6,3	4,2	2,45	2,8	1,6	$\sum x_i \cdot y_j \cdot f_{ij} = 32{,}65$

$$\sigma_{xy} = \sum\sum x_i \cdot y_j \cdot f_{ij} - \bar{x} \cdot \bar{y} = 32{,}65 - (5{,}55 \cdot 5{,}675) = 32{,}65 - 31{,}48 = 1{,}17$$

2.4. Diagrames de dispersió

Els possibles valors que pot prendre la variable (*X*, *Y*) es representen mitjançant un **diagrama de dispersió** o **núvol de punts.**

En un sistema de referència cartesià s'assigna una característica a cada eix, i s'hi representen a sobre tants punts com vegades apareguin els parells de valors (x_i, y_j). Aquesta representació ens indica el grau de dependència que existeix entre les variables *X* i *Y*.

El **diagrama de barres** s'utilitza fonamentalment en la representació de variables de tipus discret. Consisteix a fixar un sistema cartesià tridimensional de manera que a l'eix vertical es representi la freqüència corresponent als parells de valors (x_i, y_j).

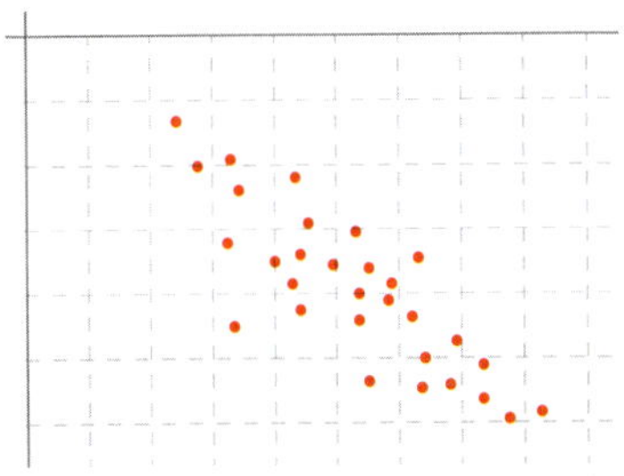

Diagrama de dispersió o núvol de punts.

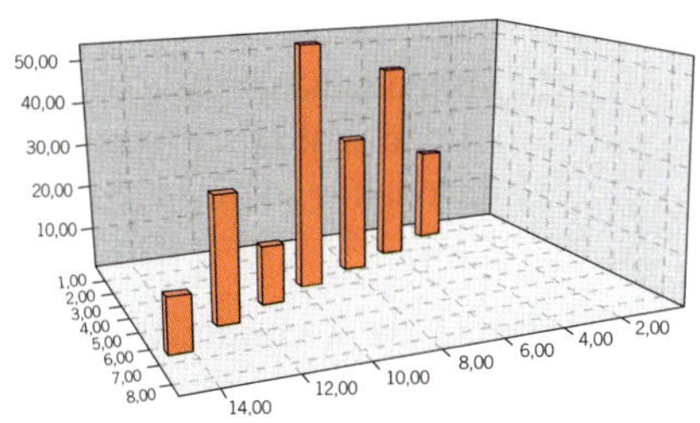

Diagrama de barres.

El diagrama de dispersió es pot entendre com la projecció sobre el pla horitzontal de les barres tridimensionals que configuren el diagrama de barres.

Tots dos ens donen una idea clara de com es distribueix la variable.

INTERNET

En aquest enllaç podràs veure com representar gràfics per a variables bidimensionals:

http://links.edebe.com/fuxb

7 EXEMPLE

Representa el diagrama de barres i el núvol de punts corresponents a la variable bidimensional que representa les qualificacions obtingudes en les matèries de Matemàtiques i Llengua pels opositors al cos de mestres d'un determinat tribunal.

MATEMÀTIQUES	3	4	5	6	6	7	7	8	8
LLENGUA	3	5	5	6	7	6	7	7	8
NRE. OPOSITORS	2	5	14	4	6	4	2	2	1

Solució

COMPRENSIÓ. Assignem a la variable *X* els valors de les qualificacions en la prova de Matemàtiques i a la variable *Y*, els valors de la de Llengua.

RESOLUCIÓ. El diagrama de dispersió i el de barres tenen la forma següent:

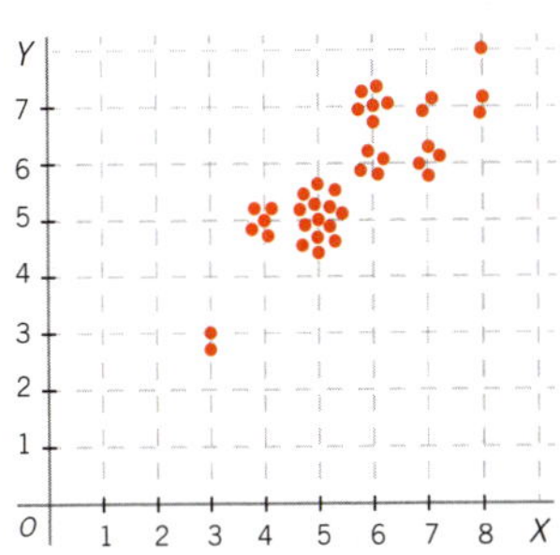

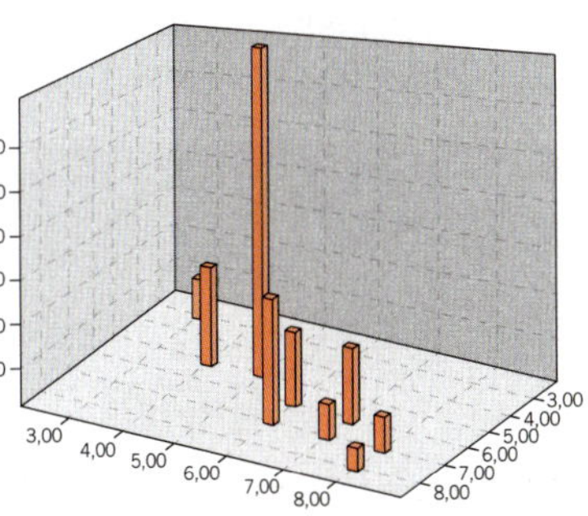

Exercicis i problemes 16

3. Dependència i correlació

En l'estudi de les variables bidimensionals és important conèixer el grau de relació existent entre les dues variables unidimensionals que hi intervenen.

En primer lloc, tractarem el problema de la correlació, enfocat a l'estudi del grau de causes comunes entre les dues variables.

Donada una variable bidimensional (X, Y), direm que les variables X i Y són **estadísticament dependents** quan la variació d'una influeix en la distribució de l'altra.

El diagrama de dispersió proporciona certa informació sobre el grau de dependència existent entre les variables, però amb aquesta informació no en tenim prou.

Donada una variable bidimensional (X, Y), direm que les variables X i Y són **estadísticament independents** quan les distribucions condicionades siguin independents de la variació de l'altra variable.

Las **distribució de X condicionada a Y** és una **distribució unidimensional** que s'obté mantenint fix el valor de la variable Y, i considerant els valors que pren X amb les seves respectives freqüències.

FIXA-T'HI

Si X i Y són **variables unidimensionals** estadísticament independents, la **covariància és nul·la.**

Tanmateix, que la covariància de X i Y sigui nul·la no significa que les variables siguin independents.

AMPLIA

Conèixer la independència de les variables facilita els càlculs d'un estudi estadístic.

La condició necessària i suficient perquè dues variables siguin independents és:

$$\frac{f_{ij}}{N} = \frac{A_i}{N} \cdot \frac{B_j}{N} \Leftrightarrow h_{ij} = a_i \cdot b_j$$

8 EXEMPLE

Determina les distribucions condicionades que es descriuen en cada cas:

a) De les qualificacions de Matemàtiques, si s'han obtingut 5 punts en Llengua.

b) De les qualificacions de Llengua, si s'han obtingut 6 punts en Matemàtiques.

(X, Y)	3	4	5	6	7	8	B_j
3	2	-	-	-	-	-	2
5	-	5	14	-	-	-	19
6	-	-	-	4	4		8
7	-	-	-	6	2	2	10
8	-	-	-	-	-	1	1
A_i	2	5	14	10	6	3	$N = 40$

Solució

COMPRENSIÓ. En tots dos apartats, fixem el valor que condiciona i prenem els valors de l'altra variable corresponents al valor que condiciona.

RESOLUCIÓ. Aplicant la teoria, la solució vindria donada per:

a) Distribució de X condicionada a $Y = 5$.

$X/Y_2 = 5$	n_{i2}
3	0
4	5
5	14
6	0
7	0
8	0
	$B_j = 19$

b) Distribució de Y condicionada a $X = 6$.

$Y/X_4 = 6$	n_{4i}
3	0
5	0
6	4
7	6
8	0
	$A_i = 10$

Anàlogament es defineix la distribució de Y condicionada a X.

Problemes resolts
C

Tipus de correlació

Els diferents tipus de correlació que podem trobar són:

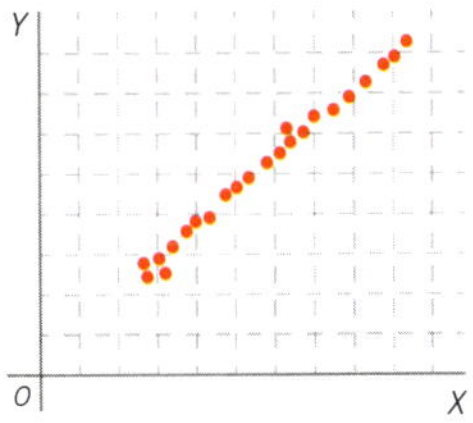

Dependència funcional.

Quan a cada valor x_i només se li pot assignar un únic valor y_j mitjançant una funció $y = f(x)$.

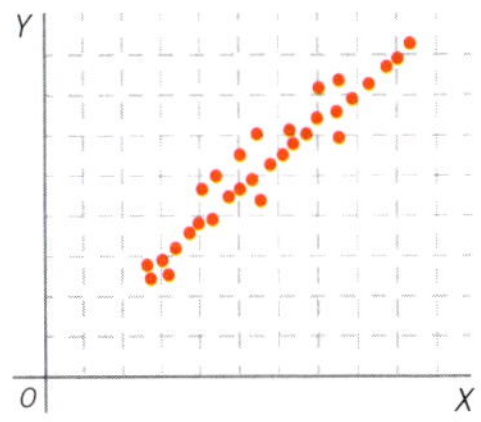

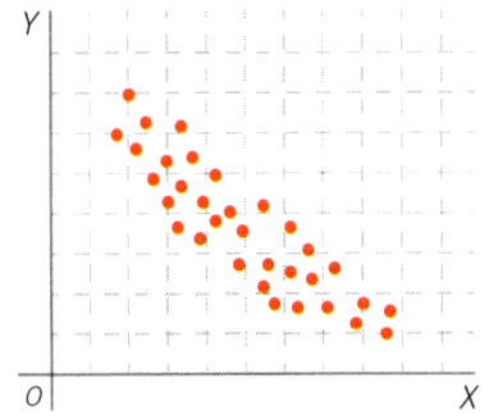

Dependència estadística.

Quan existeix relació entre els valors de x_i i els de y_j, però no segueixen exactament la funció $y = f(x)$. Serà forta o dèbil segons com s'aproximi als valors de la funció.

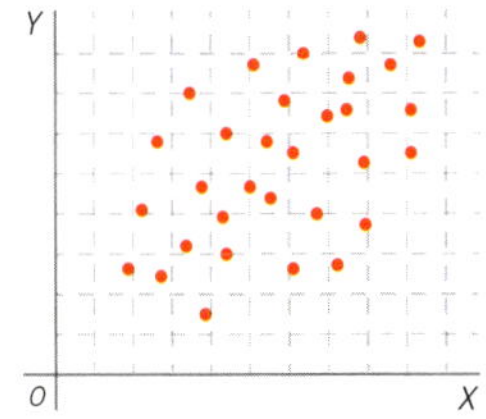

Independència estadística.

Es dóna si no existeix dependència funcional ni estadística.

Atenent a la forma que presenta el diagrama de dispersió, direm que la correlació és:

— **Nul·la** si els punts del diagrama de dispersió es distribueixen de manera aleatòria, sense seguir cap funció. En aquest cas es diu que les variables són **incorrelades.**

— **Lineal** o **curvilínia** si el núvol de punts es presenta seguint una línia o una corba, respectivament.

— **Positiva** o **directa** si el núvol de punts segueix una trajectòria creixent.

— **Negativa** o **inversa** si el núvol de punts segueix una trajectòria decreixent.

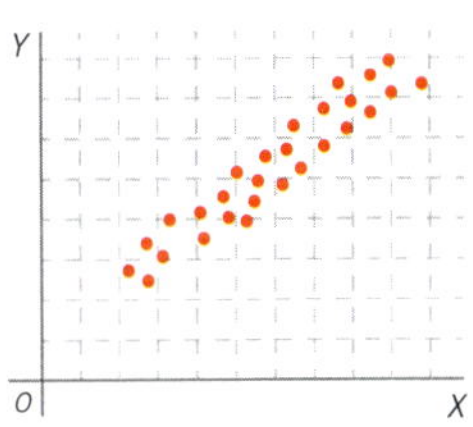

Correlació positiva o directa.

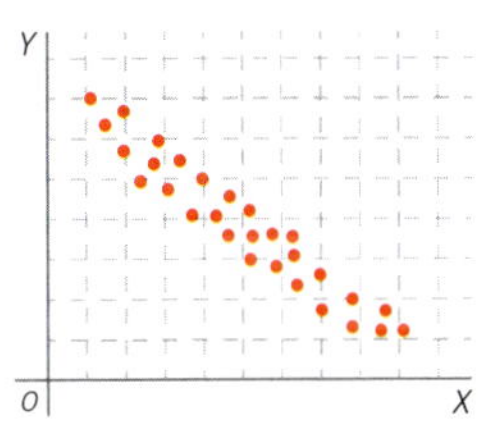

Correlació negativa o inversa.

9 EXEMPLE

Observem la correlació que pot existir entre les variables que representen les característiques següents. Per fer-ho, ens fixarem en com es relacionen les característiques al nostre entorn.

VARIABLES	CORRELACIÓ
El pes i l'alçada d'una persona.	Dependència estadística dèbil positiva.
L'alçada i l'edat d'una persona.	Dependència estadística curvilínia dèbil.
Superfície d'un terreny i quantitat de malla emprada per a barrar la finca.	Dependència funcional.
Índex d'audiència d'un programa i cost de la publicitat durant el programa.	Dependència estadística forta.
Consum de gasolina d'un cotxe i color dels seients.	Independència estadística.
Vots d'un partit i nombre d'escons de l'oposició.	Dependència estadística negativa forta.
Nivell d'estudis i capacitació professional.	Dependència estadística lineal positiva forta.
Longitud del braç i alçada d'una persona.	Dependència estadística forta positiva.

3.1. Correlació lineal. Coeficient de Pearson

Com ja sabem, en considerar els caràcters d'una distribució bidimensional, podem pensar en l'existència d'una possible relació entre ells.

La **covariància** no és una mesura del grau de relació entre les variables X i Y adequada, ja que està afectada per les unitats en què vénen donades aquestes variables. A fi d'obtenir una mesura que sigui independent de les unitats es defineix el **coeficient de correlació.**

Es denomina **coeficient de correlació lineal de Pearson,** r, el quocient:

$$r = \frac{\sigma_{xy}}{\sigma_x \cdot \sigma_y}$$

Les propietats del coeficient de correlació són:

— $-1 \leq r \leq 1$

— $r = 1 \longrightarrow$ Dependència funcional lineal positiva.
  $r = -1 \longrightarrow$ Dependència funcional lineal negativa.

— $0 < r < 1 \longrightarrow$ Dependència estadística positiva forta a prop d'1, dèbil a prop de 0.
  $-1 < r < 0 \longrightarrow$ Dependència estadística negativa forta a prop de -1, dèbil a prop de 0.

— $r = 0 \longrightarrow$ Independència estadística. La independència estadística no implica independència funcional. En aquest cas podem assegurar que no existeix dependència funcional lineal, però res més.

— El coeficient r no varia quan es realitza un canvi d'escala o d'origen en les variables.

FIXA-T'HI

El signe del coeficient de correlació ve donat pel signe de la covariància, ja que les desviacions típiques de les distribucions marginals són sempre positives.

CURIOSITATS

Els britànics Karl Pearson (1857-1936), F. Galton (1822-1911) i W. Weldon (1860-1906), van fundar la revista *Biometrika* l'any 1901.

Pretenien promoure l'estudi de la bioestadística. El mètode de treball era l'arbitratge i amb ell es pretenia donar rigor científic a la publicació dels autors.

Problemes resolts
D

Exercicis i problemes
17 a 25

10 EXEMPLE

Calcula el coeficient de correlació lineal de Pearson a partir dels valors de la variable bidimensional que representa les qualificacions obtingudes en les matèries de Matemàtiques i Llengua com hem vist a l'exemple 3.

Solució

COMPRENSIÓ. Per a determinar el valor del coeficient de correlació lineal de Pearson, necessitem conèixer: σ_{xy}; σ_x; σ_y.

RESOLUCIÓ. El valor de la covariància el coneixem de l'exemple 6: $\sigma_{xy} = 1{,}17$. Determinem les variàncies de les dues variables:

X	A_i	$x_i^2 \cdot A_i$
3	2	18
4	5	80
5	14	350
6	10	360
7	6	294
8	3	192
	$N = 40$	

Y	B_j	$y_j^2 \cdot B_j$
3	2	18
5	19	475
6	8	288
7	10	490
8	1	64
	$N = 40$	

$$\sigma_x^2 = \frac{\sum x_i^2 \cdot A_i}{N} - \bar{x} = \frac{1294}{40} - 5{,}55^2 = 1{,}547$$

$$\sigma_x = \sqrt{1{,}547} = 1{,}243$$

$$\sigma_y^2 = \frac{\sum y_j^2 \cdot B_j}{N} - \bar{y} = \frac{1335}{40} - 5{,}675^2 = 1{,}169$$

$$\sigma_y = \sqrt{1{,}169} = 1{,}081$$

Substituïm els valors de σ_{xy}; σ_x; σ_y a la fórmula: $r = \frac{\sigma_{xy}}{\sigma_x \cdot \sigma_y} = \frac{1{,}17}{1{,}243 \cdot 1{,}081} = 0{,}87$

Per tant, podem assegurar que hi ha una dependència estadística positiva forta.

4. Regressió lineal

En considerar les característiques de les variables d'una distribució bidimensional, podem pensar en l'existència d'una possible relació entre elles.

Per fer-ho, podem utilitzar la **regressió** que permet l'anàlisi d'una variable condicionada al comportament de l'altra.

Es tracta de trobar una funció matemàtica que relacioni les variables *X* i *Y* d'una distribució bidimensional, de manera que, si es coneix el valor d'una variable es pugui calcular el valor de l'altra amb més o menys precisió.

Anomenem **regressió** (o regressió empírica) de «*Y* sobre *X*» la mitjana de la distribució de *Y* condicionada per *X*.

Consisteix a calcular una mitjana que depèn del paràmetre x_i, és a dir, es tracta d'aproximar els punts d'una distribució bidimensional a una funció coneguda.

Com que això resulta laboriós s'empra un mètode que permeti, d'una manera eficient, **ajustar** a una recta de regressió els punts del **diagrama de dispersió.**

INTERNET

L'enllaç següent et serà útil quan realitzis estudis estadístics amb Excel:

http://links.edebe.com/bayda

4.1. Mètode dels mínims quadrats

El mètode d'ajustament més conegut és el **mètode dels mínims quadrats,** que permet obtenir una recta a partir d'una sèrie de punts del pla cartesià.

Consisteix a triar la recta que faci mínim el valor de la suma dels quadrats de les desviacions dels punts respecte d'aquesta recta:

— Recta de regressió: $y = ax + b$

— Punts del diagrama de dispersió: $P_i(x_i, y_i)$

— Desviacions dels punts respecte de la recta: $d_i = y_i - (ax_i + b)$

— Funció a minimitzar: $s(a, b) = \sum_{i=1}^{n} d_i^2 = \sum_{i=1}^{n} [y_i - (ax_i + b)]^2$ on *a* i *b* són les variables a determinar, i x_i i y_i, els valors mostrals fixos.

Mitjançant mètodes matemàtics que excedeixen els continguts propis d'aquest curs, s'arriba a les **equacions normals** de la recta de regressió:

$$\begin{cases} \sum_{i=1}^{n} x_i y_i = a \sum_{i=1}^{n} x_i^2 + b \sum_{i=1}^{n} x_i \\ \sum_{i=1}^{n} y_i = a \sum_{i=1}^{n} x_i + b \cdot n \end{cases}$$

Resolent aquest sistema, obtenim:

$$a = \frac{\sigma_{xy}}{\sigma_x^2}$$

$$b = \bar{y} - \bar{x} \cdot \frac{\sigma_{xy}}{\sigma_x^2}$$

FIXA-T'HI

El **centre de gravetat estadístic** és el punt de tall de les rectes de regressió d'una variable sobre l'altra.

4.2. Rectes de regressió

La **recta de regressió** té un significat estadístic que només cobra sentit en donar valors a una variable i interpretar els resultats obtinguts com a mitjanes condicionades.

El coeficient de correlació aporta una interpretació quantitativa de la influència de la variable que condiciona sobre la variable condicionada.

Les equacions de les rectes de regressió són de la forma següent:

— **Recta de regressió de *Y* sobre *X*:** $y - \bar{y} = \frac{\sigma_{xy}}{\sigma_x^2}(x - \bar{x})$

— **Recta de regressió de *X* sobre *Y*:** $x - \bar{x} = \frac{\sigma_{xy}}{\sigma_y^2}(y - \bar{y})$

11 EXEMPLE

Calcula la recta de regressió de *Y* sobre *X* a partir de les dades dels exemples 6 i 10.

Solució

COMPRENSIÓ. Prenem les dades obtingudes en els exemples anteriors i les hem de substituir a la fórmula que determina la recta de regressió.

RESOLUCIÓ. Recta de regressió de *Y* sobre *X*:

$$y - 5{,}675 = \frac{1{,}17}{1{,}547} \cdot (x - 5{,}55) \Rightarrow y = 0{,}76x + 1{,}46$$

CALCULADORA

Per a utilitzar la calculadora científica hem d'introduir les dades de la manera següent:

1. Posar mode SD.
2. Netejar dades anteriors: SHIFT AC
3. Introduir dades:

x_i	X_D, Y_D	y_i	X	f_{ij}	DATA

Por ejemplo:

3	X_D, Y_D	3	X	2	DATA

Per a calcular els paràmetres de les distribucions marginals emprem les ordres:

— $\sum x, \sum y$

— $\sum x^2, \sum y^2$

— $\bar{x}, \bar{y}$

— $x\sigma_n$, $y\sigma_n$

Coeficient de correlació lineal: *r*

A la calculadora gràfica podem:

1. Veure el diagrama de dispersió prement la tecla STAT PLOT.
2. Calcular els paràmetres de les marginals prement la tecla STAT en l'opció CALC.

4.3. Calculadora

Un dels problemes que es presenten en realitzar un estudi estadístic és la gran quantitat de dades de què es disposa i, per tant, l'elevat nombre de càlculs que s'han de realitzar abans d'arribar a una conclusió.

Avui dia es disposa de **programes informàtics** (Excel, Derivi, Geogebra...) que en faciliten la realització i garanteixen l'absència d'errors, excepte si aquests es cometen a l'hora d'introduir les dades.

Una altra eina més propera a l'estudiant i de fàcil ús és la **calculadora,** ja sigui **científica** o **gràfica.**

Vegem com calcular la recta de regressió conegudes les dades d'una variable bidimensional en tots dos casos.

Calculadora científica

La recta de regressió és de la forma $y = Bx + A$. Una vegada introduïdes les dades, es premen les tecles A i B. Els resultats obtinguts són els coeficients de l'expressió.

Calculadora gràfica

Per a introduir les dades emprem la tecla STAT, opció EDIT. Teclegem els valors a la llista L1 i L2.

La recta de regressió és de la forma $y = ax + b$, en el menú:

— Seleccionem la tecla STAT.

— Premem CALC.

— Seleccionem l'opció $y = ax + b$.

La calculadora ens donarà els valors de *a, b* i *r* (coeficient de regressió).

Exercicis i problemes
26 a 31

Síntesi
32 a 34

Problemes RESOLTS

A ESTADÍSTICA UNIDIMENSIONAL

El seguiment dels programes d'una cadena de televisió es recull en una taula d'audiències com aquesta:

NOTÍCIES	SÈRIES	CONCURSOS	DOCUMENTALS	COR
25 %	15 %	15 %	5 %	40 %

Una revista de divulgació científica està valorant la possibilitat de comprar un espai de publicitat en aquesta cadena. Tenint en compte aquestes dades, seria una bona inversió? Acompanya la teva resposta amb una representació gràfica.

Solució

COMPRENSIÓ. Ens fixarem en els nivells d'audiència i analitzarem els resultats numèrics. A continuació, reforçarem la nostra decisió mitjançant un diagrama de sectors.

DADES. La taula d'audiències.

RESOLUCIÓ. Podem agrupar els programes en tres blocs:

Concursos - Documentals 20 %, Notícies 25 %, Sèries - Cor 55 %.

A partir d'aquesta classificació, observem que més de la meitat dels telespectadors prefereixen els programes «roses» enfront dels culturals.

COMPROVACIÓ. Si representem les dades en un diagrama de sectors aquesta diferència de preferències resulta encara més evident, per la qual cosa desaconsellem la inversió.

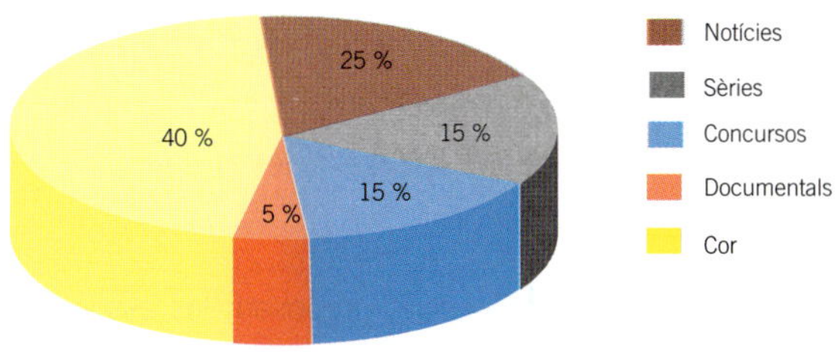

1. ★★☆ Realitza una enquesta entre els teus companys de classe per recollir informació sobre la lectura habitual de cadascun (diaris, llibres, revistes del cor, revistes d'esports...). Tenint en compte els resultats, en quin mitjà invertiries?

B ESTADÍSTICA UNIDIMENSIONAL: CÀLCUL DE PARÀMETRES

Les qualificacions obtingudes en les proves d'accés a la universitat de Matemàtiques aplicades a les Ciències Socials II són les que mostra la taula. Calcula: la mitjana, la moda, la mediana, la variància, la desviació típica i el coeficient de variació.

[0-1)	[1-2)	[2-3)	[3-4)	[4-5)	[5-6)	[6-7)	[7-8)	[8-9)	[9-10)
0	0	1	3	1	4	9	8	2	0

Solució

COMPRENSIÓ. Organitzem les dades en una taula de freqüències i substituïm els valors en les fórmules que ens permeten calcular les mesures. Suprimim els intervals amb freqüència nul·la, ja que no aporten informació al càlcul dels paràmetres.

DADES. La taula de resultats.

RESOLUCIÓ. Intenta resoldre el problema tu sol. Per fer-ho, tapa la columna de la dreta.

Passos

— Elaborem la taula de freqüències.

— Calculem els paràmetres.

Resposta

—

INTERVALS	x_i	n_i	N_i	$x_i \cdot n_i$	$x_i^2 \cdot n_i$
[2-3)	2,5	1	1	2,5	6,25
[3-4)	3,5	3	4	10,5	36,75
[4-5)	4,5	1	5	4,5	20,25
[5-6)	5,5	4	9	22	121
[6-7)	6,5	9	18	58,5	380,25
[7-8)	7,5	8	26	60	450
[8-9)	8,5	2	28	17	144,5
		$N = 28$		175	1159

— $\bar{x} = \frac{175}{28} = 6,25$ Classe modal: [6-7) $Me = 6 + 1 \cdot \frac{14 - 9}{9} = 6,\hat{5}$

$\sigma^2 = \frac{1159}{28} - 6,25^2 = 2,33; \ \sigma = \sqrt{2,33} \approx 1,52; \ \rho = \frac{1,52}{6,25} = 0,24$

2. ★★☆ Elabora una taula estadística que agrupi les alçades dels alumnes de la classe en cinc intervals iguals. Quina és l'alçada mitjana de la classe? Calcula el coeficient de variació i analitza el resultat. Realitza un histograma.

C ESTADÍSTICA BIDIMENSIONAL

En una fàbrica disposen de la informació següent sobre les característiques de les aixetes que fabriquen:

DURESA	36	41	42	43	44	45	47	50
% CROM	2,5	2,7	2,8	2,9	0,0	3,2	3,3	3,5

a) Identifica a l'enunciat els conceptes següents: experiment, població, mostra, individu, mida de la mostra.

b) Dibuixa el núvol de punts i explica raonadament el seu significat.

c) Determina la correlació que existeix entre les dades a partir del gràfic.

d) A la taula hi ha un punt que sembla que no aporta informació. De quin punt creus que es tracta? Quina interpretació donaries a les seves coordenades? En realitzar un estudi estadístic, consideres important conèixer aquest tipus d'informació? Justifica les respostes.

Solució

COMPRENSIÓ. El problema és principalment teòric i ens permet assentar conceptes bàsics necessaris per a un posterior aprofundiment en l'engranatge estadístic.

DADES. La taula de característiques de les aixetes.

RESOLUCIÓ.

a) Basant-nos en les definicions proposem les associacions següents:

— **Experiment:** en una fàbrica d'aixetes en la qual es realitzen aliatges es mesuren la duresa i el percentatge de crom de cadascuna d'elles.

— **Població:** resultats que s'obtenen dels mesuraments realitzats.

— **Mostra:** els resultats de la taula, que no són tots els mesuraments, sinó un subconjunt d'aquests.

— **Individu:** cada resultat de la taula.

— **Mida de la mostra:** atès que hi ha 8 resultats, la mida és 8.

b) El **núvol de punts** o **diagrama de dispersió** ens proporciona de manera immediata informació del grau de concentració dels punts entorn d'una funció més o menys coneguda.

Descriu la gràfica de la funció que associarem a la distribució amb la finalitat d'extrapolar dades.

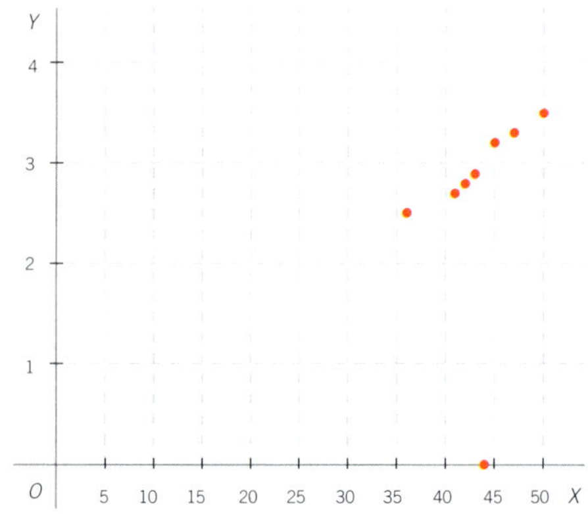

c) Segons el diagrama de dispersió podem assegurar que la correlació és positiva i forta, ja que els valors pràcticament es distribueixen seguint una recta.

d) Les coordenades (44; 0,0) del punt indiquen que una aixeta de duresa 44 no conté crom.

Encara que a l'efecte de càlcul el punt no influeix en els resultats estadístics és important conèixer totes les dades que mostra l'estudi. En l'actualitat, és significatiu el nombre d'al·lèrgies i intoleràncies que presenten determinades persones a menjars, animals, objectes, etc. Si una persona mostra intolerància al crom o derivats, conèixer aquesta dada pot ser de gran importància per a oferir-li una aixeta de duresa 44 que no resulti perjudicial per a la seva salut.

3. *** A partir de les taules següents, realitza el diagrama de dispersió i descriu la relació que existeix entre les variables. Identifica els elements bàsics de l'estudi estadístic:

a) Intervencions setmanals en un quiròfan i nombre de morts.

INTERVENCIONS	30	35	40	45	50
NRE. MORTS	0	3	7	9	10

b) Partits perduts i puntuació final a la lliga.

P.P.	4	9	9	9	13	14	13	13	14	14	13	14	17	15	16	19	16	17	18	21
PUNTS	62	51	48	46	40	39	39	38	38	37	36	35	33	33	33	33	31	30	29	29

D DEPENDÈNCIA I CORRELACIÓ

En una consulta mèdica s'ha dut a terme un estudi sobre l'edat i el pes dels pacients de pediatria i les dades són:

(6,25)	(4,20)	(2,15)	(4,20)	(3,19)	(5,20)	(5,21)	(7,34)	(6,25)	(3,20)	(4,21)	(5,20)
(7,34)	(6,25)	(8,39)	(5,20)	(6,25)	(5,19)	(6,25)	(4,24)	(5,22)	(6,25)	(6,24)	(7,35)
(3,20)	(2,16)	(7,33)	(6,26)	(4,22)	(6,26)	(5,20)	(6,25)	(5,19)	(6,25)	(4,24)	(2,15)

a) Construeix la taula de freqüències de doble entrada; b) determina les distribucions marginals i calcula la moda, la mitjana, la mediana, la variància i la covariància.

Solució

COMPRENSIÓ. Es tracta d'una distribució bidimensional. Per això hem d'introduir una taula de doble entrada tenint en compte que l'edat, *X*, és una variable discreta i que el pes, *Y*, és una variable contínua.

DADES. L'edat i el pes dels pacients de pediatria que figuren a l'enunciat.

RESOLUCIÓ.

a) La taula de doble entrada és la següent:

Y \ X	2	3	4	5	6	7	8	B_j
[15-20)	3	1	-	2	-	-	-	6
[20-25)	-	2	6	6	1	-	-	15
[25-30)	-	-	-	-	10	-	-	10
[30-35)	-	-	-	-	-	3	-	3
[35-40)	-	-	-	-	-	1	1	2
A_i	3	3	6	8	11	4	1	$N = 36$

b) La distribució marginal de *X* és la següent:

X	2	3	4	5	6	7	8
A_i	3	3	6	8	11	4	1

Moda: 6; **Mediana:** 5; **Mitjana:** $\bar{x} = \dfrac{\sum x_i \cdot A_i}{N} = \dfrac{6 + 9 + 24 + 40 + 66 + 28 + 8}{36} = 5{,}03$

Variància: $\sigma^2 = \dfrac{\sum x_i^2 \cdot A_i}{N} - \bar{x}^2 = \dfrac{12 + 27 + 96 + 200 + 396 + 196 + 64}{36} - 5{,}03^2 = 2{,}23$

La distribució marginal de *Y* és la següent:

Y	[15-20)	[20-25)	[25-30)	[30-35)	[35-40)
y_j	17,5	22,5	27,5	32,5	37,5
B_j	6	15	10	3	2

Interval modal: [20-25); **Mitjana:** $\bar{y} = \dfrac{\sum y_j \cdot B_j}{N} = \dfrac{105 + 337{,}5 + 275 + 97{,}5 + 75}{36} = 24{,}7\widehat{2}$

Mediana: $Me = L_j + h \cdot \dfrac{\frac{N}{2} - N_{j-1}}{n_j} = 25 + 5 \cdot \dfrac{18 - 21}{10} = 23{,}5$

Variància: $\sigma^2 = \dfrac{\sum y_j^2 \cdot B_j}{N} - \bar{y}^2 = \dfrac{1837{,}5 + 7593{,}75 + 7562{,}5 + 3168{,}75 + 2812{,}5}{36} - 24{,}7\widehat{2}^2 = 27{,}01$

Covariància: $\sigma_{xy} = \dfrac{105 + 52{,}5 + 135 + 540 + 175 + 675 + 135 + 1650 + 682{,}5 + 262{,}5 + 300}{36} - 5{,}03 \cdot 24{,}72 = 6{,}56$

4. ★★★ En el càsting per a un concurs de televisió es fan preguntes de cultura. A l'última selecció s'han obtingut els resultats següents que relacionen el nombre de respostes correctes i la quantitat d'aspirants que les han encertat: (0, 0); (1, 0); (2, 0); (3, 0); (4, 2); (5, 0); (6, 3); (7, 5); (8, 7); (9, 11); (10, 14); (11, 18); (12, 15); (13, 15); (14, 19); (15, 6); (16, 3); (17, 1); (18, 2); (19, 1); (20, 0). a) Elabora la taula de freqüències absolutes i relatives de la variable «nombre de respostes correctes»; b) calcula la mitjana, la moda i la mediana; c) calcula la variància i la desviació típica.

Sol.: b) 11,5; 14; 9,5; c) 8,22; 2,87

EXERCICIS I PROBLEMES

1 ESTADÍSTICA UNIDIMENSIONAL

5. ★☆☆ Determina, en cada cas, el tipus de variable:

a) El nombre de fills d'una família.

b) Edat d'una persona.

c) La temperatura d'un cos.

d) Nombre de pastilles defectuoses d'un lot.

e) La velocitat d'un cotxe.

f) Nombre de paletes d'una empresa.

6. ★☆☆ Amb la finalitat d'estudiar el color de cabell més freqüent entre els alumnes d'un centre educatiu, se'n pren una mostra als 24 alumnes d'una classe, de la qual s'obtenen els resultats següents, sabent que M, moreno; R, ros; P, pèl-roig; C, castany, B, blanc:

C	C	C	R	R	P
B	P	C	C	M	M
M	C	C	R	R	M
C	C	M	M	C	R

a) Calcula el percentatge d'alumnes que tenen el cabell de cada color i expressa el resultat en una taula.

b) Representa mitjançant un diagrama de sectors la presència del caràcter «color de cabell» present a la mostra estudiada.

Sol.: a) M (25 %), R (20,8 %), P (8,3 %), C (41,7 %), B (4,2 %)

7. ★★☆ Posa quatre exemples de variables i atributs i associa-hi un gràfic en cada cas.

8. ★★☆ Posa quatre exemples de variables unidimensionals contínues i discretes.

9. ★★☆ A partir dels resultats següents:

10, 11, 21, 12, 31, 31, 23, 24, 34, 25, 22, 33, 44, 42, 35, 44, 23, 15, 17, 24, 12, 16, 33, 14, 13, 14, 35, 36, 26, 12.

a) Construeix la taula de freqüències absolutes i relatives amb cinc intervals de classe.

b) Representa l'histograma de freqüències.

c) Representa el polígon acumulatiu.

10. ★★☆ Tenint en compte el conjunt de dades següent:

x_i	3	4	5	6	7
f_i	2	4	8	5	1

Calcula: a) mesures de centralització; b) mesures de dispersió.

— Representa l'histograma de freqüències relatives i el polígon acumulatiu de l'exercici.

11. ★★☆ Calcula la mitjana, la moda i la mediana del conjunt de dades següent:

INTERVAL	FREQÜÈNCIA
[1,50-1,60)	10
[1,60-1,70)	130
[1,70-1,80)	20
[1,80-1,90)	20
[1,90-2,00)	10
[2,00-2,10)	10

Comprova a l'enllaç següent els resultats obtinguts utilitzant la calculadora: @

http://links.edebe.com/smdmxb

Sol.: mitjana: 1,71; interval modal: [1,60; 1,70); mediana: 1,67

12. ★★☆ Si la desviació típica d'una variable és zero, quins càlculs has de realitzar per a determinar el coeficient de variació?

13. ★★☆ Calcula la variància i la desviació típica del conjunt de dades següent:

INTERVAL	FREQÜÈNCIA
[0-10)	0
[10-20)	0
[20-30)	1
[30-40)	3
[40-50)	1
[50-60)	4
[60-70)	9
[70-80)	8
[80-90)	2
[90-100)	0

Representa els gràfics següents: a) Histograma de freqüències relatives i polígon de freqüències. b) Polígon acumulatiu.

Comprova a l'enllaç següent els resultats de l'exercici utilitzant la calculadora: @

http://links.edebe.com/smdmxb

Sol.: variància: 233,04; desviació típica: 15,27

14. ★★★ En un programa de televisió en el qual es fan preguntes de cultura es realitza una selecció dels aspirants prèvia a l'enregistrament del concurs.

A l'última selecció s'han obtingut els resultats següents, que relacionen el nombre de respostes correctes i la quantitat d'aspirants que han encertat, exactament, aquest nombre de respostes:

(0, 0)	(1, 0)	(2, 0)	(3, 0)	(4, 2)	(5, 0)
(6, 3)	(7, 5)	(8, 7)	(9, 11)	(10, 14)	(11, 18)
(12, 15)	(13, 15)	(14, 19)	(15, 6)	(16, 3)	(17, 1)
(18, 2)	(19, 1)	(20, 0)			

a) Representa el diagrama de barres.

b) Calcula el coeficient de variació.

Sol.: b) 0,25

2 ESTADÍSTICA BIDIMENSIONAL

15. ★★☆ A partir de les dades de la variable estadística bidimensional que es recullen en aquesta taula, determina:

X	2	4	6	8
Y	10	7	5	2

a) Centre de gravetat; b) covariància; c) diagrama de dispersió.

— Comprova els resultats de l'exercici amb un full de càlcul. Pots recórrer a l'enllaç següent: @

http://links.edebe.com/bayda

Sol.: a) (5, 6); b) −13/2

16. ★★★ Els estudiants de tercer d'ESO van obtenir els resultats següents en els dos exercicis de la prova de coneixement i destresa.

LLENGUA

7,3	4,1	8,3	7,1	3,9	6,0
5,1	4,1	8,5	8,8	4,4	7,1
5,2	7,4	5,0	4,2	8,5	5,3
8,5	4,4	6,6	6,0	3,3	4,3
7,6	5,1	5,7	2,5	4,0	7,6

MATEMÀTIQUES

6,9	2,4	3,4	4,7	3,4	5,6
3,5	4,8	6,6	7,8	5,7	7,0
5,0	5,8	2,6	2,6	8,0	4,6
8,0	4,4	5,0	4,2	5,2	3,8
5,8	5,0	3,8	3,4	3,4	7,0

a) Elabora una taula de freqüències de doble entrada agrupant les dades en intervals d'amplitud 1,0.

b) Calcula els paràmetres de les distribucions marginals.

c) Calcula la covariància entre les variables.

d) Tenint en compte els resultats, quines conclusions obtens?

Sol.: b) $\bar{x} = 6{,}0\widehat{3}$, $\sigma_x^2 = 2{,}96$, $\sigma_x = 1{,}72$, $\bar{y} = 5{,}0\widehat{3}$, $\sigma_y^2 = 2{,}88$, $\sigma_y = 1{,}70$; c) $\sigma_{xy} = 1{,}95$

3 DEPENDÈNCIA I CORRELACIÓ

17. ★☆☆ Si el coeficient de correlació de dues variables *X* i *Y* és $r = 0{,}4$, quin tipus de relació existeix entre les variables? Dibuixa un diagrama de dispersió d'aquest tipus.

18. ★☆☆ Si el coeficient de correlació de dues variables *X* i *Y* és $r = -0{,}8$, quin tipus de relació existeix entre les variables? Dibuixa un diagrama de dispersió d'aquest tipus.

19. ★☆☆ Si el coeficient de correlació de dues variables *X* i *Y* és a) $r = 0$, b) $r = -0{,}9$ i c) $r = 1$, indica en cada cas quin tipus de relació existeix entre les variables. Dibuixa els diagrames de dispersió corresponents.

20. ★★☆ Donades *X* i *Y* variables unidimensionals tals que $Y = X^2$, se sap que *X* pren els valors enters de l'interval [−2, 2]. a) Calcula la covariància. b) Són independents? c) Si es complís que $Y = X + 1$, com seria la relació entre les variables?

21. ★★☆ Donades *X* i *Y* variables estadístiques, determina la veracitat de les afirmacions següents justificant la resposta:

a) Si *X* i *Y* són independents, aleshores són incorrelades.

b) Si *X* i *Y* tenen el coeficient de correlació proper a zero existeix entre elles una dependència funcional.

c) Si la covariància de *X* i *Y* és nul·la, aleshores el coeficient de correlació és positiu.

d) Si el coeficient de correlació de *X* i *Y* és 1,2 existeix dependència funcional.

e) Si el coeficient de correlació és nul les variables són independents.

22. ★★☆ Determina la distribució de *X* condicionada al valor $Y = 3$ en la distribució següent:

X	0	1	2	3	4	3	4
Y	3	2	3	2	1	0	3
f_{ij}	2	5	14	4	6	4	2

— Calcula la covariància de les dades de l'exercici.

23. ★★☆ Calcula el coeficient de Pearson per als valors següents de la variable (*X*, *Y*):

X	2	3	1	4	6	7	5
Y	1	2	3	4	5	6	7

24. ★★★ Calcula el coeficient de correlació de Pearson de la distribució següent:

X	2	4	6	8
Y	10	7	5	2

a) Quin tipus de correlació hi ha entre les variables?

b) Comprova el resultat utilitzant les tecles de la calculadora que donen directament el resultat.

Sol.: −0,9969

25. ★★★ S'ha realitzat un estudi sobre els efectes nocius del tabac atenent al nombre de cigarrets que es consumeixen diàriament (*X*) i el percentatge de morts a l'any segons el tabac consumit (*Y*).

X	3	5	6	15	20	40	45
Y	20	30	30	50	70	80	90

a) Calcula el coeficient de correlació entre les variables.

b) Determina la distribució del consum de cigarrets quan la mortalitat és del 30 %.

Sol.: a) 0,95

4 REGRESSIÓ LINEAL

26. ★★☆ Les dades d'una variable bidimensional estan recollides a la taula següent:

(X, Y)	1	2	3	4
5	4	3	0	1
10	2	7	2	0
15	1	1	11	1
20	0	2	0	5

a) Determina les rectes de regressió.

b) Estima el valor de Y quan $X = 12$.

c) Extrapola el valor de X per a $Y = 25$.

— Comprova a l'enllaç següent els resultats de l'exercici utilitzant la calculadora:
http://links.edebe.com/smdmxb @

27. ★★★ Determina la recta de regressió de Y sobre X amb les següents dades de la variable bidimensional:

X	2	3	5	7	8
Y	14	20	30	42	44

— Empra un programa de representació de funcions per a estimar el valor de Y quan $X = 4$. @

Sol.: $67x - 13y + 55 = 0$

28. ★★★ Calcula la recta de regressió de X sobre Y amb els resultats següents:

X	2	3	1	4	6	7	5
Y	1	2	3	4	5	6	7

— Determina el valor de X per a $Y = 10$ amb un programa de representació de funcions.

Sol.: $x = 0{,}785y + 0{,}86$

29. ★★★ Tenint en compte les dades següents d'una variable bidimensional:

X	1	2	3	4	5	6
Y	2	3	4	6	4	8

a) Determina les rectes de regressió.

b) Estima el valor de Y quan $X = 10$.

c) Calcula el valor de X per a $Y = 5$.

Comprova els resultats de l'exercici utilitzant un full de càlcul. @

30. ★★★ Quin recurs tecnològic t'ha resultat més útil per a resoldre els problemes de la unitat? En quin moment empraries cadascun dels recursos? Quina aplicació li donaries en els diferents camps de les Ciències Socials?

— Planteja un exercici i resol-lo amb calculadora, full de càlcul i Geogebra per completar la resposta. @

31. ★★★ El pes mitjà d'una població és de 70 kg i la seva alçada mitjana és d'1,70 m. Sabem també que les desviacions típiques són 4 kg i 8 cm.

Si la covariància de totes dues variables és 20:

a) Determina la recta de regressió de l'alçada respecte del pes.

b) Estima l'alçada d'una persona que pesi 80 kg.

c) Quina conclusió obtens tenint en compte el resultat anterior?

Sol.: a) $y = 1{,}25x - 85{,}8$; b) $y = 14{,}2$ m

SÍNTESI

32. ★★☆ S'ha realitzat un experiment que ha donat els resultats següents:

(6, 25), (4, 20), (2, 15), (4, 20), (3, 20), (5, 20) (5, 20), (7, 35), (6, 25), (3, 20), (4, 20), (5, 20) (7, 35), (6, 25), (8, 40), (5, 20), (6, 25), (5, 20) (6, 25), (4, 20), (5, 20), (6, 25), (6, 25), (7, 35) (3, 20), (2, 15), (7, 35), (6, 25), (4, 20), (6, 25)

a) Construeix la taula de freqüències de doble entrada.

b) Determina les distribucions marginals i calcula els seus paràmetres més usuals.

c) Calcula la covariància.

d) Calcula el coeficient de Pearson.

Comprova a l'enllaç següent els resultats utilitzant les tecles de la calculadora que donen directament els resultats: @

http://links.edebe.com/smdmxb

Sol.: b) $X(5{,}1,\ 1{,}51)$ $Y(23{,}8,\ 6{,}15)$; c) 8,12

33. ★★★ Donada una distribució bidimensional (X, Y), sabem que $\sigma_y = 1{,}5136$; $\bar{x} = 3{,}\overset{\frown}{09}$; $\sigma_x = 1{,}\overset{\frown}{18}$ i l'equació de la recta de regressió de Y sobre X és $y = 0{,}3413x + 0{,}127$.

Es demana: a) $\bar{y}$; b) r; c) σ_{xy}; d) la recta de regressió de X sobre Y.

Sol: a) 1,1819; b) 0,27; c) 0,4767; d) $x = 0{,}2081y + 2{,}8449$

34. ★★★ Donada la distribució bidimensional següent:

X	0	4	6	8	12	14	16	22	26
Y	4	3	8	6	7	13	2	11	0

a) Determina el tipus de dependència de X i Y a partir del núvol de punts.

b) Calcula la covariància.

c) Calcula el coeficient de Pearson.

d) Determina la relació entre les variables a partir del resultat de l'apartat anterior.

e) Compara els resultats obtinguts en els apartats a) i d).

Sol.: b) 0; c) 0

10 Síntesi

1. Estadística unidimensional
2. Estadística bidimensional
3. Dependència i correlació
4. Regressió lineal

ESTADÍSTICA

- **Variables unidimensionals**
  - Gràfics
    - Diagrama de barres
    - Histograma
    - Polígon de freqüències
  - Mesures de centralització
    - Mitjana: $\bar{x} = \dfrac{\sum_{i=1}^{n} x_i n_i}{N}$
    - Moda
    - Mediana
  - Mesura de dispersió
    - Recorregut
    - Variància: $\sigma^2 = \sum_{i=1}^{n} (x_i - \bar{x})^2 \cdot f_i$
    - Desviació típica: $\sigma = +\sqrt{\sum_{i=1}^{n} (x_i - \bar{x})^2 \cdot f_i}$
    - Coeficient de variació
- **Variables bidimensionals**
  - Paràmetres
    - Centre de gravetat
    - Covariància: $\sigma_{xy} = \sum_{i=1}^{n} \sum_{j=1}^{m} x_i \cdot y_j \cdot f_{ij} - \bar{x} \cdot \bar{y}$
  - Distribucions marginals
    - Paràmetres
  - Dependència
    - Funcional
    - Estadística
  - Coeficient de Pearson
    - $r = \dfrac{\sigma_{xy}}{\sigma_x \cdot \sigma_y}$
  - Rectes de regressió
    - $x - \bar{x} = \dfrac{\sigma_{xy}}{\sigma_y^2}(y - \bar{y})$ $\quad$ $y - \bar{y} = \dfrac{\sigma_{xy}}{\sigma_x^2}(x - \bar{x})$

1 Amb motiu de les eleccions a l'alcaldia d'un municipi es realitzarà un estudi estadístic que reflecteixi la intenció de vot dels ciutadans. Proposa:

a) Dues característiques de la mostra les dades de la qual corresponguin a una variable discreta.

b) Dues característiques de la mostra les dades de la qual corresponguin a una variable contínua.

2 La venda mensual de batuts (en milers) d'una determinada empresa de làctics ve reflectida per la taula següent:

1	2	3	4	5	6	7	8	9	10	11	12
10	12	11	10	13	15	15	18	16	13	11	10

a) Calcula la venda anual mitjana de batuts.

b) Representa el diagrama de barres de la distribució.

Sol.: a) 154 000

3 Calcula la variància i la desviació típica dels valors següents:

3	3	4	4	2	2	1
4	4	5	4	4	2	1

Sol.: 1,49; 1,22

4 Donats els valors següents:

Y \ X	[1-2)	[2-3)	[3-4)	[4-5)	[5-6)
[10-20)	1	1	3	3	4
[20-30)	2	1	2	1	2
[30-40)	1	1	2	4	1

a) Determina les distribucions marginals de la variable bidimensional que representen els valors donats.

b) Determina la distribució de X per al valor $Y = 15$.

5 Determina la covariància existent entre les variables estadística X i Y.

Y \ X	1	2	3	4	5
10	10	0	30	0	0
20	0	20	0	0	0
30	0	0	20	40	10

Sol.: 5,87

6 Indica el tipus de correlació que existeix entre les variables X i Y segons el valor del coeficient de correlació de Pearson.

Y \ X	2	3	4	5
2	10	0	30	10
3	5	20	0	0
5	0	0	20	40

Sol.: 0,49

7 Explica els diferents tipus de correlació i realitza un diagrama de dispersió que els il·lustri.

8 Calcula les rectes de regressió a partir dels valors de la variable bidimensional següent:

X	2	4	6	8
Y	1	2	3	4
f_{ij}	10	30	20	40

9 S'han recollit les dades corresponents a les edats de 10 nens i el nombre de germans que té cadascun. S'han obtingut els valors següents:

(2,1), (1,0), (3,1), (1,2), (4,2), (4,1), (2,0), (4,0), (3,1), (4,2)

Tenint en compte els resultats, estima el nombre de germans que tindrà un nen de 5 anys.

Sol.: 1,3 germans

10 Determina el tipus de correlació que existeix entre les variables a les quals corresponen els diagrames de dispersió següents:

a)
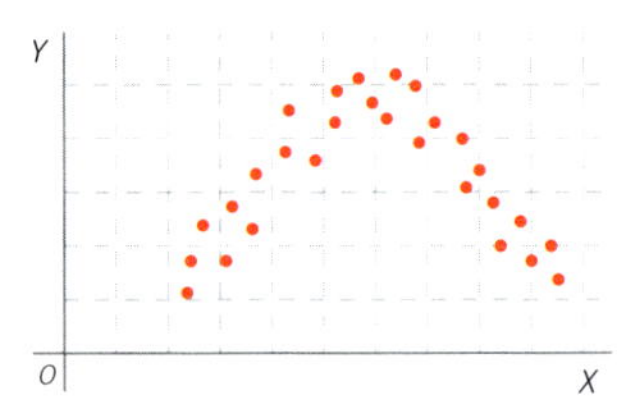

b)
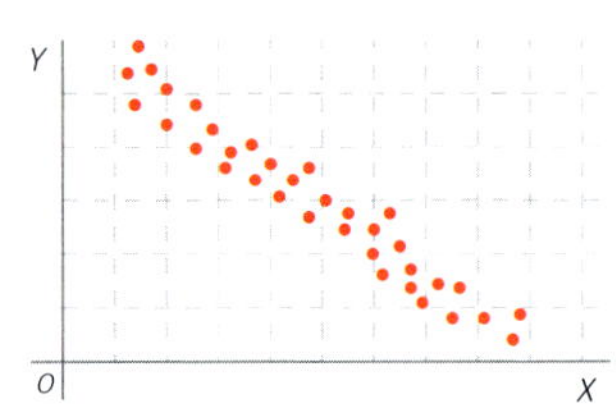

c)
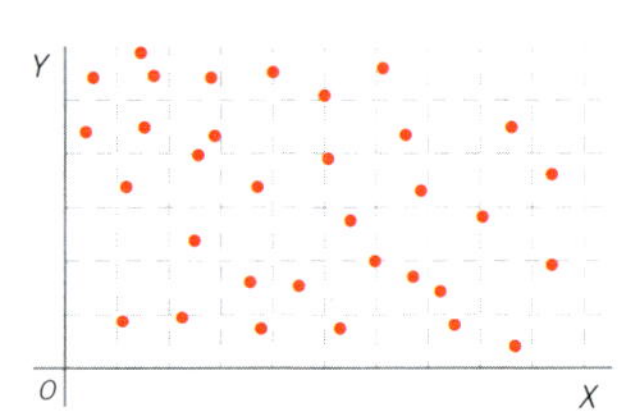

TECHNOLOGICAL DEVELOPMENTS

Per a calcular...

Les operacions aritmètiques en estadística no solen ser complexes però sí que són una mica feixugues. Amb la finalitat de simplificar els càlculs existeixen calculadores especialitzades que podràs trobar accedint a l'enllaç següent:

http://links.edebe.com/ms7

En aquest enllaç les operacions estan classificades segons el navegador d'internet que utilitzis.

SOFTWARE

Les darreres novetats en estadística

Amb la tecnologia actual ja és possible aplicar una de les últimes novetats en aquest camp: l'**estadística en temps real.**

Amb ella podem saber quantes persones hi ha avui al planeta o els ordinadors que es venen cada dia. Accedeix a l'enllaç següent:

http://links.edebe.com/si5

Mitjançant un algorisme que està gestionat per un equip internacional d'experts en la matèria, procedents de prestigioses organitzacions i oficines estadístiques, s'actualitza la informació cada mil·lisegon.

Data as of May 6, 2015 at 10:53:59 AM

WORLD POPULATION

7,312,998,305	Current World Population
47,768,905	Births this year
172,976	Births today
19,710,024	Deaths this year
71,372	Deaths today
28,058,882	Net population growth this year
101,604	Net population growth today

GOVERNMENT & ECONOMICS

$ 4,898,523,587	Public Healthcare expenditure today
$ 4,318,648,107	Public Education expenditure today
$ 2,181,916,950	Public Military expenditure today
24,392,562	Cars produced this year
48,725,127	Bicycles produced this year
88,703,783	Computers produced this year

OPINION

El naixement de l'estadística aplicada

«Fins que els fenòmens de qualsevol branca del coneixement no hagin estat sotmesos a mesura i nombre, no es pot dir que es tracti d'una ciència.»

Aquesta frase és del matemàtic i pensador britànic **Karl Pearson** (1857-1936) que, entre altres aspectes, va establir les bases de l'estadística matemàtica del segle XX i va definir els conceptes de *desviació estàndard, correlació* i *anàlisi de la regressió.*

- Entra a la xarxa i cerca quina relació existeix entre Pearson i el científic britànic, cosí de Charles Darwin, **sir Francis Galton** (1822-1911), en relació amb el concepte de **correlació** que tots dos van treballar.
- Se sap que el valor del coeficient de correlació de Pearson està comprès entre −1 i 1, i que existeix una **escala graduada** que interpreta diferents intervals de valors d'aquest coeficient. Cerca a la xarxa informació sobre aquesta escala i quin significat atorga a cada grup de valors.

NEW

Quants serem?

La població espanyola pot decréixer fins a l'1,2 % en els propers deu anys si es mantenen les tendències demogràfiques actuals, de tal manera que, probablement, a partir de 2019 hi haurà més defuncions que naixements.

PROBLEM-BASED PBL LEARNING

- Formeu grups de 4 companys/es per investigar l'evolució de la població espanyola.
- Entreu a la xarxa i busqueu la població espanyola existent a 1 de gener de 2013.
- Accediu a l'enllaç i localitzeu les piràmides de població que relacionen les demografies espanyoles de l'any 2011 i l'any 2021.
- Exposeu en una presentació Prezi les conclusions estadístiques que tragueu en comparar aquests gràfics.

http://links.edebe.com/brsxbm

CRITICAL SENSE

CORRELACIONS QUE CONFONEN

En general és possible realitzar correlacions amb tot tipus de variables, però les conclusions que se n'extreuen no es consideren fiables o són poc autèntiques; es tracta de les anomenades **correlacions espúries.** Pot haver-hi alguna correlació entre la taxa de malalts de pulmonia i la venda de calefactors? Òbviament sí, però pot ser a causa d'una tercera variable «amagada»; per exemple: el fred...

- Cerca en un diccionari etimològic l'origen de la paraula **espuri/úria.**
- Accedeix a la xarxa i busca altres exemples de **correlacions espúries,** i especifica quina pot ser en cada cas la variable «amagada».

11

BLOC 3. ESTADÍSTICA I PROBABILITAT

Probabilitat. Distribucions de probabilitat discretes

Simulador

Problemes interactius

Presentació

Notícies
L'increïble cas dels 47 guanyadors de la Primitiva a Espanya

«A vegades, els premiats són dos, tres, quatre... o cinc, en el millor dels casos. Però què pensarien si els diguéssim que en l'últim sorteig celebrat el passat dissabte 23 d'octubre de 2010 han estat 47 les persones que han encertat els sis números de la combinació guanyadora?»

ABC, 26-10-2010

Web

Si haguessis d'apostar en tirar uns daus, què seria més avantatjós: obtenir com a mínim un sis en quatre tirades d'un dau o obtenir com a mínim dos sisos en tirar dos daus 24 vegades?
http://links.edebe.com/srq38

Pel·lícules

La pel·lícula *21 Blackjack* està basada en els fets reals del llibre de Ben Mezrich *Bringing Down the House: The Inside Story of Six M.I.T. Students Who Took Vegas for Millions,* que explica la història de l'equip de *blackjack* de l'Institut Tecnològic de Massachusetts.

EN CONTEXT

a> Per què resulta tan extraordinària la notícia sobre els 47 guanyadors de la loteria primitiva?

b> A partir de la notícia, anota:

—3 idees

—2 preguntes

—1 analogia o metàfora

Poseu-les en comú en grups de tres o quatre membres.

c> Creus que hi ha números que surten més que d'altres?

1. Probabilitat

Si tirem dos daus i en sumem les cares, és més probable que obtinguem 9 o 10?

Aquesta qüestió la resoldrem mitjançant l'estudi de la probabilitat.

La probabilitat és un concepte amb el qual ens trobem diàriament en utilitzar expressions com «és probable», «potser», «pot ser que»...

1.1. Experiments aleatoris

En la nostra vida quotidiana realitzem múltiples accions el resultat de les quals en alguns casos podem predir i en d'altres, no.

Un **experiment** és qualsevol experiència que es pot repetir en unes determinades condicions.

Sabem que si posem la mà sota l'aixeta oberta, ens mullarem, però no sabem si en llançar una moneda sortirà cara o creu. En el primer cas, tindrem un **experiment determinista** i, en el segon, un **experiment aleatori.**

La **probabilitat** s'ocupa de l'estudi dels experiments aleatoris.

FIXA-T'HI

Quan realitzem un experiment en les mateixes condicions i s'obté sempre el mateix resultat, diem que es tracta d'un **experiment determinista.** Per tant, es pot predir el resultat de l'experiment.

Per contra, quan realitzem un experiment en les mateixes condicions i es poden obtenir diferents resultats, diem que es tracta d'un **experiment aleatori.**

Espai mostral

Per a estudiar un experiment aleatori cal determinar primer tots els seus possibles resultats. El conjunt format per tots els resultats possibles d'un experiment aleatori és l'**espai mostral**, que es designa amb la lletra grega Ω.

Cadascun dels possibles resultats d'un experiment aleatori també es denomina **esdeveniment elemental.**

1 EXEMPLE

A l'experiment aleatori *E:* «llançar dues monedes i anotar-ne el resultat», quins són els esdeveniments elementals? I l'espai mostral?

Solució

RESOLUCIÓ. A partir de la definició, els esdeveniments elementals, és a dir, els possibles resultats són: $A_1 = \{c, c\}$, $A_2 = \{c, +\}$, $A_3 = \{+, c\}$, $A_4 = \{+, +\}$.

L'espai mostral és: $\Omega = \{(c, c), (c, +), (+, c), (+, +)\}$.

INTERNET

Entra a la pàgina web següent:

http://links.edebe.com/xrwysr

Pots trobar-hi explicacions i exemples sobre esdeveniments.

2 EXEMPLE

A l'experiment aleatori *E:* «llançar dos daus i sumar la puntuació», quins són els esdeveniments elementals? I l'espai mostral?

Solució

RESOLUCIÓ. A partir de la definició, els esdeveniments elementals, és a dir, els possibles resultats són: $A_1 = \{2\}$, $A_2 = \{3\}$, $A_3 = \{4\}$, $A_4 = \{5\}$, $A_5 = \{6\}$, $A_6 = \{7\}$, $A_7 = \{8\}$, $A_8 = \{9\}$, $A_9 = \{10\}$, $A_{10} = \{11\}$, $A_{11} = \{12\}$.

L'espai mostral és: $\Omega = \{2, 3, 4, 5, 6, 7, 8, 9, 10, 11, 12\}$.

Exercicis i problemes
9 i 10

1.2. Esdeveniments

Un esdeveniment es defineix enumerant-ne tots els elements o donant les condicions que el determinen, i es designa amb una lletra majúscula.

Un esdeveniment és qualsevol subconjunt de l'espai mostral Ω. És a dir, la unió de qualsevol nombre d'esdeveniments elementals i, per tant, qualsevol conjunt de resultats possibles.

$A = \{2, 4, 6\}$, $B = \{1, 3, 5\}$ són exemples d'esdeveniments de l'experiment aleatori de tirar un dau, corresponents a «obtenir un nombre parell» i «obtenir un nombre imparell», respectivament.

Diem que un esdeveniment *A* s'ha complert si el resultat coincideix amb algun element de *A*.

AMPLIA

El conjunt *S* format per tots els esdeveniments associats a l'espai mostral Ω es denomina **espai d'esdeveniments.**

Si l'espai mostral Ω està format per *n* elements, llavors el nombre d'elements del conjunt *S* és 2^n.

3 EXEMPLE

A l'experiment aleatori *E:* «extreure una fitxa del dòmino» definim els esdeveniments *A:* «obtenir una fitxa doble», *B:* «obtenir un total de sis punts» i *C:* «obtenir una fitxa blanca». a) Identifica els esdeveniments elementals de *E*. b) Determina l'espai mostral de *E*. c) Defineix els elements que formen els esdeveniments *A*, *B* i *C*. d) Si la fitxa extreta és la quatre-dos, es compleixen els esdeveniments *A* i *B*?

Solució

COMPRENSIÓ. Hem de tenir en compte que el dòmino es compon de 28 fitxes diferents, i aplicar les definicions.

RESOLUCIÓ.

a) Els possibles resultats de l'experiment *E* són els 28 esdeveniments elementals A_i formats per cadascuna de les fitxes del dòmino: $A_i = \{\text{una fitxa de dòmino}\}$.

b) L'espai mostral és el conjunt dels resultats possibles: $\Omega = \{\text{les 28 fitxes}\}$.

c) L'esdeveniment *A:* «obtenir una fitxa doble» està format per set elements:

$A = \{$doble blanc, doble u, doble dos, ..., doble cinc, doble sis$\}$

L'esdeveniment *B:* «obtenir un total de sis punts» està format per quatre elements:

$B = \{$blanc-sis, cinc-u, quatre-dos, tres-tres$\}$

L'esdeveniment *C:* «obtenir una fitxa blanca» està format per set elements:

$C = \{$blanc-blanc, blanc-u, blanc-dos, ..., blanc-cinc, blanc-sis$\}$

d) Es compleix *B*, ja que la fitxa coincideix amb un dels seus elements. No es compleix *A*, ja que no coincideix amb cap dels seus elements.

INTERNET

Pots observar gràficament aquest exemple i altres esdeveniments de l'experiment «extreure una fitxa del dòmino» a la pàgina web següent:

http://links.edebe.com/xrwysr

Alguns esdeveniments amb **característiques especials** són:

— **Esdeveniment segur.** És l'esdeveniment que succeeix sempre. Per tant, conté tots els resultats possibles de l'experiment i coincideix amb l'espai mostral.

— **Esdeveniment impossible.** És l'esdeveniment que no succeeix mai. Per tant, no conté cap dels resultats possibles, i es denota conjunt buit ($\varnothing$).

— Un esdeveniment *A* està **inclòs** en un esdeveniment *B* si sempre que es compleix *A* també es compleix *B*. Per tant, tots els esdeveniments elementals que formen *A* també estan a *B*. Es representa: $A \subset B$.

— Dos esdeveniments *A* i *B* són **iguals** si sempre que es compleix *A* també es compleix *B* i viceversa. Per tant: $A \subset B$ i $B \subset A \Leftrightarrow A = B$.

FIXA-T'HI

Considerem l'experiment aleatori *E:* «tirar un dau».

— Un esdeveniment segur *A* seria que sortís 1, 2, 3, 4, 5 o 6:

$A = \{1, 2, 3, 4, 5, 6\}$

— Un esdeveniment impossible *B* seria que sortís un 7.

— L'esdeveniment *C:* «obtenir un 2» estaria inclòs en l'esdeveniment *D:* «obtenir un nombre parell»

$C = \{2\} \subset D = \{2, 4, 6\}$

— Els esdeveniments *F:* «obtenir un imparell» i *G:* «obtenir 1, 3 o 5» són iguals.

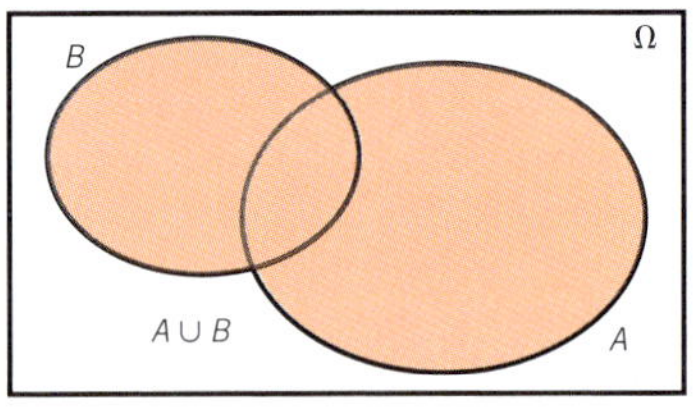

Unió d'esdeveniments.

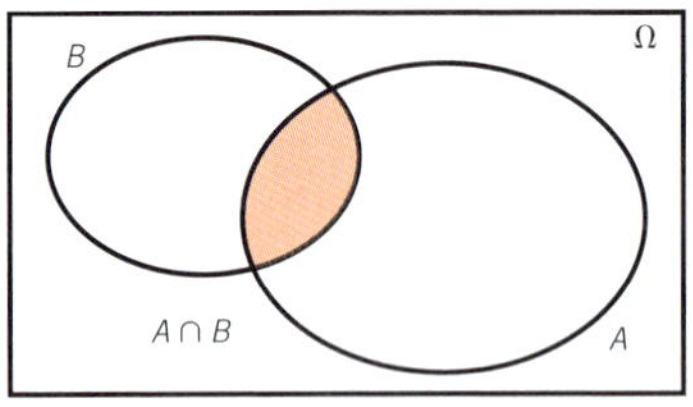

Intersecció d'esdeveniments.

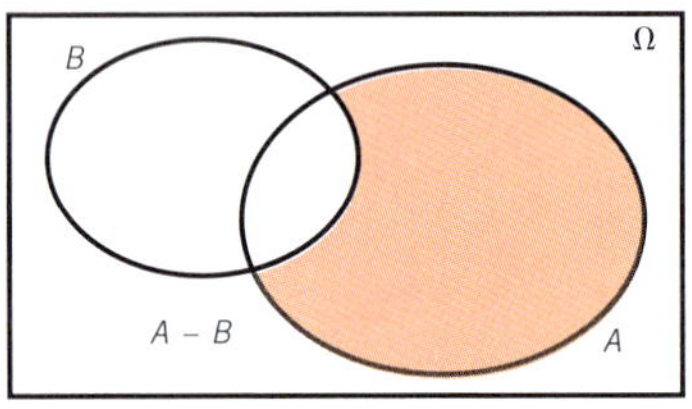

Diferència d'esdeveniments.

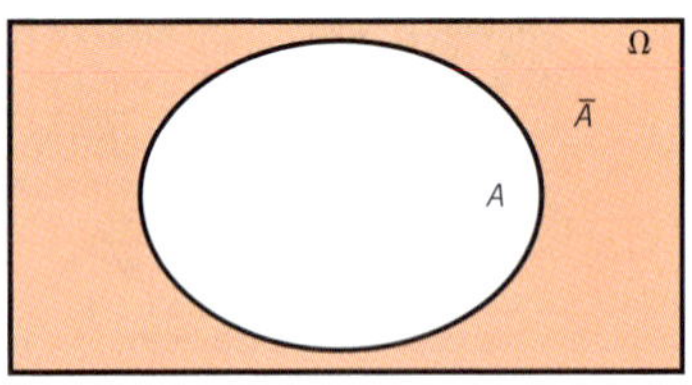

Esdeveniment contrari.

FIXA-T'HI

De la figura d'esdeveniment contrari o complementari es pot deduir que: $\bar{A} = \Omega - A$.

AMPLIA

L'estructura formada per l'espai d'esdeveniments (S) juntament amb les operacions d'unió, intersecció i contrari, rep el nom d'**Àlgebra de Boole.**

Exercicis i problemes
11, 17, 18 i 19

Operacions amb esdeveniments

Els diferents esdeveniments d'un experiment aleatori són subconjunts de l'espai mostral Ω, per la qual cosa podem realitzar amb ells les operacions habituals amb els conjunts:

— **Unió dels esdeveniments *A* i *B*.** Esdeveniment que es compleix quan succeeix A o succeeix B. Està format pels resultats que són de A o de B i es representa per $A \cup B$.

— **Intersecció dels esdeveniments *A* i *B*.** Esdeveniment que es compleix quan succeeix A i succeeix B simultàniament. Està format pels resultats que són de A i de B alhora i es representa amb $A \cap B$.

Si $A \cap B \neq \varnothing$, és a dir, si A i B tenen algun resultat en comú, diem que A i B són **compatibles.**

Si $A \cap B = \varnothing$, és a dir, si A i B no poden succeir simultàniament, diem que A i B són **incompatibles.**

— **Diferència dels esdeveniments *A* i *B*.** Esdeveniment que es dóna quan succeeix A, però no succeeix B. Està format pels resultats de A que no pertanyen a B i es representa per $A - B$.

— **Esdeveniment contrari o complementari de *A*.** Esdeveniment que es dóna quan no succeeix A. Està format pels resultats de l'espai mostral Ω que no pertanyen a A i es representa per $\bar{A}$.

4 EXEMPLE

La baralla espanyola consta de 4 pals (oros, copes, espases i bastos) i cadascun té 12 cartes (1, 2, ..., 9, sota, cavall i rei). A l'experiment aleatori *E:* «extreure una carta» definim els esdeveniments *R:* «treure rei», *S:* «treure espases», *X:* «no treure oros», *F:* «treure figura» i *B:* «treure bastos». a) Defineix l'espai mostral de *E*. b) Defineix els elements que formen cadascun dels esdeveniments. c) Efectua les operacions següents i indica quins elements les formen: $R \cup S$, $R \cap S$, $F \cup B$, $F \cap B$, $\bar{X}$, $F \cap \bar{S}$, $R - B$, $S \cap B$.

Solució

COMPRENSIÓ. Hem de tenir en compte que es juga amb 48 cartes, apliquem les definicions i operem.

RESOLUCIÓ.

a) L'espai mostral és el conjunt dels resultats possibles: Ω = {les 48 cartes de la baralla}.

b) R = {4 cartes: els 4 reis}

S = {12 cartes: les 12 cartes d'espases}

X = {36 cartes: aquelles que no són d'oros}

F = {12 cartes: les 3 figures de cada pal}

B = {12 cartes: les 12 cartes de bastos}

c) $R \cup S$ = {15 cartes: les 12 cartes d'espases i els altres 3 reis}

$R \cap S$ = {el rei d'espases}

$F \cup B$ = {21 cartes: 12 cartes de bastos i 3 cartes de figura dels altres 3 pals}

$F \cap B$ = {3 cartes: les 3 figures de bastos}

$\bar{X}$ = {les 12 cartes d'oros}

$F \cap \bar{S}$ = {9 cartes: les 3 figures d'oros, copes i bastos}

$R - B$ = {els 3 reis que no són de bastos}

$S \cap B = \varnothing$

Propietats de les operacions amb esdeveniments

Les operacions anteriors compleixen les propietats següents:

	UNIÓ	INTERSECCIÓ
IDEMPOTÈNCIA	$A \cup A = A$	$A \cap A = A$
COMMUTATIVA	$A \cup B = B \cup A$	$A \cap B = B \cap A$
ASSOCIATIVA	$A \cup (B \cup C) = (A \cup B) \cup C$	$A \cap (B \cap C) = (A \cap B) \cap C$
DISTRIBUTIVA	$A \cup (B \cap C) = (A \cup B) \cap (A \cup C)$	$A \cap (B \cup C) = (A \cap B) \cup (A \cap C)$
SIMPLIFICATIVA	$A \cup (B \cap A) = A$	$A \cap (B \cup A) = A$
ELEMENT NEUTRE	$A \cup \varnothing = A$	$A \cap \Omega = A$
ELEMENT UNIVERSAL	$A \cup \Omega = \Omega$	$A \cap \varnothing = \varnothing$
COMPLEMENTACIÓ	$A \cup \bar{A} = \Omega$	$A \cap \bar{A} = \varnothing$
INVOLUCIÓ	$\bar{\bar{A}} = A$	
LLEIS DE MORGAN	$\overline{A \cup B} = \bar{A} \cap \bar{B}$	$\overline{A \cap B} = \bar{A} \cup \bar{B}$

5 EXEMPLE

A l'experiment aleatori *E:* «tirar un dau» definim els esdeveniments *A:* «obtenir 1 o 2» i *B:* «obtenir més de 4». Comprova que es compleixen les lleis de Morgan.

Solució

COMPRENSIÓ. Definim els esdeveniments A, B, $\bar{A}$ i $\bar{B}$, i comprovem si es compleixen les lleis de Morgan.

RESOLUCIÓ. $A = \{1, 2\}$, $B = \{5, 6\}$, $\bar{A} = \{3, 4, 5, 6\}$, $\bar{B} = \{1, 2, 3, 4\}$

Verifiquem la primera llei de Morgan: $\overline{A \cup B} = \bar{A} \cap \bar{B}$

$$\overline{A \cup B} = \Omega - (A \cup B) = \Omega - (\{1, 2\} \cup \{5, 6\}) = \{3, 4\}$$

$$\bar{A} \cap \bar{B} = \{3, 4, 5, 6\} \cap \{1, 2, 3, 4\} = \{3, 4\}$$

En efecte, $\overline{A \cup B} = \bar{A} \cap \bar{B}$.

Verifiquem la segona llei de Morgan: $\overline{A \cap B} = \bar{A} \cup \bar{B}$

$$\overline{A \cap B} = \Omega - (A \cap B) = \Omega - (\{1, 2\} \cap \{5, 6\}) = \Omega - \varnothing = \Omega$$

$$\bar{A} \cup \bar{B} = \{3, 4, 5, 6\} \cup \{1, 2, 3, 4\} = \{1, 2, 3, 4, 5, 6\} = \Omega$$

En efecte, $\overline{A \cap B} = \bar{A} \cup \bar{B}$.

P. S. Laplace

Pierre-Simon Laplace (1749-1827). Matemàtic i astrònom francès que va realitzar importants investigacions sobre la probabilitat, i que va recopilar en la seva obra *Teoria analítica de les probabilitats.*

6 EXEMPLE

Demostra gràficament la igualtat $A - B = A \cap \bar{B}$.

Solució

RESOLUCIÓ.

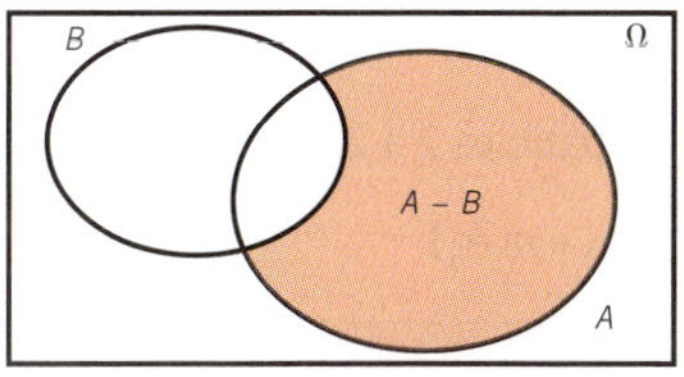

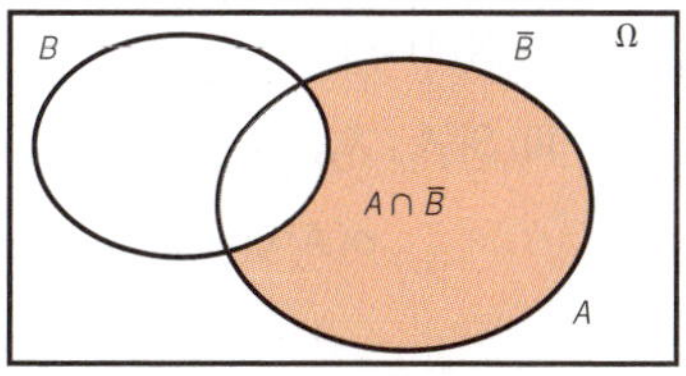

Observem a les figures que el resultat és el mateix conjunt.

Exercicis i problemes
20, 21, 28, 29 i 33

1.3. Càlcul de probabilitats

En matemàtiques, assignem un nombre a la tendència que succeeixi un esdeveniment. Aquest nombre es denomina **probabilitat de l'esdeveniment.**

Si repetim un experiment aleatori moltes vegades en idèntiques condicions, la freqüència relativa d'un esdeveniment tendeix a mantenir-se constant a mesura que augmenta el nombre de repeticions de l'experiment. Aquesta constant és la **probabilitat de l'esdeveniment *A*** i es designa com a $p(A)$.

Regla de Laplace

Quan tots els esdeveniments elementals d'un experiment aleatori tenen la mateixa probabilitat, és a dir, són equiprobables, podem aplicar la **regla de Laplace** per a calcular la probabilitat d'un esdeveniment *A*:

$$p(A) = \frac{\text{card}(A)}{\text{card}(\Omega)} = \frac{\text{nombre de casos favorables a } A}{\text{nombre de casos possibles}}$$

7 EXEMPLE

En una urna hi ha 7 boles grogues i 4 boles verdes. Si extraiem dues boles alhora, quina és la probabilitat que traiem dues boles verdes?

Solució

COMPRENSIÓ. Definim l'esdeveniment *A*: «extreure 2 boles verdes», determinem el nombre de casos favorable i el de casos possibles, utilitzant nombres combinatoris i, a continuació, apliquem la regla de Laplace.

RESOLUCIÓ.

El nombre de casos en què es produirà *A*: $\text{card}(A) = C_{4,2} = \binom{4}{2} = 6$

El nombre total de resultats possibles: $\text{card}(\Omega) = C_{11,2} = \binom{11}{2} = 55$

$\rightarrow p(A) = \dfrac{6}{55}$

Definició axiomàtica de probabilitat

Què passa quan els esdeveniments no són equiprobables?

La definició axiomàtica de probabilitat d'Andrei Kolmogorov resulta vàlida per a qualsevol experiment, i supera així el problema d'equiprobabilitat que presentava la definició clàssica.

Sigui l'espai mostral Ω associat a un experiment aleatori i *S*, l'espai d'esdeveniments. Es denomina **probabilitat** la funció que fa correspondre a cada esdeveniment *A* de *S* un nombre real comprès entre 0 i 1, tots dos inclosos, denominat *probabilitat de A, p(A)*, que compleix els axiomes següents:

i) $0 \leq p(A) \leq 1, \quad \forall A \in S$

ii) $p(\Omega) = 1$

iii) Si $A_1, A_2, \ldots, A_n$ són esdeveniments incompatibles 2 a 2, llavors:

$$p(A_1 \cup A_2 \ldots \cup A_n) = p(A_1) + p(A_2) + \ldots + p(A_n)$$

Una vegada definides les probabilitats associades als esdeveniments elementals d'un espai mostral Ω, es diu que aquest constitueix un **espai de probabilitat.**

VOCABULARI

Es denomina **cardinal d'un conjunt** el nombre d'elements d'aquest conjunt. Es denota per card(*E*).

RECORDA

— Per a qualsevol $n \in \mathbb{N}$ definim ***n* factorial (*n*!)** com:

$n! = n \cdot (n-1) \cdot (n-2) \cdot \ldots \cdot 2 \cdot 1$

Per definició: $0! = 0$ i $1! = 1$

— Per a qualsevol parell de nombres $n, k \in \mathbb{N}$ tals que $k \leq n$, definim el **nombre combinatori *n* sobre *k*** com:

$$\binom{n}{k} = \frac{n!}{k! \cdot (n-k)!}$$

Per definició: $\binom{n}{0} = 1$

— El nombre combinatori $\binom{n}{k}$ dóna el nombre de maneres d'escollir *k* elements entre *n* disponibles de manera que no importa l'ordre dels elements i no hi ha elements repetits.

A. KOLMOGOROV

Andrei Kolmogorov (1903-1987). Matemàtic rus que va fer progressos importants en la teoria de la probabilitat. Va establir el sistema axiomàtic de la teoria de la probabilitat a partir de la teoria de conjunts.

LLENGUATGE MATEMÀTIC

Un **axioma** és un enunciat que s'accepta sense demostració.

Problemes resolts
A

Exercicis i problemes
12 a 15, 22 i 23

Principals propietats de la probabilitat

A partir dels axiomes de la probabilitat, podem demostrar les propietats següents:

— $p(A) + p(\bar{A}) = 1$

De la propietat de la complementació: $A \cup \bar{A} = \Omega$ i, aplicant l'axioma (ii): $p(A \cup \bar{A}) = p(\Omega) = 1$.

D'altra banda, $A \cap \bar{A} = \varnothing$. En ser esdeveniments incompatibles, es pot aplicar l'axioma (iii): $p(A \cup \bar{A}) = p(A) + p(\bar{A})$.

Unint totes dues igualtats: $p(A) + p(\bar{A}) = p(A \cup \bar{A}) = p(\Omega) = 1$.

— Si un esdeveniment A està inclòs en un esdeveniment B, llavors $p(A) \le p(B)$.

Si $A \subset B$, de la *figura 1*, podem deduir que: $B = A \cup (B - A)$.

D'altra banda, atès que $A \cap (B - A) = \varnothing$ són esdeveniments incompatibles, podem aplicar l'axioma (iii): $p[A \cup (B - A)] = p(A) + p(B - A)$.

Unint totes dues expressions, $p(B) = p[A \cup (B - A)] = p(A) + p(B - A)$, i com que es compleix l'axioma (i) ($p(B - A) \ge 0$), deduïm que $p(B) \ge p(A)$.

— Si A i B són esdeveniments compatibles, llavors:

$$p(A \cup B) = p(A) + p(B) - p(A \cap B)$$

Com veiem a la *figura 2*: $A \cup B = (A - B) \cup B$ i, atès que són incompatibles, es compleix l'axioma (iii): $p(A \cup B) = p(A - B) + p(B)$ [1].

De la *figura 3* podem deduir que: $A = (A - B) \cup (A \cap B)$ i, atès que són incompatibles, es compleix l'axioma (iii): $p(A) = p(A - B) + p(A \cap B)$ [2].

Aïllant $p(A - B)$ de [2] i substituint-lo en [1]:

$$p(A \cup B) = p(A) + p(B) - p(A \cap B)$$

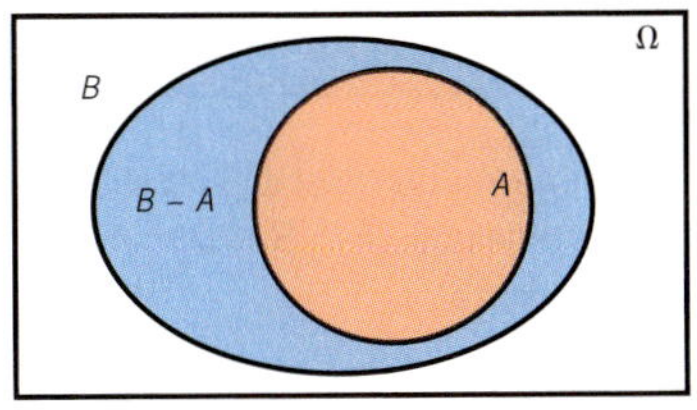

Figura 1

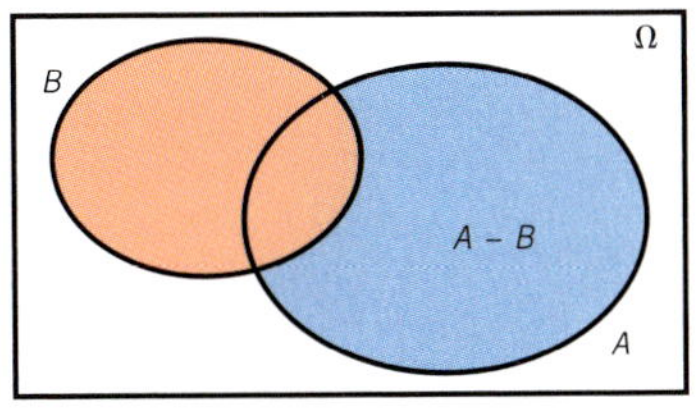

Figura 2

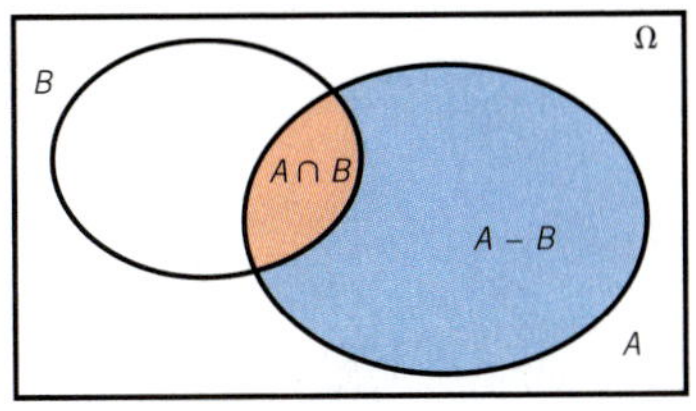

Figura 3

Exercicis i problemes
16, 23, 24 i 25

8 EXEMPLE

A la classe de 1r de Batxillerat A, el 70% dels alumnes han aprovat les matemàtiques, només el 30 % han aprovat la filosofia i el 15 % les han aprovat totes dues. Si escollim un alumne a l'atzar, calcula la probabilitat:

a) Que hagi aprovat les matemàtiques però no la filosofia.

b) Que hagi aprovat la filosofia però no les matemàtiques.

c) Que hagi aprovat com a mínim una de les dues assignatures.

d) Que no hagi aprovat cap de les dues assignatures.

Solució

COMPRENSIÓ. Definim els esdeveniments M: «aprovar matemàtiques» i F: «aprovar filosofia». De l'enunciat, deduïm que $p(M) = 0{,}7$, $p(F) = 0{,}3$ i $p(M \cap F) = 0{,}15$ i calculem la probabilitat dels esdeveniments demanats.

RESOLUCIÓ. a) Hem de calcular $p(M \cap \bar{F})$.

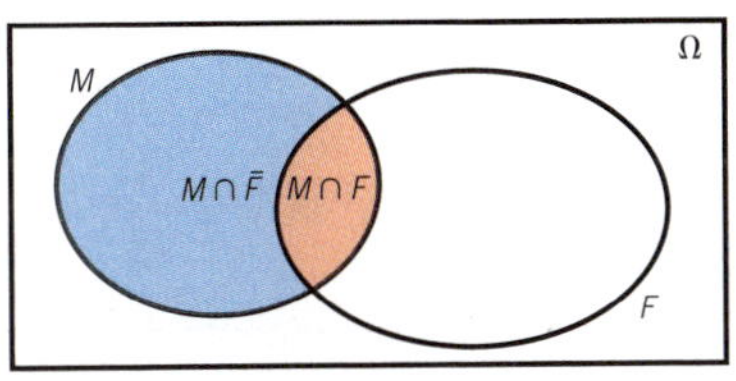

Si observem la figura anterior, deduïm que $M \cap \bar{F} = M - (M \cap F)$. Calculem la probabilitat:

$$p(M \cap \bar{F}) = p(M) - p(M \cap F) = 0{,}7 - 0{,}15 = 0{,}55$$

b) Hem de calcular $p(\bar{M} \cap F)$. Com a l'apartat anterior, tenim:

$$p(\bar{M} \cap F) = p(F) - p(M \cap F) = 0{,}3 - 0{,}15 = 0{,}15$$

c) Hem de calcular $p(M \cup F)$, on M i F són esdeveniments compatibles. Per tant, apliquem la tercera propietat de la probabilitat:

$$p(M \cup F) = p(M) + p(F) - p(M \cap F) =$$
$$= 0{,}7 + 0{,}3 - 0{,}15 = 0{,}85$$

d) Hem de calcular $p(\bar{M} \cap \bar{F})$. Aplicant la primera llei de Morgan i la primera propietat de la probabilitat:

$$p(\bar{M} \cap \bar{F}) = p(\overline{M \cup F}) = 1 - p(M \cup F) =$$
$$= 1 - 0{,}85 = 0{,}15$$

FIXA-T'HI

Si apliquem la propietat commutativa a la intersecció, $A \cap B = B \cap A$, podem escriure:

$$p(B \cap A) = p\left(\frac{A}{B}\right) \cdot p(B)$$

1.4. Probabilitat condicionada

En una urna hi ha 3 boles blaves i 3 vermelles. Si traiem una bola i després una altra, el resultat d'aquesta segona extracció depèn de la primera? Si retornem la primera bola a l'urna, no; però si no la hi retornem, sí.

Parlem de **probabilitat condicionada** quan la probabilitat d'un esdeveniment *A* depèn de si un altre esdeveniment *B* s'ha complert abans o no.

La probabilitat de *A* condicionada a *B* és la probabilitat que succeeixi *A* havent succeït *B*. Es denota $P\left(\frac{A}{B}\right)$ i es calcula:

$$p\left(\frac{A}{B}\right) = \frac{p(A \cap B)}{p(B)}$$

Probabilitat composta

De l'expressió de la probabilitat condicionada podem deduir la fórmula del **principi de la probabilitat composta:** $p(A \cap B) = p\left(\frac{A}{B}\right) \cdot p(B)$

Aquesta expressió resulta molt útil per a calcular la probabilitat composta o probabilitat que es donin simultàniament dos esdeveniments.

Esdeveniments dependents i independents

Tornem a l'exemple anterior: si extraiem una bola i després una altra, el resultat d'aquesta segona extracció depèn de la primera?

Si retornem la primera bola a l'urna, el resultat de la segona extracció no depèn de la primera extracció, per la qual cosa $p\left(\frac{A}{B}\right) = p(A)$.

Dos esdeveniments *A* i *B* associats a un mateix experiment són **independents** si es compleix que $P\left(\frac{A}{B}\right) = P(A)$, sent $P(B) \neq 0$, o si $P\left(\frac{B}{A}\right) = P(B)$, sent $P(A) \neq 0$. Del principi de la probabilitat composta es deriva: $p(A \cap B) = p(A) \cdot p(B)$.

Problemes resolts
B

Exercicis i problemes
15, 25 a 27, 30, 31, 32 i 34 a 36

Si no retornem la primera bola a l'urna, el resultat de la segona extracció sí que depèn de la primera extracció, per la qual cosa $p\left(\frac{A}{B}\right) \neq p(A)$. I llavors diem que *A* i *B* són dos **esdeveniments dependents.**

9 EXEMPLE

En una urna hi ha 6 boles grogues, 4 boles verdes, 3 de blaves i 5 de vermelles. Calcula la probabilitat de treure 1 bola verda i 1 de groga en els casos següents: a) Amb reposició. b) Sense reposició.

Solució

COMPRENSIÓ. Definim els esdeveniments *V:* «extreure bola verda» i *A:* «extreure bola groga», determinem si són independents o no i calculem les seves probabilitats.

RESOLUCIÓ.

a) En aquest cas els dos esdeveniments són independents, amb la qual cosa:

$$p(\text{verda i groga}) = p(V \cap A) = p(V) \cdot p(A) = \frac{4}{18} \cdot \frac{6}{18} = 0{,}074$$

b) Ara, els esdeveniments no són independents, atès que haver extret una bola verda a la primera extracció condiciona el resultat de la segona extracció.

$$p(\text{verda i groga}) = p(V \cap A) = p(V) \cdot p\left(\frac{A}{V}\right) = \frac{4}{18} \cdot \frac{6}{17} = 0{,}078$$

2. Distribucions de probabilitat discretes

Considerem l'experiment que consisteix a llançar tres monedes a l'aire i anotar-ne el resultat. L'espai mostral d'aquest experiment és:

$$\Omega = \{ccc, cc+, c+c, +cc, c++, +c+, ++c, +++\}$$

Podem assignar un valor numèric a cada resultat, per exemple, el nombre de cares obtingudes, el nombre de creus obtingudes o la diferència entre el nombre de cares i el de creus. Aquesta assignació defineix una funció entre l'espai mostral Ω i el conjunt de nombres reals $\mathbb{R}$.

Una **variable aleatòria** és una funció X que assigna un nombre real a cada esdeveniment A de l'espai mostral Ω associat a un experiment aleatori E.

En ser X una funció, podem calcular el seu recorregut, $R(X)$, que no és res més que el conjunt de valors que pot prendre la variable aleatòria X; és a dir, un subconjunt dels nombres reals.

Si a l'experiment *E:* «llançar 3 monedes a l'aire i anotar-ne el resultat», considerem com a variable aleatòria *X:* «nombre de creus obtingudes», tenim que $R(X) = \{0, 1, 2, 3\}$.

2.1. Variables aleatòries discretes i contínues

En funció de les característiques del conjunt $R(X)$, classifiquem les variables aleatòries en discretes o contínues.

Una variable aleatòria X és **discreta** si els valors que pot prendre estan determinats i poden ordenar-se sense que entre ells hi hagi altres valors. Aquest conjunt es representa com a $\{x_1, x_2, \ldots, x_n\}$. En cas contrari, quan els seus valors corresponen a un o diversos intervals de $\mathbb{R}$, diem que la variable és contínua.

FIXA-T'HI

Vegem diferents exemples de variables aleatòries discretes i quin conjunt de valors poden prendre en cada cas.

Podem tenir una variable aleatòria de recorregut {1, 1,25, 1,5, 1,75, 2}.

Poden ser negatius, per exemple, si en un joc es compta un positiu si es guanya, i un negatiu si es perd.

I poden ser infinits si considerem l'experiment de llançar una moneda fins que surti cara i la variable aleatòria és el nombre de vegades que hem de llançar la moneda.

10 EXEMPLE

Classifica en discretes o contínues les variables aleatòries següents:

a) Nombre de pàgines d'un llibre.

b) Temps que triga a fondre's una bombeta.

c) Nombre de preguntes en una classe d'una hora.

d) Quantitat d'aigua consumida en un mes.

e) Pes dels alumnes d'una escola.

f) Nombre d'accidents automobilístics en una ciutat per dia.

g) Nombre de peces defectuoses per lot.

Solució

RESOLUCIÓ. Són contínues, ja que dins d'un interval poden prendre qualsevol valor: b, d, e.

Són discretes, ja que només poden prendre valors naturals en un interval: a, c, f, g.

INTERNET

A l'enllaç següent trobaràs un test sobre probabilitat:

http://links.edebe.com/tzprgr

I un altre sobre distribucions discretes:

http://links.edebe.com/j58e

RECORDA

Mitjana aritmètica ($\bar{x}$). És el valor que s'obté en dividir la suma de tots els valors de la variable entre el nombre total d'aquests. És un nombre representatiu de tots els valors que pren la variable estadística *X*.

Variància (σ^2). És la mitjana aritmètica dels quadrats de les desviacions respecte de la mitjana.

Desviació típica (σ). És l'arrel quadrada de la variància. Indica la dispersió dels valors que pren la variable estadística *X*. Així, a una variable *X* les dades de la qual estan agrupades al voltant de la mitjana li correspon una desviació típica petita. Recíprocament, a una variable *X* les dades de la qual estan disperses al voltant de la mitjana li correspon una desviació típica elevada.

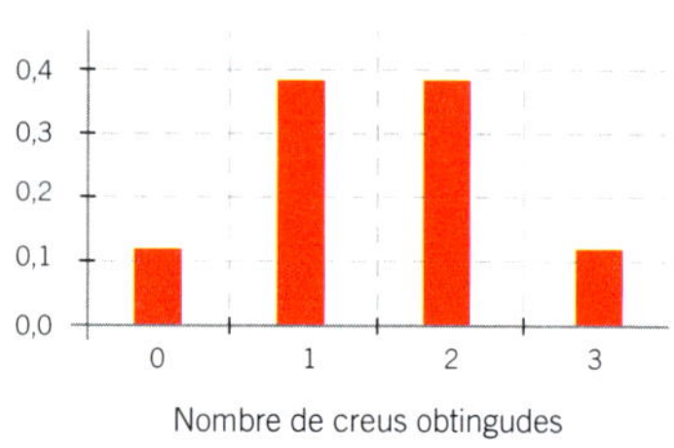

Funció de probabilitat $f(x)$.

Exercicis i problemes
44

2.2. Distribució de probabilitat

A l'experiment *E:* «llançar tres monedes a l'aire i anotar-ne el resultat», si considerem com a variable aleatòria *X:* «nombre de creus obtingudes», podem construir la taula següent en la qual assignem a cada valor de la variable *X* la probabilitat que succeeixi:

x_i	0	1	2	3
$p(X = x_i) = p_i$	$p(X = 0) = \frac{1}{8}$	$p(X = 1) = \frac{3}{8}$	$p(X = 2) = \frac{3}{8}$	$p(X = 3) = \frac{1}{8}$

Anomenem **distribució de probabilitat** d'una variable aleatòria discreta *X* l'assignació a cada valor $x_i \in R(X)$ la probabilitat que la variable aleatòria *X* prengui aquest valor x_i.

Podem mostrar la distribució de probabilitat de *X* en una taula:

x_i	x_1	x_2	...	x_n
$p(X = x_i) = p_i$	$p(X = x_1) = p_1$	$p(X = x_2) = p_2$		$p(X = x_n) = p_n$

2.3. Funció de probabilitat

A partir de la distribució de probabilitat podem considerar la funció de probabilitat següent:

La funció *f* que assigna a cada nombre real *x* la probabilitat que la variable aleatòria discreta *X* prengui aquest valor es denomina **funció de probabilitat** de *X*.

$$f(x) = \begin{cases} p(X = x) & \text{si } x \in R(X) \\ 0 & \text{si } x \notin R(X) \end{cases}$$

Aquesta funció compleix les propietats següents:

— $f(x) \geq 0, \ \forall x \in \mathbb{R}$

— $\sum_{i=1}^{n} f(x_i) = \sum_{i=1}^{n} p_i = 1$

A l'experiment *E:* «llançar tres monedes a l'aire i anotar-ne el resultat», si considerem la variable aleatòria *X:* «nombre de creus obtingudes», la funció de probabilitat tindrà l'expressió algèbrica següent:

$$f(x) = \begin{cases} 1/8 & x = 0, 3 \\ 3/8 & x = 1, 2 \\ 0 & \text{en un altre cas} \end{cases}$$

A la figura del marge podem veure la seva representació gràfica.

Comprovem si compleix les propietats següents:

— $f(x) \geq 0, \ \forall x \in \mathbb{R} \rightarrow$ Sí. Totes les probabilitats són més grans que zero.

— $\sum_{i=1}^{n} f(x_i) = \sum_{i=1}^{n} p_i = 1 \rightarrow \frac{1}{8} + \frac{3}{8} + \frac{3}{8} + \frac{1}{8} = 1$

2.4. Funció de distribució

De vegades no ens interessa tant la probabilitat que una variable aleatòria discreta X prengui un valor x determinat, com la probabilitat que prengui un valor més petit o igual que x. Calculem llavors la **funció de probabilitat acumulada:**

$$F(x) = p(X \leq x) = \sum_{x_i < x} p(X = x_i) = \sum_{x_i < x} f(x_i) = \sum_{x_i < x} p_i, \forall x_i \in R(X)$$

Aquesta funció F es denomina **funció de distribució.**

A l'experiment *E:* «llançar tres monedes a l'aire i anotar-ne el resultat», si considerem la variable aleatòria *X:* «nombre de creus obtingudes», la funció de distribució tindrà l'expressió i gràfica següents:

$$F(x) = \begin{cases} 0 & \text{si } x < 0 \\ \frac{1}{8} & \text{si } x < 1 \\ \frac{1}{2} & \text{si } x < 2 \\ \frac{7}{8} & \text{si } x < 3 \\ 1 & \text{si } x \geq 3 \end{cases}$$

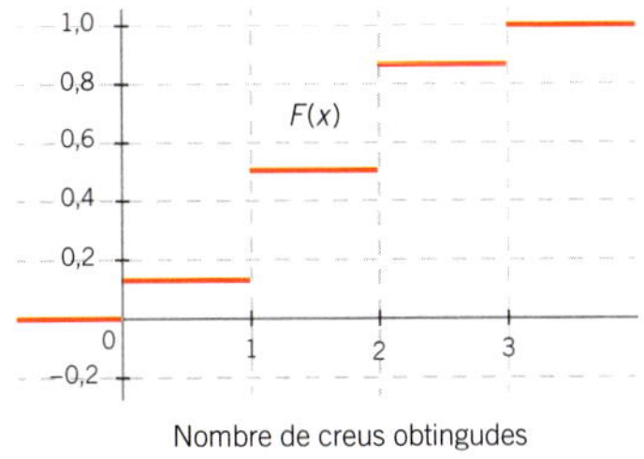

Funció de distribució *F*(*x*).

Propietats de la funció de distribució

La funció de distribució compleix les propietats següents per a $x_i \in R(X)$:

— És una funció creixent i esglaonada.

— El seu domini són tots els nombres reals.

— $0 \leq F(x_i) \leq 1$

AMPLIA

Jocs d'atzar

A un joc d'atzar, podem associar-li sempre una **variable aleatòria** *X*, els valors de la qual siguin els guanys corresponents als possibles resultats.

La *mitjana* o *esperança matemàtica*, μ o *E(X)*, representa el benefici mitjà en cada jugada quan se'n considera un nombre molt elevat.

Si $\mu > 0$, es diu que el joc afavoreix el jugador.

Si $\mu < 0$, es diu que el joc perjudica el jugador.

Si $\mu = 0$, es diu que el joc és equitatiu.

11 EXEMPLE

Sigui l'experiment aleatori *E*: «llançar un dau» i la variable aleatòria *x*: «assignar 1 als múltiples de 3 i assignar 2 a la resta».

Confecciona una taula amb els valors de la variable, la funció de probabilitat i la funció de distribució de probabilitat.

Solució

COMPRENSIÓ. Per al càlcul de la funció de probabilitat hem de calcular la probabilitat que X prengui els valors 1 o 2. El càlcul de la probabilitat es realitza mitjançant la regla de Laplace. D'aquesta manera obtenim els valors de la funció de probabilitat i, mitjançant l'acumulació d'aquests, la funció de distribució.

RESOLUCIÓ.

x_i	1	2
p_i	$\frac{1}{3}$	$\frac{2}{3}$
$F(x_i)$	$\frac{1}{3}$	$\frac{1}{3} + \frac{2}{3} = 1$

$p(X = 1) = p(\text{treure 3 o 6}) = \frac{2}{6} = \frac{1}{3}$

$p(X = 2) = p(\text{no treure 3 ni 6}) =$

$= p(\text{treure 1, 2, 4 o 5}) = \frac{4}{6} = \frac{2}{3}$

Exercicis i problemes
37, 40 i 46

2.5. Paràmetres d'una distribució de probabilitat

Per a una variable aleatòria discreta podem calcular els paràmetres de centralització i dispersió de manera anàloga a com ho fèiem en una distribució estadística:

— **Mitjana o esperança matemàtica:** $\mu = E(X) = \sum_i x_i \cdot f(x_i)$

— **Variància:** $\sigma^2 = \sum_i x_i^2 \cdot f(x_i) - \mu^2 = \sum_i (x_i - \mu)^2 \cdot f(x_i)$

— **Desviació típica o estàndard:** $\sigma = \sqrt{\sigma^2}$

A l'experiment *E:* «llançar tres monedes a l'aire i anotar-ne el resultat», si considerem la variable aleatòria *X:* «nombre de creus obtingudes», els paràmetres seran:

— Mitjana o esperança matemàtica:

$$\mu = E(X) = \sum_i x_i \cdot f(x_i) = 0 \cdot \frac{1}{8} + 1 \cdot \frac{3}{8} + 2 \cdot \frac{3}{8} + 3 \cdot \frac{1}{8} = 1{,}5$$

— Variància:

$$\sigma^2 = \sum_i x_i^2 \cdot f(x_i) - \mu^2 = \left(0^2 \cdot \frac{1}{8} + 1^2 \cdot \frac{3}{8} + 2^2 \cdot \frac{3}{8} + 3^2 \cdot \frac{1}{8}\right) - 1{,}5^2 = 0{,}75$$

— Desviació típica o estàndard: $\sigma = \sqrt{\sigma^2} = \sqrt{0{,}75} = 0{,}866$

Problemes resolts
C

Exercicis i problemes
38, 39, 41 a 43, 45 i 47 a 49

Els paràmetres d'una distribució de probabilitat són semblants als d'una distribució estadística. Només hem de canviar les freqüències relatives per les probabilitats.

12 EXEMPLE

Sigui *X* una variable aleatòria que expressa el nombre de persones que habiten en un habitatge triat a l'atzar, i la distribució de probabilitat de *x* sigui la següent:

x_i	1	2	3	4	5	6	7	8 o més
p_i	0,230	0,322	0,177	0,155	0,067	0,024	0,015	0,010

a) Comprova que és una distribució de probabilitat.

b) Troba la probabilitat que el nombre de persones que viuen en un habitatge sigui menor o igual que quatre.

c) Calcula la probabilitat que almenys dues persones visquin en un habitatge.

d) Obtingues els paràmetres de la variable *X*.

Solució

RESOLUCIÓ.

a) S'ha de complir:

— $f(x) \geq 0,\ \forall x \in \mathbb{R} \rightarrow$ Es compleix.

— $\sum_{i=1}^{n} f(x_i) = 1 \rightarrow$ Si sumem:

$$\sum_{i=1}^{8} f(x_i) = 0{,}230 + 0{,}322 + \ldots + 0{,}015 + 0{,}010 = 1$$

b) Hem de calcular $p(X \leq 4)$:

$$p(X \leq 4) = p(X = 1) + p(X = 2) + p(X = 3) + p(X = 4) = 0{,}884$$

c) Hem de calcular $p(X \geq 2)$:

$$p(X \geq 2) = p(X = 2) + p(X = 3) + \ldots + p(X = 8) = 1 - p(X < 2) = 0{,}77$$

d) Per a calcular els paràmetres apliquem les expressions:

— Mitjana o esperança:

$$\mu = \sum_i x_i \cdot f(x_i) = 1 \cdot 0{,}230 + 2 \cdot 0{,}322 + \ldots + 8 \cdot 0{,}010 = 2{,}689$$

— Variància: $\sigma^2 = \sum_i x_i^2 \cdot f(x_i) - \mu^2 =$

$$= \left(1^2 \cdot 0{,}230 + 2^2 \cdot 0{,}322 + \ldots + 8^2 \cdot 0{,}010\right) - 2{,}689^2 = 2{,}27$$

— Desviació típica o estàndard:

$$\sigma = \sqrt{\sigma^2} = \sqrt{2{,}27} = 1{,}51$$

3. Distribució binomial

Dins de les distribucions de probabilitat discretes, la més important és la **distribució binomial.**

Aquesta distribució es basa en experiments aleatoris en els quals només hi ha dos possibles resultats: **èxit** o **fracàs.** Per exemple, encistellar un tir de bàsquet, escollir una persona, que un producte no sigui defectuós...

La probabilitat de cadascun d'aquests esdeveniments és:

èxit: $p(A) = p$ fracàs: $p(\overline{A}) = 1 - p(A) = 1 - p = q$

Un experiment amb aquestes característiques segueix una **distribució de Bernoulli.**

Si definim una variable aleatòria X que faci correspondre el valor 1 a l'èxit i 0 al fracàs obtenim la funció de probabilitat:

$$f(x) = \begin{cases} p(X = 1) = p \\ p(X = 0) = 1 - p = q \end{cases}$$

I d'aquí, la funció de distribució: $F(x) = \begin{cases} 0 & \text{si } x < 0 \\ q & \text{si } 0 \leq x < 1 \\ 1 & \text{si } x \geq 1 \end{cases}$

Per a calcular els seus paràmetres apliquem les expressions anteriors:

Esperança matemàtica: $\mu = E(X) = \sum_i x_i \cdot f(x_i) = 0 \cdot q + 1 \cdot p = p$

Variància: $\sigma^2 = \sum_i x_i^2 \cdot f(x_i) - \mu^2 = (0^2 \cdot q + 1^2 \cdot p) - p^2 = p \cdot (1 - p) = p \cdot q$

Desviació típica o estàndard: $\sigma = \sqrt{\sigma^2} = \sqrt{p \cdot q}$

Quan un experiment de Bernoulli es duu a terme *n* vegades de manera independent, es diu que la variable aleatòria *X* que compta el nombre d'èxits segueix el model de la distribució binomial de paràmetres *n* i *p* i es denota: $X \sim B(n, p)$.

Així doncs, en una distribució binomial $B(n, p)$ es donen les **característiques** següents:

— L'experiment es repeteix n vegades de manera independent entre elles.

— L'experiment només té dos possibles resultats: èxit o fracàs.

— La probabilitat d'èxit (p) és la mateixa cada vegada que es realitza l'experiment.

AMPLIA

La **distribució binomial** és una de les distribucions discretes de probabilitat que més nombre d'aplicacions té quan l'objecte de l'estudi és determinar el percentatge d'una determinada característica en poblacions humanes, el percentatge de productes o peces defectuosos en un procés de manufactura, la publicitat per a la venda d'un producte, la propagació d'una determinada malaltia...

La denominada **distribució de Poisson,** que es pot considerar un cas particular de la distribució binomial per a valors molt grans de n i molt petits de p, constitueix el principal model de probabilitat emprat per a analitzar problemes de gestió de diverses formes de trànsit, de nombre de trucades telefòniques, de nombre de clients que arriben a la finestreta d'una entitat financera...

13 EXEMPLE

Una màquina fabrica el 5 % de peces defectuoses. Revisem 100 peces i observem si presenten alguna anomalia. Correspon la variable aleatòria que compta el nombre de peces defectuoses a una distribució binomial? En cas afirmatiu, troba els paràmetres que la defineixen.

Solució

RESOLUCIÓ.

Sigui l'experiment aleatori E: «observar una peça» i l'esdeveniment D: «peça defectuosa».

Repetim l'experiment 100 vegades de manera independent, ja que la qualitat d'una peça no depèn de la peça anterior.

L'experiment només té dos possibles resultats, D i $\overline{D}$, és a dir, peça defectuosa o peça no defectuosa.

La probabilitat que la peça sigui defectuosa és la mateixa cada vegada que es realitza l'experiment:

$$p = p(D) = 0{,}05$$

Per tant, la variable aleatòria X que compta el nombre de peces defectuoses en una mostra de 100, segueix una distribució binomial amb $n = 100$ i $p = 0{,}05$:

$$X \sim B(100,\ 0{,}05)$$

3.1. Funció de probabilitat

Ara deduirem l'expressió de la **funció de probabilitat** d'una variable aleatòria $X \sim B(n, p)$.

Considerem la repetició n vegades de l'experiment aleatori E que només té dos possibles resultats: A (èxit) i $\overline{A}$ (fracàs) amb probabilitats p i q, respectivament.

Volem calcular la probabilitat d'obtenir k èxits.

Si denotem per A_i el fet de tenir èxit en la repetició i de l'experiment i per $\overline{A_i}$ el fet d'obtenir fracàs en la repetició i de l'experiment, llavors un dels casos en els quals obtenim k èxits és:

$$\underbrace{A_1 \cap A_2 \cap \ldots \cap A_k}_{k \text{ èxits}} \cap \underbrace{\overline{A_{k+1}} \cap \overline{A_{k+2}} \cap \ldots \cap \overline{A_n}}_{n-k \text{ fracassos}}$$

Si calculem les probabilitats i tenim en compte la independència de les successives proves, obtenim:

$$p\left(\underbrace{A_1 \cap A_2 \cap \ldots \cap A_k}_{k \text{ èxits}} \cap \underbrace{\overline{A_{k+1}} \cap \overline{A_{k+2}} \cap \ldots \cap \overline{A_n}}_{n-k \text{ fracassos}}\right) =$$
$$= \underbrace{p(A) \cdot \ldots \cdot p(A)}_{k \text{ èxits}} \cdot \underbrace{p(\overline{A}) \cdot \ldots \cdot p(\overline{A})}_{n-k \text{ fracassos}} = p^k \cdot q^{n-k}$$

Ara hem de comptar de quantes maneres podem obtenir k èxits i $n - k$ fracassos realitzant n proves; és a dir, de quantes maneres situem k èxits en n posicions. Aquestes possibilitats vénen donades pel nombre combinatori $\binom{n}{k}$.

Per tant, la probabilitat d'obtenir k èxits en n repeticions és:

$$p(X = k) = \binom{n}{k} \cdot p^k \cdot q^{n-k} \qquad k = 0, 1, 2, \ldots, n$$

La funció de probabilitat d'una variable aleatòria $X \sim B(n, p)$ s'expressa com:

$$f(x) = \begin{cases} \binom{n}{x} \cdot p^x \cdot q^{n-x} & x = 0, 1, \ldots, n \\ 0 & \text{en un altre cas} \end{cases}$$

Si l'expressem en una taula de valors:

x_i	0	1	...	$n-1$	n
$f(x_i)$	$\binom{n}{0} \cdot q^n$	$\binom{n}{1} \cdot p \cdot q^{n-1}$	...	$\binom{n}{n-1} \cdot p^{n-1} \cdot q$	$\binom{n}{n} \cdot p^n$

3.2. Mitjana, variància i desviació típica

Els paràmetres característics d'una variable aleatòria $X \sim B(n, p)$ s'obtenen en substituir els valors corresponents en les expressions generals:

— **Mitjana:** $\mu = E(X) = n \cdot p$

— **Variància:** $\sigma^2 = n \cdot p \cdot q$

— **Desviació típica o estàndard:** $\sigma = \sqrt{n \cdot p \cdot q}$

J. BERNOUILLI

Jakob Bernoulli (1654-1705). Matemàtic i científic suís que va fer moltes i importants aportacions al càlcul diferencial i a la geometria. Entre els seus estudis destaca la seva obra mestra *Ars Conjectandi (L'art de la conjectura)* en la qual va desenvolupar un treball pioner en la teoria de probabilitats.

14 EXEMPLE

Calcula els paràmetres de la distribució per a la variable de l'exemple 13.

Solució

COMPRENSIÓ. La variable aleatòria X que compta el nombre de peces defectuoses en una mostra de 100 peces segueix una distribució binomial amb $n = 100$ i $p = 0{,}05$. $X \sim B(100,\ 0{,}05)$. Els paràmetres característics els obtenim en aplicar les expressions corresponents.

RESOLUCIÓ.

— Esperança: $\mu = E(X) = n \cdot p = 100 \cdot 0{,}05 = 5$

— Variància: $\sigma^2 = n \cdot p \cdot q = 100 \cdot 0{,}05 \cdot 0{,}95 = 4{,}75$

— Desviació típica: $\sigma = \sqrt{n \cdot p \cdot q} = \sqrt{100 \cdot 0{,}05 \cdot 0{,}95} = 2{,}18$

3.3. Càlcul de probabilitats

Vegem a través d'un exemple com calcular probabilitats en les quals hi intervé una distribució binomial.

INTERNET

A l'enllaç següent trobaràs una aplicació per a calcular probabilitats en una distribució binomial:

http://links.edebe.com/jzf

15 EXEMPLE

En un determinat país la probabilitat que neixi un fill home és del 52%. En una família amb cinc fills:

a) Comprova que la variable aleatòria *X*: «nombre de fills homes» segueix una distribució binomial i troba la seva funció de probabilitat.

b) Calcula els paràmetres característics de *X*.

c) Calcula la probabilitat de tenir com a mínim tres nens.

Solució

COMPRENSIÓ. Comprovem que es tracta d'una distribució binomial, calculem el valor dels paràmetres característics i apliquem el càlcul de probabilitats.

RESOLUCIÓ. a) La variable aleatòria X segueix una distribució binomial ja que:

— Repetim l'experiment E: «tenir un fill» cinc vegades de manera independent, atès que el sexe d'un fill no depèn del sexe del fill anterior.

— L'experiment té dos possibles resultats, V i $\overline{V}$; és a dir, fill home o no.

— La probabilitat que el fill sigui home és la mateixa cada vegada que realitzem l'experiment: $p = p(V) = 0{,}52$.

La variable aleatòria X que compta el nombre de fills homes en una família de 5 fills segueix una distribució binomial amb $n = 5$ i $p = 0{,}52$: $X \sim B(5,\ 0{,}52)$.

La funció de probabilitat: $f(x) = \begin{cases} \binom{5}{x} \cdot 0{,}52^x \cdot 0{,}48^{5-x} & \text{si } x = 0, 1, \ldots 5 \\ 0 & \text{en un altre cas} \end{cases}$

b) Apliquem les fórmules amb $n = 5$, $p = 0{,}52$ i $q = 0{,}48$:

Mitjana: $\mu = E(X) = n \cdot p = 5 \cdot 0{,}52 = 2{,}6$

Variància: $\sigma^2 = n \cdot p \cdot q = 5 \cdot 0{,}52 \cdot 0{,}48 = 1{,}248$

Desviació típica: $\sigma = \sqrt{n \cdot p \cdot q} = \sqrt{1{,}248} = 1{,}12$

c) $p(\text{com a mínim 3 nens}) = p(X \geq 3) = p(X = 3) + p(X = 4) + p(X = 5) =$

$= \binom{5}{3} \cdot 0{,}52^3 \cdot 0{,}48^2 + \binom{5}{4} \cdot 0{,}52^4 \cdot 0{,}48^1 + \binom{5}{5} \cdot 0{,}52^5 \cdot 0{,}48^0 =$

$= 0{,}324 + 0{,}175 + 0{,}038 = 0{,}537$

Problemes resolts
D

Exercicis i problemes
51 a 56 i 58 a 64

INTERNET

En el vídeo següent trobaràs un exemple resolt que utilitza un full de càlcul per a calcular els paràmetres d'una distribució binomial.

http://links.edebe.com/i6k8

I en aquest altre enllaç trobaràs múltiples exemples, simulacions i aplicacions de MS Excel a la probabilitat:

http://links.edebe.com/nsr

Distribució binomial amb full de càlcul

Els càlculs que s'han d'efectuar per a obtenir la probabilitat d'un esdeveniment en una distribució binomial de vegades són laboriosos.

Per aquesta raó es van crear unes taules amb la probabilitat que una variable aleatòria $X \sim B(n, p)$ prengui els valors $k = 0, 1, 2, ..., n$ per als diferents valors de n i p.

A la taula, hem de buscar el bloc corresponent al valor de n desitjat i, a dins d'aquest bloc, la fila amb el valor de k buscat. A les columnes hem de trobar el valor de p i la intersecció entre totes dues és $p(X = k)$, amb $X \sim B(n, p)$.

Avui dia, gràcies a la tecnologia, aquests càlculs poden efectuar-se ràpidament. Amb un full de càlcul podem calcular la probabilitat d'una distribució binomial utilitzant la funció:

DISTR.BINOM (nre_èxit; assajos; prob_èxit; acumulat)

en la qual hem d'introduir com a paràmetres:

— Nre_èxit: és el nombre d'èxits que volem aconseguir (k).

— Assajos: és el nombre de vegades que es realitza l'experiment (n).

— Prob_èxit: és la probabilitat d'èxit en cada assaig (p).

— Acumulat:

- Si és VERTADER, obtindrem la funció de distribució acumulada, és a dir, la probabilitat que existeixi el màxim nombre d'èxits $p(X \leq k)$.
- Si és FALS, retorna la funció de probabilitat, és a dir, la probabilitat que un esdeveniment es reprodueixi un nombre de vegades igual a l'argument nre_èxit $p(X = k)$.

Exercicis i problemes
50 i 57

Síntesi
65 a 68

16 EXEMPLE

Donada una variable aleatòria $X \sim B(4,\ 0{,}2)$, calcula mitjançant l'ús de taules i un full de càlcul la probabilitat d'obtenir dos èxits.

Solució

COMPRENSIÓ.

A la taula hem de buscar $n = 4$ i, a dins d'aquest bloc, la fila amb el valor de $k = 2$.

Busquem la columna amb el valor de $p = 0{,}2$ i la intersecció entre totes dues és $p(X = 2) = 0{,}1536$.

En el full de càlcul hem d'introduir la fórmula «=DISTR.BINOM(2; 4; 0,2; FALS)»

RESOLUCIÓ.

n	k	p	0,01	0,05	0,15	0,2	0,25
	0	0,9801	0,9025	0,8100	0,7225	0,6400	0,5625
2	1	0,0198	0,0950	0,1800	0,2550	0,3200	0,3750
	2	0,0001	0,0025	0,0100	0,0225	0,0400	0,0625
	0	0,9703	0,8574	0,7290	0,6141	0,5120	0,4219
	1	0,0294	0,1354	0,2430	0,3251	0,3840	0,4219
3	2	0,0003	0,0071	0,0270	0,0574	0,0960	0,1406
	3	0,0000	0,0001	0,0010	0,0034	0,0080	0,0156

n	k	p	0,01	0,05	0,15	0,2	0,25
	0	0,9806	0,8145	0,6561	0,5220	0,4096	0,3164
	1	0,0388	0,1715	0,2916	0,3685	0,4096	0,4219
4	2	0,0006	0,0135	0,0486	0,0975	**0,1536**	0,2109
	3	0,0000	0,0005	0,0036	0,0115	0,0256	0,0469
	4	0,0000	0,0000	0,0001	0,0005	0,0016	0,0039

El resultat és $p = 0{,}1536$.

Problemes RESOLTS

A PROBABILITAT. REGLA DE LAPLACE

En una reunió, hi assisteixen 30 convidats: 14 metges, 10 professors i 6 enginyers. L'amfitrió ha de saludar tres persones a l'atzar. Calcula la probabilitat que: a) Cap dels tres sigui metge. b) Els tres escollits tinguin la mateixa professió.

Solució

COMPRENSIÓ. Podem aplicar la regla de Laplace ja que tots els convidats tenen la mateixa probabilitat de ser escollits.

DADES. 30 convidats: 14 metges, 10 professors i 6 enginyers.

RESOLUCIÓ. Intenta resoldre el problema tu sol; per fer-ho tapa la columna de les respostes.

Passos	Resposta
— Calculem els casos possibles d'escollir tres persones d'un total de 30.	— $\text{card}(\Omega) = C_{30,3} = \binom{30}{3} = \frac{30!}{(30-3)! \cdot 3!} = 4\,060$
— Definim l'esdeveniment A: «entre els tres escollits que cap sigui metge». Calculem el nombre de combinacions i apliquem la regla de Laplace.	— $\text{card}(A) = C_{16,3} = 560$ — $p(A) = \frac{\text{card}(A)}{\text{card}(\Omega)} = \frac{560}{4\,060} = \frac{4}{29}$
— Definim l'esdeveniment B: «els tres escollits tenen la mateixa professió». Calculem el nombre de combinacions i apliquem la regla de Laplace.	— $\text{card}(B) = C_{14,3} + C_{10,3} + C_{6,3} = 364 + 120 + 20 = 504$ — $p(B) = \frac{\text{card}(B)}{\text{card}(\Omega)} = \frac{504}{4\,060} = \frac{18}{45}$

1. ★☆☆ Tenim una baralla espanyola de 40 cartes. Si en triem dues a l'atzar, calcula:

a) Probabilitat que siguin dos oros.

b) Probabilitat que una sigui l'as d'oros.

Sol.: a) 0,0577; b) 0,05

2. ★☆☆ En una classe hi ha 20 noies i 15 nois. Si escollim dos alumnes a l'atzar, calcula:

a) Probabilitat que siguin dues noies.

b) Probabilitat que siguin noi i noia.

Sol.: a) 38/119; b) 60/119

B PROPIETATS DE LA PROBABILITAT. PROBABILITAT CONDICIONADA

En una classe de 1r de Batxillerat, al 75% dels alumnes els agrada el futbol; al 35%, el bàsquet, i al 20%, els dos esports. Si escollim un alumne a l'atzar, calcula la probabilitat que:

a) Li agradi només un dels dos esports.

b) Li agradin els dos esports, sabent que li agrada el bàsquet.

c) No li agradi el bàsquet, sabent que li agrada el futbol.

Solució

COMPRENSIÓ. Definim els esdeveniments F: «li agrada el futbol» i B: «li agrada el bàsquet». En no ser equiprobables, haurem d'aplicar les propietats de la probabilitat. De l'enunciat tenim que: $p(F) = 0,75$, $p(B) = 0,35$, i $p(F \cap B) = 0,2$.

DADES. Al 75 % dels alumnes els agrada el futbol; al 35 %, el bàsquet, i al 20 %, els dos esports.

RESOLUCIÓ.

a) Calculem $p(F \cap \overline{B}) + p(\overline{F} \cap B)$ sabent que $F \cap \overline{B} = F - (F \cap B)$:

$$p(\text{li agradi només un esport}) = p(F \cap \overline{B}) + p(\overline{F} \cap B) =$$
$$= p(F) - p(F \cap B) + p(B) - p(F \cap B) = 0,70$$

b) Es tracta d'una probabilitat condicionada $p(F \cap B|B)$.

$$p(F \cap B|B) = \frac{p(F \cap B \cap B)}{p(B)} = \frac{p(F \cap B)}{p(B)} = \frac{0,2}{0,35} = 0,57$$

c) Un altre cas de probabilitat condicionada $p\left(\frac{\overline{B}}{F}\right)$.

$$p(\overline{B}|F) = \frac{p(\overline{B} \cap F)}{p(F)} = \frac{0,55}{0,75} = 0,73$$

3. ★★☆ En un sac hi ha 2 boles blanques, 3 de vermelles i 5 de negres. Calcula la probabilitat que la primera bola que extraiem sigui blanca si sabem que la segona ha estat blanca.

Sol.: 0,11

4. ★★☆ Extraiem una carta d'una baralla espanyola. Calcula la probabilitat que la carta sigui el rei d'oros, sabent que la carta extreta és d'oros.

Sol.: 1/12

C DISTRIBUCIONS DE PROBABILITAT DISCRETES

Definim la variable aleatòria discreta *X:* «sumar la cara dels daus» a l'experiment *E:* «tirar dos daus».

a) Confecciona una taula amb els valors de la variable, la funció de probabilitat i la funció de distribució.

b) Calcula la mitjana i la desviació típica.

Solució

COMPRENSIÓ. Per a calcular cadascuna de les probabilitats p_i que formen la funció de probabilitat apliquem la regla de Laplace, atès que el dau és perfecte i, per tant, tots els nombres tenen la mateixa probabilitat de sortir.

Per a calcular la funció de distribució $F(x_i)$, hem de recordar que és l'acumulada de la funció de probabilitat.

Per a calcular la mitjana aritmètica o esperança i la desviació típica aplicarem les fórmules amb els valors de la taula.

DADES. Variable aleatòria discreta *X:* «sumar la cara dels daus» i experiment *E:* «tirar dos daus».

RESOLUCIÓ. Creem la taula amb els valors de la variable, els valors de la funció de probabilitat i els de la funció de distribució.

x_i	2	3	4	5	6	7
$p_i = f(x_i)$	$\frac{1}{36}$	$\frac{2}{36}$	$\frac{3}{36}$	$\frac{4}{36}$	$\frac{5}{36}$	$\frac{6}{36}$
$F(x_i)$	$\frac{1}{36}$	$\frac{3}{36}$	$\frac{6}{36}$	$\frac{10}{36}$	$\frac{15}{36}$	$\frac{21}{36}$
x_i	8	9	10	11	12	
$p_i = f(x_i)$	$\frac{5}{36}$	$\frac{4}{36}$	$\frac{3}{36}$	$\frac{2}{36}$	$\frac{1}{36}$	
$F(x_i)$	$\frac{26}{36}$	$\frac{30}{36}$	$\frac{33}{36}$	$\frac{35}{36}$	$\frac{36}{36}$	

Mitjana: $\mu = \sum_{i=1}^{11} x_i \cdot f(x_i) = 2 \cdot \frac{1}{36} + \ldots + 12 \cdot \frac{1}{36} = 7$

Variància: $\sigma^2 = \sum_i x_i^2 \cdot f(x_i) - \mu^2 = 5{,}83$

Desviació típica o estàndard: $\sigma = \sqrt{\sigma^2} = \sqrt{5{,}83} = 2{,}415$

5. ★★★ Llancem simultàniament una moneda i un dau. Sigui la variable aleatòria *x:* «punts obtinguts». Sabent que si surt cara els punts del dau es doblen i si surt creu s'anoten tal qual, troba la taula de distribució de probabilitat, calcula la mitjana i la desviació.

Sol.: $\mu = 5{,}25$; $\sigma^2 = 10{,}35$; $\sigma = 3{,}21$

6. ★★★ Resol el mateix exercici considerant la variable aleatòria *x:* «restar la cara dels daus» a l'experiment *E:* «tirar dos daus».

Sol.: $\mu = 0$; $\sigma^2 = 5{,}83$; $\sigma = 2{,}415$

D DISTRIBUCIÓ BINOMIAL

Vuit alumnes han d'elaborar un treball utilitzant els ordinadors de l'institut. Si la probabilitat que un alumne necessiti utilitzar un dia qualsevol un ordinador és de 0,3, quants ordinadors ha d'haver-hi en el centre si tots els alumnes han de trobar un ordinador lliure almenys el 80 % de les vegades que acudeixin a l'aula d'informàtica?

Solució

COMPRENSIÓ. Hem de calcular per a quin nombre d'ordinadors (x) es compleix que el nombre d'alumnes que necessiten ordinador (X) és menor o igual que el nombre d'ordinadors (x) un 80 % de les vegades.

L'esdeveniment «que un alumne necessiti un ordinador de l'aula d'informàtica» compleix que:

— De cada alumne només ens interessa saber si necessita l'ordinador.

— Que un alumne necessiti un ordinador no influeix en la resta d'alumnes.

— Per a cada alumne la probabilitat de necessitar un ordinador és la mateixa, $p(N) = 0{,}3$, i la de no necessitar-lo és $p(\overline{N}) = 0{,}7$.

La variable aleatòria *X:* «nombre d'alumnes que necessiten ordinador» segueix una distribució binomial: $X \sim B(8; 0{,}3)$.

DADES. $p(N) = 0{,}3$

RESOLUCIÓ. En notació de probabilitat: $p(X \le x) \ge 0{,}8$.

$$p(X \le x) = p(X = 0) + p(X = 1) + \ldots + p(X = x) \ge 0{,}8$$

Calculem cada sumand fins a aconseguir que el resultat sigui $\ge 0{,}8$:

$$\left.\begin{array}{l} p(X=0) = \binom{8}{0} \cdot 0{,}3^0 \cdot 0{,}7^8 = 0{,}0576 \\ p(X=1) = \binom{8}{1} \cdot 0{,}3^1 \cdot 0{,}7^7 = 0{,}1976 \\ p(X=2) = \binom{8}{2} \cdot 0{,}3^2 \cdot 0{,}7^6 = 0{,}2964 \\ p(X=3) = \binom{8}{3} \cdot 0{,}3^3 \cdot 0{,}7^5 = 0{,}2541 \end{array}\right\} \xrightarrow{\text{sumand}} 0{,}8058$$

Es necessiten tres ordinadors per a assegurar que el 80 % de les vegades que un alumne necessita un ordinador, en troba un.

7. ★★☆ Una determinada malaltia té un índex de mortalitat del 30 %. Si en un hospital hi ha quatre persones afectades, calcula la probabilitat que almenys la meitat dels pacients sobrevisquin.

Sol.: 91,63 %

8. ★★☆ El 85 % dels alumnes que es presenten a les PAU, les superen. En un centre, s'hi presenten 15 alumnes. Calcula la probabilitat que aprovin els 15 alumnes.

Sol.: 8,735 %

EXERCICIS I PROBLEMES

1 PROBABILITAT

9. ★☆☆ Indica quins dels experiments següents són aleatoris i quins deterministes:

a) Escollir el millor alumne de la classe.

b) Observar la temperatura de fusió d'un líquid.

c) Escollir sense mirar una carta d'una baralla.

d) Apuntar el nombre que surt en llançar un dau.

e) Triar una persona a l'atzar en una determinada població, i observar si és home o dona.

10. ★☆☆ Troba l'espai mostral associat a cadascun dels experiments següents i indica quins esdeveniments elementals el formen.

a) Llançar dues monedes.

b) Llançar dos daus i anotar-ne els nombres.

c) Escollir una persona i anotar l'última xifra del seu número de telèfon mòbil.

d) Extreure una carta d'una baralla espanyola i anotar-ne el número.

11. ★☆☆ Donats els conjunts $B = \{a, b, c, d\}$, $V = \{a, e, i, o, u\}$ i $A = \{a, b, c, d, e, f, g, h\}$

Efectua les operacions següents i digues quins elements contenen:

a) $A \cup V$ c) $A - B$

b) $A \cap V$ d) $A - (B \cup V)$

12. ★☆☆ Quan llancem dos daus, què és més probable, obtenir, 11 o 3 punts? I 6 o 7 punts?

13. ★☆☆ Calcula la probabilitat d'encertar els 15 resultats de la travessa jugant una aposta simple.

Sol.: 1/14 348 907

14. ★☆☆ Calcula la probabilitat d'obtenir la combinació guanyadora de sis encerts a la loteria primitiva, jugant una única combinació de sis números.

Sol.: 1/13 983 816

15. ★☆☆ La taula següent recull la distribució per sexe i per modalitat dels 240 estudiants matriculats a primer de Batxillerat en un centre escolar:

	NOI	NOIA
Ciències i Tecnologia	52	64
Humanitats i Ciències Socials	50	74

Si es tria un estudiant a l'atzar entre els alumnes que cursen 1r de Batxillerat en aquest centre, calcula la probabilitat que:

a) No cursi la modalitat Ciències i Tecnologia.

b) Si és noi, cursi la modalitat d'Humanitats i Ciències Socials.

Sol.: a) 31/60; b) 25/51

16. ★☆☆ Un producte està format per dues peces. La probabilitat que hi hagi un defecte a la peça *A* és del 0,04 i que n'hi hagi un a la *B* és del 0,08. Quina és la probabilitat que el producte no sigui defectuós?

Sol.: 0,883 2

17. ★★☆ A l'experiment *E:* «tirar un dau i anotar el nombre de la cara superior», definim els esdeveniments: $A = \{1, 3, 4\}$, $B = \{1, 2, 4, 5, 6\}$ i $C = \{1, 2, 4, 5\}$. Efectua les operacions següents i digues quins elements les formen:

a) $\bar{A}, \bar{B}, \bar{C}$ c) $\bar{C} \cap \bar{A}$

b) $\bar{A} \cap B$ d) $B - C$

18. ★★☆ A l'experiment de llançar successivament tres monedes, considerem l'esdeveniment *A:* «treure més cares que creus» i l'esdeveniment *B:* «treure una o dues creus». Troba tots els casos que integren l'esdeveniment $A \cup B$ i $A \cap B$.

19. ★★☆ Es consideren els esdeveniments *A:* «obtenir un nombre primer» i *B:* «obtenir un nombre menor que 10» de l'experiment aleatori *E:* «treure una bola d'una urna amb 20 boles numerades de l'1 al 20».

a) Defineix *A* i *B* per extensió.

b) Efectua les operacions següents i digues quins elements les formen: $\bar{A}, \bar{B}, A \cup B, A \cap B, \bar{A} \cup B, A \cup \bar{B}, A - B, B - A$.

20. ★★☆ Determina si els esdeveniments *A* i *B* són incompatibles, sabent que:

a) $p(\bar{A} \cup \bar{B}) = 0{,}6$

b) $p(A) = \frac{1}{4}$, $p(B) = \frac{1}{2}$, $p(A \cup B) = \frac{2}{3}$

21. ★★☆ Donats dos esdeveniments *A* i *B* tals que $p(A) = \frac{2}{5}$, $p(B) = \frac{1}{3}$ i $p(\bar{A} \cap \bar{B}) = \frac{1}{3}$, calcula:

a) $p(A \cup B)$ b) $p(A \cap B)$

Sol.: a) 2/3; b) 1/15

22. ★★☆ Si es llancen simultàniament cinc monedes a l'aire, quina és la probabilitat d'obtenir almenys 1 cara? Resol l'exercici mitjançant dues estratègies diferents.

Sol.: 31/32

23. ★★☆ Sigui l'experiment aleatori *E:* «llançar una moneda quatre vegades»:

a) Quin és l'espai mostral Ω? Quants elements té?

b) Troba la probabilitat d'obtenir exactament una cara. I la probabilitat d'obtenir dues cares.

c) Amb els dos resultats anteriors, troba la probabilitat d'obtenir una o dues cares. Justifica quina expressió matemàtica has utilitzat.

d) Troba la probabilitat d'obtenir sempre creu.

Sol.: a) 16; b) 1/4; 3/8; c) 5/8; d) 1/16

24. ★★☆ Considera l'experiment aleatori *E:* «extreure una carta d'una baralla espanyola de 40 cartes».

a) Descriu el seu espai mostral Ω. Quants esdeveniments elementals el componen?

b) Siguin els esdeveniments *A:* «extreure oros» i *B:* «extreure una figura», defineix-los i troba les seves probabilitats.

c) Calcula la probabilitat de no extreure una figura.

d) Sigui l'esdeveniment *F:* «extreure figura o oros». Calcula la probabilitat d'aquest esdeveniment.

Sol.: a) 40; b) 1/4; 3/10; c) 7/10; d) 19/40

25. ★★☆ Un grup d'investigadors vol baixar un robot aquàtic fins a un derelicte. Saben que la probabilitat que baixi fins al lloc correcte és del 0,85; que no s'encalli a dins del derelicte és del 0,75; i que transmeti correctament per càmera és del 0,7. Quina és la probabilitat que la tasca es realitzi amb èxit?

Sol.: 0, 446

26. ★★☆ En una estació de servei han efectuat 400 operacions amb la targeta V i 350 vendes amb la targeta MC. La resta d'operacions del dia s'han pagat en metàl·lic. Resulta que 150 de les operacions realitzades amb la targeta V superen els 150 €, mentre que 300 de les operacions pagades amb la targeta MC superen aquesta quantitat. Si s'extreu a l'atzar un comprovant de les operacions diàries realitzades amb targetes de crèdit:

a) Quina probabilitat hi ha que correspongui a una operació superior a 150 €?

b) Si la compra és inferior a 150 €, quina probabilitat hi ha que hagi estat pagada amb la targeta MC?

Sol.: a) 3/5; b) 1/6

27. ★★☆ Si llancem un dau, quina és la probabilitat que el resultat sigui un 3 si sabem que és un nombre imparell?

Sol.: 1/3

28. ★★★ Demostra de forma raonada els enunciats següents:

a) $(A \cap B) \subset A$ i $(A \cap B) \subset B$

b) $A \subset (A \cup B)$ i $B \subset (A \cup B)$

c) $(A - B)$ i $(B - A)$ són esdeveniments incompatibles.

29. ★★★ Demostra gràficament les igualtats següents:

a) $A - B = A - (A \cap B) = A \cap \bar{B}$

b) $B - A = B - (A \cap B) = \bar{A} \cap B$

c) Primera llei de Morgan.

d) Segona llei de Morgan.

30. ★★★ En el premi final d'un concurs de televisió, a la concursant se li presenta la situació següent: hi ha tres portes, i darrere d'una de les portes hi ha molts diners mentre que darrere de les altres dues hi ha un ase. La concursant tria una porta i tot seguit el presentador obre una porta de les que estaven tancades (que naturalment mostra un ase) i llavors dóna a la concursant l'oportunitat de quedar-se amb la porta que havia escollit o canviar de porta. Quina estratègia és millor: conservar o canviar l'elecció?

31. ★★★ En una classe, el professor aposta 5 € que entre els seus 30 alumnes hi ha dues persones que celebren l'aniversari el mateix dia. Quina probabilitat té el professor d'encertar?

Sol.: 0,706

32. ★★★ Donada la ruleta següent, calcula quina probabilitat tens que:

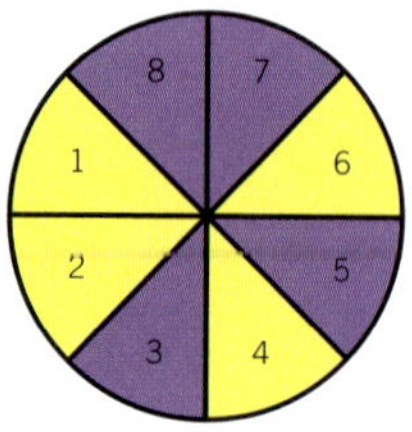

a) Surti un nombre parell.

b) Surti un nombre corresponent a un sector de color blau.

c) Surti un nombre parell i al mateix temps corresponent a un sector blau.

d) Si ha sortit un sector de color blau, i apostes als nombres parells, encertis?

e) Si ha sortit un nombre imparell i apostes als sectors de color verd, encertis?

Sol.: a) 1/2; b) 1/2; c) 1/8; d) 1/4; e) 1/4

33. ★★★ Donats dos esdeveniments *A* i *B* tals que $p(A) = \frac{1}{2}$, $p(B) = \frac{3}{8}$ i $p(A \cup B) = \frac{5}{8}$, calcula:

a) $p(A \cap B)$

b) $p(\bar{B})$

c) $p(\bar{A} \cap \bar{B})$

d) $p(\overline{A \cap B})$

e) $p(\bar{A} \cap B)$

f) $p(A \cap \bar{B})$

Sol.: a) 1/4; b) 5/8; c) 3/8; d) 3/4; e) 1/8; f) 1/4

34. ★★★ Sabem que la probabilitat que demà plogui és del 0,3; que plogui demà passat és del 0,2 i que plogui tots dos dies, 0,1. Calcula la probabilitat que:

a) Plogui, com a mínim, un dels dos dies.

b) No plogui cap dia.

c) Només plogui demà.

d) Plogui només un dels dos dies.

Sol.: a) 0,4; b) 0,6; c) 0,2; d) 0,3

35. ★★★ Llancem dos daus i calculem la diferència entre el nombre més gran i el més petit (el resultat sempre serà positiu).

a) A quin resultat apostaries?

b) Suposem que hi ha tres amics *A*, *B* i *C* jugant: si el resultat és 0 o 1, guanya *A;* si és 2 o 3, guanya *B;* i si és 4 o 5 guanya *C*. És equitatiu el joc?

36. ★★★ Un fabricant de samarretes ha comprovat que el 3% de les samarretes presenten un defecte de color i el 4%, un defecte de mida. Els dos defectes són independents. Per a liquidar estocs ha decidit vendre de saldo les samarretes defectuoses, és a dir, les que tenen almenys un dels dos defectes. Calcula la probabilitat que:

a) Una samarreta sigui defectuosa.

b) El defecte sigui de color si ja sabem que és defectuosa.

Sol.: a) 0,0882; b) 0,34

2 DISTRIBUCIONS DE PROBABILITAT DISCRETES

37. ★☆☆ Una variable aleatòria X compta el nombre de cares que s'obtenen en llançar quatre monedes simultàniament.

a) Justifica si X és una variable aleatòria discreta o contínua.

b) Troba la funció de probabilitat.

c) Troba la funció de distribució.

38. ★★☆ Donada la distribució de probabilitat d'una variable aleatòria X:

x_i	−1	2	4	5
P_i	0,3	0,2	0,4	0,1

Calcula l'esperança, la variància i la desviació típica.

Sol.: $\mu = 2{,}2$; $\sigma^2 = 5{,}16$; $\sigma = 2{,}27$

39. ★★☆ Troba per a quin valor de k la taula següent correspon a una distribució de probabilitat i calcula la mitjana, la variància i la desviació típica.

x_i	4	5	7	8	10	11
P_i	0,25	0,1	0,2	0,1	0,05	k

Sol.: $k = 0{,}3$; $\mu = 7{,}5$; $\sigma^2 = 7{,}75$; $\sigma = 2{,}78$

40. ★★☆ La distribució de probabilitat d'una variable aleatòria discreta X ve definida per la taula següent:

x_i	1	2	3	4	5
P_i	0,05	0,15	k	0,2	0,1

a) Troba el valor de k.

b) Calcula la probabilitat $p(X \geq 4)$ i $p(X < 3)$.

Sol.: a) $k = 0{,}5$; b) 0,3; 0,2

41. ★★☆ Troba la distribució de probabilitat d'una variable aleatòria X sabent que pren els valors 1, 2 i 3; que la seva mitjana és 2,2 i la seva desviació típica, 0,6.

Sol.: $a = 0{,}1$, $b = 0{,}6$, $c = 0{,}3$

42. ★★☆ La distribució de probabilitat d'una variable aleatòria discreta X ve definida per la taula:

x_i	0	1	3	4	6
P_i	0,2	a	b	0,1	c

Sabent que $p(X \leq 3) = 0{,}65$ i $p(X \geq 3) = 0{,}75$, calcula la mitjana, la variància i la desviació típica.

Sol.: $a = 0{,}05$; $b = 0{,}4$; $c = 0{,}25$; $\mu = 3{,}15$; $\sigma^2 = 4{,}3265$; $\sigma = 2{,}08$

43. ★★☆ Un jugador guanya 5 € si en extreure una carta de la baralla espanyola aquesta és un as; guanya 1 € si treu una figura, i 0 € per a la resta de cartes.

a) Confecciona la taula de la funció de probabilitat.

b) Calcula la mitjana de la variable X: «benefici obtingut». És equitatiu el joc?

Sol.: $\mu = 0{,}8$

44. ★★☆ Calcula a i b perquè la mitjana de la variable aleatòria X definida per la següent distribució de probabilitat sigui 2,5:

x_i	1	2	3	4
P_i	0,3	a	0,4	b

Sol.: $a = 0{,}1$; $b = 0{,}2$

45. ★★★ Troba el valor de k perquè sigui la funció de probabilitat d'una variable aleatòria discreta X:

$$f(x) = \begin{cases} \dfrac{k-2}{x^2+1} & \text{si } x = -2, -1, 0, 1, 2 \\ 0 & \text{en un altre cas} \end{cases}$$

Sol.: $k = 29/12$

46. ★★★ La funció de probabilitat d'una variable aleatòria discreta X és:

$$f(x) = \begin{cases} k \cdot \log_3 x & \text{si } x = 9, 27, 81 \\ 0 & \text{en un altre cas} \end{cases}$$

a) Troba el valor de k.

b) Calcula $p(X \leq 9)$ i $p(X > 25)$.

c) Calcula la mitjana i la desviació típica.

Sol.: a) $k = 1/9$; b) 2/9; 7/9; c) $\mu = 47$; $\sigma^2 = 968$; $\sigma = 31{,}11$

47. ★★★ Una variable aleatòria discreta uniforme és aquella que pren valors 1, 2, 3, ..., n amb probabilitats $p_i = \dfrac{1}{n}$, $\forall i = 1, 2, \ldots, n$.

a) Expressa la funció de distribució de la variable.

b) Calcula l'esperança i la desviació típica.

48. ★★★ Llancem dos daus. Si el nombre que s'obté sumant-los és imparell, s'anota el resultat; en cas contrari, es divideix entre 2 la suma. Construeix la taula de la distribució de probabilitat de la variable aleatòria que indica el resultat final segons cada parell de nombres obtinguts en llançar els daus.

3 DISTRIBUCIÓ BINOMIAL

49. ★☆☆ Sigui $X \sim B(9, 0, 2)$. Calcula mitjançant les taules i un full de càlcul: @

a) $p(X < 3)$

b) $p(X \neq 0)$

c) $p(X \geq 4)$

d) $p(X \leq 9)$

Sol.: a) 0,738; b) 0,866; c) 0,020; d) 1

50. ★☆☆ Calcula la mitjana, la variància i la desviació típica de la variable $X \sim B(10, 0, 6)$.

Sol.: $\mu = 6$; $\sigma^2 = 2{,}4$; $\sigma = 1{,}55$

51. ★★☆ La probabilitat que un article produït per una fàbrica sigui defectuós és del 2 %. Troba el nombre esperat d'articles defectuosos, la variància i la desviació típica d'un carregament de 10 000 articles.

Sol.: $\mu = 200$; $\sigma^2 = 196$; $\sigma = 14$

52. ★★☆ En un país amb el 25 % de la població activa a l'atur, es duu a terme una enquesta sobre diferents temes a 12 persones.

a) Justifica si la variable aleatòria *X:* «nombre d'enquestats que estan a l'atur» segueix una distribució binomial. En cas afirmatiu, calcula els seus paràmetres.

b) Quina és la probabilitat que en realitzar l'enquesta es pregunti a quatre persones que estiguin a l'atur?

c) Troba la mitjana i la desviació típica.

Sol.: a) $B(12, 0{,}25)$; b) 0,1936; c) $\mu = 3$; $\sigma = 1{,}5$

53. ★★☆ L'última novel·la d'un autor ha estat llegida pel 80 % dels lectors. Un grup de quatre amics són aficionats a la lectura:

a) Quina és la probabilitat que en el grup hagin llegit la novel·la dues persones?

b) I almenys dues?

Sol.: a) 0,1536; b) 0,9728

54. ★★☆ Un sistema d'alarma salta quan no hauria de fer-ho en el 6 % dels casos. Quina és la probabilitat que en un test de 10 assajos funcioni correctament almenys en nou ocasions?

Sol.: 0,8824

55. ★★☆ La probabilitat d'èxit d'una determinada vacuna és del 72 %. Calcula la probabilitat que una vegada administrada a 15 pacients:

a) Cap no pateixi la malaltia.

b) Tots pateixin la malaltia.

c) Dos d'ells contreguin la malaltia.

Sol.: a) 0,0072; b) $5{,}097 \cdot 10^{-9}$; c) 0,1150

56. ★★☆ Mitjançant taules i un full de càlcul, troba la probabilitat d'obtenir: @

a) Dos èxits mitjançant la distribució $B(4, 0{,}3)$.

b) Més de tres èxits mitjançant la distribució $B(6, 0{,}45)$.

Sol.: a) 0,265; b) 0,255

57. ★★☆ La probabilitat que un alumne de 1r de Batxillerat repeteixi curs és del 30 %. En una classe de 20 alumnes, quina probabilitat hi ha que repeteixin quatre alumnes?

Sol.: 0,13

58. ★★☆ El 55 % dels treballadors d'una empresa són dones i el 25 % dels directius també. Si s'escullen cinc treballadors a l'atzar:

a) Quina és la probabilitat que tres siguin dones?

b) I si només n'escollim entre els alts càrrecs?

Sol.: a) 0,337; b) 0,088

59. ★★★ Calcula la variància d'una variable aleatòria $X \sim B(50, p)$ sabent que la seva mitjana és 20.

Sol.: 12

60. ★★★ Escriu la funció de probabilitat d'una variable aleatòria $X \sim B(n, p)$ la mitjana de la qual és 1,5 i la variància és d'1,05.

61. ★★★ Se sap que el 40 % dels habitants d'una ciutat consumeixen cafè diàriament.

a) Es pregunta a una persona si pren cafè diàriament. La variable aleatòria *X* val 1 si la resposta és afirmativa i 0 en cas contrari. Troba la mitjana i la desviació típica de *X*.

S'enquesta 20 persones sobre el seu consum diari de cafè. Sigui la variable aleatòria *X:* «nombre de persones enquestades que consumeixen cafè diàriament».

b) Calcula els paràmetres de la distribució binomial.

c) Troba la mitjana i la desviació típica de *X*.

d) Calcula la probabilitat que *X* sigui igual a 12.

e) Obtingues la probabilitat que ningú prengui cafè diàriament.

Sol.: a) $\mu = 0{,}4$, $\sigma = 0{,}4899$; b) $B(20, 0{,}4)$;
c) $\mu = 8$, $\sigma = 2{,}1908$; d) 0,0355; e) 0

62. ★★★ Un examen consta de 15 preguntes, cadascuna amb quatre possibles respostes. Una persona sense coneixements del tema respon les preguntes a l'atzar.

a) Troba la probabilitat que cap resposta sigui correcta.

b) Calcula la probabilitat que n'encerti alguna.

c) Obtingues la probabilitat que respongui bé totes les preguntes.

d) Quina és la probabilitat que aprovi?

Sol.: a) 0,0134; b) 0,9866; c) 0; d) 0,0173

SÍNTESI

63. ★★☆ Un dau té una cara vermella, dues de verdes i les tres restants són negres. Es llança el dau una vegada. Si surt vermell guanyem 20 € i si surt verd guanyem 5 €. Quant hauríem de pagar si surt negre, perquè el joc fos equitatiu?

Sol.: 10 €

64. ★★☆ En un taller es fabriquen peces que s'empaqueten en lots de cinc unitats. La probabilitat que una peça sigui defectuosa és de 0,1. Si s'escull un lot a l'atzar:

a) Calcula la probabilitat que un lot tingui menys de dues peces defectuoses.

b) Sigui *X:* «nombre de peces defectuoses del lot», calcula el valor esperat de *X*.

Sol.: a) 0,9185; b) 0,5

65. ★★☆ L'Anna i en Ramon reben, cadascun, 2 € diaris. L'Anna els guarda, mentre que en Ramon els aposta a un joc d'atzar en el qual pot guanyar 10 € amb una probabilitat del 0,1 o perdre l'aposta amb una probabilitat del 0,9. Qui actua amb més seny a llarg termini?

66. ★★☆ Dos germans hereten 10 000 € cadascun. El més gran ingressa els seus diners en un banc, a un tipus d'interès anual del 5 %. El més petit inverteix els seus diners en un negoci en el qual, en el termini d'un any, pot duplicar el seu capital amb una probabilitat del 0,4, o bé, perdre la meitat del que ha invertit amb una probabilitat del 0,6. Al final de l'any comparen els seus guanys. Qui cal esperar que hagi incrementat més el seu capital?

Síntesi

Experiment
- Determinista
- Aleatori

Espai mostral

Variable aleatòria
- Discreta
- Contínua

Distribució de probabilitat

$p(X = x_i) = p_i$

Funció de probabilitat

$$f(x) = \begin{cases} p(X = x) & \text{si } x \in R(X) \\ 0 & \text{si } x \notin R(X) \end{cases}$$

Funció de distribució

$$F(x) = p(X \le x) = \sum_{x_i < x} p(X = x_i) = \sum_{x_i < x} f(x_i) = \sum_{x_i < x} p_i, \forall x_i \in R(X)$$

Paràmetres
- Mitjana o esperança matemàtica
  $\mu = E(X) = \sum_i x_i \cdot f(x_i)$
- Variància
  $\sigma^2 = \sum_i x_i^2 \cdot f(x_i) - \mu^2 = \sum_i (x_i - \mu)^2 \cdot f(x_i)$
- Desviació típica o estàndard:
  $\sigma = \sqrt{\sigma^2}$

Distribució binomial *B*(*n*, *p*)

$$f(x) = \begin{cases} \binom{n}{x} \cdot p^x \cdot q^{n-x} & \text{si } x = 0, 1, \ldots, n \\ 0 & \text{en un altre cas} \end{cases}$$

- Mitjana o esperança matemàtica:
  $\mu = E(X) = n \cdot p$
- Variància: $\sigma^2 = n \cdot p \cdot q$
- Desviació típica o estàndard:
  $\sigma = \sqrt{n \cdot p \cdot q}$

Esdeveniments

Tipus
- Elemental
- Segur
- Impossible
- Inclòs
- Iguals

Operacions
- Unió
- Intersecció
- Diferència
- Complementari

Propietats

Probabilitat

Regla de Laplace
(esdeveniments equiprobables)

$$p(A) = \frac{\text{nombre de casos favorables a } A}{\text{nombre de casos possibles}}$$

Axiomàtica
- i) $0 \le p(A) \le 1, \forall A \in S$
- ii) $p(\Omega) = 1$
- iii) Si $A_1, A_2, \ldots, A_n$ són esdeveniments incompatibles 2 a 2, llavors:
  $p(A_1 \cup A_2 \cup \ldots \cup A_n) = p(A_1) + p(A_2) + \ldots + p(A_n)$

Propietats
- $p(A) + p(\bar{A}) = 1$
- Si $A \subset B$ llavors $p(A) \le p(B)$
- Si *A* i *B* són esdeveniments compatibles, llavors: $p(A \cup B) = p(A) + p(B) - p(A \cap B)$

Probabilitat condicionada

$$p\left(\frac{A}{B}\right) = \frac{p(A \cap B)}{p(B)} \Rightarrow p(A \cap B) = p\left(\frac{A}{B}\right) \cdot p(B)$$

$p(A \cap B) = p(A) \cdot p(B)$ si *A* i *B* són independents

1 Una bossa conté 10 boles negres i 6 de blanques. Si s'extreuen consecutivament quatre boles de la bossa, troba la probabilitat que totes siguin blanques:

a) Si s'extreuen amb reposició.

b) Si s'extreuen sense reposició.

Sol.: a) 0,0198; b) 0,0082

2 Els alumnes de 2n de Batxillerat d'un institut mostren les preferències següents per al viatge de final de curs: 55 % volen viatjar a Amsterdam; 40 %, a Roma, i al 30 % li agraden totes dues opcions. Si escollim un alumne a l'atzar, calcula la probabilitat que:

a) No vulgui anar a Amsterdam.

b) Vulgui anar a Amsterdam però no a Roma.

c) Vulgui anar a Roma però no a Amsterdam.

d) Li agradi alguna de les dues destinacions.

e) Només li agradi una de les dues destinacions.

f) No li agradi cap de les dues destinacions.

g) Li agradin les dues destinacions, sabent que li agrada Roma.

h) No li agradi Roma, sabent que li agrada Amsterdam.

Sol.: a) 0,45; b) 0,25; c) 0,1; d) 0,65; e) 0,35; f) 0,35; g) 0,75; h) 0,45

3 Suposem que la probabilitat que un home d'edat avançada visqui 10 anys més és igual a 1/4, i que la probabilitat que la seva dona visqui 10 anys més és d'1/3. Considerant que aquests esdeveniments són independents, calcula la probabilitat que:

a) Tots dos visquin 10 anys més.

b) Només la dona visqui 10 anys més.

c) Només l'home visqui 10 anys més.

d) Cap dels dos visqui 10 anys més.

e) Un dels dos visqui exactament 10 anys més.

Sol.: a) 1/12; b)1/4; c) 1/6; d)1/2; e) 1/2

4 Un venedor de cotxes estima les probabilitats següents per al nombre de cotxes que ven en una setmana:

NOMBRE DE COTXES	0	1	2	3	4
PROBABILITAT	0,22	0,35	0,25	0,1	0,08

a) Calcula el nombre esperat de cotxes que vendrà en una setmana.

b) Si el venedor rep una comissió de 150 € per cada cotxe venut, quina és la probabilitat que en una setmana les seves comissions oscil·lin entre 300 € i 600 €?

Sol.: a) 1,47; b) 0,43

5 La distribució de probabilitat d'una variable aleatòria discreta X ve definida per la taula:

x_i	0	1	2	3	4
P_i	0,1	a	b	c	0,2

Sabent que $p(X \leq 2) = 0{,}7$ i $p(X \geq 2) = 0{,}75$, calcula la mitjana, la variància i la desviació típica.

Sol.: $\mu = 2{,}15$; $\sigma^2 = 1{,}4275$; $\sigma = 1{,}195$

6 La probabilitat que una peça presenti un defecte A en sortir d'una cadena de producció és del 0,1. Entre les peces que presenten aquest defecte A, i només en aquestes, podem trobar també un defecte B amb una probabilitat del 0,3. Quina és la probabilitat que una peça escollida a l'atzar presenti els dos defectes?

Sol.: 0,03

7 Calcula les probabilitats següents:

a) $p(X = 4)$ en la distribució $B(25, 0{,}3)$.

b) $p(X \leq 6)$ en la distribució $B(12, 0{,}6)$.

c) $p(X \neq 3)$ en la distribució $B(10, 0{,}4)$.

Sol.: a) 0,0572; b) 0,3348; c) 0,7850

8 En una urbanització, el 68 % de les cases tenen instal·lat un sistema d'alarma. Se seleccionen set cases a l'atzar.

a) Justifica per què la distribució que compta el nombre de cases amb alarma és binomial.

b) Calcula'n els paràmetres: mitjana, variància i desviació típica.

c) Calcula la probabilitat que cinc cases tinguin alarma.

d) Calcula la probabilitat que almenys la meitat de les cases seleccionades tinguin alarma.

Sol.: b) $\mu = 4{,}76$; $\sigma^2 = 1{,}5232$; $\sigma = 1{,}2341$; c) 0,3126; d) 0,846

9 Una oficina amb 10 empleats disposa d'un petit menjador. Si la probabilitat que un empleat es quedi a dinar és del 40 %, quantes cadires ha d'haver-hi com a mínim al menjador perquè tots els empleats que decideixin quedar-se a dinar puguin asseure's el 90 % de les vegades?

Sol.: 6

SOCIETY

Les distribucions nominals i el trànsit

La distribució binomial per a variables discretes ideada pel matemàtic francès **Siméon Denis Poisson** (1781-1840) s'utilitza en situacions en les quals els esdeveniments són de successió aleatòria o impredictible. És el procediment que es podria utilitzar per a investigar un perillós encreuament de carreteres i preveure el nombre d'accidents que pot haver-hi durant un mes.

Sortirà el sol demà?

El matemàtic francès **Pierre-Simon Laplace** (1749-1827) deu la seva fama a la regla que calcula la probabilitat d'esdeveniments equiprobables, però també va idear una curiosa fórmula per a expressar la probabilitat que el Sol surti per l'horitzó: $p = \frac{d+1}{d+2}$, on d és el nombre de dies que el Sol ha sortit en el passat.

Aquesta fórmula és coneguda com la **regla de successió** i encara avui és utilitzada com a estimador de la probabilitat d'un esdeveniment del qual n'existeixen poques mostres.

OPINION

Els matemàtics s'ho creuen

«Tot matemàtic creu que està per davant de tots els altres. La raó per la qual no ho diuen en públic és perquè són gent intel·ligent».

Aquesta frase correspon a **Andrei N. Kolmogorov** (1903-1988), matemàtic rus que el 1933 va introduir la definició axiomàtica de la probabilitat d'un esdeveniment.

- Cerca en un diccionari l'origen etimològic de la paraula *axioma* i quin sentit se li dóna en l'àmbit de les matemàtiques.
- Investiga les diferències més substancials entre les definicions axiomàtica i experimental de la probabilitat; en trobaràs més informació a l'enllaç: **http://links.edebe.com/7imt9u**
- Cerca a la xarxa altres axiomes matemàtics coneguts.

CRITICAL SENSE

Esperança matemàtica i jocs d'atzar

Un dels aspectes que es té en compte en els jocs d'atzar és l'esperança de guanyar; és a dir, determinar el guany mitjà que un jugador pot obtenir. Aquest aspecte ja va ser abordat pel matemàtic holandès **Christiaan Huygens** (1629-1695) a la seva obra *Libelius de Rationatiis in Ludo Aleae*, publicada l'any 1657, en la qual s'exposen 14 proposicions al voltant del concepte valor del joc que després derivaria en el d'**esperança matemàtica.**

- Cerca a la xarxa informació sobre què suposa en un joc que l'esperança matemàtica sigui zero o que adquireixi un valor negatiu. En quines circumstàncies pot donar-se aquest últim cas?
- Els jocs d'atzar poden derivar en ludopaties contra les quals ja va prevenir el científic alemany **Albert Einstein** (1879-1955). Trobaràs més informació sobre aquest tema a **http://links.edebe.com/rdevf6**

NEW

Foc al bosc

El càlcul de probabilitats també s'aplica per a mesurar el risc d'ignició i propagació d'incendis. A més del factor humà, hi ha altres variables que influeixen en l'aparició d'incendis forestals; una prova d'això és que a Espanya es van cremar unes 200 000 ha de bosc durant el 2012 i 46 818 ha el 2014.

- En aquest enllaç trobaràs la probabilitat d'incendis per al dia d'avui: **http://links.edebe.com/t6h2n**
- Accedeix a **http://links.edebe.com/e4s3**. Hi trobaràs informació sobre les variables que es tenen presents per a calcular aquest tipus de probabilitats.

12

BLOC 3. ESTADÍSTICA I PROBABILITAT

Distribucions de probabilitat contínues

Simulador

Problemes interactius

Webs

En el vídeo següent pots veure la màquina de Galton en funcionament:

http://links.edebe.com/tjj

La màquina de Galton, també coneguda com a *quincunci*, és un dispositiu inventat per sir Francis Galton per demostrar que la distribució binomial s'aproxima a la distribució normal.

En aquest enllaç trobaràs més informació:

http://links.edebe.com/k5464

I en aquest altre, un simulador realitzat amb Geogebra:

http://links.edebe.com/xh6

Llibres

En *El teorema* d'Adam Fawer se cita nombroses vegades la distribució normal, la seva història, la seva peculiar gràfica i les seves aplicacions.

El llibre narra com un exprofessor universitari d'estadística es veu embolicat en una trama misteriosa sobre la predicció del futur mitjançant el càlcul de probabilitats.

EN CONTEXT

a> A partir del títol de la unitat:

- Què creus que saps sobre el tema?
- Quines preguntes o inquietuds tens sobre el tema?
- Què t'agradaria investigar sobre el tema? Com ho podries investigar?

b> Pel que fa al vídeo de la màquina de Galton, respon:

- Creus que les boles es disposaran sempre de la mateixa manera?
- Quines característiques observes en la distribució final de les boles?
- Amb els coneixements del tema anterior, series capaç de calcular la probabilitat que una bola caigués en cadascuna de les posicions?

c> Si prenguéssim les mesures del contorn del cap a 100 alumnes de 1r de Batxillerat i en féssim l'histograma, creus que tindria alguna forma especial o aquestes mesures no segueixen cap patró?

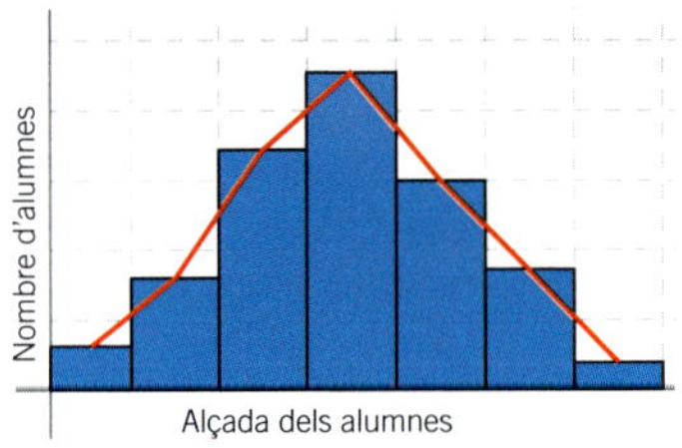

Histograma amb 100 alumnes.

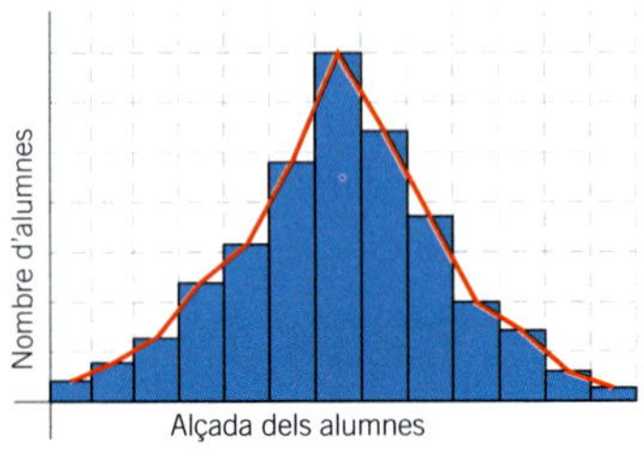

Histograma amb 300 alumnes.

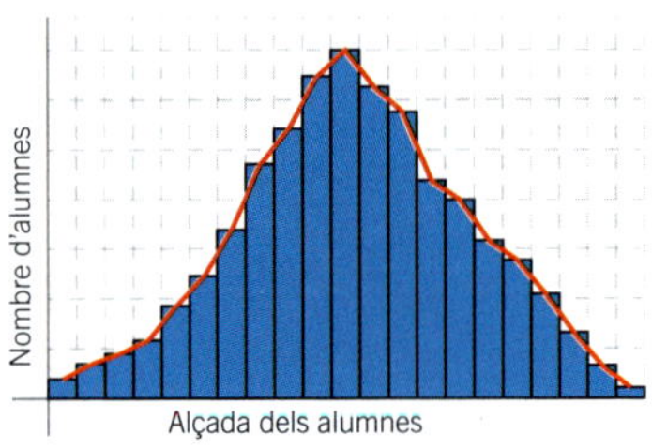

Histograma amb 500 alumnes.

FIXA-T'HI

La probabilitat que l'altura d'un alumne sigui un valor concret, 172,3 cm, per exemple, és zero, la qual cosa no significa que correspongui al succés impossible.

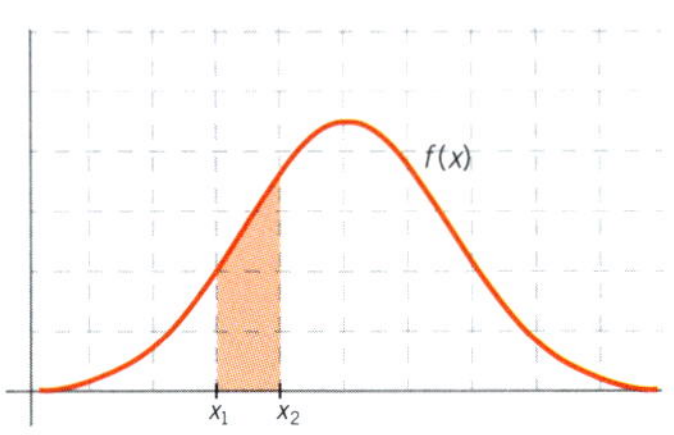

Probabilitat que X es trobi dins de (x_1, x_2).

Problemes resolts
A

Exercicis i problemes
8 a 13, 15

1. Distribucions de probabilitat contínues

Considera l'experiment que consisteix a escollir una persona a l'atzar, i la variable aleatòria que assigna a cada persona la seva altura. Aquesta variable pot prendre, en principi, qualsevol valor dins d'un interval de $\mathbb{R}$ i hem de distribuir la probabilitat entre infinits valors.

La probabilitat que una variable aleatòria contínua prengui un valor determinat és, en conseqüència, zero. Per tant, hem de buscar una alternativa per a descriure les probabilitats associades a aquest tipus de variables.

1.1. Funció de densitat

Considerem que es mesuren successivament les altures de 100, 300 i 500 alumnes d'un mateix curs i es construeixen taules de freqüències relatives, que es representen mitjançant els histogrames que es mostren al marge amb el polígon de freqüències corresponent.

Observa que, a mesura que augmenta el nombre d'alumnes i disminueix l'amplitud de les classes, el polígon de freqüències tendeix a assemblar-se cada vegada més a una corba.

Així, en el cas que la mostra fos infinitament gran i els intervals infinitament petits, el polígon de freqüències es convertiria en la gràfica de la funció *f* de la figura, anomenada **distribució de probabilitat de la variable aleatòria contínua *X*.**

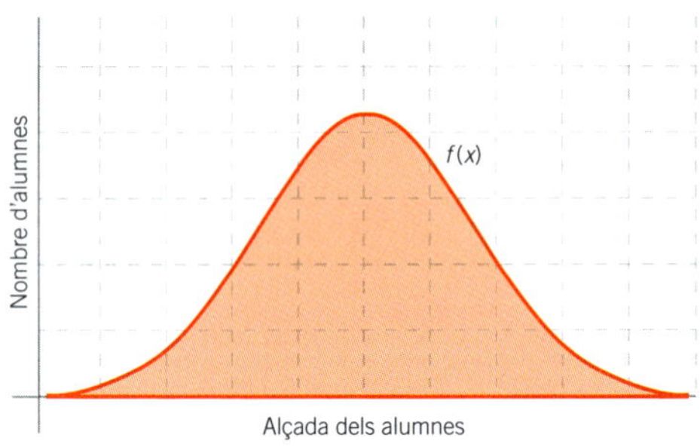

La variable aleatòria X pot prendre qualsevol valor en un interval determinat del conjunt $\mathbb{R}$ dels nombres reals.

La funció f rep el nom de **funció de densitat.**

La **funció de densitat** $f(x)$ associada a una variable aleatòria contínua X compleix les propietats següents:

a) $f(x) \geq 0$ per a tot valor x de l'interval en el qual està definida la funció, és a dir, la seva gràfica està per sobre de l'eix d'abscisses.

b) L'àrea total limitada per la gràfica de la funció f i l'eix d'abscisses és igual a 1.

La probabilitat que la variable X es trobi dins de l'interval (x_1, x_2) és igual a l'àrea limitada per la gràfica de la funció f, l'eix d'abscisses i les rectes $x = x_1$ i $x = x_2$.

Atès que les probabilitats es representen per àrees, la probabilitat que la variable X prengui un valor concret és zero.

1.2. Funció de distribució

De manera anàloga al que succeïa amb les variables aleatòries discretes, també podem definir la funció de distribució per a les variables contínues.

S'anomena funció de distribució d'una variable aleatòria contínua X la funció F que assigna a cada nombre real x la probabilitat que X prengui un valor menor o igual que x: $F(x) = P(X \le x)$.

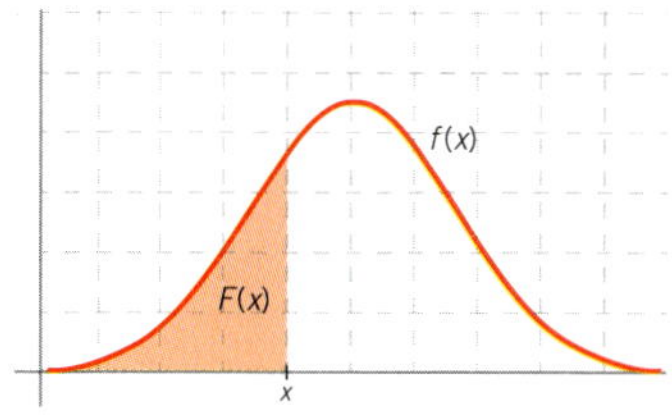

L'àrea ombrejada representa $F(x)$.

AMPLIA

Com a conseqüència de la definició de F, tenim que:

$P(a \le X \le b) = F(b) - F(a)$

$P(a \le X) = 1 - P(X \le a) = 1 - F(a)$

1 EXEMPLE

Comprova si la funció $f(x) = \begin{cases} \frac{1}{4} & \text{si } x \in [1,5] \\ 0 & \text{si } x \notin [1,5] \end{cases}$ és una funció de densitat.

En cas afirmatiu, calcula $P(2{,}5 < X < 4)$ i troba la funció de distribució F de la variable aleatòria X la funció de densitat de la qual és f, i representa-la gràficament.

Solució

COMPRENSIÓ. Per comprovar que f és una funció de densitat, hem d'esbrinar si compleix les condicions de la definició. Per trobar la probabilitat hem de calcular l'àrea del rectangle de base $b = 4 - 2{,}5 = 1{,}5$ i altura $\frac{1}{4}$. Per a trobar F n'hi haurà prou amb calcular $P(X \le x)$ per a qualsevol $x \in \mathbb{R}$.

RESOLUCIÓ. Si construïm la gràfica de la funció observem que:

— La funció pren valors $f(x) \ge 0, \ \forall x \in \mathbb{R}$.

— L'àrea sota la corba és igual a 1, ja que correspon a l'àrea del rectangle de base $5 - 1 = 4$ i altura $\frac{1}{4}$.

La probabilitat és $P(2{,}5 < X < 4) = \frac{3}{8}$.

Per trobar la funció de distribució F hem de distingir tres casos:

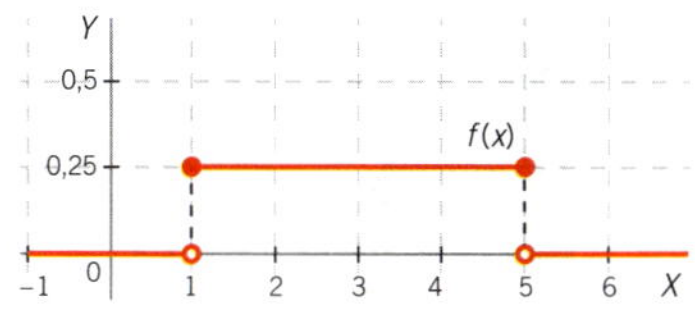

Gràfica de la funció $f(x)$.

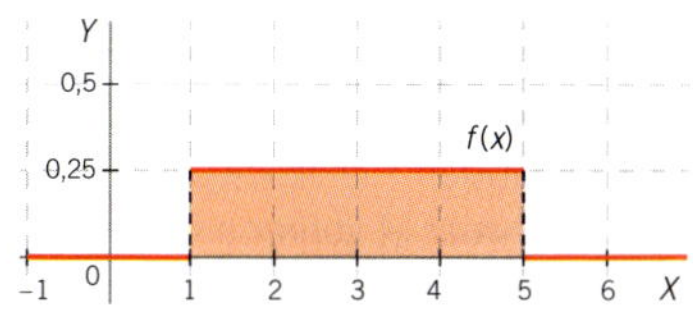

Àrea del rectangle.

$x < 1$	$1 < x < 5$	$x > 5$
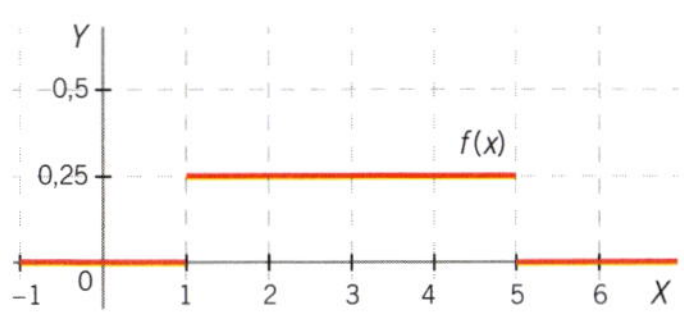	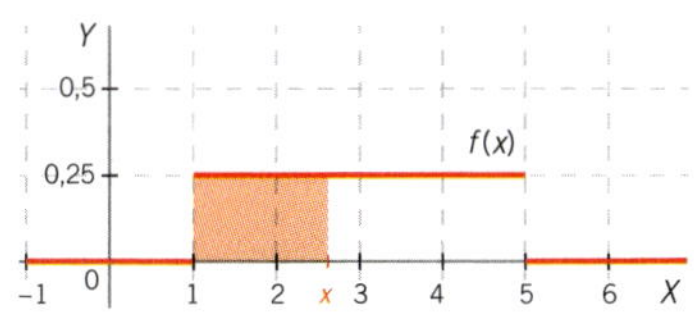	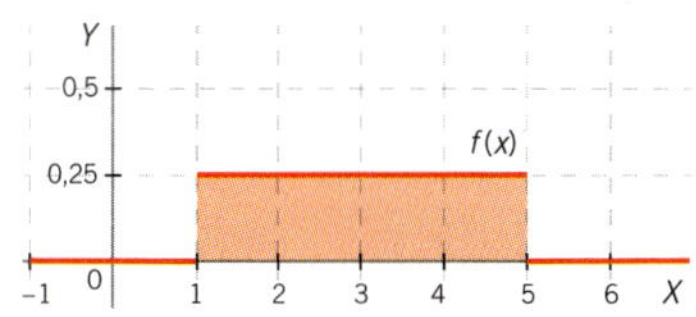
$P(X \le x) = 0$	$P(X \le x) = P(X \le 1) + P(X \le x) = 0 + (x-1) \cdot \frac{1}{4} = \frac{x-1}{4}$	$P(X \le x) = P(X \le 1) + P(1 \le X \le 5) + P(X > 5) = 0 + (5-1) \cdot \frac{1}{4} + 0 = 1$

Per tant, la funció de distribució serà:

$$F(x) = \begin{cases} 0 & \text{si } x < 1 \\ \frac{x-1}{4} & \text{si } x \in [1,5] \\ 1 & \text{si } x > 5 \end{cases}$$

la representació gràfica de la qual és:

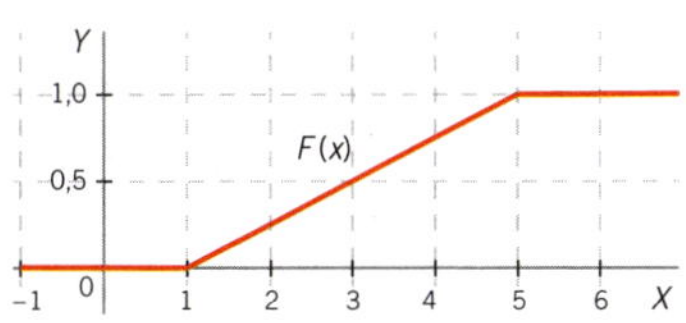

Exercicis i problemes **14, 16**

2. Distribució normal

Entre les distribucions de probabilitat contínues, la més important és la distribució normal.

Va ser estudiada per Carl Friederich Gauss en observar els errors que es reproduïen en mesurar repetidament una determinada magnitud. Aquesta distribució agrupa els valors més usuals entorn d'un valor central i els valors extrems són escassos.

Són nombrosos els fenòmens que segueixen una distribució normal: els caràcters morfològics d'individus d'una espècie (persones, animals, plantes...), com per exemple la talla, el pes, l'envergadura, el diàmetre, el perímetre...; els caràcters fisiològics, com per exemple l'efecte d'una mateixa dosi d'un fàrmac o d'una mateixa quantitat d'adob; els caràcters sociològics, com per exemple el quocient intel·lectual, el grau d'adaptació a un medi.

C. F. GAUSS

Carl Friedrich Gauss (1777-1855).

Matemàtic, astrònom i físic alemany.

Considerat un dels científics més importants del segle XIX, va contribuir significativament al desenvolupament de diferents camps de les matemàtiques i la física, capacitat que li va valer el sobrenom de *príncep de les matemàtiques.*

Els seus treballs sobre astronomia el van portar a ser un dels primers científics a estudiar la distribució normal. La gràfica de la funció s'anomena, en honor seu, *campana de Gauss.*

2.1. Funció de densitat

Com qualsevol distribució de probabilitat contínua, la distribució normal es caracteritza mitjançant la funció de densitat.

Una variable aleatòria contínua X segueix una distribució normal si la seva funció de densitat és:

$$f(x) = \frac{1}{\sigma\sqrt{2\pi}} e^{-\frac{1}{2}\left(\frac{x-\mu}{\sigma}\right)^2}, \quad \forall x \in \mathbb{R}$$

on μ és la mitjana i σ, la desviació estàndard de la distribució.

La distribució normal de paràmetres μ i σ es denota $X \sim N(\mu, \sigma)$.

La gràfica de la funció de densitat d'una distribució normal és una corba en forma de campana que es coneix amb el nom de **corba normal** o **campana de Gauss.**

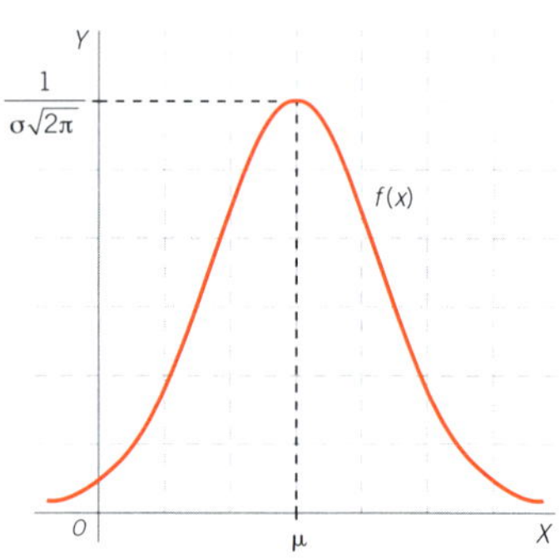

2.2. Característiques

Les característiques de la distribució normal són

— Domini: $D(f) = \mathbb{R}$

— Recorregut: $R(f) = \left(0, \frac{1}{\sigma\sqrt{2\pi}}\right]$

— És simètrica respecte a la recta $x = \mu$.

— És estrictament creixent en l'interval $(-\infty, \mu)$.

— És estrictament decreixent en l'interval $(\mu, +\infty)$.

— Aconsegueix un valor màxim a $\left(\mu, \frac{1}{\sigma\sqrt{2\pi}}\right)$.

— L'eix d'abscisses és una asímptota horitzontal per la dreta i per l'esquerra.

La forma de la gràfica de la funció de densitat i la seva situació respecte dels eixos de coordenades depenen dels valors de μ i σ.

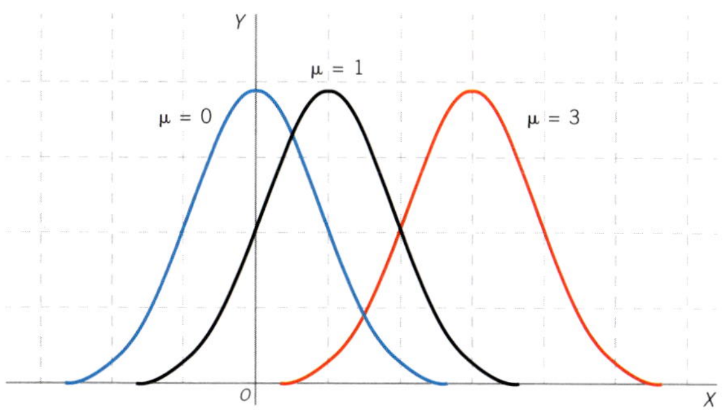

La variació dels valors de la mitjana μ no canvien la forma de la corba sinó que provoquen desplaçaments horitzontals respecte a l'eix d'abscisses: cap a la dreta quan μ augmenta i cap a l'esquerra quan μ disminueix.

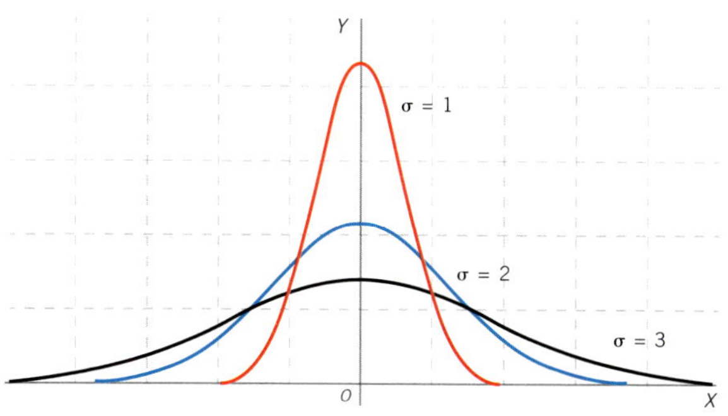

La variació dels valors de la desviació estàndard σ provoca que la corba sigui més o menys plana segons sigui més gran o més petit el valor de la desviació estàndard.

A vegades és interessant conèixer quina proporció dels individus distribuïts segons una variable aleatòria $X \sim N(\mu, \sigma)$ es troben en un interval $(\mu - n\sigma, \mu + n\sigma)$, amb n nombre natural. A continuació es detallen els tres casos habituals:

— Per a l'interval $(\mu - \sigma, \mu + \sigma)$, l'àrea sota la corba a un costat o l'altre de la mitjana aritmètica és la mateixa: 0,6826. És a dir, el 68,26 % de les unitats de població tenen valors en l'interval $(\mu - \sigma, \mu + \sigma)$.

— Si considerem l'interval $(\mu - 2\sigma, \mu + 2\sigma)$, el resultat és 0,9544. Això significa que el 95,44 % de les dades de la distribució es troben en aquest interval.

— Si considerem l'interval descrit per $(\mu - 3\sigma, \mu + 3\sigma)$, cobrim gairebé tota la població: 0,9974 o el 99,74 %; és a dir, solament el 0,3 % de la població queda fora d'aquest interval.

CURIOSITATS

Aquesta distribució d'àrees es coneix com a *regla de 68 – 95 – 99,7.*

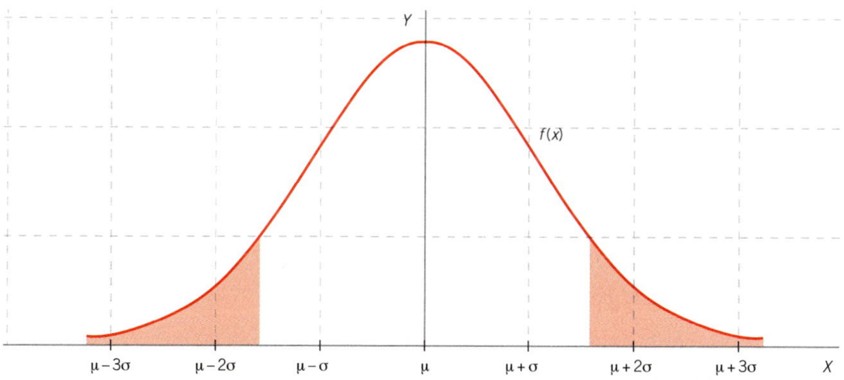

INTERNET

A l'enllaç següent trobaràs més informació sobre funcions de probabilitat contínues, i especialment sobre la distribució normal:

http://links.edebe.com/agsd9

Suposem, per exemple, que les altures dels homes segueixen una corba de densitat normal amb una mitjana aritmètica d'1,69 m i una desviació estàndard de 0,15 m. Llavors, per la regla de 68 – 95 – 99,7, podem deduir que:

— L'altura del 68 % dels homes està entre 1,54 m i 1,84 m.

— L'altura del 95 % dels homes està entre 1,39 m i 1,99 m.

— L'altura del 99,7 % dels homes està entre 1,24 m i 2,14 m.

Exercicis i problemes 17, 18

3. Distribució normal estàndard

Sabem que per a una variable aleatòria contínua X la probabilitat que X prengui un valor menor o igual que x_1 està determinada per l'àrea limitada per la gràfica de la funció de densitat f, l'eix d'abscisses i la recta $x = x_1$.

En el cas particular que X segueixi una distribució normal, el càlcul de probabilitats implica determinar àrees sota la corba definida per la funció de densitat $f(x) = \dfrac{1}{\sigma\sqrt{2\pi}} e^{-\frac{1}{2}\left(\frac{x-\mu}{\sigma}\right)^2}$, càlcul que implica eines matemàtiques complexes.

Per a facilitar la feina, existeixen taules que mostren directament el valor d'aquestes àrees per $\mu = 0$ i $\sigma = 1$. Aquesta distribució $N(0, 1)$ s'anomena **distribució normal estandarditzada** i es denota amb la lletra Z.

Substituint aquests valors a la funció de densitat s'obté la funció de densitat d'una distribució normal $N(0, 1)$: $f(x) = \dfrac{1}{\sqrt{2\pi}} e^{-\frac{x^2}{2}}$.

FIXA-T'HI

En una variable aleatòria contínua:

$$P(X \leq a) = P(X < a),$$

ja que la probabilitat puntual és zero.

3.1. Càlcul de probabilitats

Per a trobar la probabilitat $P(Z \leq k)$ d'una distribució normal estandarditzada $Z \sim N(0, 1)$ utilitzant les taules de la distribució $N(0, 1)$, hem de buscar la xifra entera i el primer decimal del nombre k a la primera columna de la taula i el segon decimal, a la primera fila.

Vegem diferents casos exemple del càlcul de probabilitats d'una distribució normal estandarditzada $Z \sim N(0, 1)$.

2 EXEMPLE

Si Z és una variable aleatòria amb distribució $N(0, 1)$, troba a partir de la taula de la distribució normal estandarditzada el valor de les següents probabilitats unilaterals: a) $P(Z \leq 0{,}23)$, b) $P(Z \geq 1{,}15)$, c) $P(Z \leq -1{,}56)$ i d) $P(Z \geq -1{,}33)$

Solució

RESOLUCIÓ. a) Busquem la probabilitat directament a la taula. Per trobar-la n'hi ha prou amb buscar la intersecció de la fila corresponent a 0,2 (unitat, dècima) amb la columna corresponent a 0,03 (centèsima):

Z	0,00	0,01	0,02	0,03	0,04	0,05
0,0	0,50000	0,50399	0,50798	0,51197	0,51595	0,51994
0,1	0,53983	0,54380	0,54776	0,55172	0,55567	0,55962
0,2	0,57926	0,58317	0,58706	0,59095	0,59483	0,59871
0,3	0,61791	0,62172	0,62552	0,62930	0,63307	0,63683
0,4	0,65542	0,65910	0,66276	0,66640	0,67003	0,67364
0,5	0,69146	0,69497	0,69847	0,70194	0,70540	0,70884
0,6	0,72575	0,72907	0,73237	0,73565	0,73891	0,74215
0,7	0,75804	0,76115	0,76424	0,76730	0,77035	0,77337

$$P(Z \leq 0{,}23) = 0{,}59095$$

b) Aquesta probabilitat no apareix directament a la taula. Tanmateix, si tenim en compte que l'àrea total de sota de la gràfica ha de ser 1, deduïm de la figura següent que:

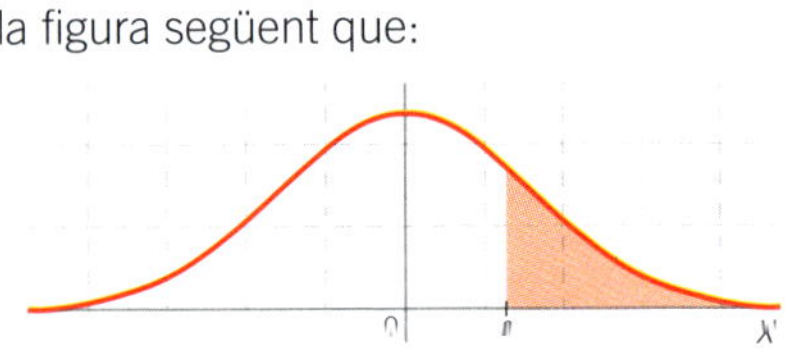

$$P(Z \geq 1{,}15) = 1 - P(Z \leq 1{,}15) = 1 - 0{,}8749 = 0{,}1251$$

c) Aquesta probabilitat no es pot trobar directament a la taula ja que solament hi apareixen probabilitats per a valors positius de Z. Si ens fixem en la figura, gràcies a la simetria de la corba normal, es verifica que:

$$P(Z \leq -1{,}56) = P(Z \geq 1{,}56)$$

I com en l'apartat b):

$$P(Z \geq 1{,}56) = 1 - P(Z \leq 1{,}56) = 1 - 0{,}9406 = 0{,}0594$$

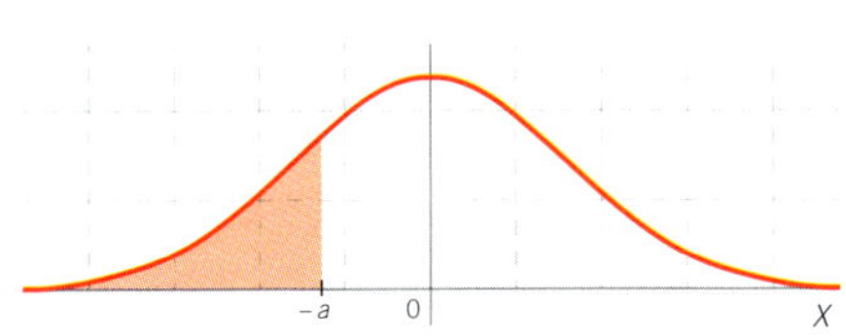

d) Per la simetria de la corba normal, tal com veiem a la figura, es verifica que:

$$P(Z \geq -1{,}33) = P(Z \leq 1{,}33) = 0{,}9082$$

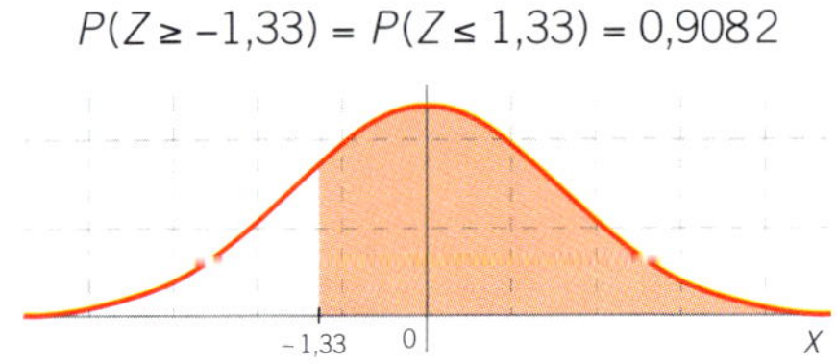

3 EXEMPLE

Sigui Z una variable aleatòria amb distribució $N(0, 1)$. Troba, a partir de la taula de la distribució normal estandarditzada, el valor de les probabilitats bilaterals següents: a) $P(1,05 \leq Z \leq 1,82)$, b) $P(-1,5 \leq Z \leq -0,75)$ i c) $P(-1,43 \leq Z \leq -1,35)$

Solució

RESOLUCIÓ. a) Observant la figura deduïm que per trobar la probabilitat hem de restar l'àrea petita de la més gran:

$$P(1,05 \leq Z \leq 1,82) = P(Z \leq 1,82) - P(Z \leq 1,05) =$$
$$= 0,9656 - 0,8531 = 0,1125$$

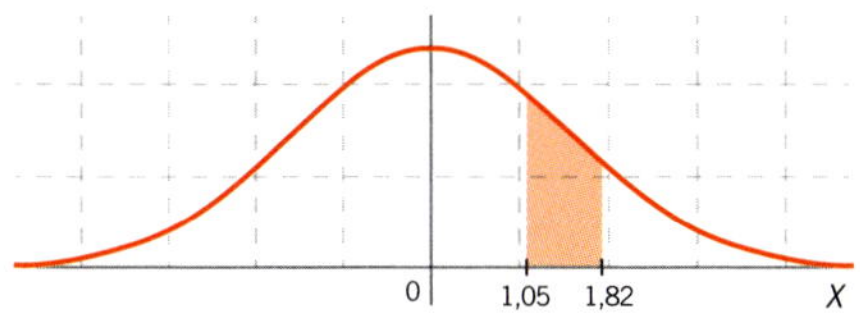

b) Per la simetria de la corba normal, podem observar a la figura que es verifica:

$$P(-1,5 \leq Z \leq -0,75) = P(0,75 \leq Z \leq 1,5)$$

I com en els exemples anteriors:

$$P(0,75 \leq Z \leq 1,5) = P(Z \leq 1,5) - P(Z \leq 0,75) =$$
$$= 0,9332 - 0,7734 = 0,1598$$

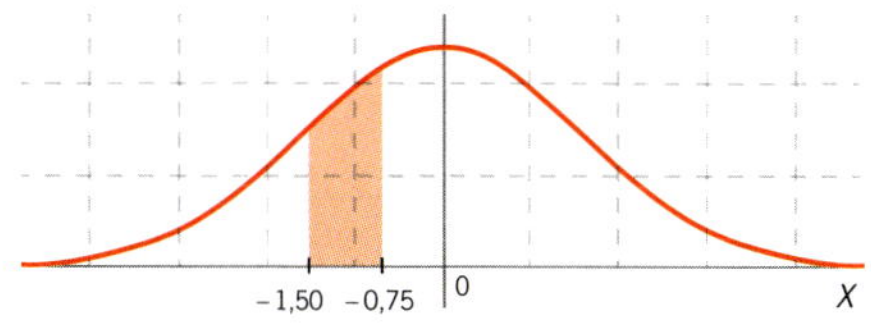

c) Aplicant els casos anteriors i observant la figura:

$$P(-1,43 \leq Z \leq 1,35) = P(Z \leq 1,35) - P(Z \leq -1,43) =$$
$$= P(Z \leq 1,35) - (1 - P(Z \leq 1,43)) =$$
$$= 0,9115 - (1 - 0,9236) = 0,8351$$

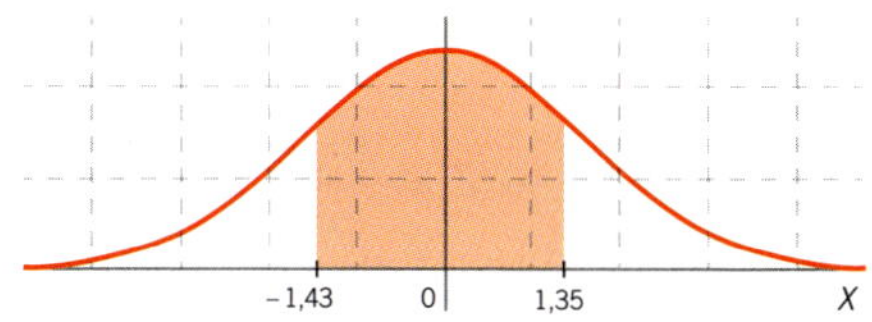

4 EXEMPLE

Donada la variable aleatòria amb distribució $N(0, 1)$ Z, troba k sabent que: a) $P(Z \leq k) = 0,9292$ i b) $P(Z \geq k) = 0,6736$

Solució

COMPRENSIÓ. A l'apartat a) hem de localitzar a la part central de la taula el valor 0,9292 i observar a quin valor de k pertany. A l'apartat b) hem de tenir en compte la simetria de la corba normal.

RESOLUCIÓ.

a) En aquest cas $k = 1,47$.

b) Donada la simetria de la corba normal:

$$P(Z \geq k) = P(Z \leq -k)$$

Per tant, $P(Z \geq k) = 0,6736 \Rightarrow P(Z \leq -k) = 0,6736$.

En localitzar el valor 0,6736 a la part central de la taula, obtenim $-k = 0,45$ i, per tant, $k = -0,45$.

3.2. Estandardització

Podem transformar una variable aleatòria $X \sim N(\mu, \sigma)$ en una altra variable aleatòria $Z \sim N(0, 1)$, seguint aquests passos:

— Centrar la mitjana de la variable X en la mitjana zero de la variable Z. Per a centrar-la efectuem: $X - \mu$.

— Reduir la desviació estàndard σ de la variable X a la desviació estàndard 1 de la variable Z. Per a reduir-la efectuem: $\dfrac{X - \mu}{\sigma}$.

Si X és una variable aleatòria que segueix una distribució normal $X \sim N(\mu, \sigma)$, aleshores la variable aleatòria $Z = \dfrac{X - \mu}{\sigma}$ segueix una distribució normal estandarditzada $Z \sim N(0, 1)$.

Aquesta transformació s'anomena **estandardització de la variable** i permet calcular probabilitats d'una distribució normal $X \sim N(\mu, \sigma)$ utilitzant les taules de la distribució normal estandarditzada $Z \sim N(0, 1)$.

INTERNET

A l'enllaç següent trobaràs una miniaplicació realitzada amb Geogebra que mostra com canvia la forma de la distribució normal en variar la mitjana o la variància.

http://links.edebe.com/fmt

Procés d'estandardització

Vegem mitjançant exemples com es duu a terme aquest procés i la seva aplicació al càlcul de probabilitats.

CAS GENERAL: $X \sim N(\mu, \sigma) \rightarrow Z \sim N(0, 1)$	EXEMPLE: $X \sim N(7, 3) \rightarrow Z \sim N(0, 1)$
$P(X \leq a) = \left\{ \begin{array}{l} X \rightarrow Z = \dfrac{X-\mu}{\sigma} \\ a \rightarrow a' = \dfrac{a-\mu}{\sigma} \end{array} \right\} = P(Z \leq a')$	$P(X \leq 1{,}45) = \left\{ \begin{array}{l} X \rightarrow Z = \dfrac{X-7}{3} \\ 1{,}45 \rightarrow a' = \dfrac{1{,}45-7}{3} = -1{,}85 \end{array} \right\} = P(Z \leq -1{,}85) = 0{,}0322$
$P(X \geq a) = \left\{ \begin{array}{l} X \rightarrow Z = \dfrac{X-\mu}{\sigma} \\ a \rightarrow a' = \dfrac{a-\mu}{\sigma} \end{array} \right\} = P(Z \geq a')$	$P(X \geq 2{,}15) = \left\{ \begin{array}{l} X \rightarrow Z = \dfrac{X-7}{3} \\ 2{,}15 \rightarrow a' = \dfrac{2{,}15-7}{3} = -1{,}61 \end{array} \right\} = P(Z \geq -1{,}61) = 0{,}9463$
$P(a \leq X \leq b) = \left\{ \begin{array}{l} X \rightarrow Z = \dfrac{X-\mu}{\sigma} \\ a \rightarrow a' = \dfrac{a-\mu}{\sigma} \\ b \rightarrow b' = \dfrac{b-\mu}{\sigma} \end{array} \right\} = P(a' \leq Z \leq b')$	$P(-1{,}38 \leq X \leq 2{,}76) = \left\{ \begin{array}{l} X \rightarrow Z = \dfrac{X-7}{3} \\ -1{,}38 \rightarrow a' = \dfrac{-1{,}38-7}{3} = -2{,}79 \\ 2{,}76 \rightarrow b' = \dfrac{2{,}76-7}{3} = -1{,}41 \end{array} \right\} = P(-2{,}79 \leq Z \leq -1{,}41) = 0{,}0767$

Distribució normal amb full de càlcul

Avui dia gràcies a la tecnologia es poden efectuar càlculs de la probabilitat de qualsevol variable aleatòria contínua $X \sim N(\mu, \sigma)$ de manera ràpida utilitzant recursos digitals.

En un full de càlcul podem calcular la probabilitat d'una distribució normal utilitzant la funció:

DISTR.NORM (*x*; mitjana; desv_estàndard; acum),

en la qual hem d'introduir els paràmetres següents:

— *x* és el valor la distribució del qual es vol obtenir (*a*).

— *Mitjana* és la mitjana aritmètica de la distribució (μ).

— *Desv_estàndard* és la desviació estàndard de la distribució (σ).

— *Acum:*

- Si és CERT, obtindrem la funció de distribució acumulada, és a dir, la probabilitat $p(X \leq a)$.
- Si és FALS, retorna el valor de la distribució de probabilitat.

Per a calcular les probabilitats d'una variable aleatòria $Z \sim N(0, 1)$, podem utilitzar directament la funció:

DISTR.NORM.ESTAND(*z*),

en què l'únic paràmetre és el valor *z* per al qual volem calcular la probabilitat $P(Z \leq z)$.

INTERNET

A través d'aquest enllaç accediràs a una calculadora de probabilitats de la distribució normal:

http://links.edebe.com/qtv5sz

En els enllaços següents trobaràs miniaplicacions realitzades amb Geogebra que permeten determinar l'àrea de sota de la corba i calcular la probabilitat.

http://links.edebe.com/jj5a

http://links.edebe.com/xhc8en

Problemes resolts
B, C

Exercicis i problemes
19 a 32

4. Aproximació de la distribució binomial per la normal

Per a determinats valors de n i p, les distribucions binomials tenen una similitud extraordinària amb les distribucions normals corresponents.

Observa les gràfiques de les distribucions binomials $B(n,\ 0{,}2)$ següents:

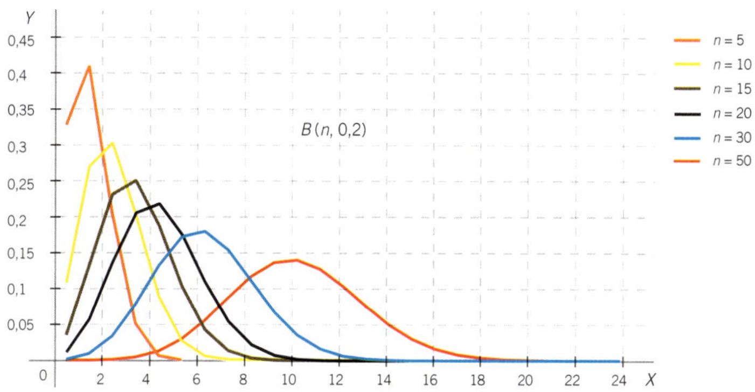

La primera ($n = 5$) no manté cap semblança amb la corba normal.

A mesura que n augmenta, la forma de la corba binomial tendeix a assemblar-se a la corba normal fins al punt que, per a $n = 50$, la binomial $B(50,\ 0{,}2)$ és gairebé idèntica a una corba normal.

La semblança entre les gràfiques ens suggereix la possibilitat de relacionar ambdues distribucions. En general, es pot demostrar que:

Quan n és gran i p s'acosta a 0,5, el comportament d'una distribució binomial $B(n,\ p)$ és aproximadament igual al d'una distribució normal $N(np, \sqrt{npq})$, sent $q = 1 - p$.

Per a substituir $B(n, p)$ per $N(np, \sqrt{npq})$,es considera una aproximació acceptable quan es compleix que $n \cdot p \geq 5$ i $n \cdot q \geq 5$.

Tanmateix, no s'ha d'oblidar que la binomial és una distribució discreta i la normal, contínua, la qual cosa comporta realitzar un ajust en el càlcul de probabilitats anomenat **correcció de Yates.**

Segons aquesta correcció, si X és una variable aleatòria $B(n, p)$ i Y és una variable aleatòria $N(np, \sqrt{npq})$, aleshores es compleix que:

$$P(X = k) = P(k - 0{,}5 \leq Y \leq k + 0{,}5)$$

És a dir, cada valor puntual de X (0,1, 2, ..., k, ..., n) s'associa a un valor de Y, que és un interval centrat en k de radi 0,5. Per tant,

— $P(X \leq k) = P(Y \leq k + 0{,}5)$

— $P(X < k) = P(Y < k - 0{,}5)$

— $P(X \geq k) = P(Y \geq k - 0{,}5)$

— $P(X > k) = P(Y > k + 0{,}5)$

— $P(a \leq X < b) = P(a - 0{,}5 \leq Y < b - 0{,}5)$

— $P(a < X \leq b) = P(a + 0{,}5 \leq Y < b + 0{,}5)$

A. DE MOIVRE

Abraham de Moivre (1667-1754).

Matemàtic britànic d'origen francès.

Els seus treballs en matemàtiques es desenvolupen fonamentalment al voltant de dos temes: la teoria de la probabilitat i l'aspecte analític de la trigonometria.

En la seva obra *The Doctrine of Chances,* publicada el 1717, apareix per primera vegada la corba normal descrita per Gauss cinquanta anys després, i s'hi escriu una aproximació de la fórmula de les probabilitats.

De Moivre havia arribat a la coneguda campana a través de l'estudi dels jocs d'atzar.

INTERNET

A l'enllaç següent trobaràs preguntes tipus test per a comprovar els coneixements que tens:

http://links.edebe.com/ifc5

CURIOSITATS

El compositor **Iannis Xenakis** va ser pioner en l'ús de la informàtica en la composició musical algorítmica. Alguns dels procediments utilitzats en les seves composicions inclouen: la teoria de probabilitats (teoria cinètica de gasos de Maxwell-Boltzmann, distribució aleatòria de punts en un pla, distribució gaussiana, cadenes de Markov), la teoria de jocs, la teoria de grups i l'àlgebra booleana.

Procés d'aproximació

Per aproximar una distribució $B(n, p)$ per una distribució $N(\mu, \sigma)$, primer comprovarem que es compleixen les condicions d'aplicació i després calcularem la mitjana $\mu = n \cdot p$ i la desviació estàndard $\sigma = \sqrt{npq}$.

5 EXEMPLE

Si llancem 20 vegades una moneda, quina és la probabilitat de treure:

a) Menys de nou cares. **b) Exactament 8 cares.**

Solució

COMPRENSIÓ. La variable aleatòria X «nombre de cares obtingudes», segueix una distribució binomial. Atès que efectuem $n = 20$ llançaments i la probabilitat d'obtenir cara és $p = 0{,}5$, tenim que $X \sim B(20,\ 0{,}5)$.

RESOLUCIÓ. Comprovem que es compleixen les condicions per a l'aproximació de la binomial a la normal:

$$\left.\begin{matrix} n = 20 \\ p = 0{,}5 \Rightarrow q = 0{,}5 \end{matrix}\right\} \Rightarrow \begin{matrix} n \cdot p = 20 \cdot 0{,}5 = 10 \\ n \cdot q = 20 \cdot 0{,}5 = 10 \end{matrix}$$

Així doncs, podem resoldre el problema aproximant la variable aleatòria $X \sim B(n, p)$ per la variable aleatòria $Y \sim N(np, \sqrt{npq})$.

Calculem els paràmetres de la normal: $\begin{cases} \mu = np \rightarrow \mu = 20 \cdot 0{,}5 = 10 \\ \sigma = \sqrt{npq} \rightarrow \sigma = \sqrt{20 \cdot 0{,}5 \cdot 0{,}5} = 2{,}24 \end{cases}$

Per tant: $X \sim B(20, 0{,}5) \simeq Y \sim N(10,\ 2{,}24)$.

a) Per a calcular $P(X < 9)$, aplicarem la correcció de Yates:

$$P(X < 9) \simeq P(Y \leq 9 - 0{,}5) = P(Y \leq 8{,}5)$$

Atès que $Y \sim N(10,\ 2{,}24)$, per a calcular la probabilitat que volem hem d'estandarditzar-la i utilitzar les taules de $N(0,\ 1)$:

$$P(Y \leq 8{,}5) = \left\{\begin{matrix} Y \rightarrow Z = \dfrac{Y - 10}{2{,}24} \\ 8{,}5 \rightarrow \dfrac{8{,}5 - 10}{2{,}24} = -0{,}67 \end{matrix}\right\} = P(Z \leq -0{,}67)$$

Aplicant les propietats de la normal:

$$P(Z \leq -0{,}67) = P(Z \geq 0{,}67) = 1 - P(Z \leq 0{,}67) = 1 - 0{,}7486 = 0{,}2514$$

b) Per a calcular $P(X = 8)$, aplicarem la correcció de Yates:

$$P(X = 8) \simeq P(8 - 0{,}5 \leq Y \leq 8 + 0{,}5) = P(7{,}5 \leq Y \leq 8{,}5)$$

Atès que $Y \sim N(10,\ 2{,}24)$, per a calcular la probabilitat que volem hem d'estandarditzar-la i utilitzar les taules de $N(0,\ 1)$:

$$P(7{,}5 \leq Y \leq 8{,}5) = \left\{\begin{matrix} Y \rightarrow Z = \dfrac{Y - 10}{2{,}24} \\ 7{,}5 \rightarrow \dfrac{7{,}5 - 10}{2{,}24} = -1{,}12 \\ 8{,}5 \rightarrow \dfrac{8{,}5 - 10}{2{,}24} = -0{,}67 \end{matrix}\right\} = P(-1{,}12 \leq Z \leq -0{,}67)$$

Aplicant les propietats de la normal:

$$P(-1{,}12 \leq Z \leq -0{,}67) = P(0{,}67 \leq Z \leq 1{,}12) = P(Z \leq 1{,}12) - P(Z \leq 0{,}67) =$$
$$= 0{,}8686 - 0{,}7486 = 0{,}12$$

Problemes resolts
D

Exercicis i problemes
33 a 38

5. Ajust de dades a una distribució normal

Una de les tasques de l'estadística consisteix a determinar, a partir de les dades obtingudes d'una mostra, el model que segueix la distribució de la variable que s'estudia. Un cop s'ha determinat el model, es poden respondre les qüestions que ens interessin simplement aplicant les propietats i característiques de la distribució.

Vegem, mitjançant un exemple, com procedir.

6 EXEMPLE

La taula conté els resultats d'una enquesta feta a 100 persones sobre els dies que sol durar un flascó de xampú:

a) Justifica si és possible ajustar la distribució de dades estadístiques al model de la distribució normal.

b) Determina la variable aleatòria $X \sim N(\mu,\sigma)$, que compta el nombre d'assistents de cada classe d'edat, que s'ajusti més bé a la distribució de dades estadístiques.

c) Valora la bondat de l'ajust.

DIES DE DURADA	MARCA DE CLASSE x_i	n_i	f_i
[5, 10)	7,5	15	0,15
[10, 15)	12,5	34	0,34
[15, 20)	17,5	38	0,38
[20, 25)	22,5	13	0,13

Solució

COMPRENSIÓ. Haurem de representar l'histograma de freqüències de la distribució estadística i observar si el seu perfil suggereix la forma d'una campana. En cas afirmatiu, haurem de determinar la variable aleatòria $X \sim N(\mu,\sigma)$ que millor s'ajusta a les dades experimentals i elaborar una taula amb l'error relatiu entre les freqüències relatives teòriques i les freqüències experimentals.

RESOLUCIÓ.

a) A l'histograma de freqüències de la distribució estadística observem que el perfil suggereix la forma d'una campana.

Si s'hagués donat el cas contrari, no tindria sentit continuar: no es podria considerar que la distribució estadística estudiada s'ajusta al model normal.

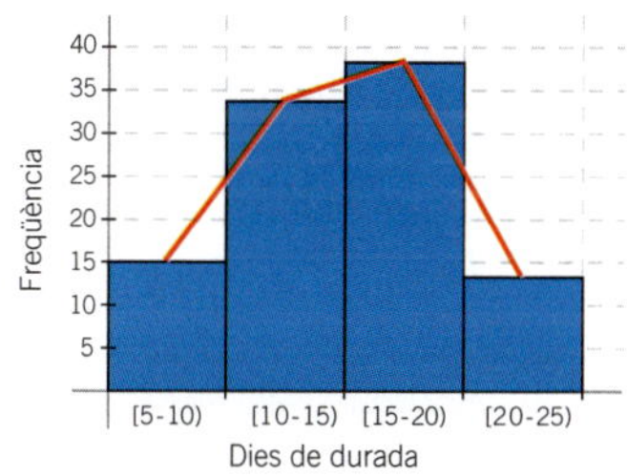

Histograma de freqüències.

b) Es pot demostrar que la variable aleatòria $X \sim N(\mu,\sigma)$ que s'ajusta més bé a les dades experimentals és aquella en què μ és la mitjana aritmètica de la distribució estadística i σ, la seva desviació estàndard.

Calculem la mitjana $\overline{x} = 14{,}95$ i la desviació estàndard $\sigma = 4{,}5$ de la distribució estadística. Per tant, $X \sim N(14{,}95,\ 4{,}5)$.

c) Elaborem una taula en què P_i són freqüències relatives teòriques i f_i, les freqüències experimentals.

CLASSE	CLASSE ESTANDARDITZADA	$P_i = P(z_i \leq Z \leq z_{i+1})$	f_i	ERROR ABSOLUT $\lvert f_i - P_i \rvert$	ERROR RELATIU $\frac{\lvert f_i - P_i \rvert}{P_i}$
[5, 10)	[−2,21, −1,1)	0,1359	0,15	0,0141	0,103
[10, 15)	[−1,1, 0,011)	0,3413	0,34	0,0013	0,003
[15, 20)	[0,011, 1,12)	0,3413	0,38	0,0387	0,113
[20, 25)	[1,12, 2,23)	0,1359	0,13	0,0059	0,043

El més gran dels errors relatius comesos és 0,113 (0,113 = 11,3 %). En el context d'aquest estudi, aquest error permet per valorar l'ajust com a raonablement bo.

Exercicis i problemes
39 a 41

Síntesi
42 a 46

A DISTRIBUCIONS DE PROBABILITAT CONTÍNUES

Un dard es clava a una distància (en decímetres) del centre d'una diana que es pot caracteritzar per la variable aleatòria D amb funció de densitat: $f(d) = \begin{cases} \dfrac{-d}{2} + 1 & \text{si } d \in [0, 2] \\ 0 & \text{si } d \notin [0, 2] \end{cases}$

Calcula la probabilitat que un dard es clavi a menys d'1 dm del centre.

Solució

COMPRENSIÓ. La variable aleatòria D ens indica la distància del centre de la diana a la qual es clava el dard. Per tant, la probabilitat que es clavi a menys d'1 dm del centre es pot expressar així: $P(D < 1)$.

DADES. Disposem de la funció de densitat i, per tant, podem representar-la gràficament:

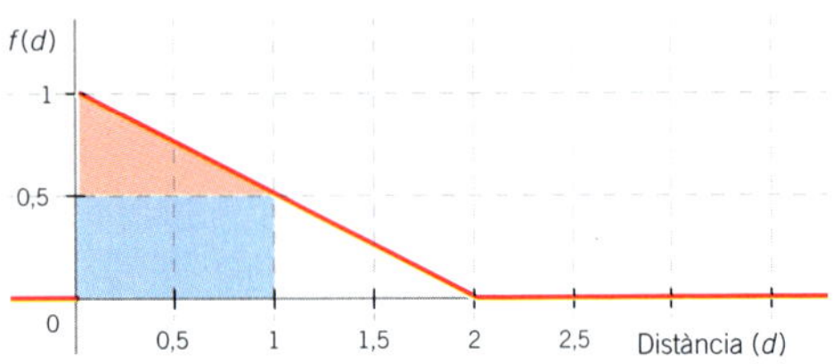

RESOLUCIÓ. Segons la representació, la probabilitat que busquem està associada a l'àrea acolorida, que és la suma de les àrees d'un rectangle i un triangle:

$$P(D < 1) = \frac{1}{2} \cdot 1 + \frac{\frac{1}{2} \cdot 1}{2} = \frac{3}{4}$$

La probabilitat que un dard es clavi a menys d'1dm del centre és de 0,75.

1. ★★☆ La quantitat de residus diaris generats per una fàbrica és una variable aleatòria R amb funció de densitat:

$$f(r) = \begin{cases} 0{,}001 & \text{si } r \in [0, 1\,000] \\ 0 & \text{si } r \notin [0, 1\,000] \end{cases}$$

Quina probabilitat hi ha que un dia es generin més de 250 kg de residus?

Sol.: 0,75

2. ★★★ La funció de distribució d'una variable aleatòria T, corresponent al temps que un passatger espera un tren de rodalies en una estació, és:

$$F(t) = \begin{cases} 0 & \text{si } t < 0 \\ \dfrac{t}{t+2} & \text{si } t \geq 0 \end{cases}$$

Quina probabilitat hi ha que un passatger esperi com a màxim 10 minuts?

Sol.: 0,833

B DISTRIBUCIÓ NORMAL ESTÀNDARD

Sigui X una distribució normal de mitjana 4 i desviació estàndard 2, calcula el valor de a perquè $P(4 - a \leq X \leq 4 + a) = 0{,}5934$.

Solució

COMPRENSIÓ. Disposem del valor de la probabilitat en un interval del qual hem de calcular els límits.

DADES. X és una variable contínua $X \sim N(4, 2)$.

RESOLUCIÓ. Per a calcular la probabilitat que volem hem d'estandarditzar X i utilitzar les taules de la $N(0, 1)$.

Estandardització:

$$0{,}5934 = P(4 - a \leq X \leq 4 + a) =$$

$$= \left\{ \begin{array}{l} X \rightarrow Z = \dfrac{X-4}{2} \\ 4 - a \rightarrow \dfrac{(4-a)-4}{2} = \dfrac{-a}{2} \\ 4 + a \rightarrow \dfrac{(4+a)-4}{2} = \dfrac{a}{2} \end{array} \right\} = P\left(\frac{-a}{2} \leq Z \leq \frac{a}{2}\right)$$

Aplicant les propietats de la probabilitat:

$$P\left(\frac{-a}{2} \leq Z \leq \frac{a}{2}\right) = P\left(Z \leq \frac{a}{2}\right) - P\left(Z \geq \frac{a}{2}\right) =$$

$$= P\left(Z \leq \frac{a}{2}\right) - \left(1 - P\left(Z \leq \frac{a}{2}\right)\right) = 2 \cdot P\left(Z \leq \frac{a}{2}\right) - 1$$

Per tant:

$$0{,}5934 = 2 \cdot P\left(Z \leq \frac{a}{2}\right) - 1 \rightarrow P\left(Z \leq \frac{a}{2}\right) = 0{,}7969$$

Buscant a les taules de la $N(0, 1)$, $a = 1{,}606$.

3. ★★☆ En una ciutat s'estima que la temperatura màxima el mes de juny segueix una distribució normal, amb mitjana 23 °C i desviació estàndard 5 °C.

Calcula el nombre de dies del mes en què s'espera aconseguir màximes d'entre 21 °C i 27 °C.

Sol.: 13

4. ★★☆ La mitjana dels pesos de 500 estudiants d'un institut és 70 kg i la desviació estàndard, 3 kg. Suposant que els pesos es distribueixen normalment, troba quants estudiants pesen:

a) Entre 60 kg i 65 kg.

b) 64 kg o menys.

Sol.: a) 24; b) 11

C DISTRIBUCIÓ NORMAL ESTÀNDARD. APLICACIONS

Els resultats d'un examen segueixen una distribució normal amb mitjana 78 i variància 36.

a) Quina és la probabilitat que una persona que es presenta a l'examen obtingui una qualificació superior a 72?

b) Si són declarats *no aptes* el 25 % dels estudiants que obtenen les puntuacions més baixes, quina nota mínima ha de treure un estudiant per ser declarat *apte*?

c) Quina proporció d'estudiants tenen puntuacions que excedeixen almenys en cinc punts la puntuació que marca la frontera entre l'*apte* i el *no apte*?

Solució

COMPRENSIÓ. Hem de calcular $P(72 \leq X)$, la nota k que dóna $P(k \leq X) = 75\,\%$ i $P(k + 5 \leq X)$ per a la variable X.

DADES. X és una variable contínua que segueix una distribució normal no estandarditzada: $X \sim N(78, 36)$

RESOLUCIÓ.

a) Atès que $X \sim N(78, 36)$, per a calcular la probabilitat que volem hem d'estandarditzar la variable i utilitzar les taules de la $N(0, 1)$.

$$P(72 < X) = \left\{ \begin{array}{l} X \rightarrow Z = \dfrac{X \quad 78}{36} \\ 72 \rightarrow \dfrac{72 - 78}{36} = -0{,}16 \end{array} \right\} = P(-0{,}16 < Z)$$

Aplicant les propietats de la normal i buscant a la taula: $P(-0{,}16 < Z) = P(Z < 0{,}16) = 0{,}5636$.

b) Hem de calcular k perquè: $P(k \leq X) = 75\,\%$:

$$P(k \leq X) = \left\{ \begin{array}{l} X \rightarrow Z = \dfrac{X - 78}{36} \\ k \rightarrow \dfrac{k - 78}{36} \end{array} \right\} = P\left(\dfrac{k - 78}{36} \leq Z\right) = 0{,}75$$

Atès que $\dfrac{k - 78}{36} < 0$, $P\left(Z \leq -\dfrac{k - 78}{36}\right) = 0{,}75$.

Buscant a les taules: $-\dfrac{k - 78}{36} = 0{,}675 \rightarrow k = 53{,}7$.

c) Hem de calcular $P(k + 5 \leq X) = P(53{,}7 + 5 \leq X)$. Estandarditzant i utilitzant les taules de manera anàloga a l'apartat a) obtenim: $P(k + 5 \leq X) = P(53{,}7 + 5 \leq X) = 0{,}7019$

5. ★★★ Les puntuacions d'un test de cultura general segueixen una distribució $N(65, 18)$. Es volen classificar els examinats en tres grups (cultura general baixa, mitjana i excel·lent) de manera que en el primer grup hi hagi un 20 % de la població, un 65 % en el segon i un 15 % en el tercer. Quines puntuacions han de marcar el pas d'un grup al següent?

Sol.: 49 i 83

D APROXIMACIÓ DE LA DISTRIBUCIÓ BINOMIAL PER LA NORMAL

En una ciutat una de cada tres famílies té telèfon. Si es trien a l'atzar 90 famílies, calcula la probabilitat que entre elles n'hi hagi almenys 30 que tinguin telèfon.

Solució

COMPRENSIÓ i DADES. La variable aleatòria X, que compta el nombre de famílies amb telèfon, segueix una distribució binomial $X \sim B\left(90, \dfrac{1}{3}\right)$. Podem resoldre-ho mitjançant l'aproximació de la binomial per la normal.

RESOLUCIÓ. Intenta resoldre el problema individualment; per fer-ho tapa la columna de la resposta i segueix els passos de la resolució.

— Comprovar que es compleixen les condicions per a l'aproximació de la binomial a la normal.

— Aproximar la variable aleatòria binomial X per la normal Y.

— Aplicar la correcció de Yates.

— Estandarditzar la variable normal Y i aplicar les propietats de la normal per a obtenir el resultat.

$$n = 90;\ p = \frac{1}{3} \Rightarrow q = \frac{2}{3} \Rightarrow n \cdot p = 30;\ n \cdot q = 60$$

$$X \sim B\left(90, \frac{1}{3}\right) \simeq Y \sim N(30, 4{,}47)$$

$$P(X > 30) = P(Y > 30 + 0{,}5)$$

$$P(X > 30) = P(Y > 30{,}5) = P\left(Z > \frac{30{,}5 - 30}{4{,}47}\right) = 0{,}4962$$

6. ★★☆ Un estudi ha mostrat que, en un barri determinat, el 60 % de les llars tenen almenys dos televisors. Si es tria a l'atzar una mostra de 50 llars del barri, quina és la probabilitat que almenys 20 de les llars tinguin com a mínim dos televisors?

Sol.: 0,9981

7. ★★★ En un examen tipus test de 200 preguntes, cada pregunta conté una resposta correcta i una d'incorrecta. S'aprova si es contesten més de 110 respostes correctes. Suposant que es contesta a l'atzar, calcula quina és la probabilitat d'aprovar l'examen.

Sol.: 0,0694

EXERCICIS I PROBLEMES

1 DISTRIBUCIONS DE PROBABILITAT CONTÍNUES

8. ★☆☆ Justifica si les funcions següents poden ser funcions de densitat:

a) $f(x) = 0{,}5 + 0{,}5x \quad \text{si } x \in [0, 2]$

b) $f(x) = 0{,}5 - x \quad \text{si } x \in [0, 2]$

c) $f(x) = 1 - 0{,}5x \quad \text{si } x \in [0, 2]$

9. ★★☆ Calcula k perquè la funció $f(x) = \begin{cases} k & \text{si } x \in [0, 6] \\ 0 & \text{si } x \notin [0, 6] \end{cases}$ sigui una funció de densitat.

Troba les probabilitats:

a) $P(2 \le X < 3)$ b) $P(2 \le X < 5)$ c) $P(2 \le X < 7)$

Sol.: $k = 1/6$; a) $1/6$; b) $1/2$; c) $2/3$

10. ★★☆ Calcula k perquè la funció $f(x) = \begin{cases} kx & \text{si } x \in [0, 5] \\ 0 & \text{si } x \notin [0, 5] \end{cases}$ sigui una funció de densitat.

Troba la $P(2 < X < 3)$.

Sol.: $k = 2/25$; $1/5$

11. ★★☆ Calcula el valor de k perquè aquesta funció sigui una funció de densitat:

$$f(x) = \begin{cases} \dfrac{1}{5} - kx & \text{si } x \in [0, 10] \\ 0 & \text{si } x \notin [0, 10] \end{cases}$$

Sol.: $k = 1/50$

12. ★★☆ La gràfica següent correspon a la funció de densitat d'una variable contínua X.

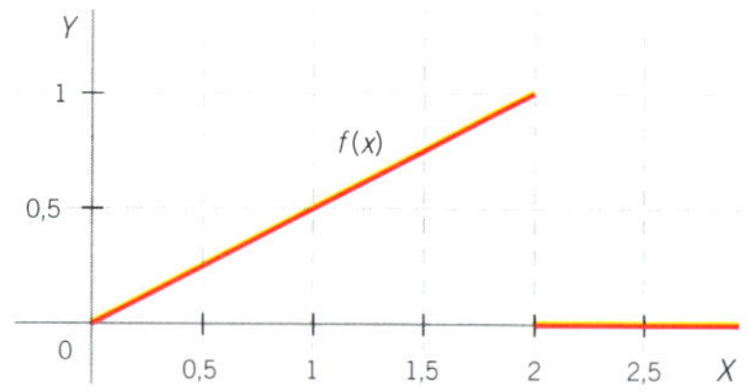

a) Justifica que es tracta d'una funció de probabilitat.

b) Calcula la probabilitat que X sigui menor que 1.

c) Calcula la probabilitat que X estigui entre 1/2 i 3/2.

Sol.: b) $1/4$; c) $1/2$

13. ★★☆ Troba el valor de k perquè aquesta funció sigui una funció de densitat:

$$f(x) = \begin{cases} 0 & \text{si } x < 2 \\ k & \text{si } x \in [2, 4] \\ 2k & \text{si } x \in (4, 6] \\ 0 & \text{si } x > 6 \end{cases}$$

Troba les probabilitats:

a) $P(X < 4)$ b) $P(3 \le X \le 6)$

Sol.: $k = 1/6$; a) $1/3$; b) $5/6$

14. ★★☆ La funció de distribució d'una variable aleatòria és X:

$$F(x) = \begin{cases} 0 & \text{si } x < 5 \\ \dfrac{x - 5}{5} & \text{si } x \in [5, 10] \\ 1 & \text{si } x > 10 \end{cases}$$

Calcula les probabilitats següents:

a) $P(X \le 7{,}5)$ c) $P(7{,}5 \le X \le 15)$

b) $P(2 \le X \le 8)$ d) $P(9 \le X)$

Sol.: a) 0,5; b) 0,6; c) 0,5; d) 0,2

15. ★★☆ Suposem que girem el dial que mostra la figura perquè es pari en una posició aleatòria.

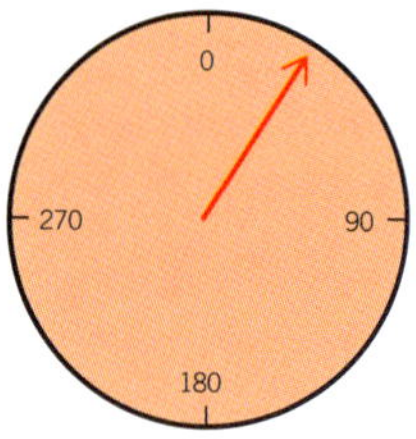

a) Quina és la funció de densitat que modela aquesta situació?

b) Calcula la probabilitat que l'agulla es pari en qualsevol posició entre 5° i 300°.

(Nota: Definim la variable aleatòria X com l'angle en el qual l'agulla es para, de manera que usem l'interval [0, 360] per al seu rang. Tots els angles són equiprobables, per tant, la funció de densitat ha de ser independent de x i constant. És a dir, prenem f com a uniforme.)

Sol.: a) $f(x) = 1/360$; b) 0,819 4

16. ★★★ La funció següent s'anomena *funció de densitat uniforme en l'interval* $[a, b]$. Sorgeix en considerar una variable aleatòria que pren valors equiprobables en un interval finit i el seu nom es deu al fet que la densitat de la probabilitat d'aquesta variable aleatòria és uniforme en tot el seu interval de definició.

$$f(x) = \begin{cases} \dfrac{1}{b - a} & \text{si } x \in [a, b] \\ 0 & \text{si } x \notin [a, b] \end{cases}$$

a) Comprova que és una funció de densitat per $\forall a, b \in \mathbb{R}$, $a < b$.

Considera $a = 2$ i $b = 5$.

b) Troba la funció de distribució F.

c) Calcula $P(3 \le X \le 4)$, $P(6 < X)$ i $P(X \le 3{,}5)$ utilitzant la funció de densitat f i la funció de distribució F.

Sol.: c) 1/3; 0; 0,5

2 DISTRIBUCIÓ NORMAL

17. ★☆☆ Sigui una variable aleatòria $X \sim N(25, 6)$. Troba l'àrea de sota de la corba dels intervals següents:

a) (19, 31) b) (13, 37) c) (7, 43)

Sol.: a) 0,682 6; b) 0,954 4; c) 0,997 4

18. ★★☆ Els paràmetres d'una distribució normal són $\mu = 65$ i $\sigma = 5$. Calcula, sense estandarditzar la variable, les probabilitats següents:

a) $P(X > 65)$
b) $P(60 < X < 70)$
c) $P(65 < X < 70)$
d) $P(55 < X < 60)$
e) $P(60 < X < 80)$
f) $P(X < 55)$

Sol.: a) 0,50; b) 0,6826; c) 0,3413; d) 0,1359; e) 0,84; f) 0,0228

3 DISTRIBUCIÓ NORMAL ESTÀNDARD

19. ★☆☆ Sigui Z una variable aleatòria normal estàndard $Z \sim N(0, 1)$. Calcula les probabilitats següents:

a) $P(Z \leq -2{,}38)$
b) $P(Z \leq 1{,}64)$
c) $P(Z \geq 0{,}82)$
d) $P(Z \geq -1{,}03)$
e) $P(1{,}5 \leq Z \leq 3)$
f) $P(-0{,}79 \leq Z \leq 0{,}79)$

Sol.: a) 0,0087; b) 0,9495; c) 0,2061; d) 0,8485; e) 0,0655; f) 0,5704

20. ★☆☆ Sigui Z una variable aleatòria normal estàndard $Z \sim N(0, 1)$. Quin és el valor de k que verifica aquestes condicions?

a) $P(Z \leq k) = 0{,}9904$
b) $P(Z > k) = 0{,}9515$
c) $P(-k < Z < k) = 0{,}985$

Sol.: a) 2,34; b) −1,66; c) 2,43

21. ★☆☆ La durada mitjana d'un rentaplats és de 15 anys i la seva desviació estàndard, 0,5. Sabent que la seva vida útil es distribueix normalment, troba la probabilitat que un rentaplats adquirit recentment duri més de 15 anys.

Sol.: 0,5

22. ★★☆ Sigui X una distribució normal $X \sim N(50, 4)$, calcula les probabilitats següents:

a) $P(X \leq 55)$
b) $P(X \leq 45{,}6)$
c) $P(X > 60{,}4)$
d) $P(X > 46{,}26)$
e) $P(52 < X \leq 54)$
f) $P(47{,}25 < X \leq 53{,}48)$

Sol.: a) 0,8944; b) 0,1357; c) 0,0047; d) 0,8264; e) 0,1498; f) 0,5627

23. ★★☆ Sigui X una distribució normal $X \sim N(1, 2)$, quin és el valor de k que verifica $P(-k < X < k) = 0{,}95$?

Sol.: 4,92

24. ★★☆ Una màquina fabrica cargols les longituds dels quals es distribueixen normalment amb mitjana 20 mm i variància 0,25 mm. Un cargol es considera defectuós si la seva longitud difereix de la mitjana més d'1 mm. Si els cargols es fabriquen de forma independent, quina és la probabilitat de fabricar un cargol defectuós?

Sol.: 0,0456

25. ★★☆ Les puntuacions finals d'un grup d'opositors segueixen una distribució normal de mitjana 6 i desviació estàndard 1,5. Si només hi ha places per al 20 % de les persones que es presenten a l'oposició, on estarà situada la nota de tall per sota de la qual l'opositor es queda sense plaça?

Sol.: 7,2

26. ★★☆ Diversos tests d'intel·ligència van donar una puntuació que segueix una llei normal amb mitjana 100 i desviació estàndard 15.

a) Determina el percentatge de població que obtindria un coeficient entre 95 i 110. Realitza el càlcul mitjançant taules i amb un full de càlcul. @
b) Quin interval centrat en 100 conté el 50 % de la població?

Sol.: a) 0,3779; b) (90, 110)

27. ★★★ Sigui X una variable aleatòria contínua amb distribució $N(5, 2)$, calcula:

a) $P(|X| \leq 2)$
b) $P(-2{,}7 \leq X \leq 4)$
c) $P(|X - 6| \geq 1)$

Sol.: a) 0,0666; b) 0,3084; c) 0,6587

28. ★★★ Demostra que, si X és una variable aleatòria amb distribució $N(\mu, \sigma)$, per a qualsevol valor de μ i σ es compleix que:

a) $P(\mu - \sigma < X < \mu + \sigma) = 0{,}6826$
b) $P(\mu - 2\sigma < X < \mu + 2\sigma) = 0{,}9544$
c) $P(\mu - 3\sigma < X < \mu + 3\sigma) = 0{,}9974$

29. ★★★ Determina la probabilitat que una variable aleatòria X, amb distribució $N(3, \sigma)$, prengui valors compresos entre $3 - 0{,}5\sigma$ i $3 + 1{,}5\sigma$.

Sol.: 0,6247

30. ★★★ En un quiosc de diaris el nombre de vendes diàries es distribueix normalment amb mitjana 30 i desviació $\sqrt{2}$. Determina:

a) La probabilitat que en un dia es venguin entre 13 i 31 diaris.
b) El màxim nombre de diaris que es venen el 90 % de les vegades.

Sol.: a) 0,7580; b) 31,81

31. ★★★ Mitjançant un full de càlcul, calcula les següents probabilitats associades a la variable aleatòria normal estàndard $Z \sim N(0, 1)$ i compara-les amb les obtingudes utilitzant la taula: @

a) $P(Z \leq 1{,}83)$
b) $P(Z \leq -0{,}54)$
c) $P(Z \geq -1{,}23)$

Sol.: a) 0,9663; b) 0,2945; c) 0,8906

32. ★★★ Mitjançant un full de càlcul, calcula les següents probabilitats associades a la variable aleatòria contínua $X \sim N(134, 7)$ i compara-les amb les obtingudes utilitzant la taula: @

a) $P(X \leq 136)$
b) $P(X \geq 145)$
c) $P(140 \leq X \leq 160)$

Sol.: a) 0,6124; b) 0,058; c) 0,1955

4 APROXIMACIÓ DE LA DISTRIBUCIÓ BINOMIAL PER LA NORMAL

33. ★☆☆ Es llança una moneda a l'aire 400 vegades. Calcula la probabilitat d'obtenir un nombre de cares comprès entre 180 i 210, tots dos valors inclosos.

Sol.: 0,8329

34. ★☆☆ Calcula les probabilitats de les següents distribucions binomials aproximant-les mitjançant les distribucions normals corresponents:

a) $P(X \leq 10)$ i $P(X > 30)$ per a $X \sim B\left(100, \dfrac{1}{3}\right)$.

b) $P(10 \leq X \leq 18)$ per a $X \sim B(50, 0{,}4)$.

c) $P(X = 10)$ i $P(X \geq 12)$ per a $X \sim B(20, 0{,}55)$.

Sol.: a) 0; 0,7910; b) 0,3324; c) 0,161; 0,411

35. ★★☆ Un tirador encerta el blanc el 70% de les vegades que dispara. Si participa en una competició i tira 25 vegades, quina és la probabilitat que encerti més de 10 tirs?

Sol.: 0,9989

36. ★★☆ Se suposa que la probabilitat que un passatger opti per una companyia aèria determinada per realitzar un viatge és 0,5. Prenem un grup de 400 passatgers potencials, sabem que aquesta companyia ven bitllets a qualsevol que l'hi sol·licita i que la capacitat de l'avió és de 230 passatgers. Calcula la probabilitat que la companyia tingui sobrereserva, és a dir, que un passatger es quedi sense seient.

Sol.: 0,0013

37. ★★☆ El 40% dels menors de 25 anys és a l'atur. Si en prenem una mostra de 200, calcula la probabilitat que el nombre d'aturats coincideixi amb la mitjana.

Sol.: 0,0558

38. ★★☆ En una urna hi ha 3 boles vermelles, 2 de blanques i 5 de verdes. Extraiem una bola, n'anotem el color i la retornem a l'urna. Si repetim l'experiència 50 vegades, quina és la probabilitat d'extreure una bola vermella més de 20 vegades?

Sol.: 0,0446

5 AJUST DE DADES A UNA DISTRIBUCIÓ NORMAL

39. ★★☆ Duem a terme un estudi estadístic sobre l'altura de 100 alumnes de 1r de Batxillerat. Les dades es recullen a la taula de freqüències següent, en la qual les altures s'han agrupat en cinc intervals de classe: @

CLASSE D'EDAT	MARCA DE CLASSE x_i	n_i
[155, 160)	157,5	8
[160, 165)	162,5	14
[165,170)	167,5	22
[170, 175)	172,5	28
[175, 180)	177,5	16
[180, 185)	182,5	8
[185, 190)	187,5	4

a) Justifica si és possible ajustar la distribució de dades estadístiques al model de la distribució normal. Construeix l'histograma amb un full de càlcul.

b) Determina la variable aleatòria $X \sim N(\mu, \sigma)$ que dóna l'altura d'un alumne que s'ajusta millor a la distribució de dades estadístiques.

c) Valora la bondat de l'ajust.

40. ★★★ Les notes obtingudes per un grup d'alumnes de Batxillerat es recullen a la taula següent:

NOTES	1	3	5	7	9
NRE. ALUMNES	3	10	22	12	3

Ajusta aquestes dades mitjançant una distribució normal i opina sobre la bondat de l'ajust.

SÍNTESI

41. ★★☆ L'amo d'un restaurant sap per experiència que el 20% de les reserves telefòniques no van al restaurant. Si s'han acceptat 21 reserves:

a) Quina és la probabilitat que no falli cap reserva?

b) Quina és la probabilitat que fallin menys de 2 reserves?

Sol.: a) 0,0092; b) 0,048

42. ★★☆ El temps en minuts que una persona espera l'autobús ve modelat per una variable aleatòria T amb funció de densitat:

$$f(t) = \begin{cases} \dfrac{1}{2} & \text{si } 0 < t < 1 \\ \dfrac{1}{4} & \text{si } 2 < t < 4 \\ 0 & \text{en un altre cas} \end{cases}$$

Calcula la probabilitat que el temps d'espera sigui:

a) Superior a un minut.

b) Superior a tres minuts.

Sol.: a) 1/2; b) 1/4

43. ★★☆ Un arquitecte està dissenyant el portal d'un edifici que han d'utilitzar persones l'alçada de les quals està distribuïda normalment amb mitjana 180 cm i desviació 2 cm. Quina altura mínima ha de fer el portal perquè hi topin amb el cap com a màxim l'1% de les persones?

Sol.: 184,65

44. ★★★ La confiança d'un fusible elèctric correspon a la probabilitat que un fusible escollit a l'atzar d'una línia de producció funcioni adequadament sota condicions de disseny. Utilitza l'aproximació de la distribució binomial a la normal per a calcular la probabilitat d'obtenir 27 o més fusibles defectuosos en una mostra de 1 000 fusibles, si la probabilitat que un fusible triat a l'atzar no sigui defectuós és 0,98.

Sol.: 0,0708

45. ★★★ La probabilitat de supervivència d'un animal davant d'una malaltia és del 40%. S'estudia la malaltia en 100 animals afectats.

a) Quina és la probabilitat que sobrevisquin almenys 30 animals?

b) I més de 46? I menys de 50?

Sol.: a) 0,9838; b) 0,0918; 0,9738

Distribucions de probabilitat contínues

- **Funció de densitat**: $f(x) \geq 0$. L'àrea total és 1.
- **Funció de distribució**: $F(x) = P(X \leq x)$
- **Distribució normal**
  - $X \sim N(\mu, \sigma)$
    - Funció de densitat: $f(x) = \dfrac{1}{\sigma\sqrt{2\pi}} e^{-\frac{1}{2}\left(\frac{x-\mu}{\sigma}\right)^2}, \ \forall x \in \mathbb{R}$
- **Distribució normal estàndard**
  - $Z \sim N(0, 1)$
    - Estandardització: $X \sim N(\mu, \sigma) \rightarrow Z = \dfrac{X - \mu}{\sigma} \sim N(0, 1)$

Aproximació $B(n, p)$ per $N(\mu, \sigma)$

- Si $n \cdot p \geq 5$ i $n \cdot q \geq 5$
- $\left.\begin{array}{l} \mu = np \\ \sigma = \sqrt{npq} \end{array}\right\} \rightarrow N\left(np, \sqrt{npq}\right)$
- Correcció de Yates

Ajust de dades a una distribució normal

- Comprovar si una sèrie de dades poden ajustar-se a un model de distribució normal.
  1) Representar l'histograma de freqüències i veure si el seu perfil suggereix forma de campana.
  2) Calcular la mitjana aritmètica i la desviació estàndard de la distribució $X \sim N(\mu, \sigma)$.
  3) Comprovar la bondat de l'ajust mitjançant els errors relatius.

1 Troba el valor de k perquè aquesta funció sigui una funció de densitat:

$$f(x) = \begin{cases} 0 & \text{si } x < 1 \\ k & \text{si } x \in [1, 5] \\ 3k & \text{si } x \in (5, 7] \\ 0 & \text{si } x > 7 \end{cases}$$

Troba les probabilitats:

a) $P(X = 6)$

b) $P(2 < X < 5)$

c) $P(4 < X < 6)$

Sol.: $k = 1/10$; a) 0; b) 3/10; c) 4/10

2 Una distribució normal té $\mu = 24$ i $\sigma = 6$. Calcula, sense estandarditzar la variable, les probabilitats següents:

a) $P(X > 24)$

b) $P(18 < X < 30)$

c) $P(12 < X < 30)$

d) $P(18 < X < 42)$

e) $P(X > 36)$

f) $P(X < 18)$

Sol.: a) 0,50; b) 0,6826; c) 0,81; d) 0,84; e) 0,0228; f) 0,1587

3 Sigui Z una variable aleatòria normal estàndard $Z \sim N(0, 1)$. Calcula les probabilitats següents:

a) $P(Z \leq -1{,}28)$

b) $P(Z \leq 1{,}45)$

c) $P(Z \geq 0{,}76)$

d) $P(Z \geq -1{,}36)$

e) $P(0{,}78 \leq Z \leq 1{,}2)$

f) $P(-0{,}94 \leq Z \leq -0{,}45)$

Sol.: a) 0,1002; b) 0,9264; c) 0,2236; d) 0,9130; e) 0,1026; f) 0,1528

4 Sigui X una distribució normal $X \sim N(25, 3)$, calcula les probabilitats següents:

a) $P(X \leq 20)$

b) $P(X > 26{,}3)$

c) $P(17 < X \leq 27)$

Sol.: a) 0,0477; b) 0,3323; c) 0,7436

5 La durada mitjana de la bateria d'una tauleta és de 320 minuts amb una desviació de 25 minuts.

a) Quina és la probabilitat que la bateria d'una tauleta duri menys de 295 minuts?

b) Quina proporció de tauletes té un temps de durada de la bateria superior a 345 minuts?

Justifica la relació entre els resultats.

Sol.: a) 0,1586; b) 0,1586

6 En una fàbrica es produeix una mitjana de 150 parells de sabates al dia amb una desviació estàndard de 10 parells.

a) Quin és el percentatge mínim de dies en els quals la producció supera els 135 parells de sabates, però és inferior a 165?

b) Calcula la quantitat de parells de sabates perquè, com a màxim, el 25 % dels dies, la producció es desviï de la mitjana en almenys aquesta quantitat.

Sol.: a) 0,8664; b) 3,2 parells

7 El pes de les ovelles adultes es distribueix segons una $N(53, 2{,}4)$.

a) Quin percentatge d'ovelles pesarà entre 50 i 57 kg?

b) Si pretenem separar la quarta part de les ovelles més pesants del ramat, a partir de quin pes farem la separació?

Sol.: a) 0,8465; b) 54,62 kg

8 Un estudi realitzat per un gimnàs va revelar que el 30 % dels seus socis tenien un sobrepès considerable en el moment de donar-se d'alta. Una promoció per a captar nous socis va donar com a resultat 500 noves inscripcions. Utilitza l'aproximació de la distribució binomial a la normal per a calcular la probabilitat que 175 o més dels socis nous tinguin sobrepès.

Sol.: 0,0064

9 S'ha passat una prova de competències bàsiques a un grup de 125 estudiants i s'han obtingut els resultats següents:

PUNTUACIÓ	n_i
[0, 1)	2
[1, 2)	8
[2, 3)	15
[3, 4)	20
[4, 5)	22

PUNTUACIÓ	n_i
[5, 6)	19
[6, 7)	18
[7, 8)	13
[8, 9)	6
[9, 10)	2

a) Justifica si és possible ajustar la distribució de dades estadístiques al model de la distribució normal.

b) Determina la variable aleatòria $X \sim N(\mu, \sigma)$ que s'ajusti més bé a la distribució de dades estadístiques.

c) Valora la bondat de l'ajust.

SOCIETY

La variància és anglesa...

El matemàtic anglès **Ronald Aylmer Fisher** (1890-1962) va realitzar avenços importants en la inferència estadística a partir del 1920; n'és una prova el fet que la seva obra *Statistical Methods for Research Workers* (1925) ha estat de les més llegides durant molt temps. El 1935 va relacionar per primera vegada l'anàlisi de la variància amb el disseny d'experiments.

Ronald Aylmer Fisher

La normalitat de la distribució normal

L'aproximació d'una distribució binomial mitjançant una normal va ser plantejada per primera vegada pel matemàtic francès **Abraham de Moivre** (1667-1754) en observar com un alt percentatge dels resultats d'un experiment tendeixen a concentrar-se en un valor mitjà. Aquest fet el va comprovar l'astrònom i naturista belga **Adolphe J. Quételet** (1796-1874) amb les mesures antropomètriques realitzades a soldats escocesos; de manera que, veient la regularitat dels resultats, va qualificar la gràfica estadística obtinguda com a «normal», per l'usual o habitual que suposava.

OPINION

La mostra sí que és important

«El mostreig és la ciència i l'art de controlar i mesurar la fiabilitat de la informació estadística útil a través de la teoria de la probabilitat.»

L'afirmació anterior la va pronunciar l'estadístic nord-americà **William E. Deming** (1900-1993), autor del concepte de qualitat total, que va aplicar a la reconstrucció econòmica i industrial del Japó després de la Segona Guerra Mundial en l'anomenat *control estadístic de processos.*

- Recorda quines característiques ha de reunir una mostra estadística perquè sigui representativa de la població que es vol estudiar.
- Entra a **http://links.edebe.com/hfzt** per obtenir més informació sobre les diverses tècniques de mostreig que existeixen.

NEW

El 77,2 % de *share*

Un dels indicadors que utilitzen les cadenes de televisió per a mesurar les audiències és l'anomenat *share* (quota de pantalla) segons el qual es pot saber quants espectadors veuen o han vist un programa determinat. A Espanya, un dels *shares* més alts es va produir l'11 de juliol del 2010 durant la final del Mundial de Futbol, dia en què la mitjana d'espectadors va ser de 12 969 000, amb un 77,2 % de quota mitjana de pantalla.

- Cerca a la xarxa informació sobre quins dispositius s'utilitzen per a mesurar aquest tipus d'audiències i quins paràmetres estadístics s'estudien.
- Entra a **http://links.edebe.com/mj9qd** per obtenir més informació sobre el mètode utilitzat a Espanya per a mesurar les audiències televisives.

CRITICAL SENSE

COMPRAR, LLANÇAR, COMPRAR

L'**obsolescència programada** és la programació de la fi de la vida útil d'un producte. Així, després d'un període de temps estadísticament calculat per endavant pel fabricant, aquest producte es converteix en obsolet, inútil, desfasat o inservible. D'aquesta manera s'obliga el consumidor a seguir comprant... Com a exemple, aquesta situació:

- La durada de les neveres d'una determinada marca segueix una distribució normal, amb una mitjana de 18 anys i una desviació estàndard de 2 anys. Quina és la probabilitat que una d'aquestes neveres duri entre 12 i 15 anys?
- Una vegada resolta la situació anterior, el fabricant pot «programar» la durada de les seves neveres en la producció següent. Sobre la pràctica de l'obsolescència podràs trobar més informació si accedeixes a aquest enllaç: **http://links.edebe.com/iz78g7**

Taula de la distribució binomial

$$P(X = k) = \binom{n}{k} p^k \cdot q^{n-k}$$

		p												
n	**k**	,01	,05	,10	,15	,20	,25	,30	1/3	,35	,40	,45	,49	,50
2	0	,9801	,9025	,8100	,7225	,6400	,5625	,4900	,4444	,4225	,3600	,3025	,2601	,2500
	1	,0198	,0950	,1800	,2550	,3200	,3750	,4200	,4444	,4550	,4	,4950	,4998	,5000
	2	,0001	,0025	,0100	,0225	,0400	,0625	,0900	,1111	,1125	,1600	,2025	,2401	,2500
3	0	,9703	,8574	,7290	,6141	,5120	,4219	,3430	,2963	,2746	,2160	,1664	,1327	,1250
	1	,0294	,1354	,2430	,3251	,3840	,4219	,4410	,4444	,4436	,4320	,4084	,3823	,3750
	2	,0003	,0071	,0270	,0574	,0960	,1406	,1890	,2222	,2389	,2880	,3341	,3674	,3750
	3	,0000	,0001	,0010	,0034	,0080	,0156	,0270	,0370	,0429	,0640	,0911	,1176	,1250
4	0	,9606	,8145	,6561	,5220	,4096	,3164	,2401	,1975	,1785	,1296	,0915	,0677	,0625
	1	,0388	,1715	,2916	,3685	,4096	,4219	,4116	,3951	,3845	,3456	,2995	,2600	,2500
	2	,0006	,0135	,0486	,0975	,1536	,2109	,2646	,2963	,3105	,3456	,3675	,3747	,3750
	3	,0000	,0005	,0036	,0115	,0256	,0469	,0756	,0988	,1115	,1536	,2005	,2400	,2500
	4	,0000	,0000	,0001	,0005	,0016	,0039	,0081	,0123	,0150	,0256	,0410	,0576	,0625
5	0	,9510	,7738	,5905	,4437	,3277	,2373	,1681	,1317	,1160	,0778	,0503	,0345	,0312
	1	,0480	,2036	,3280	,3915	,4096	,3955	,3602	,3292	,3124	,2592	,2059	,1657	,1562
	2	,0010	,0214	,0729	,1382	,2048	,2637	,3087	,3292	,3364	,3456	,3369	,3185	,3125
	3	,0000	,0011	,0081	,0244	,0512	,0879	,1323	,1646	,1811	,2304	,2757	,3060	,3125
	4	,0000	,0000	,0004	,0022	,0064	,0146	,0284	,0412	,0488	,0768	,1128	,1470	,1562
	5	,0000	,0000	,0000	,0001	,0003	,0010	,0024	,0041	,0053	,0102	,0185	,0285	,0312
6	0	,9415	,7351	,5314	,3771	,2621	,1780	,1176	,0878	,0754	,0467	,0277	,0176	,0156
	1	,0571	,2321	,3543	,3993	,3932	,3560	,3025	,2634	,2437	,1866	,1359	,1014	,0938
	2	,0014	,0305	,0984	,1762	,2458	,2966	,3241	,3292	,3280	,3110	,2780	,2437	,2344
	3	,0000	,0021	,0146	,0415	,0819	,1318	,1852	,2195	,2355	,2765	,3032	,3121	,3125
	4	,0000	,0001	,0012	,0055	,0154	,0330	,0595	,0823	,0951	,1382	,1861	,2249	,2344
	5	,0000	,0000	,0001	,0004	,0015	,0044	,0102	,0165	,0205	,0369	,0609	,0864	,0938
	6	,0000	,0000	,0000	,0000	,0001	,0002	,0007	,0014	,0018	,0041	,0083	,0139	,0156
7	0	,9321	,6983	,4783	,3206	,2097	,1335	,0824	,0585	,0490	,0280	,0152	,0090	,0078
	1	,0659	,2573	,3720	,3960	,3670	,3115	,2471	,2048	,1848	,1306	,0872	,0603	,0547
	2	,0020	,0406	,1240	,2097	,2753	,3115	,3177	,3073	,2985	,2613	,2140	,1740	,1641
	3	,0000	,0036	,0230	,0617	,1147	,1730	,2269	,2561	,2679	,2903	,2918	,2786	,2734
	4	,0000	,0002	,0026	,0109	,0287	,0577	,0972	,1280	,1442	,1935	,2388	,2676	,2734
	5	,0000	,0000	,0002	,0012	,0043	,0115	,0250	,0384	,0466	,0774	,1172	,1543	,1641
	6	,0000	,0000	,0000	,0001	,0004	,0013	,0036	,0064	,0084	,0172	,0320	,0494	,0547
	7	,0000	,0000	,0000	,0000	,0000	,0001	,0002	,0005	,0006	,0016	,0037	,0068	,0078
8	0	,9227	,6634	,4305	,2725	,1678	,1001	,0576	,0390	,0319	,0168	,0084	,0046	,0039
	1	,0746	,2793	,3826	,3847	,3355	,2670	,1977	,1561	,1373	,0896	,0548	,0352	,0312
	2	,0026	,0515	,1488	,2376	,2936	,3115	,2965	,2731	,2587	,2090	,1569	,1183	,1094
	3	,0001	,0054	,0331	,0839	,1468	,2076	,2541	,2731	,2786	,2787	,2568	,2273	,2188
	4	,0000	,0004	,0046	,0185	,0459	,0865	,1361	,1707	,1875	,2322	,2627	,2730	,2734
	5	,0000	,0000	,0004	,0026	,0092	,0231	,0467	,0683	,0808	,1239	,1719	,2098	,2188
	6	,0000	,0000	,0000	,0002	,0011	,0038	,0100	,0171	,0217	,0413	,0703	,1008	,1094
	7	,0000	,0000	,0000	,0000	,0001	,0004	,0012	,0024	,0033	,0079	,0164	,0277	,0312
	8	,0000	,0000	,0000	,0000	,0000	,0000	,0001	,0002	,0002	,0007	,0017	,0033	,0039
9	0	,9135	,6302	,3874	,2316	,1342	,0751	,0404	,0260	,0207	,0101	,0046	,0023	,0020
	1	,0830	,2985	,3874	,3679	,3020	,2253	,1556	,1171	,1004	,0605	,0339	,0202	,0176
	2	,0034	,0629	,1722	,2597	,3020	,3003	,2668	,2341	,2162	,1612	,1110	,0776	,0703
	3	,0001	,0077	,0446	,1069	,1762	,2336	,2668	,2731	,2716	,2508	,2119	,1739	,1641
	4	,0000	,0006	,0074	,0283	,0661	,1168	,1715	,2048	,2194	,2508	,2600	,2506	,2461
	5	,0000	,0000	,0008	,0050	,0165	,0389	,0735	,1024	,1181	,1672	,2128	,2408	,2461
	6	,0000	,0000	,0001	,0006	,0028	,0087	,0210	,0341	,0424	,0743	,1160	,1542	,1641
	7	,0000	,0000	,0000	,0000	,0003	,0012	,0039	,0073	,0098	,0212	,0407	,0635	,0703
	8	,0000	,0000	,0000	,0000	,0000	,0001	,0004	,0009	,0013	,0035	,0083	,0153	,0176
	9	,0000	,0000	,0000	,0000	,0000	,0000	,0000	,0001	,0001	,0003	,0008	,0016	,0020
10	0	,9044	,5987	,3487	,1969	,1074	,0563	,0282	,0173	,0135	,0060	,0025	,0012	,0010
	1	,0914	,3151	,3874	,3474	,2684	,1877	,1211	,0867	,0725	,0403	,0207	,0114	,0098
	2	,0042	,0746	,1937	,2759	,3020	,2816	,2335	,1951	,1757	,1209	,0763	,0495	,0439
	3	,0001	,0105	,0574	,1298	,2013	,2503	,2668	,2601	,2522	,2150	,1665	,1267	,1172
	4	,0000	,0010	,0112	,0401	,0881	,1460	,2001	,2276	,2377	,2508	,2384	,2130	,2051
	5	,0000	,0001	,0015	,0085	,0264	,0584	,1029	,1366	,1536	,2007	,2340	,2456	,2461
	6	,0000	,0000	,0001	,0012	,0055	,0162	,0368	,0569	,0689	,1115	,1596	,1966	,2051
	7	,0000	,0000	,0000	,0001	,0008	,0031	,0090	,0163	,0212	,0425	,0746	,1080	,1172
	8	,0000	,0000	,0000	,0000	,0001	,0004	,0014	,0030	,0043	,0106	,0229	,0389	,0439
	9	,0000	,0000	,0000	,0000	,0000	,0000	,0001	,0003	,0005	,0016	,0042	,0083	,0098
	10	,0000	,0000	,0000	,0000	,0000	,0000	,0000	,0000	,0000	,0001	,0003	,0008	,0010

Taula de la distribució normal *N*(0, 1)

$F(z) = P(Z \leq z)$

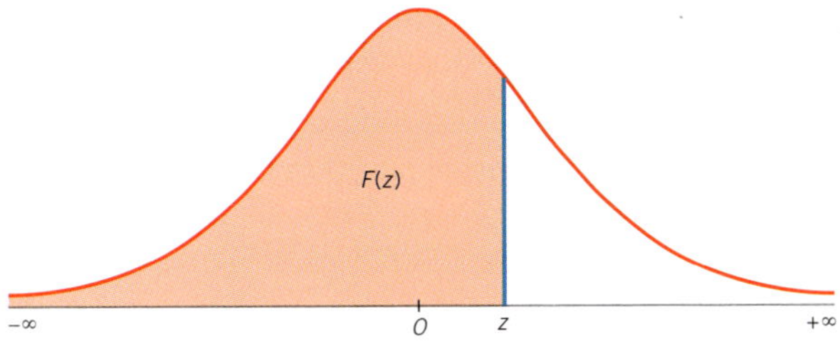

z	0,00	0,01	0,02	0,03	0,04	0,05	0,06	0,07	0,08	0,09
0,0	0,5000	0,5040	0,5080	0,5120	0,5160	0,5199	0,5239	0,5279	0,5319	0,5359
0,1	0,5398	0,5438	0,5478	0,5517	0,5557	0,5596	0,5636	0,5675	0,5714	0,5753
0,2	0,5793	0,5832	0,5871	0,5910	0,5948	0,5987	0,6026	0,6064	0,6103	0,6141
0,3	0,6179	0,6217	0,6255	0,6293	0,6331	0,6368	0,6406	0,6443	0,6480	0,6517
0,4	0,6554	0,6591	0,6628	0,6664	0,6700	0,6736	0,6772	0,6808	0,6844	0,6879
0,5	0,6915	0,6950	0,6985	0,7019	0,7054	0,7088	0,7123	0,7157	0,7190	0,7224
0,6	0,7257	0,7291	0,7324	0,7357	0,7389	0,7422	0,7454	0,7486	0,7517	0,7549
0,7	0,7580	0,7611	0,7642	0,7673	0,7704	0,7734	0,7764	0,7794	0,7823	0,7852
0,8	0,7881	0,7910	0,7939	0,7967	0,7995	0,8023	0,8051	0,8078	0,8106	0,8133
0,9	0,8159	0,8186	0,8212	0,8238	0,8264	0,8289	0,8315	0,8340	0,8365	0,8389
1,0	0,8413	0,8438	0,8461	0,8485	0,8508	0,8531	0,8554	0,8577	0,8599	0,8621
1,1	0,8643	0,8665	0,8686	0,8708	0,8729	0,8749	0,8770	0,8790	0,8810	0,8830
1,2	0,8849	0,8869	0,8888	0,8907	0,8925	0,8944	0,8962	0,8980	0,8997	0,9015
1,3	0,9032	0,9049	0,9066	0,9082	0,9099	0,9115	0,9131	0,9147	0,9162	0,9177
1,4	0,9192	0,9207	0,9222	0,9236	0,9251	0,9265	0,9279	0,9292	0,9306	0,9319
1,5	0,9332	0,9345	0,9357	0,9370	0,9382	0,9394	0,9406	0,9418	0,9429	0,9441
1,6	0,9452	0,9463	0,9474	0,9484	0,9495	0,9505	0,9515	0,9525	0,9535	0,9545
1,7	0,9554	0,9564	0,9573	0,9582	0,9591	0,9599	0,9608	0,9616	0,9625	0,9633
1,8	0,9641	0,9649	0,9656	0,9664	0,9671	0,9678	0,9686	0,9693	0,9699	0,9706
1,9	0,9713	0,9719	0,9726	0,9732	0,9738	0,9744	0,9750	0,9756	0,9761	0,9767
2,0	0,9772	0,9778	0,9783	0,9788	0,9793	0,9798	0,9803	0,9808	0,9812	0,9817
2,1	0,9821	0,9826	0,9830	0,9834	0,9838	0,9842	0,9846	0,9850	0,9854	0,9857
2,2	0,9861	0,9864	0,9868	0,9871	0,9875	0,9878	0,9881	0,9884	0,9887	0,9890
2,3	0,9893	0,9896	0,9898	0,9901	0,9904	0,9906	0,9909	0,9911	0,9913	0,9916
2,4	0,9918	0,9920	0,9922	0,9925	0,9927	0,9929	0,9931	0,9932	0,9934	0,9936
2,5	0,9938	0,9940	0,9941	0,9943	0,9945	0,9946	0,9948	0,9949	0,9951	0,9952
2,6	0,9953	0,9955	0,9956	0,9957	0,9959	0,9960	0,9961	0,9962	0,9963	0,9964
2,7	0,9965	0,9966	0,9967	0,9968	0,9969	0,9970	0,9971	0,9972	0,9973	0,9974
2,8	0,9974	0,9975	0,9976	0,9977	0,9977	0,9978	0,9979	0,9979	0,9980	0,9981
2,9	0,9981	0,9982	0,9982	0,9983	0,9984	0,9984	0,9985	0,9985	0,9986	0,9986
3,0	0,9987	0,9987	0,9987	0,9988	0,9988	0,9989	0,9989	0,9989	0,9990	0,9990
3,1	0,9990	0,9991	0,9991	0,9991	0,9992	0,9992	0,9992	0,9992	0,9993	0,9993
3,2	0,9993	0,9993	0,9994	0,9994	0,9994	0,9994	0,9994	0,9995	0,9995	0,9995
3,3	0,9995	0,9995	0,9995	0,9996	0,9996	0,9996	0,9996	0,9996	0,9996	0,9997
3,4	0,9997	0,9997	0,9997	0,9997	0,9997	0,9997	0,9997	0,9997	0,9997	0,9998
3,5	0,9998	0,9998	0,9998	0,9998	0,9998	0,9998	0,9998	0,9998	0,9998	0,9998
3,6	0,9998	0,9998	0,9999	0,9999	0,9999	0,9999	0,9999	0,9999	0,9999	0,9999
3,7	0,9999	0,9999	0,9999	0,9999	0,9999	0,9999	0,9999	0,9999	0,9999	0,9999
3,8	0,9999	0,9999	0,9999	0,9999	0,9999	0,9999	0,9999	0,9999	0,9999	0,9999
3,9	1,0000	1,0000	1,0000	1,0000	1,0000	1,0000	1,0000	1,0000	1,0000	1,0000

Full de càlcul i GeoGebra<

Els **fulls de càlcul** permeten als usuaris elaborar taules que incloguin càlculs matemàtics mitjançant fórmules amb operadors: + (suma), – (resta), * (multiplicació), **/** (divisió) i **^** (potenciació). A més, es poden utilitzar elements anomenats *funcions*, que són unes expressions matemàtiques preconfigurades, com la suma, la mitjana aritmètica, la mediana, etc.

Els valors que s'obtenen en un full de càlcul es poden exportar al programa GeoGebra, el qual permet interpretar-los gràficament.

Estadística unidimensional

En primer lloc, es defineixen en el full de càlcul els paràmetres que es volen estudiar, escrivint ordenadament les dades de l'enunciat; és a dir, x_i i f_i. A partir d'aquestes dades, es creen les columnes necessàries per a calcular els paràmetres estadístics requerits.

S'han de sumar, multiplicar i dividir els diferents valors de les cel·les. Les operacions es poden efectuar de dues maneres (*A* i *B*). En tots dos casos l'expressió ha de començar amb un signe «=».

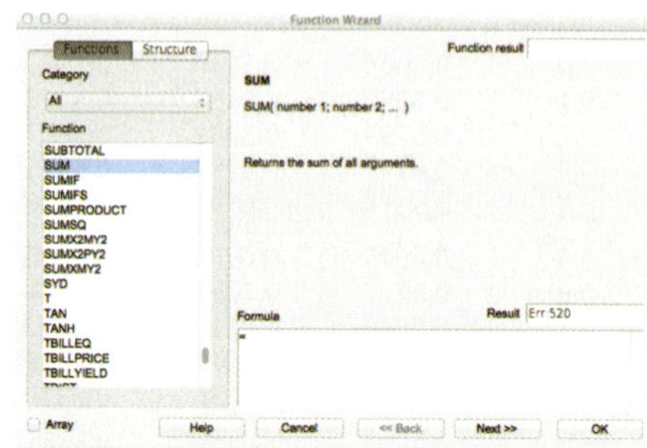

C12 =SUM(C6:C10)

One-dimensional statistics. Measures of central tendency

	Statistical variable	Frequency	Cumulative frequency	Relative frequency	Relative frequency %
	x_i	f_i	F_i	fr_i	$\%_i$
	0	1	1	0,071	7,14
	1	3	4	0,214	21,43
	2	5	7	0,357	35,71
	3	2	11	0,143	14,29
	4	3	14	0,214	21,43
TOTAL		14		1,000	100,00

A. Busca en el desplegable la fórmula que necessitem i insereix-la a la barra de fórmules.

Per exemple:

- A la cel·la C12 hem inserit la funció =suma(C6:C10)
- A la cel·la E8 s'ha efectuat l'operació =C8/D10
- A la cel·la F6 s'ha aplicat la funció =producte(E6;100)

E8 =(C8/D10)

One-dimensional statistics. Measures of central tendency

	Statistical variable	Frequency	Cumulative frequency	Relative frequency	Relative frequency %
	x_i	f_i	F_i	fr_i	$\%_i$
	0	1	1	0,071	7,14
	1	3	4	0,214	21,43
	2	5	7	0,357	35,71
	3	2	11	0,143	14,29
	4	3	14	0,214	21,43
TOTAL		14		1,000	100,00

B. Defineix directament l'operació que volem efectuar.

Es pot ampliar la taula de freqüències amb les columnes necessàries per a trobar els paràmetres de dispersió com la variància i la desviació típica.

El full de càlcul troba directament el valor d'aquests paràmetres, però ha de contenir tots els valors de la variable estadística escrits i repetits tantes vegades com indiqui la freqüència absoluta. Per aquest motiu, és preferible definir la fórmula que permet trobar aquests valors a partir de les noves columnes.

One-dimensional statistics. Measures of central tendency and variation

	Statistical variable	Frequency	Cumulative frequency	Relative frequency	Relative frequency %		
	x_i	f_i	F_i	fr_i	$\%_i$	$x_i \cdot f_i$	$x_i^2 \cdot f_i$
	0	1	1	0,0714	7,14	0	0
	1	3	4	0,214	21,43	3	3
	2	5	7	0,357	35,71	10	20
	3	2	11	0,143	14,29	6	18
	4	3	14	0,214	21,43	12	48
TOTAL		14		1,000	100,00	31	89

Estadística bidimensional

En obrir el programa GeoGebra, hem d'accedir a la vista **Full de càlcul *(Spreadsheet).***

— Copiem les dades del full de càlcul i cliquem sobre la icona destacada.

— Podem representar la recta de regressió i els punts triant el model de regressió lineal ***(Two Variable Regression Analysis)*** en el desplegable. Es poden intercanviar els eixos per a obtenir la recta de x sobre y, o bé per a efectuar estimacions.

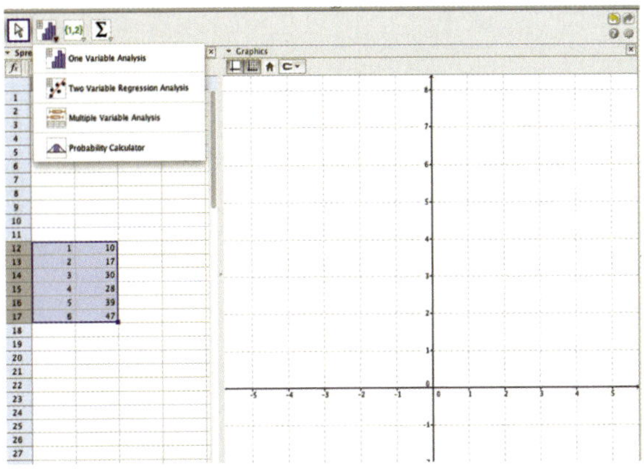

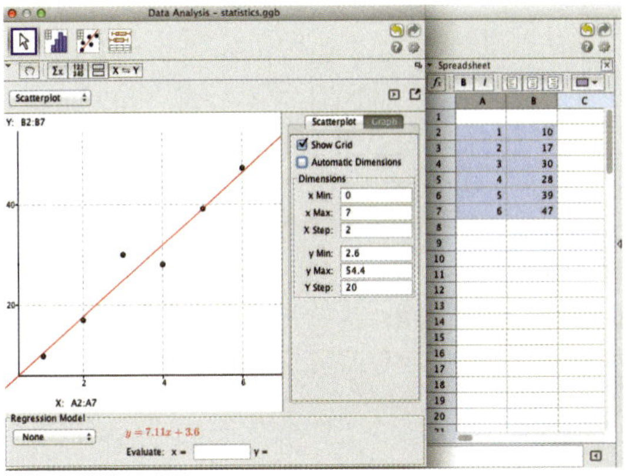

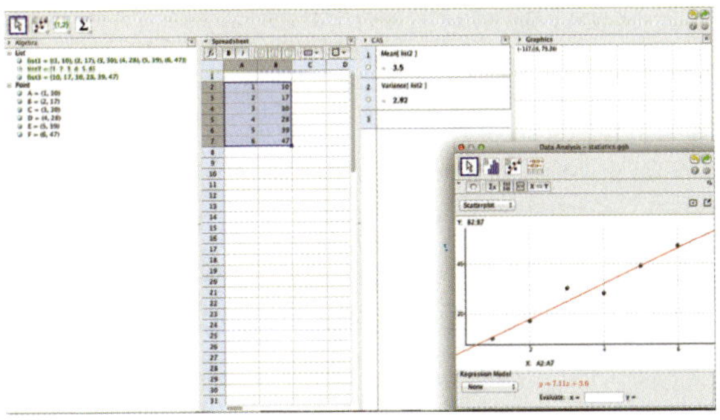

L'opció **CAS** permet calcular els diferents paràmetres de la distribució.

Amb la llista de punts, podem trobar el valor dels diferents paràmetres estadístics:

— Seleccionem les cel·les de les dades i creem una llista de punts amb el botó dret del ratolí.

— Podem traçar la recta de regressió lineal que coincideix amb la que s'obté a la finestra anterior.

Utilitza un full de càlcul i el programa GeoGebra per a resoldre aquestes activitats:

1. En la fabricació d'un determinat tipus de bombetes, se n'han detectat algunes de defectuoses. S'han estudiat 200 caixes de 75 bombetes cadascuna i s'han obtingut els resultats següents:

DEFECTUOSES	1	2	3	4	5	6	7	8	
NRE. DE CAIXES	5	15	38	42	49	32	17	2	200

a) Completa la taula de freqüències.

b) Calcula la mediana, la mitjana aritmètica, la variància i la desviació típica de la distribució.

2. Un ressort s'allarga quan a l'extrem s'hi col·loca una massa. La longitud del ressort (en centímetres) i la massa penjada (en grams) ve donada per la taula següent:

MASSA	0	2	5	11	17
LONGITUD	11	22	31	49	67

a) Representa el núvol de punts, i a partir d'aquest núvol, justifica si existeix correlació entre les variables i interpreta el seu valor.

b) Calcula el coeficient de correlació. Quina longitud se suposa que tindrà el ressort en penjar-hi una massa de 6 g?

c) Troba i representa la recta de regressió de la longitud sobre la massa.

NOTES

NOTES

NOTES

NOTES

NOTES